"博学而笃志，切问而近思。"

(《论语》)

博晓古今，可立一家之说；
学贯中西，或成经国之才。

复旦博学 · 复旦博学 · 复旦博学 · 复旦博学 · 复旦博学 · 复旦博学

作者简介

傅家良，同济大学交通运输工程学院副教授，长期从事本科生与研究生“运筹学”、“预测技术”等课程的教学与研究．编写了《实用运筹学》、《运筹学教程》、《运筹学方法与模型》等多本教材，其中，《实用运筹学》于1992年获得国家教委优秀教材一等奖．

复旦博学·数学系列

同济大学本科教材出版基金资助

运筹学
方法与应用

编　　著　傅家良
编写成员　傅家良　邹晓磊
　　　　　滕　靖　谢　超

Operations Research
Methods and Applications

復旦大學出版社

内容提要

本书介绍了运筹学领域中线性规划、线性规划的对偶理论与灵敏度分析、运输问题、整数规划、网络规划、网络计划技术、马尔可夫分析、动态规划、排队论等分支的基本概念和方法，并把各种运筹学求解方法归纳成接近于程序语言的算法步骤．本书特别重视各个运筹学分支对数学模型的建立，配备了相当数量的应用例题，使读者充分理解建立数学模型是一种技术与艺术的综合．本书力求深入浅出，注重应用，可以作为高等院校交通运输管理、经济管理和理工科其他有关专业的本科生教材或教学参考书，也可作为各类专业人员的自学参考书．

前言

运筹学现在已经成为大学许多专业的基础课. 它采用定量化的方法,对所研究的各类管理优化问题建立数学模型并求解,然后进行定量和定性分析,为决策者作出合理决策提供科学的依据. 本书的写作兼顾数学与管理这两个领域各自的特点,不让学生觉得运筹学是一门难学的数学课,而让学生觉得运筹学是一门相当生动的应用性课程.

对运筹学各个组成分支,本书都尽可能地以各种应用问题为背景来导入,建立起各种类型的数学模型,然后通过几何特征的分析或运用其他直观的手段,给出求解模型的算法思想,进而导出归纳成接近于程序语言的算法. 例如,运筹学中“网络规划”这个分支,来自“图论”数学分支,“网络规划”几大算法的写作力求与现实的管理问题密切相关. 再如,在“最大流算法”中,本书不是一上来就给出抽象的数学模型,而是给了一个现实常见的多发点与多收点的物资运输问题.

本书从读者认识事物、接受知识的规律出发,尽可能使各章内容深入浅出、重点突出,力求使读者感到运筹学是一门生动的应用性学科. 本书对运筹学各个分支的基本概念、基本理论的系统性给予足够重视,但又不偏于数学方法的严谨论证. 例如,“分支定界法”是运筹学中非常有特色的管理数学方法,本书写了 0-1 背包问题、纯整数规划、0-1 规划、旅行售货员问题等的分支定界法,目的是让读者更多地了解这个富有创意的分支定界法;“排序问题” 作为运筹学的分支,其中“3 台机器和 n 个工件的排序问题”的分支定界法非常有特色,与前面介绍的分支定界法完全不同,本书因为篇幅问题而未放入;在“网络规划”中,“第 k 短路径问题”有它的算法功能,“最长路径算法”有它的实用价值;“最大流算法”在“最优分配问题”、“网络计划技术赶工费用问题”中的应用,体现了该算法的功能,也是本书的特色.

本书在写作风格和内容处理上与其他《运筹学》图书有所不同. 伽利略说过,“数学是上帝让我们描述宇宙的语言”. 数学让人陶醉,也让人觉得学习知识的艰难. 运筹学作为一门应用性的学科,在教学中除了让读者掌握各个组成分支的计算方法之外,更重要的目标是帮助他们学习建立数学模型的技巧.本书编写了一定数量的富有建模技巧的典型应用实例,以培养读者建立数学模型的能力,并使读者深刻体会到用数学语言描述客观事物的意义,明确建立数学模型是一种"艺术".

本书的编写,我邀请了同事邹晓磊、滕靖、谢超参加.本书的出版,得益于编辑梁玲的鼎力相助,在此向她表示衷心的感谢.

我更希望,从事运筹学教学、科研的人员能够写出从科研项目提升的真正的"运筹学案例分析".这个任务需要长期的知识积累.写出一个好的案例,无异于写一篇论文.

运筹学是一门相当生动的课程,对教师的讲课艺术提出很高的要求.只有教师把书本吃透,加上好的教学方法,这门课才能不成为学生所说的"烧脑课".《同济报》发表的文章《奋力书写人才培养新答卷》中介绍,2022 年 8 月 21 日上午,时任教育部高等教育司司长、同济大学兼职教授吴岩作了"服务中国式现代化,建好金专、金课、金师、金教材"的主旨报告.

吴岩表示,专业是人才培养的基本单元,要建好"金专";课程是人才培养的核心要素,要上好"金课";教师是人才培养的决定力量,要锻造"金师";教材是人才培养的主要剧本,要写好"金教材";质量文化是人才培养的坚实保证,要建设质量文化.要努力练好大学的这五大内功.大学一旦形成具有价值认同的质量文化,这个大学就是有灵魂的卓越,就是真正的一流,就会从成熟走向出色.

吴岩的报告内涵非常丰富,也为我们指明如何办大学与如何确定办学方向.只有大学的领导者学习和领悟这些理念,每位教师致力于课程建设、教材建设,致力于教学水平的不断提高,我们的大学才能更上一层楼!大学教学是重中之重,对任何一所大学来说,教学质量都是第 1 位的.

教师的学术素养、教学水平与精神品格,是学生毕业后最难以忘怀的.教师的口碑,教师的品格,是在一节又一节课、一年又一年的辛勤耕耘中展现的.上好每一堂课,是教师的天职,既是责任,也是荣誉.

教育是民族的希望,教师是教育的希望,让我们用我们的爱、我们的热血,把教师之歌一代一代地传唱!

傅家良 2023 年 9 月

于同济大学交通运输工程学院

目　录

第1章 线性规划

§1.1 线性规划模型

1.1.1 数学模型

在经济建设、企业管理和生产实践的各项活动中，我们常常面临把有限的资源分配到若干活动上去的分配问题：

(1) 对有限的资金、材料、设备、场地、能源和劳动力等财力、物力和人力，如何以最佳方式作有效的分配，以期望获得最大的效益.

(2) 在既定的任务之下，如何统筹安排，以做到用最少量的财力、物力和人力来完成任务.

这些最优分配问题的数学模型在运筹学中处于中心的地位，而线性规划是解决这一类问题的一个理论和方法都比较成熟的运筹学分支. 下面我们来看两个实例.

例 1-1 (生产计划问题) 某工厂生产 $1^{\#}$，$2^{\#}$ 和 $3^{\#}$ 这 3 种产品，每种产品需经过 3 道工序. 每件产品在每道工序中的工时定额、每道工序在每周可利用的有效工时和每件产品的利润由表 1-1 给出. 问每种产品各生产多少，可使这一周内生产的产品所获利润最大?

表 1-1

定额(工时/件)		$j^{\#}$ 产品			每周可利用的有效工时
		$1^{\#}$	$2^{\#}$	$3^{\#}$	
工序	A	1.2	1.0	1.1	5400
	B	0.7	0.9	0.6	2800
	C	0.9	0.8	1.0	3600
利润(元/件)		10	15	12	

解　本问题是要把有限的工时资源合理地分配到 3 种产品的生产活动上去，以期望获得最多的利润.

首先我们引进决策变量：设一周内 $j^{\#}$ 产品的生产件数为 $x_j(j=1, 2, 3)$.

然后，根据每件产品的工时定额以及各工序允许的有效工时列出约束条件：

$1^{\#}$ 产品每生产一件需 A 工序 1.2 工时，现生产 x_1 件，故 $1^{\#}$ 产品耗费 A 工序的工时数为 $1.2x_1$. 类似地，生产 $2^{\#}$ 产品和 $3^{\#}$ 产品耗费 A 工序的工时数分别为 $1.0x_2$ 和 $1.1x_3$，所以 3 种产品对 A 工序的工时总需求量为

$$1.2x_1+1.0x_2+1.1x_3,$$

它不应超过 A 工序在一周内所允许的工作时间 5 400 工时. 于是,得 A 工序加工产品的约束条件:

$$1.2x_1+1.0x_2+1.1x_3\leqslant 5\,400.$$

类似地,对 B 工序和 C 工序有以下约束条件:

$$0.7x_1+0.9x_2+0.6x_3\leqslant 2\,800,$$
$$0.9x_1+0.8x_2+1.0x_3\leqslant 3\,600.$$

再者,变量 x_1, x_2 和 x_3 只能取非负值,故有下列非负约束条件:

$$x_1\geqslant 0,\quad x_2\geqslant 0,\quad x_3\geqslant 0.$$

最后,我们来确定产品生产的效益. 若用 f 表示工厂一周内生产 3 种产品所能获得的利润,则有

$$f=10x_1+15x_2+12x_3,$$

现在工厂的目标是希望获得最大利润,我们写成

$$\max f=10x_1+15x_2+12x_3.$$

综上所述,我们得本问题的数学模型为

$$\begin{aligned} &\max f=10x_1+15x_2+12x_3;\\ \text{s. t.}\quad &1.2x_1+1.0x_2+1.1x_3\leqslant 5\,400,\\ &0.7x_1+0.9x_2+0.6x_3\leqslant 2\,800,\\ &0.9x_1+0.8x_2+1.0x_3\leqslant 3\,600,\\ &x_j\geqslant 0,\quad j=1,\ 2,\ 3.\end{aligned}$$

其中,“s. t.”为英文“subject to”(受约束于)的缩写.

例 1-2 (运输问题) 两个发点 A_1 和 A_2 有物资必须运往 3 个收点 B_1, B_2 和 B_3. 发点 A_i 对物资的供应量 a_i、收点 B_j 对物资的需求情况和发点 A_i 至收点 B_j 每输送一吨物资所需的运输费用 c_{ij} 见表 1-2. 为完成发点 A_1 和 A_2 对物资的运输任务,问运输方案应如何确定,而使总运费最少?

表 1-2

运价 c_{ij}(元/吨)		收点 B_j			供应量 a_i(吨)
		B_1	B_2	B_3	
发点 A_i	A_1	20	10	30	60
	A_2	15	20	18	40
需求量 b_j(吨)		恰为 20	至多 30	至少 40	

解　本问题是在完成既定运输任务的条件下而希求花费最少的财力.

设 x_{ij} 为从发点 A_i 运送到收点 B_j 的物资数量.

由于发点 A_i 的 a_i 吨物资必须运走,因此,a_i 等于发点 A_i 运往各收点 B_j 的运量 x_{ij} 之

和.由此得约束条件：

$$x_{11}+x_{12}+x_{13}=60,$$
$$x_{21}+x_{22}+x_{23}=40.$$

注意到各收点 B_j 对物资的需求情况，我们有下列约束条件：

$$x_{11}+x_{21}=20,$$
$$x_{12}+x_{22}\leqslant 30,$$
$$x_{13}+x_{23}\geqslant 40.$$

自然，运量 x_{ij} 都应为非负变量，

$$x_{ij}\geqslant 0,\quad i=1,\ 2;\quad j=1,\ 2,\ 3.$$

总运费为

$$f=20x_{11}+10x_{12}+30x_{13}+15x_{21}+20x_{22}+18x_{23},$$

我们对 f 求最小值.故本问题归结为如下数学模型：

$$\begin{aligned}
&\min f=20x_{11}+10x_{12}+30x_{13}+15x_{21}+20x_{22}+18x_{23};\\
\text{s. t.}\quad & x_{11}+x_{12}+x_{13}=60,\\
& x_{21}+x_{22}+x_{23}=40,\\
& x_{11}+x_{21}=20,\\
& x_{12}+x_{22}\leqslant 30,\\
& x_{13}+x_{23}\geqslant 40,\\
& x_{ij}\geqslant 0,\quad i=1,\ 2;\quad j=1,\ 2,\ 3.
\end{aligned}$$

上述建立的两个数学模型，我们称之为线性规划.可见，线性规划模型具有下列 3 个要素：

(1) 决策变量.这些决策变量的一组定值代表所给问题的一个具体方案.一般来说，这些决策变量都是非负变量.如果在模型中变量 x_j 的符号不受限制，即变量 x_j 取正值、取负值或取零都可以，我们把它写成条件 $x_j\gtreqless 0$，并称 x_j 为自由变量.

(2) 约束条件.这些约束条件都为线性等式或线性不等式，它们反映了所给问题对资源的客观限制及对所要完成的任务的各类要求.同时，对决策变量的符号要求也属于约束条件.

(3) 目标函数.它为决策变量的线性函数.按所给问题的不同，可要求目标函数 f 实现最大值或最小值.

为此，线性规划模型的一般形式为

$$\begin{aligned}
&\min f=\sum_{j=1}^{n}c_jx_j\quad \left(\text{或}\max f=\sum_{j=1}^{n}c_jx_j\right);\\
\text{s. t.}\quad &\sum_{j=1}^{n}a_{ij}x_j\gtreqless b_i,\quad i=1,\ \cdots,\ m,\\
&x_j\gtreqless 0,\quad j=1,\ \cdots,\ n.
\end{aligned}\tag{1-1}$$

其中符号$\gtreqless$表示$\geqslant$，$=$，$\leqslant$这 3 个符号中的任意一个.

我们给出线性规划的有关术语：

可行解——满足线性规划全部约束条件的解 $\boldsymbol{X}=(x_1,\ \cdots,\ x_n)^{\mathrm{T}}$ 称为线性规划的

可行解.

可行域——全体可行解的集合称为线性规划的可行域. 用符号 K 表示.

最优解——使目标函数实现最小值(或最大值)的可行解 $\boldsymbol{X}^*=(x_1, \cdots, x_n)^{\mathrm{T}}$ 称为线性规划的最优解.

最优值——最优解的目标函数值

$$f^*=\sum_{j=1}^{n} c_j x_j$$

称为线性规划的最优值.

1.1.2 标准型线性规划

由于求解数学模型的算法都是为标准化的模型设计的，所以，为了便于对求解线性规划模型建立一个有效的算法，我们有必要对线性规划模型规定它的标准形式. 今后，我们谈到的线性规划模型的标准型，都是指下列形式：

$$\begin{aligned} \min f &= \sum_{j=1}^{n} c_j x_j ; \\ \text{s.t.} \quad & \sum_{j=1}^{n} a_{ij} x_j = b_i, \quad i=1, \cdots, m, \\ & x_j \geqslant 0, \quad j=1, \cdots, n. \end{aligned} \tag{1-2}$$

也就是说，线性规划的标准型，是指：对目标函数一律求最小值；决策变量一律为非负变量；约束条件除变量的非负条件外一律为等式约束. 今后，记线性规划模型的标准型为(LP).

若令

$$\boldsymbol{C}=\begin{pmatrix} c_1 \\ \vdots \\ c_n \end{pmatrix}, \quad \boldsymbol{b}=\begin{pmatrix} b_1 \\ \vdots \\ b_m \end{pmatrix}, \quad \boldsymbol{X}=\begin{pmatrix} x_1 \\ \vdots \\ x_n \end{pmatrix},$$

$$\boldsymbol{A}=\begin{pmatrix} a_{11} & \cdots & a_{1j} & \cdots & a_{1n} \\ \vdots & & \vdots & & \vdots \\ a_{m1} & \cdots & a_{mj} & \cdots & a_{mn} \end{pmatrix}, \quad \boldsymbol{A}_{\cdot j}=\begin{pmatrix} a_{1j} \\ \vdots \\ a_{mj} \end{pmatrix},$$

则(LP)便可写成下列形式：

$$\begin{aligned} \min f &= \boldsymbol{C}^{\mathrm{T}} \boldsymbol{X}, \\ \text{s.t.} \quad & \boldsymbol{A}\boldsymbol{X}=\boldsymbol{b}, \\ & \boldsymbol{X} \geqslant \boldsymbol{0}, \end{aligned} \tag{1-3}$$

或

$$\min\{\boldsymbol{C}^{\mathrm{T}}\boldsymbol{X} \mid \boldsymbol{A}\boldsymbol{X}=\boldsymbol{b}, \boldsymbol{X} \geqslant \boldsymbol{0}\}. \tag{1-4}$$

式(1-3)、式(1-4)中的 $\boldsymbol{X} \geqslant \boldsymbol{0}$ 均表示 $\boldsymbol{X}$ 中的各个分量 $x_i \geqslant 0$(今后此类符号意义与此相同，不再说明). 对于(LP)，其可行域 K 我们常写成

$$K=\{\boldsymbol{X} \mid \boldsymbol{A}\boldsymbol{X}=\boldsymbol{b}, \boldsymbol{X} \geqslant \boldsymbol{0}\}. \tag{1-5}$$

各种形式的线性规划模型都可以化成标准型.

(1) 若线性规划为

$$\max z = \boldsymbol{C}^{\mathrm{T}}\boldsymbol{X};$$
$$\text{s. t.} \quad \boldsymbol{AX} = \boldsymbol{b},$$
$$\boldsymbol{X} \geqslant \boldsymbol{0},$$

这时,只需要将求目标函数的最大值变换为求另一个目标函数的最小值,

$$\max z = -\min(-z),$$

令 $f = -z$, 于是,得到(LP),

$$\min f = (-\boldsymbol{C})^{\mathrm{T}}\boldsymbol{X};$$
$$\text{s. t.} \quad \boldsymbol{AX} = \boldsymbol{b},$$
$$\boldsymbol{X} \geqslant \boldsymbol{0}.$$

(LP)与原有问题具有同样的可行域和最优解(若存在),只是最优值(若存在)相差一个符号而已.求解原有问题转化成求解(LP).

(2) 约束条件为不等式.

如果线性规划具有不等式约束 $\sum_{j=1}^{n} a_{ij}x_j \leqslant b_i$, 这时我们可引进一个新变量 x',用下面两个约束条件代替这个不等式约束:

$$\begin{cases} \sum_{j=1}^{n} a_{ij}x_j + x' = b_i, \\ x' \geqslant 0. \end{cases}$$

我们称 x'为松弛变量.

如果线性规划具有不等式约束 $\sum_{j=1}^{n} a_{ij}x_j \geqslant b_i$, 这时我们引进一个新变量 x'',并用下面两个约束条件代替这个不等式约束:

$$\begin{cases} \sum_{j=1}^{n} a_{ij}x_j - x'' = b_i, \\ x'' \geqslant 0, \end{cases}$$

我们称 x''为剩余变量.

有时,x'和 x''统称为松弛变量,它们在目标函数中的系数都为零.

(3) 决策变量 x_j 为自由变量: $x_j \gtreqless 0$.

引进两个新的非负变量 x'和x'',并令 $x_j = x' - x''$, 将其代入约束条件和目标函数中消去 x_j,同时,在约束条件中加入约束 $x' \geqslant 0$ 和 $x'' \geqslant 0$. 由于可能发生 $x' > x''$,或 $x' = x''$,或 $x' < x''$,故 $x_j \gtreqless 0$.

(4) 约束条件中出现 $x_j \leqslant 0$.

引进新的非负变量 x_j',令 $x_j = -x_j'$, 将其代入约束条件和目标函数中消去 x_j. 这样, $x_j \leqslant 0$ 化成 $x_j' \geqslant 0$.

(5) 约束条件中出现 $x_j \geqslant h_j (h_j \neq 0)$.

引进新的非负变量 x_j',令 $x_j = x_j' + h_j$, 将其代入目标函数和约束条件中消去 x_j. 这样,

$x_j \geqslant h_j$ 转化成 $x_j' + h_j \geqslant h_j$,即为 $x_j' \geqslant 0$.

例 1-3 将下列线性规划问题化成标准型:

$$\begin{aligned} \max z &= -2x_1 + x_2 - 3x_3; \\ \text{s.t.}\quad & x_1 + 3x_2 - 2x_3 \leqslant 20, \\ & 2x_1 - x_2 + 3x_3 \geqslant 12, \\ & 3x_1 - 4x_2 + 2x_3 \geqslant 2, \\ & x_1 \geqslant 0,\quad x_2 \leqslant 0,\quad x_3 \gtreqless 0. \end{aligned}$$

解 它共有 4 处不符合标准型要求:对目标函数 z 是求最大值;$x_2 \leqslant 0$;x_3 为自由变量;第 1、第 2、第 3 个约束条件为不等式. 为此,我们通过以下步骤把该模型标准化:

(1) 令 $f = -z$,把求 $\max z$ 改变为求 $\min f$;

(2) 用 $-x_4$ 替换 x_2,x_4 为非负变量;

(3) 用 $x_5 - x_6$ 替换 x_3,其中 $x_5 \geqslant 0$,$x_6 \geqslant 0$;

(4) 对不等式约束分别引进松弛变量 x_7 和剩余变量 x_8,x_9.

于是,得本问题的标准型为

$$\begin{aligned} \min f &= 2x_1 + x_4 + 3x_5 - 3x_6; \\ \text{s.t.}\quad & x_1 - 3x_4 - 2x_5 + 2x_6 + x_7 = 20, \\ & 2x_1 + x_4 + 3x_5 - 3x_6 - x_8 = 12, \\ & 3x_1 + 4x_4 + 2x_5 - 2x_6 - x_9 = 2, \\ & x_j \geqslant 0,\quad j = 1, 4, \cdots, 9. \end{aligned}$$

§ 1.2 线性规划的几何特征

1.2.1 两个变量的线性规划的图解法

让我们先来讨论两个变量的线性规划问题的可行域 K 及最优解的几何特征,对其最优解可能出现的各类情况作一个几何直观的认识.

例 1-4 求解线性规划:

$$\begin{aligned} \min f &= -x_1 + 2x_2; \\ \text{s.t.}\quad & x_1 + x_2 \leqslant 5, \\ & 2x_1 + 3x_2 \geqslant 6, \\ & -x_1 + x_2 \leqslant 3, \\ & x_1 \geqslant 0,\quad x_2 \geqslant 0. \end{aligned} \tag{1-6}$$

解 因为该线性规划仅有两个变量,我们在 x_1Ox_2 坐标平面内用图解法来求解此问题.

第 1 步,确定可行域 K.

不等式 $x_1 \geqslant 0$ 表示以 x_2 轴(直线 $x_1 = 0$) 为界的右半平面,不等式 $x_2 \geqslant 0$ 表示以 x_1 轴

(直线 $x_2=0$) 为界的上半平面,所以该线性规划的可行解 $\boldsymbol{X}=(x_1, x_2)^{\mathrm{T}}$ 必在第一象限.

$x_1+x_2=5$ 是一条直线[选取两个点$(0, 5)^{\mathrm{T}}$ 及$(5, 0)^{\mathrm{T}}$ 连成直线即是],它把 x_1Ox_2 坐标平面分成两个半平面. 为确定哪一个半平面是符合约束条件 $x_1+x_2\leqslant 5$ 的,我们只要把原点$(0, 0)^{\mathrm{T}}$ 代入不等式 $x_1+x_2\leqslant 5$ 中: 若不等式成立,则我们就取原点所在的那一个半平面(以 $x_1+x_2=5$ 为界)表示 $x_1+x_2\leqslant 5$,否则就取不含原点的那个半平面. 我们在直线的两端画垂直箭头指向符合约束条件的半平面.

同样, $2x_1+3x_2\geqslant 6$ 和 $-x_1+x_2\leqslant 3$ 各对应着一个半平面.

所以,可行域 K 为上述 5 个半平面之交集,它是一个在第一象限的凸多边形(包括边界),如图 1-1 中的阴影线部分所示.

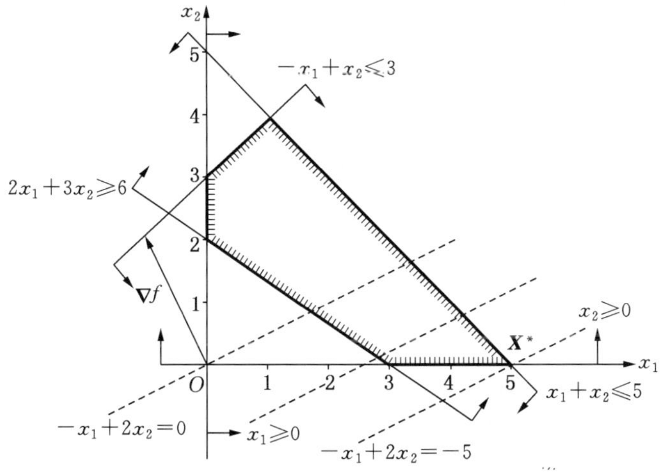

图 1-1

第 2 步,寻找最优解.

我们结合目标函数 $f=-x_1+2x_2=c_1x_1+c_2x_2$ 来求线性规划的最优解. 对于任一给定的实数 α,方程

$$-x_1+2x_2=\alpha$$

为一条直线. 由于位于该直线上的点都具有相同的目标函数值 α,故而称它为等值线. 当 α 的数值变动时,我们就得到一族相互平行的直线,它们的斜率都为 $-\dfrac{c_1}{c_2}=\dfrac{1}{2}$. 我们知道,目标函数 f 作为 x_1 及 x_2 的函数,它在任一点的梯度都是

$$\nabla f=\left(\frac{\partial f}{\partial x_1}, \frac{\partial f}{\partial x_2}\right)^{\mathrm{T}}=(c_1, c_2)^{\mathrm{T}}=(-1, 2)^{\mathrm{T}},$$

它与目标函数的等值线垂直. 由高等数学有关知识可知,当点$(x_1, x_2)^{\mathrm{T}}$ 沿梯度方向移动时, f 的值将随之增大;沿着负梯度方向移动时, f 的值将随之减少. 不妨在原点作梯度 $\boldsymbol{C}=(c_1, c_2)^{\mathrm{T}}=(-1, 2)^{\mathrm{T}}$[从原点至点$(c_1, c_2)^{\mathrm{T}}$ 作一向量即为原点的梯度],过原点作向量 $\boldsymbol{C}$ 的垂直线(用虚线表示),它为过原点且 $\alpha=0$ 的等值线

$$-x_1+2x_2=0.$$

因为我们的问题是求 $\min f$,所以让等值线沿逆梯度方向移动,使 $c_1x_1+c_2x_2=\alpha$ 的值逐步减小. 当它刚要离开 K[此时,与 K 仅有一个交点 $\boldsymbol{X}^*=(5,\ 0)^{\mathrm{T}}$] 时的等值线

$$-x_1+2x_2=-5,$$

对可行域 K 内各点的 f 值来说,其值 $\alpha=f^*=f(\boldsymbol{X}^*)=-5$ 最小. 所以,顶点 $\boldsymbol{X}^*=(5,\ 0)^{\mathrm{T}}$ 即为线性规划(1-6)的最优解,$f^*=-5$ 即为最优值.

倘若我们将例 1-4 的目标函数改为求 max,则我们将等值线沿梯度方向移动,此时 $c_1x_1+c_2x_2=\alpha$ 的值逐步增加,当它刚要离开 K 时的直线 $-x_1+2x_2=7$[与 K 的唯一交点 $\boldsymbol{X}^{**}$ 为 $(1,\ 4)^{\mathrm{T}}$],对可行域 K 内各点的 f 值来说,其值 $\alpha=f^{**}=f(\boldsymbol{X}^{**})=7$ 最大,因此,K 的顶点 $\boldsymbol{X}^{**}=(1,\ 4)^{\mathrm{T}}$ 为最优解,最优值 $f^{**}=7$.

例 1-4 从几何直观上告诉我们,若两个变量的线性规划问题的最优解存在且唯一,则最优解必为可行域 K 的一个顶点,而 K 为凸多边形.

对于目标函数求 min 的两个变量的线性规划,根据目标函数的等值线与可行域 K 的各种关系,我们可以得知它的解可能会出现以下几种情况.

(1) 最优解存在且唯一. 这时,K 是一个非空的、有界或无界的凸多边形,最优解 $\boldsymbol{X}^*$ 必为 K 的一个顶点,最优值 f^* 为一个有限值,如图 1-2 所示.

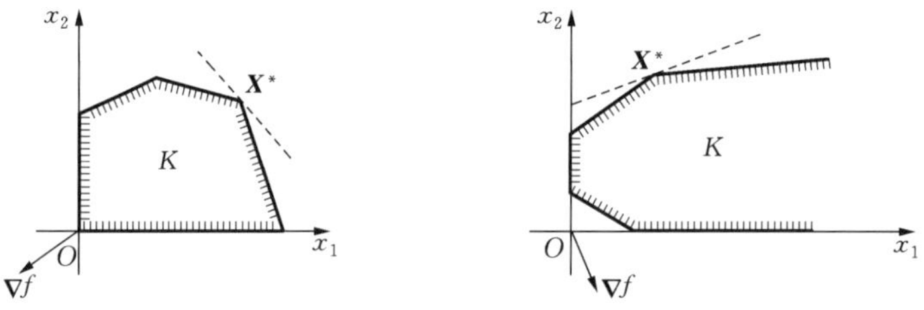

(a) K 有界　　(b) K 无界

图 1-2

(2) 最优解 $\boldsymbol{X}^*$ 存在但不唯一. 这时,K 是一个非空、有界或无界的凸多边形,最优值 f^* 是一个有限值. f 的等值线 $c_1x_1+c_2x_2=f^*$ 与 K 之交是 K 的一个边界,因此该边界上的点都为最优解;但是,我们至少可以取到 K 的一个顶点为最优解,如图 1-3 所示.

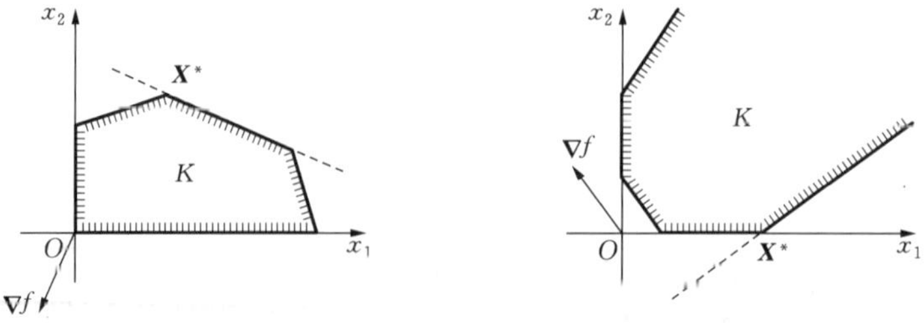

(a) K 有界　　(b) K 无界

图 1-3

(3) 可行解存在但目标函数值在 K 内无下界(简称线性规划无下界). 这时, K 必是一个非空无界的凸多边形,最优解不存在, $\min f \to -\infty$, 如图 1-4 所示.

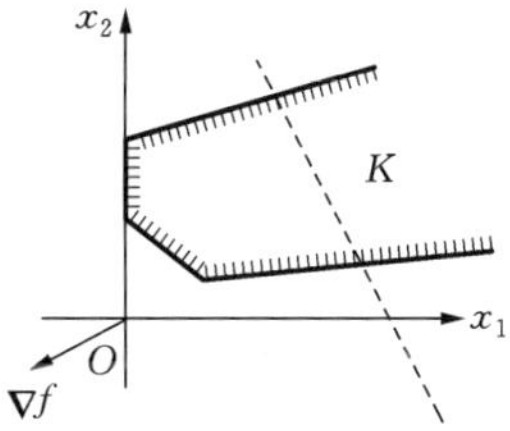

图 1-4

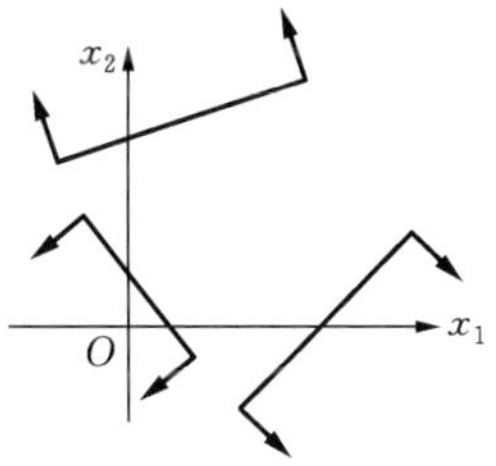

图 1-5

(4) 可行解不存在(或称线性规划不可行). 这时, K 为空集,如图 1-5 所示.

通过以上各种情况的分析,关于两个变量的线性规划的解,我们可以得到以下两点结论:

① 如果 $\boldsymbol{K} \neq \varnothing$(空集),则 $\boldsymbol{K}$ 必是 $\boldsymbol{x_1 O x_2}$ 坐标平面第一象限内的一个凸多边形(今后,在线性规划理论中,称为凸集), $\boldsymbol{K}$ 的顶点一定存在.

② 如果最优解 $\boldsymbol{X}^*$ 存在,则最优解中至少有一个为 $\boldsymbol{K}$ 的顶点.

1.2.2　标准型线性规划的几何特征

对标准型线性规划(LP)解的几何特征,我们不打算进行详细的数学论述,而仅仅用类比法,给出如下结论:

(1) 如果可行域 $K \neq \varnothing$, 则 K 必是 $\mathbf{R}^n$ 的第一卦限中的一个凸集, K 的顶点一定存在.

(2) 如果最优解 X^* 存在,则最优解中至少有一个为 K 的一个顶点.

这就给我们求解(LP)指出了一个方向:我们不必在凸集 K(如果不是空集)的内部搜索(LP)的最优解,而只要对 K 的顶点相应的目标函数值进行比较,就一定能在 K 的顶点中找到最优解(如果最优解存在). 因此, K 的顶点将是我们关心和研究的对象. 下面我们来讨论如何用代数方法确定 K 的顶点.

由图 1-1 知,例 1-4 所给两个变量的线性规划问题(1-6)的 5 个顶点 $(x_1, x_2)^{\mathrm{T}}$ 为

$$(1, 4)^{\mathrm{T}}, \quad (5, 0)^{\mathrm{T}}, \quad (3, 0)^{\mathrm{T}}, \quad (0, 2)^{\mathrm{T}}, \quad (0, 3)^{\mathrm{T}}.$$

现在我们将问题(1-6)标准化,

$$\begin{aligned} \min f &= -x_1 + 2x_2; \\ \text{s.t.}\quad & x_1 + x_2 + x_3 = 5, \\ & 2x_1 + 3x_2 - x_4 = 6, \\ & -x_1 + x_2 + x_5 = 3, \\ & x_j \geqslant 0, \quad j = 1, \cdots, 5. \end{aligned} \tag{1-7}$$

该模型的可行域 K 为 $\mathbf{R}^5$ 中第一卦限内的凸集. 我们将上述 5 个点的坐标代入方程组,

$$\begin{cases} x_1 + x_2 + x_3 = 5, \\ 2x_1 + 3x_2 - x_4 = 6, \\ -x_1 + x_2 + x_5 = 3, \end{cases} \tag{1-8}$$

即可解得 x_3，x_4 和 x_5. 于是，K 在 $\mathbf{R}^5$ 中相应的顶点为

$$(1, 4, 0, 8, 0)^{\mathrm{T}}, \quad (5, 0, 0, 4, 8)^{\mathrm{T}}, \quad (3, 0, 2, 0, 6)^{\mathrm{T}},$$
$$(0, 2, 3, 0, 1)^{\mathrm{T}}, \quad (0, 3, 2, 3, 0)^{\mathrm{T}}.$$

我们可以发现，这 5 个点都有两个变量取值为零.

那么，如果没有图 1-1，我们应如何确定问题(1-7)可行域的顶点的坐标呢？这个问题是不难解决的. 问题(1-7)有 $n=5$ 个变量、$m=3$ 个等式约束，我们可在 5 个变量中，任取 $n-m=5-3=2$ 个变量为独立变量，并让它们取值为零，代入等式约束方程组(1-8)，解出另外 3 个非独立变量的值，这样，我们可得下列 10 组解：

$$(0, 0, 5, -6, 3)^{\mathrm{T}}, \quad (0, 2, 3, 0, 1)^{\mathrm{T}}, \quad (-0.6, 2.4, 3.2, 0, 0)^{\mathrm{T}},$$
$$(0, 3, 2, 3, 0)^{\mathrm{T}}, \quad (0, 5, 0, 9, -2)^{\mathrm{T}}, \quad (1, 4, 0, 8, 0)^{\mathrm{T}},$$
$$(5, 0, 0, 4, 8)^{\mathrm{T}}, \quad (9, -4, 0, 0, 16)^{\mathrm{T}}, \quad (3, 0, 2, 0, 6)^{\mathrm{T}},$$
$$(-3, 0, 8, -12, 0)^{\mathrm{T}}.$$

其中 5 个解就是我们上面所说的可行域 K 的顶点；另外 5 个解没有满足变量都应取非负值的约束条件，不是可行解，当然不可能是 K 的顶点.

推而广之，对于具有 n 个变量、m 个独立等式约束方程的(LP)来说，它的可行域 K 的顶点可用如下方法来确定：

在 n 个变量中选取 $n-m$ 个变量为独立变量(在 §1.3 节被称为非基本变量)，并对它们取值为零，再将它们代入等式约束方程组，若能唯一地求得另外 m 个非独立变量(在 §1.3 节被称为基本变量)的值，而且此 m 个变量的值均为非负数，则这 n 个变量的值就是 K 的一个顶点的坐标.

下面我们给出相邻顶点的概念. 由图 1-1 可知，顶点 $\boldsymbol{X}^1=(1, 4)^{\mathrm{T}}$ 与顶点 $\boldsymbol{X}^2=(5, 0)^{\mathrm{T}}$ 是 $\mathbf{R}^2$ 中 K 的两个相邻的顶点，对于问题(1-7)来说，它们相应地成为 $\boldsymbol{X}^1=(1, 4, 0, 8, 0)^{\mathrm{T}}$ 与 $\boldsymbol{X}^2=(5, 0, 0, 4, 8)^{\mathrm{T}}$. $\boldsymbol{X}^1$ 是把 x_3 和 x_5 视为独立变量并取值为零而得到的，$\boldsymbol{X}^2$ 是把 x_2 和 x_3 视为独立变量并取值为零而得到的. 可见，对这两个相邻顶点来说，取值为零的独立变量(即非基本变量)仅有一个不相同. 类似地，在 $\mathbf{R}^n$ 空间中，(LP)的可行域 K 的两个相邻顶点各自相应的 $n-m$ 个独立变量(取值为零)之间，也仅有一个不相同.

§1.3 基本可行解

现在我们引进有关的代数知识来阐述顶点.

假设标准型线性规划(1-2)或(1-3)的 m 个等式约束方程

$$a_{i1}x_1+\cdots+a_{in}x_n=b_i, \quad i=1, \cdots, m$$

是相互独立的. 现在从 n 个变量 $x_1, \cdots, x_n$ 中选取 m 个变量 $x_{B1}, \cdots, x_{Bm}$(变量 x 的下标 $B_1, \cdots, B_i, \cdots, B_m$ 为 $\{1, \cdots, n\}$ 中的数字，$B_1, \cdots, B_i, \cdots, B_m$ 为 m 个数字的某种排序)，它们在(LP)(1-3)的系数矩阵 $\boldsymbol{A}$ 中相应的系数列向量 $\boldsymbol{A}._{B_1}, \cdots, \boldsymbol{A}._{B_m}$ 构成矩阵

$$\boldsymbol{B}=\begin{pmatrix} a_{1B1} & \cdots & a_{1Bm} \\ \vdots & & \vdots \\ a_{mB1} & \cdots & a_{mBm} \end{pmatrix}, \tag{1-9}$$

并记

$$|\boldsymbol{B}|=\begin{vmatrix} a_{1B1} & \cdots & a_{1Bm} \\ \vdots & & \vdots \\ a_{mB1} & \cdots & a_{mBm} \end{vmatrix}.$$

基——若 $|\boldsymbol{B}|\neq 0$，则称矩阵 $\boldsymbol{B}$ 为(LP)的一个基. 记

$$\begin{aligned} &I=\{1, \cdots, n\}, \quad I_B=\{B_1, \cdots, B_m\}, \\ &I_D=\{\cdots, j, \cdots\}=I-I_B, \\ &\boldsymbol{X}_B=(x_{B_1}, \cdots, x_{B_m})^{\top}, \\ &\boldsymbol{X}_D=(\cdots, x_j, \cdots)^{\top} \quad (j\in I_D), \end{aligned}$$

我们称变量 $x_{B1}, \cdots, x_{Bm}$ 为(LP)关于基 $\boldsymbol{B}$ 的基本变量，变量 $x_j(j\in I_D)$ 为(LP)关于基 $\boldsymbol{B}$ 的非基本变量.

若对 $j\in I_D$，取 $x_j=0$，代入方程组 $\boldsymbol{AX}=\boldsymbol{b}$，可得方程组

$$\boldsymbol{BX}_B=\boldsymbol{b},$$

由于 $|\boldsymbol{B}|\neq 0$，此方程组能唯一地确定变量 $x_{B1}, \cdots, x_{Bm}$ 的值. 设方程组 $\boldsymbol{BX}_B=\boldsymbol{b}$ 的解为

$$x_{B1}=\bar{b}_1, \cdots, x_{Bm}=\bar{b}_m,$$

则

$$\begin{aligned} &\boldsymbol{X}_B=(x_{B1}, \cdots, x_{Bm})^{\top}=(\bar{b}_1, \cdots, \bar{b}_m)^{\top}=\bar{\boldsymbol{b}}, \\ &\boldsymbol{X}_D=(\cdots, x_j, \cdots)^{\top}=(\cdots, 0, \cdots)^{\top} \quad (j\in I_D) \end{aligned}$$

为 $\boldsymbol{AX}=\boldsymbol{b}$ 的一个解. 我们称

$$\boldsymbol{X}=\begin{pmatrix}\boldsymbol{X}_B\\ \boldsymbol{X}_D\end{pmatrix}=\begin{pmatrix}\bar{\boldsymbol{b}}\\ \boldsymbol{0}\end{pmatrix}$$

为(LP)关于基 $\boldsymbol{B}$ 的一个基本解. 如果基本解又满足非负条件，即有 $\bar{b}_i\geqslant 0$ $(i=1, \cdots, m)$，则称它为(LP)关于基 $\boldsymbol{B}$ 的一个基本可行解.

如果将§1.2节所述的独立变量与非独立变量，与本节引进的非基本变量与基本变量相对应，我们可以发现，(LP)的基本可行解就是(LP)可行域 K 的顶点. 我们将前面对(LP)几何特征讨论分析所得结论归纳成下列基本定理.

定理 1-1（基本定理） 对于标准型线性规划(LP)，

(1) 若(LP)有可行解，则(LP)必有基本可行解；

(2) 若(LP)有最优解，则(LP)必有基本最优解(既是基本解又是最优解).

联系我们在分析标准型线性规划(LP)几何特征时对相邻顶点的解释，可知，若两个基本可行解的非基本变量指标集仅有一个指标不同(即基本变量指标集仅有一个指标不同)，那么，从几何意义上来说，这两个基本可行解就是相邻的顶点.

下面我们来讨论如何方便地求得(LP)的基本解和其目标函数值.

如果我们把(LP)的目标函数 f 也看成一个变量,并令 $w=-f$,则 $f=c_1x_1+\cdots+c_nx_n$ 变换成

$$w+c_1x_1+\cdots+c_nx_n=0. \tag{1-10}$$

当(LP)的指标集 $I_B(|\boldsymbol{B}|\neq 0)$ 和 I_D 给定后,我们对 $m+1$ 个方程

$$\begin{aligned}&a_{i1}x_1+\cdots+a_{in}x_n=b_i \quad (i=1,\cdots,m),\\&w+c_1x_1+\cdots+c_nx_n=0\end{aligned} \tag{1-11}$$

用消元法作等价变换,化成下列形式:

$$\begin{aligned}&x_{Bi}+0\cdot w+\cdots+y_{ij}x_j+\cdots=\bar{b}_i,\quad i=1,\cdots,m,\\&w+\cdots+r_jx_j+\cdots=-f_0,\end{aligned} \tag{1-12}$$

其中 $j\in I_D$(这里,y_{ij}, $\bar{b}_i$, r_j, f_0 是上述方程组中系数的记号). 此方程组的特点为:基本变量 x_{Bi} 仅在第 i 个方程出现且系数为1,而在其他 m 个方程中均不出现;w 仅在最后一个方程出现且系数为1,而在其余方程均不出现. 我们称该方程组(1-12)为(LP)关于基 $\boldsymbol{B}$ 的典型方程组,它对我们讨论问题会带来许多方便. 因为方程组(1-12)即为下列形式:

$$x_{Bi}=\bar{b}_i-\sum_{j\in I_D}y_{ij}x_j,\quad i=1,\cdots,m, \tag{1-13}$$

$$f(\boldsymbol{X})=f_0+\sum_{j\in I_D}r_jx_j, \tag{1-14}$$

一旦 $n-m$ 个非基本变量 $x_j(j\in I_D)$ 的值取定,则基本变量 $x_{B1},\cdots,x_{Bm}$ 的值也就取定,相应地,$\boldsymbol{X}=\begin{pmatrix}\boldsymbol{X}_B\\\boldsymbol{X}_D\end{pmatrix}$ 的目标函数值 $f(\boldsymbol{X})$ 同时也被确定. 所以方程组(1-13)和方程(1-14)就是用非基本变量 $x_j(j\in I_D)$ 来表示基本变量 $x_{Bi}(i=1,\cdots,m)$ 和目标函数值 $f(\boldsymbol{X})$.

特别地,取 $x_j=0\ (j\in I_D)$,即得 $x_{Bi}=\bar{b}_i(i=1,\cdots,m)$. 换言之,我们由方程组(1-13)和方程(1-14),可得基本解 $\boldsymbol{X}^0=\begin{pmatrix}\boldsymbol{X}_B\\\boldsymbol{X}_D\end{pmatrix}=\begin{pmatrix}\bar{\boldsymbol{b}}\\\boldsymbol{0}\end{pmatrix}$, $\boldsymbol{X}^0$ 的目标函数值 $f(\boldsymbol{X}^0)=f_0$.

§1.4　单纯形法

给定标准型线性规划(LP),

$$\begin{aligned}&\min f=\sum_{j=1}^{n}c_jx_j;\\\text{s.t.}\quad&\sum_{j=1}^{n}a_{ij}x_j=b_i,\quad i=1,\cdots,m,\\&x_j\geqslant 0,\quad j=1,\cdots,n.\end{aligned}$$

在没有特别说明的情况下,(LP)满足下列条件:

$$b_i\geqslant 0\quad (i=1,\cdots,m);\quad m<n.$$

m 个等式约束相互独立.

我们已经知悉，求(LP)的最优解(若存在)，只要在基本可行解中搜索就可，而基本解的个数至多 $C_n^m=\dfrac{n!}{m!\,(n-m)!}$ 个. 但是，用枚举法从基本解中找出全部基本可行解，再从中寻求最优解，这个方法是不实用的. 例如，$n=60$，$m=30$，$\dfrac{60!}{30!\,30!}\approx 10^{17}$，即使电子计算机能以 10^{-6} 秒处理每个 I_B 取法的速度进行工作，那么，要将全部取法处理完也要 3000 年. 何况其中有些指标集 I_B 对应的矩阵 $\boldsymbol{B}$ 未必是基，或者相应的基本解不是可行解而使计算徒劳. 同时，在这种枚举法中，目标函数是被动的，只有在所有的基本可行解都被确定后才能比较出哪一个基本可行解的目标函数值最优.

G. B. 丹齐格(G. B. Dantzig)在 1947 年提出了求解线性规划问题的方法——单纯形法. 单纯形法的产生，使线性规划在理论上渐趋成熟，在实际中的应用日益广泛与深入，特别是电子计算机使用单纯形法能处理大规模的线性规划，从而使线性规划在现代管理决策中适用的领域更为广泛.

单纯形法的原理是：如果(LP)的可行域 K 不是空集，我们从 K 的某一顶点 $\boldsymbol{X}^0$ 出发，判别它是否为最优解. 若不是，沿着边界找它邻近的另一个顶点，它应比原来的顶点优，看它是否为最优解. 若不是，再沿着边界找它邻近的顶点. 通过逐次迭代，直至找出最优解(参看图 1-6).

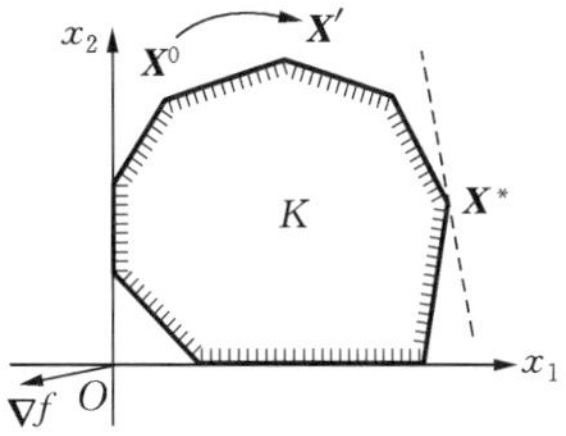

图 1-6

按此原理，单纯形法的基本步骤是：

(1) 求(LP)的初始基本可行解 $\boldsymbol{X}^0$，并将(LP)的有关信息制成表格(称为单纯形表).

(2) 判别 $\boldsymbol{X}^0$ 是否为最优解？为此，需要给出一个基本可行解是否为最优解的判别准则.

(3) 若 $\boldsymbol{X}^0$ 不是最优解，则应另求基本可行解 $\boldsymbol{X}'$，且使 $\boldsymbol{C}^{\mathrm{T}}\boldsymbol{X}'<\boldsymbol{C}^{\mathrm{T}}\boldsymbol{X}^0$ (至少 $\boldsymbol{C}^{\mathrm{T}}\boldsymbol{X}'\leqslant\boldsymbol{C}^{\mathrm{T}}\boldsymbol{X}^0$). 同时，我们由 $\boldsymbol{X}^0$ 相应的单纯形表给出 $\boldsymbol{X}'$ 相应的单纯形表.

(4) 若 $\boldsymbol{X}'$ 不是最优解，则视 $\boldsymbol{X}'$ 为 $\boldsymbol{X}^0$，重复上述步骤，直至(LP)求得最优解或判定 f 在 K 内无下界.

下面我们逐一来解决各个问题，在此基础上建立单纯形法.

1.4.1 单纯形表和最优性条件

若取初始指标集 $I_B=\{B_1,\cdots,B_i,\cdots,B_m\}$，相应矩阵 $\boldsymbol{B}(|\boldsymbol{B}|\neq 0)$ 为基，基本解 $\boldsymbol{X}^0$ 可行. 对下列 $m+1$ 个方程

$$\begin{aligned}&\sum_{j=1}^{n}a_{ij}x_j=b_i,\quad i=1,\cdots,m,\\&w+\sum_{j=1}^{n}c_jx_j=0,\end{aligned}\tag{1-15}$$

用消元法将其化成下列关于基 $\boldsymbol{B}$ 的典型方程组，

$$\begin{aligned}&x_{B_i}+\sum_{j\in I_D}y_{ij}x_j=\bar{b}_i,\quad i=1,\cdots,m,\\&w+\sum_{j\in I_D}r_jx_j=-f_0,\end{aligned}\tag{1-16}$$

我们把这 $m+1$ 个方程的有关信息制成表 1-3，称它为(LP)关于基 $\boldsymbol{B}$ 的单纯形表，记为

$T(\boldsymbol{B})$.[变量 w 在 $m+1$ 个方程中的有关系数未在 $T(\boldsymbol{B})$ 中列出,在本书中,凡出现符号 $T(\boldsymbol{B})$,都是指关于基 $\boldsymbol{B}$ 的单纯形表.]

表 1-3

$\boldsymbol{X}_B$	$\cdots$	x_{B_i}	$\cdots$	x_j	$\cdots$	$\bar{\boldsymbol{b}}$
x_{B_1}	$\cdots$	0	$\cdots$	y_{1j}	$\cdots$	$\bar{b}_1$
$\vdots$		$\vdots$		$\vdots$		$\vdots$
x_{B_i}	$\cdots$	1	$\cdots$	y_{ij}	$\cdots$	$\bar{b}_i$
$\vdots$		$\vdots$		$\vdots$		$\vdots$
x_{B_m}	$\cdots$	0	$\cdots$	y_{mj}	$\cdots$	$\bar{b}_m$
$\boldsymbol{r}$	$\cdots$	0	$\cdots$	r_j	$\cdots$	$-f_0$

由 $T(\boldsymbol{B})$ 可知,关于基 $\boldsymbol{B}$ 的基本可行解 $\boldsymbol{X}^0$ 为

$$x_{B_i}^0=\bar{b}_i,\quad i=1,\cdots,m,$$

$$x_j^0=0,\quad j\in I_D,$$

其目标函数值 $f(\boldsymbol{X}^0)=f_0$.

在表 1-3 中,基本变量 x_{B_i} 对应的方程

$$x_{B_i}+\cdots+y_{ij}+\cdots=\bar{b}_i$$

处在表的第 i 行,这就是 B_i 下标 i 的具体意义,而 B_i 是$\{1,\cdots,n\}$中的某一个数字.一串数字是为了表达某种排列顺序,数学中常用此种描述方式,请读者深刻理解.

由方程(1-14)知,对任意可行解 $\boldsymbol{X}\in K$,有

$$f(\boldsymbol{X})=f(\boldsymbol{X}^0)+\sum_{j\in I_D}r_jx_j.$$

因为可行解 $\boldsymbol{X}$ 的非基本变量 $x_j\geqslant 0(j\in I_D)$,所以,当单纯形表 $T(\boldsymbol{B})$ 对任一 $j\in I_D$ 都有 $r_j\geqslant 0$ 时,基本可行解 $\boldsymbol{X}^0$ 对应的目标函数值 $f_0=f(\boldsymbol{X}^0)$ 不大于(LP)任意可行解 $\boldsymbol{X}$ 的目标函数值 $f(\boldsymbol{X})$,于是 $\boldsymbol{X}^0$ 即为(LP)的基本最优解,$f(\boldsymbol{X}^0)=f_0$ 即为(LP)的最优值.

在单纯形表中,我们称 $r_j(j=1,\cdots,n)$ 为检验数.

称各检验数 $r_j\geqslant 0(j=1,\cdots,n)$ 是基本可行解 $\boldsymbol{X}^0$ 为最优解的最优性条件.

请读者注意,在部分运筹学著作里,把目标函数求 max 作为线性规划的标准模型,那么,基本可行解为最优解的最优性条件变化为:在单纯形表中所有的检验数 $r_j\leqslant 0$.

1.4.2 转轴

若初始指标集 I_B 对应的单纯形表 $T(\boldsymbol{B})$ 中存在某个 $r_j<0(j\in I_D)$,我们就从这个基本可行解 $\boldsymbol{X}^0$ 出发,寻求另一个基本可行解 $\boldsymbol{X}'$,使 $\boldsymbol{C}^{\mathrm{T}}\boldsymbol{X}'<\boldsymbol{C}^{\mathrm{T}}\boldsymbol{X}^0$. 从几何意义来说,也就是寻找顶点 $\boldsymbol{X}^0$ 的相邻顶点 $\boldsymbol{X}'$.

根据相邻顶点的定义,新的指标集

$$I_{B'}=\{B_1',\cdots,B_k',\cdots,B_m'\}(\text{应有 }|\boldsymbol{B}'|\neq 0)$$

与

$$I_B=\{B_1, \cdots, B_k, \cdots, B_m\}$$

仅有一个指标不同,不妨设第 k 个指标不同,

$$B'_i=\begin{cases}B_i, & i\neq k,\\ t, & i=k,\end{cases} \tag{1-17}$$

$$I_{B'}=\{B_1, \cdots, t, \cdots, B_m\}, \tag{1-18}$$

也即 $\boldsymbol{X}_B^0$ 中的一个基本变量 x_{B_k} 在新的基本可行解 $\boldsymbol{X}'$中成为非基本变量;$\boldsymbol{X}_D^0$ 中的一个非基本变量,例如 x_t,在新的基本可行解 $\boldsymbol{X}'$中成为基本变量. 这种从 $\boldsymbol{X}^0$ 及 $T(\boldsymbol{B})$出发,寻求 $\boldsymbol{X}'$及 $T(\boldsymbol{B}')$的运算过程,我们称它为"转轴"或"转基",并称 x_t 为进基变量,x_{B_k} 为出基变量.

现在我们要解决的一系列问题是:换出指标 B_k、换进指标 t 怎样选取能使 $\boldsymbol{B}'$成为基? 在什么条件下 $I_{B'}$对应的基本解 $\boldsymbol{X}'$是可行解,并使 $f(\boldsymbol{X}')$不大于 $f(\boldsymbol{X}^0)$? 如何由 $T(\boldsymbol{B})$得到新的 $T(\boldsymbol{B}')$? 这些问题都必须在转轴过程中给以完美的解决.

如果由 $I_{B'}$仍能产生一个基本解($|\boldsymbol{B}'|\neq 0$),那么,对 $I_{B'}$来说,应能从(LP)关于基 $\boldsymbol{B}$ 的典型方程组,

$$x_{B_i}+0\cdot w+\cdots+y_{it}x_t+\cdots+y_{ij}x_j+\cdots=\bar{b}_i, \quad i=1, \cdots, m, i\neq k, \tag{1-19}$$

$$x_{B_k}+0\cdot w+\cdots+y_{kt}x_t+\cdots+y_{kj}x_j+\cdots=\bar{b}_k \quad (j\in I_D), \tag{1-20}$$

$$w+\cdots+r_t x_t+\cdots+r_j x_j+\cdots=-f_0, \tag{1-21}$$

用消元法得到关于基 $\boldsymbol{B}'$的典型方程组,

$$\begin{aligned}x'_{B_i}+0\cdot w+\cdots+y'_{ij}x_j+\cdots=\bar{b}'_i, \quad i=1, \cdots, m,\\ w+\cdots+r'_j x_j+\cdots=-f'_0 \ (j\in I_D).\end{aligned} \tag{1-22}$$

设 $y_{kt}\neq 0$(保证 $\boldsymbol{B}'$也为基),将方程(1-20)两端除以 y_{kt},可得方程(1-24);将方程(1-19)减去方程(1-24)乘以 y_{it},可得方程(1-23);将方程(1-21)减去方程(1-24)乘以 r_t,可得方程(1-25),

$$x_{B_i}-\frac{y_{it}}{y_{kt}}x_{B_k}+0\cdot w+\cdots+0\cdot x_t+\cdots+\left(y_{ij}-\frac{y_{kj}}{y_{kt}}y_{it}\right)x_j+\cdots=\bar{b}_i-\frac{\bar{b}_k}{y_{kt}}y_{it}, \tag{1-23}$$

$$\frac{1}{y_{kt}}x_{B_k}+0\cdot w+\cdots+\quad x_t+\cdots+\quad\frac{y_{kj}}{y_{kt}}x_j+\cdots=\frac{\bar{b}_k}{y_{kt}}, \tag{1-24}$$

$$-\frac{r_t}{y_{kt}}x_{B_k}+\quad w+\cdots+0\cdot x_t+\cdots+\left(r_j-\frac{y_{kj}}{y_{kt}}r_t\right)x_j+\cdots=-f_0-\frac{\bar{b}_k}{y_{kt}}r_t. \tag{1-25}$$

显然,它就是我们所需要的(LP)关于基 $\boldsymbol{B}'$的典型方程组,将它与方程组(1-22)作比较,可得如下公式:

$$y'_{ij}=\begin{cases} y_{ij}-\dfrac{y_{kj}}{y_{kt}}y_{it}, & i\neq k, \\ \dfrac{y_{kj}}{y_{kt}}, & i=k; \end{cases} \tag{1-26}$$

$$\bar{b}'_i=\begin{cases} \bar{b}_i-\dfrac{\bar{b}_k}{y_{kt}}y_{it}, & i\neq k, \\ \dfrac{\bar{b}_k}{y_{kt}}, & i=k; \end{cases} \tag{1-27}$$

$$r'_j=\begin{cases} r_j-\dfrac{y_{kj}}{y_{kt}}r_t, & j\in I_{D'}, \\ 0, & j\in I_{B'}; \end{cases} \tag{1-28}$$

$$-f'_0=-f_0-\frac{\bar{b}_k}{y_{kt}}r_t. \tag{1-29}$$

于是,根据这些公式,就可以由 $T(\boldsymbol{B})$来确定 $T(\boldsymbol{B}')$. 如前所说,此运算过程称为转轴,因而,上述公式称为转轴公式. $T(\boldsymbol{B})$的第 t 列(相应于 x_t 的列)称为枢轴列,第 k 行(相应于 x_{B_k} 的行)称为枢轴行, y_{kt} 称为枢轴元素.

可见,如果 $\boldsymbol{I}_B$ 能对应一个基本解,则 $\boldsymbol{I}_{B'}$ 也能对应一个基本解的充分必要条件为 $\boldsymbol{y}_{kt}\neq\boldsymbol{0}$.

下面我们来讨论指标 k 的选取.

在转轴过程中,我们应保持 $I_{B'}$对应的基本解 $\boldsymbol{X}'$的可行性,也即要求 $T(\boldsymbol{B}')$ 中$\bar{b}'_i\geqslant 0$ $(i=1,\cdots,m)$ 成立. 由式(1-27)可知

$$\bar{b}'_k=\frac{\bar{b}_k}{y_{kt}},$$

因为在 $T(\boldsymbol{B})$中有 $\bar{b}_i\geqslant 0$ $(i=1,\cdots,m)$,故为保证 $\bar{b}'_k\geqslant 0$,应取枢轴元素

$$y_{kt}>0.$$

从式(1-27)还可知,当 $i\neq k$ 时,

$$\bar{b}'_i=\bar{b}_i-\frac{\bar{b}_k}{y_{kt}}y_{it},$$

由于 $\bar{b}_i\geqslant 0$, $y_{kt}>0$, $\bar{b}_k\geqslant 0$,故当 $y_{it}\leqslant 0$ 时,总有$\bar{b}'_i\geqslant 0$;而当 $y_{it}>0$ 时,要使$\bar{b}'_i\geqslant 0$ 成立,则下列条件必须成立:

$$\frac{\bar{b}_k}{y_{kt}}\leqslant\frac{\bar{b}_i}{y_{it}}\quad(1\leqslant i\leqslant m,\ y_{it}>0).$$

因此,当指标 t 确定后,应依据下述准则(称为最小比值准则)来确定指标 k:

$$\frac{\bar{b}_k}{y_{kt}}=\min\left\{\frac{\bar{b}_i}{y_{it}}\,\middle|\,y_{it}>0,\ 1\leqslant i\leqslant m\right\}. \tag{1-30}$$

接下来，我们考虑指标 t 的选取.

由式(1-29)知

$$f'_0 = f_0 + \frac{\bar{b}_k}{y_{kt}} r_t, \tag{1-31}$$

其中已知 $y_{kt} > 0$, $\bar{b}_k \geqslant 0$. 根据迭代要求，为使 $f'_0 < f_0$(至少 $f'_0 \leqslant f_0$)，应要求

$$r_t < 0 \text{ (当}\bar{b}_k > 0\text{ 时，一定有 } f'_0 < f_0\text{)},$$

这就是确定指标 t 的准则. 一般地，我们取

$$r_t = \min\{r_j \mid r_j < 0, j \in I_D\}. \tag{1-32}$$

我们将上述的讨论归结为下列定理.

定理 1-2　设 $\boldsymbol{B}$ 为(LP)的一个基，相应的指标集

$$I_B = \{B_1, \cdots, B_m\},$$

$\boldsymbol{X}$ 为关于 $\boldsymbol{B}$ 的基本解，在单纯形表 $T(\boldsymbol{B})$ 中有 $\bar{b}_i \geqslant 0$ $(i=1, \cdots, m)$，则

(1) 若 $T(\boldsymbol{B})$ 中各检验数 $r_j \geqslant 0$ $(j=1, \cdots, n)$，则 $\boldsymbol{X}$ 必为(LP)的一个基本最优解；

(2) 若存在检验数 $r_t < 0$ $(t \in I_D)$，且存在 $y_{it} > 0$ $(1 \leqslant i \leqslant m)$，按最小比值准则(1-30)确定指标 k，按式(1-17)确定指标集 $I_{B'}$，则单纯形表 $T(\boldsymbol{B}')$ 中 $\bar{b}' \geqslant 0$ $(i=1,\cdots,m)$ 一定成立，且 $T(\boldsymbol{B}')$ 中的 f'_0 必不超过 $T(\boldsymbol{B})$ 中的 f_0，特别地，当 $T(\boldsymbol{B})$ 中的 $\bar{b}_k > 0$ 时，必有 $f'_0 < f_0$；

(3) 如果 $T(\boldsymbol{B})$ 中存在 $r_t < 0$ $(t \in I_D)$，且对 $i=1, \cdots, m$，均有 $y_{it} \leqslant 0$，则(LP)的目标函数值 f 在可行域中无下界.

证　(1)与(2)前面已作了说明，现证(3).

我们按下列方法在 K 中取可行解 $\hat{\boldsymbol{X}}$.

设 $j \in I_D$，令

$$\hat{x}_j = \begin{cases} 0, & j \neq t, j \in I_D, \\ \varepsilon, & j = t, \end{cases} \tag{1-33}$$

其中 ε 为任一正数. 从而，由方程组(1-13)和式(1-14)，可知

$$\begin{aligned} &\hat{x}_{B_i} = \bar{b}_i - \varepsilon y_{it}, \quad i=1, \cdots, m, \\ &f'(\hat{\boldsymbol{X}}) = f_0 + \varepsilon r_t, \end{aligned} \tag{1-34}$$

因为 $y_{it} \leqslant 0$, $\bar{b}_i \geqslant 0$ $(i=1, \cdots, m)$, $\varepsilon > 0$，所以 $\hat{x}_{B_i} \geqslant 0$ $(i=1, \cdots, m)$. 从而，由此取得的 $\hat{\boldsymbol{X}}$ 是(LP)的一个可行解.

因为 $r_t < 0$，故当 $\varepsilon \to +\infty$ 时，$f(\hat{\boldsymbol{X}}) \to -\infty$，所以(LP)的目标函数值在 K 中无下界.

1.4.3　单纯形法

我们将单纯形法归纳如下：

① 选定初始基 $\boldsymbol{B}$[它对应的基本解是(LP)的一个可行解，称此基为原有可行基]，确定指标集 I_B, I_D，作单纯形表 $T(\boldsymbol{B})$.

② $T(\boldsymbol{B})$中 $r_j \geqslant 0$ 对 $j \in I_D$ 是否均成立?

若是,则得(LP)的一个基本最优解

$$\boldsymbol{X}^* = \begin{pmatrix} \boldsymbol{X}_B^* \\ \boldsymbol{X}_D^* \end{pmatrix} = \begin{pmatrix} \bar{\boldsymbol{b}} \\ \boldsymbol{0} \end{pmatrix};$$

最优值 $f^* = f_0$,算法终止.

若否,则定指标 t:

$$r_t = \min\{r_j \mid r_j < 0, \ j \in I_D\},$$

转步骤③.

③ 在 $T(\boldsymbol{B})$中 $y_{it} \leqslant 0$ 对 $i = 1, \cdots, m$ 是否均成立?

若是,则(LP)的目标函数值 f 在可行域内无下界,算法终止;

若否,则按最小比值准则定指标 k,使

$$\frac{\bar{b}_k}{y_{kt}} = \min\left\{\frac{\bar{b}_i}{y_{it}} \middle| y_{it} > 0, \ 1 \leqslant i \leqslant m\right\},$$

以 y_{kt} 为枢轴元素进行转轴,得新的原有可行基 $\boldsymbol{B}'$及指标集 $I_{B'}$, $I_{D'}$ 以及相应的单纯形表 $T(\boldsymbol{B}')$;将 $\boldsymbol{B}'$, $I_{B'}$, $I_{D'}$ 视为$\boldsymbol{B}$, I_B, I_D,转步骤②.

例 1-5 给出(LP)与表 1-4、表 1-5 如下,分析表 1-4 与表 1-5 的有关信息,

$$\begin{aligned} \min f &= -2x_1 + 6x_2; \\ \text{s.t.} \quad & -x_1 + 2x_2 \qquad\quad + x_4 = 8, \\ & 5x_1 + 2x_2 + x_3 \qquad = 20, \\ & x_j \geqslant 0, \quad j = 1, \cdots, 4. \end{aligned}$$

表 1-4

$\boldsymbol{X}_B$	x_1	x_2	x_3	x_4	$\bar{\boldsymbol{b}}$
x_4	−1	2	0	1	8
x_3	(5)	2	1	0	20
$\boldsymbol{r}$	−2	6	0	0	0

表 1-5

$\boldsymbol{X}_B$	x_1	x_2	x_3	x_4	$\bar{\boldsymbol{b}}$
x_4	0	12/5	1/5	1	12
x_1	1	2/5	1/5	0	4
$\boldsymbol{r}$	0	34/5	2/5	0	8

解 (LP)中的两个等式方程已经是典型方程,所以可以非常方便地取 x_4 与 x_3 为初始基本变量,将相关的信息列成表 1-4. 将表 1-4 看作 $T(\boldsymbol{B})$,相应的 $I_B = \{4,3\}$,$B_1 = 4$,$B_2 = 3$,对应的基 $\boldsymbol{B}$ 为

$$\boldsymbol{B} = (\boldsymbol{A}_{\cdot 4}, \boldsymbol{A}_{\cdot 3}) = \begin{pmatrix} 1 & 0 \\ 0 & 1 \end{pmatrix}.$$

因为 $r_1 = -2 < 0$,所以基本可行解 $\boldsymbol{X}^0 = (0,0,20,8)^{\mathrm{T}}$ 不是最优解,取 $t = 1$,$k = 2$ ($B_k = B_2 = 3$),x_1 为进基变量,$x_{B_2} = x_3$ 为出基变量,$y_{21} = 5$ 为枢轴元素,在表 1-4 中用括号给以标出.

将表 1-5 看作 $T(\boldsymbol{B}')$,相应的 $I_{B'} = \{4,1\}$, $B'_1 = 4$,$B'_2 = 1$,对应的基为

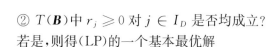

$$B'=(A_{\cdot 4}, A_{\cdot 1})=\begin{pmatrix}1 & -1\\ 0 & 5\end{pmatrix}.$$

我们当然可以通过转轴公式(1-26)至(1-29)由 $T(\boldsymbol{B})$来得到 $T(\boldsymbol{B}')$(利用电子计算机进行计算就是按照此方法进行的),但在进行手工计算时,我们可以直接通过消元法由 $T(\boldsymbol{B})$来得到 $T(\boldsymbol{B}')$.

在 $T(\boldsymbol{B})$表 1-4 中,将第 2 行除以枢轴元素 $y_{21}=5$,便得到表 1-5 的第 2 行;用表 1-4 的第 1 行减去表 1-5 的第 2 行乘以表 1-4 中的 y_{11}(值为-1),便得到表 1-5 的第 1 行;用表 1-4 的第 3 行减去表 1-5 的第 2 行乘以表 1-4 中的 r_1(值为-2),便得到表 1-5 的第 3 行.

表 1-5 中的检验数 r_j 都非负,所以 $\boldsymbol{X}^*=(4,0,0,12)^{\mathrm{T}}$ 为最优解,最优值 $f^*=-8$.

例 1-6 求解下列线性规划:

$$\begin{aligned}
\max z &= 2x_1+3x_2+4x_3;\\
\text{s.t.}\quad & x_1-2x_2+3x_3\leqslant 3,\\
& 2x_1+5x_2-3x_3\leqslant 6,\\
& -2x_1+x_2+x_3\leqslant 7,\\
& x_j\geqslant 0,\quad j=1,2,3.
\end{aligned}$$

解 首先把它化成标准型,

$$\begin{aligned}
\min f &= -2x_1-3x_2-4x_3;\\
\text{s.t.}\quad & x_1-2x_2+3x_3+x_4=3,\\
& 2x_1+5x_2-3x_3+x_5=6,\\
& -2x_1+x_2+x_3+x_6=7,\\
& x_j\geqslant 0,\quad j=1,\cdots,6.
\end{aligned}$$

执行步骤①:选取初始指标集 $I_B=\{4,5,6\}$, $I_D=\{1,2,3\}$,这时 $\boldsymbol{B}$ 为单位阵,故 $|\boldsymbol{B}|\neq 0$,易知,关于 $\boldsymbol{B}$ 的基本解$(0,0,0,3,6,7)^{\mathrm{T}}$ 是一个可行解,其单纯形表如表 1-6.

表 1-6

$\boldsymbol{X}_B$	x_1	x_2	x_3	x_4	x_5	x_6	$\bar{\boldsymbol{b}}$	$\bar{b}_i/y_{it}$
x_4	1	-2	(3)	1	0	0	3	(3/3)
x_5	2	5	-3	0	1	0	6	
x_6	-2	1	1	0	0	1	7	7/1
$\boldsymbol{r}$	-2	-3	(-4)	0	0	0	0	

执行步骤②:现 $\min\{r_j \mid r_j<0,\ j\in I_D\}=-4=r_3$,故取 $t=3$.

执行步骤③:现 $y_{1t}=y_{13}=3$, $y_{3t}=y_{33}=1$ 均大于零,因而

$$\frac{\bar{b}_k}{y_{kt}}=\min\left\{\frac{\bar{b}_1}{y_{13}},\ \frac{\bar{b}_3}{y_{33}}\right\}=\min\left\{\frac{3}{3},\ \frac{7}{1}\right\}=\frac{\bar{b}_1}{y_{13}},$$

故取 $k=1$ (为反映这些步骤,我们在表 1-6 中,对检验数 r_3 打上括号,把有关比值$\dfrac{\bar{b}_i}{y_{it}}$列在表

1-6的最右一列,对最小比值$\dfrac{\bar{b}_1}{y_{13}}$打上括号).

执行步骤④,以$y_{kt}=y_{13}=3$为枢轴元素对表1-6进行转轴,得表1-7,继续迭代得表1-8.

表 1-7

$\boldsymbol{X}_B$	x_1	x_2	x_3	x_4	x_5	x_6	$\bar{\boldsymbol{b}}$	$\bar{b}_i/y_{it}$
x_3	1/3	−2/3	1	1/3	0	0	1	
x_5	3	(3)	0	1	1	0	9	(9/3)
x_6	−7/3	5/3	0	−1/3	0	1	6	$\dfrac{18}{5}$
$\boldsymbol{r}$	−2/3	(−17/3)	0	4/3	0	0	4	

表 1-8

$\boldsymbol{X}_B$	x_1	x_2	x_3	x_4	x_5	x_6	$\bar{\boldsymbol{b}}$
x_3	1	0	1	5/9	2/9	0	3
x_2	1	1	0	1/3	1/3	0	3
x_6	−12/3	0	0	−8/9	−5/9	1	1
$\boldsymbol{r}$	5	0	0	29/9	17/9	0	21

由于表1-8中$r_j \geqslant 0$对$j=1, \cdots, 6$均已成立,故算法终止.原规划最优解$\boldsymbol{X}^*$和最优值分别为

$$\boldsymbol{X}^*=(x_1^*, x_2^*, x_3^*)^{\mathrm{T}}=(0, 3, 3,)^{\mathrm{T}}, \quad z^*=21.$$

例 1-7 证明下列线性规划:

$$\begin{aligned} \min f &= -3x_1-2x_2+3x_3-x_4; \\ \text{s.t.}\quad & x_1-\ x_2+x_3 \qquad\ =2, \\ & 3x_1-2x_2 \qquad +x_4=4, \\ & x_j \geqslant 0, \quad j=1, \cdots, 4, \end{aligned}$$

在其可行域内无下界,并给出一个可行解$\hat{\boldsymbol{X}}$,有$f(\hat{\boldsymbol{X}})<-3\,000$.

证 现取初始指标集$I_B=\{3, 4\}$. 由于目标函数中x_3及x_4的系数不为零,而由约束条件可知

$$x_3=2-x_1+x_2,$$
$$x_4=4-3x_1+2x_2,$$

将其代入

$$f=-3x_1-2x_2+3x_3-x_4$$

中,得到

$$f=-3x_1-x_2+2,$$

即为方程

$$-3x_1-x_2+w=-2.$$

于是，有初始单纯形表如表 1-9.

表 1-9

$\boldsymbol{X}_B$	x_1	x_2	x_3	x_4	$\bar{\boldsymbol{b}}$
x_3	1	−1	1	0	2
x_4	3	−2	0	1	4
$\boldsymbol{r}$	−3	−1	0	0	−2

在表 1-9 中，$r_2=-1<0$，又 $y_{12}=-1<0$，$y_{22}=-2<0$，最小比值准则失效，所以(LP)的目标函数值在可行域内无下界.

取

$$\hat{x}_2=\varepsilon>0,\quad \hat{x}_1=0,$$

由式(1-34)得

$$\hat{x}_3=2+\varepsilon,$$
$$\hat{x}_4=4+2\varepsilon,$$
$$f(\hat{\boldsymbol{X}})=2-\varepsilon.$$

为使 $f(\hat{\boldsymbol{X}})<-3\,000$，取 $\varepsilon=3\,110$，即得(LP)的一个可行解

$$\hat{\boldsymbol{X}}=(0,\ 3\,110,\ 3\,112,\ 6\,224)^{\mathrm{T}},$$

其目标函数值

$$f(\hat{\boldsymbol{X}})=-3\,108.$$

单纯形法的产生，当年被认为是数学界的一大突破，难度也比较大，而在本节介绍的单纯形法，我们可以看到，它不过是方程组的一系列等价变换，只要应用初等数学知识就可以了.

例 1-8 求解下列线性规划：

$$\begin{aligned} \min\ & f=3x_1-x_2;\\ \text{s.t.}\ & -x_1+3x_2\leqslant 3,\\ & -x_1-\ x_2\leqslant 3,\\ & x_1\geqslant 0,x_2\geqslant 0. \end{aligned}$$

解 可以令 $x_1=x_1^+-x_1^-$，$x_2=x_2^+-x_2^-$ $(x_i^{\pm}\geqslant 0,\ i=1,\ 2)$，代入上述模型，把模型标准化后用单纯形法求解. 为了减少变量，可采用如下方法：令

$$x_1=x_3-x_5,\ x_2=x_4-x_5\,(x_j\geqslant 0,\ j=3,4,5).$$

代入模型并引进松弛变量 x_6，x_7，得到标准模型(LP)，用单纯形法求得最优解为

$$x_3=0,\ x_4=3,\ x_5=3,\ x_6=x_7=0,$$

因而，原有问题的最优解为

$$x_1^*=x_3-x_5=0-3=-3,\quad x_2^*=x_4-x_5=3-3=0,$$

最优值为 $f^*=-9$.

仿照此例，如果一个线性规划问题中有 k 个自由变量，变换 $x_j=x_j^+-x_j^-$ $(x_j^+\geqslant 0,\ x_j^-\geqslant 0)$ 将使对应的非负变量个数加倍. 我们可以用 $k+1$ 个非负变量来代替 k 个自由变量，即令

$$x_j=x_j^+-y\,(x_j^+\geqslant 0,\ y\geqslant 0).$$

感兴趣的读者可以用图解法来求解这道变量为自由变量的例题.

1.4.4 关于最优解唯一性的讨论

在§1.2 线性规划的几何特征这一节中，我们曾经指出，若线性规划存在最优解，则可分为最优解唯一和不唯一. 那么，在用单纯形算法求解所得的最优单纯形表中(基本最优解对应

的单纯形表今后称为最优单纯形表,简称最优表,相应的基称为最优基),如何反映这种情况呢?让我们来看两个例子.

例 1-9 给出下列线性规划的全部基本最优解:

$$
\begin{aligned}
&\min f=-x_1-2x_2-3x_3;\\
\text{s. t.}\quad & x_1+2x_2+3x_3+x_4=10,\\
& x_1+x_2+x_5=5,\\
& x_1+x_6=1,\\
& x_j\geqslant 0,\quad j=1,\cdots,6.
\end{aligned}
$$

解 用单纯形法求解本问题,得最优单纯形表如表 1-10.

表 1-10

$\boldsymbol{X}_B$	x_1	x_2	x_3	x_4	x_5	x_6	$\bar{b}$
x_3	1/3	2/3	1	1/3	0	0	10/3
x_5	1	(1)	0	0	1	0	5
x_6	1	0	0	0	0	1	1
$\boldsymbol{r}$	0	0	0	1	0	0	10

在表 1-10 中,非基本变量 x_2 的检验数 $r_2=0$,而 $y_{12}>0$,$y_{22}>0$,所以最小比值准则有效.我们选 x_2 为进基变量、x_5 为出基变量,转轴后得到另一张最优表如表 1-11.

表 1-11

$\boldsymbol{X}_B$	x_1	x_2	x_3	x_4	x_5	x_6	$\bar{b}$
x_3	−1/3	0	1	1/3	−2/3	0	0
x_2	1	1	0	0	1	0	5
x_6	(1)	0	0	0	0	1	1
$\boldsymbol{r}$	0	0	0	1	0	0	10

类似地,我们还可以得最优表如表 1-12 和表 1-13.

表 1-12

$\boldsymbol{X}_B$	x_1	x_2	x_3	x_4	x_5	x_6	$\bar{b}$
x_3	0	0	1	1/3	−2/3	1/3	1/3
x_2	0	1	0	0	(1)	−1	4
x_1	1	0	0	0	0	1	1
$\boldsymbol{r}$	0	0	0	1	0	0	10

表 1-13

$\boldsymbol{X}_B$	x_1	x_2	x_3	x_4	x_5	x_6	$\bar{b}$
x_3	0	2/3	1	1/3	0	−1/3	3
x_5	0	1	0	0	1	−1	4
x_1	1	0	0	0	0	1	1
$\boldsymbol{r}$	0	0	0	1	0	0	10

由表1-10至表1-13,我们得到本问题的4个基本最优解:

$$X^1=(0, 0, 10/3, 0, 5, 1)^{\mathrm{T}}, \quad X^2=(0, 5, 0, 0, 0, 1)^{\mathrm{T}},$$
$$X^3=(1, 4, 1/3, 0, 0, 0)^{\mathrm{T}}, \quad X^4=(1, 0, 3, 0, 4, 0)^{\mathrm{T}},$$

它们的目标函数值都是同一个值 $f^*=-10$.

进一步地,我们还可以给出最优解的一般表达式为

$$X^*=\lambda_1 X^1+\lambda_2 X^2+\lambda_3 X^3+\lambda_4 X^4,$$

其中 $\lambda_k \geqslant 0(k=1, \cdots, 4)$, $\sum_{k=1}^{4}\lambda_k=1$.

例 1-10 对下列线性规划的最优解进行讨论:

$$\begin{aligned} &\min f=-2x_1+x_2-3x_3;\\ \text{s. t.}\quad & x_1-x_2+5x_3+x_4=10,\\ & 2x_1-x_2+3x_3+x_5=40,\\ & x_j\geqslant 0, \quad j=1, \cdots, 5. \end{aligned}$$

解 用单纯形法求解本问题,可得最优单纯形表如表1-14.

表 1-14

X_B	x_1	x_2	x_3	x_4	x_5	$\bar{b}$
x_1	1	0	−2	−1	0	30
x_2	0	1	−7	−2	1	20
r	0	0	0	0	1	40

我们得基本最优解 $X^*=(30, 20, 0, 0, 0,)^{\mathrm{T}}$,最优值为−40.

现在在表1-14中非基本变量的检验数 $r_3=0$,且 $y_{13}=-2<0$, $y_{23}=-7<0$,最小比值准则失效,但我们若取

$$x_3=\varepsilon(\text{任一正数}), \; x_4=0, \; x_5=0,$$

于是,由式(1-34)可知

$$x_1=30+2\varepsilon, \quad x_2=20+7\varepsilon,$$

且相应可行解

$$\hat{X}^*=(30+2\varepsilon, 20+7\varepsilon, \varepsilon, 0, 0)^{\mathrm{T}}$$

的目标函数值也为−40,所以 $\hat{X}^*$ 也为最优解.

类似地,由于表1-14中非基本变量 x_4 的检验数 $r_4=0$,且 $y_{14}=-1<0$, $y_{24}=-2<0$,可知

$$\tilde{X}^*=(30+\varepsilon, 20+2\varepsilon, 0, \varepsilon, 0,)^{\mathrm{T}}$$

也为本问题的最优解.

通过例1-9和例1-10的讨论,我们有如下结论:

若用单纯形法求解(LP)得最优单纯形表 $T(\boldsymbol{B}^*)$,相应的最优基为 $\boldsymbol{B}^*$,则

(1) 若 $T(\boldsymbol{B}^*)$中非基本变量的检验数全大于零,则(LP)有唯一基本最优解;

(2) 若 $T(\boldsymbol{B}^*)$中存在 $t \in I_D$, $r_t=0$,且 $\boldsymbol{y}^t=(y_{1t}, \cdots, y_{mt})^{\mathrm{T}}$ 中存在大于零的元素,则按最小比值准则(1-30)选定出基变量,转轴后可得(LP)的另一个基本最优解;

(3) 若 $T(\boldsymbol{B}^*)$中存在 $t \in I_D$, $r_t=0$,且 $y_{it} \leqslant 0\ (i=1, \cdots, m)$,则按式(1-33)和式(1-34)所取的可行解

$$x_t=\varepsilon(\text{任意正数}), \quad x_j=0\ (j \in I_D, j \neq t),$$
$$x_{B_i}=\bar{b}_i-y_{it}\varepsilon, \quad i=1, \cdots, m$$

也为最优解.

§1.5 单纯形表的矩阵描述

本节将利用矩阵运算来描述单纯形表,并给出 y_{ij}, $\bar{b}_i$, r_j 和 f_0 的计算公式.

现给定(LP),

$$\begin{aligned} &\min f=\boldsymbol{C}^{\mathrm{T}}\boldsymbol{X}; \\ \text{s.t.}\quad &\boldsymbol{AX}=\boldsymbol{b}, \\ &\boldsymbol{X} \geqslant \boldsymbol{0}, \end{aligned}$$

取基 $\boldsymbol{B}(|\boldsymbol{B}| \neq 0)$,指标集 $I_B=\{B_1, \cdots, B_m\}$ 和 $I_D=\{\cdots, j, \cdots\}$,令

$$\boldsymbol{D}=(\cdots, \boldsymbol{A}_{\cdot j}, \cdots,)\ (j \in I_D),$$

于是,不妨设

$$\boldsymbol{A}=(\boldsymbol{B}, \boldsymbol{D}),$$

运用矩阵分块的方法,把 $\boldsymbol{AX}=\boldsymbol{b}$ 写成

$$(\boldsymbol{B}, \boldsymbol{D})\begin{pmatrix}\boldsymbol{X}_B \\ \boldsymbol{X}_D\end{pmatrix}=\boldsymbol{b},$$

即

$$\boldsymbol{BX}_B+\boldsymbol{DX}_D=\boldsymbol{b}.$$

由于 $|\boldsymbol{B}| \neq 0$,所以 $\boldsymbol{B}^{-1}$ 存在.我们用 $\boldsymbol{B}^{-1}$ 左乘上式,得

$$\boldsymbol{X}_B+\boldsymbol{B}^{-1}\boldsymbol{DX}_D=\boldsymbol{B}^{-1}\boldsymbol{b},$$

即

$$\boldsymbol{X}_B+\boldsymbol{B}^{-1}(\cdots, \boldsymbol{A}_{\cdot j}, \cdots)\begin{pmatrix}\vdots \\ x_j \\ \vdots\end{pmatrix}=\boldsymbol{B}^{-1}\boldsymbol{b},$$

$$\boldsymbol{X}_B+\sum_{j \in I_D}\boldsymbol{B}^{-1}\boldsymbol{A}_{\cdot j}x_j=\boldsymbol{B}^{-1}\boldsymbol{b}. \tag{1-35}$$

若记

$$\boldsymbol{y}^j=(y_{1j},\ \cdots,\ y_{ij},\ \cdots,\ y_{mj})^{\mathsf{T}},$$
$$\bar{\boldsymbol{b}}=(\bar{b}_1,\ \cdots,\ \bar{b}_i,\ \cdots,\ \bar{b}_m)^{\mathsf{T}},$$

则(LP)关于基 $\boldsymbol{B}$ 的典型方程组

$$x_{B_i}+\sum_{j\in I_D}y_{ij}x_j=\bar{b}_i,\quad i=1,\ \cdots,\ m,$$

可写成

$$\boldsymbol{X}_B+\sum_{j\in I_D}\boldsymbol{y}^j x_j=\bar{\boldsymbol{b}}. \tag{1-36}$$

对比式(1-35)和式(1-36),即得

$$\boldsymbol{y}^j=\boldsymbol{B}^{-1}\boldsymbol{A}_{\cdot j}\quad(j\in I_D);\quad \bar{\boldsymbol{b}}=\boldsymbol{B}^{-1}\boldsymbol{b}.$$

同时,不难验证

$$\boldsymbol{y}^{B_i}=\boldsymbol{e}_i=(0,\ \cdots,\ 1,\ \cdots,\ 0)^{\mathsf{T}}=\boldsymbol{B}^{-1}\boldsymbol{A}_{\cdot B_i}\quad(i=1,\ \cdots,\ m).$$

若记

$$\boldsymbol{C}_B=(c_{B_1},\ \cdots,\ c_{B_m})^{\mathsf{T}},\quad \boldsymbol{C}_D=(\cdots,\ c_j,\ \cdots,)^{\mathsf{T}}\quad(j\in I_D),$$

则目标函数方程 $w+\boldsymbol{C}^{\mathsf{T}}\boldsymbol{X}=0$ 可写成

$$w+(\boldsymbol{C}_B^{\mathsf{T}},\ \boldsymbol{C}_D^{\mathsf{T}})\begin{pmatrix}\boldsymbol{X}_B\\ \boldsymbol{X}_D\end{pmatrix}=0,$$

即

$$w+\boldsymbol{C}_B^{\mathsf{T}}\boldsymbol{X}_B+\boldsymbol{C}_D^{\mathsf{T}}\boldsymbol{X}_D=0,$$

由式(1-36)可知,$\boldsymbol{X}_B=\bar{\boldsymbol{b}}-\sum\limits_{j\in I_D}\boldsymbol{y}^j x_j$,将其代入上式,得

$$w+\boldsymbol{C}_B^{\mathsf{T}}\Big(\bar{\boldsymbol{b}}-\sum_{j\in I_D}\boldsymbol{y}^j x_j\Big)+\sum_{j\in I_D}c_j x_j=0,$$

即

$$w+\sum_{j\in I_D}(c_j-\boldsymbol{C}_B^{\mathsf{T}}\boldsymbol{y}^j)x_j=-\boldsymbol{C}_B^{\mathsf{T}}\bar{\boldsymbol{b}},$$

对比方程组(1-16)中的方程

$$w+\sum_{j\in I_D}r_j x_j=-f_0,$$

可得

$$r_j=c_j-\boldsymbol{C}_B^{\mathsf{T}}\boldsymbol{y}^j\quad(j\in I_D);\ f_0=\boldsymbol{C}_B^{\mathsf{T}}\bar{\boldsymbol{b}}.$$

同时,不难验证

$$r_{B_i}=0=c_{B_i}-\boldsymbol{C}_B^{\mathsf{T}}\boldsymbol{y}^{B_i}\quad(i=1,\ \cdots,\ m).$$

于是,我们即有单纯形表中各元素的计算公式如下:

$$\boldsymbol{y}^j=(y_{1j},\cdots,y_{ij},\cdots,y_{mj})^{\mathrm{T}}=\boldsymbol{B}^{-1}\boldsymbol{A}_{\cdot j},\quad j=1,\cdots,n, \tag{1-37}$$

$$\bar{\boldsymbol{b}}=(\bar{b}_1,\cdots,\bar{b}_i,\cdots,\bar{b}_m)^{\mathrm{T}}=\boldsymbol{B}^{-1}\boldsymbol{b}, \tag{1-38}$$

$$r_j=c_j-\boldsymbol{C}_B^{\mathrm{T}}\boldsymbol{y}^j=c_j-\boldsymbol{C}_B^{\mathrm{T}}\boldsymbol{B}^{-1}\boldsymbol{A}_{\cdot j},\quad j=1,\cdots,n, \tag{1-39}$$

$$f_0=\boldsymbol{C}_B^{\mathrm{T}}\bar{\boldsymbol{b}}=\boldsymbol{C}_B^{\mathrm{T}}\boldsymbol{B}^{-1}\boldsymbol{b}. \tag{1-40}$$

同时,有

$$\boldsymbol{y}^{B_i}=\boldsymbol{e}_i=(0,\cdots,1,\cdots,0)^{\mathrm{T}},\quad i=1,\cdots,m,$$
$$r_{B_i}=0,\quad i=1,\cdots,m.$$

例 1-11 对线性规划

$$\begin{aligned}\min f&=3x_1-2x_2;\\ \text{s.t.}\quad &3x_1-2x_2+x_3=16,\\ &-x_1+4x_2+x_4=8,\\ &x_j\geqslant 0,\quad j=1,\cdots,4,\end{aligned}$$

用矩阵运算方法给出 $I_B=\{3,2\}$ 所对应的单纯形表.

解 $$\boldsymbol{B}=\begin{pmatrix}1&-2\\0&4\end{pmatrix},\ \boldsymbol{B}^{-1}=\begin{pmatrix}1&1/2\\0&1/4\end{pmatrix},\ \boldsymbol{C}_B^{\mathrm{T}}=(0,-2),$$

$$\boldsymbol{y}^1=\boldsymbol{B}^{-1}\boldsymbol{A}_{\cdot 1}=\begin{pmatrix}1&1/2\\0&1/4\end{pmatrix}\begin{pmatrix}3\\-1\end{pmatrix}=\begin{pmatrix}5/2\\-1/4\end{pmatrix},\ \boldsymbol{y}^4=\boldsymbol{B}^{-1}\boldsymbol{A}_{\cdot 4}=\begin{pmatrix}1&1/2\\0&1/4\end{pmatrix}\begin{pmatrix}0\\1\end{pmatrix}=\begin{pmatrix}1/2\\1/4\end{pmatrix},$$

$$\bar{\boldsymbol{b}}=\boldsymbol{B}^{-1}\boldsymbol{b}=\begin{pmatrix}1&1/2\\0&1/4\end{pmatrix}\begin{pmatrix}16\\8\end{pmatrix}=\begin{pmatrix}20\\2\end{pmatrix},$$

$$r_1=c_1-\boldsymbol{C}_B^{\mathrm{T}}\boldsymbol{y}^1=3-(0,-2)\begin{pmatrix}5/2\\-1/4\end{pmatrix}=5/2,$$

$$r_4=c_4-\boldsymbol{C}_B^{\mathrm{T}}\boldsymbol{y}^4=0-(0,-2)\begin{pmatrix}1/2\\1/4\end{pmatrix}=1/2,$$

$$f_0=\boldsymbol{C}_B^{\mathrm{T}}\bar{\boldsymbol{b}}=(0,-2)\begin{pmatrix}20\\2\end{pmatrix}=-4.$$

制成单纯形表 $T(\boldsymbol{B})$ 如表 1-15 所示.

表 1-15

$\boldsymbol{X}_B$	x_1	x_2	x_3	x_4	$\bar{\boldsymbol{b}}$
x_3	5/2	0	1	1/2	20
x_2	−1/4	1	0	1/4	2
$\boldsymbol{r}$	5/2	0	0	1/2	4

§1.6 改进单纯形法

在用单纯形法求解(LP)的过程中,我们并不是对单纯形表的全部元素感兴趣的.这自然使我们想到,是否可以对单纯形法加以一定的改进,使电子计算机在实现单纯形算法时,能节省内存单元,并缩短计算时间?为此,我们对单纯形表及算法作进一步分析:

(1) 作基 $\boldsymbol{B}$ 的单纯形表,用到矩阵 $\boldsymbol{B}^{-1}$ 及 $\boldsymbol{C}_B^{\mathrm{T}}\boldsymbol{B}^{-1}$;

(2) 确定算法是否已获得最优解，或在判定未获得最优解需确定进基变量 x_t 的指标 t，用到检验数 $r_j(j \in I_D)$；

(3) 确定(LP)在 K 内无下界，或确定出基变量 x_{B_k} 的指标 k，用到 $\boldsymbol{y}^t$ 及 $\bar{\boldsymbol{b}}$；

(4) 当已得最优解 $\boldsymbol{X}_B=\bar{\boldsymbol{b}}, \boldsymbol{X}_D=\boldsymbol{0}$ 及最优值 $f_0=\boldsymbol{C}_B^{\mathrm{T}}\bar{\boldsymbol{b}}$ 时，用到 $\bar{\boldsymbol{b}}$ 及 f_0.

故我们对 $T(\boldsymbol{B})$ 中最感兴趣的元素是 $r_j(j \in I_D)$，$\boldsymbol{y}^t$，$\bar{\boldsymbol{b}}$ 和 f_0，它们是转轴运算的必要信息，而其他元素对转轴运算不起作用. 为此，我们考虑缩减单纯形表，建立改进单纯形法. 其基本思想为：

对于基 $\boldsymbol{B}$，首先计算 $\boldsymbol{B}^{-1}$，$\boldsymbol{C}_B^{\mathrm{T}}\boldsymbol{B}^{-1}$，$\bar{\boldsymbol{b}}=\boldsymbol{B}^{-1}\boldsymbol{b}$，$f_0=\boldsymbol{C}_B^{\mathrm{T}}\boldsymbol{B}^{-1}\boldsymbol{b}$，然后计算检验数

$$r_j=c_j-\boldsymbol{C}_B^{\mathrm{T}}\boldsymbol{B}^{-1}\boldsymbol{A}_{\cdot j} \quad (j \in I_D).$$

当 $r_j \geqslant 0$ 对 $j \in I_D$ 都成立时，得最优解

$$\boldsymbol{X}_B=\bar{\boldsymbol{b}}, \quad \boldsymbol{X}_D=\boldsymbol{0},$$

最优值为 f_0；

当 $r_j \geqslant 0$ 对 $j \in I_D$ 不全成立时，按式(1-32)确定枢轴列指标 t，计算 $\boldsymbol{y}^t=\boldsymbol{B}^{-1}\boldsymbol{A}_{\cdot t}$. 由 $\boldsymbol{y}^t$，$\bar{\boldsymbol{b}}$ 按最小比值准则(1-30)确定枢轴行指标 k，得枢轴元素 y_{kt} 和新基 $\boldsymbol{B}'$，视 $\boldsymbol{B}'$ 为新基 $\boldsymbol{B}$，重复上述步骤，继续迭代.

剩下的问题是如何求 $(\boldsymbol{B}')^{-1}$. 我们知道，在计算机上由矩阵直接求逆矩阵，一般情况下很费时间，我们改用如下方法：

同单纯形表 $T(\boldsymbol{B})$ 用枢轴元素 y_{kt}、枢轴列 $\boldsymbol{y}^t$ 转轴一样，我们用 y_{kt} 和 $\boldsymbol{y}^t$ 对 $\boldsymbol{B}^{-1}$ 进行转轴运算，来求得 $(\boldsymbol{B}')^{-1}$.

我们用一个实例来说明上述方法. 例如，已知

$$\boldsymbol{B}=(\boldsymbol{A}_{\cdot B_1}, \boldsymbol{A}_{\cdot B_2}, \boldsymbol{A}_{\cdot B_3})=(\boldsymbol{A}_{\cdot 4}, \boldsymbol{A}_{\cdot 2}, \boldsymbol{A}_{\cdot 5}),$$

其逆矩阵为

$$\boldsymbol{B}^{-1}=\begin{pmatrix} 1 & -4 & 0 \\ 0 & 1/2 & 0 \\ 0 & -2 & 1 \end{pmatrix},$$

现在 $x_t=x_1$ 为进基变量，$x_{B_3}=x_5$ 为出基变量，$\boldsymbol{y}^t=(2, 0, 3)^{\mathrm{T}}$，枢轴元素 $y_{31}=3$. 为求新基 $\boldsymbol{B}'=(\boldsymbol{A}_{\cdot 4}, \boldsymbol{A}_{\cdot 2}, \boldsymbol{A}_{\cdot 1})$ 的逆矩阵，我们对 $\boldsymbol{B}^{-1}$ 进行转轴运算，

$$\begin{pmatrix} 1 & -4 & 0 \\ 0 & 1/2 & 0 \\ 0 & -2 & 1 \end{pmatrix} \begin{matrix} 2 \\ 0 \\ (3) \end{matrix} \Rightarrow \begin{pmatrix} 1 & -8/3 & -2/3 \\ 0 & 1/2 & 0 \\ 0 & -2/3 & 1/3 \end{pmatrix} \begin{matrix} 0 \\ 0, \\ 1 \end{matrix}$$

于是

$$(\boldsymbol{B}')^{-1}=\begin{pmatrix} 1 & -8/3 & -2/3 \\ 0 & 1/2 & 0 \\ 0 & -2/3 & 1/3 \end{pmatrix}.$$

若记

$$\boldsymbol{G}=\begin{pmatrix}\boldsymbol{B}^{-1} & \overline{\boldsymbol{b}}\\ -\boldsymbol{C}_B^{\mathrm{T}}\boldsymbol{B}^{-1} & -f_0\end{pmatrix}=(g_{ij})_{(m+1)\times(m+1)}, \tag{1-41}$$

类似地对 $\boldsymbol{G}$ 用 $\boldsymbol{y}^t$，r_t 和 y_{kt} 进行转轴运算，

$$\begin{pmatrix}\boldsymbol{B}^{-1} & \overline{\boldsymbol{b}}\\ -\boldsymbol{C}_B^{\mathrm{T}}\boldsymbol{B}^{-1} & -f_0\end{pmatrix}\begin{matrix}\boldsymbol{y}^t\\ r_t\end{matrix} \Rightarrow \begin{pmatrix}(\boldsymbol{B}')^{-1} & \overline{\boldsymbol{b}}'\\ -\boldsymbol{C}_{B'}^{\mathrm{T}}(\boldsymbol{B}')^{-1} & -f'_0\end{pmatrix}\begin{matrix}\boldsymbol{e}_k\\ 0\end{matrix}$$

即可求得 $(\boldsymbol{B}')^{-1}$，$-\boldsymbol{C}_{B'}^{\mathrm{T}}(\boldsymbol{B}')^{-1}$，$\overline{\boldsymbol{b}}'$，$-f'_0$.

若记

$$\boldsymbol{G}'=\begin{pmatrix}(\boldsymbol{B}')^{-1} & \overline{\boldsymbol{b}}'\\ -\boldsymbol{C}_{B'}^{\mathrm{T}}(\boldsymbol{B}')^{-1} & -f'_0\end{pmatrix}=(g'_{ij})_{(m+1)\times(m+1)},$$

则 $\boldsymbol{G}'$ 与 $\boldsymbol{G}$ 之间的关系可以由下列公式给出：

$$g'_{ij}=\begin{cases}g_{ij}-\dfrac{g_{kj}}{y_{kt}}y_{it}, & i=1,\cdots,m\ (i\neq k);\ j=1,\cdots,m+1,\\[2mm] \dfrac{g_{kj}}{y_{kt}}, & i=k;\ j=1,\cdots,m+1,\\[2mm] g_{ij}-\dfrac{g_{kj}}{y_{kt}}r_t, & i=m+1;\ j=1,\cdots,m+1.\end{cases} \tag{1-42}$$

现将改进单纯形法的算法步骤列出如下：

① 选取初始指标集 I_B(基 $\boldsymbol{B}$ 为原有可行基)和 I_D;求 $\boldsymbol{B}^{-1}$,计算 $\boldsymbol{C}_B^{\mathrm{T}}\boldsymbol{B}^{-1}$，$\overline{\boldsymbol{b}}=\boldsymbol{B}^{-1}\boldsymbol{b}$，$f_0=\boldsymbol{C}_B^{\mathrm{T}}\overline{\boldsymbol{b}}$. 按式(1-41)取 $\boldsymbol{G}=(g_{ij})$.

② 对 $j\in I_D$,计算 $r_j=c_j+(-\boldsymbol{C}_B^{\mathrm{T}}\boldsymbol{B}^{-1})\boldsymbol{A}_{\cdot j}$.

③ 对 $j\in I_D$，$r_j\geqslant 0$ 是否都成立?

若是,则 $\boldsymbol{X}_B=\overline{\boldsymbol{b}}$；$\boldsymbol{X}_D=\boldsymbol{0}$ 即为(LP)的一个最优解，f_0 为它的最优值,算法终止.

若否,则定指标 t：$r_t=\min\{r_j \mid r_j<0,\ j\in I_D\}$.

④ 计算 $\boldsymbol{y}^t=\boldsymbol{B}^{-1}\boldsymbol{A}_{\cdot t}$.

⑤ $\boldsymbol{y}^t\leqslant\boldsymbol{0}$ 是否成立?

若是,则(LP)在可行域 K 内无下界,算法终止；

若否,则定指标 k，

$$\frac{\overline{b}_k}{y_{kt}}=\min\left\{\frac{\overline{b}_i}{y_{it}}\,\middle|\,y_{it}>0,\ 1\leqslant i\leqslant m\right\}.$$

⑥ 按式(1-42)由矩阵 $\boldsymbol{G}$ 得矩阵 $\boldsymbol{G}'$. 取 $\boldsymbol{B}=\boldsymbol{B}'$，$I_B=I_{B'}$，$I_D=I_{D'}$，转步骤②.

例 1-12 用改进单纯形法求解下列线性规划：

$$\begin{aligned}&\min f=-2x_1-x_2+3x_3-5x_4;\\ \text{s. t.}\quad & x_1+2x_2+4x_3-x_4+x_5=6,\\ & 2x_1+3x_2-x_3+x_4+x_6=12,\\ & x_1+x_3+x_4+x_7=4,\\ & x_j\geqslant 0,\quad j=1,\cdots,7.\end{aligned}$$

解　第 1 步,取 $I_B=\{5, 6, 7\}$, $\boldsymbol{B}=(\boldsymbol{A}_{\cdot 5}, \boldsymbol{A}_{\cdot 6}, \boldsymbol{A}_{\cdot 7})=\boldsymbol{I}$, $I_D=\{1, 2, 3, 4\}$. 有

$$\boldsymbol{B}^{-1}=\boldsymbol{I},\quad \boldsymbol{C}_B^{\mathrm{T}}=(c_5, c_6, c_7)=(0, 0, 0),$$

$$\boldsymbol{C}_B^{\mathrm{T}}\boldsymbol{B}^{-1}=(0, 0, 0),\quad \bar{\boldsymbol{b}}=(6, 12, 4)^{\mathrm{T}},\quad f_0=0.$$

计算非基本变量的检验数,

$$\begin{aligned}(r_1, r_2, r_3, r_4)&=(c_1, c_2, c_3, c_4)+(-\boldsymbol{C}_B^{\mathrm{T}}\boldsymbol{B}^{-1})(\boldsymbol{A}_{\cdot 1}, \boldsymbol{A}_{\cdot 2}, \boldsymbol{A}_{\cdot 3}, \boldsymbol{A}_{\cdot 4})\\&=(-2, -1, 3, -5).\end{aligned}$$

定指标 t,

$$\min\{r_1, r_2, r_3, r_4\}=-5=r_4,\quad 得\ t=4.$$

计算 $\boldsymbol{y}^t$,

$$\boldsymbol{y}^4=\boldsymbol{B}^{-1}\boldsymbol{A}_{\cdot 4}=(-1, 1, 1)^{\mathrm{T}}.$$

定指标 k,

$$\min\left\{\frac{\bar{b}_2}{y_{24}}, \frac{\bar{b}_3}{y_{34}}\right\}=\min\left\{\frac{12}{1}, \frac{4}{1}\right\}=\frac{\bar{b}_3}{y_{34}},$$

得 $k=3$,枢轴元素 $y_{34}=1$.

我们把上述运算列成表 1-16.

表 1-16

$\begin{pmatrix}\boldsymbol{B}^{-1}\\-\boldsymbol{C}_B^{\mathrm{T}}\boldsymbol{B}^{-1}\end{pmatrix}$	$\boldsymbol{X}_B$	$\boldsymbol{X}_D$				$\bar{\boldsymbol{b}}$
		x_1	x_2	x_3	x_4	
1　0　0	x_5				-1	6
0　1　0	x_6				1	12
0　0　1	x_7				(1)	4
0　0　0	$\boldsymbol{r}_D$	-2	-1	3	-5	0

第 2 步,进行转轴运算,

$$\begin{pmatrix}\boldsymbol{B}^{-1} & \bar{\boldsymbol{b}}\\-\boldsymbol{C}_B^{\mathrm{T}}\boldsymbol{B}^{-1} & -f_0\end{pmatrix}\begin{matrix}\boldsymbol{y}^4\\r_4\end{matrix}=\left(\begin{array}{cccc|c}1&0&0&6&-1\\0&1&0&12&1\\0&0&1&4&(1)\\0&0&0&0&-5\end{array}\right)\Rightarrow\left(\begin{array}{cccc|c}1&0&1&10&0\\0&1&-1&8&0\\0&0&1&4&1\\0&0&5&20&0\end{array}\right),$$

对 $j\in I_D=\{1, 2, 3, 7\}$,计算检验数 r_j,

$$\begin{aligned}(r_1, r_2, r_3, r_7)&=(c_1, c_2, c_3, c_7)+(-\boldsymbol{C}_B^{\mathrm{T}}\boldsymbol{B}^{-1})(\boldsymbol{A}_{\cdot 1}, \boldsymbol{A}_{\cdot 2}, \boldsymbol{A}_{\cdot 3}, \boldsymbol{A}_{\cdot 7})\\&=(-2, -1, 3, 0)+(0, 0, 5)\begin{pmatrix}1&2&4&0\\2&3&-1&0\\1&0&1&1\end{pmatrix}\\&=(3, -1, 8, 5).\end{aligned}$$

定指标 t、计算 $\boldsymbol{y}^t$;定指标 k,得表 1-17.

表 1-17

$\begin{pmatrix} B^{-1} \\ -C_B^T B^{-1} \end{pmatrix}$	X_B	X_D				$\bar{b}$
		x_1	x_2	x_3	x_7	
$\begin{pmatrix} 1 & 0 & 1 \\ 0 & 1 & -1 \\ 0 & 0 & 1 \\ 0 & 0 & 5 \end{pmatrix}$	x_5		2			10
	x_6		(3)			8
	x_4		0			4
	r_D	3	−1	8	5	20

继续迭代,得最优表如表 1-18.

表 1-18

$\begin{pmatrix} B^{-1} \\ -C_B^T B^{-1} \end{pmatrix}$	X_B	X_D				$\bar{b}$
		x_1	x_3	x_6	x_7	
$\begin{pmatrix} 1 & -2/3 & 5/3 \\ 0 & 1/3 & -1/3 \\ 0 & 0 & 1 \\ 0 & 1/3 & 14/3 \end{pmatrix}$	x_5					14/3
	x_2					8/3
	x_4					4
	r_D	10/3	22/3	1/3	14/3	68/3

由表 1-18 得本问题的最优解和最优值分别为

$$X^* = (x_1, x_2, x_3, x_4, x_5, x_6, x_7)^T = (0, 8/3, 0, 4, 14/3, 0, 0)^T,$$

$$f^* = -\frac{68}{3}.$$

当(LP)中变量个数 n 大大超过约束方程的个数 m 时,在电子计算机上使用改进单纯形法,可以节省较多的内存单元和减少计算量. 同时,为了避免舍入误差的积累,当计算机求解(LP)迭代了一定的步骤后,可重新由(LP)的原始数据 B, C_B 和 b 直接计算 B^{-1}, $C_B^T B^{-1}$, $\bar{b} = B^{-1}b$, $f_0 = C_B^T \bar{b}$, 以校正当前的矩阵 G,保持算法的稳定性. 这里我们顺便指出,在用手工计算时,使用改进单纯形法并没有减少计算量.

§ 1.7 大 M 法和两阶段法

单纯形法要求初始单纯形表对应的基本解为可行解. 如果我们求解的线性规划具有下面的形式:

$$\min f = \sum_{j=1}^{n} c_j x_j;$$

$$\text{s. t.} \quad \sum_{j=1}^{n} a_{ij} x_j \leqslant b_i, \quad i = 1, \cdots, m,$$

$$x_j \geqslant 0, \quad j = 1, \cdots, n,$$

其中 $b_i \geqslant 0\ (i = 1, \cdots, m)$, 那么,对每一个不等式约束 $\sum_{j=1}^{n} a_{ij} x_j \leqslant b_i$ 都引进一个松弛变量 x_{n+i} 而将本问题化成标准型后,我们可取初始指标集

$$I_B=\{n+1, \cdots, n+m\}$$

(这时基 $\boldsymbol{B}$ 为一个单位阵 $\boldsymbol{I}$),于是,就可非常方便地找到一个初始基本可行解,

$$\boldsymbol{X}_B=\boldsymbol{b}, \quad \boldsymbol{X}_D=\boldsymbol{0}.$$

但是,一般来说,线性规划为下列形式:

$$\begin{aligned} &\min f=\sum_{j=1}^{n} c_j x_j;\\ \text{s.t.}\quad &\sum_{j=1}^{n} a_{ij} x_j \geqslant b_i, \quad i=1, \cdots, m,\\ &x_j \geqslant 0, \quad j=1, \cdots, n. \end{aligned}$$

那么,将其标准化后,要从标准型中较快地观察出一个初始基本可行解,就不是一件容易的事了,何况有些线性规划本来就不可行. 本节介绍人工变量法(分大 M 法和两阶段法),解决判别线性规划是否有可行解及寻求初始基本可行解这两个问题.

1.7.1 大 M 法

现给标准型线性规划(LP),

$$\begin{aligned} &\min f=\sum_{j=1}^{n} c_j x_j;\\ \text{s.t.}\quad &\sum_{j=1}^{n} a_{ij} x_j = b_i, \quad i=1, \cdots, m,\\ &x_j \geqslant 0, \quad j=1, \cdots, n. \end{aligned}$$

对第 i 个等式约束引进一个非负变量 $x_{n+i}(i=1, \cdots, m)$,我们称它们为人工变量,得到一个线性规划(LP_M),

$$\begin{aligned} &\min f=\sum_{j=1}^{n} c_j x_j+\sum_{i=1}^{m} M x_{n+i};\\ \text{s.t.}\quad &\sum_{j=1}^{n} a_{ij} x_j + x_{n+i} = b_i,\\ &x_j \geqslant 0, \quad j=1, \cdots, n,\\ &x_{n+i} \geqslant 0, \quad i=1, \cdots, m, \end{aligned} \tag{1-43}$$

其中 M 是一个充分大的正数. 为了今后说明问题方便起见,记

$$\boldsymbol{X}_N=(x_1, \cdots, x_n)^{\mathrm{T}}, \quad \boldsymbol{X}_M=(x_{n+1}, \cdots, x_{n+m})^{\mathrm{T}}.$$

显然,用单纯形法求解(LP_M)时,我们就取初始指标集 $I_B=\{n+1, \cdots, n+m\}$,其相应基 $\boldsymbol{B}$ 为一个单位阵.

此时,基本解 $\boldsymbol{X}_B=\boldsymbol{b}$, $\boldsymbol{X}_D=\boldsymbol{0}$ 是一个可行解.

由于 M 是一个充分大的惩罚数,(LP_M)要实现最优值,随着迭代的进行必然不断地把人工变量从基本变量中置换出去而成为非基本变量.

下面的定理 1-3 将告诉我们,当(LP_M)求解结束时,原有问题(LP)的求解也就同时得到了解决.

定理 1-3 应用单纯形法求解(LP_M),那么

（1）如果(LP_M)的基本最优解 $\boldsymbol{X}^*$ 存在，人工变量 x_{n+1}^*，…，x_{n+m}^* 都为零，则 $\boldsymbol{X}_N^*=(x_1^*,\cdots,x_n^*)^{\mathrm{T}}$ 即为(LP)之最优解；反之，$\boldsymbol{X}_M^*$ 中存在某个人工变量 $x_{n+k}^*>0$，则(LP)不可行.

（2）如果算法终止时知(LP_M)无下界，且在此时得到的基本可行解 $\hat{\boldsymbol{X}}=(\hat{x}_1,\cdots,\hat{x}_{n+m})^{\mathrm{T}}$ 中，人工变量 $\hat{x}_{n+1}$，…，$\hat{x}_{n+m}$ 全为零，则(LP)也无下界；反之，$\hat{\boldsymbol{X}}_M$ 中存在某个 $\hat{x}_{n+k}>0$，则(LP)不可行.

该定理告诉我们，在用大 M 法求解(LP)所得的最后一张单纯形表 $T(\boldsymbol{B})$ 中，如果基本变量 $\boldsymbol{X}_B$ 中存在值大于零的人工变量，则(LP)不可行；反之，在基本解中，若人工变量的值都为零，则(LP)与(LP_M)或者都有最优解，或者都无下界.

在大 M 法迭代过程中，由公式

$$r_j=c_j-\boldsymbol{C}_B^{\mathrm{T}}\boldsymbol{y}^j,\quad f_0=\boldsymbol{C}_B^{\mathrm{T}}\overline{\boldsymbol{b}}$$

可知，单纯形表中 r_j 和 f_0 为 M 的一次多项式. 设它们为

$$\begin{aligned}r_j&=\tilde{r}_jM+\hat{r}_j,\quad j=1,\cdots,n+m,\\ f_0&=\tilde{f}_0M+\hat{f}_0.\end{aligned}\tag{1-44}$$

由于 M 是一个充分大的正数，因此：

当 $\tilde{r}_j>0$ 时，无论 $\hat{r}_j$ 取何值，此时都有 $r_j>0$.

当 $\tilde{r}_j<0$ 时，无论 $\hat{r}_j$ 取何值，都有 $r_j<0$.

当 $\tilde{r}_j=0$ 时，r_j 的正负就取决于 $\hat{r}_j$ 的值. 我们在比较 r_j 和 r_k 的大小时，主要比较 $\tilde{r}_j$ 和 $\tilde{r}_k$ 的大小，只有当 $\tilde{r}_j=\tilde{r}_k$ 时，才比较 $\hat{r}_j$ 和 $\hat{r}_k$ 的大小.

例 1-13 求解下列线性规划：

$$\begin{aligned}\min f&=3x_1+5x_2+7x_3;\\ \text{s.t.}\quad &2x_1-2x_2+x_3\geqslant 8,\\ &2x_1+3x_2+2x_3\leqslant 20,\\ &4x_2-x_3=8,\\ &x_j\geqslant 0,\quad j=1,2,3.\end{aligned}$$

解 首先将它化成标准型，

$$\begin{aligned}\min f&=3x_1+5x_2+7x_3;\\ \text{s.t.}\quad &2x_1-2x_2+x_3-x_4=8,\\ &2x_1+3x_2+2x_3+x_5=20,\\ &4x_2-x_3=8,\\ &x_j\geqslant 0,\quad j=1,\cdots,5.\end{aligned}$$

因为松弛变量 x_5 可以作为初始基本变量，所以我们仅对第 1、第 3 个等式约束分别引进人工变量 x_6 及 x_7，得(LP_M)，

$$\begin{aligned}\min f&=3x_1+5x_2+7x_3+Mx_6+Mx_7;\\ \text{s.t.}\quad &2x_1-2x_2+x_3-x_4+x_6=8,\\ &2x_1+3x_2+2x_3+x_5=20,\\ &4x_2-x_3+x_7=8,\end{aligned}$$

$$x_j \geqslant 0,\quad j=1,\cdots,7.$$

用单纯形法求解时,可取初始指标集

$$I_B=\{6,5,7\},$$

这时基 $\boldsymbol{B}=\boldsymbol{I}=\boldsymbol{B}^{-1}$, $\boldsymbol{C}_B^{\mathrm{T}}=(M,0,M)$.

对初始单纯形表 $T(\boldsymbol{B})$的有关元素计算如下:

$$\boldsymbol{y}^j=\boldsymbol{B}^{-1}\boldsymbol{A}_{\cdot j}=\boldsymbol{A}_{\cdot j};\quad \bar{\boldsymbol{b}}=\boldsymbol{B}^{-1}\boldsymbol{b}=\boldsymbol{b};$$

$$f_0=\boldsymbol{C}_B^{\mathrm{T}}\boldsymbol{B}^{-1}\boldsymbol{b}=(M,0,M)\begin{pmatrix}8\\20\\8\end{pmatrix}=16M;$$

由于 $r_j=c_j-\boldsymbol{C}_B^{\mathrm{T}}\boldsymbol{y}^j$, 则

$$\begin{aligned}&(r_1,r_2,r_3,r_4)\\=&(c_1,c_2,c_3,c_4)-\boldsymbol{C}_B^{\mathrm{T}}(\boldsymbol{y}^1,\boldsymbol{y}^2,\boldsymbol{y}^3,\boldsymbol{y}^4)\\=&(3,5,7,0)-(M,0,M)\begin{pmatrix}2&-2&1&-1\\2&3&2&0\\0&4&-1&0\end{pmatrix}\\=&(3-2M,5-2M,7,M).\end{aligned}$$

或者在初始单纯形表 $T(\boldsymbol{B})$的右边添加一列 $\boldsymbol{C}_B$,上端添加一行 $\boldsymbol{C}$,利用公式 $r_j=c_j-\boldsymbol{C}_B^{\mathrm{T}}\boldsymbol{y}^j$ 和 $f_0=\boldsymbol{C}_B^{\mathrm{T}}\bar{\boldsymbol{b}}$ 直接在表上计算 r_j 及 f_0.

得初始单纯形表如表 1-19 所示.

表 1-19

$\boldsymbol{C}$		3	5	7	0	0	M	M	$\bar{\boldsymbol{b}}$
$\boldsymbol{C}_B$	$\boldsymbol{X}_B$	x_1	x_2	x_3	x_4	x_5	x_6	x_7	
M	x_6	(2)	-2	1	-1	0	1	0	8
0	x_5	2	3	2	0	1	0	0	20
M	x_7	0	4	-1	0	0	0	1	8
$\boldsymbol{r}$		$3-2M$	$5-2M$	7	M	0	0	0	$-16M$

取 x_1 为进基变量, x_6 为出基变量, $y_{11}=2$ 为枢轴元素,进行转轴,得表 1-20.

表 1-20

$\boldsymbol{X}_B$	x_1	x_2	x_3	x_4	x_5	x_6	x_7	$\bar{\boldsymbol{b}}$
x_1	1	-1	1/2	$-1/2$	0	1/2	0	4
x_5	0	5	1	1	1	-1	0	12
x_7	0	(4)	-1	0	0	0	1	8
$\boldsymbol{r}$	0	$8-4M$	$11/2+M$	3/2	0	$-3/2+M$	0	$-12-8M$

继续迭代得表 1-21.

表 1-21

X_B	x_1	x_2	x_3	x_4	x_5	x_6	x_7	$\bar{b}$
x_1	1	0	1/4	−1/2	0	1/2	1/4	6
x_5	0	0	9/4	1	1	−1	−5/4	2
x_2	0	1	−1/4	0	0	0	1/4	2
r	0	0	15/2	3/2	0	$-3/2+M$	$M-2$	−28

由表 1-21 得原规划的最优解和最优值如下：

$$X^*=(x_1, x_2, x_3)^{\mathrm{T}}=(6, 2, 0)^{\mathrm{T}}; \quad f^*=28.$$

例 1-14 求解下列线性规划问题：

$$\begin{aligned} \min f &= 2x_1 - x_2; \\ \text{s.t.}\quad & 2x_1 + 3x_2 \geqslant 6, \\ & x_1 - x_2 \leqslant 6, \\ & x_j \geqslant 0, \quad j=1, 2. \end{aligned}$$

解 上述线性规划问题相应的(LP_M)为

$$\begin{aligned} \min f &= 2x_1 - x_2 + Mx_5; \\ \text{s.t.}\quad & 2x_1 + 3x_2 - x_3 + x_5 = 6, \\ & x_1 - x_2 + x_4 = 6, \\ & x_j \geqslant 0, \quad j=1, \cdots, 5. \end{aligned}$$

取初始 $I_B=\{5, 4\}$,有 $B=I=B^{-1}$, $C_B=(M, 0)^{\mathrm{T}}$,整个迭代过程见表 1-22 和表 1-23(初始单纯形表中的信息 r_j 和 f_0 利用公式 $r_j=c_j-C_B^{\mathrm{T}}y^j$ 和 $f_0=C_B^{\mathrm{T}}\bar{b}$ 直接在表上计算;转轴过程中的 r_j 和 f_0 仍用转轴公式来计算).

表 1-22

C		2	−1	0	0	M	$\bar{b}$
C_B	X_B	x_1	x_2	x_3	x_4	x_5	
M	x_5	2	(3)	−1	0	1	6
0	x_4	1	−1	0	1	0	6
r		$2-2M$	$-1-3M$	M	0	0	$-6M$

表 1-23

X_B	x_1	x_2	x_3	x_4	x_5	$\bar{b}$
x_2	2/3	1	−1/3	0	1/3	2
x_4	5/3	0	−1/3	1	1/3	8
r	8/3	0	−1/3	0	$M+1/3$	2

现在 $r_3=-\frac{1}{3}<0$，而 $y_{13}=-\frac{1}{3}<0$，$y_{23}=-\frac{1}{3}<0$，故(LP_M)无下界，又由于人工变量 $x_5=0$，因此原规划无下界.

例 1-15　求解下列线性规划：

$$\begin{aligned} \min f &= x_1-2x_2+3x_3+2x_4;\\ \text{s.t.}\quad & 3x_1-3x_2-3x_3+6x_4=1,\\ & -x_1+x_2-4x_4=1,\\ & x_j\geqslant 0,\quad j=1,\cdots,4. \end{aligned}$$

解　引进人工变量 x_5 和 x_6，得(LP_M)，

$$\begin{aligned} \min f &= x_1-2x_2+3x_3+2x_4+Mx_5+Mx_6;\\ \text{s.t.}\quad & 3x_1-3x_2-3x_3+6x_4+x_5=1,\\ & -x_1+x_2-4x_4+x_6=1,\\ & x_j\geqslant 0,\quad j=1,\cdots,6. \end{aligned}$$

现取初始指标集 $\boldsymbol{I}_B=\{5,6\}$，此时基 $\boldsymbol{B}=\boldsymbol{I}=\boldsymbol{B}^{-1}$，$\boldsymbol{C}_B^{\mathrm{T}}=(M,M)$，因而

$$\begin{aligned} &(r_1,r_2,r_3,r_4)\\ =&(c_1,c_2,c_3,c_4)-\boldsymbol{C}_B^{\mathrm{T}}\boldsymbol{B}^{-1}(\boldsymbol{A}_{\cdot 1},\boldsymbol{A}_{\cdot 2},\boldsymbol{A}_{\cdot 3},\boldsymbol{A}_{\cdot 4})\\ =&(1,-2,3,2)-(M,M)\begin{pmatrix}3&-3&-3&6\\-1&1&0&-4\end{pmatrix}\\ =&(1-2M,-2+2M,3+3M,2-2M). \end{aligned}$$

为了在实际计算时避开 M 值，我们可以采用如下方法来处理：由式(1-44)知，$r_j=\tilde{r}_jM+\hat{r}_j$，$f_0=\tilde{f}_0M+\hat{f}_0$，于是，可把单纯形表最后一行($\boldsymbol{r}$ 所在行)拆成两行($\tilde{\boldsymbol{r}}$ 对应行和 $\hat{\boldsymbol{r}}$ 对应行)，用数对($\tilde{r}_j$，$\hat{r}_j$)来代替 r_j，用($\tilde{f}_0$，$\hat{f}_0$)来代替 f_0，转轴时 $\tilde{\boldsymbol{r}}$ 对应行与 $\hat{\boldsymbol{r}}$ 对应行一起参加转轴，使 $\tilde{\boldsymbol{r}}_t$ 和 $\hat{\boldsymbol{r}}_t$ 都化成零.

由此可得初始单纯形表如表 1-24，转轴后得表 1-25.

表 1-24

$\boldsymbol{X}_B$	x_1	x_2	x_3	x_4	x_5	x_6	$\bar{\boldsymbol{b}}$
x_5	(3)	−3	−3	6	1	0	1
x_6	−1	1	0	−4	0	1	1
$\tilde{\boldsymbol{r}}$	−2	2	3	−2	0	0	−2
$\hat{\boldsymbol{r}}$	1	−2	3	2	0	0	0

表 1-25

$\boldsymbol{X}_B$	x_1	x_2	x_3	x_4	x_5	x_6	$\bar{\boldsymbol{b}}$
x_1	1	−1	−1	2	1/3	0	1/3
x_6	0	0	−1	−2	1/3	1	4/3
$\tilde{\boldsymbol{r}}$	0	0	1	2	2/3	0	−4/3
$\hat{\boldsymbol{r}}$	0	−1	4	0	−1/3	0	−1/3

现在 $r_2=\tilde{r}_2M+\hat{r}_2=-1<0$,而 $y_{12}=-1<0$, $y_{22}=0$,最小比值准则失效,故(LP_M)无下界. 又由于人工变量 $x_6=\frac{4}{3}>0$,因此原有规划不可行.

1.7.2 两阶段法

对标准型线性规划(LP)(1-2),我们引进人工变量构造辅助规划(LP_1),

$$\begin{aligned} &\min d=\sum_{i=1}^{m}x_{n+i};\\ \text{s.t.}\quad &\sum_{j=1}^{n}a_{ij}x_j+x_{n+i}=b_i,\quad i=1,\cdots,m,\\ &x_j\geqslant 0,\quad j=1,\cdots,n,\\ &x_{n+i}\geqslant 0,\quad i=1,\cdots,m. \end{aligned} \tag{LP_1}$$

仍记 $\boldsymbol{X}_N=(x_1,\cdots,x_n)^{\mathrm{T}}$, $\boldsymbol{X}_M=(x_{n+1},\cdots,x_{n+m})^{\mathrm{T}}$.

所谓两阶段法是把求解(LP)分成两个阶段:

第 1 阶段用单纯形法求解(LP_1),根据求解结果来判别(LP)是否可行. 若(LP)可行,则求得(LP)的一个初始基本可行解.

第 2 阶段从求得的初始基本可行解出发,用单纯形法求解(LP).

现在我们仍假设(LP)中 $b_i\geqslant 0\ (i=1,\cdots,m)$. 因此,对于($LP_1$)取初始指标集

$$I_B=\{n+1,\cdots,n+m\},$$

则 $\boldsymbol{X}_N=\boldsymbol{0}$, $\boldsymbol{X}_M=\boldsymbol{b}$ 就是(LP_1)关于基 $\boldsymbol{B}$(为单位阵 $\boldsymbol{I}$)的一个基本可行解. 又因为(LP_1)的目标函数 d 中变量的系数均非负,故(LP_1)在可行域内一定有下界,也就是说(LP_1)一定有最优值. 设(LP_1)的基本最优解为

$$\boldsymbol{X}_N=\boldsymbol{X}_N^*,\quad \boldsymbol{X}_M=\boldsymbol{X}_M^*,$$

相应的最优基为 $\boldsymbol{B}^*$,指标集 I_{B^*} 为 $\{B_1^*,\cdots,B_m^*\}$,最优值为 d^*,最优表为 $T(\boldsymbol{B}^*)$.

根据 $T(\boldsymbol{B}^*)$的有关信息,可发生下面 4 种情况:

(1) 最优值 $d^*>0$, $\boldsymbol{X}_M^*\neq\boldsymbol{0}$(即至少存在一个人工变量 $x_{n+i}^*>0$). 此时,我们可以断定(LP)不可行[反之,(LP)有可行解 $\boldsymbol{X}_N^0$,则 $\boldsymbol{X}_N=\boldsymbol{X}_N^0$, $\boldsymbol{X}_M=\boldsymbol{0}$, 就是($LP_1$)的一个可行解,而它的目标函数值 $d=0$, 与(LP_1)的最优值 $d^*>0$ 矛盾].

(2) 最优值 $d^*=0$, $\boldsymbol{X}_M^*=\boldsymbol{0}$, 且人工变量 $x_{n+i}(i=1,\cdots,m)$ 均不是 $T(\boldsymbol{B}^*)$的基本变量. 从而,$\boldsymbol{B}^*$ 也是(LP)的一个基,$\boldsymbol{X}_N^*$ 即为(LP)的一个基本可行解. 我们就以 $\boldsymbol{X}_N^*$ 作为(LP)的初始基本可行解 $\boldsymbol{X}^0$, $\boldsymbol{B}^*$ 为初始基 $\boldsymbol{B}^0$,对(LP)进行求解. 在第 2 阶段,(LP)的初始单纯形表 $T(\boldsymbol{B}^0)$可以从 $T(\boldsymbol{B}^*)$得到:从 $T(\boldsymbol{B}^*)$中删去人工变量各列元素和检验数 $\boldsymbol{r}$ 行元素,其余元素保留. 利用公式 $r_j-c_j-\boldsymbol{C}_B^{\mathrm{T}}\boldsymbol{y}^j$ 及 $f_0=\boldsymbol{C}_B^{\mathrm{T}}\bar{\boldsymbol{b}}$ 重新计算 $\boldsymbol{r}$ 行元素.

(3) 最优值 $d^*=0$, $\boldsymbol{X}_M^*=\boldsymbol{0}$, 但存在某个人工变量是 $T(\boldsymbol{B}^*)$的基本变量 $x_{B_k^*}$:$\bar{b}_k=0$. 同时,在 $T(\boldsymbol{B}^*)$的第 k 行元素 $y_{k1},\cdots,y_{kn}$ 中存在不为零的元素,例如 $y_{kt}(t\leqslant n$, $y_{kt}>0$ 或 $y_{kt}<0)$. 以 y_{kt} 为枢轴元素进行转轴,x_t 取代 $x_{B_h^*}$ 而成为基本变量.

(4) 最优值 $d^*=0$, $\boldsymbol{X}_M^*=\boldsymbol{0}$, 存在某个人工变量是 $T(\boldsymbol{B}^*)$的基本变量 $x_{B_k^*}$:$b_k=0$. 同时 $T(\boldsymbol{B}^*)$中第 k 行元素 $y_{k1},\cdots,y_{kn}$ 均为零. 我们知道,$T(\boldsymbol{B}^*)$相应的 m 个等式约束方程为

$$x_{B_i^*}+\sum_{j\in I_{D^*}} y_{ij}x_j=\bar{b}_i,\quad i=1,\cdots,m,$$

它们是(LP_1)的 m 个等式约束方程

$$\sum_{j=1}^{n} a_{ij}x_j+x_{n+i}=b_i\quad (i=1,\cdots,m)$$

的变形. 在人工变量

$$x_{n+i}=0\ (i=1,\cdots,m)$$

时,就得到(LP)的 m 个等式约束方程

$$\sum_{j=1}^{n} a_{ij}x_j=b_i\quad (i=1,\cdots,m),$$

其相应的变形为

$$\sum_{j=1}^{n} y_{ij}x_j=\bar{b}_i\quad (i=1,\cdots,m).$$

现在 $y_{kj}=0\ (j=1,\cdots,n)$,故上述 m 个方程中第 k 个方程就成了一个恒等式 $0=0$. 它说明(LP)的 m 个方程

$$\sum_{j=1}^{n} a_{ij}x_j=b_i\quad (i=1,\cdots,m)$$

不是相互独立的,$T(\boldsymbol{B}^*)$中第 k 行所对应的方程是一个多余的方程. 所以,我们可以把 $T(\boldsymbol{B}^*)$ 的第 k 行元素和 $x_{B_k^*}$ 列元素从单纯形表中删去[对 $T(\boldsymbol{B}^*)$中 $\boldsymbol{r}$ 行元素按公式(1-39)和(1-40)重新计算].

下面我们给出两阶段法的算法步骤:

① 应用单纯形法求解(LP_1)(取初始 $I_B=\{n+1,\cdots,n+m\}$),得基本最优解 $\boldsymbol{X}_N^*$, $\boldsymbol{X}_M^*$,最优基 $\boldsymbol{B}^*$,指标集 $I_{B^*}=\{B_1^*,\cdots,B_m^*\}$,单纯形表 $T(\boldsymbol{B}^*)$.

② $\boldsymbol{X}_M^*=\boldsymbol{0}$?

若是,则转步骤③;

若否,则(LP)不可行,算法终止.

③ 在 I_{B^*} 中是否存在 $B_k^*>n$?

若是,则转步骤④;

若否,则转步骤⑤.

④ $T(\boldsymbol{B}^*)$中是否存在 $y_{kt}\neq 0\ (t\leqslant n)$?

若是,则以 y_{kt} 为枢轴元素进行转轴,得新的 $T(\boldsymbol{B}^*)$, I_{B^*},转步骤③;

若否,则从 $T(\boldsymbol{B}^*)$中删去第 k 行和第 B_k^* 列,从 I_{B^*} 中删去 B_k^*,转步骤③.

⑤ 在 $T(\boldsymbol{B}^*)$中删去第 $n+1$ 至第 $n+m$ 列,用(LP)的目标函数系数 $c_1,\cdots,c_n$ 重新计算 $T(\boldsymbol{B}^*)$中 $\boldsymbol{r}$ 行元素,以 I_{B^*} 为初始指标集,从 $T(\boldsymbol{B}^*)$出发,用单纯形法求解(LP).

例 1-16 用两阶段法求解例 1-13.

解 第 1 阶段,引进人工变量 x_6 和 x_7,得(LP_1),

$$\min d=x_6+x_7;$$

$$\text{s.t.}\quad \begin{aligned} &2x_1-2x_2+x_3-x_4+x_6=8,\\ &2x_1+3x_2+2x_3+x_5=20,\\ &4x_2-x_3+x_7=8,\\ &x_j\geqslant 0,\quad j=1,\cdots,7. \end{aligned}$$

取初始 $I_B=\{6,5,7\}$, 迭代过程如表 1-26、表 1-27、表 1-28 所示.

表 1-26

$\boldsymbol{C}$		0	0	0	0	0	1	1	$\bar{\boldsymbol{b}}$
$\boldsymbol{C}_B$	$\boldsymbol{X}_B$	x_1	x_2	x_3	x_4	x_5	x_6	x_7	
1	x_6	(2)	−2	1	−1	0	1	0	8
0	x_5	2	3	2	0	1	0	0	20
1	x_7	0	4	−1	0	0	0	1	8
$\boldsymbol{r}$		−2	−2	0	1	0	0	0	−16

表 1-27

$\boldsymbol{X}_B$	x_1	x_2	x_3	x_4	x_5	x_6	x_7	$\bar{\boldsymbol{b}}$
x_1	1	−1	1/2	−1/2	0	1/2	0	4
x_5	0	5	1	1	1	−1	0	12
x_7	0	(4)	−1	0	0	0	1	8
$\boldsymbol{r}$	0	−4	1	0	0	1	0	−8

表 1-28

$\boldsymbol{X}_B$	x_1	x_2	x_3	x_4	x_5	x_6	x_7	$\bar{\boldsymbol{b}}$
x_1	1	0	1/4	−1/2	0	1/2	1/4	6
x_5	0	0	9/4	1	1	−1	−5/4	2
x_2	0	1	−1/4	0	0	0	1/4	2
$\boldsymbol{r}$	0	0	0	0	0	1	1	0

由此可知,(LP_1)的最优值为 0,出现情况(2). 可得(LP)的一个初始基本可行解为

$$\boldsymbol{X}=(x_1,x_2,x_3,x_4,x_5)^{\mathrm{T}}=(6,2,0,0,2)^{\mathrm{T}}.$$

第 2 阶段,将表 1-28 中 $\boldsymbol{r}$ 行和人工变量 x_6 及 x_7 列删去,重新计算 $\boldsymbol{r}$ 行元素,得表 1-29.

表 1-29

$\boldsymbol{C}$		3	5	7	0	0	$\bar{\boldsymbol{b}}$
$\boldsymbol{C}_B$	$\boldsymbol{X}_B$	x_1	x_2	x_3	x_4	x_5	
3	x_1	1	0	1/4	1/2	0	6
0	x_5	0	0	9/4	1	1	2
5	x_2	0	1	−1/4	0	0	2
$\boldsymbol{r}$		0	0	15/2	3/2	0	−28

由表 1-29 得(LP)的最优解和最优值分别为

$$X^*=(x_1, x_2, x_3)^{\mathrm{T}}=(6, 2, 0)^{\mathrm{T}}, f^*=28.$$

例 1-17 求解下列(LP):

$$\begin{aligned}\min f = -4x_1+2x_2-3x_3-3x_4;\\ \text{s. t.}\quad x_2+2x_3+x_4 &=4,\\ -x_1+2x_2+x_3+x_4+x_5&=4,\\ 3x_1+3x_3+x_4&=4,\\ x_j\geqslant 0,\quad j=1, \cdots, 5.\end{aligned}$$

解 第 1 阶段,引进人工变量 x_6 和 x_7,得(LP_1)如下:

$$\begin{aligned}\min d = x_6+x_7;\\ \text{s. t.}\quad x_2+2x_3+x_4+x_6 &=4,\\ -x_1+2x_2+x_3+x_4+x_5&=4,\\ 3x_1+3x_3+x_4+x_7&=4,\\ x_j\geqslant 0,\quad j=1, \cdots, 7.\end{aligned}$$

取初始 $I_B=\{6, 5, 7\}$,迭代过程如表 1-30、表 1-31、表 1-32 所示.

表 1-30

C		0	0	0	0	0	1	1	$\bar{\boldsymbol{b}}$
$\boldsymbol{C}_B$	$\boldsymbol{X}_B$	x_1	x_2	x_3	x_4	x_5	x_6	x_7	
1	x_6	0	1	2	1	0	1	0	4
0	x_5	−1	2	1	1	1	0	0	4
1	x_7	3	0	(3)	1	0	0	1	4
$\boldsymbol{r}$		−3	−1	−5	−2	0	0	0	−8

表 1-31

$\boldsymbol{X}_B$	x_1	x_2	x_3	x_4	x_5	x_6	x_7	$\bar{\boldsymbol{b}}$
x_6	−2	1	0	1/3	0	1	2/3	4/3
x_5	−2	(2)	0	2/3	1	0	−1/3	8/3
x_3	1	0	1	1/3	0	0	1/3	4/3
$\boldsymbol{r}$	2	−1	0	−1/3	0	0	5/3	−4/3

表 1-32

$\boldsymbol{X}_B$	x_1	x_2	x_3	x_4	x_5	x_6	x_7	$\bar{\boldsymbol{b}}$
x_6	(−1)	0	0	0	−1/2	1	−1/2	0
x_2	−1	1	0	1/3	1/2	0	−1/6	4/3
x_3	1	0	1	1/3	0	0	1/3	4/3
$\boldsymbol{r}$	1	0	0	0	1/2	0	3/2	0

在表 1-32 中,出现了情况(3),人工变量 x_6 为基本变量,$x_6=0$. 我们取 x_6 所在行的元素 $y_{11}=-1$ 为枢轴元素进行转轴,得表 1-33.

表 1-33

$\boldsymbol{X}_B$	x_1	x_2	x_3	x_4	x_5	x_6	x_7	$\bar{\boldsymbol{b}}$
x_1	1	0	0	0	1/2	−1	1/2	0
x_2	0	1	0	1/3	1	−1	1/3	4/3
x_3	0	0	1	1/3	−1/2	1	−1/6	4/3
$\boldsymbol{r}$	0	0	0	0	0	1	1	0

于是,成为情况(2),得(LP)的一个初始基本可行解为

$$\boldsymbol{X}=(x_1, x_2, x_3, x_4, x_5)^{\mathrm{T}}=(0, 4/3, 4/3, 0, 0)^{\mathrm{T}}.$$

第 2 阶段,将表 1-33 中 $\boldsymbol{r}$ 行和人工变量 x_6 及 x_7 列删去,重新计算 $\boldsymbol{r}$ 行,得表 1-34,转轴得表 1-35.

表 1-34

$\boldsymbol{C}$		−4	2	−3	−3	0	$\bar{\boldsymbol{b}}$
$\boldsymbol{C}_B$	$\boldsymbol{X}_B$	x_1	x_2	x_3	x_4	x_5	
−4	x_1	1	0	0	0	1/2	0
2	x_2	0	1	0	(1/3)	1	4/3
−3	x_3	0	0	1	1/3	−1/2	4/3
$\boldsymbol{r}$		0	0	0	−8/3	−3/2	4/3

表 1-35

$\boldsymbol{X}_B$	x_1	x_2	x_3	x_4	x_5	$\bar{\boldsymbol{b}}$
x_1	1	0	0	0	1/2	0
x_4	0	3	0	1	3	4
x_3	0	−1	1	0	−3/2	0
$\boldsymbol{r}$	0	8	0	0	13/2	12

由此可得(LP)最优解 $\boldsymbol{X}^*=(0, 0, 0, 4, 0)^{\mathrm{T}}$,最优值 $f^*=-12$.

例 1-18 求解下列(LP):

$$\begin{aligned}
&\min f=3x_1+6x_2+6x_3+2x_4;\\
\text{s. t.}\quad &2x_1+x_2+x_3=12,\\
&x_1+2x_2+x_4=16,\\
&-x_1+x_2-x_3+x_4=4,\\
&x_j\geqslant 0,\quad j=1, \cdots, 4.
\end{aligned}$$

解 第 1 阶段,引进人工变量 x_5, x_6 和 x_7,得(LP_1),

$$\begin{aligned}
&\min d = x_5 + x_6 + x_7;\\
\text{s. t.}\quad & 2x_1 + x_2 + x_3 + x_5 = 12,\\
& x_1 + 2x_2 + x_4 + x_6 = 16,\\
& -x_1 + x_2 - x_3 + x_4 + x_7 = 4,\\
& x_j \geqslant 0,\quad j = 1, \cdots, 7.
\end{aligned}$$

取初始 $I_B = \{5, 6, 7\}$，$\boldsymbol{B} = \boldsymbol{I} = \boldsymbol{B}^{-1}$，迭代过程如表 1-36、表 1-37、表 1-38 所示.

表 1-36

C		0	0	0	0	1	1	1	$\bar{b}$
C_B	X_B	x_1	x_2	x_3	x_4	x_5	x_6	x_7	
1	x_5	2	1	1	0	1	0	0	12
1	x_6	1	2	0	1	0	1	0	16
1	x_7	−1	(1)	−1	1	0	0	1	4
r		−2	−4	0	−2	0	0	0	−32

表 1-37

X_B	x_1	x_2	x_3	x_4	x_5	x_6	x_7	$\bar{b}$
x_5	(3)	0	2	−1	1	0	−1	8
x_6	3	0	2	−1	0	1	−2	8
x_2	−1	1	−1	1	0	0	1	4
r	−6	0	−4	2	0	0	4	−16

表 1-38

X_B	x_1	x_2	x_3	x_4	x_5	x_6	x_7	$\bar{b}$
x_1	1	0	2/3	−1/3	1/3	0	−1/3	8/3
x_6	0	0	0	0	−1	1	−1	0
x_2	0	1	−1/3	2/3	1/3	0	2/3	20/3
r	0	0	0	0	2	0	2	0

在表 1-38 中 $d^* = 0$，人工变量 x_6 为基本变量，$x_6^* = 0$，x_6 所在行元素 $y_{21} = y_{22} = y_{23} = y_{24} = 0$，出现情况(4)，因此，应从表 1-38 中删去第 2 行和 x_6 列，重新计算 **r** 行元素，得表 1-39.

表 1-39

C		0	0	0	0	1	1	$\bar{b}$
C_B	X_B	x_1	x_2	x_3	x_4	x_5	x_7	
0	x_1	1	0	2/3	−1/3	1/3	−1/3	8/3
0	x_2	0	1	−1/3	2/3	1/3	2/3	20/3
r		0	0	0	0	1	1	0

于是,成为情况(2),得(LP)一个初始基本可行解为

$$\boldsymbol{X}=(x_1,\ x_2,\ x_3,\ x_4)^{\mathrm{T}}=\left(\frac{8}{3},\ \frac{20}{3},\ 0,\ 0\right)^{\mathrm{T}}.$$

第 2 阶段,对表 1-39,删去 x_5 列和 x_7 列及 $\boldsymbol{r}$ 行元素,重新计算 $\boldsymbol{r}$ 行元素,得表 1-40,转轴后得表 1-41.

表 1-40

$\boldsymbol{C}$		3	6	6	2	$\bar{\boldsymbol{b}}$
$\boldsymbol{C}_B$	$\boldsymbol{X}_B$	x_1	x_2	x_3	x_4	
3	x_1	1	0	2/3	−1/3	8/3
6	x_2	0	1	−1/3	(2/3)	20/3
$\boldsymbol{r}$		0	0	6	−1	−48

表 1-41

$\boldsymbol{X}_B$	x_1	x_2	x_3	x_4	$\bar{\boldsymbol{b}}$
x_1	1	1/2	1/2	0	6
x_4	0	3/2	−1/2	1	10
$\boldsymbol{r}$	0	3/2	11/2	0	−38

得(LP)最优解和最优值分别为

$$\boldsymbol{X}^*=(x_1,\ x_2,\ x_3,\ x_4)^{\mathrm{T}}=(6,\ 0,\ 0,\ 10)^{\mathrm{T}},\ f^*=38.$$

例 1-19 设 $\boldsymbol{C}=(c_1,\cdots,c_n)^{\mathrm{T}}$,$\boldsymbol{D}=(d_1,\cdots,d_n)^{\mathrm{T}}$,$\boldsymbol{X}=(x_1,\cdots,x_n)^{\mathrm{T}}$. 若一个规划的目标函数是两个线性函数 $c_0+\boldsymbol{C}^{\mathrm{T}}\boldsymbol{X}$ 与 $d_0+\boldsymbol{D}^{\mathrm{T}}\boldsymbol{X}$ 的商,而约束条件是线性的,则该规划被称为商规划. 已知可行域 $K=\{\boldsymbol{X}\,|\,\boldsymbol{AX}=\boldsymbol{b},\ \boldsymbol{X}\geqslant\boldsymbol{0}\}\neq\varnothing$,则商规划

$$\begin{aligned}
&\min f=\frac{c_0+\boldsymbol{C}^{\mathrm{T}}\boldsymbol{X}}{d_0+\boldsymbol{D}^{\mathrm{T}}\boldsymbol{X}};\\
&\text{s.t.}\quad \boldsymbol{AX}=\boldsymbol{b},\\
&\qquad\quad \boldsymbol{X}\geqslant\boldsymbol{0}
\end{aligned}$$

有解的必要条件是对任意 $\boldsymbol{X}\in K$,$d_0+\boldsymbol{D}^{\mathrm{T}}\boldsymbol{X}\neq 0$,问如何判别这个条件成立?

解 构造

$$K'=\{\boldsymbol{X}\,|\,\boldsymbol{AX}=\boldsymbol{b},\ d_0+\boldsymbol{D}^{\mathrm{T}}\boldsymbol{X}=0,\ \boldsymbol{X}\geqslant 0\},$$

引进人工变量 $x_{n+1},\cdots,x_{n+m},\ x_{n+m+1}$ 构造模型(LP_1)如下:

$$\begin{aligned}
&\min f=\sum_{i=1}^{m}x_{n+i}+x_{n+m+1},\\
&\text{s.t.}\quad \boldsymbol{AX}+\boldsymbol{X}_M=\boldsymbol{b},\\
&\qquad\quad d_0+\boldsymbol{D}^{\mathrm{T}}\boldsymbol{X}+x_{n+m+1}=0,\\
&\qquad\quad \boldsymbol{X}\geqslant\boldsymbol{0},\boldsymbol{X}_M\geqslant\boldsymbol{0},x_{n+m+1}\geqslant 0.
\end{aligned}\tag{LP_1}$$

其中 $\boldsymbol{X}_M=(x_{n+1},\cdots,x_{n+m})^{\mathrm{T}}$.

对这个线性规划求解. 若这个规划的最优值不为零,说明 K' 没有可行解,而 $K=\{\boldsymbol{X}\,|\,\boldsymbol{AX}=\boldsymbol{b},\ \boldsymbol{X}\geqslant\boldsymbol{0}\}\neq\varnothing$,即说明 $\boldsymbol{AX}=\boldsymbol{b}$ 和 $d_0+\boldsymbol{D}^{\mathrm{T}}\boldsymbol{X}=0$ 两个条件在 $\boldsymbol{X}\geqslant\boldsymbol{0}$ 时不能同时成立,因而 $d_0+\boldsymbol{D}^{\mathrm{T}}\boldsymbol{X}\neq 0$.

在这里,我们指出,商规划有成功的算法,感兴趣的读者可以阅读相关的《数学规划》一类著作.

*1.7.3 退化情况与勃兰德法则

若(LP)的基本可行解 $\boldsymbol{X}$ 的某个基本变量 $x_{B_k}=0$，则我们称 $\boldsymbol{X}$ 为退化的基本可行解，并称(LP)为退化的线性规划问题.

在单纯形法转轴过程中，若已选定进基本量 x_t，而在按最小比值准则

$$\frac{\bar{b}_k}{y_{kt}}=\min\left\{\frac{\bar{b}_i}{y_{it}}\middle| y_{it}>0,\ 1\leqslant i\leqslant m\right\}$$

选择指标 k 时，有两个指标 k_1 和 k_2 同时满足该准则，则我们可在 k_1 和 k_2 中任选一个作为指标 k. 但是在此种情况下，在转轴后的单纯形表中必然有某个基本变量为零$\left(\text{例如，取 } k=k_1，\right.$ 则由式(1-27)知，$\left.\bar{b}'_{k_2}=\bar{b}_{k_2}-\dfrac{\bar{b}_{k_1}}{y_{k_1t}}y_{k_2t}=0\right)$，即对应的基本可行解为退化的.

若(LP)是非退化的线性规划(所有的基本可行解非退化)，那么，在用单纯形法求解的过程中，每转轴一次，由式(1-31)知，目标函数值就严格下降. 这样，保证了每一个基本可行解不可能在迭代过程中出现两次. 由于基本可行解的个数有限，因此，经有限步迭代后，算法一定收敛.

现在的问题是，对于退化的线性规划，是不是也能保证迭代的有限步呢？结论有两种情况：

第 1 种情况，对某些退化的(LP)问题，虽然在某几次迭代中，目标函数值得不到改善，使收敛速度放慢，但最终还是求到了最优解.

第 2 种情况，个别例子说明，单纯形法可能无穷无尽地迭代，目标函数值毫不改变. 这时候，从某一个指标集 I_B 出发经过多次转轴后又回到原来的指标集 I_B 而产生循环，使(LP)始终达不到最优解. 这种情况叫死循环. 由于在实际问题中，死循环情况极少出现，因此在本书中我们不再举例作详细介绍.

为了避免(LP)退化情况死循环的出现，在数学理论上有多种处理方法. 例如，摄动法. 我们介绍一种勃兰德(Bland)避免循环的方法.

1976 年，勃兰德指出，在单纯形法转轴过程中按勃兰德法则来确定指标 t 和 k，就可以避免退化问题在迭代过程中出现死循环. 我们用定理 1-4 来给出勃兰德法则.

定理 1-4 如果在单纯形法中采用下述勃兰德法则确定指标 t 和 k，则在迭代过程中不会出现死循环：

(1) $$t=\min\{j\mid r_j<0,\ j\in I_D\};\tag{1-45}$$

(2) $$B_k=\min\left\{B_s\middle|\frac{\bar{b}_s}{y_{st}}=\min\left\{\frac{\bar{b}_i}{y_{it}}\middle| y_{it}>0,\ 1\leqslant i\leqslant m\right\}\right\}.\tag{1-46}$$

也就是说，按勃兰德法则，在迭代过程中如果有多个检验数 r_j 都是负的，那么选其中下标最小的检验数的相应下标作为指标 t；如果有几个$\dfrac{\bar{b}_s}{y_{st}}$同时达到

$$\min\left\{\frac{\bar{b}_i}{y_{it}}\middle| y_{it}>0,\ 1\leqslant i\leqslant m\right\},$$

那么,选取诸 B_s 中最小者作为 B_k.

我们完全可以根据勃兰德法则对 t, k 指标的选择来修改单纯形法的步骤,但是可能会使收敛的速度放慢.由于大量的实践经验表明,实际问题一般不会发生死循环情形,所以,在现代的计算机程序中没有考虑退化的问题,而仍采用一般的单纯形法.

§ 1.8 线性规划应用举例

线性规划是运筹学中应用最为广泛的一个主要分支,但是,我们不可能用大量的篇幅去讨论生产实践中的大型问题,而只能列举一些类型不同的简单的例题,以此来介绍一些构建模型的技巧.我们从中可以看到,如何选择适当的决策变量,是我们有效地建立模型的关键之一.至于对现实中错综复杂的客观问题,如何建立一个好的、适当的模型,只能有待应用者通过实践不断地去积累经验.

例 1-20(生产计划问题) 某工厂明年根据合同,每个季度末向销售公司提供产品,有关信息如表 1-42 所示.若当季生产的产品过多,季末有积余,则一个季度每积压一吨产品需支付存储费 0.2 万元.现该厂考虑明年的最佳生产方案,使该厂在完成合同的情况下,全年的生产费用最低.试建立线性规划模型.

表 1-42

季　度　j	生产能力 a_j(吨)	生产成本 d_j(万元/吨)	需求量 b_j(吨)
1	30	15.0	20
2	40	14.0	20
3	20	15.3	30
4	10	14.8	10

解 现在我们对本问题定义 3 种不同形式的决策变量,从而从不同的途径来构建模型.

(1) 设工厂第 j 季度生产产品 x_j 吨.

首先,考虑约束条件:第 1 季度末工厂需交货 20 吨,故应有 $x_1 \geqslant 20$;第 2 季度末交货后积余 $x_1 - 20$ 吨;第 2 季度末工厂需交货 20 吨,故应有 $x_1 - 20 + x_2 \geqslant 20$;类似地,应有 $x_1 + x_2 - 40 + x_3 \geqslant 30$;第 4 季度末供货后工厂不能积压产品,故应有 $x_1 + x_2 + x_3 - 70 + x_4 = 10$;又考虑到工厂每个季度的生产能力,故应有 $0 \leqslant x_j \leqslant a_j$.

其次,考虑目标函数:第 1 季度工厂的生产费用为 $15.0x_1$,第 2 季度工厂的费用包括生产费用 $14x_2$ 及积压产品的存储费 $0.2(x_1 - 20)$;类似地,第 3 季度费用为 $15.3x_3 + 0.2(x_1 + x_2 - 40)$,第 4 季度费用为 $14.8x_4 + 0.2(x_1 + x_2 + x_3 - 70)$.工厂一年的费用即为这 4 个季度费用之和.整理后,得下列线性规划模型:

$$
\begin{aligned}
& \min f = 15.6x_1 + 14.4x_2 + 15.5x_3 + 14.8x_4 - 26; \\
\text{s.t.}\quad & x_1 + x_2 \geqslant 40, \\
& x_1 + x_2 + x_3 \geqslant 70, \\
& x_1 + x_2 + x_3 + x_4 = 80,
\end{aligned}
$$

$$20 \leqslant x_1 \leqslant 30, \quad 0 \leqslant x_2 \leqslant 40, \quad 0 \leqslant x_3 \leqslant 20, \quad 0 \leqslant x_4 \leqslant 10.$$

(2) 设第 j 季度工厂生产的产品为 x_j 吨,第 j 季度初存储的产品为 y_j 吨(显然,$y_1=0$).

因为每季度初的存储量为上季度存储量、生产量之和与上季度的需求量之差,又考虑到第4季度末存储量为零,故有

$$x_1-20=y_2, \qquad y_2+x_2-20=y_3,$$
$$y_3+x_3-30=y_4, \quad y_4+x_4=10.$$

同时,每季度的生产量不能超过生产能力:$x_j \leqslant a_j$;而工厂4个季度的总费用由每季的生产费用与存储费用组成,于是得线性规划如下:

$$\min f=15.0x_1+0.2y_2+14x_2+0.2y_3+15.3x_3+0.2y_4+14.8x_4;$$
$$\begin{aligned}\text{s.t.}\quad & x_1-y_2=20,\\ & y_2+x_2-y_3=20,\\ & y_3+x_3-y_4=30,\\ & y_4+x_4=10,\\ & 0 \leqslant x_1 \leqslant 30, \quad 0 \leqslant x_2 \leqslant 40,\\ & 0 \leqslant x_3 \leqslant 20, \quad 0 \leqslant x_4 \leqslant 10,\\ & y_j \geqslant 0, \quad j=2,3,4.\end{aligned}$$

(3) 设第 i 季度生产而用于第 j 季度末交货的产品数量为 x_{ij} 吨. 根据合同要求,必须有

$$x_{11}=20, \qquad x_{12}+x_{22}=20,$$
$$x_{13}+x_{23}+x_{33}=30, \quad x_{14}+x_{24}+x_{34}+x_{44}=10.$$

又每季度生产而用于当季和以后各季交货的产品数不可能超过该季度工厂的生产能力,故应有

$$x_{11}+x_{12}+x_{13}+x_{14} \leqslant 30,$$
$$x_{22}+x_{23}+x_{24} \leqslant 40,$$
$$x_{33}+x_{34} \leqslant 20, \qquad x_{44} \leqslant 10.$$

第 i 季度生产的用于第 j 季度交货的每吨产品的费用 $c_{ij}=d_j+0.2(j-i)$,于是,有下列线性规划模型:

$$\begin{aligned}\min f=\ & 15.0x_{11}+15.2x_{12}+15.4x_{13}+15.6x_{14}\\ & +14x_{22}+14.2x_{23}+14.4x_{24}+15.3x_{33}\\ & +15.5x_{34}+14.8x_{44};\end{aligned}$$
$$\begin{aligned}\text{s.t.}\quad & x_{11}=20,\\ & x_{12}+x_{22}=20,\\ & x_{13}+x_{23}+x_{33}=30,\\ & x_{14}+x_{24}+x_{34}+x_{44}=10,\\ & x_{11}+x_{12}+x_{13}+x_{14} \leqslant 30,\end{aligned}$$

$$x_{22}+x_{23}+x_{24}\leqslant 40,\quad x_{33}+x_{34}\leqslant 20,$$
$$x_{44}\leqslant 10,$$
$$x_{ij}\geqslant 0,\quad i=1,\cdots,4;\ j=1,\cdots,4,\ j\geqslant i.$$

例 1-21（多阶段投资问题） 某公司现有资金 30 万元可用于投资,5 年内有下列方案可供采纳：

$1^{\#}$ 方案 在年初投资 1 元,2 年后可收回 1.3 元.

$2^{\#}$ 方案 在年初投资 1 元,3 年后可收回 1.45 元.

$3^{\#}$ 方案 仅在第 1 年年初有一次投资机会.每投资 1 元,4 年后可收回 1.65 元.

$4^{\#}$ 方案 仅在第 2 年年初有一次投资机会.每投资 1 元,4 年后可收回 1.7 元.

$5^{\#}$ 方案 在年初贷给其他企业,年息为 10%,第 2 年年初可收回.

每年年初投资所得收益及贷款本金利息也可用作安排.问该公司在 5 年内怎样使用资金,才能在第 6 年年初拥有最多资金?

解 设 x_i^j 为 $i^{\#}$ 方案在第 j 年年初所使用的资金数.

显然,对于 $3^{\#}$ 及 $4^{\#}$ 方案,仅有 x_3^1 和 x_4^2.此外,不考虑 x_1^5, x_2^4, x_2^5,因为其相应投资方案回收期超过我们所讨论的期限.

我们将各年的决策变量(表 1-43 中虚线起点)及其相应效益(表 1-43 中虚线终点)列在表 1-43 内.

表 1-43

年份 j(年初)					
1	2	3	4	5	6
x_1^1 --→		$1.3x_1^1$			
x_2^1 --→			$1.45x_2^1$		
x_3^1 --→				$1.65x_3^1$	
x_5^1 --→	$1.1x_5^1$				
	x_1^2 --→		$1.3x_1^2$		
	x_2^2 --→			$1.45x_2^2$	
	x_4^2 --→				$1.7x_4^2$
	x_5^2 --→	$1.1x_5^2$			
		x_1^3 --→		$1.3x_1^3$	
		x_2^3 --→			$1.45x_2^3$
		x_5^3 --→	$1.1x_5^3$		
			x_1^4 --→		$1.3x_1^4$
			x_5^4 --→	$1.1x_5^4$	
				x_5^5 --→	$1.1x_5^5$

显然,第 j 年年初可使用的资金之和应等于第 j 年年初所引用的决策变量之和.于是,根

据表1-43所示的各种因果关系，我们不难建立如下模型：

$$
\begin{aligned}
&\max f = 1.7x_4^2 + 1.45x_2^3 + 1.3x_1^4 + 1.1x_5^5;\\
\text{s.t.}\quad & x_1^1 + x_2^1 + x_3^1 + x_5^1 = 300\,000,\\
& x_1^2 + x_2^2 + x_4^2 + x_5^2 = 1.1x_5^1,\\
& x_1^3 + x_2^3 + x_5^3 = 1.3x_1^1 + 1.1x_5^2,\\
& x_1^4 + x_5^4 = 1.45x_2^1 + 1.3x_1^2 + 1.1x_5^3,\\
& x_5^5 = 1.65x_3^1 + 1.45x_2^2 + 1.3x_1^3 + 1.1x_5^4,\\
& x_1^j \geqslant 0,\quad j = 1, \cdots, 4,\\
& x_2^j \geqslant 0,\quad j = 1, 2, 3,\\
& x_3^1 \geqslant 0,\quad x_4^2 \geqslant 0,\quad x_5^i \geqslant 0, i = 1, \cdots, 5.
\end{aligned}
$$

例 1-22（人员调配问题） 某工厂车间有30名工人，每人每周工作5天，车间每天开工，每天需要的人数是波动的. 周 i 需要人数为 a_i（$i=1,2,3,4,5,6$），周日需要人数为 a_7. 现车间调度科希望制定一个计划，以确保休息日不连续的工人数最少，为此，准备建立一个线性规划模型. 请你回答下列3个问题：

（1）你准备设多少个变量？请列出.

（2）列出目标函数.

（3）在周一至周日所需人数的7个约束条件中，请列出周一所需人数18人这个约束条件.

解 （1）设 x_{ij} 为在第 i 天、第 j 天休息的工人数. 可得下列变量：

不连续休息的工人				连续休息的工人	
x_{13}	x_{14}	x_{15}	x_{16}	x_{12}	x_{17}
x_{24}	x_{25}	x_{26}	x_{27}	x_{21}^*	x_{23}
x_{35}	x_{36}	x_{37}	x_{31}^*	x_{32}^*	x_{34}
x_{41}^*	x_{42}^*	x_{46}	x_{47}	x_{43}^*	x_{45}
x_{51}^*	x_{52}^*	x_{53}^*	x_{57}	x_{56}	x_{54}^*
x_{61}^*	x_{62}^*	x_{63}^*	x_{64}^*	x_{65}^*	x_{67}
x_{72}^*	x_{73}^*	x_{74}^*	x_{75}^*	x_{76}^*	x_{71}^*

考虑到 x_{ij} 与 x_{ji} 是同一个变量，应该删去一个，所以上述变量如果被打上 * 上标，这些变量就删去. 我们可得到21个变量.

（2）目标函数为

$$
\begin{aligned}
\min f = {} & x_{13} + x_{14} + x_{15} + x_{16} + x_{24} + x_{25} + x_{26} + x_{27} + x_{35} + x_{36} + x_{37}\\
& + x_{46} + x_{47} + x_{57}.
\end{aligned}
$$

（3）约束条件之一为

$$
\begin{aligned}
& x_{23} + x_{24} + x_{25} + x_{26} + x_{27} + x_{34} + x_{35} + x_{36} + x_{37} + x_{45} + x_{46} + x_{47}\\
& \quad + x_{56} + x_{57} + x_{67} \geqslant 18.
\end{aligned}
$$

例 1-23（多部门问题） 给 $\max\{\boldsymbol{C}^{\mathrm{T}} \mid \boldsymbol{AX} \leqslant \boldsymbol{b},\ \boldsymbol{X} \geqslant \boldsymbol{0}\}$ 如下，求解该线性规划(P)：

$$
\begin{aligned}
&\max f = 4x_1 + 6x_2 + 8x_3 + x_4;\\
\text{s.t.}\quad & x_1 + 3x_2 + 2x_3 + 4x_4 \leqslant 20,
\end{aligned}
$$

$$
\begin{aligned}
2x_1+3x_2+6x_3+4x_4 &\leqslant 25,\\
x_1+x_2 \qquad\qquad\qquad &\leqslant 5,\\
x_1+2x_2 \qquad\qquad\quad\; &\leqslant 8,\\
4x_3+3x_4 &\leqslant 12,\\
3x_3+2x_4 &\leqslant 15,\\
x_j\geqslant 0,\ j=1,\cdots,4.
\end{aligned}
$$

解　若取

$$
\boldsymbol{A}_1=\begin{pmatrix}1&3\\2&3\end{pmatrix},\quad \boldsymbol{A}_2=\begin{pmatrix}2&4\\6&4\end{pmatrix},\quad \boldsymbol{A}_3=\begin{pmatrix}1&1\\1&2\end{pmatrix},\quad \boldsymbol{A}_4=\begin{pmatrix}4&3\\3&2\end{pmatrix},
$$

$\boldsymbol{C}_1=(4,6)^{\mathrm{T}}$, $\boldsymbol{C}_2=(8,5)^{\mathrm{T}}$, $\boldsymbol{X}^1=(x_1,\ x_2)^{\mathrm{T}}$, $\boldsymbol{X}^2=(x_3,\ x_4)^{\mathrm{T}}$, $\boldsymbol{b}^0=(20,\ 25)^{\mathrm{T}}$, $\boldsymbol{b}^1=(5,8)^{\mathrm{T}}$, $\boldsymbol{b}^2=(12,\ 15)^{\mathrm{T}}$,则矩阵 $\boldsymbol{A}$ 成为分块矩阵,其中有两个零矩阵,

$$
\boldsymbol{A}=\begin{pmatrix}\boldsymbol{A}_1&\boldsymbol{A}_2\\\boldsymbol{A}_3&\boldsymbol{O}\\\boldsymbol{O}&\boldsymbol{A}_4\end{pmatrix}.
$$

(P) 问题成为

$$
\begin{aligned}
&\max f=\boldsymbol{C}_1^{\mathrm{T}}\boldsymbol{X}^1+\boldsymbol{C}_2^{\mathrm{T}}\boldsymbol{X}^2;\\
\text{s. t.}\quad &\boldsymbol{A}_1\boldsymbol{X}^1+\boldsymbol{A}_2\boldsymbol{X}^2\leqslant \boldsymbol{b}^0,\\
&\boldsymbol{A}_3\boldsymbol{X}^1+\qquad\quad\leqslant \boldsymbol{b}^1,\\
&\qquad\qquad\ \boldsymbol{A}_4\boldsymbol{X}^2\leqslant \boldsymbol{b}^2,\\
&\boldsymbol{X}^1\geqslant \boldsymbol{0},\quad \boldsymbol{X}^2\geqslant \boldsymbol{0}.
\end{aligned}
$$

可见有两个子问题(P_1) 和(P_2),

$$
\begin{aligned}
&\max f_1=\boldsymbol{C}_1^{\mathrm{T}}\boldsymbol{X}^1;\\
\text{s. t.}\quad &\boldsymbol{A}_3\boldsymbol{X}^1\leqslant \boldsymbol{b}^1, \qquad (\mathrm{P}_1)\\
&\boldsymbol{X}^1\geqslant \boldsymbol{0},
\end{aligned}
\qquad\qquad
\begin{aligned}
&\max f_2=\boldsymbol{C}_2^{\mathrm{T}}\boldsymbol{X}^2;\\
\text{s. t.}\quad &\boldsymbol{A}_4\boldsymbol{X}^2\leqslant \boldsymbol{b}^2, \qquad (\mathrm{P}_2)\\
&\boldsymbol{X}^2\geqslant \boldsymbol{0}.
\end{aligned}
$$

本问题的实际背景可以如此解释:一个工厂有两个分厂,工厂统筹安排 4 个产品的生产,而资源 $\boldsymbol{b}^1$ 与 $\boldsymbol{b}^2$ 分别由分厂经营管理.

这是一个类似大系统的问题,它由若干个子系统组成.这些子系统除了有本身内部的制约关系外,各个子系统之间还有相互协调的关系,因而在反映大系统的模型中,约束条件中的矩阵 $\boldsymbol{A}$ 具有分块形式,其中存在若干个零矩阵.如果仍然采用单纯形法求解这种大规模线性规划问题,计算机可能发生内存不足的问题.对具有本例特点的大系统问题,已经有成熟的分解算法,我们不具体求解本例,读者可参阅相关的线性规划著作.

例 1-24(下料问题)　造纸厂接到订单,所需卷纸的宽度和长度如表 1-44 所示.(表中具体的单位长度是多少,我们没有给出,视具体问题而定.本教材在一些应用举例中不打算对讨论对象都给出具体的量纲而仅给出数字.例如本题在讨论时,有时连"单位长度"4 个字都省去,就说宽度 5,长度 3 000.以后类似情况,我们不再说明.当然,在同一问题中,同一讨论对象省去的量纲单位应统一.)

工厂生长 1#(宽度 10)和 2#(宽度 20)两种标准卷纸,其长度未加规定.现按订单要求对标准卷纸进行切割,切割后有限长度的卷纸可连接起来达到所需卷纸的长度.问如何安排切割计划以满足订单需求而使切割损失最小?

表 1-44

卷纸宽度(单位长度)	长度(单位长度)
5	10 000
7	30 000
9	20 000

解 为了满足订单要求和使切割损失最小,我们可以使用多种切割方法来进行组合.此时,我们不但要考虑对两种标准卷纸的宽度如何进行切割,而且还要确定按某一种方式切割时标准卷纸所耗用的长度.

例如,可以把宽度 10 的 1# 标准卷纸切割成宽度 5 的卷纸 2 卷,根据订单要求,此时需 1# 标准卷纸 5 000 单位长度;与此同时,把宽度 20 的 2# 标准卷纸切割成宽度 7 和宽度 9 的卷纸各 1 卷,此时为满足订单要求,需 2# 标准卷纸 30 000 单位长度.按此切割方案,宽度 9 的卷纸多生产 10 000 单位长度,因此,切割损失的面积为 $(20-7-9)\times 30\,000+9\times 10\,000$.

设 x_{ij} 为第 i# 标准卷纸按第 j 种方式切割时所耗用的长度.

各种可能的切割方式及切割损失宽度由表 1-45 给出(每种方式所产生的切割损失宽度应小于 5).

表 1-45

切割所得卷数		切割长度 x_{ij}									需求长度
		1# 标准卷纸(宽 10)			2# 标准卷纸(宽 20)						
		x_{11}	x_{12}	x_{13}	x_{21}	x_{22}	x_{23}	x_{24}	x_{25}	x_{26}	
卷纸	宽度 5	2	0	0	4	2	2	1	0	0	10 000
	宽度 7	0	1	0	0	1	0	2	1	0	30 000
	宽度 9	0	0	1	0	0	1	0	1	2	20 000
切割损失宽度		0	3	1	0	3	1	1	4	2	

按这 9 种切割方式,宽度 9 的卷纸所得长度为

$$x_{13}+x_{23}+x_{25}+2x_{26}.$$

令

$$x_1=x_{13}+x_{23}+x_{25}+2x_{26}-20\,000,$$

则宽度 9、长度 x_1 的卷纸可再切割成宽度 5(切割损失宽度 4)或宽度 7(切割损失宽度 2)的卷纸,设它们的长度分别为 x_2 及 x_3.

现在切割所得宽度 7 的卷纸其长度为

$$x_{12}+x_{22}+2x_{24}+x_{25}+x_3.$$

令

$$x_4=x_{12}+x_{22}+2x_{24}+x_{25}+x_3-30\,000,$$

则宽度 7、长度 x_4 的卷纸又可切割成宽度 5 的卷纸(切割损失宽度 2).

在上述切割方式组合的条件下,宽度 5 的卷纸其所得长度为

$$2x_{11}+4x_{21}+2x_{22}+2x_{23}+x_{24}+x_2+x_4.$$

令

$$x_5=2x_{11}+4x_{21}+2x_{22}+2x_{23}+x_{24}+x_2+x_4-10\,000.$$

我们应注意到,$4x_2$, $2x_3$, $2x_4$, $5x_5$ 都为卷纸的切割损失面积.从而,总的切割损失面积

$$f=3x_{12}+x_{13}+3x_{22}+x_{23}+x_{24}+4x_{25}+2x_{26}+4x_2+2x_3+2x_4+5x_5.$$

于是,我们得本问题的线性规划模型,

$$\min f=3x_{12}+x_{13}+3x_{22}+x_{23}+x_{24}+4x_{25}+2x_{26}+4x_2+2x_3+2x_4+5x_5;$$

$$\begin{aligned}\text{s.t.}\quad & 2x_{11}+4x_{21}+2x_{22}+2x_{23}+x_{24}+x_2+x_4-x_5=10\,000,\\ & x_{12}+x_{22}+2x_{24}+x_{25}+x_3-x_4=30\,000,\\ & x_{13}+x_{23}+x_{25}+2x_{26}-x_1=20\,000,\\ & x_2+x_3=x_1,\\ & x_{1j}\geqslant 0,\quad j=1,2,3,\\ & x_{2j}\geqslant 0,\quad j=1,\cdots,6,\\ & x_j\geqslant 0,\quad j=1,\cdots,5.\end{aligned}$$

习题 1

1. 某厂的一个车间有 B_1, B_2 两个工段可生产 A_1, A_2 和 A_3 3 种产品.各工段开工一天生产 3 种产品的数量和成本,以及合同对 3 种产品的每周最低需求量由表 1-46 给出.问每周各工段对该生产任务应开工几天,可使生产合同的要求得到满足,并使成本最低?[提示:设工段 B_j 开工的天数为 $x_j(j=1,2)$.]

表 1-46

生产定额(吨/天)		工段 B_j		生产合同每周最低需求量 b_i(吨)
		B_1	B_2	
产品 A_i	A_1	1	1	5
	A_2	3	1	9
	A_3	1	3	9
成本(元/天)		1000	2000	

2. 某工厂下属两个车间同时生产 3 种产品,已知各车间生产这 3 种产品的工时定额和可供加工的工时等资料由表 1-47 给出.又 1# 产品至少生产 1500 件,3# 产品至多生产 2500 件,问如何安排生产计划使工厂获利最大?

表 1-47

定额(工时/件)		产品 j#			工时限制
		1	2	3	
车间 i#	1	1.5	2	2	25000
	2	2.5	1.8	1.9	21000
利润(元/件)		4	5	4.5	

3. 一个车间要加工3种零件，其需要量分别为4000件、5000件和3500件. 车间内现有4台机床，都可用来加工这3种零件，每台机床可利用的工时分别为1600，1250，1800和2000. 机床$i^{\#}$加工零件$j^{\#}$所需工时和成本由表1-48给出，问如何安排生产，才能使生产成本最低？

表 1-48

机床$i^{\#}$	定额(工时/件)			成本(元/件)		
	零件$j^{\#}$			零件$j^{\#}$		
	$1^{\#}$	$2^{\#}$	$3^{\#}$	$1^{\#}$	$2^{\#}$	$3^{\#}$
$1^{\#}$	0.3	0.2	0.8	4	6	12
$2^{\#}$	0.25	0.3	0.6	4	7	10
$3^{\#}$	0.2	0.2	0.6	5	5	8
$4^{\#}$	0.2	0.25	0.5	7	6	11

4. 某医院外科护士值班班次、每班工作时间以及各班所需护士数如表1-49所示，每班护士值班开始时向外科办公室病房报到，试对下列问题各建立线性规划模型：

(1) 若护士上班后连续工作8小时，该医院最少需要多少名护士，以满足轮班需要？

(2) 若除22:00上班的护士连续工作8小时以外(取消第6班的上班人数要求)，其他班次护士由医院外科办公室排定上当天1至4班次中的两个班，则该医院又需要多少名护士满足轮班需要？

表 1-49

班次	工作时间	所需护士数
1	6:00—10:00	60
2	10:00—14:00	70
3	14:00—18:00	60
4	18:00—22:00	50
5	22:00—2:00	20
6	2:00—6:00	30

5. 用长度为7.4米的圆钢截断成制造某种机床所需要的3个轴坯，长度分别为2.9米、2.1米、1.5米. 现要制造100台机床，试建立线性规划模型，以寻求最佳的截断方案使所需圆钢最少.

6. 某厂月底安排某一产品在下个月4周的生产计划. 估计每件产品在第1周与第2周的生产成本为150元，后两周为170元. 各周产品需求量分别为700件、800件、1000件和1200件. 工厂每周至多生产产品900件. 在第2周和第3周可以加班生产. 加班生产时每周可增产300件，但生产成本每件需增加30元. 过剩的产品的存储费为每件每周15元. 问如何安排生产计划，使总成本为最小？

7. 某企业年初有现金 30 万元. 该企业有两个方案可供选择:

(1) 年初贷给其他企业,年息 18%,第 2 年年初可收回.

(2) 本企业投资扩大生产. 若年初投资一定金额,则第 2 年还需继续投资第 1 年投资金额的 60%,而第 3 年可有等于两年投资额的 1.4 倍收益.

为使第 5 年年初企业对使用这部分资金有最大收益,试确定企业每年资金的使用方案. 请列出数学模型.

8. 把下列线性规划化成标准型:

$$\begin{aligned} \max z = &3x_1 - 4x_2 + 2x_3 - 5x_4; \\ \text{s.t.}\quad &4x_1 - x_2 + 2x_3 - x_4 \geqslant 2, \\ &x_1 + x_2 + 3x_3 + 4x_4 \leqslant 20, \\ &x_1 \leqslant 0,\quad x_2 \geqslant 0,\quad x_3 \geqslant 0,\quad x_4 \gtreqless 0. \end{aligned}$$

9. 试画出下列线性规划的可行域,并求最优解和最优值:

(1)
$$\begin{aligned} \min f = &3x_1 + 2x_2; \\ \text{s.t.}\quad &x_1 + 2x_2 \geqslant 4, \\ &x_1 + 6x_2 \geqslant 6, \\ &x_1 \geqslant 0,\quad x_2 \geqslant 0. \end{aligned}$$

(2)
$$\begin{aligned} \min f = &-x_1 + 2x_2; \\ \text{s.t.}\quad &x_1 + 2x_2 \leqslant 4, \\ &x_1 - 2x_2 \geqslant 2, \\ &x_1 \geqslant 0,\quad x_2 \geqslant 0. \end{aligned}$$

(3) 例 1-8.

10. 给定线性规划问题,

$$\begin{aligned} \max f = &2x_1 + 3x_2; \\ \text{s.t.}\quad &x_1 + x_2 \leqslant 2, \\ &4x_1 + 6x_2 \leqslant 9, \\ &x_1 \geqslant 0,\quad x_2 \geqslant 0. \end{aligned}$$

(1) 给出两个最优顶点及其最优值;

(2) 给出它的全部最优解的集合.

11. 用单纯形法求解下列线性规划问题:

$$\begin{aligned} \min f = &-5x_1 - 4x_2; \\ \text{s.t.}\quad &x_1 + 2x_2 \leqslant 6, \\ &2x_1 - x_2 \leqslant 4, \\ &5x_1 + 3x_2 \leqslant 15, \\ &x_1 \geqslant 0,\quad x_2 \geqslant 0. \end{aligned}$$

12. 对线性规划

$$\begin{aligned} \min f = &-2x_1 - 3x_2; \\ \text{s.t.}\quad &x_1 + x_2 + x_3 = 2, \\ &4x_1 + 6x_2 + x_4 = 9, \\ &x_j \geqslant 0,\quad j = 1, \cdots, 4. \end{aligned}$$

已得最优单纯形表如表 1-50 所示,判别该(LP)是否有多个基本最优解? 若有,试求出.

表 1-50

X_B	x_1	x_2	x_3	x_4	$\bar{b}$
x_3	1/3	0	1	−1/6	1/2
x_2	2/3	1	0	1/6	3/2
r	0	0	0	1/2	9/2

表 1-51

X_B	x_1	x_2	x_3	x_4	$\bar{b}$
x_1	1	0	1/3	−2/3	2
x_2	0	1	2/3	−1/3	2
r	0	0	2	0	4

13. 对线性规划

$$\begin{aligned} \min f &= 2x_1 - 4x_2; \\ \text{s. t.}\quad -x_1 + 2x_2 + x_3 &= 2, \\ 2x_1 - x_2 - x_4 &= 2, \\ x_j \geqslant 0,\quad j &= 1, \cdots, 4. \end{aligned}$$

得最优单纯形表如表 1-51 所示. 讨论该(LP)最优解的情况.

14. 应用单纯形法证明下列问题无最优解:

$$\begin{aligned} \max z &= x_1 + 2x_2; \\ \text{s. t.}\quad -2x_1 + x_2 + x_3 &\leqslant 2, \\ -x_1 + x_2 - x_3 &\leqslant 1, \\ x_j \geqslant 0,\quad j &= 1, 2, 3. \end{aligned}$$

试找出一个可行解,使它的目标函数值大于 2 000.

15. 在给定的有 n 个变量的线性规划中, 如果 x_j 为自由变量, 令 $x_j = x_{n+1} - x_{n+2}$ ($x_{n+1} \geqslant 0, x_{n+2} \geqslant 0$), 代入线性规划并化成标准模型, 应用单纯形法求解. 请证明在求解的过程中所获得的全部基本可行解中, x_{n+1} 与 x_{n+2} 中至少有一个为非基本变量.

16. 如何用单纯形法求解下述线性规划问题?

$$\begin{aligned} \min f &= \sum_{j=1}^{n} c_j |x_j|; \\ \text{s. t.}\quad \boldsymbol{AX} &= \boldsymbol{b}, \\ x_j \gtreqless 0,\ j &= 1, \cdots, n. \end{aligned}$$

17. 给定线性规划问题,

$$\begin{aligned} \min f &= x_1 - 2x_2; \\ \text{s. t.}\quad 3x_1 + 4x_2 &= 12, \\ 2x_1 - x_2 + x_3 &= 12, \\ x_j \geqslant 0,\quad j &= 1, 2, 3. \end{aligned}$$

对基 $\boldsymbol{B}_1 = (\boldsymbol{A}_{\cdot 3}, \boldsymbol{A}_{\cdot 1})$, $\boldsymbol{B}_2 = (\boldsymbol{A}_{\cdot 3}, \boldsymbol{A}_{\cdot 2})$, 用矩阵运算给出其单纯形表.

18. (1) 给定线性规划(LP),

$$\begin{aligned} \min f &= -6x_1 - 2x_2 - 10x_3 - 8x_4; \\ \text{s. t.}\quad 3x_1 - 3x_2 + 2x_3 + 8x_4 + x_5 &= 25, \\ 5x_1 + 6x_2 - 4x_3 - 4x_4 + x_6 &= 20, \\ 4x_1 - 2x_2 + x_3 + 3x_4 + x_7 &= 10, \\ x_j \geqslant 0,\ j &= 1, 2, \cdots, 7, \end{aligned}$$

其中 x_5, x_6, x_7 为松弛变量. 现得 $\boldsymbol{B}=(\boldsymbol{A}_{\cdot 2}, \boldsymbol{A}_{\cdot 6}, \boldsymbol{A}_{\cdot 3})$ 的单纯形表,如表 1-52 所示.

表 1-52

$\boldsymbol{X}_B$	x_1	x_2	x_3	x_4	x_5	x_6	x_7	$\bar{\boldsymbol{b}}$
x_2					1		−2	
x_6					2		0	
x_3					2		−3	
$\boldsymbol{r}$								

请将表 1-52 填写完整,并由此表出发求解.

(2) 若(LP) 为 $\min f=\boldsymbol{C}^{\mathrm{T}}\boldsymbol{X}$;　　(LP′) 为 $\min f'=\mu \boldsymbol{C}^{\mathrm{T}}\boldsymbol{X}$;

s. t. $\boldsymbol{AX}=\boldsymbol{b}$,　　s. t. $\boldsymbol{AX}=\lambda\boldsymbol{b}$,

$\boldsymbol{X}\geqslant\boldsymbol{0}$,　　$\boldsymbol{X}\geqslant\boldsymbol{0}$,

其中 $\lambda>0, \mu>0$. 它们的可行域分别为(K_{LP}) 和$(K_{\mathrm{LP'}})$. 若 $\boldsymbol{X}^*$ 为(LP) 的基本最优解,最优值为 f^*. 试证明 $\lambda\boldsymbol{X}^*$ 为(LP′) 的最优解,最优值 $\min f'=\mu\lambda f^*$.

19. 给定某线性规划 (P),

$$\max f=c_1x_1+c_2x_2=5x_1+10x_2;$$
$$\text{s. t.}\quad \boldsymbol{AX}\leqslant\boldsymbol{b},$$
$$\boldsymbol{X}\geqslant\boldsymbol{0},$$

其中 $\boldsymbol{b}=(1, 7, 1)^{\mathrm{T}}$. 对它的标准模型(LP) 求解(其中 x_3, x_4, x_5 为松弛变量),获得一张单纯形表(表 1-53).

表 1-53

$\boldsymbol{X}_B$	x_1	x_2	x_3	x_4	x_5	$\bar{\boldsymbol{b}}$
x_2			1/5	2/5		
x_1			−2/5	1/5		
x_5			3/5	1/5		
$\boldsymbol{r}$						

(1) 请将表 1-53 填写完整.

(2) 写出最优解和最优值.

(3) 该(LP)最优解是否唯一? 若不唯一,试再给一个最优解.

20. 某极小化线性规划的最优单纯形表如表 1-54 所示,其中 x_3, x_4 为剩余变量,x_5 为松弛变量. 求原有线性规划.

表 1-54

$\boldsymbol{X}_B$	x_1	x_2	x_3	x_4	x_5	$\bar{\boldsymbol{b}}$
x_4	1	0	0	1	1	2
x_2	0	1	0	0	1	3
x_3	−1	0	1	0	1	1
$\boldsymbol{r}$	1	0	0	0	2	6

21. 用改进单纯形法求解第 11 题.

22. 某个生产计划问题的线性规划模型为

$$\max f = 2x_1 + 4x_2 + 3x_3;$$
$$\text{s.t.}\quad 3x_1 + 4x_2 + 2x_3 \leqslant 60\ (\text{资源 } 1^{\#}),$$
$$2x_1 + x_2 + 2x_3 \leqslant 40\ (\text{资源 } 2^{\#}),$$
$$x_1 + 3x_2 + 2x_3 \leqslant 80\ (\text{资源 } 3^{\#}),$$
$$x_j \geqslant 0,\ j = 1, 2, 3,$$

其中 x_j 为产品 $j^{\#}$ 的产量（$j=1, 2, 3$）. 试证明最佳生产结构为生产 $2^{\#}$ 和 $3^{\#}$ 产品，$1^{\#}$ 产品不生产，且资源 $3^{\#}$ 有剩余，$1^{\#}$ 和 $2^{\#}$ 资源恰好用完. 求 $2^{\#}$ 和 $3^{\#}$ 产品的生产数量.

23. 在极小化问题的表 1-55 中，6 个常数 β_1，β_2，β_3，β_4，β_5 和 β_6 之值未知（假定 $x_j \geqslant 0$，$j = 1, \cdots, 6$，且诸 x_j 都不是人工变量），说出对 6 个未知数的要求，使以下的说法成立：

表 1-55

$\boldsymbol{X}_B$	x_1	x_2	x_3	x_4	x_5	x_6	$\bar{\boldsymbol{b}}$
x_5	0	0	0	0	1	β_1	β_2
x_2	β_3	1	0	$-1/2$	0	3/2	21/2
x_3	1/2	0	1	β_4	0	$-1/2$	1/2
$\boldsymbol{r}$	β_5	0	0	β_6	0	1/2	

(1) 现在的基本解为最优解，且存在多个基本最优解.

(2) 现在的基本解不是可行解.

(3) 线性规划不可行.

(4) 现行解是退化的基本可行解.

(5) 该基本解为可行解，但问题无最优解.

(6) 该基本解是唯一最优解.

(7) K 无界，线性规划有无穷多个最优解.

(8) 该基本解为可行解，但是将 x_1 取代 x_2 后，目标函数值能够改进. 在转轴后，目标函数值降低多少?

(9) 请说出基本解、基本可行解、可行解、基本最优解、最优解的区别.

(10) 从单纯形表的信息如何来判别可行域是无界的?

(11) 松弛变量、剩余变量、人工变量有什么区别? 各起什么作用?

24. 用大 M 法求解下列各个线性规划问题：

(1)
$$\min f = -3x_1 + x_2 + x_3;$$
$$\text{s.t.}\quad x_1 - 2x_2 + x_3 \leqslant 11,$$
$$-4x_1 + x_2 + 2x_3 \geqslant 3,$$
$$2x_1 - x_3 = -1,$$
$$x_j \geqslant 0,\quad j = 1, 2, 3.$$

(2)
$$\min f = -x_1 - x_2;$$
$$\text{s.t.}\quad x_1 - x_2 - x_3 = 1,$$
$$-x_1 + x_2 + 2x_3 - x_4 = 1,$$
$$x_j \geqslant 0,\quad j = 1, 2, 3, 4.$$

(3)
$$\min f = -x_1 - 3x_2 + x_3;$$
$$\text{s. t.}\quad \begin{aligned} x_1 + x_2 + 2x_3 + x_4 &= 4, \\ -x_1 + x_3 - x_5 &= 4, \\ x_3 - x_6 &= 3, \\ x_j \geqslant 0,\quad j = 1, \cdots, 6. \end{aligned}$$

(4)
$$\min f = -x_1 - x_2;$$
$$\text{s. t.}\quad \begin{aligned} x_1 - x_2 - x_3 &= 1, \\ -x_1 + x_2 - x_4 &= 1, \\ x_j \geqslant 0,\quad j = 1, \cdots, 4. \end{aligned}$$

25. 应用两阶段法求解下列各个线性规划问题:

(1)
$$\min f = -3x_1 + x_2 + 3x_3 - x_4;$$
$$\text{s. t.}\quad \begin{aligned} x_1 + 2x_2 - x_3 + x_4 &= 0, \\ 2x_1 - 2x_2 + 3x_3 + 3x_4 &= 9, \\ x_1 - x_2 + 2x_3 - x_4 + x_5 &= 6, \\ x_j \geqslant 0,\quad j = 1, \cdots, 5. \end{aligned}$$

(2)
$$\min f = -x_1 - 3x_2 + x_3;$$
$$\text{s. t.}\quad \begin{aligned} x_1 + x_2 + 2x_3 + x_4 &= 4, \\ -x_1 + 2x_2 + x_3 + x_4 &= 4, \\ 3x_1 + 3x_3 + x_4 &= 4, \\ x_j \geqslant 0,\quad j = 1, \cdots, 4. \end{aligned}$$

26. 现有下列非线性规划:

$$\max z = 6x_1^2 - 2x_2 + 3x_2x_3;$$
$$\text{s. t.}\quad \begin{aligned} 3x_1 + 4x_2 &= 12, \\ 2x_1 - x_2 + x_3 &= 12, \\ 5x_1 - 8x_2 + 4x_3 &= 36, \\ x_j \geqslant 0,\ j = 1,2,3. \end{aligned}$$

请判别 3 个等式约束的独立性.

第 2 章 线性规划的对偶理论与灵敏度分析

§ 2.1 对偶问题

我们考虑下述一个线性规划问题.

例 2-1（营养问题） 某养鸡场所用的混合饲料由 n 种天然饲料配合而成. 要求在这批配合饲料中必须含有 m 种不同的营养成分,且第 i 种营养成分的含量不低于 b_i. 已知第 i 种营养成分在每单位第 j 种天然饲料中的含量为 a_{ij},第 j 种天然饲料每单位的价格为 c_j. 试问,应如何对这 n 种饲料配方,使这批饲料的费用最小?

解 设 x_j 为第 j 种天然饲料的用量.

显然,$a_{ij}x_j$ 即为所用第 j 种天然饲料中第 i 种营养成分的含量,$\sum_{j=1}^{n} a_{ij}x_j$ 为这批混合饲料中第 i 种营养成分的总含量,它不应低于 b_i. 于是,我们得下列线性规划模型:

$$\begin{aligned} & \min f = \sum_{j=1}^{n} c_j x_j ; \\ \text{s.t.} \quad & \sum_{j=1}^{n} a_{ij} x_j \geqslant b_i, \quad i = 1, \cdots, m, \\ & x_j \geqslant 0, \quad j = 1, \cdots, n. \end{aligned} \tag{2-1}$$

即

$$\begin{aligned} & \min f = \boldsymbol{C}^{\mathrm{T}} \boldsymbol{X} ; \\ \text{s.t.} \quad & \boldsymbol{A}\boldsymbol{X} \geqslant \boldsymbol{b}, \\ & \boldsymbol{X} \geqslant \boldsymbol{0}. \end{aligned} \tag{2-2}$$

现设想有一个饲料加工厂欲把这 m 种营养成分分别制成 m 种营养丸:

设第 i 种营养丸的价格为 $u_i(i=1, \cdots, m)$,则养鸡场采购一个单位的第 j 种天然饲料,就相当于对这 m 种营养丸分别采购数量 $a_{1j}, \cdots, a_{mj}$,所花费用为 $\sum_{i=1}^{m} a_{ij}u_i$. 养鸡场自然希望在用营养丸代替天然饲料时,在价格上能相对地比较便宜,故而饲料加工厂为了能与天然饲料供应者竞争,在制订价格时必然满足下述条件:

$$\sum_{i=1}^{m} a_{ij} u_i \leqslant c_j, \quad j = 1, \cdots, n.$$

另一方面,养鸡场如果全部采购营养丸来代替天然饲料进行配料,则第 i 种营养丸就需采购 b_i 个单位,所花费用为 b_iu_i,总费用为 $z=\sum_{i=1}^{m}b_iu_i$.

饲料加工厂面临的问题是:应把这 m 种营养丸的单价 $u_i\ (i=1, \cdots, m)$ 定为多少,才能使养鸡场乐意全部采用该厂生产的营养丸来取代这批天然饲料,且使本厂在竞争中得到最大收益. 为该问题建立数学模型,即得如下线性规划:

$$\begin{aligned} & \max z=\sum_{i=1}^{m}b_iu_i; \\ \text{s. t.}\quad & \sum_{i=1}^{m}a_{ij}u_i\leqslant c_j, \quad j=1, \cdots, n, \\ & u_i\geqslant 0, \quad i=1, \cdots, m. \end{aligned} \tag{2-3}$$

若令 $\boldsymbol{U}=(u_1, \cdots, u_m)^{\mathrm{T}}$, 该问题即为

$$\begin{aligned} & \max z=\boldsymbol{b}^{\mathrm{T}}\boldsymbol{U}; \\ \text{s. t.}\quad & \boldsymbol{A}^{\mathrm{T}}\boldsymbol{U}\leqslant\boldsymbol{C}, \\ & \boldsymbol{U}\geqslant\boldsymbol{0}. \end{aligned} \tag{2-4}$$

我们称问题(2-3)为原有问题[记为(P)](2-1)的对偶问题[记为(D)]. (P)中第 i 个约束条件 $\sum_{j=1}^{n}a_{ij}x_j\geqslant b_i$ 对应(D)中第 i 个变量 u_i, (P)中第 j 个变量 x_j 对应(D)中第 j 个约束条件 $\sum_{i=1}^{m}a_{ij}u_i\leqslant c_j$. 即(P)和(D)有如下对应关系:

原有问题(P):

$$\begin{aligned} & \min f=\sum_{j=1}^{n}c_jx_j; \\ \text{s. t.}\quad & \sum_{j=1}^{n}a_{ij}x_j\geqslant b_i, \quad i=1, \cdots, m, \\ & x_j\geqslant 0, \quad j=1, \cdots, n. \end{aligned}$$

对偶问题(D):

$$\begin{aligned} & \max z=\sum_{i=1}^{m}b_iu_i; \\ \text{s. t.}\quad & u_i\geqslant 0, \quad i=1, \cdots, m, \\ & \sum_{i=1}^{m}a_{ij}u_i\leqslant c_j, \quad j=1, \cdots, n. \end{aligned}$$

例 2-2 写出下列线性规划问题(P)的对偶问题(D):

$$\begin{aligned} & \min f=2x_1+3x_2; \\ \text{s. t.}\quad & 3x_1-2x_2=6, \\ & x_1+x_2\geqslant 4, \\ & x_1\geqslant 0, x_2\gtrless 0. \end{aligned}$$

解 首先把它化成模型(2-1)的形式:

令 $x_2=x_2'-x_2''$, 得(P),

$$\begin{aligned} & \min f=2x_1+3x_2'-3x_2''; \\ \text{s. t.}\quad & 3x_1-2x_2'+2x_2''\geqslant 6, \\ & -3x_1+2x_2'-2x_2''\geqslant -6, \\ & x_1+x_2'-x_2''\geqslant 4, \end{aligned}$$

$$x_1 \geqslant 0,\ x_2' \geqslant 0,\ x_2'' \geqslant 0.$$

根据上述(P)的对偶问题的定义,我们即可给出它的对偶问题,

$$\begin{aligned} &\max z = 6v_1 - 6v_2 + 4u_2; \\ \text{s.t.}\quad &3v_1 - 3v_2 + u_2 \leqslant 2, \\ &-2v_1 + 2v_2 + u_2 \leqslant 3, \\ &2v_1 - 2v_2 - u_2 \leqslant -3, \\ &v_1 \geqslant 0,\ v_2 \geqslant 0,\ u_2 \geqslant 0. \end{aligned}$$

若令 $u_1 = v_1 - v_2$,则上述问题即为

$$\begin{aligned} &\max z = 6u_1 + 4u_2; \\ \text{s.t.}\quad &3u_1 + u_2 \leqslant 2, \\ &-2u_1 + u_2 = 3, \\ &u_1 \gtreqless 0,\ u_2 \geqslant 0. \end{aligned}$$

如果我们来分析一下它们之间的对应关系,

原有问题(P):

$$\begin{aligned} &\min f = 2x_1 + 3x_2; \\ \text{s.t.}\quad &3x_1 - 2x_2 = 6, \\ &x_1 + x_2 \geqslant 4, \\ &x_1 \geqslant 0, \\ &x_2 \leqslant 0. \end{aligned}$$

对偶问题(D):

$$\begin{aligned} &\max z = 6u_1 + 4u_2; \\ \text{s.t.}\quad &u_1 \gtreqless 0, \\ &u_2 \geqslant 0, \\ &3u_1 + u_2 \leqslant 2, \\ &-2u_1 + u_2 = 3. \end{aligned}$$

可见,在对偶问题(D)中,原有问题(P)中的等式约束对应的变量 u_1 为自由变量,(P)中的自由变量 x_2 对应的约束条件为等式约束. 在此基础上,我们给出一般线性规划(P)的对偶问题(D)的定义,

原有问题(P):

$$\begin{aligned} &\min f = \sum_{j=1}^{n} c_j x_j; \\ \text{s.t.}\quad &\sum_{j=1}^{n} a_{ij} x_j \geqslant b_i,\quad i \in M_1, \\ &\sum_{j=1}^{n} a_{ij} x_j = b_i,\quad i \in M_2, \\ &x_j \geqslant 0,\ j \in N_1, \\ &x_j \gtreqless 0,\ j \in N_2. \end{aligned} \tag{2-5}$$

对偶问题(D):

$$\begin{aligned} &\max z = \sum_{i=1}^{m} b_i u_i; \\ \text{s.t.}\quad &u_i \geqslant 0,\ i \in M_1, \\ &u_i \gtreqless 0,\ i \in M_2, \\ &\sum_{i=1}^{m} a_{ij} u_i \leqslant c_j,\ j \in N_1, \\ &\sum_{i=1}^{m} a_{ij} u_i = c_j,\ j \in N_2. \end{aligned} \tag{2-6}$$

其中指标集

$$M_1 \cap M_2 = \varnothing,\ M_1 \cup M_2 = \{1, \cdots, m\},$$
$$N_1 \cap N_2 = \varnothing,\ N_1 \cup N_2 = \{1, \cdots, n\}.$$

也就是说,由原有问题(P)构造对偶问题(D)的一般规则如下:

(1) 在原有问题(P)中,目标函数为求 $\min f=\sum_{j=1}^{n} c_j x_j$,其约束条件统一成 $\geqslant$ 或 $=$.

(2) 在对偶问题(D)中,目标函数为求 $\max z=\sum_{i=1}^{m} b_i u_i$.

(3) 在原有问题(P)中与 b_i 相应的一个约束条件,对应着对偶问题(D)的一个变量 u_i:如果该约束条件为不等式,则 $u_i \geqslant 0$;如果该约束条件为等式,则 u_i 为自由变量.

(4) 原有问题(P)的每个变量 x_j 对应着对偶问题(D)的一个约束条件:如果(P)中 $x_j \geqslant 0$,则(D)中为 $\sum_{i=1}^{m} a_{ij} u_i \leqslant c_j$;如果 $x_j \gtreqless 0$,则 $\sum_{i=1}^{m} a_{ij} u_i = c_j$.

我们称问题(P)和问题(D)为一组对偶规划.

如果在原有问题(P)(2-5)中无不等式约束(即取 $M_1=\varnothing$),且无自由变量(即取 $N_2=\varnothing$),则(P)就是标准型线性规划(LP).此时,得到这样一组对偶规划:

原有问题(P):

$$\begin{aligned} &\min f=\sum_{j=1}^{n} c_j x_i;\\ \text{s. t.}\quad &\sum_{j=1}^{n} a_{ij} x_j = b_i,\ i=1,\cdots,m,\\ &x_j \geqslant 0,\ j=1,\cdots,n. \end{aligned} \tag{2-7}$$

对偶问题(D):

$$\begin{aligned} &\max z=\sum_{i=1}^{m} b_i u_i;\\ \text{s. t.}\quad &u_i \gtreqless 0,\ i=1,\cdots,m,\\ &\sum_{i=1}^{m} a_{ij} u_i \leqslant c_j,\ j=1,\cdots,n. \end{aligned} \tag{2-8}$$

即

原有问题(LP):

$$\begin{aligned} &\min f=\boldsymbol{C}^{\mathrm{T}}\boldsymbol{X};\\ \text{s. t.}\quad &\boldsymbol{AX}=\boldsymbol{b},\\ &\boldsymbol{X}\geqslant \boldsymbol{0}, \end{aligned} \tag{2-9}$$

对偶问题(LD):

$$\begin{aligned} &\max z=\boldsymbol{b}^{\mathrm{T}}\boldsymbol{U};\\ \text{s. t.}\quad &\boldsymbol{U}\gtreqless \boldsymbol{0},\\ &\boldsymbol{A}^{\mathrm{T}}\boldsymbol{U}\leqslant \boldsymbol{C}. \end{aligned} \tag{2-10}$$

定理 2-1 对偶问题(D)的对偶问题即为原有问题(P).

证 现将定义中的对偶问题(D)(2-6)变换成下列等价形式:

$$\begin{aligned} &\min z'=\sum_{i=1}^{m} (-b_i) u_i;\\ \text{s. t.}\quad &u_i \geqslant 0,\ i\in M_1,\\ &u_i \gtreqless 0,\ i\in M_2,\\ &\sum_{i=1}^{m} (-a_{ij}) u_i \geqslant -c_j,\ j\in N_1,\\ &\sum_{i=1}^{m} (-a_{ij}) u_i = -c_j,\ j\in N_2. \end{aligned}$$

把它视为原有问题,根据定义它的对偶问题为

$$\max f'=\sum_{j=1}^{n} (-c_j) x_j;$$

$$
\begin{aligned}
\text{s. t.}\quad & \sum_{j=1}^{n}(-a_{ij})x_j \leqslant -b_i,\ i \in M_1, \\
& \sum_{j=1}^{n}(-a_{ij})x_j = -b_i,\ i \in M_2, \\
& x_j \geqslant 0,\ j \in N_1, \\
& x_j \gtreqless 0,\ j \in N_2.
\end{aligned}
$$

易知它等价于原有问题(P)(2-5).

该定理告诉我们,可以把(P)和(D)中的任何一个视为原有问题,那么,另一个问题就是它的对偶问题,它们是互为对偶的.

例 2-3　写出下列问题的对偶问题:

$$
\begin{aligned}
& \max z = 2x_1 + x_2' + 4x_3; \\
\text{s. t.}\quad & 2x_1 + 3x_2' + x_3 \geqslant 1, \\
& 3x_1 - x_2' + 2x_3 \leqslant 4, \\
& x_1 + x_3 = 3, \\
& x_1 \geqslant 0,\ x_2' \leqslant 0,\ x_3 \gtreqless 0.
\end{aligned}
$$

解　首先我们对该问题进行整理.将 $2x_1+3x_2'+x_3 \geqslant 1$ 变换为 $-2x_1-3x_2'-x_3 \leqslant -1$,并令 $x_2' = -x_2\ (x_2 \geqslant 0)$,得(P),

$$
\begin{aligned}
& \max z = 2x_1 - x_2 + 4x_3; \\
\text{s. t.}\quad & -2x_1 + 3x_2 - x_3 \leqslant -1, \\
& 3x_1 + x_2 + 2x_3 \leqslant 4, \\
& x_1 + x_3 = 3, \\
& x_1 \geqslant 0,\ x_2 \geqslant 0,\ x_3 \gtreqless 0.
\end{aligned}
$$

它的对偶问题(D)为

$$
\begin{aligned}
& \min f = -u_1 + 4u_2 + 3u_3; \\
\text{s. t.}\quad & -2u_1 + 3u_2 + u_3 \geqslant 2, \\
& 3u_1 + u_2 \geqslant -1, \\
& -u_1 + 2u_2 + u_3 = 4, \\
& u_1 \geqslant 0,\ u_2 \geqslant 0,\ u_3 \gtreqless 0.
\end{aligned}
$$

例 2-4　写出下列问题(P)的对偶问题:

$$
\begin{aligned}
& \max z = x_1 - x_2 + x_3 - x_4; \\
\text{s. t.}\quad & x_1 + x_2 + x_3 + x_4 = 8, \\
& 0 \leqslant x_1 \leqslant 8, \\
& -4 \leqslant x_2 \leqslant 4, \\
& -2 \leqslant x_3 \leqslant 4, \\
& 0 \leqslant x_4 \leqslant 10.
\end{aligned}
$$

解 (P)可以写成

$$
\begin{aligned}
&\max z = x_1 - x_2 + x_3 - x_4;\\
\text{s. t.}\quad & x_1 + x_2 + x_3 + x_4 = 8,\\
& x_1 \leqslant 8,\\
& x_2 \leqslant 4,\\
& -x_2 \leqslant 4,\\
& x_3 \leqslant 4,\\
& -x_3 \leqslant 2,\\
& x_4 \leqslant 10,\\
& x_1 \geqslant 0,\ x_2 \gtreqless 0,\ x_3 \gtreqless 0,\ x_4 \geqslant 0.
\end{aligned}
$$

它的对偶问题(D)为

$$
\begin{aligned}
&\min f = 8u_1 + 8u_2 + 4u_3 + 4u_4 + 4u_5 + 2u_6 + 10u_7;\\
\text{s. t.}\quad & u_1 + u_2 \geqslant 1,\\
& u_1 + u_3 - u_4 = -1,\\
& u_1 + u_5 - u_6 = 1,\\
& u_1 + u_7 \geqslant -1,\\
& u_1 \gtreqless 0,\ u_j \geqslant 0,\ j = 2, \cdots, 7.
\end{aligned}
$$

§2.2 对偶理论

我们现在对标准型线性规划(LP):$\min\{\boldsymbol{C}^{\mathrm{T}}\boldsymbol{X} \mid \boldsymbol{A}\boldsymbol{X} = \boldsymbol{b},\ \boldsymbol{X} \geqslant \boldsymbol{0}\}$ 及其对偶问题(LD):$\max\{\boldsymbol{b}^{\mathrm{T}}\boldsymbol{U} \mid \boldsymbol{A}^{\mathrm{T}}\boldsymbol{U} \leqslant \boldsymbol{C},\ \boldsymbol{U} \gtreqless \boldsymbol{0}\}$ 之间的关系进行讨论,其结论对一般形式的线性规划(P)及其对偶问题(D)同样适用. 我们记(LP)的可行域为 K_{LP},记(LD)的可行域为 K_{LD}.

定理 2-2 设 $\hat{\boldsymbol{X}}$ 与 $\hat{\boldsymbol{U}}$ 为(LP)和(LD)的可行解,则

(1) $\boldsymbol{b}^{\mathrm{T}}\hat{\boldsymbol{U}} \leqslant \boldsymbol{C}^{\mathrm{T}}\hat{\boldsymbol{X}}$;

(2) $\boldsymbol{b}^{\mathrm{T}}\hat{\boldsymbol{U}} = \boldsymbol{C}^{\mathrm{T}}\hat{\boldsymbol{X}}$ 的充要条件为 $\hat{\boldsymbol{X}}^{\mathrm{T}}(\boldsymbol{C} - \boldsymbol{A}^{\mathrm{T}}\hat{\boldsymbol{U}}) = 0$;

(3) 如果 $\boldsymbol{b}^{\mathrm{T}}\hat{\boldsymbol{U}} = \boldsymbol{C}^{\mathrm{T}}\hat{\boldsymbol{X}}$ 成立,则 $\hat{\boldsymbol{X}}$ 与 $\hat{\boldsymbol{U}}$ 分别为(LP)和(LD)的最优解.

证 (1) 令 $\hat{\boldsymbol{V}} = \boldsymbol{C} - \boldsymbol{A}^{\mathrm{T}}\hat{\boldsymbol{U}}$,因为 $\hat{\boldsymbol{U}} \in K_{\mathrm{LD}}$,故 $\hat{\boldsymbol{V}} \geqslant \boldsymbol{0}$, 由于

$$
\boldsymbol{A}\hat{\boldsymbol{X}} = \boldsymbol{b},\ \boldsymbol{A}^{\mathrm{T}}\hat{\boldsymbol{U}} = \boldsymbol{C} - \hat{\boldsymbol{V}},\\
\hat{\boldsymbol{X}} \geqslant \boldsymbol{0},\ \hat{\boldsymbol{V}} \geqslant \boldsymbol{0},
$$

所以有

$$
\boldsymbol{b}^{\mathrm{T}}\hat{\boldsymbol{U}} = (\boldsymbol{A}\hat{\boldsymbol{X}})^{\mathrm{T}}\hat{\boldsymbol{U}} = \hat{\boldsymbol{X}}^{\mathrm{T}}\boldsymbol{A}^{\mathrm{T}}\hat{\boldsymbol{U}} = \hat{\boldsymbol{X}}^{\mathrm{T}}(\boldsymbol{C} - \hat{\boldsymbol{V}}) = \boldsymbol{C}^{\mathrm{T}}\hat{\boldsymbol{X}} - \hat{\boldsymbol{X}}^{\mathrm{T}}\hat{\boldsymbol{V}} \leqslant \boldsymbol{C}^{\mathrm{T}}\hat{\boldsymbol{X}}. \tag{2-11}
$$

(2) 由式(2-11)可知, $\boldsymbol{b}^{\mathrm{T}}\hat{\boldsymbol{U}} = \boldsymbol{C}^{\mathrm{T}}\hat{\boldsymbol{X}}$ 的充要条件为

$$\hat{X}^{\mathrm{T}}\hat{V}=\hat{X}^{\mathrm{T}}(C-A^{\mathrm{T}}\hat{U})=0.$$

(3) 设 X 为(LP)的任一可行解，由式(2-11)可知

$$C^{\mathrm{T}}X\geqslant b^{\mathrm{T}}\hat{U}=C^{\mathrm{T}}\hat{X},$$

因此，$\hat{X}$ 为(LP)的最优解. 同理，$\hat{U}$ 为(LD)的最优解.

定理 2-3（对偶性定理）

(1) 若(LP)有可行解，但目标函数值在可行域上无下界，则(LD)不可行；

(2) 若(LD)有可行解，但目标函数值在可行域上无上界，则(LP)不可行；

(3) (LP)和(LD)同时有最优解的充要条件为它们同时有可行解；

(4) 若应用单纯形法求解(LP)，得基本最优解 X^*，相应最优基为 B，则单纯形因子 $U^*=(C_B^{\mathrm{T}}B^{-1})^{\mathrm{T}}$ 为(LD)的最优解，且 $C^{\mathrm{T}}X^*=b^{\mathrm{T}}U^*$；

(5) 若(LP)有最优解 X^*，则(LD)必有最优解 U^* 存在，且 $C^{\mathrm{T}}X^*=b^{\mathrm{T}}U^*$；

(6) 若(LP)有可行解，(LD)无可行解，则(LP)的目标函数值在可行域上无下界；

(7) 若(LD)有可行解，(LP)无可行解，则(LD)的目标函数值在可行域上无上界.

证　(1) 反之，若(LD)有可行解 $\hat{U}$ 存在，则任意 $X\in K_{\mathrm{LP}}$，都有 $C^{\mathrm{T}}X\geqslant b^{\mathrm{T}}\hat{U}$，这与(LP)在 K_{LP} 上无下界矛盾，故(LD)不可行.

(2) 与(1)的证明类似.

(3) 必要性是显然的，故只需证充分性.

若(LP)有可行解 $\hat{X}$，(LD)有可行解 $\hat{U}$，则对任意 $X\in K_{\mathrm{LP}}$，都有 $C^{\mathrm{T}}X\geqslant b^{\mathrm{T}}\hat{U}$，故(LP)的目标函数值在 K_{LP} 上有下界，所以(LP)有最优解. 类似地可证(LD)有最优解.

(4) 由于在最优基 B 的单纯形表 $T(B)$ 中，

$$r_j=c_j-C_B^{\mathrm{T}}B^{-1}A_{\cdot j}\geqslant 0,\quad j=1,\cdots,n,$$

即

$$(U^*)^{\mathrm{T}}A_{\cdot j}\leqslant c_j,\quad j=1,\cdots,n,$$

从而，有

$$\begin{pmatrix}A_{\cdot 1}^{\mathrm{T}}\\ \vdots\\ A_{\cdot n}^{\mathrm{T}}\end{pmatrix}U^*\leqslant\begin{pmatrix}c_1\\ \vdots\\ c_n\end{pmatrix},$$

即 $A^{\mathrm{T}}U^*\leqslant C$，所以，$U^*\in K_{\mathrm{LD}}$. 有

$$b^{\mathrm{T}}U^*=(U^*)^{\mathrm{T}}b=C_B^{\mathrm{T}}B^{-1}b=f_0=C^{\mathrm{T}}X^*,$$

由定理 2-2(3)可知 U^* 是(LD)的最优解，且 $C^{\mathrm{T}}X^*=b^{\mathrm{T}}U^*$.

(5) 由于(LP)有最优解 X^*，根据定理 1-1，(LP)一定有基本最优解. 由本定理(4)可知(LD)必有最优解 U^* 存在，且 $C^{\mathrm{T}}X^*=b^{\mathrm{T}}U^*$.

(6) 反之，(LP)有最优解，则由本定理(5)可知(LD)应有最优解，与(LD)无可行解矛盾，故(LP)在 K_{LP} 上无下界.

(7) 与(6)的证明类似.

原有问题和对偶问题解之间的对应关系,除了定理 2-3 告诉我们的各种情况外,也可能两个问题都不可行. 例如,下列原有问题(P)和其对偶问题(D)都不可行:

原有问题(P):

$$\min f=-2x_1+3x_2;$$
$$\text{s.t.}\quad -x_2\geqslant 3,$$
$$2x_1+3x_2\geqslant 1,$$
$$x_1\geqslant 0$$
$$x_2\geqslant 0.$$

对偶问题(D):

$$\max z=3u_1+u_2;$$
$$\text{s.t.}\quad u_1\geqslant 0,$$
$$u_2\geqslant 0,$$
$$2u_2\leqslant -2,$$
$$-u_1+3u_2\leqslant 3.$$

综合上述讨论可见,一组对偶规划的解之间只有下列 3 种情况:

(1) 两个规划都有最优解,且最优值相等;

(2) 两个规划都不可行;

(3) 一个规划不可行,另一个规划有可行解,但最优解不存在.

原有问题(P)和对偶问题(D)的解之间的关系我们可用表 2-1 来说明.

表 2-1

原有问题(P)	对应关系	对偶问题(D)
有最优解	$\longleftrightarrow$	有最优解
$K_P\neq\varnothing$, $f\to-\infty$	$\longleftrightarrow$	不可行
	$\swarrow\!\!\nearrow$	
不可行	$\longleftrightarrow$	$K_D\neq\varnothing$, $z\to+\infty$

例 2-5 用对偶理论讨论下述一组对偶规划:

原有问题(P):

$$\min f=-6x_1-4x_2;$$
$$\text{s.t.}\quad -x_1-2x_2\geqslant 4,$$
$$-2x_1+x_2\geqslant 2,$$
$$x_1\geqslant 0,$$
$$x_2\geqslant 0.$$

对偶问题(D):

$$\max z=4u_1+2u_2;$$
$$\text{s.t.}\quad -u_1-2u_2\leqslant -6,$$
$$-2u_1+u_2\leqslant -4,$$
$$u_1\geqslant 0,$$
$$u_2\geqslant 0.$$

解 显然,$(u_1, u_2)^{\mathrm{T}}=(6, 0)^{\mathrm{T}}$ 是(D)的一个可行解,而(P)的约束条件 $-x_1-2x_2\geqslant 4$ 在第一象限是不可能实现的,(P)无可行解. 所以,由定理 2-3(7)可知,(D)在可行域上无上界.

由定理 2-2(2)和(3)可知,当 $\hat{\boldsymbol{X}}$ 和 $\hat{\boldsymbol{U}}$ 分别为(LP)和(LD)的可行解时,则它们都是最优解的充分必要条件为

$$\hat{\boldsymbol{X}}^{\mathrm{T}}(\boldsymbol{C}-\boldsymbol{A}^{\mathrm{T}}\hat{\boldsymbol{U}})=0.$$

同时,对于(LP)和(LD)来说,显然有

$$(\boldsymbol{A}\hat{\boldsymbol{X}}-\boldsymbol{b})^{\mathrm{T}}\hat{\boldsymbol{U}}=0.$$

也就是说,

(1) 当 $\hat{x}_j > 0$ 时,应有 $c_j - \hat{\boldsymbol{U}}^{\top}\boldsymbol{A}_{\cdot j} = 0\ (j=1, \cdots, n)$;

(2) 当 $c_j - \hat{\boldsymbol{U}}^{\top}\boldsymbol{A}_{\cdot j} > 0$ 时,应有 $\hat{x}_j = 0\ (j=1, \cdots, n)$.

现在,我们将该结论推广到一般形式的一组对偶规划(P)和(D)上,而得到松弛互补定理. 为了更好地理解该定理,我们再次列出(P)和(D)如下:

原有问题(P):

$$\min f = \sum_{j=1}^{n} c_j x_j;$$

$$\text{s.t.}\quad \sum_{j=1}^{n} a_{ij}x_j \geqslant b,\ j \in M_1,$$

$$\sum_{j=1}^{n} a_{ij}x_j = b_i,\ i \in M_2,$$

$$x_j \geqslant 0,\ j \in N_1,$$

$$x_j \gtreqless 0,\ j \in N_2.$$

对偶问题(D):

$$\max z = \sum_{i=1}^{m} b_i u_i;$$

$$\text{s.t.}\quad u_i \geqslant 0,\ i \in M_1,$$

$$u_i \gtreqless 0,\ i \in M_2,$$

$$\sum_{i=1}^{m} a_{ij}u_i \leqslant c_j,\ j \in N_1,$$

$$\sum_{i=1}^{m} a_{ij}u_i = c_j,\ j \in N_2.$$

定理 2-4 (松弛互补定理)　设 $\hat{\boldsymbol{X}} = (\hat{x}_1, \cdots, \hat{x}_j, \cdots, \hat{x}_n)^{\top}$ 和 $\hat{\boldsymbol{U}} = (\hat{u}_1, \cdots, \hat{u}_i, \cdots, \hat{u}_m)^{\top}$ 分别为原有问题(P)和对偶问题(D)的可行解,则它们分别为(P)和(D)的最优解的充要条件(松弛互补条件)为

$$\begin{aligned} &\hat{x}_j\Big(c_j - \sum_{i=1}^{m} a_{ij}\hat{u}_i\Big) = 0,\ j=1, \cdots, n, \\ &\Big(\sum_{j=1}^{n} a_{ij}\hat{x}_j - b_i\Big)\hat{u}_i = 0,\ i=1, \cdots, m. \end{aligned} \tag{2-12}$$

对照(P)和(D)的定义,可见,松弛互补条件反映了(P)中变量(或约束条件)与(D)中对应的约束条件(或变量)在最优情况下相互之间的制约关系:

(1) 如果可行解 $\hat{\boldsymbol{X}}$ 中变量 $\hat{x}_j > 0\ (j \in N_1)$,则(D)中对应的约束 $\sum_{i=1}^{m} a_{ij}u_i \leqslant c_j\ (j \in N_1)$ 在最优情况下应成为等式约束: $\sum_{i=1}^{m} a_{ij}\hat{u}_i = c_j\ (j \in N_1)$.

(2) 如果可行解 $\hat{\boldsymbol{U}}$ 中变量 $\hat{u}_i > 0\ (i \in M_1)$,则(P)中对应的约束 $\sum_{j=1}^{n} a_{ij}\hat{x}_j \geqslant b_i\ (i \in M_1)$ 在最优情况下应成为等式约束: $\sum_{j=1}^{n} a_{ij}\hat{x}_j = b_i\ (i \in M_1)$.

(3) 如果(P)中约束条件为严格不等式 $\sum_{j=1}^{n} a_{ij}\hat{x}_j > b_i\ (i \in M_1)$,则(D)中对应的变量在最优情况下有 $\hat{u}_i = 0$.

(4) 如果(D)中约束条件为严格不等式 $\sum_{i=1}^{m} a_{ij}\hat{u}_i < c_j\ (j \in N_1)$,则(P)中对应的变量在最优情况下有 $\hat{x}_j = 0$.

例 2-6　给定一组对偶规划,

原有问题(P):

$$\max z = 3x_1 + 2x_2 + 8x_3;$$

$$\text{s. t.}\quad \begin{cases} -4x_1 + 3x_2 - 12x_3 \leqslant -12, \\ x_1 + 4x_3 \leqslant 6, \\ x_2 - x_3 = 2, \\ x_1 \geqslant 0, \\ x_2 \geqslant 0, \\ x_3 \geqslant 0. \end{cases}$$

对偶问题(D):

$$\min f = -12u_1 + 6u_2 + 2u_3;$$

$$\text{s. t.}\quad \begin{cases} u_1 \geqslant 0, \\ u_2 \geqslant 0, \\ u_3 \gtreqless 0, \\ -4u_1 + u_2 \geqslant 3, \\ 3u_1 + u_3 \geqslant 2, \\ -12u_1 + 4u_2 - u_3 \geqslant 8. \end{cases}$$

试用松弛互补定理证明:

$$\hat{\boldsymbol{X}} = (\hat{x}_1, \hat{x}_2, \hat{x}_3) = (6, 2, 0)^{\mathrm{T}}$$

为(P)的最优解,并求出(D)的最优解.

证　不难验证 $\hat{\boldsymbol{X}} = (6, 2, 0)^{\mathrm{T}}$ 是(P)的可行解. 如果它是(P)的最优解,而设 $\hat{\boldsymbol{U}} = (\hat{u}_1, \hat{u}_2, \hat{u}_3)$ 是(D)的最优解,则由松弛互补定理可知,$\hat{\boldsymbol{U}}$ 除了应是(D)的一个可行解外,还应满足松弛互补条件.

因为

$$\hat{x}_1 = 6 > 0,$$

所以

$$-4\hat{u}_1 + \hat{u}_2 = 3;$$

因为

$$\hat{x}_2 = 2 > 0,$$

所以

$$3\hat{u}_1 + \hat{u}_3 = 2;$$

又因为

$$-4\hat{x}_1 + 3\hat{x}_2 - 12\hat{x}_3 = -4 \cdot 6 + 3 \cdot 2 - 12 \cdot 0 = -18 < -12,$$

所以

$$\hat{u}_1 = 0.$$

于是可求得

$$\hat{\boldsymbol{U}} = (\hat{u}_1, \hat{u}_2, \hat{u}_3) = (0, 3, 2)^{\mathrm{T}}.$$

可以验证它是(D)的可行解.

现在 $\hat{\boldsymbol{X}}$ 和 $\hat{\boldsymbol{U}}$ 分别是(P)和(D)的可行解,且又满足松弛互补条件,因此它们分别是(P)和(D)的最优解,最优值 $z^* = f^* = 22$.

§2.3　对偶单纯形法

从定理 2-3(3)的证明过程,我们不难得到如下结论:

若 $\boldsymbol{B}$ 为(LP)的一个基,则 $r_j = c_j - \boldsymbol{C}_B^{\mathrm{T}}\boldsymbol{B}^{-1}\boldsymbol{A}._j \geqslant 0$ 对 $j=1, \cdots, n$ 都成立的充要条件如下:单纯形因子 $\boldsymbol{U}=(\boldsymbol{C}_B^{\mathrm{T}}\boldsymbol{B}^{-1})^{\mathrm{T}}$ 是对偶问题(LD)的可行解.

如果基 $\boldsymbol{B}$ 所对应的单纯形因子 $\boldsymbol{U}=(\boldsymbol{C}_B^{\mathrm{T}}\boldsymbol{B}^{-1})^{\mathrm{T}}$ 是对偶问题(LD)的可行解,则基 $\boldsymbol{B}$ 称为对偶可行基.

可见,如果一个基 $\boldsymbol{B}$,既是原有可行基[有 $\boldsymbol{B}^{-1}\boldsymbol{b} \geqslant \boldsymbol{0}$, 基本解 $\boldsymbol{X}$ 为(LP)的可行解],又是对偶可行基[对 $j=1, \cdots, n$ 都有 $r_j \geqslant 0$, $\boldsymbol{U}=(\boldsymbol{C}_B^{\mathrm{T}}\boldsymbol{B}^{-1})^{\mathrm{T}}$ 为(LD)的可行解],则基 $\boldsymbol{B}$ 为最优基[基 $\boldsymbol{B}$ 对应的基本解为(LP)的最优解,单纯形因子 $(\boldsymbol{C}_B^{\mathrm{T}}\boldsymbol{B}^{-1})^{\mathrm{T}}$ 为(LD)的最优解].

至此,根据对偶理论,我们可以构造一个求解线性规划问题(LP)的新方法——对偶单纯形法.

我们知道,单纯形法的特点是:迭代一直在基本可行解中进行,基 $\boldsymbol{B}$ 始终为原有可行基.换言之,在单纯形表 $T(\boldsymbol{B})$中,严格要求 $\bar{b}_i \geqslant 0$ $(i=1, \cdots, m)$, 而检验数 r_j 可为负数[单纯形因子 $\boldsymbol{U}=(\boldsymbol{C}_B^{\mathrm{T}}\boldsymbol{B}^{-1})^{\mathrm{T}}$ 可以不是(LD)的可行解].如果(LP)的最优值 f^* 存在,则 f^* 必定不超过单纯形表中值 f_0.通过转轴,继续保持 $\bar{b}_i \geqslant 0$ $(i=1, \cdots, m)$, 逐步消除 $r_j<0$, 使 $r_j \geqslant 0$ $(j=1, \cdots, n)$ 得到实现.同时,f_0 不断逐步下降,直至取得 f^*.转轴过程中,先选定进基变量 x_t,后根据 y^t 和 $\bar{\boldsymbol{b}}$ 按最小比值准则选定出基变量 x_{B_k}.

与此相反,对偶单纯形法的特点是:迭代一直在基本解中进行,基 $\boldsymbol{B}$ 始终为对偶可行基.换言之,在单纯形表 $T(\boldsymbol{B})$中严格要求 $r_j \geqslant 0$ $(j=1, \cdots, n)$ [单纯形因子 $\boldsymbol{U}=(\boldsymbol{C}_B^{\mathrm{T}}\boldsymbol{B}^{-1})^{\mathrm{T}}$ 为(LD)的可行解],而 $\bar{b}_i$ 可为负数[基本解不是(LP)的可行解].此时,基本解 $\boldsymbol{X}$ 的目标函数值 f_0 为

$$f_0=\boldsymbol{C}_B^{\mathrm{T}}\bar{\boldsymbol{b}}=\boldsymbol{C}_B^{\mathrm{T}}\boldsymbol{B}^{-1}\boldsymbol{b}=\boldsymbol{U}^{\mathrm{T}}\boldsymbol{b}=\boldsymbol{b}^{\mathrm{T}}\boldsymbol{U}.$$

根据定理 2-2(1)知,如果(LP)最优值 f^* 存在,则 $f^* \geqslant \boldsymbol{b}^{\mathrm{T}}\boldsymbol{U}$,即 $f^* \geqslant f_0$. 我们希望通过转轴,继续保持 $r_j \geqslant 0$ $(j=1, \cdots, n)$, 逐步消除 $\bar{b}_i<0$,使$\bar{b}_i \geqslant 0$ $(i=1, \cdots, m)$ 得以实现,同时,f_0 不断上升,直至取得 f^*.转轴过程中,先选定出基变量 x_{B_k},后定进基变量 x_t.那么,转轴指标 k 和 t,应如何选定呢?

首先,现在 $T(\boldsymbol{B})$ 中$\bar{\boldsymbol{b}} \geqslant \boldsymbol{0}$ 不成立,我们就采用准则

$$\bar{b}_k=\min\{\bar{b}_i \mid 1 \leqslant i \leqslant m\} \tag{2-13}$$

来定指标 k. 又从转轴公式(1-34)可知

$$f'_0=f_0+\frac{\bar{b}_k}{y_{kt}}r_t.$$

现在已知 $r_t \geqslant 0$, $\bar{b}_k<0$,故要实现 $f'_0 \geqslant f_0$, 就必须要求枢轴元素 $y_{kt}<0$. 又从转轴公式(1-33)可知

$$r'_j=r_j-\frac{y_{kj}}{y_{kt}}r_t, \quad j=1, \cdots, n.$$

现在已知 $r_j \geqslant 0$, $r_t \geqslant 0$, $y_{kt}<0$.因此,当 $y_{kj} \geqslant 0$ 时总能保证 $r'_j \geqslant 0$ 成立.但当 $y_{kj}<0$ 时,为保证 $r'_j \geqslant 0$ 成立,就必须满足

$$\frac{r_t}{y_{kt}} \geqslant \frac{r_j}{y_{kj}} \ (j \in I_D,\ y_{kj} < 0).$$

换言之,指标 t 的选择采取下列**最大比值准则**:

$$\frac{r_t}{y_{kt}} = \max\left\{\frac{r_j}{y_{kj}} \,\middle|\, y_{kj} < 0,\ j \in I_D\right\}. \tag{2-14}$$

在单纯形法中,当指标 t 确定后,如果 $T(\boldsymbol{B})$中 $y_{it} \leqslant 0$ 对 $i=1, \cdots, m$ 都成立,则(LP)在 K 内无下界;现在如果在对偶单纯形法中,当指标 k 确定后,在 $T(\boldsymbol{B})$中 $y_{kj} \geqslant 0$ 对$j=1, \cdots, n$ 都成立,能得到什么结论呢?此时,$T(\boldsymbol{B})$第 k 行信息所对应的方程为

$$x_{B_k} + \sum_{j \in I_D} y_{kj} x_j = \bar{b}_k,$$

现在 $y_{kj} \geqslant 0\ (j \in I_D)$, $\bar{b}_k < 0$, 该方程在第一卦限(对 $j=1, \cdots, n$ 都有 $x_j \geqslant 0$) 是不可能实现的,即可行域 K 为空集. 我们有下述定理.

定理 2-5 设 $\boldsymbol{X}$ 为(LP)关于基 $\boldsymbol{B}$ 的基本解,且 $T(\boldsymbol{B})$ 中 $\boldsymbol{r}=(r_1, \cdots, r_n)^{\mathrm{T}} \geqslant 0$, 而 $\bar{b}_k < 0$, $y_{kj} \geqslant 0\ (j=1, \cdots, n)$, 则(LP)无可行解.

下面我们给出对偶单纯形法算法.

① 选取(LP)的初始指标集 I_B 和基 $\boldsymbol{B}$[$\boldsymbol{B}$ 为对偶可行基, $\boldsymbol{U}=(\boldsymbol{C}_B^{\mathrm{T}}\boldsymbol{B}^{-1})^{\mathrm{T}}$ 为(LD)的可行解],作单纯形表 $T(\boldsymbol{B})$.

② $\bar{b}_i \geqslant 0$ 对 $i=1, \cdots, m$ 是否都成立?

若是,则 $\boldsymbol{X}_B=\bar{\boldsymbol{b}}$, $\boldsymbol{X}_D=\boldsymbol{0}$ 即为(LP)的最优解;f_0 为它的最优值 f^*,算法终止.

若否,则定指标 k: $\bar{b}_k = \min\{\bar{b}_i \mid \bar{b}_i < 0,\ 1 \leqslant i \leqslant m\}$.

③ $y_{kj} \geqslant 0$ 对 $j=1, \cdots, n$ 是否都成立?

若是,则(LP)不可行,算法终止.

若否,则根据最大比值准则定指标 t,

$$\frac{r_t}{y_{kt}} = \max\left\{\frac{r_j}{y_{kj}} \,\middle|\, y_{kj} < 0,\ j \in I_D\right\}.$$

④ 以 y_{kt} 为枢轴元素进行转轴,得新的 $T(\boldsymbol{B})$, I_B, I_D,转步骤②.

例 2-7 用对偶单纯形法求解下列线性规划(P):

$$\begin{aligned}
\min f &= 2x_1 + 4x_2 + 6x_3; \\
\text{s.t.}\quad & 2x_1 - x_2 + x_3 \geqslant 10, \\
& x_1 + 2x_2 + 2x_3 \leqslant 12, \\
& \quad\ \ 2x_2 \qquad x_3 \geqslant 4, \\
& x_j \geqslant 0, \quad j=1, 2, 3.
\end{aligned}$$

解 将它化成标准型(LD),

$$\begin{aligned}
\min f &= 2x_1 + 4x_2 + 6x_3; \\
\text{s.t.}\quad & 2x_1 - x_2 + x_3 - x_4 \qquad = 10, \\
& x_1 + 2x_2 + 2x_3 \qquad + x_5 = 12,
\end{aligned}$$

$$2x_2 - x_3 \qquad -x_6 = 4,$$
$$x_j \geqslant 0, \quad j = 1, \cdots, 6.$$

取初始指标集 $I_B = \{4, 5, 6\}$，用对偶单纯形法求解，迭代过程如表 2-2、表 2-3、表 2-4 所示. 得最优解 $\boldsymbol{X}^* = (6, 2, 0)^{\mathrm{T}}$，最优值 $f^* = 20$.

表 2-2

$\boldsymbol{X}_B$	x_1	x_2	x_3	x_4	x_5	x_6	$\bar{\boldsymbol{b}}$
x_4	(−2)	1	−1	1	0	0	(−10)
x_5	1	2	2	0	1	0	12
x_6	0	−2	1	0	0	1	−4
$\boldsymbol{r}$	2	4	6	0	0	0	0
r_j/y_{kj}	$\left(\frac{2}{-2}\right)$		$\frac{6}{-1}$				

表 2-3

$\boldsymbol{X}_B$	x_1	x_2	x_3	x_4	x_5	x_6	$\bar{\boldsymbol{b}}$
x_1	1	−1/2	1/2	−1/2	0	0	5
x_5	0	5/2	3/2	1/2	1	0	7
x_6	0	(−2)	1	0	0	1	(−4)
$\boldsymbol{r}$	0	5	5	1	0	0	−10
r_j/y_{kj}		$\left(\frac{5}{-2}\right)$					

表 2-4

$\boldsymbol{X}_B$	x_1	x_2	x_3	x_4	x_5	x_6	$\bar{\boldsymbol{b}}$
x_1	1	0	1/4	−1/2	0	−1/4	6
x_5	0	0	11/4	1/2	1	5/4	2
x_2	0	1	−1/2	0	0	−1/2	2
$\boldsymbol{r}$	0	0	15/2	1	0	5/2	−20

例 2-8　用对偶单纯形法求解下列线性规划：

$$\min f = 5x_1 + 3x_2;$$
$$\text{s.t.} \quad -2x_1 + 3x_2 \geqslant 6,$$
$$3x_1 - 6x_2 \geqslant 4,$$
$$x_1 \geqslant 0, x_2 \geqslant 0.$$

解　首先将它化为标准型，

$$\min f = 5x_1 + 3x_2;$$
$$\text{s.t.} \quad -2x_1 + 3x_2 - x_3 \qquad = 6,$$

$$3x_1 - 6x_2 \qquad - x_4 = 4,$$
$$x_j \geqslant 0, \quad j = 1, \cdots, 4.$$

取初始 $I_B = \{3, 4\}$, 迭代过程如表 2-5、表 2-6 所示.

表 2-5

X_B	x_1	x_2	x_3	x_4	$\bar{b}$
x_3	2	(−3)	1	0	(−6)
x_4	−3	6	0	1	−4
r	5	3	0	0	0

表 2-6

X_B	x_1	x_2	x_3	x_4	$\bar{b}$
x_2	−2/3	1	−1/3	0	2
x_4	1	0	2	1	−16
r	7	0	1	0	−6

在表 2-6 中, $\bar{b}_2 < 0$, 而 $y_{2j} \geqslant 0$ $(j = 1, 2, 3, 4)$, 故该问题不可行.

§ 2.4 对偶问题的最优解

对偶理论告诉我们,在原有问题和对偶问题的最优解之间存在着密切的关系. 有时,我们可以从求解原有问题的最优单纯形表中,得到对偶问题的最优解.

1. 情况 1

如果我们考虑的原有问题(P)为下列线性规划:

$$\begin{aligned} &\min f = \boldsymbol{C}^{\mathrm{T}}\boldsymbol{X}; \\ \text{s. t.} \quad &\boldsymbol{AX} \geqslant \boldsymbol{b}, \qquad\qquad (\mathrm{P}) \\ &\boldsymbol{X} \geqslant \boldsymbol{0}, \end{aligned}$$

它的标准型(LP)为

$$\begin{aligned} &\min f = \boldsymbol{C}^{\mathrm{T}}\boldsymbol{X}; \\ \text{s. t.} \quad &\boldsymbol{AX} - \boldsymbol{X}_M = \boldsymbol{b}, \qquad (\mathrm{LP}) \\ &\boldsymbol{X} \geqslant \boldsymbol{0}, \quad \boldsymbol{X}_M \geqslant \boldsymbol{0}, \end{aligned}$$

其中 $\boldsymbol{X}_M = (x_{n+1}, \cdots, x_{n+m})^{\mathrm{T}}$.

显然,(P)与(LP)的对偶问题是同一个线性规划(D),

$$\begin{aligned} &\max z = \boldsymbol{b}^{\mathrm{T}}\boldsymbol{U}; \\ \text{s. t.} \quad &\boldsymbol{A}^{\mathrm{T}}\boldsymbol{U} \leqslant \boldsymbol{C}, \qquad (\mathrm{D}) \\ &\boldsymbol{U} \geqslant \boldsymbol{0}. \end{aligned}$$

若用单纯形法求解(LP),得最优基 $\boldsymbol{B}$ 和最优单纯形表 $T(\boldsymbol{B})$. 对(LP)来说,当 $j = n + i$ $(i = 1, \cdots, m)$ 时,有 $\boldsymbol{A}_{\cdot j} = -\boldsymbol{e}_i$, $c_j = 0$, 因此

$$(c_{n+1}, \cdots, c_{n+m}) = (0, \cdots, 0),$$
$$(\boldsymbol{A}_{\cdot(n+1)}, \cdots, \boldsymbol{A}_{\cdot(n+m)}) = (-\boldsymbol{e}_1, \cdots, -\boldsymbol{e}_m) = -\boldsymbol{I},$$

从而,在最优表中,有

$$(r_{n+1}, \cdots, r_{n+m}) = (c_{n+1}, \cdots, c_{n+m}) - \boldsymbol{C}_B^{\mathrm{T}}\boldsymbol{B}^{-1}(\boldsymbol{A}_{\cdot(n+1)}, \cdots, \boldsymbol{A}_{\cdot(n+m)})$$
$$= -\boldsymbol{C}_B^{\mathrm{T}}\boldsymbol{B}^{-1}(-\boldsymbol{I}) = \boldsymbol{C}_B^{\mathrm{T}}\boldsymbol{B}^{-1}.$$

根据定理 2-3(4)(对偶性定理)可知

$$\boldsymbol{U}^* = (r_{n+1}, \cdots, r_{n+m})^{\mathrm{T}}. \tag{2-15}$$

也就是说,在(LP)的最优单纯形表中,剩余变量对应的检验数 $(r_{n+1}, \cdots, r_{n+m})^{\mathrm{T}}$ 即为最优单纯形因子$(\boldsymbol{C}_B^{\mathrm{T}}\boldsymbol{B}^{-1})^{\mathrm{T}}$,它是对偶问题的最优解 $\boldsymbol{U}^*$.

同时,在最优单纯形表 $T(\boldsymbol{B})$中,还有

$$(\boldsymbol{y}^{n+1}, \cdots, \boldsymbol{y}^{n+m}) = (\boldsymbol{B}^{-1}\boldsymbol{A}_{\cdot(n+1)}, \cdots, \boldsymbol{B}^{-1}\boldsymbol{A}_{\cdot(n+m)}) = \boldsymbol{B}^{-1}(-\boldsymbol{I}),$$

即

$$\boldsymbol{B}^{-1} = (-\boldsymbol{y}^{n+1}, \cdots, -\boldsymbol{y}^{n+m}). \tag{2-16}$$

例 2-9　用对偶单纯形法求解下列线性规划(P):

$$\begin{aligned} & \min f = 6x_1 + 8x_2; \\ \text{s. t.}\quad & x_1 + 2x_2 \geqslant 20, \\ & 3x_1 + 2x_2 \geqslant 50, \\ & x_1 \geqslant 0,\ x_2 \geqslant 0. \end{aligned}$$

解　它的标准型(LP)为

$$\begin{aligned} & \min f = 6x_1 + 8x_2; \\ \text{s. t.}\quad & x_1 + 2x_2 - x_3 = 20, \\ & 3x_1 + 2x_2 - x_4 = 50, \\ & x_j \geqslant 0,\quad j = 1, \cdots, 4. \end{aligned}$$

用对偶单纯形法求得最优单纯形表如表 2-7 所示.

(P)和(LP)的对偶问题(D)为

$$\begin{aligned} & \max z = 20u_1 + 50u_2; \\ \text{s. t.}\quad & u_1 + 3u_2 \leqslant 6, \\ & 2u_1 + 2u_2 \leqslant 8, \\ & u_1 \geqslant 0,\quad u_2 \geqslant 0. \end{aligned} \tag{D}$$

表 2-7

$\boldsymbol{X}_B$	x_1	x_2	x_3	x_4	$\bar{\boldsymbol{b}}$
x_2	0	1	$-3/4$	$1/4$	$5/2$
x_1	1	0	$1/2$	$-1/2$	15
$\boldsymbol{r}$	0	0	3	1	-110

由表 2-7 可知,(D)的最优解为

$$\boldsymbol{U}^* = (r_3, r_4)^{\mathrm{T}} = (3, 1)^{\mathrm{T}}.$$

此时,表 2-7 对应的最优基

$$\boldsymbol{B} = (\boldsymbol{A}_{\cdot 2}, \boldsymbol{A}_{\cdot 1}) = \begin{pmatrix} 2 & 1 \\ 2 & 3 \end{pmatrix},$$

由表 2-7 知,最优基 $\boldsymbol{B}$ 的逆矩阵

$$\boldsymbol{B}^{-1} = -(\boldsymbol{y}^3, \boldsymbol{y}^4) = \begin{pmatrix} \dfrac{3}{4} & -\dfrac{1}{4} \\ -\dfrac{1}{2} & \dfrac{1}{2} \end{pmatrix}.$$

2. 情况 2

如果我们考虑的原有问题(P)为

$$\begin{aligned} &\max z = \boldsymbol{C}^{\mathrm T}\boldsymbol{X}; \\ \text{s. t.}\quad &\boldsymbol{AX} \leqslant \boldsymbol{b}, \\ &\boldsymbol{X} \geqslant \boldsymbol{0}. \end{aligned} \qquad \text{(P)}$$

它的标准型(LP)为

$$\begin{aligned} &\min \tilde{z} = \widetilde{\boldsymbol{C}}^{\mathrm T}\boldsymbol{X} = (-\boldsymbol{C})^{\mathrm T}\boldsymbol{X}; \\ \text{s. t.}\quad &\boldsymbol{AX} + \boldsymbol{X}_M = \boldsymbol{b}, \\ &\boldsymbol{X} \geqslant \boldsymbol{0},\quad \boldsymbol{X}_M \geqslant \boldsymbol{0}, \end{aligned} \qquad \text{(LP)}$$

其中 $\boldsymbol{X}_M = (x_{n+1}, \cdots, x_{n+m})^{\mathrm T}$. (LP)的对偶问题(LD)为

$$\begin{aligned} &\max \tilde{f} = \boldsymbol{b}^{\mathrm T}\boldsymbol{U}'; \\ \text{s. t.}\quad &\boldsymbol{A}^{\mathrm T}\boldsymbol{U}' \leqslant \widetilde{\boldsymbol{C}}, \\ &\boldsymbol{U}' \leqslant \boldsymbol{0}. \end{aligned} \qquad \text{(LD)}$$

若用单纯形法求解(LP)得最优基 $\boldsymbol{B}$、最优表 $T(\boldsymbol{B})$,则根据定理 2-3(4)(对偶性定理)可知:$\widetilde{\boldsymbol{U}}' = (\widetilde{\boldsymbol{C}}_B^{\mathrm T}\boldsymbol{B}^{-1})^{\mathrm T}$ 为(LD)的最优解. 令

$$\boldsymbol{U}' = -\boldsymbol{U},$$

(LD)变换为

$$\begin{aligned} &\max \tilde{f} = -\boldsymbol{b}^{\mathrm T}\boldsymbol{U}; \\ \text{s. t.}\quad &\boldsymbol{A}^{\mathrm T}\boldsymbol{U} \geqslant \boldsymbol{C}, \\ &\boldsymbol{U} \geqslant \boldsymbol{0}. \end{aligned}$$

此时,$\boldsymbol{U}^* = -\widetilde{\boldsymbol{U}}' = (\boldsymbol{C}_B^{\mathrm T}\boldsymbol{B}^{-1})^{\mathrm T}$ 为其最优解,最优值 $\tilde{f}^* = -\boldsymbol{b}^{\mathrm T}\boldsymbol{U}^*$.

又(P)的对偶问题(D)为

$$\begin{aligned} &\min f = \boldsymbol{b}^{\mathrm T}\boldsymbol{U}; \\ \text{s. t.}\quad &\boldsymbol{A}^{\mathrm T}\boldsymbol{U} \geqslant \boldsymbol{C}, \\ &\boldsymbol{U} \geqslant \boldsymbol{0}. \end{aligned} \qquad \text{(D)}$$

于是,$\boldsymbol{U}^* = (\boldsymbol{C}_B^{\mathrm T}\boldsymbol{B}^{-1})^{\mathrm T}$ 也为其最优解,最优值 $f^* = \boldsymbol{b}^{\mathrm T}\boldsymbol{U}^* = -\tilde{f}^*$.

对(LP)来说,当 $j = n + i$ 时,$\boldsymbol{A}_{\cdot j} = \boldsymbol{e}_i$,$\tilde{c}_j = 0$,因此

$$\begin{aligned} &(\tilde{c}_{n+1}, \cdots, \tilde{c}_{n+m}) = (0, \cdots, 0)^{\mathrm T}, \\ &(\boldsymbol{A}_{\cdot(n+1)}, \cdots, \boldsymbol{A}_{\cdot(n+m)}) = (\boldsymbol{e}_1, \cdots, \boldsymbol{e}_m) = \boldsymbol{I}. \end{aligned}$$

从而,在(LP)的最优表 $T(\boldsymbol{B})$ 中,有

$$\begin{aligned} &(r_{n+1}, \cdots, r_{n+m}) \\ &= (\tilde{c}_{n+1}, \cdots, \tilde{c}_{n+m}) - (\widetilde{\boldsymbol{C}}_B^{\mathrm T}\boldsymbol{B}^{-1})(\boldsymbol{A}_{\cdot(n+1)}, \cdots, \boldsymbol{A}_{\cdot(n+m)}) \\ &= -(\widetilde{\boldsymbol{C}}_B^{\mathrm T}\boldsymbol{B}^{-1}) = \boldsymbol{C}_B^{\mathrm T}\boldsymbol{B}^{-1}, \end{aligned}$$

即

$$\boldsymbol{U}^{*}=(r_{n+1},\ \cdots,\ r_{n+m})^{\mathrm{T}}. \tag{2-17}$$

也就是说,在(LP)的最优单纯形表 $T(\boldsymbol{B})$ 中,松弛变量对应的检验数 $(r_{n+1},\ \cdots,\ r_{n+m})^{\mathrm{T}}$,即为最优单纯形因子$(\boldsymbol{C}_B^{\mathrm{T}}\boldsymbol{B}^{-1})^{\mathrm{T}}$,它是对偶问题(D)的最优解$\boldsymbol{U}^{*}$.

同时,在(LP)的最优单纯形表 $T(\boldsymbol{B})$ 中,还有

$$(\boldsymbol{y}^{n+1},\ \cdots,\ \boldsymbol{y}^{n+m})=(\boldsymbol{B}^{-1}\boldsymbol{A}_{\cdot(n+1)},\ \cdots,\ \boldsymbol{B}^{-1}\boldsymbol{A}_{\cdot(n+m)})=\boldsymbol{B}^{-1}\boldsymbol{I},$$

即

$$\boldsymbol{B}^{-1}=(\boldsymbol{y}^{n+1},\ \cdots,\ \boldsymbol{y}^{n+m}). \tag{2-18}$$

例 2-10　用单纯形法求解下列线性规划(P):

$$\begin{aligned} &\max z=20x_1+50x_2;\\ \text{s.t.}\quad &x_1+3x_2\leqslant 6,\\ &x_1+\ x_2\leqslant 4,\qquad\qquad (\mathrm{P})\\ &x_j\geqslant 0,\quad j=1,\ 2. \end{aligned}$$

解　它的标准型(LP)为

$$\begin{aligned} &\min \tilde{z}=-20x_1-50x_2;\\ \text{s.t.}\quad &x_1+3x_2+x_3\qquad =6,\\ &x_1+\ x_2\qquad +x_4=4,\qquad\qquad (\mathrm{LP})\\ &x_j\geqslant 0,\quad j=1,\ \cdots,\ 4. \end{aligned}$$

用单纯形法求得(LP)的最优单纯形表如表 2-8 所示.

(P)的对偶问题(D)为

$$\begin{aligned} &\min f=6u_1+4u_2;\\ \text{s.t.}\quad &u_1+u_2\geqslant 20,\\ &3u_1+u_2\geqslant 50,\qquad\qquad (\mathrm{D})\\ &u_1\geqslant 0,\quad u_2\geqslant 0. \end{aligned}$$

表 2-8

$\boldsymbol{X}_B$	x_1	x_2	x_3	x_4	$\bar{\boldsymbol{b}}$
x_2	0	1	1/2	−1/2	1
x_1	1	0	−1/2	3/2	3
$\boldsymbol{r}$	0	0	15	5	110

由表 2-8 可知,(D)的最优解

$$\boldsymbol{U}^{*}=(r_3,\ r_4)^{\mathrm{T}}=(15,\ 5)^{\mathrm{T}}.$$

此时,表 2-8 对应的最优基

$$\boldsymbol{B}=(\boldsymbol{A}_{\cdot 2},\ \boldsymbol{A}_{\cdot 1})=\begin{pmatrix}3&1\\1&1\end{pmatrix},$$

由表 2-8 可知,最优基 $\boldsymbol{B}$ 的逆矩阵

$$\boldsymbol{B}^{-1}=(\boldsymbol{y}^{3},\ \boldsymbol{y}^{4})=\begin{pmatrix}\frac{1}{2}&-\frac{1}{2}\\-\frac{1}{2}&\frac{3}{2}\end{pmatrix}.$$

3. 情况 3

我们考虑一般形式的线性规划. 首先将它化为标准型,然后用大 M 法进行求解. 假设初始指标集 I_B 和初始基分别为

$$I_B=\{B_1,\ \cdots,\ B_m\},\quad \boldsymbol{B}=(\boldsymbol{A}._{B_1},\ \cdots,\ \boldsymbol{A}._{B_m})=\boldsymbol{I}.$$

现在用单纯形法进行迭代,求得最优单纯形表 $T(\hat{\boldsymbol{B}})$、最优基 $\hat{\boldsymbol{B}}$,则初始指标集 $I_B=\{B_1,\ \cdots,\ B_m\}$ 对应的变量在 $T(\hat{\boldsymbol{B}})$ 中的检验数

$$\begin{aligned}&(r_{B_1},\ \cdots,\ r_{B_m})\\=&(c_{B_1},\ \cdots,\ c_{B_m})-\boldsymbol{C}_{\hat{B}}^{\mathrm{T}}\ \hat{\boldsymbol{B}}^{-1}(\boldsymbol{A}._{B_1},\ \cdots,\ \boldsymbol{A}._{B_m})\\=&(c_{B_1},\ \cdots,\ c_{B_m})-\boldsymbol{C}_{\hat{B}}^{\mathrm{T}}\ \hat{\boldsymbol{B}}^{-1}\boldsymbol{I}=(c_{B_1},\ \cdots,\ c_{B_m})-\boldsymbol{C}_{\hat{B}}^{\mathrm{T}}\ \hat{\boldsymbol{B}}^{-1}.\end{aligned}$$

所以,对偶问题的最优解

$$\boldsymbol{U}^*=(\boldsymbol{C}_{\hat{B}}^{\mathrm{T}}\hat{\boldsymbol{B}}^{-1})^{\mathrm{T}}=(c_{B_1},\ \cdots,\ c_{B_m})^{\mathrm{T}}-(r_{B_1},\ \cdots,\ r_{B_m})^{\mathrm{T}}.\tag{2-19}$$

同时,在最优单纯形表 $T(\hat{\boldsymbol{B}})$ 中,还有

$$(\boldsymbol{y}^{B_1},\ \cdots,\ \boldsymbol{y}^{B_m})=(\hat{\boldsymbol{B}}^{-1}\boldsymbol{A}._{B_1},\ \cdots,\ \hat{\boldsymbol{B}}^{-1}\boldsymbol{A}._{B_m})=\hat{\boldsymbol{B}}^{-1}\boldsymbol{I}=\hat{\boldsymbol{B}}^{-1},$$

即

$$\hat{\boldsymbol{B}}^{-1}=(\boldsymbol{y}^{B_1},\ \cdots,\ \boldsymbol{y}^{B_m}).\tag{2-20}$$

例 2-11 假设例 1-13 所给的线性规划为(P),试利用在大 M 法求解过程中的相关信息,给出对偶问题的最优解.

解 在用单纯形法求解它的(LP_M)问题时,初始单纯形表为表 1-19,初始指标集 $I_B=\{6,\ 5,\ 7\}$;最优单纯形表 $T(\hat{\boldsymbol{B}})$ 为表 1-21,最优基 $\hat{\boldsymbol{B}}=(\boldsymbol{A}._1,\ \boldsymbol{A}._5,\ \boldsymbol{A}._2)$,指标集 $I_{\hat{B}}=\{1,\ 5,\ 2\}$.

由此可知(P)的对偶问题的最优解

$$\begin{aligned}\boldsymbol{U}^*&=(c_6,\ c_5,\ c_7)^{\mathrm{T}}-(r_6,\ r_5,\ r_7)^{\mathrm{T}}\\&=(M,\ 0,\ M)^{\mathrm{T}}-\left(-\frac{3}{2}+M,\ 0,\ M-2\right)^{\mathrm{T}}\\&=\left(\frac{3}{2},\ 0,\ 2\right)^{\mathrm{T}}.\end{aligned}$$

同时,由表 1-21 可知 $\hat{\boldsymbol{B}}$ 的逆矩阵为

$$\hat{\boldsymbol{B}}^{-1}=(\boldsymbol{y}^6,\ \boldsymbol{y}^5,\ \boldsymbol{y}^7)=\begin{pmatrix}\frac{1}{2}&0&\frac{1}{4}\\-1&1&-\frac{5}{4}\\0&0&\frac{1}{4}\end{pmatrix}.$$

如果我们计算最优单纯形因子,则

$$\boldsymbol{C}_{\hat{B}}^{\mathrm{T}}\hat{\boldsymbol{B}}^{-1}=(3,\ 0,\ 5)\begin{pmatrix}\frac{1}{2}&0&\frac{1}{4}\\-1&1&-\frac{5}{4}\\0&0&\frac{1}{4}\end{pmatrix}=\left(\frac{3}{2},\ 0,\ 2\right),$$

可见与上述结果相同.

§ 2.5　灵敏度分析

例 2-12　某工厂生产 3 种产品，有关信息如表 2-9 所示. 问如何安排生产计划，使工厂获得最大利润？

表 2-9

单位产品的材料定额 a_{ij}		$j^{\#}$ 产品 1#	2#	3#	$i^{\#}$ 材料上限 b_i
$i^{\#}$ 材料	1#	3	4	2	600
	2#	2	1	2	400
	3#	1	3	2	800
单位产品利润 $\hat{c}_j$		2	4	3	

解　设产品 $j^{\#}$ 的产量为 x_j，则得线性规划模型如下：

$$\max z=\sum_{j=1}^{3}\hat{c}_j x_j=2x_1+4x_2+3x_3;$$

$$\text{s.t.}\quad \begin{aligned}&3x_1+4x_2+2x_3\leqslant 600,\\&2x_1+x_2+2x_3\leqslant 400,\\&x_1+3x_2+2x_3\leqslant 800,\\&x_j\geqslant 0,\quad j=1,2,3.\end{aligned}$$

将它化成标准型(LP)，

$$\min f=\sum_{j=1}^{3}c_j x_j=-2x_1-4x_2-3x_3;$$

$$\text{s.t.}\quad \begin{aligned}&3x_1+4x_2+2x_3+x_4=600,\\&2x_1+x_2+2x_3+x_5=400,\\&x_1+3x_2+2x_3+x_6=800,\\&x_j\geqslant 0,\quad j=1,\cdots,6.\end{aligned}$$

用单纯形法求解(LP)，得最优单纯形表如表 2-10 所示.

表 2-10

$\boldsymbol{X}_B$	x_1	x_2	x_3	x_4	x_5	x_6	$\bar{\boldsymbol{b}}$
x_2	1/3	1	0	1/3	−1/3	0	200/3
x_3	5/6	0	1	−1/6	2/3	0	500/3
x_6	−5/3	0	0	−2/3	−1/3	1	800/3
$\boldsymbol{r}$	11/6	0	0	5/6	2/3	0	2 300/3

最优解 $\boldsymbol{X}^*=(x_1,x_2,x_3)^{\mathrm{T}}=(0,200/3,500/3)^{\mathrm{T}}$，最优值 $z^*=2\,300/3$.

这个最优解是在参数 c_j, b_i, a_{ij} 都固定不变的条件下取得的. 但是,在实际问题中,对一个具体的企业来说,参数 c_j, b_i, a_{ij} 不是固定不变的. 例如,产品的市场价格可能有所变动;国家分配的原材料可能有所增减;动力供应情况可能随季节而变化;添置新设备而使生产台时增加;由于产品设计结构有所改进,使单位产品的原材料消耗定额有所增减……现实诸因素的种种变化都会引起已建立的数学模型的参数变化. 或者,当运用线性规划编制完生产计划并即将付诸应用时,又发生了新的情况,某些原来未加限制的资源现在有了限制,从而出现一个新的追加约束条件. 或者,企业准备增加新产品,使工厂的生产计划发生整个变化.

因此,我们面临这样的问题:上述种种情况的发生,将对已求得的最优解产生什么影响?或者说,我们如何在原有的最优单纯形表的基础上用最少的计算量,去获得修改后的线性规划问题的最优解? 这就是下面我们要讨论的灵敏度分析问题.

假设线性规划(LP)的基本最优解 $\boldsymbol{X}_B^* = \overline{\boldsymbol{b}}$, $\boldsymbol{X}_D^* = \boldsymbol{0}$,最优基为 $\boldsymbol{B}$,指标集 $I_B = \{B_1, \cdots, B_m\}$,我们分下面几个问题来进行灵敏度分析:

(1) 变量 x_s 的目标函数系数 c_s 在何范围内变动,问题(LP)的最优基(最优解)不变? 如果超出这个范围,如何求最优解?

(2) 第 s 种资源 b_s 在何范围内变动,最优基不变? 如果 b_s 超出这个范围,如何求最优解?

(3) 变量 x_s 在矩阵 $\boldsymbol{A}$ 中的系数列向量 $\boldsymbol{A}_{\cdot s}$ 发生变化,如何求新问题的最优解?

(4) 追加新的约束条件,如何求新的线性规划的最优解?

(5) 增加新的变量 x_s,如何求新问题的最优解?

2.5.1 参数 c_s 的灵敏度分析

如果 c_s 在某个范围内摄动,这将影响原来问题最优表 $T(\boldsymbol{B})$ 中 r 行的元素. 设 $c'_s = c_s + \Delta c_s$,我们的问题是:c_s 或 Δc_s 在何范围内变动,基本最优解不发生变化,也即新的检验数 $r'_j \geqslant 0$ $(j = 1, \cdots, n)$ 仍应成立. 我们先来看一个例子.

例 2-13 对例 2-12:(1) $\hat{c}_1$ 在何范围内变化,最优基不变? 若 $\hat{c}_1 = 4$,求最优解. (2) $\hat{c}_2$ 在何范围内变化,最优基不变? 若 $\hat{c}_2 = 9$,求最优解.

解 (1) 在最优表表 2-10 中,x_1 为非基本变量,当 $c_1 = -\hat{c}_1$ 变动时,$\boldsymbol{C}_B$ 没有改变,故受影响的仅是最优表中检验数 r_1. 此时

$$r_1 = c_1 - \boldsymbol{C}_B^{\mathrm{T}} \boldsymbol{y}^1 = -\hat{c}_1 - (-4, -3, 0)\begin{pmatrix} \frac{1}{3} \\ \frac{5}{6} \\ -\frac{5}{3} \end{pmatrix} = -\hat{c}_1 + \frac{23}{6}.$$

要使最优基保持不变,应有 $r_1 \geqslant 0$,即

$$\hat{c}_1 \leqslant \frac{23}{6} \left(\text{或 } \Delta\hat{c}_1 \leqslant \frac{23}{6} - 2 = \frac{11}{6}\right).$$

换言之,只要 1# 产品的单位产品利润不超过 23/6,则生产 1# 产品就是不经济的.

若 $\hat{c}_1 = 4$,则 $r_1 = -4 + 23/6 = -1/6$,于是,目前的生产计划就不是最优. 我们将表 2-10 修改成表 2-11,用单纯形法继续迭代,得表 2-12,即得最优解 $\boldsymbol{X}^* = (200, 0, 0)^{\mathrm{T}}$,最优值 $z^* = 800$.

表 2-11

X_B	x_1	x_2	x_3	x_4	x_5	x_6	$\bar{b}$
x_2	1/3	1	0	1/3	−1/3	0	200/3
x_3	(5/6)	0	1	−1/6	2/3	0	500/3
x_6	−5/3	0	0	−2/3	−1/3	1	800/3
r	−1/6	0	0	5/6	2/3	0	2 300/3

表 2-12

X_B	x_1	x_2	x_3	x_4	x_5	x_6	$\bar{b}$
x_2	0	1	−2/5	2/5	−3/5	0	0
x_1	1	0	6/5	−1/5	4/5	0	200
x_6	0	0	2	−1	1	1	600
r	0	0	1/5	4/5	4/5	0	800

(2) 在表 2-10 中，x_2 为基本变量，当 $c_2=-\hat{c}_2$ 摄动时，$\boldsymbol{C}_B$ 改变，故最优表中非基本变量 x_1，x_4，x_5 的检验数 r_1，r_4，r_5 都要改变，我们把 r_1，r_4 和 r_5 表示成 $\hat{c}_2$ 的函数，

$$r_1=c_1-\boldsymbol{C}_B^{\mathrm{T}}\boldsymbol{y}^1=-2-(-\hat{c}_2,\ -3,\ 0)\begin{pmatrix}\frac{1}{3}\\ \frac{5}{6}\\ -\frac{5}{3}\end{pmatrix}=\frac{1}{3}\hat{c}_2+\frac{1}{2},$$

$$r_4=c_4-\boldsymbol{C}_B^{\mathrm{T}}\boldsymbol{y}^4=0-(-\hat{c}_2,\ -3,\ 0)\begin{pmatrix}\frac{1}{3}\\ -\frac{1}{6}\\ -\frac{2}{3}\end{pmatrix}=\frac{1}{3}\hat{c}_2-\frac{1}{2},$$

$$r_5=c_5-\boldsymbol{C}_B^{\mathrm{T}}\boldsymbol{y}^5=0-(-\hat{c}_2,\ -3,\ 0)\begin{pmatrix}-\frac{1}{3}\\ \frac{2}{3}\\ -\frac{1}{3}\end{pmatrix}=-\frac{1}{3}\hat{c}_2+2,$$

为使最优基不变，则 r_1，r_4 和 r_5 都应非负，即

$$r_1\geqslant 0\Rightarrow \hat{c}_2\geqslant -\frac{3}{2},\quad r_4\geqslant 0\Rightarrow \hat{c}_2\geqslant \frac{3}{2},\quad r_5\geqslant 0\Rightarrow \hat{c}_2\leqslant 6.$$

因此，当

$$\frac{3}{2} \leqslant \hat{c}_2 \leqslant 6 \ (\text{或} -\frac{5}{2} \leqslant \Delta \hat{c}_2 \leqslant 2)$$

时,最优基保持不变,最优解 $\boldsymbol{X}^*$ 仍为$(0, 200/3, 500/3)^{\mathrm{T}}$,而最优值

$$z^* = 200\hat{c}_2/3 + 500.$$

若 $\hat{c}_2=9$,此时有

$$r_1=\frac{7}{2},\ r_4=\frac{5}{2},\ r_5=-1,\ f_0=1\,100.$$

我们将表 2-10 修改成表 2-13,用单纯形法继续迭代,得表 2-14. 于是,得

最优解 $\boldsymbol{X}^*=(0, 150, 0)^{\mathrm{T}}$,最优值 $z^*=1\,350$.

表 2-13

$\boldsymbol{X}_B$	x_1	x_2	x_3	x_4	x_5	x_6	$\bar{\boldsymbol{b}}$
x_2	1/3	1	0	1/3	−1/3	0	200/3
x_3	5/6	0	1	−1/6	(2/3)	0	500/3
x_6	−5/3	0	0	−2/3	−1/3	1	800/3
$\boldsymbol{r}$	7/2	0	0	5/2	−1	0	1 100

表 2-14

$\boldsymbol{X}_B$	x_1	x_2	x_3	x_4	x_5	x_6	$\bar{\boldsymbol{b}}$
x_2	3/4	1	1/2	1/4	0	0	150
x_5	5/4	0	3/2	−1/4	1	0	250
x_6	−5/4	0	1/2	−3/4	0	1	350
$\boldsymbol{r}$	19/4	0	3/2	9/4	0	0	1 350

在上述例子的基础上,下面我们给出参数 c_s 灵敏度分析的一般公式.

1. 情况 1

$s \overline{\in} I_B$, x_s 是关于 $\boldsymbol{B}$ 的一个非基本变量,$c'_s=c_s+\Delta c_s$, $\boldsymbol{C}_B$ 未变. $T(\boldsymbol{B})$中 r_s 改变,

$$r'_s=c'_s-\boldsymbol{C}_B^{\mathrm{T}}\boldsymbol{y}^s=c_s+\Delta c_s-\boldsymbol{C}_B^{\mathrm{T}}\boldsymbol{y}^s=\Delta c_s+r_s.$$

因此,若要 $r'_s \geqslant 0$,则 Δc_s 应满足下列条件:

$$-r_s \leqslant \Delta c_s < +\infty. \tag{2-21}$$

2. 情况 2

$s \in I_B$, x_s 为关于基 $\boldsymbol{B}$ 的一个基本变量,不妨设 $s=B_i$,此时 $\boldsymbol{C}_B$ 有了变化,

$$\boldsymbol{C}'_B=\boldsymbol{C}_B+\Delta c_{B_i}\boldsymbol{e}_i.$$

因此,$T(\boldsymbol{B})$中的 f_0 和 $r_j\,(j \in I_D)$都将受到影响,

$$f'_0=(\boldsymbol{C}'_B)^{\mathrm{T}}\bar{\boldsymbol{b}}=\boldsymbol{C}_B^{\mathrm{T}}\bar{\boldsymbol{b}}+\Delta c_{B_i}\boldsymbol{e}_i^{\mathrm{T}}\bar{\boldsymbol{b}}=f_0+\Delta c_{B_i}\bar{b}_i,$$

$$r'_j = c_j - (\boldsymbol{C}'_B)^{\mathrm{T}} \boldsymbol{y}^j = c_j - \boldsymbol{C}_B^{\mathrm{T}} \boldsymbol{y}^j - \Delta c_{B_i} \boldsymbol{e}_i^{\mathrm{T}} \boldsymbol{y}^j = r_j - \Delta c_{B_i} y_{ij} \quad (j \in I_D).$$

于是,若要 $r'_j \geqslant 0\ (j \in I_D)$,则 Δc_{B_i} 应满足下列条件:

$$\Delta c_{B_i} \leqslant \frac{r_j}{y_{ij}} \quad (j \in I_D,\ y_{ij} > 0),$$

$$\Delta c_{B_i} \geqslant \frac{r_j}{y_{ij}} \quad (j \in I_D,\ y_{ij} < 0).$$

考虑到 $\{y_{ij} \mid y_{ij} > 0,\ j \in I_D\}$ 或 $\{y_{ij} \mid y_{ij} < 0,\ j \in I_D\}$ 可能为空集,所以 Δc_{B_i} 的变化范围为

$$\max\left\{-\infty,\ \frac{r_j}{y_{ij}} \middle| j \in I_D,\ y_{ij} < 0\right\} \leqslant \Delta c_{B_i} \leqslant \min\left\{+\infty,\ \frac{r_j}{y_{ij}} \middle| j \in I_D,\ y_{ij} > 0\right\}. \tag{2-22}$$

(在上述不等式中,若界为 $-\infty$ 或 $+\infty$,则相应的"$\leqslant$"应改为"$<$",下面类似的情况不再说明).

综上所述可知,如果 Δc_s 没有超出式(2-21)或式(2-22)所给的范围,那么最优基和最优解不变.如果 Δc_s 超出规定的范围,则 $r'_j \geqslant 0$ 对 $j=1, \cdots, n$ 不全成立,可将最优表中原 $\boldsymbol{r}$ 行元素修改后用单纯形法继续迭代,求得新的最优解.

例 2-14　试问例 2-12 中的 $\Delta \hat{c}_3$ 在何范围内变化,该工厂仍然生产 $2^{\#}$ 产品和 $3^{\#}$ 产品?

解　现在 $s=3$, x_3 为 x_{B_2},并注意 $\hat{c}_3=-c_3$, $\Delta c_3=-\Delta \hat{c}_3$,利用表 2-10 中 x_3 所在行和 $\boldsymbol{r}$ 行的有关元素和公式(2-22),可知 $\Delta \hat{c}_3$ 的变化范围应为

$$\frac{5}{6}\Big/\left(-\frac{1}{6}\right) \leqslant -\Delta \hat{c}_3 \leqslant \min\left\{\frac{11}{6}\Big/\frac{5}{6},\ \frac{2}{3}\Big/\frac{2}{3}\right\},$$

即

$$-1 \leqslant \Delta \hat{c}_3 \leqslant 5.$$

2.5.2　参数 b_s 的灵敏度分析

若 $\boldsymbol{b}=(b_1, \cdots, b_m)^{\mathrm{T}}$ 中某个参数 b_s 发生变化:$b'_s=b_s+\Delta b_s$,易知只会影响最优单纯形表 $T(\boldsymbol{B})$ 中的 $\bar{\boldsymbol{b}}$ 和 f_0.因此,若要求最优基保持不变,应使新的 $\bar{\boldsymbol{b}}'=\boldsymbol{B}^{-1}\boldsymbol{b}' \geqslant \boldsymbol{0}$.

我们先来看一个例子.

例 2-15　(1) 例 2-12 中 b_1 的改变量 Δb_1 在何范围内变化,最优基保持不变?

(2) 例 2-12 中 b_2 在何范围内变化,最优基保持不变?若 $b_2=900$,求最优解.

解　(1) 现在 $\boldsymbol{b}'=\boldsymbol{b}+\Delta b_1 \boldsymbol{e}_1$,由表 2-10 知

$$\boldsymbol{B}^{-1}=(\boldsymbol{y}^4,\ \boldsymbol{y}^5,\ \boldsymbol{y}^6),$$

于是

$$\bar{\boldsymbol{b}}'=\boldsymbol{B}^{-1}\boldsymbol{b}'=\boldsymbol{B}^{-1}\boldsymbol{b}+\boldsymbol{B}^{-1}\Delta b_1 \boldsymbol{e}_1=\bar{\boldsymbol{b}}+\Delta b_1 \boldsymbol{B}^{-1}\boldsymbol{e}_1$$

$$=\begin{pmatrix}\frac{200}{3}\\ \frac{500}{3}\\ \frac{800}{3}\end{pmatrix}+\Delta b_1\begin{pmatrix}\frac{1}{3} & -\frac{1}{3} & 0\\ -\frac{1}{6} & \frac{2}{3} & 0\\ -\frac{2}{3} & -\frac{1}{3} & 1\end{pmatrix}\begin{pmatrix}1\\0\\0\end{pmatrix}=\begin{pmatrix}\frac{200}{3}+\frac{1}{3}\Delta b_1\\ \frac{500}{3}-\frac{1}{6}\Delta b_1\\ \frac{800}{3}-\frac{2}{3}\Delta b_1\end{pmatrix}.$$

为使最优基保持不变,应使 Δb_1 满足下列条件:

$$\bar{b}'_1=\frac{200}{3}+\frac{1}{3}\Delta b_1\geqslant 0 \Rightarrow \Delta b_1\geqslant -200,$$

$$\bar{b}'_2=\frac{500}{3}-\frac{1}{6}\Delta b_1\geqslant 0 \Rightarrow \Delta b_1\leqslant 1\,000,$$

$$\bar{b}'_3=\frac{800}{3}-\frac{2}{3}\Delta b_1\geqslant 0 \Rightarrow \Delta b_1\leqslant 400,$$

即要求

$$-200\leqslant \Delta b_1\leqslant 400.$$

(2) 现在 $\boldsymbol{b}'=(600,\ b_2,\ 800)^{\mathrm{T}}$,于是

$$\bar{\boldsymbol{b}}'=\boldsymbol{B}^{-1}\boldsymbol{b}'=\begin{pmatrix}\frac{1}{3} & -\frac{1}{3} & 0\\ -\frac{1}{6} & \frac{2}{3} & 0\\ -\frac{2}{3} & -\frac{1}{3} & 1\end{pmatrix}\begin{pmatrix}600\\ b_2\\ 800\end{pmatrix}=\begin{pmatrix}200-\frac{1}{3}b_2\\ -100+\frac{2}{3}b_2\\ 400-\frac{1}{3}b_2\end{pmatrix}.$$

为使最优基保持不变,应使 $\bar{\boldsymbol{b}}'\geqslant\boldsymbol{0}$,即

$$200-\frac{1}{3}b_2\geqslant 0 \Rightarrow b_2\leqslant 600,$$

$$-100+\frac{2}{3}b_2\geqslant 0 \Rightarrow b_2\geqslant 150,$$

$$400-\frac{1}{3}b_2\geqslant 0 \Rightarrow b_2\leqslant 1\,200,$$

故当

$$150\leqslant b_2\leqslant 600$$

时,最优基保持不变.此时有最优解和最优值,分别为

$$\boldsymbol{X}^*=(x_1,\ x_2,\ x_3)^{\mathrm{T}}=\left(0,\ 200-\frac{1}{3}b_2,\ -100+\frac{2}{3}b_2\right)^{\mathrm{T}},$$

$$z^*=\boldsymbol{C}_B^{\mathrm{T}}\bar{\boldsymbol{b}}'=(4,\ 3,\ 0)\bar{\boldsymbol{b}}'=500+\frac{2}{3}b_2.$$

如果 $b_2=900$,则 $\bar{\boldsymbol{b}}=(-100,\ 500,\ 100)^{\mathrm{T}}$,$z'=1\,100$.此时,$\boldsymbol{B}=(\boldsymbol{A}_{\cdot 2},\ \boldsymbol{A}_{\cdot 3},\ \boldsymbol{A}_{\cdot 6})$ 不是最优基.将表 2-10 修改成表 2-15,用对偶单纯形法对表 2-15 继续迭代,得表 2-16.于是,最优解

$\boldsymbol{X}^* = (0, 300, 0)^{\mathrm{T}}$,最优值 $z^* = 900$.

表 2-15

$\boldsymbol{X}_B$	x_1	x_2	x_3	x_4	x_5	x_6	$\bar{\boldsymbol{b}}$
x_2	1/3	1	0	1/3	(−1/3)	0	−100
x_3	5/6	0	1	−1/6	2/3	0	500
x_6	−5/3	0	0	−2/3	−1/3	1	100
$\boldsymbol{r}$	11/6	0	0	5/6	2/3	0	1 100

表 2-16

$\boldsymbol{X}_B$	x_1	x_2	x_3	x_4	x_5	x_6	$\bar{\boldsymbol{b}}$
x_5	−1	−3	0	−1	1	0	300
x_3	3/2	2	1	1/2	0	0	300
x_6	−2	−1	0	−1	0	1	200
$\boldsymbol{r}$	5/2	2	0	3/2	0	0	900

下面我们给出参数 b_s 的灵敏度分析一般公式. 设

$$b_s' = b_s + \Delta b_s \quad (\boldsymbol{b}' = \boldsymbol{b} + \Delta b_s \boldsymbol{e}_s),$$

此时,$T(\boldsymbol{B})$中的 $\bar{\boldsymbol{b}}$ 和 f_0 改变. 为了保持 $\boldsymbol{B}$ 仍为最优基,新的 $\bar{\boldsymbol{b}}' = \boldsymbol{B}^{-1}\boldsymbol{b}' \geqslant \boldsymbol{0}$ 仍应成立. 现令

$$\boldsymbol{B}^{-1} = (h_{ij})_{m \times m} = (\boldsymbol{h}^1, \cdots, \boldsymbol{h}^m), \tag{2-23}$$

其中 $\boldsymbol{h}^i$ 表示 $\boldsymbol{B}^{-1}$ 的第 i 列. 于是

$$\bar{\boldsymbol{b}}' = \boldsymbol{B}^{-1}(\boldsymbol{b} + \Delta b_s \boldsymbol{e}_s) = \bar{\boldsymbol{b}} + \Delta b_s \boldsymbol{B}^{-1}\boldsymbol{e}_s = \bar{\boldsymbol{b}} + \Delta b_s \boldsymbol{h}^s.$$

为使 $\bar{\boldsymbol{b}}' \geqslant \boldsymbol{0}$,则应有

$$\Delta b_s \geqslant -\frac{\bar{b}_i}{h_{is}} \quad (h_{is} > 0),$$

$$\Delta b_s \leqslant -\frac{\bar{b}_i}{h_{is}} \quad (h_{is} < 0).$$

考虑到可能会出现 $\boldsymbol{h}^s \leqslant \boldsymbol{0}$ 或 $\boldsymbol{h}^s \geqslant \boldsymbol{0}$ 的情况,所以 Δb_s 的变化范围为

$$\max\left\{-\infty, -\frac{\bar{b}_i}{h_{is}} \middle| h_{is} > 0, 1 \leqslant i \leqslant m\right\} \leqslant \Delta b_s$$

$$\leqslant \min\left\{+\infty, -\frac{\bar{b}_i}{h_{is}} \middle| h_{is} < 0, 1 \leqslant i \leqslant m\right\}. \tag{2-24}$$

当 Δb_s 在式(2-24)所给的范围内变化时,最优基不变,最优解为

$$\boldsymbol{X}_B^* = \bar{\boldsymbol{b}}' = \boldsymbol{B}^{-1}\boldsymbol{b}' = \bar{\boldsymbol{b}} + \Delta b_s \boldsymbol{h}^s, \quad \boldsymbol{X}_D^* = \boldsymbol{0},$$

最优值 $f^* = C_B^{\mathrm{T}}\overline{b}'$. 当 Δb_s 超出式(2-24)规定的范围时,$\overline{b}' \geqslant \mathbf{0}$ 不成立,可用对偶单纯形法继续迭代,求得最优解.

例 2-16 用公式(2-24)对例 2-12 中的 b_1 作灵敏度分析.

解 现在 $s=1$. 由表 2-10 知

$$B^{-1}=(\boldsymbol{y}^4,\ \boldsymbol{y}^5,\ \boldsymbol{y}^6),\ \boldsymbol{h}^s=\boldsymbol{h}^1=\boldsymbol{y}^4=(1/3,\ -1/6,\ -2/3)^{\mathrm{T}},$$
$$\overline{\boldsymbol{b}}=(200/3,\ 500/3,\ 800/3)^{\mathrm{T}}.$$

因此,为使最优基保持不变,由公式(2-24)知,Δb_1 的变化范围为

$$-\frac{200}{3}\Big/\frac{1}{3} \leqslant \Delta b_1 \leqslant \min\left\{-\frac{500}{3}\Big/\left(-\frac{1}{6}\right),\ -\frac{800}{3}\Big/\left(-\frac{2}{3}\right)\right\},$$

即

$$-200 \leqslant \Delta b_1 \leqslant 400.$$

2.5.3 增加新的约束条件

例 2-17 现对例 2-12 中的(LP)增加约束条件

$$x_1+x_2+x_3 \geqslant 250, \tag{2-25}$$

求新的线性规划$(\hat{\mathrm{LP}})$的最优解.

解 约束条件(2-25)即为

$$-x_1-x_2-x_3 \leqslant -250. \tag{2-26}$$

对其引进松弛变量 x_7 得

$$-x_1-x_2-x_3+x_7=-250. \tag{2-27}$$

我们知道,新的$(\hat{\mathrm{LP}})$含有 4 个等式约束,故它的单纯形表应有 4 个基本变量. 为利用(LP)的最优表 $T(\boldsymbol{B})$给出$(\hat{\mathrm{LP}})$的初始单纯形表,我们除了取表 2-10 的 3 个基本变量 x_2, x_3 和 x_6 为$(\hat{\mathrm{LP}})$的基本变量外,再增加一个基本变量 x_7. 因为方程(2-27)中含有变量 x_2 和 x_3,所以应通过变换把 x_2 和 x_3 的系数化为零. 由表 2-10 中第 1 行和第 2 行相应的方程可知

$$x_2=\frac{200}{3}-\frac{1}{3}x_1-\frac{1}{3}x_4+\frac{1}{3}x_5,\ x_3=\frac{500}{3}-\frac{5}{6}x_1+\frac{1}{6}x_4-\frac{2}{3}x_5,$$

将它代入方程(2-27),整理后得方程

$$\frac{1}{6}x_1+\frac{1}{6}x_4+\frac{1}{3}x_5+x_7=-\frac{50}{3}, \tag{2-28}$$

将它加到表 2-10 上(在表 2-10 中再增加 x_7 一列)即得表 2-17,以它为$(\hat{\mathrm{LP}})$的初始单纯形表,用对偶单纯形法继续求解.

由于在表 2-17 中 $\overline{b}_4=-50/3<0$,而对 $j\in I_{\mathrm{N}}=\{1,\ 4,\ 5\}$,都有 $y_{4j}>0$,于是由定理 2-5 知$(\hat{\mathrm{LP}})$无可行解.

下面我们对一般情况进行讨论.

表 2-17

X_B	x_1	x_2	x_3	x_4	x_5	x_6	x_7	$\bar{b}$
x_2	1/3	1	0	1/3	−1/3	0	0	200/3
x_3	5/6	0	1	−1/6	2/3	0	0	500/3
x_6	−5/3	0	0	−2/3	−1/3	1	0	800/3
x_7	1/6	0	0	1/6	1/3	0	1	−50/3
r	11/6	0	0	5/6	2/3	0	0	2 300/3

如果现在对(LP)增加一个约束条件

$$(\boldsymbol{a}^{m+1})^{\mathrm{T}}\boldsymbol{X} \leqslant b_{m+1}, \tag{2-29}$$

其中向量 $\boldsymbol{a}^{m+1}=(a_1^{m+1}, \cdots, a_j^{m+1}, \cdots, a_n^{m+1})^{\mathrm{T}}$. 若对上述约束条件(2-29)引进松弛变量 x_{n+1}，则我们面临的问题是：如何利用(LP)的最优单纯形表 $T(\boldsymbol{B})$来求解下述增加约束条件(2-29)后的线性规划($\widehat{\mathrm{LP}}$)：

$$\begin{aligned}
&\min f=(\boldsymbol{C}^{\mathrm{T}}, 0)\begin{pmatrix}\boldsymbol{X}\\ x_{n+1}\end{pmatrix};\\
\text{s.t.}\quad &\begin{pmatrix}\boldsymbol{A} & \boldsymbol{0}\\ (\boldsymbol{a}^{m+1})^{\mathrm{T}} & 1\end{pmatrix}\begin{pmatrix}\boldsymbol{X}\\ x_{n+1}\end{pmatrix}=\begin{pmatrix}\boldsymbol{b}\\ b_{m+1}\end{pmatrix}=\boldsymbol{b}',\\
&\boldsymbol{X}\geqslant\boldsymbol{0},\ x_{n+1}\geqslant 0.
\end{aligned} \tag{2-30}$$

若令

$$\boldsymbol{a}^{m+1}=\begin{pmatrix}\boldsymbol{a}_B^{m+1}\\ \boldsymbol{a}_D^{m+1}\end{pmatrix},$$

其中 $\boldsymbol{a}_B^{m+1}=(a_{B_1}^{m+1}, \cdots, a_{B_m}^{m+1})^{\mathrm{T}}$, $\boldsymbol{a}_D^{m+1}=(\cdots, a_j^{m+1}, \cdots)^{\mathrm{T}}\ (j\in I_D)$，则约束条件(2-29)可以写成

$$(\boldsymbol{a}_B^{m+1})^{\mathrm{T}}\boldsymbol{X}_B+(\boldsymbol{a}_D^{m+1})^{\mathrm{T}}\boldsymbol{X}_D+x_{n+1}=b_{m+1}. \tag{2-31}$$

由式(1-41)知

$$\boldsymbol{X}_B=\bar{\boldsymbol{b}}-\sum_{j\in I_D}\boldsymbol{y}^j x_j, \tag{2-32}$$

将它代入约束条件(2-31)可得

$$(\boldsymbol{a}_B^{m+1})^{\mathrm{T}}(\bar{\boldsymbol{b}}-\sum_{j\in I_D}\boldsymbol{y}^j x_j)+\sum_{j\in I_D}a_j^{m+1}x_j+x_{n+1}=b_{m+1},$$

即

$$x_{n+1}+\sum_{j\in I_D}[a_j^{m+1}-(\boldsymbol{a}_B^{m+1})^{\mathrm{T}}\boldsymbol{y}^j]x_j=b_{m+1}-(\boldsymbol{a}_B^{m+1})^{\mathrm{T}}\bar{\boldsymbol{b}}. \tag{2-33}$$

于是，我们对线性规划($\widehat{\mathrm{LP}}$)(2-30)取初始基

$$\widetilde{\boldsymbol{B}}=\begin{pmatrix}\boldsymbol{B} & \boldsymbol{0}\\ (\boldsymbol{a}_B^{m+1})^{\mathrm{T}} & 1\end{pmatrix},$$

除了原来(LP)的 m 个最优基本变量 x_{B_1}, …, x_{B_m} 仍作为($\hat{\text{LP}}$)的基本变量外,又增加第 $m+1$ 个基本变量 x_{n+1},此时($\hat{\text{LP}}$)的初始指标集

$$I_{\widetilde{B}}=\{B_1,\ \cdots,\ B_m,\ n+1\}.$$

我们将方程(2-33)增加到 $T(\boldsymbol{B})$ 上并增加 x_{n+1} 一列,即可得到($\hat{\text{LP}}$)关于基 $\widetilde{\boldsymbol{B}}$ 的单纯形表 $T(\widetilde{\boldsymbol{B}})$,如表 2-18 所示.

表 2-18

$\boldsymbol{X}_{\widetilde{B}}$	…	x_{B_i}	…	x_j	…	x_{n+1}	$\widetilde{\boldsymbol{B}}^{-1}\boldsymbol{b}'$
$\boldsymbol{X}_B$	…	$\boldsymbol{e}_i$	…	$\boldsymbol{y}^j$		$\boldsymbol{0}$	$\bar{\boldsymbol{b}}$
x_{n+1}	…	0	…	$a_j^{m+1}-(\boldsymbol{a}_B^{m+1})^{\mathrm{T}}\boldsymbol{y}^j$	…	1	$b_{m+1}-(\boldsymbol{a}_B^{m+1})^{\mathrm{T}}\bar{\boldsymbol{b}}$
$\boldsymbol{r}$	…	0	…	r_j	…	0	$-f_0$

若 $\bar{b}_{m+1}=b_{m+1}-(\boldsymbol{a}_B^{m+1})^{\mathrm{T}}\bar{\boldsymbol{b}}\geqslant 0$,则原有(LP)的最优解仍为($\hat{\text{LP}}$)的最优解[此时 $x_{n+1}=b_{m+1}-(\boldsymbol{a}_B^{m+1})^{\mathrm{T}}\bar{\boldsymbol{b}}$];否则,以表 2-18 为($\hat{\text{LP}}$)的初始表,用对偶单纯形法继续求解.

例 2-18 用上述计算公式求例 2-17($\hat{\text{LP}}$)的单纯形表(表 2-17).

解 由约束条件(2-26)知

$$\boldsymbol{a}^4=(a_1^4,\ a_2^4,\ a_3^4,\ a_4^4,\ a_5^4,\ a_6^4)^{\mathrm{T}}=(-1,\ -1,\ -1,\ 0,\ 0,\ 0)^{\mathrm{T}}.$$

对于(LP)的最优表表 2-10 来说,$I_B=\{2,\ 3,\ 6\}$,$I_D=\{1,\ 4,\ 5\}$,所以 $\boldsymbol{a}_B^4=(a_2^4,\ a_3^4,\ a_6^4)^{\mathrm{T}}=(-1,\ -1,\ 0)^{\mathrm{T}}$. 在对 $-x_1-x_2-x_3\leqslant -250$ 引进松弛变量 x_7 后,我们对($\hat{\text{LP}}$)取初始指标集 $I_{\widetilde{B}}=\{2,\ 3,\ 6,\ 7\}$,并由表 2-10,对 $j\in I_D=\{1,\ 4,\ 5\}$,计算表 2-18 中的 y_{4j} 和 $\bar{b}_4$.

$$y_{41}=a_1^4-(\boldsymbol{a}_B^4)^{\mathrm{T}}\boldsymbol{y}^1=-1-(-1,\ -1,\ 0)\begin{pmatrix}\frac{1}{3}\\ \frac{5}{6}\\ -\frac{5}{3}\end{pmatrix}=\frac{1}{6},$$

$$y_{44}=a_4^4-(\boldsymbol{a}_B^4)^{\mathrm{T}}\boldsymbol{y}^4=0-(-1,\ -1,\ 0)\begin{pmatrix}\frac{1}{3}\\ -\frac{1}{6}\\ -\frac{2}{3}\end{pmatrix}=\frac{1}{6},$$

$$y_{54}=a_5^4-(\boldsymbol{a}_B^4)^{\mathrm{T}}\boldsymbol{y}^5=0-(-1,\ -1,\ 0)\begin{pmatrix}-\frac{1}{3}\\ \frac{2}{3}\\ -\frac{1}{3}\end{pmatrix}=\frac{1}{3},$$

$$\bar{b}_4 = b_4 - (\boldsymbol{a}_B^4)^{\mathrm{T}} \bar{\boldsymbol{b}} = -250 - (-1, -1, 0) \begin{pmatrix} \frac{200}{3} \\ \frac{500}{3} \\ \frac{800}{3} \end{pmatrix} = -\frac{50}{3}.$$

于是，即得$(\widehat{\mathrm{LP}})$的单纯形表，如表 2-17 所示.

当(LP)中变量 x_s 的系数列向量$\boldsymbol{A}_{\cdot s}$ 变化时，或者增加新变量 x_s 时，怎样利用(LP)的最优表来求解修改后的新线性规划问题？读者可参阅《运筹学方法与模型(第一版)》(傅家良编著，复旦大学出版社)中的第二章相关内容.

§ 2.6　影 子 价 格

若线性规划(LP)的最优单纯形表为 $T(\boldsymbol{B})$，最优基为 $\boldsymbol{B}$，现在我们来讨论，如果参数 b_s 的改变量 Δb_s(其他 b_i 均不变)没有超出式(2-24)规定的范围，那么，当 $\Delta b_s = 1$ 时，$\Delta f^* =$?

由对偶理论知道，最优基 $\boldsymbol{B}$ 对应的单纯形因子

$$\boldsymbol{U}^* = (\boldsymbol{C}_B^{\mathrm{T}} \boldsymbol{B}^{-1})^{\mathrm{T}} = (u_1^*, \cdots, u_m^*)^{\mathrm{T}}$$

为对偶问题(LD)的最优解，且(LP)的最优值

$$f^* = \boldsymbol{b}^{\mathrm{T}} \boldsymbol{U}^* = \sum_{i=1}^{m} b_i u_i^*.$$

因为当 b_s 变化而基 $\boldsymbol{B}$ 仍保持最优基地位时，u_s^* 并不改变，所以若把 f^* 视为 $b_1, \cdots, b_m$ 的函数，则当 $\Delta b_s = 1$ 时，有

$$\Delta f^* = u_s^*.$$

下面我们对 u_s^* 的经济意义作进一步的解释.

假设有一家工厂利用 m 种资源生产 n 种产品. 已知每单位 $j^{\#}$ 产品的利润为 c_j，$i^{\#}$ 资源的供应上限为 b_i，生产 1 个单位 $j^{\#}$ 产品所耗费的 $i^{\#}$ 资源的定额为 a_{ij}. 那么，每种产品各生产多少，使工厂获利最大？

设 $j^{\#}$ 产品的生产数量为 x_j，则该问题的线性规划模型为

$$\begin{aligned} & \max z = \sum_{j=1}^{n} c_j x_j; \\ \text{s.t.} \quad & \sum_{j=1}^{n} a_{ij} x_j \leqslant b_i, \quad i = 1, \cdots, m, \\ & x_j \geqslant 0, \quad j = 1, \cdots, n. \end{aligned}$$

若 $\boldsymbol{B}$ 是它的标准化模型(LP)的最优基，$T(\boldsymbol{B})$为最优单纯形表，由 § 2.4 中式(2-17)知道：$\boldsymbol{U}^* = (\boldsymbol{C}_B^{\mathrm{T}} \boldsymbol{B}^{-1})^{\mathrm{T}} = (u_1^*, \cdots, u_m^*)^{\mathrm{T}} = (r_{n+1}, \cdots, r_{n+m})^{\mathrm{T}}$ 即为对偶问题(D) 的最优解，且有 $z^* = \boldsymbol{b}^{\mathrm{T}} \boldsymbol{U}^*$.

于是，当 b_i 发生变化，且 Δb_i 在式(2-24)范围内取值时，u_i^* 就是 $i^{\#}$ 资源供应量增加 1 个

单位时，工厂的最大利润 f^* 所能增加的收益. 我们称 u_i^* 为关于 $i^\#$ 资源（或关于 b_i）的影子价格，而把向量 $\boldsymbol{U}^*=(\boldsymbol{C}^{\mathrm{T}}\boldsymbol{B}^{-1})^{\mathrm{T}}$ 称为影子价格向量.

如果 1 个单位的 $i^\#$ 资源的市场价格为 d_i，当 $u_i^*>d_i$ 时，工厂应该买进部分 $i^\#$ 资源用于扩大生产，工厂将会增加收益；当 $u_i^*<d_i$ 时，工厂可以卖出部分 $i^\#$ 资源而减少生产规模，此时工厂也会增加收益.

例 2-19 对某产品的生产计划有下述模型(P)：

$$\max z=\sum_{j=1}^{3}\hat{c}_j-3x_1+x_2+5x_3;$$

$$\text{s.t.}\ \begin{aligned}&6x_1+3x_2+5x_3\leqslant 45(\text{劳动力}),\\&3x_1+4x_2+5x_3\leqslant 30\ (\text{原材料}),\\&x_j\geqslant 0,\ j=1,2,3.\end{aligned}$$

其标准模型(LP)：

$$\min f=\sum_{j=1}^{3}c_j=-3x_1-x_2-5x_3;$$

$$\text{s.t.}\ \begin{aligned}&6x_1+3x_2+5x_3+x_4=45,\\&3x_1+4x_2+5x_3+x_5=30,\\&x_j\geqslant 0,j=1,\cdots,5.\end{aligned}$$

(1) 验证 $\boldsymbol{X}=(x_1,x_2,x_3)^{\mathrm{T}}=(5,\ 0,\ 3)^{\mathrm{T}}$ 为该问题的最优解.

(2) 若原材料的供应由 30 变为 40，而这 10 个单位的原材料的购买价格为 6，问要不要购买这 10 个单位的原材料？利润能否增加？

(3) 若外单位准备从工厂购买产品的原材料，从现有的 30 个单位原材料中购买 4 个单位，每单位原材料价格议定为 3，工厂是否会考虑买给外单位？利润是上升还是减少？变化多少？

解 (1) 显然，$\boldsymbol{X}_B$ 应取$(x_1,x_3)^{\mathrm{T}}$，于是 $\boldsymbol{B}=(\boldsymbol{A}_{\cdot 1},\ \boldsymbol{A}_{\cdot 3})=\begin{pmatrix}6&5\\3&5\end{pmatrix}$，可知

$$\boldsymbol{B}^{-1}=\begin{pmatrix}1/3&-1/3\\-1/5&2/5\end{pmatrix},$$

$$\boldsymbol{C}_B^{\mathrm{T}}\boldsymbol{B}^{-1}=(-3,\ -5)\begin{pmatrix}1/3&-1/3\\-1/5&2/5\end{pmatrix}=(0,\ -1),$$

由 $r_j=c_j-(\boldsymbol{C}_B^{\mathrm{T}}\boldsymbol{B}^{-1})\boldsymbol{A}_{\cdot j}$ 可知

$$r_2=-1-(0,\ -1)\begin{pmatrix}3\\4\end{pmatrix}=3,\ r_4=0-(0,\ -1)\begin{pmatrix}1\\0\end{pmatrix}=0,\ r_5=0-(0,\ -1)\begin{pmatrix}0\\1\end{pmatrix}=1.$$

$\overline{\boldsymbol{b}}=\boldsymbol{B}^{-1}\boldsymbol{b}=\begin{pmatrix}5\\3\end{pmatrix}$，可见非基本变量的检验数都非负，所以 $\boldsymbol{X}^*=(5,0,3)^{\mathrm{T}}$ 为最优解.

(2) 必须先对原材料 b_2 进行灵敏度分析，要求

$$\overline{\boldsymbol{b}}'=\overline{\boldsymbol{b}}+\boldsymbol{B}^{-1}\begin{pmatrix}0\\\Delta b_2\end{pmatrix}=\begin{pmatrix}5\\3\end{pmatrix}+\begin{pmatrix}-\Delta b_2/3\\2\Delta b_2/5\end{pmatrix}\geqslant\boldsymbol{0},$$

从而，当原材料的改变量 $\Delta b_2\in[-7.5,\ 15]$ 时，现在的生产品种仍然不变：

$$\boldsymbol{X}^*=(x_1,x_2,x_3)^{\mathrm{T}}=(5-(\Delta b_2/3),0,3+(2\Delta b_2/5))^{\mathrm{T}},f^*=30+\Delta b_2.$$

若原材料由 30 变为 40，可见 $\Delta b_2=10\in[-7.5,\ 15]$，可以考虑购买这 10 个单位的原材料. 1 个单位的原材料的影子价格为 $r_5=1$，利润能够上升 $\Delta f=10\times 1-6=4$.

(3) 如果原材料供应减少 1 个单位，目标函数 z 仅仅减少影子价格 $r_5=1$，现在卖给外单位可以收益 2 个单位，并且 $\Delta b_2=-4\in[-7.5,\ 15]$，所以工厂可以考虑卖给外单位，利润上升，上升 $4\times 2=8$.

所以说，$\boldsymbol{u}_i^*$ 是在实现最优值时对于第 i 种资源的一种价格估计，这种估计是针对具体企业具体产品而存在的一种特殊价格. 影子价格与市场价格既有联系又有区别，是市场价格从不同角度来看的"影子"，可以当作企业的一种经营管理方法，用于内部核算、分析和决策.

下面，我们再来讨论生产活动中的另一类问题.

设有一个工业系统，它拥有 n 种不同类型的生产工厂，生产 m 种社会所需的产品，已知一年内社会对 $i^{\#}$ 产品的最低需求量为 b_i，又知一年内 $j^{\#}$ 生产工厂的运行成本为 c_j、生产 $i^{\#}$ 产品的数量为 a_{ij}. 那么，在保证满足社会对 m 种产品需求量的前提下，每种类型生产工厂各应投入多少家运行，才能使总成本达到最小?

设 x_j 为投入运行的 $j^{\#}$ 生产工厂的厂家数量，则我们得到如下线性规划模型：

$$\min f=\sum_{j=1}^{n}c_jx_j;$$

$$\text{s.t.}\quad \sum_{j=1}^{n}a_{ij}x_j\geqslant b_i,\quad i=1,\ \cdots,\ m,$$
$$x_j\geqslant 0,\quad j=1,\ \cdots,\ n.$$

若 $\boldsymbol{B}$ 是它标准化模型(LP)的最优基，$T(\boldsymbol{B})$ 为最优单纯形表，由 §2.4 中的式(2-15)知道：$\boldsymbol{U}^*=(\boldsymbol{C}_B^{\mathrm{T}}\boldsymbol{B}^{-1})^{\mathrm{T}}=(u_1^*,\ \cdots,\ u_m^*)^{\mathrm{T}}=(r_{n+1},\ \cdots,\ r_{n+m})^{\mathrm{T}}$ 即为对偶问题(D)的最优解，且有 $f^*=\boldsymbol{b}^{\mathrm{T}}\boldsymbol{U}^*$.

如果市场现在对 $i^{\#}$ 产品的最低需求量 b_i 有变化，且 Δb_i 是在式(2-24)所规定的范围内取值，u_i^* 就是市场对 $i^{\#}$ 产品的需求量增加 1 个单位时，f^* 所增加的运行成本. 我们称 u_i^* 为 $i^{\#}$ 产品的合理成本，把向量 $\boldsymbol{U}^*=(\boldsymbol{C}_B^{\mathrm{T}}\boldsymbol{B}^{-1})^{\mathrm{T}}$ 称为合理成本向量.

如果 1 个单位的 $i^{\#}$ 产品的利润为 d_i，则当 $d_i>u_i^*$ 时，可以增加产品的最低需求量 b_i.

例 2-20　某工厂有甲、乙两个车间工段可生产 A_1，A_2 和 A_3 3 类产品，各工段开工一天生产 3 类产品的数量、费用以及合同对 3 类产品的最低需求量由表 2-19 给出. 问各工段开工几天，能使生产合同的要求得到满足，并能使费用最低? 试对 b_1 作灵敏度分析，并求每吨 A_1 类产品的合理成本.

表 2-19

定额 a_{ij}(吨/天)		$j^{\#}$ 工段		生产合同最低需求量 b_i(吨)
		甲 ($j=1$)	乙 ($j=2$)	
产品 A_i	A_1	2	7	20
	A_2	1	1	5
	A_3	8	2	16
费用(元/天)		1 000	2 000	

解　设 x_1，x_2 分别为工段甲、乙开工的天数，则得模型

$$\min f=1\,000x_1+2\,000x_2;$$
$$\text{s.t.}\quad 2x_1+7x_2\geqslant 20,$$

$$x_1+x_2\geqslant 5,$$
$$8x_1+2x_2\geqslant 16,$$
$$x_1\geqslant 0,\ x_2\geqslant 0.$$

对上述模型引进剩余变量 x_3, x_4, x_5 并用对偶单纯形法求解,得如表 2-20 所示的最优表. 最优解

$$\boldsymbol{X}^*=(x_1,\ x_2)^{\mathrm{T}}=(3,\ 2)^{\mathrm{T}},\ f^*=7\,000.$$

即:甲、乙工段各需开工 3 天和 2 天,最低费用为 7 000 元.

表 2-20

$\boldsymbol{X}_B$	x_1	x_2	x_3	x_4	x_5	$\bar{\boldsymbol{b}}$
x_2	0	1	$-1/5$	$2/5$	0	2
x_1	1	0	$1/5$	$-7/5$	0	3
x_5	0	0	$6/5$	$-52/5$	1	12
$\boldsymbol{r}$	0	0	200	600	0	$-7\,000$

由表 2-20 知,最优基 $\boldsymbol{B}=(\boldsymbol{A}_{\cdot 2},\ \boldsymbol{A}_{\cdot 1},\ \boldsymbol{A}_{\cdot 5})$, 于是

$$\boldsymbol{B}^{-1}=(-\boldsymbol{y}^3,\ -\boldsymbol{y}^4,\ -\boldsymbol{y}^5)=\begin{pmatrix}\frac{1}{5} & -\frac{2}{5} & 0\\ -\frac{1}{5} & \frac{7}{5} & 0\\ -\frac{6}{5} & \frac{52}{5} & -1\end{pmatrix}.$$

为使最优基保持不变,由式(2-24)知 Δb_1 应满足下列条件:

$$-2\Big/\frac{1}{5}\leqslant \Delta b_1\leqslant \min\left\{-3\Big/\left(-\frac{1}{5}\right),\ -12\Big/\left(-\frac{6}{5}\right)\right\},$$

即

$$-10\leqslant \Delta b_1\leqslant 10\quad(\text{或 } 10\leqslant b_1\leqslant 30).$$
$$\boldsymbol{U}^*=(\boldsymbol{C}_B^{\mathrm{T}}\boldsymbol{B}^{-1})^{\mathrm{T}}=(r_3,\ r_4,\ r_5)^{\mathrm{T}}=(200,\ 600,\ 0)^{\mathrm{T}}.$$

所以当 $b_1\in[10,\ 30]$ 时,每吨 A_1 类产品的合理成本为 200 元.

如果 1 个单位的 A_1 产品的利润为 220 元,则显然将现在的 $b_1=20$ 提高,对工厂是有利的,但是 b_1 至多可提高到 30.

应注意,在我们上面讨论的问题中,只有在保持 $\boldsymbol{B}$ 为最优基时,向量 $\boldsymbol{U}^*=(\boldsymbol{C}_B^{\mathrm{T}}\boldsymbol{B}^{-1})^{\mathrm{T}}$ 才是合理成本向量和影子价格向量. 一般地,若 $\boldsymbol{B}$ 为线性规划

$$\begin{aligned}&\min f=\boldsymbol{C}^{\mathrm{T}}X;\\ \text{s. t.}\ &\boldsymbol{AX}\geqslant \boldsymbol{b},\\ &\boldsymbol{X}\geqslant \boldsymbol{0};\end{aligned}\qquad \text{或}\qquad \begin{aligned}&\max z=\boldsymbol{C}^{\mathrm{T}}\boldsymbol{X};\\ \text{s. t.}\ &\boldsymbol{AX}\leqslant \boldsymbol{b},\\ &\boldsymbol{X}\geqslant \boldsymbol{0}\end{aligned}$$

所相应的标准型线性规划的最优基,则称向量

$$\boldsymbol{U}^*=(\boldsymbol{C}_B^{\mathrm{T}}\boldsymbol{B}^{-1})^{\mathrm{T}}=(u_1^*,\ \cdots,\ u_m^*)^{\mathrm{T}}$$

为原有问题的影子价格向量，称 u_i^* 为关于 b_i 的影子价格.

例 2-21　某公司下属两个工厂 D_1 与 D_2，工厂 D_1 生产产品 A_j（产量为 x_j，$j=1,2$），工厂 D_2 生产产品 A_j（产量为 x_j，$j=3,4$）. 这 4 种产品都需要耗费原材料 B_1 与 B_2. 现在原材料 B_1 与 B_2 分别有 280 与 220. 公司对两个工厂原材料的分配规划如下：原材料 B_1 给工厂 D_1 为 180、给工厂 D_2 为 100；原材料 B_2 给工厂 D_1 为 140、给工厂 D_2 为 80. 于是得到两个线性规划：

$$\begin{aligned}&\max f_1=16x_1+25x_2;\\ \text{s. t. }\ &4x_1+5x_2\leqslant 180,\\ &2x_1+5x_2\leqslant 140,\qquad (\text{P}_1)\\ &x_1\geqslant 0,\ x_2\geqslant 0,\end{aligned}\qquad\qquad \begin{aligned}&\max f_2=21x_3+18x_4;\\ \text{s. t. }\ &3x_3+4x_4\leqslant 100,\\ &3x_3+2x_4\leqslant 80,\qquad (\text{P}_2)\\ &x_3\geqslant 0,\ x_4\geqslant 0,\end{aligned}$$

它们对应的标准型的最优单纯形表分别为表 2-21 和表 2-22（其中 x_j，$j=5,6,7,8$ 为松驰变量）. 现在公司的决策部门准备对原材料的分配进行调整，以使总产值能够增加，请提供决策方案.

表 2-21

$\boldsymbol{X}_B$	x_1	x_2	x_5	x_6	$\bar{\boldsymbol{b}}$
x_1	1	0	1/2	−1/2	20
x_2	0	1	−1/5	2/5	20
$\boldsymbol{r}$	0	0	3	2	820

表 2-22

$\boldsymbol{X}_B$	x_3	x_4	x_7	x_8	$\bar{\boldsymbol{b}}$
x_1	1	0	−1/3	2/3	20
x_2	0	1	1/2	−1/2	10
$\boldsymbol{r}$	0	0	2	5	600

解　工厂 D_1 原材料 B_1 的影子价格 $3>$ 工厂 D_2 原材料 B_1 的影子价格 2；

工厂 D_2 原材料 B_2 的影子价格 $5>$ 工厂 D_1 原材料 B_2 的影子价格 2.

于是，有两个方案可考虑：① 可以考虑将工厂 D_2 原材料 B_1 调拨数量 $d_1(\geqslant 0)$ 给工厂 D_1；② 可以考虑将工厂 D_1 原材料 B_2 调拨数量 $d_2(\geqslant 0)$ 给工厂 D_2.

(1) $\boldsymbol{B}^{-1}\left[\boldsymbol{b}+\begin{pmatrix}d_1\\-d_2\end{pmatrix}\right]=\begin{pmatrix}20\\20\end{pmatrix}+\begin{pmatrix}1/2&-1/2\\-1/5&2/5\end{pmatrix}\begin{pmatrix}d_1\\-d_2\end{pmatrix}\geqslant\boldsymbol{0}$,

即：有 $20+(1/2)d_1+(1/2)d_2\geqslant 0$（总成立）；$20-(1/5)d_1-(2/5)d_2\geqslant 0$，从而要求

$$d_1+2d_2\leqslant 100.$$

(2) $\hat{\boldsymbol{B}}^{-1}\left[\boldsymbol{b}'+\begin{pmatrix}-d_1\\d_2\end{pmatrix}\right]=\begin{pmatrix}20\\10\end{pmatrix}+\begin{pmatrix}1/3&2/3\\1/2&-1/2\end{pmatrix}\begin{pmatrix}-d_1\\d_2\end{pmatrix}\geqslant\boldsymbol{0}$,

即：有 $20+(1/3)d_1+(2/3)d_2\geqslant 0$（总成立）；$10-(1/2)d_1-(1/2)d_2\geqslant 0$，从而要求

$$d_1+d_2\leqslant 20.$$

而工厂 D_1 的 $f_1=820+r_5\times d_1-r_6\times d_2=820+3d_1-2d_2$，工厂 D_2 的 $f_2=600-r_7\times d_1+r_8\times d_2=600-2d_1+5d_2$，于是

$$f_1+f_2=1\,420+d_1+3d_2.$$

为了使 f_1+f_2 达到最大，并且满足 $d_1+2d_2\leqslant 100$ 与 $d_1+d_2\leqslant 20$，可见

$$d_1^*=0,\qquad d_2^*=20.$$

于是，对(P_1)来说，

$$\bar{\boldsymbol{b}}'=\boldsymbol{B}^{-1}\boldsymbol{b}'=\begin{pmatrix}1/2 & -1/2\\ -1/5 & 2/5\end{pmatrix}\begin{pmatrix}180\\120\end{pmatrix}=\begin{pmatrix}30\\12\end{pmatrix},$$

产品 A_1 生产 30,产品 A_2 生产 12.对(P_2)来说,

$$\bar{\boldsymbol{b}}''=\boldsymbol{B}^{-1}\boldsymbol{b}''=\begin{pmatrix}-1/3 & 2/3\\ 1/2 & -1/2\end{pmatrix}\begin{pmatrix}100\\100\end{pmatrix}=\begin{pmatrix}100/3\\0\end{pmatrix},$$

产品 A_3 生产 100/3,产品 A_4 生产 0.

此时,$f^*=16\times30+25\times12+21\times(100/3)=1\,480$;或者

$$\Delta f=3\times0-2\times20-2\times0+5\times20=60,$$

$$f^*=f_0+\Delta f=820+600+60=1\,480.$$

§2.7 参数规划

例 2-22 一个生产计划问题的线性规划(P)如模型(2-34),其标准模型(LP)为模型(2-35),

$$\begin{aligned}&\max z=\sum_{j=1}^{3}\hat{c}_j=x_1+5x_2+3x_3+4x_4;\\ \text{s. t. }\ &2x_1+3x_2+x_3+2x_4\leqslant800,\\ &5x_1+4x_2+3x_3+4x_4\leqslant1\,200,\\ &3x_1+4x_2+5x_3+3x_4\leqslant1\,000,\\ &x_j\geqslant0,\ j=1,\cdots,4.\end{aligned}\tag{2-34}$$

$$\begin{aligned}&\min f=\sum_{j=1}^{3}c_j=-x_1-5x_2-3x_3-4x_4;\\ \text{s. t. }\ &2x_1+3x_2+x_3+2x_4+x_5=800,\\ &5x_1+4x_2+3x_3+4x_4+x_6=1\,200,\\ &3x_1+4x_2+5x_3+3x_4+x_7=1\,000,\\ &x_j\geqslant0,\ j=1,\cdots,7.\end{aligned}\tag{2-35}$$

(LP)的最优单纯形表如表 2-23 所示.

表 2-23

C_B	X_B	x_1	x_2	x_3	x_4	x_5	x_6	x_7	$\bar{b}$
0	x_5	1/4	0	−13/4	0	1	1/4	−1	100
−4	x_4	2	0	−2	1	0	1	−1	200
−5	x_2	−3/4	1	11/4	0	0	−3/4	1	100
	r	13/4	0	11/4	0	0	1/4	1	1 300

现在我们通过这个例题来讨论当向量 $\boldsymbol{C}$ 或者向量 $\boldsymbol{b}$ 中多个参数同时发生变化时,怎么来求解.

2.7.1　C 的参数变化

如果 1 个单位的资源 b_1 的成本变动 θ，则目标函数就要发生变化，这在日常生产活动中是经常发生的，于是，一个静态的线性规划问题就成为动态问题. 根据模型第 1 个约束条件中 4 个产品的资源消耗系数 $a_{1j}(j=1,\cdots,4)$，可知模型(2-34)的目标函数改变为

$$z=(1-2\theta)x_1+(5-3\theta)x_2+(3-\theta)x_3+(4-2\theta)x_4.$$

此时，由于目标函数 z 作为参数 θ 的函数(即向量 $\boldsymbol{C}$ 中各分量含有参数 θ)，我们把该线性规划称为参数规划.

下面我们来讨论最优解 $\boldsymbol{X}^*$ 与 θ 之间的关系.

(1) 由于 θ 的引入，表 2-23 修改成为表 2-24.

表 2-24

$\boldsymbol{C}$		$-1+2\theta$	$-5+3\theta$	$-3+\theta$	$-4+2\theta$	0	0	0	$\bar{\boldsymbol{b}}$
$\boldsymbol{C}_B$	$\boldsymbol{X}_B$	x_1	x_2	x_3	x_4	x_5	x_6	x_7	
0	x_5	1/4	0	−13/4	0	1	1/4	−1	100
$-4+2\theta$	x_4	2	0	−2	1	0	1	−1	200
$-5+3\theta$	x_2	−3/4	1	11/4	0	0	−3/4	1	100
$\boldsymbol{r}$		$\frac{13}{4}+\frac{1}{4}\theta$	0	$\frac{11}{4}-\frac{13}{4}\theta$	0	0	$\frac{1}{4}+\frac{1}{4}\theta$	$1-\frac{1}{4}\theta$	$1\,300-700\theta$

如果希望最优解不变，则要求非基本变量的检验数非负，下列条件必须成立：

$$\frac{13}{4}+\frac{1}{4}\theta\geqslant 0,\quad \frac{11}{4}-\frac{13}{4}\theta\geqslant 0,\quad \frac{1}{4}+\frac{1}{4}\theta\geqslant 0,\quad 1-\frac{1}{4}\theta\geqslant 0.$$

由此可知，当 $\theta\in[-1,\ 11/13]$时，有

$$\boldsymbol{X}^*=(x_1,x_2,x_3,x_4)^{\mathrm{T}}=(0,100,0,200)^{\mathrm{T}},\ z^*=1\,300-700\theta.$$

当 $\theta=-1$ 或者 11/13 时，检验数 $r_6=0$ 或者 $r_3=0$，基本最优解不唯一.

(2) 如果 $\theta=-1$，在表 2-24 中 $r_6=0$，运用单纯形法，对表 2-24 选择 x_6 为进基变量、x_4 为出基变量、取 $y_{26}=1$ 作为枢轴元素进行转轴，得到表 2-25.

表 2-25

$\boldsymbol{C}$		$-1+2\theta$	$-5+3\theta$	$-3+\theta$	$-4+2\theta$	0	0	0	$\bar{\boldsymbol{b}}$
$\boldsymbol{C}_B$	$\boldsymbol{X}_B$	x_1	x_2	x_3	x_4	x_5	x_6	x_7	
0	x_5	−1/4	0	−11/4	−1/4	1	0	−3/4	50
0	x_6	2	0	−2	1	0	1	−1	200
$-5+3\theta$	x_2	3/4	1	5/4	3/4	0	0	1/4	250
$\boldsymbol{r}$		$\frac{11}{4}-\frac{1}{4}\theta$	0	$\frac{13}{4}-\frac{11}{4}\theta$	$\frac{1}{4}-\frac{1}{4}\theta$	0	0	$\frac{5}{4}-\frac{3}{4}\theta$	$1\,250-750\theta$

如果希望最优解不变，则要求下列条件成立：

$$\frac{11}{4}-\frac{1}{4}\theta \geqslant 0,\quad \frac{13}{4}-\frac{11}{4}\theta \geqslant 0,\quad -\frac{1}{4}-\frac{1}{4}\theta \geqslant 0,\quad \frac{5}{4}-\frac{3}{4}\theta \geqslant 0.$$

由此可知,当 $\theta \in (-\infty, -1]$ 时, $\boldsymbol{X}^* = (0, 250, 0, 0)^{\mathrm{T}}$, $z^* = 1\,250 - 750\theta$.

(3) 如果 $\theta = 11/13$,在表 2-24 中 $r_3 = 0$, 运用单纯形法,对表 2-24 选择 x_3 为进基变量、x_2 为出基变量、取 $y_{33} = 11/4$ 作为枢轴元素进行转轴,得到表 2-26.

表 2-26

$\boldsymbol{C}$		$-1+2\theta$	$-5+3\theta$	$-3+\theta$	$-4+2\theta$	0	0	0	$\bar{b}$
$\boldsymbol{C}_B$	$\boldsymbol{X}_B$	x_1	x_2	x_3	x_4	x_5	x_6	x_7	
0	x_5	$-7/11$	$13/11$	0	0	1	$-7/11$	$2/11$	$2\,400/11$
$-4+2\theta$	x_4	$16/11$	$8/11$	0	1	0	$5/11$	$-3/11$	$3\,000/11$
$-3+\theta$	x_3	$-3/11$	$4/11$	1	0	0	$-3/11$	$4/11$	$400/11$
$\boldsymbol{r}$		$4-\frac{7}{11}\theta$	$-1+\frac{13}{11}\theta$	0	0	0	$1-\frac{7}{11}\theta$	$\frac{2}{11}\theta$	$1\,200-\frac{6\,400}{11}\theta$

如果希望最优解不变,则要求下列条件成立:

$$4-\frac{7}{11}\theta \geqslant 0,\quad -1+\frac{13}{11}\theta \geqslant 0,\quad 1-\frac{7}{11}\theta \geqslant 0,\quad \frac{2}{11}\theta \geqslant 0.$$

由此可知,当 $\theta \in [11/13, 11/7]$ 时,有

$$\boldsymbol{X}^* = (0, 0, 400/11, 3\,000/11)^{\mathrm{T}},\ z^* = 1\,200 - (6\,400/11)\theta.$$

(4) 如果 $\theta = 11/7$,在表 2-26 中 $r_6 = 0$,运用单纯形法,对表 2-26 选择 x_6 为进基变量、x_4 为出基变量、取 $y_{26} = 5/11$ 作为枢轴元素进行转轴,得到表 2-27.

表 2-27

$\boldsymbol{C}$		$-1+2\theta$	$-5+3\theta$	$-3+\theta$	$-4+2\theta$	0	0	0	$\bar{b}$
$\boldsymbol{C}_B$	$\boldsymbol{X}_B$	x_1	x_2	x_3	x_4	x_5	x_6	x_7	
0	x_5	$7/5$	$11/5$	0	$7/5$	1	0	$-1/5$	600
0	x_6	$16/5$	$8/5$	0	$11/5$	0	1	$-3/5$	600
$-3+\theta$	x_3	$3/5$	$4/5$	1	$3/5$	0	0	$1/5$	200
$\boldsymbol{r}$		$\frac{4}{5}+\frac{7}{5}\theta$	$-\frac{13}{5}+\frac{11}{5}\theta$	0	$-\frac{11}{5}+\frac{7}{5}\theta$	0	0	$\frac{3}{5}-\frac{1}{5}\theta$	$600-200\theta$

如果希望最优解不变,则要求下列条件成立:

$$\frac{4}{5}+\frac{7}{5}\theta \geqslant 0,\quad -\frac{13}{5}+\frac{11}{5}\theta \geqslant 0,\quad -\frac{11}{5}+\frac{7}{5}\theta \geqslant 0,\quad \frac{3}{5}-\frac{1}{5}\theta \geqslant 0.$$

由此可知,当 $\theta \in [11/7, 3]$ 时, $\boldsymbol{X}^* = (0, 0, 200, 0)^{\mathrm{T}}$, $z^* - 600 - 200\theta$.

如果 $\theta - 3$,在表 2-27 中, $r_7 = 0$, 运用单纯形法,对表 2-27 选择 x_7 为进基变量、x_3 为出基变量、取 $y_{37} = 1/5$ 作为枢轴元素进行转轴,得到表 2-28.

表 2-28

C		$-1+2\theta$	$-5+3\theta$	$-3+\theta$	$-4+2\theta$	0	0	0	$\bar{b}$
C_B	X_B	x_1	x_2	x_3	x_4	x_5	x_6	x_7	
0	x_5	2	3	1	2	1	0	0	800
0	x_6	5	4	3	4	0	1	0	1 200
0	x_7	3	4	5	3	0	0	1	1 000
r		$-1+2\theta$	$-5+3\theta$	$-3+\theta$	$-4+2\theta$	0	0	0	0

如果希望最优解不变，则要求下列条件成立：

$$-1+2\theta \geqslant 0,\quad -5+3\theta \geqslant 0,\quad -3+\theta \geqslant 0,\quad -4+2\theta \geqslant 0.$$

由此可知，当 $\theta \in [3, +\infty)$ 时，$X^*=(0, 0, 0, 0)^{\mathrm{T}}$，$z^*=0$.

总结上面的求解过程，我们得到表 2-29.

表 2-29

参数区间	X^*	z^*
$\theta\in(-\infty, -1]$	$(0, 250, 0, 0)^{\mathrm{T}}$	$1\,250-750\theta$
$\theta\in[-1, 11/13]$	$(0, 100, 0, 300)^{\mathrm{T}}$	$1\,300-700\theta$
$\theta\in[11/13, 11/7]$	$(0, 0, 400/11, 3\,000/11)^{\mathrm{T}}$	$1\,200-(6\,400\theta/11)$
$\theta\in[11/7, 3]$	$(0, 0, 200, 0)^{\mathrm{T}}$	$600-200\theta$
$\theta\in[3,+\infty)$	$(0, 0, 0, 0)^{\mathrm{T}}$	0

从表 2-29 看出，在 $\theta=-2$ 时，$z^*=2\,750$；$\theta=-1$，$z^*=2\,000$；$\theta=0$，$z^*=1\,300$；$\theta=1$，$z^*=618$. 在实际问题中，θ 的取值不可能在 $\theta\in(-\infty,+\infty)$ 内变化，视具体问题而定.

通过这个例子，我们得到了 C 中各分量含有参数 θ 时的参数规划求解的基本方法，读者可根据不同的例题、不同的要求仿照此方法进行求解.

向量 C 各分量为参数 θ 函数的参数规划，在参数 θ 变化时，关于最优解可有如下结论：

$(-\infty,+\infty)$ 分为多个关联的参数区间，同一个参数区间有同一个最优解，在区间的端点上有多个基本最优解. 这些端点被称为特征点.

也可能发生下面 3 种情况：

(1) $(-\infty,a]$ 分为多个关联的参数区间，在 $(a,+\infty)$ 上无解；

(2) $[a,+\infty)$ 分为多个关联的参数区间，在 $(-\infty,a)$ 上无解；

(3) $[a, b]$ 分为多个关联的参数区间，在 $(-\infty,a)$ 与 $(b,+\infty)$ 上无解.

2.7.2　b 的参数变化

例 2-23　如果对于例 2-22 中的模型(P) (2-34)，b_1 与 b_2 分别代表两个车间的劳动工时(一周)，假定每名工人一周工作 40 小时，现在准备从第 2 个车间抽调 θ 名工人到第 1 个车间，问怎么求解？

解　现在向量 b 发生了变化，

$$\Delta b=\theta\begin{pmatrix}40\\-40\\0\end{pmatrix},\quad b'=b+\Delta b=\begin{pmatrix}800\\1\,200\\1\,000\end{pmatrix}+\theta\begin{pmatrix}40\\-40\\0\end{pmatrix}.$$

此时,向量 $\boldsymbol{b}$ 各分量为 θ 的函数,我们称该线性规划为参数规划.

根据本问题的实际背景,应该有 $\boldsymbol{b}'\geqslant\boldsymbol{0}$,即应有 $800+40\theta\geqslant0$,$1\,200-40\theta\geqslant0$.所以,我们只要对 $\theta\in[-20,\ 30]$ 的情况进行讨论即可.

表 2-23 对应的 $\boldsymbol{X}_B=(x_5,x_4,x_2)^{\mathrm{T}}$,基 $\boldsymbol{B}=(\boldsymbol{A}_5,\ \boldsymbol{A}_4,\ \boldsymbol{A}_2)$,由表 2-23 可知其对应的 $\boldsymbol{B}^{-1}$ 如下:

$$\boldsymbol{B}^{-1}=\begin{pmatrix}1 & 1/4 & -1\\ 0 & 1 & -1\\ 0 & -3/4 & 1\end{pmatrix},$$

于是有

$$\overline{\boldsymbol{b}}'=\overline{\boldsymbol{b}}+\boldsymbol{B}^{-1}\Delta\boldsymbol{b}=\begin{pmatrix}100\\200\\100\end{pmatrix}+\begin{pmatrix}1 & 1/4 & -1\\ 0 & 1 & -1\\ 0 & -3/4 & 1\end{pmatrix}\theta\begin{pmatrix}40\\-40\\0\end{pmatrix}=\begin{pmatrix}100+30\theta\\200-40\theta\\100+30\theta\end{pmatrix}.$$

$$z^*=z_0+\hat{\boldsymbol{C}}_B^{\mathrm{T}}\boldsymbol{B}^{-1}\Delta\boldsymbol{b}=1\,300+(0,\ 4,\ 5)\begin{pmatrix}30\theta\\-40\theta\\30\theta\end{pmatrix}=1\,300-10\theta.$$

于是表 2-23 变成为表 2-30.

表 2-30

$\boldsymbol{X}_B$	x_1	x_2	x_3	x_4	x_5	x_6	x_7	$\overline{\boldsymbol{b}}$
x_5	1/4	0	−13/4	0	1	1/4	−1	$100+30\theta$
x_4	2	0	−2	1	0	1	−1	$200-40\theta$
x_2	−3/4	1	11/4	0	0	(−3/4)	1	$100+30\theta$
$\boldsymbol{r}$	13/4	0	11/4	0	0	1/4	1	$1\,300-10\theta$

要使最优基保持不变,则要求下列条件必须成立:

$$100+30\theta\geqslant0,\quad 200-40\theta\geqslant0,\quad 100+30\theta\geqslant0.$$

由此可知,当 $\theta\in[-10/3,\ 5]$ 时,$\boldsymbol{X}^*=(0,\ 100+30\theta,\ 0,\ 200-40\theta)^{\mathrm{T}}$,$z^*=1\,300-10\theta$.

(1) 如果 $\theta=-10/3$,在表 2-30 中,$\overline{b}_1=0$ 或者 $\overline{b}_3=0$,运用对偶单纯形法,x_5 或者 x_2 都可以作为出基变量.今选择 x_5 为出基变量,x_3 为进基变量,取 $y_{13}=-13/4$ 为枢轴元素进行转轴,得到表 2-31.

表 2-31

$\boldsymbol{X}_B$	x_1	x_2	x_3	x_4	x_5	x_6	x_7	$\overline{\boldsymbol{b}}$
x_3	−1/13	0	1	0	−4/13	−1/13	4/13	$-\dfrac{400}{13}-\dfrac{120}{13}\theta$
x_4	24/13	0	0	1	−8/13	11/13	−5/13	$\dfrac{1\,800}{13}-\dfrac{760}{13}\theta$
x_2	−7/13	1	0	0	11/13	(−7/13)	2/13	$\dfrac{2\,400}{13}+\dfrac{720}{13}\theta$
$\boldsymbol{r}$	45/13	0	0	0	11/13	6/13	2/13	$\dfrac{18\,000}{13}+\dfrac{200}{13}\theta$

要使最优基保持不变，则要求下列条件必须成立：

$$-\frac{400}{13}-\frac{120}{13}\theta\geqslant 0,\quad \frac{1\,800}{13}-\frac{760}{13}\theta\geqslant 0,\quad \frac{2\,400}{13}-\frac{720}{13}\theta\geqslant 0.$$

由此可知，当 $\theta=-10/3$ 时，$\boldsymbol{X}^*=\left(0,\ \frac{2\,400}{13}+\frac{720}{13}\theta,\ 0,\ \frac{1\,800}{13}-\frac{760}{13}\theta\right)^{\mathrm{T}}$，$z^*=\frac{18\,000}{13}+\frac{200}{13}\theta$.
即当 $\theta=-10/3$ 时，$\boldsymbol{X}^*=(0,\ 0,\ 0,\ 1\,000/3)^{\mathrm{T}}$，$z^*=4\,000/3$.

(2) 如果 $\theta=-10/3$，则在表 2-31 中，$\bar{b}_3=0$，运用对偶单纯形法，选择 x_2 作为出基变量，x_6 为进基变量，取 $y_{36}=-7/13$ 为枢轴元素进行转轴，得到表 2-32.

表 2-32

$\boldsymbol{X}_B$	x_1	x_2	x_3	x_4	x_5	x_6	x_7	$\bar{\boldsymbol{b}}$
x_3	0	$-1/7$	1	0	$-3/7$	0	2/7	$-\frac{400}{7}-\frac{120}{7}\theta$
x_4	1	11/7	0	1	5/7	0	$(-1/7)$	$\frac{3\,000}{7}+\frac{200}{7}\theta$
x_6	1	$-13/7$	0	0	$-11/7$	1	$-2/7$	$\frac{-2\,400}{7}-\frac{720}{7}\theta$
$\boldsymbol{r}$	3	6/7	0	0	11/7	0	2/7	$\frac{10\,800}{7}+\frac{440}{7}\theta$

要使最优基保持不变，则要求下列条件成立：

$$-\frac{400}{7}-\frac{120}{7}\theta\geqslant 0,\quad \frac{3\,000}{7}+\frac{200}{7}\theta\geqslant 0,\quad \frac{-2\,400}{7}-\frac{720}{7}\theta\geqslant 0.$$

由此可知，当 $\theta\in[-15,\ -10/3]$ 时，

$$\boldsymbol{X}^*=\left(0,\ 0,\ -\frac{400}{7}-\frac{120}{7}\theta,\ \frac{3\,000}{7}+\frac{200}{7}\theta\right)^{\mathrm{T}},\ z^*=\frac{10\,800}{7}+\frac{440}{7}\theta.$$

(3) 如果 $\theta=-15$，则在表 2-32 中，$\bar{b}_2=0$，选择 x_4 作为出基变量，x_7 为进基变量，$y_{26}=-1$ 为枢轴元素进行转轴，得到表 2-33.

表 2-33

$\boldsymbol{X}_B$	x_1	x_2	x_3	x_4	x_5	x_6	x_7	$\bar{\boldsymbol{b}}$
x_3	2	3	1	2	1	0	0	$800+40\theta$
x_7	-7	-11	0	-7	-5	0	1	$-3\,000-200\theta$
x_6	-1	-5	0	-2	-3	1	0	$-1\,200-160\theta$
$\boldsymbol{r}$	5	4	0	2	3	0	0	$2\,400+120\theta$

要使最优基保持不变，则要求下列条件成立：

$$800+40\theta\geqslant 0,\quad -3\,000-200\theta\geqslant 0,\quad -1\,200-160\theta\geqslant 0.$$

由此可知，当 $\theta\in[-20,\ -15]$ 时，$\boldsymbol{X}^*=(0,\ 0,\ 800+40\theta,\ 0)^{\mathrm{T}}$，$z^*=2\,400+120\theta$.

(4) 如果 $\theta=5$，在表 2-30 中，$\bar{b}_2=0$，运用对偶单纯形法，选择 x_4 作为出基变量，x_7 为进基变量，取 $y_{27}=-1$ 为枢轴元素进行转轴，得到表 2-34.

表 2-34

X_B	x_1	x_2	x_3	x_4	x_5	x_6	x_7	$\bar{b}$
x_5	$-7/4$	0	$-5/4$	-1	1	$-3/4$	0	$-100+70\theta$
x_7	-2	0	2	-1	0	-1	1	$-200+40\theta$
x_2	$-5/4$	1	$3/4$	1	0	$1/4$	0	$300-10\theta$
r	5	0	$3/4$	21	0	$5/4$	0	$1\,500-50\theta$

要使最优基保持不变,则要求下列条件成立:

$$-100+70\theta\geqslant 0,\quad -200+40\theta\geqslant 0,\quad 300-10\theta\geqslant 0.$$

由此可知,当 $\theta\in[5,30]$ 时,$X^*=(0,300-10\theta,0,0)^{\mathrm{T}}$, $z^*=1\,500-50\theta$.

(5) 我们再指出,在步骤(1)中,如果 $\theta=-10/3$,则在表 2-30 中,因为 $\bar{b}_3$ 也为 0,所以也可以不选择 x_5 为出基变量,而是选择 x_2 作为出基变量,则取 x_6 为进基变量,在表 2-30 中取 $y_{36}=-3/4$ 为枢轴元素进行转轴,得到表 2-35.

表 2-35

C_B	X_B	x_1	x_2	x_3	x_4	x_5	x_6	x_7	$\bar{b}$
0	x_5	0	$1/3$	$-7/3$	0	1	0	$-2/3$	$(400/3)+40\theta$
-4	x_4	1	$4/3$	$5/3$	1	0	0	$1/3$	$1\,000/3$
-5	x_6	1	$-4/3$	$-11/3$	0	0	1	$-4/3$	$-(400/3)-40\theta$
	r	3	$1/3$	$11/3$	0	0	0	$4/3$	$4\,000/3$

要使最优基保持不变,则要求下列条件成立:

$$(400/3)+40\theta\geqslant 0,\qquad -(400/3)\theta-40\theta\geqslant 0.$$

由此可知,当 $\theta=-10/3$ 时,$X^*=(0,0,1\,000/3,0)^{\mathrm{T}}$, $z^*=4\,000/3$.

总结上面的求解过程,我们得到表 2-36.

表 2-36

编号	参数区间	X^*	z^*
Ⅰ	$\theta\in[-20,-15]$	$(0,0,800+40\theta,0)^{\mathrm{T}}$	$2\,400+120\theta$
Ⅱ	$\theta\in[-15,-10/3]$	$\left(0,0,-\frac{400}{7}-\frac{120}{7}\theta,\frac{3\,000}{7}-\frac{200}{7}\theta\right)^{\mathrm{T}}$	$\frac{10\,800}{7}+\frac{440}{7}\theta$
Ⅲ	$\theta=-10/3$	$(0,0,0,1\,000/3)^{\mathrm{T}}$	$4\,000/3$
Ⅳ	$\theta\in[-10/3,5]$	$(0,100+30\theta,0,200-40\theta)^{\mathrm{T}}$	$1\,300-10\theta$
Ⅴ	$\theta\in[5,30]$	$(0,300-10\theta,0,0)^{\mathrm{T}}$	$1\,500-50\theta$

从表 2-36 可以看出,在区间Ⅰ,Ⅱ,应使 θ 尽可能大,以使 z 实现最大,即 θ 取区间的右端点;在区间Ⅳ与Ⅴ,应使 θ 尽可能小,以使 z 实现最大,即 θ 取区间的左端点. 这样得到 6 个参数区间的最大利润(见表 2-37).

表 2-37

区间	θ^* 取值	z^* 取值
Ⅰ	$\theta=-15$	$z^*=600$
Ⅱ，Ⅲ，Ⅳ	$\theta=-10/3$	$z^*=4\,000/3$
Ⅴ	$\theta=5$	$z^*=1\,250$

本问题的答案是要获得最大利润，必须将 3.33 名工人从车间Ⅰ调到车间Ⅱ.

2.7.3　特定参数的变化

例 2-24　如果对于例 2-22 中的模型 (P)(2-34)，b_3 代表某种资源，1 个单位的这种资源成本为 2，在考虑重新安排生产计划时，知悉第 3 个产品的资源消耗系数 a_{33} 可考虑减少 $\theta(\geqslant 0)$，为了安排第 3 种产品生产，问 a_{33} 应该减少多少?

解　随着第 3 个产品的资源消耗系数 a_{33} 减少 θ，那么第 3 个产品的利润就变化为 $3+2\theta$. 模型(P) (2-34)变化为 (P′)：

$$
\begin{aligned}
(\mathrm{P}')：\quad & \max z=\sum_{j=1}^{3}\hat{c}_j=x_1+5x_2+(3+2\theta)x_3+4x_4；\\
\text{s.t.}\quad & 2x_1+3x_2+x_3+2x_4\leqslant 800,\\
& 5x_1+4x_2+3x_3+4x_4\leqslant 1\,200,\\
& 3x_1+4x_2+(5-\theta)x_3+3x_4\leqslant 1\,000,\\
& \quad x_j\geqslant 0,\ j=1,\cdots,4.
\end{aligned}
\tag{2-36}
$$

我们利用(P) 的标准化模型(LP) 的最优单纯形表表 2-23 进行修改来讨论 θ 的变化范围. 下面再次把表 2-23 列出而成为表 2-38.

表 2-38

$\boldsymbol{C}_B$	$\boldsymbol{X}_B$	x_1	x_2	x_3	x_4	x_5	x_6	x_7	$\bar{\boldsymbol{b}}$
0	x_5	1/4	0	−13/4	0	1	1/4	−1	100
−4	x_5	2	0	−2	1	0	1	−1	200
−5	x_2	−3/4	1	11/4	0	0	−3/4	1	100
$\boldsymbol{r}$		13/4	0	11/4	0	0	1/4	1	1 300

由表 2-38 可知，如果对应的基本变量向量仍然为 $\boldsymbol{X}_B=(x_5,x_4,x_2)^{\mathrm{T}}$，基 $\boldsymbol{B}=(\boldsymbol{A}_{\cdot 5},\boldsymbol{A}_{\cdot 4},\boldsymbol{A}_{\cdot 2})$，由表 2-38 可知其对应的 $\boldsymbol{B}^{-1}$ 如下：

$$
\boldsymbol{B}^{-1}=\begin{pmatrix}1 & 1/4 & -1\\ 0 & 1 & -1\\ 0 & -3/4 & 1\end{pmatrix},
$$

于是

$$
\boldsymbol{y}^{3'}=\boldsymbol{B}^{-1}\begin{pmatrix}1\\ 3\\ 5-\theta\end{pmatrix}=\begin{pmatrix}1 & 1/4 & -1\\ 0 & 1 & -1\\ 0 & -3/4 & 1\end{pmatrix}\begin{pmatrix}1\\ 3\\ 5-\theta\end{pmatrix}=\begin{pmatrix}(-13/4)+\theta\\ -2+\theta\\ (11/4)-\theta\end{pmatrix}.
$$

检验数 $r_3 = c_3 - \boldsymbol{C}_B^{\mathrm{T}} \boldsymbol{y}^{3'} = -(3+2\theta) - (0, -4, -5)((-13/4)+\theta, -2+\theta, (11/4)-\theta)^{\mathrm{T}}$
$= (11/4) - 3\theta$.

表 2-38 应该修改成为表 2-39.

表 2-39

$\boldsymbol{C}_B$	$\boldsymbol{X}_B$	x_1	x_2	x_3	x_4	x_5	x_6	x_7	$\bar{\boldsymbol{b}}$
0	x_5	1/4	0	$(-13/4)+\theta$	0	1	1/4	−1	100
−4	x_4	2	0	$-2+\theta$	1	0	1	−1	200
−5	x_2	−3/4	1	$(11/4)-\theta$	0	0	−3/4	1	100
$\boldsymbol{r}$		13/4	0	$(11/4)-3\theta$	0	0	1/4	1	1 300

为了要使产品 3 能够生产，使 x_3 能够成为基本变量，就必须要求下列条件成立：

$$r_3 = (11/4) - 3\theta \leqslant 0,$$

即

$$\theta \geqslant 11/12.$$

也就是说，为了使第 3 个产品能够投产，a_{33} 至少必须减少 11/12.

我们根据实际问题的背景介绍了对参数规划进行讨论的基本方法，对不同情况的各种参数规划，只要我们熟练掌握了线性规划的基本概念与方法，就完全可以进行创新而求解.

习题 2

1. 写出下列线性规划问题的对偶问题：

(1)
$$\begin{aligned} &\min f = 2x_1 + 3x_2 + 5x_3 - 7x_4; \\ \text{s. t.}\quad & x_1 + 2x_2 - 3x_3 + x_4 \geqslant 2, \\ & -2x_1 + x_2 - x_3 + 3x_4 \leqslant -3, \\ & 7x_1 - 5x_2 + 4x_3 - 6x_4 = 10, \\ & x_1 \geqslant 0,\ x_2 \gtreqless 0,\ x_3 \gtreqless 0,\ x_4 \leqslant 0. \end{aligned}$$

(2)
$$\begin{aligned} &\max f = 3x_1 - 2x_2 - 5x_3 - 8x_5; \\ \text{s. t.}\quad & 2x_1 + 3x_2 - 3x_3 - x_4 - 5x_5 \geqslant -2, \\ & x_2 - 2x_3 + 3x_4 + 4x_5 = -5, \\ & -x_1 + 2x_3 - 2x_4 - 3x_5 \leqslant -5. \\ & x_1 \leqslant 0,\ x_2 \gtreqless 0,\ x_3 \geqslant 0,\ x_4 \geqslant 0,\ x_5 \gtreqless 0. \end{aligned}$$

2. 写出下列(P)的对偶问题(D)：

$$\begin{aligned} &\min f = 12x_1 + 8x_2 + 7x_3; \\ \text{s. t.}\quad & 4x_1 - 8x_2 + 5x_3 \geqslant 60, \\ & x_j \geqslant 0,\quad j = 1, 2, 3. \end{aligned}$$

用讨论(D)的方法(不准用单纯形法求解)给出(P)的最优值.

3. 用对偶理论来说明下列线性规划的目标函数无下界：

$$\begin{aligned}&\min f=4x_1-5x_2+8x_3;\\ \text{s.t.}\quad &2x_1+3x_3\geqslant 60,\\ &5x_1+2x_2\geqslant 30,\qquad (\text{P})\\ &3x_1+x_3\geqslant 20,\\ &x_j\geqslant 0,\ j=1,2,3.\end{aligned}$$

4. 写出下列问题的对偶问题：

$$\begin{aligned}&\max f=3x_1+4x_2-5x_3+6x_4;\\ \text{s.t.}\quad &4x_1-3x_2+5x_3-2x_4\geqslant 6,\\ &x_1+x_2+x_3+x_4=10,\\ &0\leqslant x_1\leqslant 7,\\ &-6\leqslant x_2\leqslant 6,\\ &-3\leqslant x_3\leqslant 5,\\ &0\leqslant x_4\leqslant 10,\end{aligned}$$

并用对偶理论来说明该线性规划存在最优解(不必求出具体解).

5. 给出问题(P),

$$\begin{aligned}&\max z=3x_1+2x_2;\\ \text{s.t.}\quad &3x_1-2x_2\leqslant -4,\\ &2x_1+x_2\geqslant 3,\\ &x_1\geqslant 0,\ x_2\geqslant 0.\end{aligned}$$

(1) 用图解法对(P)求解,对对偶问题的解下判断;

(2) 写出(P) 的对偶问题(D),运用对偶理论对(P)及(D)的解下判断(不准用图解法及大 M 法等算法).

6. 设(LP):$\min\{\boldsymbol{C}^{\mathrm{T}}\boldsymbol{X}\mid \boldsymbol{A}\boldsymbol{X}=\boldsymbol{b},\ \boldsymbol{X}\geqslant\boldsymbol{0}\}$有最优解,又(LP′):$\min\{\boldsymbol{C}^{\mathrm{T}}\boldsymbol{X}\mid \boldsymbol{A}\boldsymbol{X}=\boldsymbol{b}',\ \boldsymbol{X}\geqslant\boldsymbol{0}\}$有可行解,其中 $\boldsymbol{b}\neq\boldsymbol{b}'$. 试用对偶理论证明(LP′)必有最优解.

7. 现有一个线性规划问题(P_1),

$$\begin{aligned}&\max z_1=\boldsymbol{C}^{\mathrm{T}}\boldsymbol{X};\\ \text{s.t.}\quad &\boldsymbol{A}\boldsymbol{X}\leqslant\boldsymbol{b},\\ &\boldsymbol{X}\geqslant\boldsymbol{0}.\end{aligned}$$

其对偶问题的最优解 $\boldsymbol{U}^*=(u_1^*,\ \cdots,\ u_m^*)^{\mathrm{T}}$. 另一线性规划($P_2$):

$$\begin{aligned}&\max z_2=\boldsymbol{C}^{\mathrm{T}}\boldsymbol{X};\\ \text{s.t.}\quad &\boldsymbol{A}\boldsymbol{X}\leqslant\boldsymbol{b}+\boldsymbol{d},\\ &\boldsymbol{X}\geqslant\boldsymbol{0},\end{aligned}$$

其中 $\boldsymbol{d}=(d_1,\ \cdots,\ d_m)^{\mathrm{T}}$. 求证:$\max z_2\leqslant\max z_1+\boldsymbol{d}^{\mathrm{T}}\boldsymbol{U}^*$.

8. 现有下列线性规划:

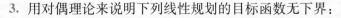

$$\max z = 2x_1 + x_2 + 5x_3 + 6x_4;$$
$$\text{s.t.}\quad \begin{aligned} &2x_1 \qquad\quad + x_3 + \ x_4 \leqslant 8, \\ &2x_1 + 2x_2 + x_3 + 2x_4 \leqslant 12, \\ &x_j \geqslant 0, \quad j = 1, \cdots, 4. \end{aligned}$$

用松弛互补定理证明本问题在用单纯形法求解时的最优基本变量是 x_3 和 x_4.

9. 用对偶单纯形法求解下列线性规划:

$$\min f = 60x_1 + 40x_2 + 80x_3;$$
$$\text{s.t.}\quad \begin{aligned} &3x_1 + 2x_2 + \ x_3 \geqslant 2, \\ &4x_1 + \ x_2 + 3x_3 \geqslant 4, \\ &2x_1 + 2x_2 + 2x_3 \geqslant 3, \\ &x_j \geqslant 0, \quad j = 1, 2, 3. \end{aligned}$$

10. 某线性规划问题为

$$\max \{z = c_1x_1 + c_2x_2 + c_3x_3 \mid \boldsymbol{AX} \leqslant \boldsymbol{b}, \boldsymbol{X} \geqslant \boldsymbol{0}\},$$

将它化成标准型后可得它的一张单纯形表,如表 2-40 所示,其中 x_4, x_5 为松弛变量.

表 2-40

$\boldsymbol{X}_B$	x_1	x_2	x_3	x_4	x_5	$\bar{\boldsymbol{b}}$
x_3	0	−1/2	1	1/2	0	5/2
x_1	1	−1/2	0	−1/6	1/3	5/2
$\boldsymbol{r}$	0	4	0	4	2	40

(1) 给出原有线性规划问题;

(2) 写出对偶问题;

(3) 根据上述单纯形表求对偶问题的最优解.

11. 某工厂生产两种产品,有下列线性规划:

$$\max z = c_1x_1 + c_2x_2 = 70x_1 + 120x_2;$$
$$\text{s.t.}\quad \begin{aligned} &9x_1 + 4x_2 \leqslant 3\,600, \\ &4x_1 + 5x_2 \leqslant 2\,000, \\ &3x_1 + 10x_2 \leqslant 3\,000, \\ &x_1 \geqslant 0, \ x_2 \geqslant 0. \end{aligned}$$

它的标准型的最优单纯形表如表 2-41 所示(x_3, x_4, x_5 为松弛变量).

表 2-41

$\boldsymbol{X}_B$	x_1	x_2	x_3	x_4	x_5	$\bar{\boldsymbol{b}}$
x_3	0	0	1	−3.12	1.16	840
x_1	1	0	0	0.4	−0.2	200
x_2	0	1	0	−0.12	0.16	240
$\boldsymbol{r}$	0	0	0	13.6	5.2	42 800

(1) 试问 c_1 和 c_2 各在何范围内变动,最优解不变?

(2) 若工厂的最优生产计划仍然是两种产品都生产,试分别确定 3 种资源 b_i 的变化范围及影子价格.

12. 已知(LP):

$$\min f = 3x_1 + 6x_2 + 6x_3 + 2x_4 = c_1x_1 + c_2x_2 + c_3x_3 + c_4x_4;$$

$$\text{s. t.}\quad \begin{aligned} &2x_1 + x_2 + x_3 = 12, \\ &-x_1 + x_2 - x_3 + x_4 = 4, \\ &x_j \geqslant 0,\ j = 1, \cdots, 4 \end{aligned}$$

的最优表为表 2-42. 试问:

表 2-42

$\boldsymbol{X}_B$	x_1	x_2	x_3	x_4	$\bar{\boldsymbol{b}}$
x_1	1	1/2	1/2	0	6
x_4	0	3/2	−1/2	1	10
$\boldsymbol{r}$	0	3/2	11/2	0	−38

(1) c_2, c_3 分别在何范围内变化,最优解不变?

(2) c_1, c_4 分别在何范围内变化,最优解不变?

13. 若习题 1 第 1 题的标准型的最优单纯形表如表 2-43 所示(x_3, x_4, x_5 为剩余变量). 试分别确定 b_i 的变化区间(最优基保持不变)和合理成本.

表 2-43

$\boldsymbol{X}_B$	x_1	x_2	x_3	x_4	x_5	$\bar{\boldsymbol{b}}$
x_4	0	0	−4	1	1	2
x_1	1	0	−3/2	0	1/2	3
x_2	0	1	1/2	0	−1/2	2
$\boldsymbol{r}$	0	0	500	0	500	−7000

14. 某工厂生产两种产品,分别需在 A, B, C, D 设备上加工,有关数据如表 2-44 所列. 它的标准型的最优表(x_3, x_4, x_5, x_6 为松弛变量)如表 2-45 所示. 假定 B 设备增加 10 个台时所需费用为 12,问增加 B 设备 10 个台时是否合算? 若能增加利润,能增加多少?

表 2-44

工　序	产　品		允许台时
	甲(x_1)	乙(x_2)	
A	2	2	22
B	1	2	8
C	4	0	16
D	0	4	28
单位产品利润	c_1	c_2	

表 2-45

X_B	x_1	x_2	x_3	x_4	x_5	x_6	$\bar{b}$
x_3	0	0	1	−1	−1/4	0	10
x_1	1	0	0	0	1/4	0	4
x_6	0	0	0	−2	1/2	1	20
x_2	0	1	0	1/2	−1/8	0	2
r	0	0	0	3/2	1/8	0	14

15. 给出(P),

$$\max\ \{z = C^{\mathrm{T}}X = c_1x_1 + c_2x_2 + c_3x_3 \mid AX \leqslant b,\ X \geqslant 0\},$$

它的标准化模型的最优单纯形表(其中,x_4, x_5 为松弛变量)如表 2-46 所示.

表 2-46

X_B	x_1	x_2	x_3	x_4	x_5	$\bar{b}$
x_1	1	2	1	1	0	8
x_5	0	3	−1	−2	1	9
r	0	3	3/2	2	0	16

(1) $U^* = (C_B^{\mathrm{T}}B^{-1})^{\mathrm{T}} = ?$

(2) $b = ?$

(3) 资源 b_1 在何范围内变化,最优基不变?

(4) 用1.5元代价可以买到1个单位的第1种资源.现工厂仍然生产单一的产品 $1^{\#}$,问购买第1种资源是否有利?至多再买多少?

(5) 第1种资源增加4个单位,求最优解.

(6) 求出原模型.

(7) 第1种资源增加6个单位,求最优解.

(8) c_1 在何范围内变化,最优解不变?

16. 若线性规划

$$\begin{aligned} \min f &= -2x_1 + x_2 - x_3;\\ \text{s.t.}\quad & x_1 + x_2 + x_3 + x_4 = 6,\\ & -x_1 + 2x_2 + x_5 = 10,\\ & x_j \geqslant 0,\quad j = 1, \cdots, 5 \end{aligned}$$

的最优单纯形表如表 2-47 所示.

表 2-47

X_B	x_1	x_2	x_3	x_4	x_5	$\bar{b}$
x_1	1	1	1	1	0	6
x_5	0	3	1	1	1	10
r	0	3	1	2	0	12

今增加一个新的约束条件 $-x_1 + 2x_2 \geqslant 2$,求新问题的最优解.

17. 给线性规划(P)和其标准模型(LP)如下：

$$(\mathrm{P}):\max z=\sum_{j=1}^{2}\hat{c}_j=8x_1+24x_2;\qquad (\mathrm{LP}):\min f=\sum_{j=1}^{4}c_j=-8x_1-24x_2;$$

$$\begin{aligned}\text{s.t.}\quad & x_1+2x_2\leqslant 10,\\ & 2x_1+\ x_2\leqslant 10,\\ & x_j\geqslant 0,\ j=1,2.\end{aligned}\qquad\qquad \begin{aligned}\text{s.t.}\quad & x_1+2x_2+x_3\qquad =10,\\ & 2x_1+\ x_2\qquad +x_4=10,\\ & x_j\geqslant 0,\ j=1,\cdots,4.\end{aligned}$$

(LP) 的最优单纯形表如表 2-48 所示，现在目标函数变为

$$\max z=\sum_{j=1}^{2}\hat{c}_j=(8+\theta)x_1+(24-2\theta)x_2.$$

请对 $\theta\in[0,\ 10]$ 讨论最优解 $\boldsymbol{X}^*$ 与 θ 之间的关系.

表 2-48

$\boldsymbol{X}_B$	x_1	x_2	x_3	x_4	$\bar{\boldsymbol{b}}$
x_2	1/2	1	1/2	0	5
x_4	3/2	0	−1/2	1	5
$\boldsymbol{r}$	4	0	12	0	120

18. 给出线性规划(P)和其标准模型(LP)如下：

$$(\mathrm{P}):\max z=\sum_{j=1}^{4}\hat{c}_j=21x_1+12x_2+18x_3+15x_4;$$

$$\begin{aligned}\text{s.t.}\quad & 6x_1+3x_2+\ 6x_3+3x_4\leqslant 30,\\ & 6x_1-3x_2+12x_3+6x_4\leqslant 78,\\ & 9x_1+3x_2-\ 6x_3+9x_4\leqslant 135,\\ & x_j\geqslant 0,\ j=1,\cdots,4.\end{aligned}$$

$$(\mathrm{LP}):\min f=\sum_{j=1}^{4}c_j=-21x_1-12x_2-18x_3-15x_4;$$

$$\begin{aligned}\text{s.t.}\quad & 6x_1+3x_2+\ 6x_3+3x_4+x_5\qquad\qquad =30,\\ & 6x_1-3x_2+12x_3+6x_4\qquad +x_6\qquad =78,\\ & 9x_1+3x_2-\ \ x_3+9x_4\qquad\qquad +x_7=135,\\ & x_j\geqslant 0,\ j=1,\cdots,7.\end{aligned}$$

(LP)的最优单纯形表如表 2-49 所示，若 $\Delta\boldsymbol{b}=(\theta,\ -\theta,\ -2\theta)^{\mathrm{T}}$，请对 $\theta\in[0,\ 20]$ 讨论最优解的情况.

表 2-49

	$\boldsymbol{X}_B$	x_1	x_2	x_3	x_4	x_5	x_6	x_7	$\bar{\boldsymbol{b}}$
−15	x_4	2	1	2	1	1/3	0	0	10
0	x_6	−6	−9	0	0	−2	1	0	18
0	x_7	−9	−6	−33/2	0	−3	0	1	45
	$\boldsymbol{r}$	9	3	12	0	5	0	0	150

第 3 章 运输问题

在生产实践中，我们经常会遇到这样一类线性规划问题：其变量与约束条件的个数都非常庞大，因此在计算机上应用单纯形法求解时，可能相当费时或存储单元不能满足要求，但是这些线性规划往往具有另一个特点——系数矩阵 $\mathbf{A}=(a_{ij})$ 中元素 a_{ij} 大多数为零，而非零的元素 a_{ij} 又呈现一定规律，于是，可利用问题的特殊结构而拟制比单纯形法简便得多的特殊解法，使得存储单元减少，节省计算时间和费用. 本章讨论的运输问题就是属于这样一类特殊结构的线性规划问题. 我们先介绍运输问题的数学模型，然后给出其求解方法——表上作业法，最后介绍一些典型的建立运输问题模型的应用例题.

§3.1 运输问题的数学模型

运输问题这个名称的获得是因为这类模型首先在物资运输的合理规划中形成并运用的缘故. 但是，运输问题及其求解方法所管辖、研究的对象事实上要广义得多，例如，对于生产计划等这类管理问题它也是行之有效的. 下面我们给出一般的运输问题的数学模型：

例 3-1 现有 m 个发点 $A_1, \cdots, A_i, \cdots, A_m$，可供应某种物资给 n 个收点 $B_1, \cdots, B_j, \cdots, B_n$. 发点 A_i 的物资供应量（发量）为 a_i，收点 B_j 对物资的需求量（收量）为 b_j，且收发平衡：即 $\sum_{i=1}^{m} a_i = \sum_{j=1}^{n} b_j$. 又设单位物资从 A_i 运往 B_j 的单位运价为 c_{ij}. 问怎样运输这些物资，以使总运费最小？

解 我们将问题所给的有关信息制成表 3-1，并称它为运输收发平衡单位运价表（有时简称运输表格）.

表 3-1

A_i	B_j					a_i
	B_1	$\cdots$	B_j	$\cdots$	B_n	
A_1	c_{11}	$\cdots$	c_{1j}	$\cdots$	c_{1n}	a_1
$\vdots$	$\vdots$		$\vdots$		$\vdots$	$\vdots$
A_i	c_{i1}	$\cdots$	c_{ij}	$\cdots$	c_{in}	a_i
$\vdots$	$\vdots$		$\vdots$		$\vdots$	$\vdots$
A_m	c_{m1}	$\cdots$	c_{mj}	$\cdots$	c_{mn}	a_m
b_j	b_1	$\cdots$	b_j	$\cdots$	b_n	

设发点 A_i 至收点 B_j 的运量为 x_{ij}，则我们有表 3-2.

表 3-2

A_i	B_j					a_i
	B_1	⋯	B_j	⋯	B_n	
A_1	c_{11} x_{11}	⋯	c_{1j} x_{1j}	⋯	c_{1n} x_{1n}	a_1
⋮	⋮		⋮		⋮	⋮
A_i	c_{i1} x_{i1}	⋯	c_{ij} x_{ij}	⋯	c_{in} x_{in}	a_i
⋮	⋮		⋮		⋮	⋮
A_m	c_{m1} x_{m1}	⋯	c_{mj} x_{mj}	⋯	c_{mn} x_{mn}	a_m
b_j	b_1	⋯	b_j	⋯	b_n	

我们不难建立运输问题的线性规划模型，

$$
\begin{aligned}
&\min f=\sum_{i=1}^{m}\sum_{j=1}^{m} c_{ij}x_{ij};\\
\text{s. t.}\quad &\sum_{j=1}^{n} x_{ij}=a_i,\quad i=1,\cdots,m,\\
&\sum_{i=1}^{m} x_{ij}=b_j,\quad j=1,\cdots,n,\\
&x_{ij}\geqslant 0,\quad i=1,\cdots,m;\quad j=1,\cdots,n,
\end{aligned}
\tag{3-1}
$$

其中 $\sum_{i=1}^{m} a_i=\sum_{j=1}^{n} b_j$. 今后我们称模型(3-1)为运输问题的标准模型，它含有 mn 个变量.

如果我们将全部发量约束 $\sum_{j=1}^{n} x_{ij}=a_i$ 相加，就得到 $\sum_{i=1}^{m}\sum_{j=1}^{n} x_{ij}=\sum_{i=1}^{m} a_i$，将全部收量约束 $\sum_{i=1}^{m} x_{ij}=b_j$ 相加，就得到 $\sum_{j=1}^{n}\sum_{i=1}^{m} x_{ij}=\sum_{j=1}^{n} b_j$，由于收发平衡，有 $\sum_{i=1}^{m} a_i=\sum_{j=1}^{n} b_j$，所以模型(3-1)中 $m+n$ 个等式约束不是相互独立的. 但可以证明，若这 $m+n$ 个等式约束中任取 $m+n-1$ 个，则它们是相互独立的. 如果在 $m+n$ 个等式约束中删除任何一个，则运输问题(3-1)的可行域不变. 所以，问题(3-1)的基本解仅有 $m+n-1$ 个基本变量.

我们知道，单纯形法的基本步骤是：寻找初始基本可行解，由检验数来判别它是不是最优解. 若不是最优解，则进行转轴. 对于运输问题来说，这些步骤可采用简单方法. 在手算时，它们可在运输表格上直接进行，所以俗称运输问题的求解方法为**表上作业法**.

那么，我们在运输收发平衡表的 mn 个变量中，如何选取 $m+n-1$ 个变量使其成为基本变量组呢？为此，我们先介绍一些有关的基本概念.

(1) 设 E 是运输问题(3-1)的一组变量. 如果对 E 中变量作适当的排列后能得到下列形式：

$$x_{i_1j_1},\ x_{i_1j_2},\ x_{i_2j_2},\ x_{i_2j_3},\ \cdots,\ x_{i_sj_s},\ x_{i_sj_1},$$

其中 $i_1, i_2, \cdots, i_s$ 互不相同，$j_1, j_2, \cdots, j_s$ 互不相同，则称 E 为运输问题(3-1)的一个**闭回**

路.闭回路中相应变量称为闭回路的顶点.

例如,设 $m=3$, $n=4$, $E=\{x_{13}, x_{14}, x_{34}, x_{31}, x_{21}, x_{23}\}$ 是一个闭回路.若把闭回路中变量作为顶点在运输表格中画出,并把闭回路中处在同一行或同一列的顶点用线段相连(称为闭回路的边),那么,上述 E 就有表 3-3 所示的形状.

表 3-3

A_i	B_j				
	B_1	B_2	B_3	B_4	
A_1			x_{13}	x_{14}	
A_2	x_{21}		x_{23}		
A_3	x_{31}			x_{34}	

闭回路的边只能是水平或垂直的,闭回路的边所通过的行或列都恰有它的两个顶点.

(2) 设 Q 是运输问题(3-1)的一组变量,若 x_{ij} 为 Q 中一个变量,且 x_{ij} 是第 i 行或第 j 列中属于 Q 的唯一变量,则我们称 x_{ij} 为 Q 的一个孤立点.

例如,如表 3-4 所示,在变量组

$$Q=\{x_{11}, x_{14}, x_{15}, x_{16}, x_{26}, x_{23}, x_{31}, x_{42}, x_{43}, x_{45}\}$$

中,x_{31}, x_{14} 和 x_{42} 是 Q 的孤立点. $E=\{x_{15}, x_{16}, x_{26}, x_{23}, x_{43}, x_{45}\}$ 是一个闭回路,E 的顶点都在 Q 中,我们称 E 为 Q 中的一个闭回路.

表 3-4

A_i	B_j					
	B_1	B_2	B_3	B_4	B_5	B_6
A_1	• x_{11}			x_{14} •	x_{15}	x_{16}
A_2			x_{23}			x_{26}
A_3	• x_{31}					
A_4		• x_{42}	x_{43}		x_{45}	

对于运输问题(3-1),我们给出下列定理.

定理 3-1

(1) 在运输问题(3-1)的 $m+n$ 个等式约束方程中只有 $m+n-1$ 个方程是相互独立的,而且其中任意一组 $m+n-1$ 个约束方程都是相互独立的.

(2) 在运输问题(3-1)的 mn 个变量中,选取 $m+n-1$ 个变量构成变量组 Q,则 Q 能成为基本变量组的充要条件是:Q 中不存在闭回路.

(3) 设 Q 是运输问题(3-1)的一组基本变量,x_{st} 为非基本变量,则 x_{st} 必对应唯一的闭回路 E. E 除顶点 x_{st} 外,其余顶点都为基本变量.

(4) 如果在运输问题(3-1)中 $a_i(i=1, \cdots, m)$ 和 $b_j(j=1, \cdots, n)$ 都为整数,则任一基本解中各变量的取值均为整数.

例如,表 3-5 所给的变量组

$$Q=\{x_{12}, x_{14}, x_{15}, x_{23}, x_{26}, x_{35}, x_{41}, x_{43}, x_{45}\}$$

就是一个基本变量组.此时,x_{11} 为非基本变量(今后用记号"×"表示),则可见在 $Q\cup\{x_{11}\}$ 中就存在一条闭回路 $E=\{x_{11}, x_{15}, x_{45}, x_{41}\}$.

表 3-5

A_i	B_j					
	B_1	B_2	B_3	B_4	B_5	B_6
A_1	x_{11} ×	• x_{12}		• x_{14}	• x_{15}	
A_2			• x_{23}			• x_{26}
A_3					• x_{35}	
A_4	x_{41} •		• x_{43}		• x_{45}	

下面我们来讨论一下,若 Q 为运输问题的一个基本变量组,x_{st} 为非基本变量,那么,我们如何在 $Q\cup\{x_{st}\}$ 中确定闭回路 E 呢?

从闭回路的性质可知,$Q\cup\{x_{st}\}$ 中的孤立点 x_{ij} 一定不是 E 的顶点,故我们可以通过反复从变量组中删去孤立点来获得 E.有的变量原来并不是一个孤立点,但当从变量组中删去一些变量后,就可能成为由余下变量组成的变量组的孤立点,它同样应被删去.最后剩下未被删去的变量便组成闭回路 E,而 x_{st} 一定是 E 的一个顶点.

例如,在表 3-5 中,对于 $Q\cup\{x_{11}\}$ 来说,现在 x_{12}, x_{14}, x_{26}, x_{35} 是孤立点,但从 $Q\cup\{x_{11}\}$ 中删去这 4 个点以后得 Q_1,则 x_{23} 成为 Q_1 的孤立点,从 Q_1 中删去 x_{23} 得 Q_2,则 x_{43} 又成为 Q_2 的孤立点,再从 Q_2 中删去 x_{43},得 $E=\{x_{11}, x_{41}, x_{45}, x_{15}\}$,它是一个闭回路.

§3.2 表上作业法

3.2.1 初始基本可行解的寻求

求运输问题(3-1)的初始基本可行解有多种方法,这里介绍西北角法和最小元素法.

1. 西北角法

西北角法按下列规则在 mn 个变量中选择 $m+n-1$ 个基本变量构成变量组 Q:从运输表格的西北角 x_{11} 开始,优先安排编号小的发点和收点之间的运输任务.

我们通过实例来说明西北角法.

例 3-2 给出运输问题,如表 3-6 所示.试用西北角法确定它的一个基本可行解.

解 将变量 x_{ij} 所在方格记为(i, j),我们的目的是给各空格(i, j)填上 x_{ij} 的适当数量,使之满足发量约束或收量约束.在表 3-7 中,我们首先从西北角空格(1, 1)开始填写,

$$x_{11}=\min\{a_1, b_1\}=\min\{15, 12\}=12.$$

表 3-6

A_i	B_1	B_2	B_3	B_4	a_i
A_1					15
A_2					20
A_3					10
b_j	12	15	10	8	

表 3-7

A_i	B_1	B_2	B_3	B_4	a_i
A_1	12	3	×	×	15 3 0
A_2	×	12	8	×	20 8 0
A_3	×	×	2	8	10 8 0
b_j	12 0	15 12 0	10 2 0	8 0	

取 $Q=\{x_{11}\}$. 此时 B_1 所需运量 12 全部从 A_1 运来,B_1 对应的收量约束 $x_{11}+x_{21}+x_{31}=12$ 已被满足,变量 x_{21} 与 x_{31} 都应取值为零,我们在相应空格(2, 1)和(3, 1)内打上记号"×",表示该两个变量为非基本变量,其值为 0. 同时,b_1 由 12 变为 0, a_1 变为 $15-12=3$.

接着,安排发点 A_1 和收点 B_2 之间的运输任务. 取

$$x_{12}=\min\{a_1, b_2\}=\min\{3, 15\}=3,$$

于是此时 A_1 的发量已全部运完,a_1 改为 0, x_{13} 与 x_{14} 作为非基本变量取值为 0,在空格(1, 3) 和(1, 4)内打上记号"×",b_2 改为 $15-3=12$. 于是,$Q=\{x_{11}, x_{12}\}$. 接下去再安排 A_2 与 B_2 之间的运输任务. 如此继续进行运量分配,整个具体运算过程列在表 3-7 中,可知基本变量组 $Q=\{x_{11}, x_{12}, x_{22}, x_{23}, x_{33}, x_{34}\}$.

这样,得到一个基本可行解为

$$\boldsymbol{X}_B=(x_{11}, x_{12}, x_{22}, x_{23}, x_{33}, x_{34})^{\mathrm{T}}=(12, 3, 12, 8, 2, 8)^{\mathrm{T}},$$
$$\boldsymbol{X}_D=(x_{13}, x_{14}, x_{21}, x_{24}, x_{31}, x_{32})^{\mathrm{T}}=(0, 0, 0, 0, 0, 0)^{\mathrm{T}}.$$

例 3-3 对运输表格表 3-8,用西北角法求初始基本可行解.

解 在表 3-9 中,取 $x_{11}=15$,在(2, 1) 和(3, 1) 空格打记号"×";取 $x_{12}=5$,在(1, 3) 和(1, 4) 空格打记号"×", a_1 改为 5, b_1, b_2 分别改为 0, 10.

表 3-8

A_i	B_1	B_2	B_3	B_4	a_i
A_1					20
A_2					10
A_3					30
b_j	15	15	10	20	

表 3-9

A_i	B_1	B_2	B_3	B_4	a_i
A_1	15	5	×	×	20 5
A_2	×				10
A_3	×				30
b_j	15 0	15 10	10	20	

在表 3-9 中我们看到,当空格(2, 2)填上数字 $x_{22}=10$ 以后,发量约束和收量约束都得到满足,发量 a_2 和收量 b_2 都应变为 0. 此时,我们只能对行或列之一的剩余空格打记号"×",然后在剩余空格中再按西北角法运算下去(否则,我们对行和列的剩余空格同时打记号"×",那么运算结束时我们就会发现基本变量少于 $m+n-1$ 个).

一般地，在算法的迭代过程中，如果对空格(s, t)填写数字x_{st}后，发量约束和收量约束都得到满足，a_s与b_t都变为0，则我们规定如下：

对B_t列的剩余空格打记号“×”，对空格$(s, (t+1))$填写数字$x_{s(t+1)}=0$（$x_{s(t+1)}$作为基本变量置入变量组Q中），再对A_s行剩余空格打记号“×”，然后继续运算下去.

按此规定，对表3-9继续运算，整个过程如表3-10所示.

表 3-10

A_i	B_j				a_i
	B_1	B_2	B_3	B_4	
A_1	15	5	×	×	20 5 0
A_2	×	10	0	×	10 0
A_3	×	×	10	20	30 0
b_j	15 0	15 10 0	10 0	20 0	

本问题的基本可行解为

$$\boldsymbol{X}_B=(x_{11}, x_{12}, x_{22}, x_{23}, x_{33}, x_{34})^{\mathrm{T}}=(15, 5, 10, 0, 10, 20)^{\mathrm{T}},$$
$$\boldsymbol{X}_D=(x_{13}, x_{14}, x_{21}, x_{24}, x_{31}, x_{32})^{\mathrm{T}}=(0, 0, 0, 0, 0, 0)^{\mathrm{T}}.$$

对例3-3，如果在表3-10中我们不选$x_{23}=0$作为基本变量，而让$x_{23}=0$作为非基本变量（用记号“×”表示），那么，我们应在其余非基本变量（表3-10中打记号“×”者）中选一个变量作为基本变量并取值为0，但要保证该变量置入变量组Q后，Q中不应含有闭回路. 例如，我们可以选$x_{14}=0$作为基本变量置入变量组Q中.

在运算过程中，若以I表示当前还有货物要运送的发点的下标集合，J表示当前需求量尚未得到满足的收点的下标集合，Q为基本变量组，H为非基本变量组，则西北角法算法步骤如下：

① 取$I=\{1, \cdots, m\}$，$J=\{1, \cdots, n\}$，$Q=\varnothing$.

② I是否仅含指标m？

若是，则$x_{mj}=b_j$，$j\in J$.

$Q=Q\cup\{x_{mj}\mid j\in J\}$，$H=\{x_{ij}\mid x_{ij}\overline{\in} Q, i=1, \cdots, m; j=1, \cdots, n\}$；

$x_{ij}=0\ (x_{ij}\in H)$，算法终止.

若否，则转步骤③.

③ J是否仅含指标n？

若是，则$x_{in}=a_i$，$i\in I$.

$Q=Q\cup\{x_{in}\mid i\in I\}$，$H=\{x_{ij}\mid x_{ij}\overline{\in} Q, i=1, \cdots, m; j=1, \cdots, n\}$；

$x_{ij}=0\ (x_{ij}\in H)$，算法终止.

若否，则确定s和t，取

$s=\min\{i\mid i\in I\}$，$t=\min\{j\mid j\in J\}$，转步骤④.

④ 取$\varepsilon=\min\{a_s, b_t\}$，$x_{st}=\varepsilon$，$Q=Q\cup\{x_{st}\}$.

⑤ $x_{st}=\varepsilon=b_t$？

若是，则$b_t=b_t-\varepsilon$，$a_s=a_s-\varepsilon$，$J=J-\{t\}$，转步骤②

若否，则$a_s=a_s-\varepsilon$，$b_t=b_t-\varepsilon$，$I=I-\{s\}$，转步骤②.

2. 最小元素法

最小元素法采用如下规则选取$m+n-1$个基本变量：优先安排单位运价c_{ij}小的发点A_i与收点B_j之间的运输任务.

例 3-4 给出运输问题如表3-11所示. 用最小元素法求初始基本可行解.

表 3-11

A_i	B_j				a_i
	B_1	B_2	B_3	B_4	
A_1	4	7	3	10	20
A_2	2	5	2	6	10
A_3	9	3	8	4	25
b_j	12	16	14	13	

解　现在 $I=\{1, 2, 3\}$, $J=\{1, 2, 3, 4\}$,取 $c_{st}=\min\{c_{ij} \mid i\in I, j\in J\}=c_{23}=2$, 于是,令

$$x_{st}=x_{23}=\varepsilon=\min\{a_2, b_3\}=\min\{10, 14\}=10,$$

将 x_{23} 置入变量组 Q 中,a_2 变为 0, b_3 变为 $14-10=4$. 对 A_2 行的剩余空格打上记号"╳".

现在 $I=\{1, 3\}$, $J=\{1, 2, 3, 4\}$,取 $c_{st}=\min\{c_{ij} \mid i\in I, j\in J\}=c_{13}=3$, 于是,令

$$x_{st}=x_{13}=\varepsilon=\min\{a_1, b_3\}=\min\{20, 4\}=4,$$

将 x_{13} 置入变量组 Q 中,a_1 变为 16, b_3 变为 0. 将 B_3 列剩余空格打上记号"╳". 继续运算,整个过程如表 3-12 所示.

表 3-12

A_i	B_j				a_i
	B_1	B_2	B_3	B_4	
A_1	4 12	7 ╳	3 4	10 4	20　16　4　0
A_2	2 ╳	5 ╳	2 10	6 ╳	10　0
A_3	9 ╳	3 16	8 ╳	4 9	25　9　0
b_j	12 0	16 0	14 4 0	13 4 0	

于是,得到一个基本可行解为

$$\boldsymbol{X}_B=(x_{11}, x_{13}, x_{14}, x_{23}, x_{32}, x_{34})^{\mathrm{T}}=(12, 4, 4, 10, 16, 9)^{\mathrm{T}},$$

$$\boldsymbol{X}_D=(x_{12}, x_{21}, x_{22}, x_{24}, x_{31}, x_{33})^{\mathrm{T}}=(0, 0, 0, 0, 0, 0)^{\mathrm{T}}.$$

在运用最小元素法求基本可行解的过程中,为保证基本变量的个数为 $m+n-1$, 我们要遵循下列两点规定:

① 当运量待分配的运输表格剩下最后一行或最后一列有未填写数值或未打记号"╳"的空格时,只准填写数值(包括零),不准打记号"╳".

② 如果空格(s, t)填写数量值 x_{st} 后,A_s 行及 B_t 列的约束方程同时满足,修改后的 a_s 及

b_t 均为 0，我们仅对行或列之一的剩余空格打记号"╳". 在这里，我们不妨规定对 A_s 所在行的剩余空格打记号"╳".

例 3-5 给运输问题如表 3-13 所示，用最小元素法求初始基本可行解.

表 3-13

A_i	B_j				a_i
	B_1	B_2	B_3	B_4	
A_1	6	2	9	7	10
A_2	5	3	4	12	25
A_3	2	8	7	10	15
b_j	15	10	17	8	

解 现在 $I=\{1, 2, 3\}$, $J=\{1, 2, 3, 4\}$，取 $c_{st}=\min\{c_{ij} \mid i \in J\}=c_{12}=2$，于是，令

$$x_{st}=x_{12}=\min\{a_1, b_2\}=\min\{10, 10\}=10,$$

a_1 与 b_2 都变为 0，对 A_1 行的剩余空格打记号"╳".

现在 $I=\{2, 3\}$, $J=\{1, 2, 3, 4\}$, $c_{st}=\min\{c_{ij} \mid i \in I, j \in J\}=c_{31}=2$，于是，令

$$x_{st}=x_{31}=\min\{a_3, b_1\}=\min\{15, 15\}=15,$$

a_3 与 b_1 均变为 0，对 A_3 行的剩余空格打记号"╳".

此时，$I=\{2\}$, $J=\{1, 2, 3, 4\}$，我们对 A_2 行的空格均填写数字：$x_{2j}=b_j$. 整个运算过程如表 3-14 所示.

表 3-14

A_i	B_j				a_i
	B_1	B_2	B_3	B_4	
A_1	╳ (6)	10 (2)	╳ (9)	╳ (7)	10 0
A_2	0 (5)	0 (3)	17 (4)	8 (12)	25 0
A_3	15 (2)	╳ (8)	╳ (7)	╳ (10)	15 0
b_j	15 0	10 0	17 0	8 0	

由表 3-14 得基本可行解如下：

$$\boldsymbol{X}_B=(x_{12}, x_{21}, x_{22}, x_{23}, x_{24}, x_{31})^{\mathrm{T}}=(10, 0, 0, 17, 8, 15)^{\mathrm{T}},$$

$$\boldsymbol{X}_D=(x_{11}, x_{13}, x_{14}, x_{32}, x_{33}, x_{34})^{\mathrm{T}}=(0, 0, 0, 0, 0, 0)^{\mathrm{T}}.$$

我们将最小元素法算法步骤归纳如下：

① 取 $I=\{1, \cdots, m\}$, $J=\{1, \cdots, n\}$, $Q=\varnothing$.

② I 是否仅含一个指标？

若是,则对 $i \in I$,取 $x_{ij}=b_j \ (j \in J)$. $Q=Q \cup \{x_{ij} \mid j \in J\}$,转步骤 ③.

若否,则 J 是否仅含一个指标?

若是,则对 $j \in J$,取 $x_{ij}=a_i \ (i \in I)$, $Q=Q \cup \{x_{ij} \mid i \in I\}$,转步骤 ③.

若否,则转步骤④.

③ 取非基本变量组 $H=\{x_{ij} \mid i=1, \cdots, m;\ j=1, \cdots, n\}-Q$;对 $x_{ij} \in H$,令$x_{ij}=0$,算法终止.

④ 取 $c_{st}=\min\{c_{ij} \mid i \in I,\ j \in J\}$; $x_{st}=\min\{a_s,\ b_t\}$, $Q=Q \cup \{x_{st}\}$, $a_s=a_s-x_{st}$, $b_t=b_t-x_{st}$.

⑤ $a_s=0$?

若是,则 $I=I-\{s\}$,转步骤 ②.

若否,则 $J=J-\{t\}$,转步骤 ②.

3.2.2 位势法

在求出运输问题的一个基本可行解和基本变量组 Q 以后,根据单纯形法步骤,我们应该计算变量 x_{ij} 的检验数 r_{ij}. 下面介绍位势法.

我们引进 $m+n$ 个变量 $u_1, \cdots, u_m, v_1, \cdots, v_n$(其中有一个变量可以自由定值),对于 $x_{ij} \in Q$, 我们构造方程

$$u_i+v_j=c_{ij} \quad (x_{ij} \in Q). \tag{3-2}$$

因为 Q 有 $m+n-1$ 个基本变量,所以我们得到了 $m+n-1$ 个方程. 于是这 $m+n$ 个变量中有一个变量可以自由定值, 为了统一起见,我们不妨令 $u_1=0$. 从而,由

$$\begin{cases} u_1=0, \\ u_i+v_j=c_{ij} \quad (x_{ij} \in Q), \end{cases} \tag{3-3}$$

我们可以求出 $m+n-1$ 个变量的值. 我们把方程组(3-3)的一组解称为位势.

求出位势后,我们用下列公式来计算变量 x_{ij} 的检验数:

$$r_{ij}=c_{ij}-(u_i+v_j). \tag{3-4}$$

关于位势法的原理. 我们这里就不作进一步说明了.

例 3-6 对于表 3-14,求出位势及检验数.

解 由于现在基本变量组

$$Q=\{x_{12},\ x_{21},\ x_{22},\ x_{23},\ x_{24},\ x_{31}\},$$

故根据式(3-3)可得下面的方程组:

$$\begin{cases} u_1=0, \\ u_1+v_2=2,\ u_2+v_1=5,\ u_2+v_2=3, \\ u_2+v_3=4,\ u_2+v_4=12,\ u_3+v_1=2. \end{cases}$$

求得位势,

$$u_1=0,\ u_2=1,\ u_3=-2,\ v_1=4,\ v_2=2,\ v_3=3,\ v_4=11.$$

再由式(3-4)便可求得检验数 r_{ij},如表 3-15 所示,r_{ij} 置于运输表格$(i,\ j)$格的左下角. 运输表格中的 u_i 列及 v_j 行所填数值即位势 u_i 和 v_j.

表 3-15

	v_j	4	2	3	11	
u_i	A_j	B_j				a_i
		B_1	B_2	B_3	B_4	
0	A_1	6 × 2	2 10 0	9 × 6	7 × −4	10
1	A_2	5 0 0	3 0 0	4 17 0	12 8 0	25
−2	A_3	2 15 0	8 × 8	7 × 6	10 × 1	15
	b_j	15	10	17	8	

在手工计算时，当基本变量组 Q 确定以后，位势 u_i 和 v_j 及检验数 r_{ij} 都可在运输表格上直接计算而不必列出方程组及运算步骤.

例如，对于表 3-15，现在 $u_1=0$，A_1 行中 x_{12} 为基本变量，则由 $u_1+v_2=2$ 而求得 $v_2=2$. 对于 B_2 所在列，x_{22} 为基本变量，对应一个方程 $u_2+v_2=3$，求出 $u_2=1$，继续运算，求得全部位势及检验数.

下面我们来分析一下运输表格中检验数的实际背景.

例如，在表 3-15 中 $r_{14}=-4$，非基本变量 x_{14} 对应的唯一闭回路为 x_{14}，x_{24}，x_{22}，x_{12}，现在 $x_{14}=0$，A_1 处的物资不运输给 B_4. 如果现在改变一下运输方案，把 A_1 处的物资输送给 B_4 1 个单位，使 $x_{14}=1$，那么为了保持收发平衡，就要对 x_{14} 对应的闭回路的另外 3 个顶点的运量依次进行调整：$x_{24}=8-1=7$，$x_{22}=0+1=1$，$x_{12}=10-1=9$. 这样的调整自然影响总运费：x_{14} 和 x_{22} 增加运量 1 个单位，增加的运费为 $c_{14}+c_{22}=7+3=10$；x_{24} 和 x_{12} 减少运量 1 个单位，减少的运费为 $c_{24}+c_{12}=12+2=14$，总运费减少 $c_{24}+c_{12}-c_{14}-c_{22}=14-10=4$，它恰为 r_{14} 的相反数.

由于 $r_{14}=-4<0$，对 x_{14} 的闭回路的相应顶点运量调整 1 个单位可使总运费降低 4 个单位，现在 $\min\{x_{24}=8,\ x_{12}=10\}=8$，故调整量可取为 8. 调整后，我们让 x_{14} 成为基本变量，$x_{14}=8$，x_{24} 成为非基本变量，在(2, 4)格打记号“×”，而 $x_{22}=8$，$x_{12}=2$，如表 3-16 所示.

表 3-16

A_i	B_j				a_i
	B_1	B_2	B_3	B_4	
A_1	6 ×	2 2	9 ×	7 8	10
A_2	5 0	3 8	4 17	12 ×	25
A_3	2 15	8 ×	7 ×	10 ×	15
b_j	15	10	17	8	

基于这一实例,我们将转轴规则总结如下.

若 Q 是问题(3-1)运输表格的一个基本变量组,x_{ij} $(i=1, \cdots, m; j=1, \cdots, n)$ 是相应基本可行解,如果相应检验数 $r_{ij} \geqslant 0$ $(i=1, \cdots, m; j=1, \cdots, n)$ 并不都成立,则选取 r_{st} 满足

$$r_{st}=\min\{r_{ij} \mid r_{ij}<0, x_{ij} \overline{\in} Q\}, \tag{3-5}$$

取 x_{st} 为进基变量.

在 $Q \cup \{x_{st}\}$ 中,x_{st} 对应着唯一的闭回路 E,不妨设 x_{st} 为该闭回路的第 1 个顶点,其余顶点(都为基本变量)按某个方向顺序编号,记

$$E^{+}=\{x_{ij} \mid x_{ij} \text{ 为 } E \text{ 中编号为奇数的顶点}\}, \tag{3-6}$$

$$E^{-}=\{x_{ij} \mid x_{ij} \text{ 为 } E \text{ 中编号为偶数的顶点}\}, \tag{3-7}$$

取调整量 d 为

$$d=x_{pq}=\min\{x_{ij} \mid x_{ij} \in E^{-}\} \tag{3-8}$$

(若有数个 x_{ij} 满足此式,可任取一个为 x_{pq}),取 x_{pq} 为出基变量.

转轴以后的基本可行解 $\boldsymbol{X}'$ 为

$$x'_{ij}=\begin{cases} x_{ij}+d, & x_{ij} \in E^{+}, \\ x_{ij}-d, & x_{ij} \in E^{-}, \\ x_{ij}, & \text{其他}. \end{cases} \tag{3-9}$$

此时,基本变量组 $Q'=Q \cup \{x_{st}\}-\{x_{pq}\}$. $\boldsymbol{X}'$ 的目标函数值 f'_0 由式(1-36)知

$$f'_0=f_0+r_{st}x'_{st}=f_0+r_{st}d. \tag{3-10}$$

例如,在某运输问题的一张运输表格中,非基本变量 x_{34} 的闭回路如图 3-1 所示,则

$$E^{+}=\{x_{34}, x_{43}, x_{22}, x_{11}\}, E^{-}=\{x_{44}, x_{23}, x_{12}, x_{31}\},$$
$$\min\{x_{ij} \mid x_{ij} \in E^{-}\}=x_{44}=x_{23}=6.$$

如果我们取 x_{23} 为出基变量,则调整后,8 个顶点对应的数值如图 3-2 所示.

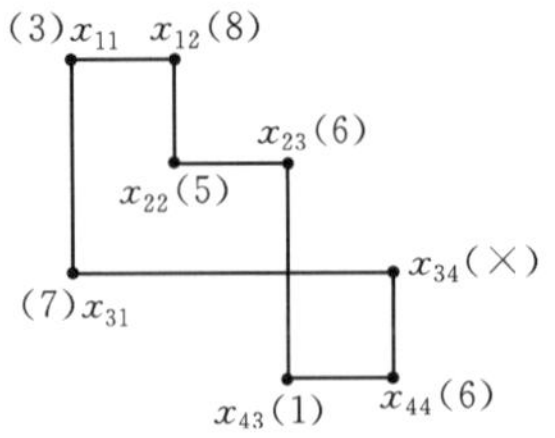

图 3-1

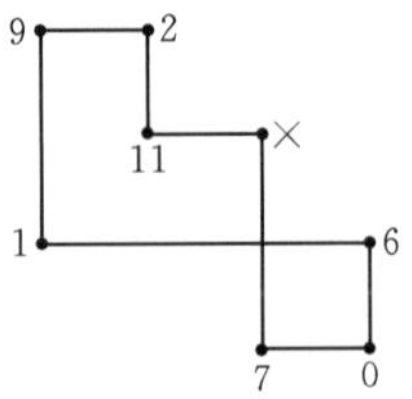

图 3-2

下面列出位势法的算法步骤:

① 应用西北角法或最小元素法求得初始基本可行解 x_{ij} $(i=1, \cdots, m; j=1, \cdots, n)$ 和相应的基本变量组 Q.

② 由方程组 $u_1=0$；$u_i+v_j=c_{ij}$ ($x_{ij}\in Q$)，求得位势 u_i ($i=1, \cdots, m$) 和 v_j ($j=1, \cdots, n$).

③ 计算 $r_{ij}=c_{ij}-u_i-v_j$ ($i=1, \cdots, m$; $j=1, \cdots, n$)，取 $r_{st}=\min\{r_{ij} \mid 1\leqslant i\leqslant m; 1\leqslant j\leqslant n\}$.

④ $r_{st}=0$?

若是，则 x_{ij} ($i=1, \cdots, m$; $j=1, \cdots, n$) 即为最优解，算法终止.

若否，则确定 $Q\cup\{x_{st}\}$ 中的闭回路 E 以及 E^+ 和 E^-.

⑤ 取 $d=x_{pq}=\min\{x_{ij} \mid x_{ij}\in E^-\}$.

⑥ 取

$$x_{ij}=\begin{cases}x_{ij}+d, & \text{当 } x_{ij}\in E^+, \\ x_{ij}-d, & \text{当 } x_{ij}\in E^-, \\ x_{ij}, & \text{其他}.\end{cases}$$

取 $Q=Q\cup\{x_{st}\}-\{x_{pq}\}$，转步骤②.

例 3-7 求解由表 3-17 所给出的运输问题(用最小元素法求初始基本可行解).

表 3-17

A_i	B_j				a_i
	B_1	B_2	B_3	B_4	
A_1	4	7	3	10	25
A_2	2	5	2	6	10
A_3	9	3	8	4	25
b_j	12	16	14	18	

解 整个求解过程如表 3-18、表 3-19 和表 3-20 所示.

表 3-18

	v_j	4	9	3	10	a_i
u_i	A_i	B_j				
		B_1	B_2	B_3	B_4	
0	A_1	4 12 0	7 × −2	3 4 0	10 9 0	25
−1	A_2	2 × −1	5 × −3	2 10 0	6 × −3	10
−6	A_3	9 × 11	3 16 0	8 × 11	4 9 0	25
b_j		12	16	14	18	

表 3-19

	v_j	4	6	3	7	a_i
u_i	A_i	B_j				
		B_1	B_2	B_3	B_4	
0	A_1	4 12 0	7 × 1	3 13 0	10 × 3	25
−1	A_2	2 × −1	5 9 0	2 1 0	6 × 0	10
−3	A_3	9 × 8	3 7 0	8 × 8	4 18 0	25
b_j		12	16	14	18	

表 3-20

	v_j	4	7	3	8	a_i
u_i	A_i	B_j				
		B_1	B_2	B_3	B_4	
0	A_1	4 11 0	7 × 0	3 14 0	10 × 2	25
−2	A_2	2 1 0	5 9 0	2 × 1	6 × 0	10
−4	A_3	9 × 9	3 7 0	8 × 9	4 18 0	25
b_j		12	16	14	18	

本问题的最优解为

$$\boldsymbol{X}_B^* = (x_{11}, x_{13}, x_{21}, x_{22}, x_{32}, x_{34})^{\mathrm{T}} = (11, 14, 1, 9, 7, 18)^{\mathrm{T}},$$

$$\boldsymbol{X}_D^* = (x_{12}, x_{14}, x_{23}, x_{24}, x_{31}, x_{33})^{\mathrm{T}} = (0, 0, 0, 0, 0, 0)^{\mathrm{T}};$$

最优值为

$$f^* = 4\times 11 + 3\times 14 + 2\times 1 + 5\times 9 + 3\times 7 + 4\times 18 = 226.$$

§3.3 应用举例

由于在变量个数相等的情况下,表上作业法的计算比单纯形法简单得多,因此,在求解实际问题时,在条件许可的情况下,人们常常尽可能把某些线性规划问题转化为运输问题的数学模型(简称运输模型).

所谓建立运输模型，就是要给出运输收发平衡单位运价表如表 3-1. 在该表中，要求 $\sum_{i=1}^{m} a_i = \sum_{j=1}^{n} b_j$，发点 A_i 至收点 B_j 都有单位运价 c_{ij} $(i=1, \cdots, m; j=1, \cdots, n)$. 下面我们来看几个具体的例子.

例 3-8 (1) 运输问题由表 3-21 给出，试建立运输模型.

(2) 如果将表 3-21 中的 b_3 改为 14，又设 B_1，B_2 和 B_3 3 个收点的需求量一旦不能满足时，就要承担缺货损失费. 单位物资的缺货损失费分别为 4，3 和 7. 试建立运输模型.

解 (1) 在表 3-21 中，$\sum_{i=1}^{2} a_i = 25 > \sum_{j=1}^{3} = 21$，供大于需 4 个单位物资，供需不平衡. 因此，我们要考虑将多余的 4 个单位物资在发点就地存储. 现虚设一个收点 B_4，其需求量 $b_4 = 4$，发点 A_i 至 B_4 的单位运价 $c_{i4} = 0$，这样我们就得到了一个收发平衡的运输模型如表 3-22 所示. 对表 3-22 求最优解. 如果 A_i 至 B_4 的运量 $x_{i4} > 0$，则说明发点 A_i 就地存储物资 x_{i4} 个单位.

表 3-21

A_i	B_j			a_i
	B_1	B_2	B_3	
A_1	4	5	2	10
A_2	6	8	3	15
b_j	8	7	6	

表 3-22

A_i	B_j				a_i
	B_1	B_2	B_3	B_4	
A_1	4	5	2	0	10
A_2	6	8	3	0	15
b_j	8	7	6	4	

(2) 现在 $b_1 + b_2 + b_3 = 8 + 7 + 14 = 29$，$a_1 + a_2 = 10 + 15 = 25$，需大于供 4 个单位物资. 虚设一个发点 A_3：$a_3 = 4$，A_3 至 B_1，B_2 和 B_3 的单位运价就定为各收点 B_j 的单位物资缺货损失费 4，3 和 7，得运输收发平衡单位运价表如表 3-23. 若表 3-23 的最优运输方案中运量 $x_{3j} > 0$，则说明 B_j 缺货 x_{3j}.

例 3-9 (不平衡运输问题) 若发点 A_i 的发量 a_i 必须运走，具体信息如表 3-24 所示，试建立运输模型.

表 3-23

A_i	B_j			a_i
	B_1	B_2	B_3	
A_1	4	5	2	10
A_2	6	8	3	15
A_3	4	3	7	4
b_j	8	7	14	

表 3-24

A_i	B_j			a_i
	B_1	B_2	B_3	
A_1	4	2	3	10
A_2	5	6	4	15
A_3	3	4	5	20
最低需求量 b_j'	10	10	10	

解 现在 $\sum_{i=1}^{3} a_i = 45$，而 3 个收点 B_1，B_2，B_3 的最低需求量的和为 30. 由于发量 45 必须全部运走，为此虚设一个收点 B_4，$b_4 = 15$，A_i 至 B_4 的单位运价 c_{i4} 确定如下：

$$c_{14}=\min\{c_{11},\ c_{12},\ c_{13}\}=\min\{4,\ 2,\ 3\}=2=c_{12};$$
$$c_{24}=\min\{c_{21},\ c_{22},\ c_{23}\}=\min\{5,\ 6,\ 4\}=4=c_{23};$$
$$c_{34}=\min\{c_{31},\ c_{32},\ c_{33}\}=\min\{3,\ 4,\ 5\}=3=c_{31}.$$

得运输收发平衡单位运价表如表 3-25 所示.

在求得运输模型表 3-25 的最优解 x_{ij}^* ($i=1, 2, 3, 4$; $j=1, 2, 3$) 后，本问题的最优解由表 3-26 给出.

表 3-25

A_i	B_j				a_i
	B_1	B_2	B_3	B_4	
A_1	4	2	3	2	10
A_2	5	6	4	4	15
A_3	3	4	5	3	20
b_j	10	10	10	15	

表 3-26

A_i	B_j		
	B_1	B_2	B_3
A_1	x_{11}^*	$x_{12}^*+x_{14}^*$	x_{13}^*
A_2	x_{21}^*	x_{22}^*	$x_{23}^*+x_{24}^*$
A_3	$x_{31}^*+x_{34}^*$	x_{32}^*	x_{33}^*

例 3-10 (有界发量运输问题) 对表 3-27 给出的运输问题建立运输模型.

表 3-27

A_i	B_j			最低发量 a_i'	最高发量 a_i''
	B_1	B_2	B_3		
A_1	4	6	7	60	80
A_2	—	7	8	40	40
A_3	5	4	6	40	不限
A_4	4	5	—	0	50
b_j	70	80	50		

解　4 个发点的最低总发量 $\sum_{i=1}^{4}a_i'=140$，由于 3 个收点的总收量 $\sum_{j=1}^{3}b_j=200$，所以 A_3 在现有最低发量 40 的基础上，至多再多发 60，故 A_3 的最高发量 a_i''实际上为 100. 于是 $\sum_{i=1}^{4}a''_i=270$，比$\sum_{j=1}^{3}b_j$ 多70. 若我们对所讨论的运输问题取发量总和 $\sum_{i=1}^{4}a_i$ 为 270，收量总和 $\sum_{j=1}^{3}b_j$ 为 200，则它是一个收发不平衡的运输问题. 现虚设一个收点 B_4，它的收量 $b_4=70$.

由于发点 A_1 的发量包括两部分，物资 60 是必须发出的，物资 20 是可发可不发的，为此，将发点 A_1 拆成两个发点 A_1'和 A_1''，A_1'的发量为 60，因为这部分物资不能分配给 B_4，所以 A_1' 至 B_4 的单位运价可设为充分大的正数 M；A_1''的发量为 20，因为这部分物资可以分配给 B_4，所以 A_1'至 B_4 的运价可视为零. 对于发点 A_3 可按同样的方法处理.

由于发点 A_2 发出的物资恰为 40，所以 A_2 至 B_4 的单位运价取为 M；因为发点 A_4 允许不发出任何物资，所以 A_4 至 B_4 的单位运价取为零. 此外，由于表 3-27 规定发点 A_2 至收点 B_1、发点 A_4 至收点 B_3 不允许运输物资，所以 A_2 至 B_1、A_4 至 B_3 的单位运价都取为 M.

这样，我们得到运输模型，如表 3-28 所示. 经计算，最优方案如表 3-29 所示.

表 3-28

A_i	B_j				a_i
	B_1	B_2	B_3	B_4	
A_1'	4	6	7	M	60
A_1''	4	6	7	0	20
A_2	M	7	8	M	40
A_3'	5	4	6	M	40
A_3''	5	4	6	0	60
A_4	4	5	M	0	50
b_j	70	80	50	70	

表 3-29

A_i	B_j				a_i
	B_1	B_2	B_3	B_4	
A_1'	60				60
A_1''				20	20
A_2			40		40
A_3'		40			40
A_3''		40	10	10	60
A_4	10			40	50
b_j	70	80	50	70	

可见,A_1 实际发出 60,由 A_1 运至 B_1;A_2 的发量 40 由 A_2 运至 B_3;A_3 实际发出 90,A_3 至 B_2 的运量为 80,A_3 至 B_3 的运量为 10;A_4 实际发出 10,由 A_4 运至 B_1.

例 3-11 (运量有界的运输问题) 表 3-30 给出一个运输问题.现在规定发点 A_i 至收点 B_j 的运量不能超过 d_{ij},由表 3-31 给定.试建立运输模型.

表 3-30

A_i	B_j			a_i
	B_1	B_2	B_3	
A_1	3	5	4	8
A_2	2	6	7	10
b_j	7	5	6	

表 3-31

d_{ij}	B_1	B_2	B_3
A_1	4	3	3
A_2	4	2	5

解 我们虚设 D_{ij} ($i=1, 2; j=1, 2, 3$)6 个点,D_{ij} 既作发点,又作收点,其发量及收量都为 d_{ij}.

发点 A_i 的物资只可运送给 D_{ij} ($j=1, 2, 3$),而 D_{ij} 的物资只可运送给 B_j,或者运送给自身.如果 A_i 至 D_{ij} 的单位运价取为零,则 D_{ij} 和 B_j 的单位运价就等于 A_i 至 B_j 的单位运价,于是,即得本问题的运输模型,如表 3-32 所示(表中未注明的单位运价都取充分大的正数 M),其最优解由表 3-33 给出.

于是,本问题的最优运输方案为:A_1 发往 B_1, B_2, B_3 的运量分别为 3, 3, 2;A_2 发往 B_1, B_2, B_3 的运量分别为 4, 2, 4.

表 3-32

发点	收点									a_i
	D_{11}	D_{12}	D_{13}	D_{21}	D_{22}	D_{23}	B_1	B_2	B_3	
A_1	0	0	0							8
D_{11}	0						3			4
D_{12}		0						5		3
D_{13}			0						4	3
A_2				0	0	0				10
D_{21}				0			2			4
D_{22}					0			6		2
D_{23}						0			7	5
b_j	4	3	3	4	2	5	7	5	6	

表 3-33

发点	收点									a_i
	D_{11}	D_{12}	D_{13}	D_{21}	D_{22}	D_{23}	B_1	B_2	B_3	
A_1	3	3	2							8
D_{11}	1						3			4
D_{12}		0						3		3
D_{13}			1						2	3
A_2				4	2	4				10
D_{21}							4			4
D_{22}								2		2
D_{23}						1			4	5
b_j	4	3	3	4	2	5	7	5	6	

表 3-34

A_i	B_j			a_i
	B_1	B_2	B_3	
A_1	5	3	5	10
A_2	4	1	2	20
b_j	10	10	10	

例 3-12（转运问题） 由表 3-34 给定一个运输问题.又物资可在 A_2，B_2 和 B_3 处转运，A_1 与 A_2，B_2 与 B_1，B_3 与 B_1，B_2 与 B_3 相互间单位运价分别为 1，2，1 和 3. 试建立运输模型.

解 由于 A_2，B_2 和 B_3 可以作为转运点，既可视为发点，又可视为收点，因此，整个问题可当作 4 个发点（A_1，A_2，B_2 和 B_3）和 4 个收点（A_2，B_1，B_2 和 B_3）的运输问题来处理.

由于原问题中 A_2 无收量、B_2 和 B_3 无发量，因此若建立运输模型，如表 3-35 所示，则转运运输不会发生.

我们对表 3-35 作如下修改：对表 3-35 中 A_2，B_2 和 B_3 的发量和收量都加上一个较大的正数（比原问题表 3-34 所给的 $\sum a_i$ 大的一个数），例如取 100，则得本问题的运输模型如表 3-36 所示，此时，转运运输就会发生，最优解如表 3-37 所给.

表 3-35

运价	A_2	B_1	B_2	B_3	发量
A_1	1	5	3	5	10
A_2	0	4	1	2	20
B_2	1	2	0	3	0
B_3	2	1	3	0	0
收量	0	10	10	10	

表 3-36

运价	A_2	B_1	B_2	B_3	发量
A_1	1	5	3	5	10
A_2	0	4	1	2	120
B_2	1	2	0	3	100
B_3	2	1	3	0	100
收量	100	10	110	110	

在表 3-37 所给的运输方案中，排除本地运输给本地的虚构物资运量，于是，本问题的具体运输方案如下：

A_1 的发量 10 运至 A_2（于是 A_2 有发量 30）；A_2 的发量 30 分别运至 B_2 和 B_3，运量分别为 10 和 20；B_3 收到的运量为 20，其中运量 10 转运至 B_1.

例 3-13（多品种物资运输问题） 若发点 E_1 有某种原材料的一等品 200，二等品 300，发点 E_2 有该种原材料一等品 100，三等品 150. 收点 F_1 将该种原材料供应给 3 类不同的消费部门：第 1 类部门可将这 3 种等级的原材料相互代用，共需 150；第 2 类部门只能用一等品，需求量是 50；第 3 类部门只用二等品或三等品，需求量是 50. 收点 F_2 供应两类消费部门的需要：第 1 类部门使用一等品或二等品，需求量是 200；第 2 类部门只用一等品，需求量是 300. 发点 E_1 至收点 F_1，F_2 的单位运价分别为 5，7；发点 E_2 至收点 F_1，F_2 的单位运价分别为 8，6. 又设有一个该原材料的存储点 Q，它的输出量与输入量及该原材料的等级均不受限制，Q 点存储的原材料可以输往 F_1 和 F_2，单位运价分别为 6 和 9；E_1 和 E_2 的原材料也可以输往 Q 点，单位运价分别为 2 和 3. 若 F_1 和 F_2 的需求量必须得到满足，E_1 和 E_2 的原材料必须运走. 试建立运输模型.

表 3-37

运量	A_2	B_1	B_2	B_3	发量
A_1	10				10
A_2	90		10	20	120
B_2			100		100
B_3		10		90	100
收量	100	10	110	110	

解 将 E_1 拆为两个发点 A_1 及 A_2，A_1 输出一等品 200，A_2 输出二等品 300；E_2 拆为两个发点 A_3 及 A_4，A_3 输出一等品 100，A_4 输出三等品 150. 同样地，将 F_1 拆为 3 个收点 B_1，B_2 和 B_3，B_1 为收点 F_1 的第 1 类消费部门，它对原材料的需求量为 150，可以从 A_1，A_2，A_3 和 A_4 处运来；B_2 为 F_1 的第 2 类消费部门，它的需求量为 50，只能够从 A_1 及 A_3 处运来. 为此，将 A_2 及 A_4 至 B_2 的单位运价设为一个充分大的正数 M；B_3 为 F_1 的第 3 类消费部门，需求量为 50，只能从 A_2 及 A_4 处运来，所以 A_1 和 A_3 至 B_3 的单位运价视为 M. F_2 拆为两个收点 B_4 和 B_5，B_4 为 F_2 的第 1 类消费部门，需求量为 200，只能从 A_1，A_2 及 A_3 处运来，于是 A_4 至 B_3 的单位运价设为 M；B_5 为 F_2 的第 2 类消费部门，需求量 300，只可从 A_1 及 A_3 处运来，所以 A_2 及 A_4 至 B_5 的单位运价取为 M.

注意到本问题中，E_1 和 E_2 具有的一等品总量为 300，而对一等品的消费量至少需要 350，所以一等品供应量不能满足需求量. 由于本问题要求 F_1，F_2 的需求量必须得到满足，E_1，E_2 的原材料必须运走，因此，让收发量及品种都无限制的存储点 Q 参加运输是必要的. 我们将 Q 点拆为发点 A_5 和收点 B_6. 由于 E_1 和 E_2 3 种等级的原材料总供应量为 750，故 B_6 的需求量也设为 750；F_1 和 F_2 的总需求量为 750，故 A_5 的发量也设为 750. 考虑到 A_5 的原材料仍可在原地（也即 B_6）存储，故设 A_5 至 B_6 的单位运价为零. 结合题中所给的各收发点间的单位运价，可建立运输模型如表 3-38 所示，其最优解如表 3-39 所示.

表 3-38

c_{ij}	B_1	B_2	B_3	B_4	B_5	B_6	a_i
A_1	5	5	M	7	7	2	200
A_2	5	M	5	7	M	2	300
A_3	8	8	M	6	6	3	100
A_4	8	M	8	M	M	3	150
A_5	6	6	6	9	9	0	750
b_j	150	50	50	200	300	750	

表 3-39

x_{ij}	B_1	B_2	B_3	B_4	B_5	B_6	a_i
A_1		0			200		200
A_2	100			200			300
A_3					100		100
A_4	50		50			50	150
A_5		50				700	750
b_j	150	50	50	200		750	

表 3-39 中 A_5 至 B_6 的运量为 700,事实上,这是虚设的.故本问题的最优运输方案为:E_1 输送二等品 100 给 F_1,输送一等品 200 和二等品 200 给 F_2;E_2 输送三等品 100 给 F_1,输送一等品 100 给 F_2,输送三等品 50 给 Q 点存储;Q 点输送一等品 50 给 F_1.

例 3-14 对例 1-20 所给的生产计划问题建立运输模型.

解 工厂每季度生产产品可视为一个发点,可得 4 个发点 A_1, A_2, A_3 和 A_4;A_i 的发量即为工厂每季度的生产能力 a_i.销售公司每季度末需要一定数量产品,可视为 4 个收点 B_1, B_2, B_3 和 B_4;B_j 的收量即为表 3-40 中的需求量 b_j.

第 i 季度生产用于第 j 季度交货的每吨产品的实际成本被取为单位运价 c_{ij} $(j \geqslant i)$,显然有 $c_{ij}=d_i+0.2(j-i)$.又当 $j<i$ 时,是不可能发生 A_i 供货给 B_j 的,所以对应的 c_{ij} 取充分大的正数 M.考虑到现在收发不平衡,有

$$\begin{aligned}\sum_{i=1}^{4} a_i-\sum_{j=1}^{4} b_j &=(30+40+20+10)-(20+20+30+10) \\ &=100-80=20,\end{aligned}$$

故虚设一个收点 B_5,其收量 $b_5=20$,而 $c_{i5}=0$ $(i=1, 2, 3, 4)$.

这样,生产计划问题就化成了一个收发平衡的运输问题,其运输模型如表 3-40 所示.

表 3-40

c_{ij}	B_1	B_2	B_3	B_4	B_5	a_i
A_1	15.0	15.2	15.4	15.6	0	30
A_2	M	14.0	14.2	14.4	0	40
A_3	M	M	15.3	15.5	0	20
A_4	M	M	M	14.8	0	10
b_i	20	20	30	10	20	

习题 3

1. 对表 3-41 所给运输问题：

(1) 用西北角法求初始解；

(2) 用最小元素法求初始解，并求最优解.

2. 求解表 3-42 所给运输问题(用西北角法求初始解).

表 3-41

A_i	c_{ij}				a_i
	B_j				
	B_1	B_2	B_3	B_4	
A_1	3	11	3	10	7
A_2	1	9	2	8	4
A_3	7	4	10	5	9
b_j	3	6	5	6	

表 3-42

A_i	c_{ij}				a_i
	B_j				
	B_1	B_2	B_3	B_4	
A_1	10	6	7	12	4
A_2	16	10	5	9	9
A_3	5	4	10	10	5
b_j	5	3	4	6	

3. 为习题 1 第 6 题建立运输模型.

4. 若发点 A_1，A_2 及收点 B_1，B_2，B_3 的有关数据如表 3-43 所示. 假定在 B_1，B_2，B_3 处允许物资缺货，A_1，A_2 处允许物资存储，问怎样调配，以使总的支付费用最少？试建立运输模型.

表 3-43

发点	收点			供应量	存储费
	B_1	B_2	B_3		
A_1	4	6	8	200	5
A_2	6	2	4	200	4
需求量	50	100	100		
缺货费	3	8	5		

5. 对第 5 章例 5-41 建立运输模型.

6. 对第 5 章例 5-45 建立运输模型.

7. 已知关于运输问题(LP)的数据如表 3-44 所示.

表 3-44

c_{ij}	B_1	B_2	B_3	a_i
A_1	4	3	3	25
A_2	2	6	4	35
b_j	20	20	20	

(1) 若 c_{2j} 改为 $c'_{2j}=c_{2j}+3$, $j=1, 2, 3$,最优解是否发生变化? 为什么?(不允许通过求最优解来加以比较)

(2) 若 b_1 改为 $b'_1=b_1+5=25$, a_2 改为 $a'_2=a_2+5=40$, 得到一个新的供需平衡表及模型(LP′). 我们在(LP) 的最优解 $\boldsymbol{X}^*$ 中,将 x^*_{21}(如果 >0) 也增加5,其他 x^*_{ij} 不变,如此处理得到的新运输方案是否为(LP′) 的最优解? 为什么?

第 4 章 整数规划

第 1 章讨论的线性规划问题的决策变量都是连续型的，但是对某些实际问题而言，问题的全体或部分决策变量被限制为离散型的整数值，我们称这样的线性规划问题为整数线性规划，简称**整数规划**，简记为(IP).

我们自然很容易地想到，若把整数规划的决策变量的整数约束去掉，得到相应的连续型变量的线性规划，对这个线性规划用单纯形法求解，然后将得到的最优解中要求取整数值的决策变量的值进行舍入处理，从而把所得结果作为整数规划的最优解. 但是，实际例子告诉我们这个方法是不可行的.

例 4-1 求解下列整数规划：

$$
\begin{aligned}
& \min f = -x_1 - x_2; \\
\text{s. t.} \quad & 14x_1 + 9x_2 \leqslant 51, \\
& -6x_1 + 3x_2 \leqslant 1, \\
& x_j \geqslant 0,\text{整数}, \quad j = 1, 2.
\end{aligned}
$$

解 我们去掉上述问题中 x_1, x_2 为整数这个约束，得到相应的线性规划，用图解法进行求解(如图 4-1)，得到线性规划的最优解 $\boldsymbol{X}^* = (x_1, x_2)^{\mathrm{T}} = (1.5, 3.33)^{\mathrm{T}}$，最优值为 -4.83.

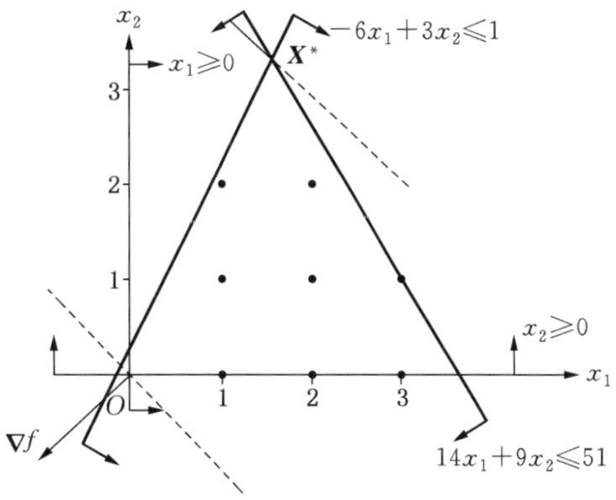

图 4-1

如图 4-1 所示，该整数规划的可行解集合是一些离散的点(今后我们仍用可行域来通称整数规划可行解的集合).

如果我们对 $\boldsymbol{X}^*$ 的变量 x_1 及 x_2 分别作舍入处理，得到 4 个整数解：

$$(2, 3)^{\mathrm{T}}, (1, 3)^{\mathrm{T}}, (2, 4)^{\mathrm{T}}, (1, 4)^{\mathrm{T}},$$

我们发现，它们都不是整数规划的可行解. 事实上，该整数规划的最优解是 $(2, 2)^{\mathrm{T}}$ 或 $(3, 1)^{\mathrm{T}}$.

另一方面，如果我们采用上述处理方法来求解(IP)，那么，当(IP)有 n 个取整数值的变量时，相应线性规划的最优解中，要求取整数值的变量的值都有舍或入两种可能，总共就有 2^n 种可能的舍入方案. 当 $n=60$ 时，$2^{60} \approx 10^{18}$，这时即使应用高速电子计算机也难以处理全部舍入方案. 所以，有必要对整数规划建立一些有效的算法.

§4.1 整数规划模型

人们对整数规划感兴趣,除了有些问题的实际变量必须是整数这个原因外,还因为现实生活中有些问题的解必须满足许多重要的特殊约束条件,或者在建立模型时,必须考虑一些重要的因素,如果不引进附加的整数变量(仅取 0 或 1,称为**逻辑变量**或 **0-1 变量**),那么,要完整地建立模型并把问题说清楚将是十分困难的. 下面我们通过一些简单的例题,来介绍建立整数规划模型的一些技巧.

例 4-2(固定费用问题) 工厂准备生产 A_1, A_2, A_3 3 种产品. 若 A_j 产品投产,无论产量大与小,都需要一笔固定费用 d_j(例如装夹具的设计制作费用). 而每生产一件产品,其利润为 c_j,试问固定费用这个因素如何体现在模型中而使总利润最大(其他约束条件暂不列入)?

解 设产品 A_j 的产量为 x_j. 又设 0-1 变量

$$y_j=\begin{cases}1, & \text{当 } x_j>0, \\ 0, & \text{否则},\end{cases} \qquad j=1,\ 2,\ 3. \tag{4-1}$$

于是,目标函数为

$$\max f=c_1x_1+c_2x_2+c_3x_3-d_1y_1-d_2y_2-d_3y_3.$$

式(4-1)这个规定可以借助下列 3 个约束条件并结合目标函数是求最大值来实现:

$$x_j\leqslant My_j,\quad j=1,\ 2,\ 3,$$

其中 M 是充分大的正数.

我们可以看到,若 $x_j>0$,则要使约束条件 $x_j\leqslant My_j$ 成立,y_j 就必须等于 1,此时,产品 A_j 的固定费用 d_j 就考虑在目标函数中了. 若 $x_j=0$,那么 $y_j=0$ 或 1 都满足约束条件 $x_j\leqslant My_j$,但是在最优解中,y_j 一定等于 0. 否则,如果 $y_j=1$,相应的目标函数值就小于 $y_j=0$ 对应的目标函数值,而我们现在是求 $\max f$. 因此,引进逻辑变量 $y_j=0,\ 1\ (j=1,\ 2,\ 3)$,固定费用就体现在模型中了.

例 4-3(选择性约束条件) 某工厂生产第 j 种产品的数量为 x_j, $j=1,\ 2,\ 3$. 其使用的材料在材料甲及乙中选择一种. 材料消耗的约束条件分别为

$$2x_1+5x_2+6x_3\leqslant 180 \text{ 及 } 4x_1+3x_2+7x_3\leqslant 240$$

(其他资源约束未列出),试问这类选择性约束条件如何体现在模型中?

解 引进 0-1 变量 y,

$$y=\begin{cases}0, & \text{选择材料甲}, \\ 1, & \text{否则}.\end{cases}$$

这样,“或此或彼”相互排斥的约束条件就可化成下列两个约束条件:

$$\begin{aligned}2x_1+5x_2+6x_3&\leqslant 180+My, \\ 4x_1+3x_2+7x_3&\leqslant 240+M(1-y),\end{aligned}$$

其中 M 是充分大的正数.

可以看出，当 $y=0$ 时，第 2 个约束变成 $4x_1+3x_2+7x_3 \leqslant 240+M$，由于 M 是充分大的正数，因此这个约束条件自动满足而不起作用，而第 1 个约束为 $2x_1+5x_2+6x_3 \leqslant 180$，这意味着选择材料甲；反之，当 $y=1$ 时，第 2 个约束起作用，第 1 个约束变为 $2x_1+5x_2+6x_3 \leqslant 180+M$ 不起作用，这意味着选择材料乙. 因此，借助 0-1 变量，材料选择的两种可能性就同时包括在一个模型中了.

一般地，假定在某种情况下要在 p 个约束条件

$$\sum_{j=1}^{n} a_{ij}x_j \leqslant b_i, \quad i=1, \cdots, p$$

中至少要选择 q 个约束条件得到满足，那么，我们引进 p 个 0-1 变量 y_i，则选择性的约束条件问题就化为

$$\begin{aligned} &\sum_{j=1}^{n} a_{ij}x_j \leqslant b_i+My_i, \quad i=1, \cdots, p, \\ &\sum_{i=1}^{p} y_i \leqslant p-q, \\ &y_i=0, 1, \quad i=1, \cdots, p. \end{aligned}$$

例 4-4（可行域描述问题）　如何把图 4-2 中的阴影部分所表示的可行域用联立的线性约束条件来描述？

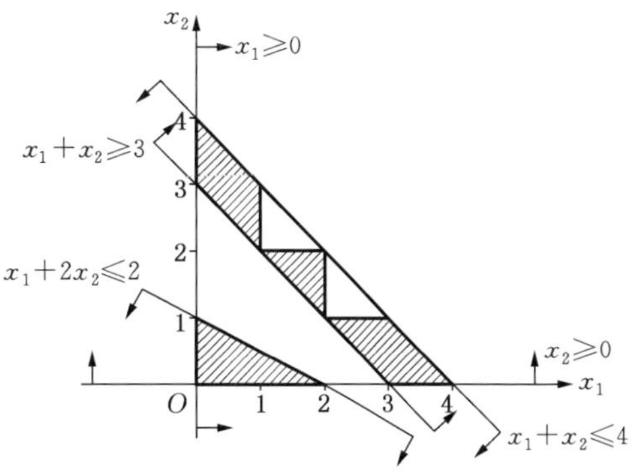

图 4-2

解　如果阴影部分所表示的可行域用数学语言来描述，就是下列选择性约束条件：

或者　$x_1+x_2 \geqslant 3$, $x_1+x_2 \leqslant 4$,

或者　$x_1+2x_2 \leqslant 2$.

我们先引进第 1 级 0-1 变量 y_1，将它们表达为联立约束条件，

$$\begin{aligned} &x_1+x_2 \geqslant 3-My_1; \\ &x_1+x_2 \leqslant 4+My_1; \\ &x_1+2x_2 \leqslant 2+M(1-y_1). \end{aligned}$$

而当 $x_1+x_2 \geqslant 3$ 及 $x_1+x_2 \leqslant 4$ 成立（即 $y_1=0$）时，

$$\begin{aligned} &\text{或者}\quad x_1 \leqslant 1; \\ &\text{或者}\quad x_1 \leqslant 2,\ x_2 \leqslant 2; \\ &\text{或者}\quad x_2 \leqslant 1. \end{aligned} \tag{4-2}$$

我们引进第 2 级 0-1 变量 y_2，y_3 和 y_4，上述选择性约束条件(4-2)就成为

$$\begin{aligned} &x_1 \leqslant 1+My_1+My_2, \\ &x_1 \leqslant 2+My_1+My_3, \end{aligned}$$

$$x_2 \leqslant 2 + My_1 + My_3,$$
$$x_2 \leqslant 1 + My_1 + My_4,$$
$$y_2 + y_3 + y_4 = 2(1 - y_1).$$

联立在一起,该可行域即描述为

$$\begin{aligned}
& x_1 + x_2 \geqslant 3 - My_1, \\
& x_1 + x_2 \leqslant 4 + My_1, \\
& x_1 \leqslant 1 + My_1 + My_2, \\
& x_1 \leqslant 2 + My_1 + My_3, \\
& x_2 \leqslant 2 + My_1 + My_3, \\
& x_2 \leqslant 1 + My_1 + My_4, \\
& y_2 + y_3 + y_4 = 2(1 - y_1), \\
& x_1 + 2x_2 \leqslant 2 + M(1 - y_1), \\
& x_j \geqslant 0, \quad j = 1, 2, \\
& y_j = 0, 1, \quad j = 1, 2, 3, 4.
\end{aligned}$$

例 4-5(非线性整数规划问题线性化) 试将下列非线性整数规划变换成整数规划:

$$\begin{aligned}
& \max f = x_1^2 + x_2 x_3 - x_3^3; \\
\text{s.t.} \quad & -2x_1 + 3x_2 + x_3 \leqslant 3, \\
& x_j = 0, 1, \quad j = 1, 2, 3.
\end{aligned}$$

解 **解法 1** 显然,对任意 $k > 0$, 0-1 变量 x_j 总有:$x_j^k = x_j$,于是目标函数化成

$$f = x_1 + x_2 x_3 - x_3.$$

我们引入 0-1 变量 y 来代替 $x_2 x_3$,

$$y = \begin{cases} 1, & \text{当 } x_2 = x_3 = 1, \\ 0, & \text{否则.} \end{cases} \tag{4-3}$$

我们用下述两个约束条件来体现上述规定:

$$\begin{aligned}
x_2 + x_3 - \ \ y &\leqslant 1, \\
-x_2 - x_3 + 2y &\leqslant 0.
\end{aligned} \tag{4-4}$$

这是由于:当 $x_2 = x_3 = 1$ 时,约束条件(4-4)化成 $y \geqslant 1$ 和 $y \leqslant 1$,从而有 $y = 1$;当 x_2 或 x_3 中至少有一个为零时,由式(4-4)的第 2 个约束 $y \leqslant \dfrac{x_1 + x_3}{2}$ 得知 $y = 0$.

从而,本模型化为

$$\begin{aligned}
& \max f = x_1 + y - x_3; \\
\text{s.t.} \quad & -2x_1 + 3x_2 + x_3 \qquad \leqslant 3, \\
& \qquad\quad x_2 + x_3 - \ \ y \leqslant 1, \\
& \qquad -x_2 - x_3 + 2y \leqslant 0, \\
& x_j = 0, 1, \quad j = 1, 2, \\
& y = 0, 1.
\end{aligned}$$

解法2 在解法1中每有一个0-1变量乘积项,就要引入一个整数变量,但计算机求解整数规划的时间随着整数变量个数增加而增加,为避免这种情况,我们引入非负连续变量 y 来代替 x_2x_3,式(4-3)的规定用下列3个约束条件来体现:

$$x_2+x_3-y\leqslant 1,$$
$$y\leqslant x_2,$$
$$y\leqslant x_3.$$

显然,当 $x_2=x_3=1$ 时,这3个约束条件联立在一起,即可得出 $y=1$;而当 x_2 或 x_3 至少有一个为零时,第2个或第3个约束条件迫使 $y=0$. 所以说,这3个约束条件隐含了 y 是0-1变量.

本模型化为

$$\begin{aligned}&\max f=x_1+y-x_3;\\ \text{s.t.}\quad &-2x_1+3x_2+x_3\leqslant 3,\\ &x_2+x_3-y\leqslant 1,\\ &y\leqslant x_2,\\ &y\leqslant x_3,\\ &x_1=0,1;\quad x_2=0,1;\quad y\geqslant 0.\end{aligned}$$

推而广之,当模型中出现 k 个0-1变量 x_j 的乘积 $x_1\cdots x_j\cdots x_k$ 时,我们用下列两种方法处理:

方法1 引入0-1变量 y 取代乘积项 $x_1x_2\cdots x_k$ 并增加下列两个约束条件:

$$\begin{aligned}&\sum_{j=1}^{k}x_j-y\leqslant k-1,\\ &-\sum_{j=1}^{k}x_j+ky\leqslant 0,\\ &x_j=0,1,\quad j=1,\cdots,k,\\ &y=0,1.\end{aligned}$$

方法2 引入非负变量 y 代替乘积项 $x_1x_2\cdots x_k$,并增加下列 $k+1$ 个约束条件:

$$\begin{aligned}&\sum_{j=1}^{k}x_j-y\leqslant k-1,\\ &y\leqslant x_j,\quad j=1,\cdots,k,\\ &y\geqslant 0,\\ &x_j=0,1,\quad j=1,\cdots,k.\end{aligned}$$

例4-6(最优分配问题) 现有4部车床 $A_i(i=1,\cdots,4)$ 和4个零件 $B_j(j=1,\cdots,4)$,车床 A_i 加工零件 B_j 所需时间 t_{ij}(小时)由表4-1给出. 问如何安排生产计划,使每部车床加工一个零件、一个零件由一部车床加工,且全部零件加工完成的时间最早(假定4部车床同时开始加工)? 试建立整数规划模型.

表4-1

A_i	t_{ij}			
	B_j			
	B_1	B_2	B_3	B_4
A_1	3	5	4	1
A_2	7	2	1	3
A_3	3	4	5	1
A_4	6	7	5	2

解　设 0-1 变量 x_{ij} 为

$$x_{ij}=\begin{cases}1, & \text{车床 } A_i \text{ 加工零件 } B_j, \\ 0, & \text{否}.\end{cases}$$

因为每部车床仅加工一个零件,所以有

$$\sum_{j=1}^{4} x_{ij}=1, \quad i=1, \cdots, 4.$$

因为每个零件仅需一部车床加工,所以有

$$\sum_{i=1}^{4} x_{ij}=1, \quad j=1, \cdots, 4.$$

假设 y 为全部零件完工时间,则有

$$\begin{aligned} y=\max\{&3x_{11}+7x_{21}+3x_{31}+6x_{41},\ 5x_{12}+2x_{22}+4x_{32}+7x_{42}, \\ &4x_{13}+x_{23}+5x_{33}+5x_{43},\ x_{14}+3x_{24}+x_{34}+2x_{44}\}, \end{aligned}$$

我们将它化为线性约束条件如下:

$$\begin{gathered} y \geqslant 3x_{11}+7x_{21}+3x_{31}+6x_{41},\ y \geqslant 5x_{12}+2x_{22}+4x_{32}+7x_{42}, \\ y \geqslant 4x_{13}+x_{23}+5x_{33}+5x_{43},\ y \geqslant x_{14}+3x_{24}+x_{34}+2x_{44}. \end{gathered}$$

于是,得整数规划模型如下:

$$\begin{aligned} &\min f=y; \\ \text{s.t.}\quad &\sum_{j=1}^{4} x_{ij}=1,\ i=1, \cdots, 4, \\ &\sum_{i=1}^{4} x_{ij}=1,\ j=1, \cdots, 4, \\ &y \geqslant 3x_{11}+7x_{21}+3x_{31}+6x_{41}, \\ &y \geqslant 5x_{12}+2x_{22}+4x_{32}+7x_{42}, \\ &y \geqslant 4x_{13}+x_{23}+5x_{33}+5x_{43}, \\ &y \geqslant x_{14}+3x_{24}+x_{34}+2x_{44}, \\ &x_{ij}=0, 1, \quad i, j=1, \cdots, 4, \\ &y \geqslant 0. \end{aligned}$$

例 4-7 (排序问题)　用编号为 1#, 2#, 3#, 4# 的 4 种机床生产 3 种产品 1#, 2#, 3#. 这 3 种产品的工艺路线及工序加工时间如表 4-2 所示. 一台机床一次只能加工一个产品. 现要求 2# 产品从开始加工到完成,经历时间不得超过 d 小时. 问如何确定各种产品在机床上的加工顺序,使在最短时间内制成全部产品? 试建立整数规划模型.

表 4-2

工艺路线		$j^{\#}$ 机床加工时间(小时)			
		1	2	3	4
$i^{\#}$ 产品	1	a_1 ———	———	→ a_3 ———	→ a_4
	2	b_1 ———	→ b_2 ———	———	→ b_4
	3		c_2 ———	→ c_3	

解　设 x_{ij} 为 $i^{\#}$ 产品在机床 $j^{\#}$ 上开始加工的时间(从零基准点算起,以小时计).

第 1 组约束条件为要求 3 种产品都应按照工艺路线的规定顺序进行加工. 例如,对 $1^{\#}$ 产品来说,首先是在 $1^{\#}$ 机床上加工,然后依次在 $3^{\#}$ 和 $4^{\#}$ 机床上加工,因此有

$$x_{11}+a_1 \leqslant x_{13},\ x_{13}+a_3 \leqslant x_{14},$$

类似地,对 $2^{\#}$ 和 $3^{\#}$ 产品,有

$$x_{21}+b_1 \leqslant x_{22},\ x_{22}+b_2 \leqslant x_{24} \text{ 和 } x_{32}+c_2 \leqslant x_{33}.$$

第 2 组约束条件为一族选择性的约束条件,以保证一台机床一次只能加工一个产品. 例如,对于 $1^{\#}$ 机床来说,或者 $1^{\#}$ 产品先于 $2^{\#}$ 产品加工,或者 $2^{\#}$ 产品先于 $1^{\#}$ 产品加工,即应有

$$x_{11}+a_1 \leqslant x_{21} \text{ 或 } x_{21}+b_1 \leqslant x_{11}.$$

引进 0-1 变量 y_1,上述选择性约束条件就成为

$$x_{11}+a_1 \leqslant x_{21}+My_1,\ x_{21}+b_1 \leqslant x_{11}+M(1-y_1).$$

类似地,借助 0-1 变量 y_2, y_3 和 y_4,对 $2^{\#}$, $3^{\#}$ 和 $4^{\#}$ 机床有

$$\begin{aligned}
&x_{22}+b_2 \leqslant x_{32}+My_2,\\
&x_{32}+c_2 \leqslant x_{22}+M(1-y_2),\\
&x_{13}+a_3 \leqslant x_{33}+My_3,\\
&x_{33}+c_3 \leqslant x_{13}+M(1-y_3),\\
&x_{14}+a_4 \leqslant x_{24}+My_4,\\
&x_{24}+b_4 \leqslant x_{14}+M(1-y_4),
\end{aligned}$$

其中 $y_j=0,\ 1,\ j=2,\ 3,\ 4$.

$2^{\#}$ 产品从 $1^{\#}$ 机床对它开始加工(在 x_{21} 时刻)到 $4^{\#}$ 机床将其加工完毕(在 $x_{24}+b_4$ 时刻),其经历时间有约束

$$x_{24}+b_4-x_{21} \leqslant d.$$

3 个产品都完工的时间 y 为

$$y=\max\{x_{14}+a_4,\ x_{24}+b_4,\ x_{33}+c_3\},$$

我们将它化为线性约束条件

$$y \geqslant x_{14}+a_4; \quad y \geqslant x_{24}+b_4; \quad y \geqslant x_{33}+c_3.$$

综上所述,得整数规划模型如下:

$$\begin{aligned}
&\min f=y;\\
\text{s. t.}\quad &x_{11}+a_1 \leqslant x_{13},\\
&x_{13}+a_3 \leqslant x_{14},\\
&x_{21}+b_1 \leqslant x_{22},\\
&x_{22}+b_2 \leqslant x_{24},\\
&x_{32}+c_2 \leqslant x_{33},\\
&x_{11}+a_1 \leqslant x_{21}+My_1,
\end{aligned}$$

$$
\begin{aligned}
&x_{21}+b_1 \leqslant x_{11}+M(1-y_1),\\
&x_{22}+b_2 \leqslant x_{32}+My_2,\\
&x_{32}+c_2 \leqslant x_{22}+M(1-y_2),\\
&x_{13}+a_3 \leqslant x_{33}+My_3,\\
&x_{33}+c_3 \leqslant x_{13}+M(1-y_3),\\
&x_{14}+a_4 \leqslant x_{24}+My_4,\\
&x_{24}+b_4 \leqslant x_{14}+M(1-y_4),\\
&x_{24}+b_4-x_{21} \leqslant d,\\
&y \geqslant x_{14}+a_4,\\
&y \geqslant x_{24}+b_4,\\
&y \geqslant x_{33}+c_3,\\
&y_j=0,\ 1,\quad j=1,\ \cdots,\ 4,\\
&y \geqslant 0,\quad \text{诸 } x_{ij} \geqslant 0.
\end{aligned}
$$

例 4-8（利润分段线性问题） 某厂生产甲、乙两种产品，需经过金工和装配两个车间加工，有关数据如表 4-3 所示. 产品乙无论生产批量大小，每件产品生产成本总为 400 元. 试根据产品甲生产成本的下列两种情况分别建立整数规划模型：

(1) 产品甲的生产成本分段线性：第 1 件至第 30 件，每件成本为 200 元；第 31 件至第 70 件，每件成本为 190 元；从第 71 件开始，每件成本为 195 元.

(2) 产品甲的产量不超过 40 件时，每件成本为 200 元，但若超过 40 件，则甲的全部产品每件成本都为 195 元.

表 4-3

工时定额(小时/件)		产品		总有效工时
		甲	乙	
车间	金工	4	3	480
	装配	2	5	500
售价(元/件)		300	520	

解 设甲、乙产品的生产数量分别为 x_1, x_2 件. 由表 4-3 知产品甲至多生产 120 件.

(1) 令 $x_1=x_3+x_4+x_5$，其中 x_3, x_4 和 x_5 满足下列约束条件：

当 $0 \leqslant x_1 \leqslant 30$ 时，有

$$0 \leqslant x_3 \leqslant 30,\quad x_4=0,\quad x_5=0; \tag{4-5}$$

当 $30 \leqslant x_1 \leqslant 70$ 时，有

$$x_3=30,\quad 0 \leqslant x_4 \leqslant 40,\quad x_5=0; \tag{4-6}$$

当 $70 \leqslant x_1 \leqslant 120$ 时，有

$$x_3=30,\quad x_4=40,\quad 0 \leqslant x_5 \leqslant 50. \tag{4-7}$$

此时，产品甲所获利润为 $100x_3+110x_4+105x_5$，产品乙所获利润为 $120x_2$.

引进 0-1 变量 y_1 和 y_2 将上述约束条件(4-5), (4-6)和(4-7)化成下列约束条件：

$$30y_1 \leqslant x_3 \leqslant 30,\quad 40y_2 \leqslant x_4 \leqslant 40y_1,\quad 0 \leqslant x_5 \leqslant 50y_2.$$

这时，如果 $y_1=0$，则必有 $y_2=0$，从而约束(4-5)成立；如果 $y_1=1$，$y_2=0$，则有约束(4-6)成立；如果 $y_1=1$，$y_2=1$，则有约束(4-7)成立；而 $y_1=0$，$y_2=1$ 是不可行的.

我们即得本问题的整数规划模型，

$$\begin{aligned}
&\max f=100x_3+110x_4+105x_5+120x_2;\\
\text{s. t.}\quad &4x_3+4x_4+4x_5+3x_2 \leqslant 480,\\
&2x_3+2x_4+2x_5+5x_2 \leqslant 500,\\
&30y_1 \leqslant x_3 \leqslant 30,\\
&40y_2 \leqslant x_4 \leqslant 40y_1,\\
&0 \leqslant x_5 \leqslant 50y_2,\\
&x_j \geqslant 0,\text{整数},\quad j=2,3,4,5,\\
&y_j=0,1,\quad j=1,2.
\end{aligned}$$

(2) 令 $x_1=x_3+x_4$，其中 x_3，x_4 满足下列约束条件：

$$\text{当 } 0 \leqslant x_1 \leqslant 40 \text{ 时，有 } 0 \leqslant x_3 \leqslant 40,\ x_4=0; \tag{4-8}$$

$$\text{当 } 40 \leqslant x_1 \leqslant 120 \text{ 时，有 } x_3=40,\ 0 \leqslant x_4 \leqslant 80. \tag{4-9}$$

我们引进 0-1 变量 y，将上述约束条件化成

$$40y \leqslant x_3 \leqslant 40,\ 0 \leqslant x_4 \leqslant 80y.$$

此时，如果 $y=0$，则约束(4-8)成立，产品甲的利润为

$$(300-200)x_1=100x_3;$$

如果 $y=1$，则约束(4-9)成立，产品甲的利润为

$$105x_3+105x_4=100x_3+105x_4+5x_3=100x_3+105x_4+200.$$

综合这两种情况，可知产品甲的利润为

$$100x_3+105x_4+200y.$$

我们即得整数规划模型如下：

$$\begin{aligned}
&\max f=100x_3+105x_4+200y+120x_2;\\
\text{s. t.}\quad &4x_3+4x_4+3x_2 \leqslant 480,\\
&2x_3+2x_4+5x_2 \leqslant 500,\\
&40y \leqslant x_3 \leqslant 40,\\
&0 \leqslant x_4 \leqslant 80y,\\
&x_j \geqslant 0,\quad j=2,3,4,\\
&y=0,1.
\end{aligned}$$

例 4-9（可靠性问题）　某种仪表由 3 个部件串联而成. $j^{\#}$ 部件的可靠性由所组装的 $j^{\#}$ 元件个数决定，由表 4-4 给出；每个 $j^{\#}$ 元件的重量和成本由表 4-5 给出.

表 4-4

元件个数 i	$j^{\#}$ 部件可靠性		
	$1^{\#}$	$2^{\#}$	$3^{\#}$
1	0.6	0.75	0.7
2	0.75	0.85	0.8
3	0.8	0.9	0.85

表 4-5

元　　件		成本	重量
$j^{\#}$	$1^{\#}$	30	3
	$2^{\#}$	40	4
	$3^{\#}$	50	6

在设计过程中,该仪表对 3 个部件的总重量限制为 25,总成本限制为 240,问 $j^{\#}$ 部件如何选择 $j^{\#}$ 元件的个数,使仪表的可靠性最大?

解 设
$$x_{ij}=\begin{cases}1, & \text{若 } j^{\#} \text{ 部件选择 } i \text{ 个 } j^{\#} \text{ 元件},\\ 0, & \text{否}.\end{cases}$$

考虑到 $j^{\#}$ 部件或选 1 个,或选 2 个,或选 3 个 $j^{\#}$ 元件,故有约束条件

$$\sum_{i=1}^{3}x_{ij}=1,\quad j=1,2,3.$$

$j^{\#}$ 部件选择 $j^{\#}$ 元件的个数为 $\sum_{i=1}^{3}ix_{ij}$,故有成本约束和重量约束分别为

$$30\sum_{i=1}^{3}ix_{i1}+40\sum_{i=1}^{3}ix_{i2}+50\sum_{i=1}^{3}ix_{i3}\leqslant 240,$$
$$3\sum_{i=1}^{3}ix_{i1}+4\sum_{i=1}^{3}ix_{i2}+6\sum_{i=1}^{3}ix_{i3}\leqslant 25,$$

$j^{\#}$ 部件的可靠性 R_j 为

$$R_1=(0.6)^{x_{11}}(0.75)^{x_{21}}(0.8)^{x_{31}},$$
$$R_2=(0.75)^{x_{12}}(0.85)^{x_{22}}(0.9)^{x_{32}},$$
$$R_3=(0.7)^{x_{13}}(0.8)^{x_{23}}(0.85)^{x_{33}}.$$

仪表的可靠性 $R=R_1R_2R_3$,它为非线性函数,取对数后即可得到一个线性函数,从而,目标函数为

$$\begin{aligned}f=&x_{11}\ln 0.6+x_{21}\ln 0.75+x_{31}\ln 0.8+\\&x_{12}\ln 0.75+x_{22}\ln 0.85+x_{32}\ln 0.9+\\&x_{13}\ln 0.7+x_{23}\ln 0.8+x_{33}\ln 0.85.\end{aligned}$$

可以得到如下线性整数规划模型:

$$\begin{aligned}\max f=&x_{11}\ln 0.6+x_{21}\ln 0.75+x_{31}\ln 0.8+\\&x_{12}\ln 0.75+x_{22}\ln 0.85+x_{32}\ln 0.9+\\&x_{13}\ln 0.7+x_{23}\ln 0.8+x_{33}\ln 0.85;\end{aligned}$$

$$\text{s.t.}\quad\begin{cases}\sum_{i=1}^{3}x_{ij}=1,\quad j=1,2,3,\\ 30\sum_{i=1}^{3}ix_{i1}+40\sum_{i=1}^{3}ix_{i2}+50\sum_{i=1}^{3}ix_{i3}\leqslant 240,\\ 3\sum_{i=1}^{3}ix_{i1}+4\sum_{i=1}^{3}ix_{i2}+6\sum_{i=1}^{3}ix_{i3}\leqslant 25,\\ x_{ij}=0,1,\quad i,j=1,2,3.\end{cases}$$

例 4-10(装配线平衡问题) 若某工厂的产品的装配线由 6 道工序组成,各工序的加工时间及工序的前后顺序如表 4 6 所示.

若这条装配线设若干个工作站.被装配的产品在这些编了号的工作站上流水移动时,每个工作站都要完成一道或几道工序.假设每个工作站加工每个被装配的产品时至多耗时 10 分钟,问最少应设立几个工作站?每个工作站完成哪些工序?

表 4-6

工序	加工时间(分)	紧前工序
1	3	
2	5	
3	2	2
4	6	1, 3
5	8	2
6	3	4

解　显然,需要的工作站不会多于 4 个.这是因为由表 4-6 可以观察到一个解:工序 1, 2, 3 在一个站上完成,而工序 4, 5 和 6 各在一个工作站上进行,此时只需 4 个工作站.

令

$$w_j=\begin{cases}1, & \text{在装配线上有工作站 } j,\\ 0, & \text{否则},\end{cases}\quad j=1,\cdots,4,$$

$$x_{ij}=\begin{cases}1, & \text{若工序 } i \text{ 在工作站 } j \text{ 上进行},\\ 0, & \text{否则},\end{cases}\quad \begin{matrix}i=1,\cdots,6,\\ j=1,\cdots,4.\end{matrix}$$

因此,为使工作站数实现最少,目标函数为

$$\min f=w_1+w_2+w_3+w_4.$$

接下来我们来分析约束条件:

第 1 组约束条件:对工序 i 来说,它应恰在某一个工作站上完成,为此有

$$x_{i1}+x_{i2}+x_{i3}+x_{i4}=1,\quad i=1,\cdots,6.$$

第 2 组约束条件:对工作站 j 来说,在该站上完成的各道工序所需时间的总和不得超过 10 分钟,因此有

$$3x_{1j}+5x_{2j}+2x_{3j}+6x_{4j}+8x_{5j}+3x_{6j}\leqslant 10,\quad j=1,\cdots,4.$$

第 3 组约束条件:工作站 j 若设立,则在此站上完成的工序不会超过 6 道;若不设立,那么就不能将任何工序分派给该站(换句话说,若 $w_j=0$,则所有的 $x_{ij}=0$),从而有

$$x_{1j}+x_{2j}+x_{3j}+x_{4j}+x_{5j}+x_{6j}\leqslant 6w_j,\quad j=1,\cdots,4.$$

最后我们来考虑关于各道工序前后顺序这组约束条件:首先考虑工序 2 应当在工序 3 之前完成这个要求.若工序 3 在最后一个工作站 4 上完成,那显然没有什么问题,因为所有工序都要在此站前完成或就在此站上完成.若工序 3 分配在工作站 3 上完成,则工序 2 就不能分配在工作站 4 上完成,而必须分配在工作站 1, 2 或 3 上完成,由此可得

$$x_{21}+x_{22}+x_{23}\geqslant x_{33}.$$

它说明,若 $x_{33}=1$,则 x_{21}, x_{22}, x_{23} 中必有一个变量取值为 1,以保证工序 2 在工序 3 之前完成.类似地,若工序 3 分配在工作站 2 或 1 上完成,则应分别有

$$x_{21}+x_{22}\geqslant x_{32},\quad x_{21}\geqslant x_{31}.$$

同样地,对于工序表(表 4-6)中列出的每个要求,都有 3 个(比工作站数少 1)这样的约束条件:

$$x_{11}+x_{12}+x_{13}\geqslant x_{43},\quad x_{11}+x_{12}\geqslant x_{42},\quad x_{11}\geqslant x_{41};$$
$$x_{31}+x_{32}+x_{33}\geqslant x_{43},\quad x_{31}+x_{32}\geqslant x_{42},\quad x_{31}\geqslant x_{41};$$
$$x_{21}+x_{22}+x_{23}\geqslant x_{53},\quad x_{21}+x_{22}\geqslant x_{52},\quad x_{21}\geqslant x_{51};$$
$$x_{41}+x_{42}+x_{43}\geqslant x_{63},\quad x_{41}+x_{42}\geqslant x_{62},\quad x_{41}\geqslant x_{61}.$$

因此,对于 6 道工序、4 个工作站、5 个工序顺序制约要求的装配线平衡问题,我们建立的整数规划模型一共有 28 个变量及 29 个约束条件. 可以想见,当一条装配线的工序个数、工作站数和工序顺序制约要求数很大时,为它建立的整数规划模型将是极其庞大的.

例 4-11 (货物列车编组计划问题) 某铁路线路有 5 个货物列车编组站 A_1, A_2, A_3, A_4 和 A_5. 编组站 A_i 发往前方各编组站 A_j 的车辆数 a_{ij}(或称为车流量)已知,如图 4-3 所示. 若始发站 A_i 至到达站 A_j 开行直达列车(按直达列车含义,应有 $j\geqslant i+2$),在 A_i 站就要消耗一个列车集结时间 c_i 车小时(与车流量 a_{ij} 大小无关). 又设在 A_i 站中转改编一辆车辆所花费的时间为 t_i 小时. 现制订列车编组计划的最优方案,以使车流集结和车辆改编的车小时总消耗达到最小. 试建立整数规划模型.

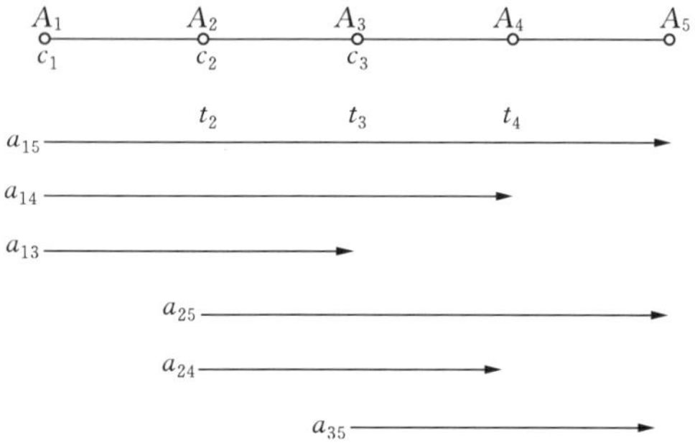

图 4-3

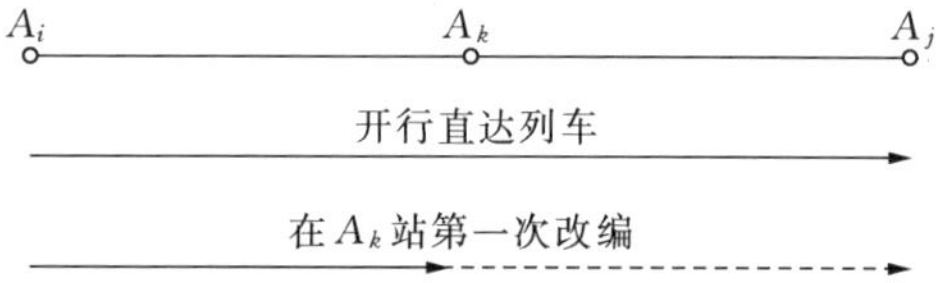

图 4-4

解 根据铁路实际情况,相邻编组站之间的货物列车(称为直通列车)是一定开行的,所以对于目标函数来说,需开行的直通列车的集结时间之和是个常量,在求模型的最优解时,不妨把它们从目标函数 f 中略去.

由图 4-4 可知,车流 a_{ij} 可开行直达列车到达 A_j 站 ($j\geqslant i+2$);也可先开往 A_k 站并在 A_k 站第 1 次改编(到达 A_k 站后,如何继续开行,是否还有第 2 次改编,由 A_k 站决定. 在 A_k 站改编的车流,应算作 A_k 站发出的车流).

令

$$y_{ij}=\begin{cases}1, & A_i\text{ 站至 }A_j\text{ 站开行直达列车},\\ 0, & \text{否则},\end{cases}\qquad j\geqslant i+2.$$

又设 x_{ij}^k 为 A_i 站开往 A_j 站的车流在 A_k 站第 1 次改编的车数 ($i<k<j$). 于是,目标函数 f 为

$$\begin{aligned}f=&c_1(y_{13}+y_{14}+y_{15})+c_2(y_{24}+y_{25})+c_3y_{35}\\&+t_2(x_{13}^2+x_{14}^2+x_{15}^2)+t_3(x_{14}^3+x_{15}^3+x_{24}^3+x_{25}^3)\\&+t_4(x_{15}^4+x_{25}^4+x_{35}^4).\end{aligned}$$

下面我们来讨论有关的约束条件.

第 1 组约束条件:考虑在 A_1 站发出的车流.

若 A_1 站至 A_5 站开行直达列车,则必然包括车流 a_{15} 的全部;否则,根据客观条件,只能在 A_2 站、A_3 站、A_4 站之一第 1 次改编,因此有

$$x_{15}^{2}+x_{15}^{3}+x_{15}^{4}+a_{15}y_{15}=a_{15}.$$

由于车流 a_{15} 仅可以在 A_2, A_3 和 A_4 中一个站第 1 次改编,因此,引进 3 个 0-1 变量 y_1, y_2 和 y_3,并给出下列约束条件:

$$\begin{cases}x_{15}^{2}\leqslant My_1,\ x_{15}^{3}\leqslant My_2,\ x_{15}^{4}\leqslant My_3,\\ y_1+y_2+y_3\leqslant 1,\\ y_j=0,\ 1,\quad j=1,\ 2,\ 3.\end{cases} \tag{4-10}$$

类似地,有

$$x_{14}^{2}+x_{14}^{3}+a_{14}y_{14}=a_{14}, \tag{4-11}$$

$$\begin{cases}x_{14}^{2}\leqslant My_4,\ x_{14}^{3}\leqslant My_5,\ y_4+y_5\leqslant 1,\\ y_j=0,\ 1,\quad j=4,\ 5,\end{cases} \tag{4-12}$$

$$x_{13}^{2}+a_{13}y_{13}=a_{13}. \tag{4-13}$$

第 2 组约束条件:考虑 A_2 站或 A_3 站发出的车流.

先讨论 A_2 站车流的运行方案. 此时,A_2 站要考虑 A_1 站发出的车流若在本站改编而产生的影响. 换言之,若 $x_{15}^{2}\neq 0$, 则 $x_{15}^{2}+a_{25}$ 视作 A_2 站发往 A_5 站的车流. 因此,有

$$x_{25}^{3}+x_{25}^{4}+(x_{15}^{2}+a_{25})y_{25}=x_{15}^{2}+a_{25}. \tag{4-14}$$

$$\begin{cases}x_{25}^{3}\leqslant My_6,\ x_{25}^{4}\leqslant My_7,\ y_6+y_7\leqslant 1,\\ y_j=0,\ 1,\quad j=6,\ 7.\end{cases} \tag{4-15}$$

我们应注意到,式(4-14)是非线性约束条件. 不难证明,对模型的最优解来说,它与下列线性约束条件是等价的:

$$x_{25}^{3}+x_{25}^{4}+(a_{15}+a_{25})y_{25}\geqslant x_{15}^{2}+a_{25}. \tag{4-16}$$

这是因为有下述情况:

① 由于 $a_{15}\geqslant x_{15}^{2}$, 因此式(4-14)成立时,式(4-16)一定成立;

② 反之,若式(4-16)成立,当 $y_{25}=0$ 时,则

$$x_{25}^{3}+x_{25}^{4}\geqslant x_{15}^{2}+a_{25}.$$

由于我们的问题是求 $\min f$,且目标函数 f 中变量的系数都大于零,因此对最优解来说,必定有

$$x_{25}^{3}+x_{25}^{4}=x_{15}^{2}+a_{25},$$

即式(4-14)成立. 当 $y_{25}=1$ 时,因为 $a_{15}+a_{25}\geqslant x_{15}^{2}+a_{25}$ 必定成立, 从而对于最优解来说,必定有

$$x_{25}^{3}+x_{25}^{4}=0,$$

即式(4-14)成立.

类似地,A_2 站至 A_4 站的车流有约束

$$x_{24}^{3}+(x_{14}^{2}+a_{24})y_{24}=x_{14}^{2}+a_{24};$$

A_3 站至 A_5 站的车流有约束

$$x_{35}^{4}+(x_{15}^{2}+x_{25}^{3}+a_{35})y_{35}=x_{15}^{3}+x_{25}^{3}+a_{35}.$$

我们用线性约束条件来取代它们,

$$\begin{aligned}&x_{24}^{3}+(a_{14}+a_{24})y_{24}\geqslant x_{14}^{2}+a_{24},\\&x_{35}^{4}+(a_{15}+a_{25}+a_{35})y_{35}\geqslant x_{15}^{3}+x_{25}^{2}+a_{35}.\end{aligned}$$

第3组约束条件. 显然,如果 $x_{15}^{4}>0$, 则 A_1 站至 A_4 站一定开直达列车,即 $y_{14}=1$. 写成约束条件为

$$x_{15}^{4}\leqslant My_{14}.$$

类似地,如果 $x_{15}^{3}>0$ 或 $x_{14}^{3}>0$, 则应有 $y_{13}=1$, 我们即得约束条件

$$x_{15}^{3}+x_{14}^{3}\leqslant My_{13}.$$

如果 $x_{25}^{4}>0$,则应有 $y_{24}=1$, 写成约束条件为

$$x_{25}^{4}\leqslant My_{24}.$$

综合上述讨论,本问题的数学模型为

$$\begin{aligned}\min f=&c_1(y_{13}+y_{14}+y_{15})+c_2(y_{24}+y_{25})+c_3y_{35}\\&+t_2(x_{13}^{2}+x_{14}^{2}+x_{15}^{2})+t_3(x_{14}^{3}+x_{15}^{3}+x_{24}^{3}+x_{25}^{3})\\&+t_4(x_{15}^{4}+x_{25}^{4}+x_{35}^{4});\end{aligned}$$

$$\begin{aligned}\text{s. t.}\quad&x_{15}^{2}+x_{15}^{3}+x_{15}^{4}+a_{15}y_{15}=a_{15},\\&x_{14}^{2}+x_{14}^{3}+a_{14}y_{14}=a_{14},\\&x_{13}^{2}+a_{13}y_{13}=a_{13},\\&x_{25}^{3}+x_{25}^{4}+(a_{15}+a_{25})y_{25}\geqslant x_{15}^{2}+a_{25},\\&x_{24}^{3}+(a_{14}+a_{24})y_{24}\geqslant x_{14}^{2}+a_{24},\\&x_{35}^{4}+(a_{15}+a_{25}+a_{35})y_{35}\geqslant x_{15}^{3}+x_{25}^{3}+a_{35},\\&x_{15}^{2}\leqslant My_1,\quad x_{15}^{3}\leqslant My_2,\quad x_{15}^{4}\leqslant My_3,\\&y_1+y_2+y_3\leqslant 1,\\&x_{14}^{2}\leqslant My_4,\quad x_{14}^{3}\leqslant My_5,\\&y_4+y_5\leqslant 1,\\&x_{25}^{3}\leqslant My_6,\quad x_{25}^{4}\leqslant My_7,\\&y_6+y_7\leqslant 1,\\&x_{15}^{4}\leqslant My_{14},\end{aligned}$$

$$x_{15}^{3}+x_{14}^{3}\leqslant My_{13},$$
$$x_{25}^{4}\leqslant My_{25},$$
$$x_{ij}^{k}\geqslant 0,\text{整数},\quad i<k<j,\ i=1,2,3;\ j=3,4,5,$$
$$y_{ij}=0,1,\quad i=1,2,3;\ j=3,4,5;\ j\geqslant i+2,$$
$$y_{j}=0,1,\quad j=1,\cdots,7.$$

在这里,我们可以指出:若把上述建立的模型中的 3 组约束条件(4-10),(4-12)和(4-15)删去,从数学上可以证明,所得的新模型在最优解上与原有模型是等价的.

一般来说,整数规划可以分成下列 3 种类型:

(1) 纯整数规划,简记为(AIP),

$$\min\{\boldsymbol{C}^{\mathrm{T}}\boldsymbol{X}\mid \boldsymbol{A}\boldsymbol{X}=\boldsymbol{b},\ \boldsymbol{X}\geqslant\boldsymbol{0},\ \boldsymbol{X}\text{ 各分量为整数}\};$$

(2) 混合整数规划,简记为(MIP),

$$\min\{\boldsymbol{C}^{\mathrm{T}}\boldsymbol{X}\mid \boldsymbol{A}\boldsymbol{X}=\boldsymbol{b},\ \boldsymbol{X}\geqslant\boldsymbol{0},\ x_j\text{ 为整数},j\in N_1\},$$

其中 $N_1\subset\{1,\cdots,n\}$;

(3) 0-1 规划:(LP)中 $\boldsymbol{X}$ 的分量或为 0 或为 1,简记为(BIP).

在上述模型中,$\boldsymbol{A}=(a_{ij})_{m\times n}$,$\boldsymbol{b}=(b_1,\cdots,b_m)^{\mathrm{T}}$,$\boldsymbol{C}=(c_1,\cdots,c_n)^{\mathrm{T}}$,且 a_{ij},b_i,c_j 均为整数 $(i=1,\cdots,m;\ j=1,\cdots,n)$.

§ 4.2 纯整数规划的割平面法

4.2.1 割平面法的几何特征

记纯整数规划(AIP)的可行域为 K_{AIP}. 若将(AIP)中要求变量为整数这个约束去掉,则得到相应的线性规划(LP),记(LP)的可行域为 K_{LP}.

割平面法实质上仍然是用解线性规划的方法来求解整数规划问题. 其基本思想是:

我们对(LP)求解. 若(LP)的最优解 $\boldsymbol{X}^*$ 是一个整数解(整数向量),那么 $\boldsymbol{X}^*$ 当然是(AIP)的最优解;若 $\boldsymbol{X}^*$ 不是整数解,我们设法对原线性规划(LP)增加一个线性约束条件(称它为割平面),把包括 $\boldsymbol{X}^*$ 在内的不含整数解的一部分集合从(LP)的可行域 K_{LP} 中切割出去,再求增加了这个约束条件后新的线性规划(LP_1)的最优解 $\boldsymbol{X}^{**}$. 如果 $\boldsymbol{X}^{**}$ 是整数解,则 $\boldsymbol{X}^{**}$ 就是(AIP)的最优解,否则再次增加线性约束条件而重复上述过程.

下面我们来看一个实例.

例 4-12 求解下列纯整数规划:

$$\begin{aligned}&\min f=-7x_1-9x_2;\\ \text{s.t.}\quad &-x_1+3x_2\leqslant 6,\\ &7x_1+x_2\leqslant 35,\\ &x_j\geqslant 0,\text{整数},\quad j=1,2.\end{aligned}$$

解 我们用图解法在 x_1Ox_2 直角坐标平面内求解相应的线性规划(P). 由图 4-5 可知,

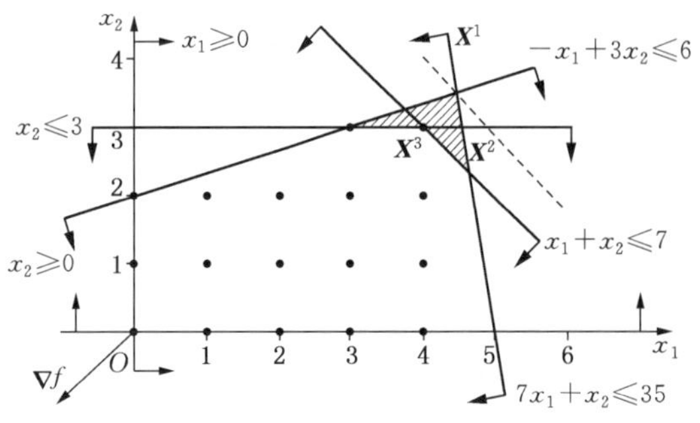

图 4-5

(P)的最优解 $X^1=(x_1,\ x_2)^{\mathrm{T}}=\left(\frac{9}{2},\ \frac{7}{2}\right)^{\mathrm{T}}$,它不是整数解.

我们对(P)增加约束条件,例如 $x_2\leqslant 3$,新的线性规划(P_1)的最优解 $X^2=\left(\frac{32}{7},\ 3\right)^{\mathrm{T}}$,它仍然不是整数解.我们对($\mathrm{P}_1$)再设法增加新的约束条件,例如 $x_1+x_2\leqslant 7$,得新的线性规划(P_2).(P_2)的最优解 X^3 为$(4,\ 3)^{\mathrm{T}}$,它是整数解,所以它就是整数规划的最优解了.

4.2.2 柯莫利割

割平面法的关键在于如何寻找适当的切割约束条件,下面我们来讨论这个问题.

我们引进几个记号.

设 x 为一个实数,则$\lfloor x\rfloor$表示不超过 x 的最大整数;$\lceil x\rceil$表示不小于 x 的最小整数;$\langle x\rangle=x-\lfloor x\rfloor$(有$\langle x\rangle\geqslant 0$).

例如,当 $x=\frac{40}{7}$ 时,$\lfloor x\rfloor=5$;$\lceil x\rceil=6$;$\langle x\rangle=\frac{5}{7}$.当 $x=-\frac{40}{7}$ 时,$\lfloor x\rfloor=-6$;$\lceil x\rceil=-5$;$\langle x\rangle=\frac{2}{7}$.

设 B 为(LP)的一个基,X 为(AIP)的一个可行解.由于 $K_{\mathrm{AIP}}\subset K_{\mathrm{LP}}$,因此 X 也是(LP)的一个可行解,故 X 应满足单纯形表 $T(\boldsymbol{B})$所表示的方程组

$$x_{B_i}+\sum_{j\in I_D}y_{ij}x_j=\bar{b}_i;\quad i=1,\ \cdots,\ m. \tag{4-17}$$

因为 $X\geqslant \mathbf{0}$, $\lfloor y_{ij}\rfloor\leqslant y_{ij}$,所以

$$x_{B_i}+\sum_{j\in I_D}\lfloor y_{ij}\rfloor x_j\leqslant \bar{b}_i. \tag{4-18}$$

由于 $X\in K_{\mathrm{AIP}}$,因此 X 的每个分量均为整数,故不等式(4-18)的左端是一个整数,从而应有

$$x_{B_i}+\sum_{j\in I_D}\lfloor y_{ij}\rfloor x_j\leqslant\lfloor \bar{b}_i\rfloor. \tag{4-19}$$

将方程(4-17)减去不等式(4-19),可得

$$\sum_{j\in I_D}(y_{ij}-\lfloor y_{ij}\rfloor)x_j\geqslant \bar{b}_i-\lfloor \bar{b}_i\rfloor,\ i=1,\ \cdots,\ m,$$

即

$$-\sum_{j\in I_D}\langle y_{ij}\rangle x_j\leqslant-\langle \bar{b}_i\rangle,\quad i=1,\ \cdots,\ m. \tag{4-20}$$

该条件(4-20)是(AIP)任何一个可行解 X 必须满足的条件,我们称它为柯莫利(Gomory)割.

假设 $\boldsymbol{B}$ 是(LP)的最优基,X^* 是(LP)关于基 $\boldsymbol{B}$ 的基本最优解,X^* 不是整数解.这时,$x_j^*=0$ $(j\in I_D)$,$x_{B_i}^*=\bar{b}_i(i=1,\ \cdots,\ m)$,且至少有一个 $\bar{b}_k(1\leqslant k\leqslant m)$不是整数,即有$\langle \bar{b}_k\rangle>0$.

此时,对不等式(4-20),取 $i=k$,其左端$-\sum_{j\in I_D}\langle y_{kj}\rangle x_j^*=0$,而右端为$-\langle \bar{b}_k\rangle<0$,因此不

等式(4-20)对 $\boldsymbol{X}^*$ 来说是不能成立的. 换言之,$\boldsymbol{X}^*$ 一定不满足柯莫利割,

$$-\sum_{j\in I_D}\langle y_{kj}\rangle x_j \leqslant -\langle \bar{b}_k\rangle. \tag{4-21}$$

这个柯莫利割可以作为我们所需要的切割约束条件,它把 $\boldsymbol{X}^*$ 从 K_{LP} 中切割出去.

假设(LP)关于基 $\boldsymbol{B}$ 和 $\boldsymbol{X}^*$ 的最优表 $T(\boldsymbol{B})$ 如表 4-7 所示.

表 4-7

$\boldsymbol{X}_B$	…	x_{B_i}	…	x_j	…	$\bar{\boldsymbol{b}}$
$\boldsymbol{X}_B$	…	$\boldsymbol{e}_i$	…	$\boldsymbol{y}^j$	…	$\bar{\boldsymbol{b}}$
$\boldsymbol{r}$	…	0	…	r_j	…	$-f_0$

我们对柯莫利割(4-21)引进松弛变量 x_{n+1},得方程

$$-\sum_{j\in I_D}\langle y_{kj}\rangle x_j + x_{n+1} = -\langle \bar{b}_k\rangle. \tag{4-22}$$

设对(LP)增加柯莫利割(4-22)后所得的新线性规划为(LP_1),我们取(LP_1)的初始指标集 $I_{\bar{B}} = I_B \cup \{x_{n+1}\}$ (x_{n+1} 作为第 $m+1$ 个基本变量,初始基为 $\bar{\boldsymbol{B}}$),在单纯形表 $T(\boldsymbol{B})$表 4-7 中添加 x_{n+1} 列和 x_{n+1} 行,则我们即得(LP_1)的初始单纯形表 $T(\bar{\boldsymbol{B}})$如表 4-8(由于 $c_{n+1}=0$,因此 $\boldsymbol{r}$ 所在行信息未变)所示.

表 4-8

$\boldsymbol{X}_{\bar{B}}$	…	x_{B_i}	…	x_j	…	x_{n+1}	$\bar{\boldsymbol{b}}'$
$\boldsymbol{X}_B$	…	$\boldsymbol{e}_i$	…	$\boldsymbol{y}^j$	…	$\boldsymbol{0}$	$\bar{\boldsymbol{b}}$
x_{n+1}	…	0	…	$-\langle y_{kj}\rangle$	…	1	$-\langle \bar{b}_k\rangle$
$\boldsymbol{r}$	…	0	…	r_j	…	0	$-f_0$

对表 4-8,我们用对偶单纯形法继续求解.

例 4-13 用割平面法求解例 4-12.

解 引进松弛变量 x_3 和 x_4,将问题化成标准型,

$$\begin{aligned} &\min f = -7x_1 - 9x_2;\\ \text{s.t.}\quad &-x_1+3x_2+x_3 = 6,\\ &7x_1+x_2+x_4=35,\\ &x_j\geqslant 0,\text{整数},\quad j=1,\cdots,4. \end{aligned}$$

因为松弛变量

$$x_3 = 6 + x_1 - 3x_2, \tag{4-23}$$

$$x_4 = 35 - 7x_1 - x_2, \tag{4-24}$$

所以当 x_1 和 x_2 为整数时,x_3 和 x_4 也一定是整数.

应用单纯形法求解相应的线性规划(LP),得最优表如表 4-9 所示.

表 4-9

$\boldsymbol{X}_B$	x_1	x_2	x_3	x_4	$\bar{\boldsymbol{b}}$
x_2	0	1	7/22	1/22	7/2
x_1	1	0	−1/22	3/22	9/2
$\boldsymbol{r}$	0	0	28/11	15/11	63

在表 4-9 中，$\langle \bar{b}_1 \rangle = \frac{1}{2}$，故对于柯莫利割(4-21)，取 $k=1$，此时，$\langle y_{13} \rangle = \frac{7}{22}$，$\langle y_{14} \rangle = \frac{1}{22}$，得相应的柯莫利割如下：

$$-\frac{7}{22}x_3 - \frac{1}{22}x_4 \leqslant -\frac{1}{2}. \tag{4-25}$$

引进松弛变量 x_5，则得

$$-\frac{7}{22}x_3 - \frac{1}{22}x_4 + x_5 = -\frac{1}{2}. \tag{4-26}$$

由表 4-9 和表 4-8，我们得表 4-10.

表 4-10

X_B	x_1	x_2	x_3	x_4	x_5	$\bar{b}$
x_2	0	1	7/22	1/22	0	7/2
x_1	1	0	−1/22	3/22	0	9/2
x_5	0	0	(−7/22)	−1/22	1	−1/2
r	0	0	28/11	15/11	0	63

对表 4-10，我们用对偶单纯形法转轴，得表 4-11.

表 4-11

X_B	x_1	x_2	x_3	x_4	x_5	$\bar{b}$
x_2	0	1	0	0	1	3
x_1	1	0	0	1/7	−1/7	32/7
x_3	0	0	1	1/7	−22/7	11/7
r	0	0	0	1	8	59

对表 4-11，取 $k=3$，得柯莫利割

$$-\frac{1}{7}x_4 - \frac{6}{7}x_5 \leqslant -\frac{4}{7}.$$

引进松弛变量 x_6，得

$$-\frac{1}{7}x_4 - \frac{6}{7}x_5 + x_6 = -\frac{4}{7}. \tag{4-27}$$

对表 4-11 增加柯莫利割(4-27)，得表 4-12.

表 4-12

X_B	x_1	x_2	x_3	x_4	x_5	x_6	$\bar{b}$
x_2	0	1	0	0	1	0	3
x_1	1	0	0	1/7	−1/7	0	32/7
x_3	0	0	1	1/7	−22/7	0	11/7
x_6	0	0	0	(−1/7)	−6/7	1	−4/7
r	0	0	0	1	8	0	59

用对偶单纯形法对表 4-12 进行转轴,得表 4-13.

表 4-13

X_B	x_1	x_2	x_3	x_4	x_5	x_6	$\bar{b}$
x_2	0	1	0	0	1	0	3
x_1	1	0	0	0	−1	1	4
x_3	0	0	1	0	−4	1	1
x_4	0	0	0	1	6	−7	4
r	0	0	0	0	2	7	55

由表 4-13 可知,我们已得本问题的最优解 $X^* =(x_1,\ x_2)^T = (4,\ 3)^T$,最优值 $f^* =-55$.

如果我们将式(4-23)和式(4-24)代入式(4-26)中,经过整理得 $x_2+x_5=3$,于是

$$x_5=3-x_2. \tag{4-28}$$

将式(4-24)和式(4-28)代入式(4-27)中,经过整理得

$$x_1+x_2+x_6=7,$$

即

$$x_6=7-x_1-x_2.$$

由于 $x_5\geqslant 0$ 和 $x_6\geqslant 0$,我们便得到例 4-12 所考虑的两个割平面

$$x_2\leqslant 3 \text{ 和 } x_1+x_2\leqslant 7.$$

4.2.3　柯莫利割平面法

现假设(AIP)相应的(LP)的可行域 K_{LP} 非空有界,我们给出柯莫利割平面法的算法步骤如下:

① 用单纯形算法求解(LP),得基本最优解 X^*,B 为最优基,$T(B)$为最优表.

② X^* 是否为整数解?

若是,则(AIP)中变量在 X^* 中的相应数值即为(AIP)的最优解,算法终止.

若否,则取 $\langle \bar{b}_k\rangle=\max\{\langle \bar{b}_i\rangle \mid 1\leqslant i\leqslant m\}$,把柯莫利割 $-\sum\limits_{j\in I_D}\langle y_{kj}\rangle x_j\leqslant-\langle \bar{b}_k\rangle$ 作为新的约束条件加入(LP)得到新的(LP),按表 4-8 从 $T(B)$得到 $T(\bar{B})$,把 $T(\bar{B})$视作新的 $T(B)$.

③ 从 $T(B)$出发,应用对偶单纯形法求解(LP),得最优解 X^*、最优基 B 和最优表 $T(B)$,转步骤②.

按此算法,自然会产生这样的问题:随着柯莫利割的序贯增加,单纯形表会越来越大,基本变量个数会越来越多.此外,也会出现多个基本变量是柯莫利割松弛变量的情况.然而,这种情况完全可以避免.在理论上已经证明,对上述算法我们可作如下补充:在步骤③应用对偶单纯形法求解(LP)的过程中,如果发现转轴后,先前附加在某个柯莫利割的松弛变量 x' 再次成为基本变量,则可以从单纯形表中删去 x' 相应的行和列.被 x' 附加的柯莫利割也从切割可行域 K_{LP} 的约束条件中删去.这样处理后,迭代过程中的单纯形表至多含有 $n+1$ 个基本变量(原问

题的 n 个决策变量和一个柯莫利割的松弛变量)，切割(LP)的可行域 K_{LP} 的柯莫利割至多 $n+1-m$ 个.

例 4-14 求解下列(AIP)：

$$\begin{aligned} &\min f=-2x_1-5x_2; \\ \text{s.t.}\quad &2x_1-x_2+x_3=9, \\ &2x_1+8x_2+x_4=31, \\ &x_j\geqslant 0,\text{整数},\quad j=1,\cdots,4. \end{aligned}$$

解 (AIP)相应的线性规划(LP)的最优单纯形表如表 4-14 所示.

现在 $\langle \bar{b}_1\rangle=\dfrac{13}{18}$，$\langle \bar{b}_2\rangle=\dfrac{4}{9}$，取 $k=1$，增加的柯莫利割为

$$-\frac{4}{9}x_3-\frac{1}{18}x_4\leqslant-\frac{13}{18},$$

得单纯形表如表 4-15 所示.

表 4-14

$\boldsymbol{X}_B$	x_1	x_2	x_3	x_4	$\bar{\boldsymbol{b}}$
x_1	1	0	4/9	1/18	103/18
x_2	0	1	−1/9	1/9	22/9
$\boldsymbol{r}$	0	0	1/3	2/3	71/3

表 4-15

$\boldsymbol{X}_B$	x_1	x_2	x_3	x_4	x_5	$\bar{\boldsymbol{b}}$
x_1	1	0	4/9	1/18	0	103/18
x_2	0	1	−1/9	1/9	0	22/9
x_5	0	0	(−4/9)	−1/18	1	−13/18
$\boldsymbol{r}$	0	0	1/3	2/3	0	71/3

对表 4-15，应用对偶单纯形法进行转轴得表 4-16. 对表 4-16，取 $k=3$，增加的柯莫利割为

$$-\frac{1}{8}x_4-\frac{3}{4}x_5\leqslant-\frac{5}{8},$$

得单纯形表如表 4-17 所示.

表 4-16

$\boldsymbol{X}_B$	x_1	x_2	x_3	x_4	x_5	$\bar{\boldsymbol{b}}$
x_1	1	0	0	0	1	5
x_2	0	1	0	1/8	−1/4	21/8
x_3	0	0	1	1/8	−9/4	13/8
$\boldsymbol{r}$	0	0	0	5/8	3/4	185/8

表 4-17

$\boldsymbol{X}_B$	x_1	x_2	x_3	x_4	x_5	x_6	$\bar{\boldsymbol{b}}$
x_1	1	0	0	0	1	0	5
x_2	0	1	0	1/8	−1/4	0	21/8
x_3	0	0	1	1/8	−9/4	0	13/8
x_6	0	0	0	−1/8	(−3/4)	1	−5/8
$\boldsymbol{r}$	0	0	0	5/8	3/4	0	185/8

将表 4-17 转轴得表 4-18. 我们发现，关于第 1 个柯莫利割 $-\dfrac{4}{9}x_3-\dfrac{1}{18}x_4\leqslant-\dfrac{13}{18}$ 的松弛变量 x_5 再次在表 4-18 中成为基本变量，故这时可以从表 4-18 中删去 x_5 相应的行和列(柯莫利割 $-\dfrac{4}{9}x_3-\dfrac{1}{18}x_4\leqslant-\dfrac{13}{18}$ 也被删去)，得表 4-19.

表 4-18

X_B	x_1	x_2	x_3	x_4	x_5	x_6	$\bar{b}$
x_1	1	0	0	$-1/6$	0	4/3	25/6
x_2	0	1	0	1/6	0	$-1/3$	17/6
x_3	0	0	1	1/2	0	-3	7/2
x_5	0	0	0	1/6	1	$-4/3$	5/6
r	0	0	0	1/2	0	1	45/2

表 4-19

X_B	x_1	x_2	x_3	x_4	x_6	$\bar{b}$
x_1	1	0	0	$-1/6$	4/3	25/6
x_2	0	1	0	1/6	$-1/3$	17/6
x_3	0	0	1	1/2	-3	7/2
r	0	0	0	1/2	1	45/2

对于表 4-19,取 $k=2$,增加的柯莫利割为

$$-\frac{1}{6}x_4-\frac{2}{3}x_6\leqslant-\frac{5}{6},$$

得单纯形表如表 4-20 所示. 对表 4-20 进行转轴得表 4-21.

表 4-20

X_B	x_1	x_2	x_3	x_4	x_6	x_7	$\bar{b}$
x_1	1	0	0	$-1/6$	4/3	0	25/6
x_2	0	1	0	1/6	$-1/3$	0	17/6
x_3	0	0	1	1/2	-3	0	7/2
x_7	0	0	0	$-1/6$	$(-2/3)$	1	$-5/6$
r	0	0	0	1/2	1	0	45/2

表 4-21

X_B	x_1	x_2	x_3	x_4	x_6	x_7	$\bar{b}$
x_1	1	0	0	$-1/2$	0	2	5/2
x_2	0	1	0	1/4	0	$-1/2$	13/4
x_3	0	0	1	5/4	0	$-9/2$	29/4
x_6	0	0	0	1/4	1	$-3/2$	5/4
r	0	0	0	1/4	0	3/2	85/4

在表 4-21 中,柯莫利割 $-\frac{1}{8}x_4-\frac{3}{4}x_5\leqslant-\frac{5}{8}$ 的松弛变量 x_6 再次成为基本变量. 故可对表 4-21 删去 x_6 相应的行和列,并取 $k=1$,增加柯莫利割

$$-\frac{1}{2}x_4\leqslant-\frac{1}{2},$$

得单纯形表如表 4-22 所示. 对表 4-22 进行转轴得表 4-23.

表 4-22

X_B	x_1	x_2	x_3	x_4	x_7	x_8	$\bar{b}$
x_1	1	0	0	$-1/2$	2	0	5/2
x_2	0	1	0	1/4	$-1/2$	0	13/4
x_3	0	0	1	5/4	$-9/2$	0	29/4
x_8	0	0	0	$(-1/2)$	0	1	$-1/2$
r	0	0	0	1/4	3/2	0	85/4

表 4-23

X_B	x_1	x_2	x_3	x_4	x_7	x_8	$\bar{b}$
x_1	1	0	0	0	2	-1	3
x_2	0	1	0	0	$-1/2$	1/2	3
x_3	0	0	1	0	$-9/2$	5/2	6
x_4	0	0	0	1	0	-2	1
r	0	0	0	0	3/2	1/2	21

可见,已得(AIP)的最优解 $X^*=(x_1, x_2, x_3, x_4)^{\mathrm{T}}=(3, 3, 6, 1)^{\mathrm{T}}$,最优值 $f^*=-21$.

从数学上我们可以严格地证明,使用割平面法对 K_{LP} 经有限次切割后必定能求到(AIP)的最优解. 但是,经验表明,如果不考虑(AIP)问题的大小,是不能使用割平面法来解(AIP)的. 甚至有些相当小的(AIP)问题在应用割平面法求解时,其收敛速度都相当慢. 某些例题向我们表明,约束条件顺序的随意更改都会大大地影响收敛速度. 所以一般认为,不能用割平面法单独有效地求解(AIP). 但是,若将割平面法和后面介绍的分支定界法配合使用,一般说来,能收到比较好的效果.

对于混合整数规划(MIP)的割平面法,本书不再作介绍,感兴趣的读者可参阅《运筹学方法与模型(第二版)》(傅家良编著,复旦大学出版社)。

§4.3 纯整数规划的分支定界法

假设(AIP)相应的(LP)的可行域有界,从而(AIP)的可行解个数必定有限,如果我们把它们对应的目标函数值都求出来,然后通过比较大小求出最优解,这就是完全枚举法. 但是,当问题的规模较大时,完全枚举法是不切实际的. 分支定界法则是一种“灵活”的枚举法,它只明显地考虑一部分(AIP)的可行解,并自动而不明显地清查了其余的可行解,使计算量大大地减少. 所以,分支定界法是一种隐式枚举法. 我们通过下面的引例来说明.

引例 有 3 个学校 B_1, B_2, B_3,各派两个初二班级学生参加智力游戏竞赛.

用集合 B_i 表示学校 i 参赛的全体学生, $i=1, 2, 3$; 用集合 B_0 表示 3 个学校参赛的全体学生. 3 个学校参赛的班级分别记为 B_4, B_5; B_6, B_7; B_8, B_9. 现已知 B_i 内学生 X 的最高分数 f_i 与得分人姓名 X_i 和性别,有 $f_i=\max\{f(X)\mid X\in B_i\}=f(X_i)$, $i=0, 1, \cdots, 9$. 枚举树见图 4-6,树中(B_i)旁边标注的 $f(X_i)$ 同时告诉我们 X_i 与 f_i. 现知获得最高分的 X_0 是名男同学,且仅此一名同学获得 97 分.

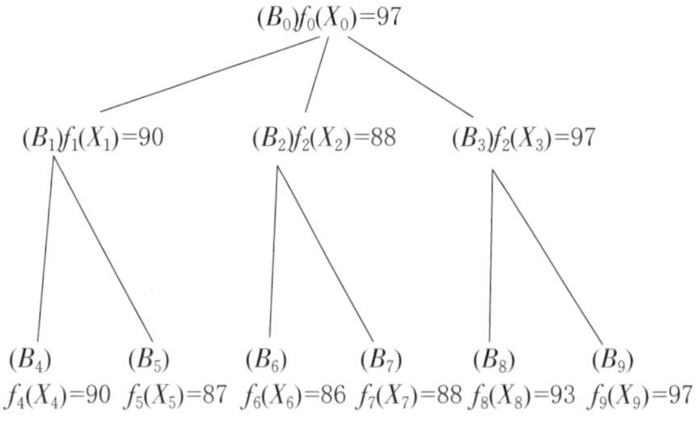

图 4-6

记 B_i 内的全体女同学为集合 A_i, $A_i\subset B_i$. 显然,有 $\max\limits_{X\in A_i}f(X)\leqslant\max\limits_{X\in B_i}f(X)$.

现想知道参赛女同学中的最高分,问采用何种方法能够得知?

解 一种方法是完全枚举所有女同学的成绩,求得女同学的最佳成绩.

另一种是隐式枚举,我们利用图 4-6 这棵已知各个学校 B_i 最佳成绩的树,来寻找 A_0 的最佳成绩. 因为 X_0 是男同学,我们把 A_0 分为 3 个分支(如图 4-7).

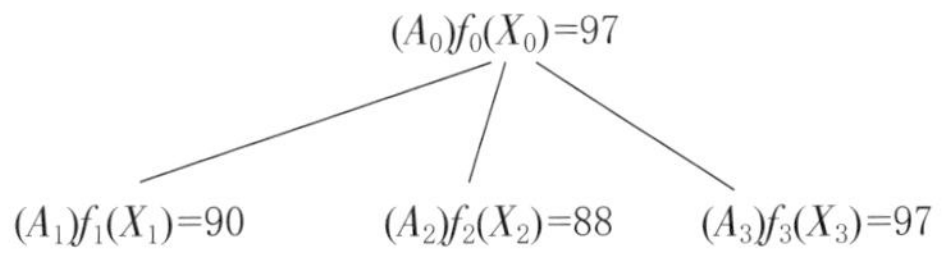

图 4-7

如果 X_1 正好是女同学，那么，对 A_1 就不必再进行搜索了，A_1 查清. 90 分是全体女同学中一个比较好的成绩，记它为 $\bar{f}$，有 $\bar{f} \leqslant \max\{f(X) \mid X \in A_0\}$，即 $\bar{f}$ 是全体女同学最佳成绩的下界，我们称 $\bar{f}$ 为定界.

先来搜索 A_2. 由于 B_2 的最佳成绩 $88 \leqslant \bar{f}$，且 $\max\limits_{X \in A_2} f(X) \leqslant \max\limits_{X \in B_2} f(X)$，故无论 X_2 是男是女，对 A_2 不必再进行搜索，可以认为 A_2 已经查清. 这里借助 B_2 的成绩记录以及 $\bar{f}$，对 A_2 实际上已经隐性搜索. 由此可见，定界 $\bar{f}$ 是剪支的手段.

接下来搜索 A_3. X_3 肯定不是女同学，他就是 X_0. 我们对 A_3 进行搜索，分成两个支(如图 4-8).

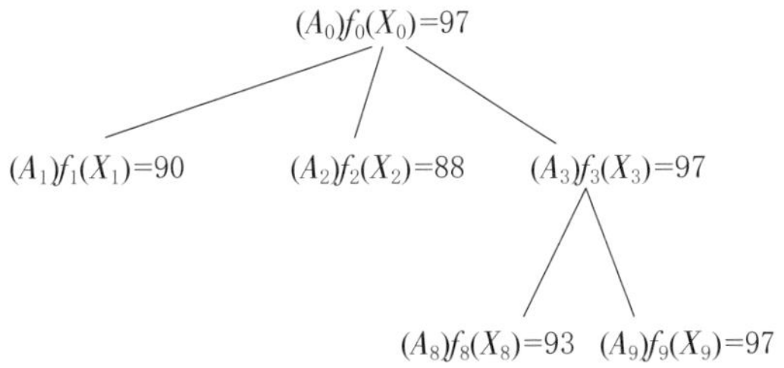

图 4-8

可知 X_8 是女同学，于是 A_8 查清. 93 优于 $\bar{f}=90$，我们就取新的定界 $\bar{f}=93$. 接下来搜索 A_9. X_9 肯定不是女同学，他就是 X_0. 我们对 A_9 进行搜索，把 B_9 与 A_9 分别分支，即分成小组，重复前面的方法.

这个有趣味的引例基本上道出了分支定界法的算法思想.

4.3.1 0-1 背包问题

现有资金 b 可用于投资，共有 n 个项目可供决策者选择. 假设 $j^{\#}$ 项目所需投资额为 a_j，投资后第 2 年年初可得利润 $c_j(j=1, \cdots, n)$. 又设 b, a_j, c_j 均是整数. 试问为使第 2 年年初获得最大利润，决策者应选取哪些项目进行投资?

若令

$$x_j=\begin{cases}1, & \text{对 } j^{\#} \text{ 项目投资}, \\ 0, & \text{否则},\end{cases}$$

便得如下整数规划:

$$\max f=\sum_{j=1}^{n} c_j x_j ;$$

$$\text{s.t.} \quad \sum_{j=1}^{n} a_j x_j \leqslant b,$$

$$x_j=0, 1, \quad j=1, \cdots, n.$$

上述问题可以解释为一位旅行者在出发前,考虑他的背包内应装哪些物品,使物品重量之和不超过背包允许的负荷,而被装物品的使用价值最大. 因而常称这类问题为 **0-1 背包问题**.

下面我们通过对一个具体的 0-1 背包问题的求解,来进一步说明分支定界法的基本思想. 为讨论方便起见,如果一个问题的可行域为 K,今后我们就记该问题为(K).

例 4-15 求解下列 0-1 背包问题:

$$\begin{aligned} &\max f = \boldsymbol{C}^{\mathrm{T}}\boldsymbol{X} = 12x_1 + 12x_2 + 9x_3 + 15x_4 + 90x_5 + 26x_6 + 112x_7; \\ \text{s. t.}\quad &\boldsymbol{a}^{\mathrm{T}}\boldsymbol{X} = 3x_1 + 4x_2 + 3x_3 + 3x_4 + 15x_5 + 13x_6 + 16x_7 \leqslant 35, \qquad (K_0) \\ &x_j = 0,\ 1,\quad j = 1,\ \cdots,\ 7, \end{aligned}$$

其可行域设为 K_0,该背包问题记为(K_0).

解 若把(K_0)的约束条件适当放宽,得到线性规划为

$$\begin{aligned} &\max f = \boldsymbol{C}^{\mathrm{T}}\boldsymbol{X}; \\ \text{s. t.}\quad &\boldsymbol{a}^{\mathrm{T}}\boldsymbol{X} \leqslant 35, \qquad (\widetilde{K}_0) \\ &0 \leqslant x_j \leqslant 1,\quad j = 1,\ \cdots,\ 7. \end{aligned}$$

其可行域设为 $\widetilde{K}_0$,该问题简记为($\widetilde{K}_0$).

显然,$K_0 \subset \widetilde{K}_0$,同时,问题($\widetilde{K}_0$)对 x_j 没有整数约束且 $c_j > 0\ (j=1,\ \cdots,\ 7)$,所以($\widetilde{K}_0$)求解比较容易. 今设想 $j^{\#}$ 物品可以等分成 a_j 份,每一份都是单位重量,其价值为 $c_j/a_j\ (j=1,\ \cdots,\ 7)$. 因而问题($\widetilde{K}_0$)就可以看成在 $\sum\limits_{j=1}^{7} a_j = 57$ 份单位重的物品中,选取 35 份价值最大者. 因此,只要按照"单位重量的价值最大的物品优先选取"的原则,就可求得($\widetilde{K}_0$)的最优解. 为此,我们先列出表 4-24.

表 4-24

$j^{\#}$ 物品	重量 a_j	价值 c_j	c_j/a_j
1	3	12	4
2	4	12	3
3	3	9	3
4	3	15	5
5	15	90	6
6	13	26	2
7	16	112	7

根据表 4-24 所列 $\dfrac{c_j}{a_j}$ 大小顺序,我们依次取 $x_7 = 1,\ x_5 = 1,\ x_4 = 1$,此时背包负载重量还剩有 $35 - a_7 - a_5 - a_4 = 1$,因此接下来取 $x_1 = 1/3$,我们即得($\widetilde{K}_0$)的最优解 X_0 和最优值 f_0 分别为

$$\begin{aligned} \boldsymbol{X}^0 &= (x_1,\ \cdots,\ x_7)^{\mathrm{T}} \\ &= (1/3,\ 0,\ 0,\ 1,\ 1,\ 0,\ 1)^{\mathrm{T}}, \\ f_0 &= 221. \end{aligned}$$

显然,$\boldsymbol{X}^0$ 不是(K_0)的一个可行解,但因为 $K_0 \subset \widetilde{K}_0$,所以,我们有

$$\max_{\boldsymbol{X}\in K_0} f(\boldsymbol{X}) \leqslant 221 = \max_{\boldsymbol{X}\in \widetilde{K}_0} f(\boldsymbol{X}),$$

即 $f_0 = 221$ 是(K_0)的最优值的一个上界.

由于 $\boldsymbol{X}^0$ 的分量 $x_1 = \dfrac{1}{3}$ 不是整数,而 K_0 中可行解 $\boldsymbol{X}$ 的分量 x_1 或为 0 或为 1,于是,我们对问题(K_0)进行分支,将 K_0 划分成两个子集 K_1 及 K_2,使 $K_0 = K_1 \cup K_2$,

$$K_1=\{\boldsymbol{X}\mid \boldsymbol{X}\in K_0,\ x_1=0\},\ K_2=\{\boldsymbol{X}\mid \boldsymbol{X}\in K_0,\ x_1=1\}.$$

相应地，问题(K_1)和(K_2)对应的两个线性规划问题$(\widetilde{K}_1)$和$(\widetilde{K}_2)$为

$$(\widetilde{K}_1)\quad \begin{aligned} &\max f=\boldsymbol{C}^{\mathrm{T}}\boldsymbol{X};\\ \text{s. t.}\quad &\boldsymbol{a}^{\mathrm{T}}\boldsymbol{X}\leqslant 35,\\ &x_1=0,\\ &0\leqslant x_j\leqslant 1,\quad j=2,\cdots,7.\end{aligned}$$

$$(\widetilde{K}_2)\quad \begin{aligned} &\max f=\boldsymbol{C}^{\mathrm{T}}\boldsymbol{X};\\ \text{s. t.}\quad &\boldsymbol{a}^{\mathrm{T}}\boldsymbol{X}\leqslant 35,\\ &x_1=1,\\ &0\leqslant x_j\leqslant 1,\quad j=2,\cdots,7.\end{aligned}$$

类似于求解$(\widetilde{K}_0)$的方法，我们得$(\widetilde{K}_1)$和$(\widetilde{K}_2)$的最优解

$$\boldsymbol{X}^1=(0,\ 0,\ 1/3,\ 1,\ 1,\ 0,\ 1)^{\mathrm{T}}$$

[或者为$(0,\ 1/4,\ 0,\ 1,\ 1,\ 0,\ 1)^{\mathrm{T}}$，两个解中可任取一个]和

$$\boldsymbol{X}^2=(1,\ 0,\ 0,\ 1/3,\ 1,\ 0,\ 1)^{\mathrm{T}}.$$

最优值分别是 $f_1=220$ 和 $f_2=219$. f_1 和 f_2 分别是问题(K_1)和(K_2)的目标函数值的上界.

因为 $\boldsymbol{X}^1$ 和 $\boldsymbol{X}^2$ 不是整数解，故再对问题(K_1)和(K_2)（我们称它们为活问题）进行分支. 现在 220 和 219 分别是(K_1)和(K_2)的目标函数值的上界，一般来说，我们选上界大的活问题先进行分支[含有(K_0)好的可行解的可能性大]，现在选(K_1)进行分支，得(K_3)和(K_4)为

$$K_3=\{\boldsymbol{X}\mid \boldsymbol{X}\in K_1,\ x_3=0\},\quad K_4=\{\boldsymbol{X}\mid \boldsymbol{X}\in K_1,\ x_3=1\},$$

(K_3)和(K_4)相应的线性规划问题为$(\widetilde{K}_3)$和$(\widetilde{K}_4)$，

$$\widetilde{K}_3=\{\boldsymbol{X}\mid \boldsymbol{X}\in\widetilde{K}_1,\ x_3=0\},\quad \widetilde{K}_4=\{\boldsymbol{X}\mid \boldsymbol{X}\in\widetilde{K}_1,\ x_3=1\},$$

重复上述方法，得$(\widetilde{K}_3)$和$(\widetilde{K}_4)$的解. 我们得枚举树，如图 4-9 所示.

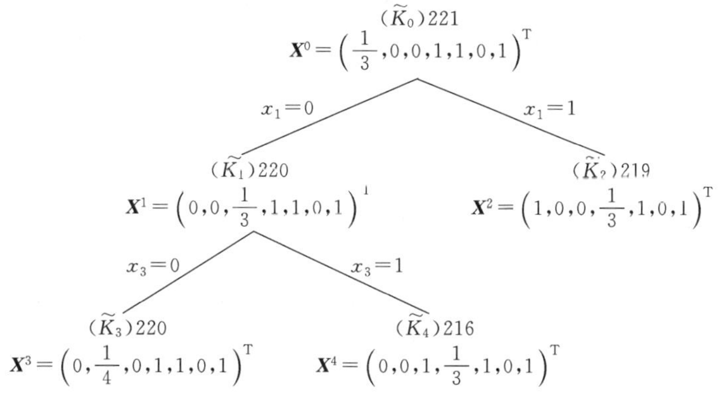

图 4-9

枚举树中列的问题是$(\widetilde{K}_i)$（以后都如此），$(\widetilde{K}_i)$旁标的信息是$(\widetilde{K}_i)$的最优解 $\boldsymbol{X}^i$ 和最优值 f_i. 树中斜线旁 $x_j=0$ 或 $x_i=1$ 表示分支过程中变量 x_j 的取值.

不失一般性，我们对上述运算过程总结如下：

假设问题(K_i)相应的线性规划问题为$(\widetilde{K}_i)$，我们有

$$K_i \subset \widetilde{K}_i;\quad \max_{X \in K_i} f(\boldsymbol{X}) \leqslant f_i = \max_{X \in \widetilde{K}_i} f(\boldsymbol{X}),$$

即$(\widetilde{K}_i)$的最优值 f_i 是(K_i)最优值的上界.

若$(\widetilde{K}_i)$的最优解 $\boldsymbol{X}^i$ 有某一个分量 x_j 为分数,则将 K_i 划分成两个子集 K_i' 和 K_i'',有

$$K_i' = \{\boldsymbol{X} \mid \boldsymbol{X} \in K_i,\ x_j = 0\},\quad K_i'' = \{\boldsymbol{X} \mid \boldsymbol{X} \in K_i,\ x_j = 1\},$$

(K_i')和(K_i'')相应的线性规划为$(\widetilde{K}_i')$和$(\widetilde{K}_i'')$,

$$\widetilde{K}_i' = \{\boldsymbol{X} \mid \boldsymbol{X} \in \widetilde{K}_i,\ x_j = 0\},\quad \widetilde{K}_i'' = \{\boldsymbol{X} \mid \boldsymbol{X} \in \widetilde{K}_i,\ x_j = 1\}.$$

图 4-9 告诉我们,目前活问题有 3 个:(K_2),(K_3)和(K_4). 我们选 f_i 大的活问题(K_3)进行分支,即对$(\widetilde{K}_3)$进行分支,如图 4-10 所示.

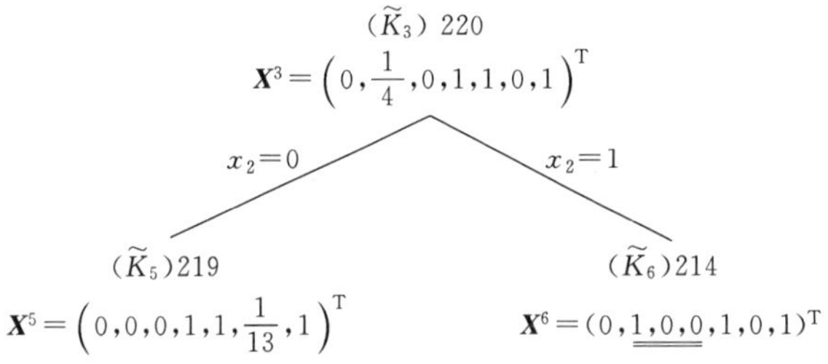

图 4-10

表 4-25

$\boldsymbol{X}^*$	$\bar{f}$
—	$-\infty$
$(0,\ 1,\ 0,\ 0,\ 1,\ 0,\ 1)^T$	214

由于$(\widetilde{K}_6)$的最优解 $\boldsymbol{X}^6 \in K_6$,故 $\boldsymbol{X}^6$ 也为(K_6)的最优解,$f_6 = 214$ 为(K_6)的最优值. 至此,(K_6)查清.

这样,到目前为止,我们得到(K_0)较好的一个可行解$(0,\ 1,\ 0,\ 0,\ 1,\ 0,\ 1)^T$,且有

$$f_6 = 214 \leqslant f^* = \max_{X \in K_0} f(\boldsymbol{X}),$$

即 214 是(K_0)最优值 f^* 的一个下界. 我们称 214 为界限或定界,用 $\bar{f}$ 表示.

我们将 $\boldsymbol{X}^6$ 和 f_6 视为当前的 $\boldsymbol{X}^*$ 和 $\bar{f}$ 填入图 4-10 树旁表格中(初始时,取 $\bar{f} = -\infty$)如表 4-25所示.

接下来,我们对(K_5)也即对$(\widetilde{K}_5)$进行分支,如图 4-11 所示.

显然,$\boldsymbol{X}^7$ 和 f_7 分别是(K_7)的最优解和最优值. (K_7)查清. 由于 f_7=217 大于目前的定界 $\bar{f}$,说明 $\boldsymbol{X}^7$ 要比现在的 $\boldsymbol{X}^*$ 好,从而改 $\boldsymbol{X}^*$ 取为$(0,\ 0,\ 0,\ 1,\ 1,\ 0,\ 1)^T$,改 $\bar{f}$ 为 217,如表 4-26 所示.

由于$(\widetilde{K}_8)$的最优值 $f_8 = 174 < \bar{f} = 217$,同时 f_8 又是(K_8)的目标函数值的上界,因此 K_8 中不会有比$(0,\ 0,\ 0,\ 1,\ 1,\ 0,\ 1)^T$ 更好的可行解,故问题(K_8)查清(此过程我们称为剪支).

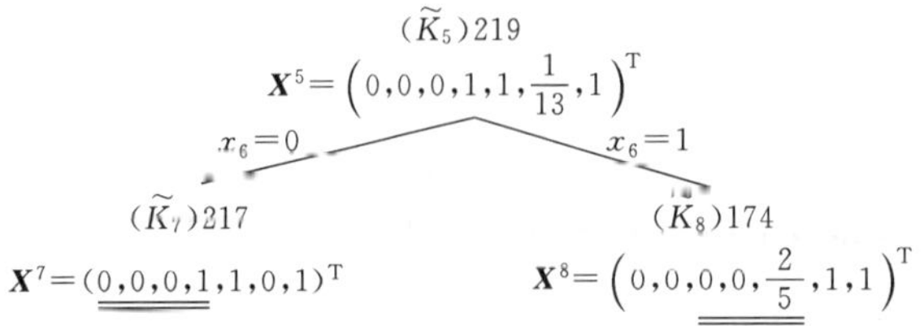

图 4-11

表 4-26

$\boldsymbol{X}^*$	$\bar{f}$
—	$-\infty$
$(0,\ 1,\ 0,\ 0,\ 1,\ 0,\ 1)^T$	214
$(0,\ 0,\ 0,\ 1,\ 1,\ 0,\ 1)^T$	217

(K_8)被查清，使我们充分理解了为什么说分支定界法是一种隐含枚举法. 同时，也使我们进一步认识了定界 $\bar{f}$ 对求解所起的作用，它的应用大大地减少了计算量.

不失一般性，我们有如下结论：

① 定界 $\bar{f}(<+\infty)$ 是(K_0)最优值的一个下界.

② 如果由新分支而得的问题$(\widetilde{K}_i)$的最优解 $\boldsymbol{X}^i$ 是整数解，且 $f_i>\bar{f}$，则 $\boldsymbol{X}^i$ 和 f_i 分别作为新的 $\boldsymbol{X}^*$ 和 $\bar{f}$. 若 $\boldsymbol{X}^i$ 不是整数解，且 $f_i\leqslant\bar{f}$，则问题(K_i)查清；反之，$f_i>\bar{f}$，则(K_i)作为活问题等待分支和清查.

③ 每当新的定界产生，就要对树上原有的活问题(未查清的和未划分的)查视一遍而进行剪支工作.

我们对(K_2)继续分支而得问题(K_9)和(K_{10})，相应的线性规划为$(\widetilde{K}_9)$和$(\widetilde{K}_{10})$. 因为$(\widetilde{K}_9)$和$(\widetilde{K}_{10})$的最优值 $f_9=f_{10}=217=\bar{f}$，所以问题(K_9)及(K_{10})也查清. 至此，枚举树中一个活问题也没有了，枚举树生长完毕，计算结束. 整个运算过程如图 4-12 所示.

由图 4-12 知，$\boldsymbol{X}^*=(0,\ 0,\ 0,\ 1,\ 1,\ 0,\ 1)^{\mathrm{T}}$ 为(K_0)的最优解，$\bar{f}=217$ 为(K_0)的最优值 f^*(如表 4-27 所示)，也就是说，这个背包问题的最优决策为 4#，5# 和 7# 物品各带一件，价值为 217.

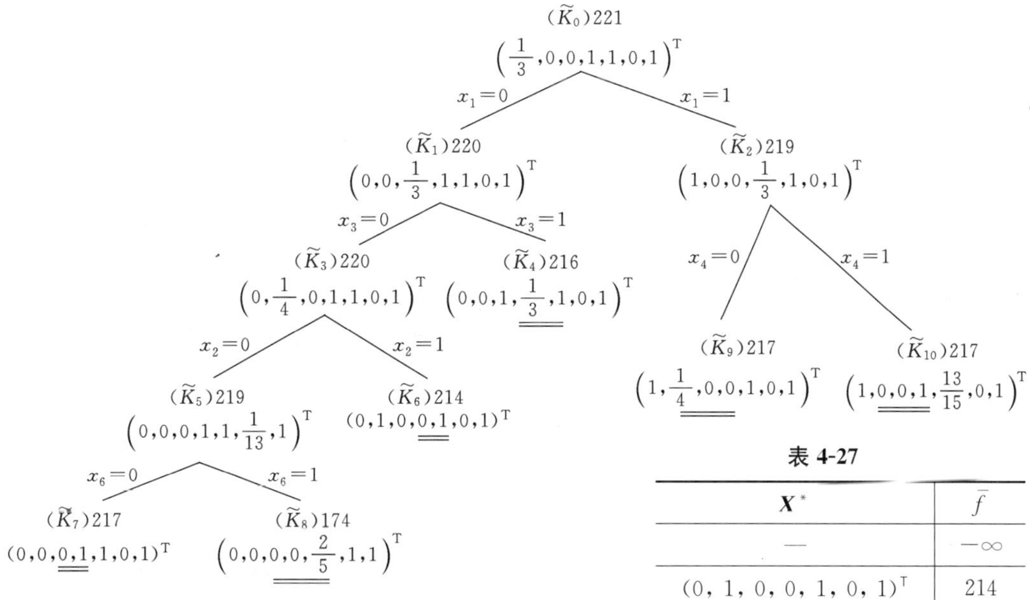

图 4-12

表 4-27

$\boldsymbol{X}^*$	$\bar{f}$
—	$-\infty$
$(0,\ 1,\ 0,\ 0,\ 1,\ 0,\ 1)^{\mathrm{T}}$	214
$(0,\ 0,\ 0,\ 1,\ 1,\ 0,\ 1)^{\mathrm{T}}$	217

下面，我们在求解 0-1 背包问题的基础上，介绍若干分支定界法的术语和记号. 这些基本概念对管理中的其他问题建立特定的分支定界法同样也是适用的.

现在我们将讨论的问题转向为

$$\min\{\boldsymbol{C}^{\mathrm{T}}\boldsymbol{X}\mid\boldsymbol{X}\in K_0\},$$

其中 K_0 的元素个数是有限的. 由于下面讨论的问题转向“min”，请读者重新理解 $\bar{f}$ 的意义并加以适应.

(1) 划分——把 K_0 的一个子集 K_S 划分成有限个子集 K_S^1, K_S^2, …, K_S^m(它们两两互斥或不互斥),即

$$K_S=K_S^1 \cup K_S^2 \cup \cdots \cup K_S^m.$$

(2) 松弛问题——将(K_S)中的约束条件适当放宽,使得 K_S 扩大为 $\widetilde{K}_S$,并且($\widetilde{K}_S$)的求解有现成的算法或者($\widetilde{K}_S$)比(K_S)求解容易些. 我们称($\widetilde{K}_S$)为(K_S)的松弛问题. 此时有

$$K_S \subset \widetilde{K}_S,$$

$$\min_{\boldsymbol{X}\in K_S} f(\boldsymbol{X}) \geqslant \min_{\boldsymbol{X}\in \widetilde{K}_S} f(\boldsymbol{X}),$$

即($\widetilde{K}_S$)的最优值 f_S 是(K_S)目标函数值的一个下界.

(3) (K_S)的目标函数值的下界 $\underline{f}_S$[简称为(K_S)的下界]——一般地,我们取($\widetilde{K}_S$)的最优值 f_S 作为(K_S)目标函数值的下界 $\underline{f}_S$. 如果有可能,自然希望能对(K_S)的下界作更好的估计,我们应尽可能使 $\underline{f}_S$ 接近(K_S)的最优值.

(4) 界限或定界 $\bar{f}$——$\bar{f}$ 为在生长枚举树的过程中,到当前一步为止,(K_0)所能搜索到的现有较好的可行解 $\boldsymbol{X}^*$ 的目标函数值,它是(K_0)最优值的一个上界,

$$\min_{\boldsymbol{X}\in K_0} f(x) \leqslant \bar{f}.$$

当枚举树生长完毕,$\bar{f}<+\infty$,则 $\bar{f}$ 即为(K_0)的最优值,对应的 $\boldsymbol{X}^*$ 即为(K_0)的最优解.

在初始时,一般取 $\bar{f}=+\infty$. 以后每求解一个问题(K_S)的松弛问题($\widetilde{K}_S$),一旦它的最优解 $\boldsymbol{X}^S\in K_S$,且相应的最优值 $f_S<\bar{f}$,则 f_S 作为新的定界 $\bar{f}$,$\boldsymbol{X}^S$ 作为新的 $\boldsymbol{X}^*$.

(5) 失去希望的问题——若($\widetilde{K}_S$)的最优值 $f_S\geqslant\bar{f}$,这时,K_S 中任何一个可行解 $\boldsymbol{X}$ 的目标函数值 $f(\boldsymbol{X})$都不小于 $\bar{f}$,而 $\bar{f}$ 是目前找到的(K_0)的最优值的一个较好的上界,故 K_S 中不存在比 $\boldsymbol{X}^*$ 更优的解,所以不必再对 K_S 进行讨论,我们称(K_S)为失去希望的问题.

(6) 已被查清的问题——若对当前的($\widetilde{K}_S$)已获得下列结论之一:

① $\widetilde{K}_S=\varnothing$,则 K_S 也为 $\varnothing$;

② $\widetilde{K}_S$ 的最优解 $\boldsymbol{X}^S\in K_S$;

③ ($\widetilde{K}_S$)的最优值 $f_S\geqslant\bar{f}$,

则称(K_S)为一个已被查清的问题.

(7) 活问题——若(K_S)没有被查清,也没有被划分,则称(K_S)为活问题.

(8) 剪支——枚举树生长过程中,一旦获得新定界 $\bar{f}$,就用它去检查现有活问题,把失去希望的问题改为已被查清的问题. 这一过程称为剪支.

(9) 分支、父问题和子问题——选择一个活问题(K_S)进行划分,称为分支. (K_S)称为父问题,K_S 划分后所得的数个分支问题,称为子问题.

4.3.2 分支定界法

我们先通过求解一个具体的实例来分析一下,在用分支定界法求解纯整数规划问题时,如何对活问题进行分支.

例 4-16 应用分支定界法求解下列(AIP):

$$\min f=-8x_1-12x_2;$$

$$\text{s.t.}\quad 2x_1+5x_2\leqslant 20,$$
$$6x_1+7x_2\leqslant 42,$$
$$x_j\geqslant 0,\text{整数},\quad j=1,2.$$

解　设(AIP)的可行域为 K_0，相应的线性规划的可行域为 $\widetilde{K}_0$，有 $K_0\subset\widetilde{K}_0$. 由于线性规划问题($\widetilde{K}_0$)有单纯形法可以求解，因此取($\widetilde{K}_0$)作为($K_0$)的松弛问题. 现在我们用图解法来求解($\widetilde{K}_0$)，如图 4-13 所示.

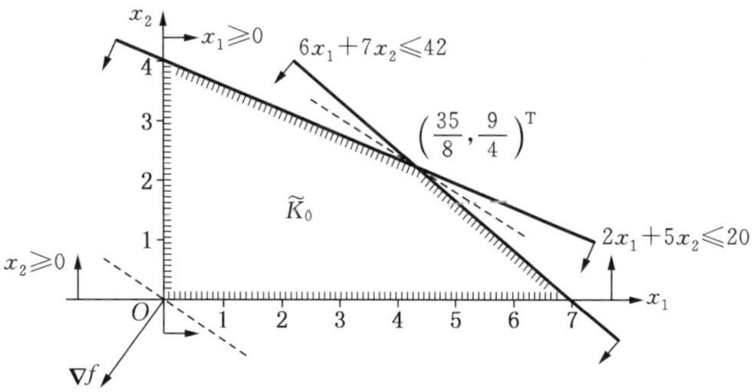

图 4-13

可知，($\widetilde{K}_0$)的最优解 $\boldsymbol{X}^0=(35/8,\ 9/4)^{\mathrm{T}}$，最优值 $f_0=-61$. $\boldsymbol{X}^0$ 不是(K_0)的可行解.

由于集合

$$\left\{\boldsymbol{X}\mid \boldsymbol{X}\in\widetilde{K}_0,\ \left\lfloor\frac{35}{8}\right\rfloor<x_1<\left\lceil\frac{35}{8}\right\rceil\right\}$$

中不可能含有 K_0 的可行解，我们在 $\widetilde{K}_0$ 中删去这部分集合. 于是，可将 K_0 划分成

$$K_1=\{\boldsymbol{X}\mid \boldsymbol{X}\in K_0,\ x_1\leqslant 4\},\quad K_2=\{\boldsymbol{X}\mid \boldsymbol{X}\in K_0,\ x_1\geqslant 5\},$$

相应地，有

$$\widetilde{K}_1=\{\boldsymbol{X}\mid \boldsymbol{X}\in\widetilde{K}_0,\ x_1\leqslant 4\},\quad \widetilde{K}_2=\{\boldsymbol{X}\mid \boldsymbol{X}\in\widetilde{K}_0,\ x_1\geqslant 5\}.$$

由图 4-14 知，($\widetilde{K}_1$)的最优解 $\boldsymbol{X}^1=\left(4,\ \frac{12}{5}\right)^{\mathrm{T}}$，最优值 $f_1=-60\frac{4}{5}$；($\widetilde{K}_2$)的最优解 $\boldsymbol{X}^2=$

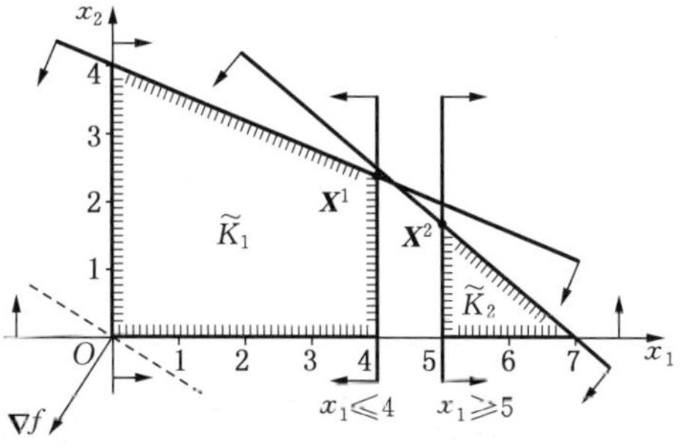

图 4-14

$\left(5,\ \dfrac{12}{7}\right)^{\mathrm{T}}$,最优值 $f_2=-60\dfrac{4}{7}$. $\boldsymbol{X}^1$ 和 $\boldsymbol{X}^2$ 都不是 K_0 的可行解.

因为 $f_1=-60\dfrac{4}{5}<f_2=-60\dfrac{4}{7}$,所以我们选 K_1 先进行划分,

$$K_3=\{\boldsymbol{X}\mid \boldsymbol{X}\in K_1,\ x_2\leqslant 2\},$$
$$K_4=\{\boldsymbol{X}\mid \boldsymbol{X}\in K_1,\ x_2\geqslant 3\},$$

相应地,

$$\widetilde{K}_3=\{\boldsymbol{X}\mid \boldsymbol{X}\in\widetilde{K}_1,\ x_2\leqslant 2\},$$
$$\widetilde{K}_4=\{\boldsymbol{X}\mid \boldsymbol{X}\in\widetilde{K}_1,\ x_2\geqslant 3\}.$$

由图 4-15 知,($\widetilde{K}_3$)的最优解 $\boldsymbol{X}^3=(4,\ 2)^{\mathrm{T}}$,最优值 $f_3=-56$,现在 $\boldsymbol{X}^3\in K_3$,从而,取 $\boldsymbol{X}^*=\boldsymbol{X}^3$, $\bar{f}=-56$. (K_3)查清.

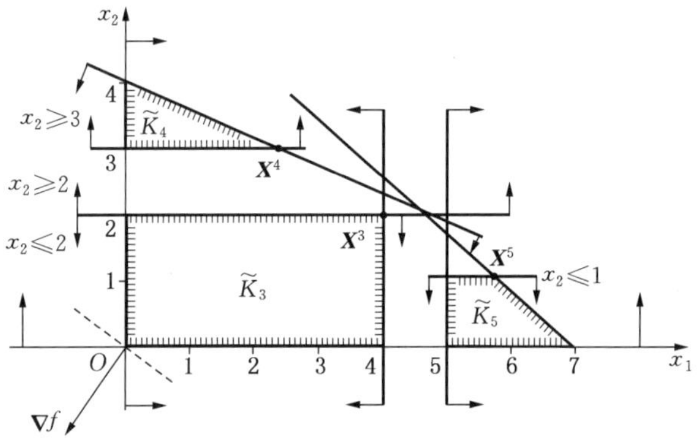

图 4-15

又由图 4-15 知,($\widetilde{K}_4$)的最优解 $\boldsymbol{X}^4=\left(\dfrac{5}{2},\ 3\right)^{\mathrm{T}}$,最优值 $f_4=-56$. 因为 $f_4=\bar{f}$,所以(K_4)也被查清.

接下来,我们对 K_2 进行划分,

$$K_5=\{\boldsymbol{X}\mid \boldsymbol{X}\in K_2,\ x_2\leqslant 1\},\quad K_6=\{\boldsymbol{X}\mid \boldsymbol{X}\in K_2,\ x_2\geqslant 2\},$$

相应地,

$$\widetilde{K}_5=\{\boldsymbol{X}\mid \boldsymbol{X}\in\widetilde{K}_2,\ x_2\leqslant 1\},\quad \widetilde{K}_5=\{\boldsymbol{X}\mid \boldsymbol{X}\in\widetilde{K}_2,\ x_2\geqslant 2\}.$$

由图 4-15 知,($\widetilde{K}_5$)的最优解 $\boldsymbol{X}^5=\left(\dfrac{35}{6},\ 1\right)^{\mathrm{T}}$,最优值 $f_5=-\dfrac{176}{3}$. 因为 $f_5<\bar{f}=-56$,所以(K_5)仍为活问题. 又由图 4-15 知,$\widetilde{K}_6=\varnothing$,所以($K_6$)查清. 对($K_5$)需要继续分支,具体文字步骤和在图 4-15 上的继续划分我们不再细述.

整个运算过程如枚举树图 4-16 和表 4-28 所示. 所有的问题都已被查清,因而,(K_0)的最优解 $\boldsymbol{X}^*=(4,\ 2)^{\mathrm{T}}$,最优值 $f^*=-56$.

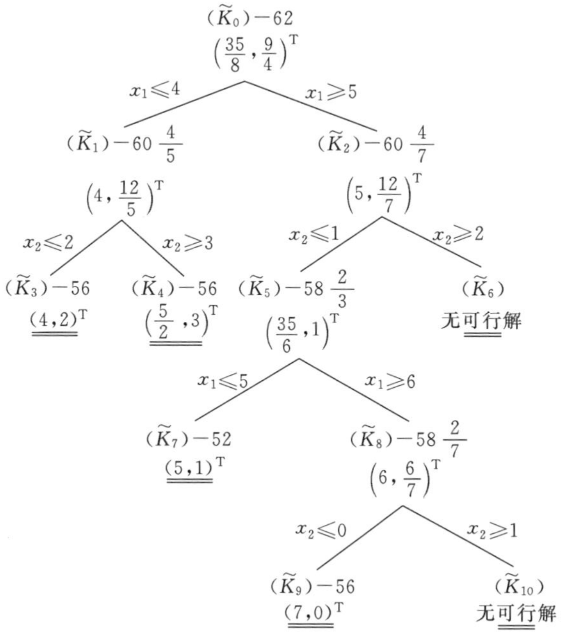

图 4-16

表 4-28

X^*	$\bar{f}$
—	$+\infty$
$(4,\ 2)^T$	-56

例 4-16 的求解过程告诉我们，若(K_0)的某个子问题(K_S)的松弛问题$(\widetilde{K}_S)$在用单纯形法求解时，具有最优基 $\boldsymbol{B}$，而基本最优解 $\boldsymbol{X}^S=\begin{pmatrix}\boldsymbol{X}_B\\ \boldsymbol{X}_D\end{pmatrix}=\begin{pmatrix}\bar{\boldsymbol{b}}\\ \boldsymbol{0}\end{pmatrix}$ 中存在某个基本变量$x_{B_k}=\bar{b}_k$ 不是整数(若有若干个 $\langle\bar{b}_i\rangle\neq 0$，在算法中，一般情况下取 $\bar{b}_k$ 为：$\langle\bar{b}_k\rangle=\max\limits_{1\leqslant i\leqslant m}\langle\bar{b}_i\rangle$)，则我们就以 x_{B_k} 来划分 K_S，

$$K'_S=\{\boldsymbol{X}\mid\boldsymbol{X}\in K_S,\ x_{B_k}\leqslant\lfloor\bar{b}_k\rfloor\},\quad K''_S=\{\boldsymbol{X}\mid\boldsymbol{X}\in K_S,\ x_{B_k}\geqslant\lceil\bar{b}_k\rceil\},$$

相应地，有

$$\widetilde{K}'_S=\{\boldsymbol{X}\mid\boldsymbol{X}\in\widetilde{K}_S,\ x_{B_k}\leqslant\lfloor\bar{b}_k\rfloor\},\quad \widetilde{K}''_S=\{\boldsymbol{X}\mid\boldsymbol{X}\in\widetilde{K}_S,\ x_{B_k}\geqslant\lceil\bar{b}_k\rceil\}.$$

那么，在这个分支过程中，我们如何利用$(\widetilde{K}_S)$的最优单纯形表 $T(\boldsymbol{B})$的有关信息来进一步求解$(\widetilde{K}'_S)$和$(\widetilde{K}''_S)$呢？为便于计算具体的例题，我们先作讨论.

对约束条件 $x_{B_k}\leqslant\lfloor\bar{b}_k\rfloor$ 和 $x_{B_k}\geqslant\lceil\bar{b}_k\rceil$ 分别引入松弛变量 x' 和剩余变量 x'' 而得方程

$$x_{B_k}+x'=\lfloor\bar{b}_k\rfloor,\tag{4-29}$$

$$x_{B_k}-x''=\lceil\bar{b}_k\rceil,\tag{4-30}$$

由 $T(\boldsymbol{B})$可知

$$x_{B_k}=\bar{b}_k-\sum_{j\in I_D}y_{kj}x_j,$$

将它代入式(4-29)和式(4-30)后分别得到方程

$$-\sum_{j\in I_D}y_{kj}x_j+x'=-\langle\bar{b}_k\rangle,\tag{4-31}$$

$$\sum_{j\in I_D} y_{kj}x_j + x'' = \langle \bar{b}_k \rangle - 1. \tag{4-32}$$

我们将这两个方程加到 $T(\boldsymbol{B})$上去,即可得到($\widetilde{K}'_S$)和($\widetilde{K}''_S$)的初始单纯形表,如表 4-29 和表 4-30 所示. 然后利用对偶单纯形法继续求解.

表 4-29

$\boldsymbol{X}_{\widetilde{B}}$	…	x_j	…	x'	$\widetilde{\boldsymbol{B}}^{-1}\boldsymbol{b}$
$\boldsymbol{X}_B$	…	$\boldsymbol{y}^j$	…	$\boldsymbol{0}$	$\bar{\boldsymbol{b}}$
x'	…	$-y_{kj}$	…	1	$-\langle \bar{b}_k \rangle$
$\boldsymbol{r}$	…	r_j	…	0	$-f_0$

表 4-30

$\boldsymbol{X}_{\widetilde{B}}$	…	x_j	…	x''	$\widetilde{\boldsymbol{B}}^{-1}\boldsymbol{b}$
$\boldsymbol{X}_B$	…	$\boldsymbol{y}^j$	…	$\boldsymbol{0}$	$\bar{\boldsymbol{b}}$
x''	…	y_{kj}	…	1	$\langle \bar{b}_k \rangle - 1$
$\boldsymbol{r}$	…	r_j	…	0	$-f_0$

由于在我们讨论的纯整数规划中,目标函数系数 c_j 均为整数,因此,(K_S)的最优值应是整数. 当($\widetilde{K}_S$)的最优值不是整数时,我们不妨取(K_S)的下界 $\underline{f}_S$ 为$\lceil f_S \rceil$,这样的改进,有时会给剪支带来方便.

例 4-17 用分支定界法求解下列(AIP):

$$\begin{aligned} \min f &= 7x_1 + 3x_2 + 4x_3; \\ \text{s.t.}\quad & x_1 + 2x_2 + 3x_3 \geqslant 8, \\ & 3x_1 + x_2 + x_3 \geqslant 5, \\ & x_j \geqslant 0, \text{整数}, \quad j = 1, 2, 3. \end{aligned} \qquad (K_0)$$

解 (1) 先应用对偶单纯形法求解(K_0)的松弛问题($\widetilde{K}_0$),

$$\begin{aligned} \min f &= 7x_1 + 3x_2 + 4x_3; \\ \text{s.t.}\quad & x_1 + 2x_2 + 3x_3 - x_4 = 8, \\ & 3x_1 + x_2 + x_3 - x_5 = 5, \\ & x_j \geqslant 0, \quad j = 1, \cdots, 6. \end{aligned} \qquad (\widetilde{K}_0)$$

得($\widetilde{K}_0$)最优解的单纯形表如表 4-31 所示.

表 4-31

$\boldsymbol{X}_B$	x_1	x_2	x_3	x_4	x_5	$\bar{\boldsymbol{b}}$
x_1	1	0	1/5	1/5	−2/5	2/5
x_2	0	1	8/5	−3/5	1/5	19/5
$\boldsymbol{r}$	0	0	3/5	2/5	11/5	−71/5

由表 4-31 知，($\widetilde{K}_0$)的最优解 $\boldsymbol{X}^0=(2/5, 19/5, 0, 0, 0)^{\mathrm{T}}$，最优值 $f_0=71/5$.

因为 $\boldsymbol{X}^0 \overline{\in} K_0$，我们取 $\underline{f}_0=\left\lceil\frac{71}{5}\right\rceil=15$.

(2) 我们用 x_2 来划分 K_0，

$$K_1=\{\boldsymbol{X} \mid \boldsymbol{X} \in K_0, x_2 \leqslant 3\}, \quad K_2=\{\boldsymbol{X} \mid \boldsymbol{X} \in K_0, x_2 \geqslant 4\},$$

相应地，有

$$\widetilde{K}_1=\{\boldsymbol{X} \mid \boldsymbol{X} \in \widetilde{K}_0, x_2 \leqslant 3\}, \quad \widetilde{K}_2=\{\boldsymbol{X} \mid \boldsymbol{X} \in \widetilde{K}_0, x_2 \geqslant 4\}.$$

① 求解($\widetilde{K}_1$). 将 $x_2 \leqslant 3$ 附加到表 4-31 上，按表 4-29 得表 4-32，并继续迭代，得表 4-33.

表 4-32

$\boldsymbol{X}_B$	x_1	x_2	x_3	x_4	x_5	x_6	$\bar{\boldsymbol{b}}$
x_1	1	0	$-1/5$	1/5	$-2/5$	0	2/5
x_2	0	1	8/5	$-3/5$	1/5	0	19/5
x_6	0	0	$(-8/5)$	3/5	$-1/5$	1	$-4/5$
$\boldsymbol{r}$	0	0	3/5	2/5	11/5	0	$-71/5$

表 4-33

$\boldsymbol{X}_B$	x_1	x_2	x_3	x_4	x_5	x_6	$\bar{\boldsymbol{b}}$
x_1	1	0	0	1/8	$-3/8$	$-1/8$	1/2
x_2	0	1	0	0	0	1	3
x_3	0	0	1	$-3/8$	1/8	$-5/8$	1/2
$\boldsymbol{r}$	0	0	0	5/8	17/8	3/8	$-29/2$

由表 4-33 得($\widetilde{K}_1$)的最优解 $\boldsymbol{X}^1=(1/2, 3, 1/2, 0, 0)^{\mathrm{T}}$，最优值 $f_1=29/2$.

我们取 $\underline{f}_1=\left\lceil\frac{29}{2}\right\rceil=15$.

② 对($\widetilde{K}_2$)求解. 将 $x_2 \geqslant 4$ 附加到表 4-31 上，按表 4-30 得表 4-34，继续迭代，得表 4-35.

表 4-34

$\boldsymbol{X}_B$	x_1	x_2	x_3	x_4	x_5	x_7	$\bar{\boldsymbol{b}}$
x_1	1	0	$-1/5$	1/5	$-2/5$	0	2/5
x_2	0	1	8/5	$-3/5$	1/5	0	19/5
x_7	0	0	8/5	$(-3/5)$	1/5	1	$-1/5$
$\boldsymbol{r}$	0	0	3/5	2/5	11/5	0	$-71/5$

表 4-35

X_B	x_1	x_2	x_3	x_4	x_5	x_7	$\bar{b}$
x_1	1	0	1/3	0	−1/3	1/3	1/3
x_2	0	1	0	0	0	−1	4
x_4	0	0	−8/3	1	−1/3	−5/3	1/3
r	0	0	5/3	0	7/3	2/3	−43/3

由表 4-35,得$(\widetilde{K}_2)$的最优解 $X^2=(1/3, 4, 0, 1/3, 0)^{\mathrm{T}}$,最优值 $f_2=43/3$.

我们取 $\underline{f}_2=\lceil f_2 \rceil=15$.

(3) (K_1)及(K_2)的下界都为 15,不妨取(K_2)进行分支. 用 x_1 将(K_2)划分成

$$K_3=\{X \mid X \in K_2, x_1 \leqslant 0\}, \quad K_4=\{X \mid X \in K_2, x_1 \geqslant 1\},$$

相应地,有

$$\widetilde{K}_3=\{X \mid X \in \widetilde{K}_2, x_1 \leqslant 0\}, \quad \widetilde{K}_4=\{X \mid X \in \widetilde{K}_2, x_1 \geqslant 1\}.$$

① 对$(\widetilde{K}_3)$求解. 将 $x_1 \leqslant 0$ 附加到表 4-35 上,按表 4-29 得表 4-36,继续迭代,得表 4-37.

表 4-36

X_B	x_1	x_2	x_3	x_4	x_5	x_7	x_8	$\bar{b}$
x_1	1	0	1/3	0	−1/3	1/3	0	1/3
x_2	0	1	0	0	0	−1	0	4
x_4	0	0	−8/3	1	−1/3	−5/3	0	1/3
x_8	0	0	−1/3	0	1/3	(−1/3)	1	−1/3
r	0	0	5/3	0	7/3	2/3	0	−43/3

表 4-37

X_B	x_1	x_2	x_3	x_4	x_5	x_7	x_8	$\bar{b}$
x_1	1	0	0	0	0	0	1	0
x_2	0	1	1	0	−1	0	−3	5
x_4	0	0	−1	1	−2	0	−5	2
x_7	0	0	1	0	−1	1	−3	1
r	0	0	1	0	3	0	2	−15

由表 4-37 得$(\widetilde{K}_3)$的最优解 $X^3=(0, 5, 0, 2, 0)^{\mathrm{T}}$,最优值 $f_3=15$.

由于 $X^3 \in K_3$,故取定界$\bar{f}=15$, $X^*=X^3$. 如表 4-38 所示,问题(K_3)查清.

由于问题(K_1)的下界 $\underline{f}_1=15=\bar{f}$, 因此问题$(K_1)$也查清.

② 对$(\widetilde{K}_4)$求解. 将 $x_1 \geqslant 1$ 附加到表 4-35 上,按表 4-30 得表 4-39,继续迭代,得表 4-40.

由表 4-40 得$(\widetilde{K}_4)$的最优解 $\boldsymbol{X}^4=(1,\ 4,\ 0,\ 1,\ 2)^{\mathrm{T}}$,最优值 $f_4=19$.

由于 $f_4>\bar{f}=15$,因此(K_4)成为没有希望的问题,(K_4)查清.

至此,生长的枚举树如图 4-17 和表 4-38 所示,该树不再有活问题.因此得(K_0)的最优解 $\boldsymbol{X}^*=(0,\ 5,\ 0)^{\mathrm{T}}$,最优值 $f^*=15$.

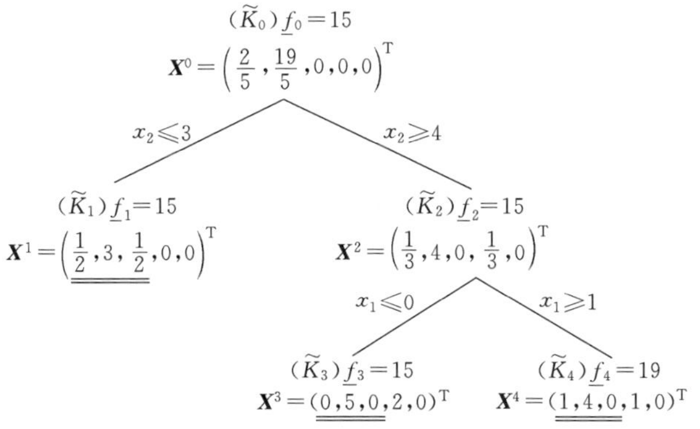

图 4-17

表 4-38

$\boldsymbol{X}^*$	$\bar{f}$
—	$+\infty$
$(0,\ 5,\ 0,\ 2,\ 0)^{\mathrm{T}}$	15

表 4-39

$\boldsymbol{X}_B$	x_1	x_2	x_3	x_4	x_5	x_7	x_9	$\bar{\boldsymbol{b}}$
x_1	1	0	1/3	0	−1/3	1/3	0	1/3
x_2	0	1	0	0	0	−1	0	4
x_4	0	0	−8/3	1	−1/3	−5/3	0	1/3
x_9	0	0	1/3	0	(−1/3)	1/3	1	−2/3
$\boldsymbol{r}$	0	0	5/3	0	7/3	2/3	0	−43/3

表 4-40

$\boldsymbol{X}_B$	x_1	x_2	x_3	x_4	x_5	x_7	x_9	$\bar{\boldsymbol{b}}$
x_1	1	0	0	0	0	0	−1	1
x_2	0	1	0	0	0	−1	0	4
x_4	0	0	−3	1	0	−2	−1	1
x_5	0	0	−1	0	1	−1	−3	2
$\boldsymbol{r}$	0	0	4	0	0	3	7	−19

在归纳(AIP)的分支定界法的算法以前,我们先对若干符号作出解释以便理解算法:

L——迭代至某一步时,枚举树中所有问题的下标集合;

E——当前枚举树中已查清的问题和已划分的问题的下标集合;

$L-E$ ——当前枚举树中活问题的下标集合;

l——当前枚举树中问题的最大下标;

S——在枚举树中,当前正在划分的问题的下标.

设(AIP)的可行域为 K_0,相应的线性规划问题的可行域 $\widetilde{K}_0$ 非空有界,求解(AIP)的分支定界法的算法步骤如下:

① 应用单纯形法求解$(\widetilde{K}_0)$,得最优解$\boldsymbol{X}^0$、最优值f_0和最优单纯形表$T(\boldsymbol{B})$.

$\langle \bar{b}_i \rangle = 0$对$i=1, \cdots, m$都成立否?

若是,则$\boldsymbol{X}^0$, f_0即为(K_0)的最优解$\boldsymbol{X}^*$和最优值f^*,算法终止.

若否,则存在$\langle \bar{b}_i \rangle \neq 0$,取

$$\bar{f} = +\infty, \quad \underline{f}_0 = \lceil f_0 \rceil, \quad E = \varnothing, \quad L = \{0\}, \quad l = 0.$$

转步骤②.

② $L - E = \varnothing$?

若是,则当$\bar{f} = +\infty$时,$K_0 = \varnothing$,算法终止.

当$\bar{f} < +\infty$时,$\bar{f}$即为(K_0)的最优值f^*,相应的$\boldsymbol{X}^*$即为(K_0)的最优解,算法终止.

若否,则转步骤③.

③ 定指标S:取$\underline{f}_S = \min\{\underline{f}_j \mid j \in L - E\}$.

划分K_S:取$\langle \bar{b}_k \rangle = \max\{\langle \bar{b}_i \rangle \mid 1 \leqslant i \leqslant m\}$,令

$$\begin{aligned}
&K_{l+1} = \{\boldsymbol{X} \mid \boldsymbol{X} \in K_S,\ x_{B_k} \leqslant \lfloor \bar{b}_k \rfloor\},\\
&K_{l+2} = \{\boldsymbol{X} \mid \boldsymbol{X} \in K_S,\ x_{B_k} \geqslant \lceil \bar{b}_k \rceil\},\\
&\widetilde{K}_{l+1} = \{\boldsymbol{X} \mid \boldsymbol{X} \in \widetilde{K}_S,\ x_{B_k} \leqslant \lfloor \bar{b}_k \rfloor\},\\
&\widetilde{K}_{l+2} = \{\boldsymbol{X} \mid \boldsymbol{X} \in \widetilde{K}_S,\ x_{B_k} \geqslant \lceil \bar{b}_k \rceil\},\\
&L = L \cup \{l+1, l+2\}, E = E \cup \{S\}.
\end{aligned}$$

(4) 求解$(\widetilde{K}_{l+1})$. 若最终单纯形表$T(\boldsymbol{B})$指出$\widetilde{K}_{l+1} = \varnothing$,则取$E = E \cup \{l+1\}$,转步骤⑤. 否则,若$\langle \bar{b}_i \rangle = 0$对$i=1, \cdots, m$都成立,则取$E = E \cup \{l+1\}$,且当$f_{l+1} < \bar{f}$时,取$\boldsymbol{X}^* = \boldsymbol{X}^{l+1}$, $\bar{f} = f_{l+1}$,转步骤⑤;若存在$\langle \bar{b}_i \rangle \neq 0$,则取$\underline{f}_{l+1} = \lceil f_{l+1} \rceil$,转步骤⑤.

⑤ 求解$(\widetilde{K}_{l+2})$. 若最终单纯形表$T(\boldsymbol{B})$指出$\widetilde{K}_{l+2} = \varnothing$,则取$E = E \cup \{l+2\}$. 转步骤⑥. 否则,若$\langle \bar{b}_i \rangle = 0$对$i=1, \cdots, m$都成立,则取$E = E \cup \{l+2\}$,且当$f_{l+2} < \bar{f}$时,取$\boldsymbol{X}^* = \boldsymbol{X}^{l+2}$, $\bar{f} = f_{l+2}$,转步骤⑥;若存在$\langle \bar{b}_i \rangle \neq 0$,则取$\underline{f}_{l+2} = \lceil f_{l+2} \rceil$,转步骤⑥.

⑥ $l = l + 2$.

令$M = \{j \mid \underline{f}_j \geqslant \bar{f}, j \in L - E\}$, $E = E \cup M$,转步骤②.

本算法在迭代过程中,在若干活问题中选取哪个问题先分支,或者在某个问题$(\widetilde{K}_S)$的最优解中,有若干个基本变量的$\langle \bar{b}_i \rangle \neq 0$,选取哪个基本变量$x_{B_k}$来对$K_S$进行划分,都会影响计算的进程. 本节介绍的方法对(AIP)采用了下界最小的活问题先分支,除此之外,也可以采用新的活问题先分支的方法.

对于混合整数规划(MIP),只要对(AIP)的分支定界法稍作修改,就不难得到(MIP)的分支定界法.

在用分支定界法求解纯整数规划的过程中,我们看到,随着枚举树的不断生长,一些划分变量的上下界在起着变化,且子问题的单纯形表随着划分变量上下界约束条件的不断加入而变得越来越庞大,基本变量个数越来越多. 随着分支的不断进行,是否可以不增加单纯形表中基本变量的个数呢? 这个问题已经解决,"有界技术"中的"有界变量的对偶单纯形法",将可以使分支定界法在求解过程中,所有单纯形表的基本变量个数始终保持所给问题中方程$\boldsymbol{AX} = \boldsymbol{b}$

的个数 m，而给计算带来许多方便. 感兴趣的读者可参阅《运筹学方法与模型(第一版)》(傅家良主编，复旦大学出版社)中第五章第六节“有界技术在(AIP)分支定界法中的应用”.

怎么加快分支定界法求解的收敛速度，这也是学者一直在探讨的问题，读者可以参阅有关著作中的“分支定界法进一步探讨”，它介绍了割平面法与对偶单纯形法在分支定界法中的进一步应用，对怎么“分支”、怎么“定界”而加快算法收敛进行了讨论.

*§4.4 0-1 规划的分支定界法

4.4.1 划分和定界

本节讨论下列规范形式的 0-1 规划的分支定界法：

$$\begin{aligned} &\min f = \sum_{j=1}^{n} c_j x_j; \\ \text{s.t.} \quad &\sum_{j=1}^{n} a_{ij} x_j \leqslant b_i, \quad i = 1, \cdots, m, \\ &x_j = 0, 1, \quad j = 1, \cdots, n, \end{aligned} \tag{4-33}$$

其中 a_{ij} 和 b_i 均为整数，c_j 均为非负整数.

若在建立的 0-1 规划模型中，有 $c_j < 0$，或 $\sum_{j=1}^{n} a_{ij} x_j \geqslant b_i$，或 $\sum_{j=1}^{n} a_{ij} x_j = b_i$ 的情况出现，则不难化成上述规范模型. 例如对 $c_j < 0$，引进一个新的 0-1 变量 x_j'，令

$$x_j = 1 - x'_j,$$

代入原模型中，经过整理后，在模型中 x_j 就不再出现而代之以 x_j'，这时，在目标函数中 x_j' 的系数 $c_j' = -c_j > 0$. 对约束条件

$$\sum_{j=1}^{n} a_{ij} x_j \geqslant b_i,$$

则化成

$$\sum_{j=1}^{n} (-a_{ij}) x_j \leqslant -b_i.$$

对约束条件

$$\sum_{j=1}^{n} a_{ij} x_j = b_i,$$

则用

$$\sum_{j=1}^{n} a_{ij} x_j \leqslant b_i, \qquad \sum_{j=1}^{n} (-a_{ij}) x_j \leqslant -b_i$$

来取代它.

例 4-18 将下列 0-1 规划问题化成规范模型：

$$\max z_1 = 3u_1 + 2u_2 - 5u_3 - 2u_4 + 3u_5;$$

$$\begin{aligned}
\text{s. t.} \quad & u_1 + u_2 + u_3 + 2u_4 + u_5 \leqslant 4, \\
& 7u_1 + 3u_3 - 4u_4 + 3u_5 \leqslant 8, \\
& 11u_1 - 6u_2 + 3u_4 - 3u_5 \geqslant 3, \\
& u_j = 0, 1, \quad j = 1, \cdots, 5.
\end{aligned}$$

解　先把上述模型进行整理，

$$\begin{aligned}
\min f = & -3u_1 - 2u_2 + 5u_3 + 2u_4 - 3u_5; \\
\text{s. t.} \quad & u_1 + u_2 + u_3 + 2u_4 + u_5 \leqslant 4, \\
& 7u_1 + 3u_3 - 4u_4 + 3u_5 \leqslant 8, \\
& -11u_1 + 6u_2 - 3u_4 + 3u_5 \leqslant -3, \\
& u_j = 0, 1, \quad j = 1, \cdots, 5.
\end{aligned}$$

令

$$u_j = \begin{cases} 1 - x_j, & j = 1, 2, 5, \\ x_j, & j = 3, 4, \end{cases}$$

则得规范模型如下：

$$\begin{aligned}
\min f = & 3x_1 + 2x_2 + 5x_3 + 2x_4 + 3x_5 - 8; \\
\text{s. t.} \quad & -x_1 - x_2 + x_3 + 2x_4 - x_5 \leqslant 1, \\
& -7x_1 + 3x_3 - 4x_4 - 3x_5 \leqslant -2, \\
& 11x_1 - 6x_2 - 3x_4 - 3x_5 \leqslant -1, \\
& x_j = 0, 1, \quad j = 1, \cdots, 5.
\end{aligned}$$

在 0-1 规划问题的规范模型(4-30)中，引进松弛变量 $y_i(i = 1, \cdots, m)$，可得下述等价的问题：

$$\begin{aligned}
\min f = & \sum_{j=1}^{n} c_j x_j; \\
\text{s. t.} \quad & \sum_{j=1}^{n} a_{ij} x_j + y_i = b_i, \quad i = 1, \cdots, m, \\
& x_j = 0, 1, \quad j = 1, \cdots, n, \qquad (K_0) \\
& y_j \geqslant 0, \quad i = 1, \cdots, m,
\end{aligned}$$

设其可行域为 K_0. 如果在问题(K_0)中删去约束条件 $y_i \geqslant 0(i = 1, \cdots, m)$，则得问题($\widetilde{K}_0$)，

$$\begin{aligned}
\min f = & \sum_{j=1}^{n} c_j x_j; \\
\text{s. t.} \quad & \sum_{j=1}^{n} a_{ij} x_j + y_i = b_i, \quad i = 1, \cdots, m, \qquad (\widetilde{K}_0) \\
& x_j = 0, 1, \quad j = 1, \cdots, n, \\
& y_i \gtrless 0, \quad i = 1, \cdots, m.
\end{aligned}$$

显然，由于 $c_j \geqslant 0(j = 1, \cdots, n)$，故($\widetilde{K}_0$)的最优解很容易求得

$$\boldsymbol{X}^0 = (x_1, \cdots, x_n)^{\mathrm{T}} = (0, \cdots, 0)^{\mathrm{T}},$$
$$\boldsymbol{Y}^0 = (y_1, \cdots, y_m)^{\mathrm{T}} = (b_1, \cdots, b_m)^{\mathrm{T}}.$$

所以我们就将$(\widetilde{K}_0)$作为(K_0)的松弛问题.

下面我们首先来讨论用分支定界法求解0-1规划问题时,在分支过程中如何进行划分.

例4-19　讨论用分支定界法求解下列0-1规划问题时可行域K_0的划分:

$$\begin{aligned}
&\min f=8x_1+4x_2+5x_3+5x_4+2x_5;\\
\text{s.t.}\quad &-3x_1+5x_2+x_3-6x_4-3x_5+y_1=2,\\
&2x_1-x_2-6x_3-3x_4-2x_5+y_2=-5,\quad (K_0)\qquad (4\text{-}34)\\
&-4x_1+6x_2+5x_4+3x_5+y_3=8,\\
&x_j=0,1,\quad j=1,\cdots,5.\\
&y_i\geqslant 0,\quad i=1,2,3.
\end{aligned}$$

解　将上述问题(K_0)中的约束条件$y_i\geqslant 0(i=1,2,3)$换成$y_i\gtreqless 0(i=1,2,3)$,则得(K_0)的松弛问题$(\widetilde{K}_0)$,其最优解为

$$\boldsymbol{X}^0=(x_1^0,x_2^0,x_3^0,x_4^0,x_5^0)^{\mathrm{T}}=(0,0,0,0,0)^{\mathrm{T}},$$
$$\boldsymbol{Y}^0=(y_1^0,y_2^0,y_3^0)^{\mathrm{T}}=(2,-5,8)^{\mathrm{T}},$$

最优值$f_0=0$.

现在,由于$y_2^0=-5<0$,故要消除$\boldsymbol{Y}=(y_1,y_2,y_3)^{\mathrm{T}}$的不可行性,至少应有一个变量$x_j$的值由0提升到1. 同时,我们注意到$a_{21}=2>0$,那么当$\boldsymbol{X}^0$中的$x_1^0$的值由0变为1而其余分量不变时,变量$y_2$的值将由$y_2^0=-5$变为$y_2^0-2=-7$,因此,约束条件$y_i\geqslant 0\ (i=1,2,3)$仍得不到实现. 所以,对$x_1$我们不必考虑把它的值由0变为1. 为此,我们仅对$j\in J_0=\{2,3,4,5\}$的变量$x_j$之值由0提升为1,这时,我们得到$(\widetilde{K}_0)$的一个可行解,

$$x_k=x_k^0(k\neq j),\qquad x_j=1,\qquad y_i=y_i^0-a_{ij}.$$

我们给出此时$\boldsymbol{Y}=(y_1,y_2,y_3)^{\mathrm{T}}$的不可行性度量值:

若有$y_i=y_i^0-a_{ij}\geqslant 0$,则$y_i$的不可行性度量值为0;

若有$y_i=y_i^0-a_{ij}<0$,则y_i的不可行性度量值为$y_i^0-a_{ij}$.

我们将y_1,y_2和y_3的不可行性度量值之和V_j^0作为x_j由0变为1时,在(K_0)中$\boldsymbol{Y}=(y_1,y_2,y_3)^{\mathrm{T}}$的不可行性度量值,简称为$(K_0)$关于$x_j$的不可行性指数.

例如,x_2上升为1时,有

	不可行性度量值:
$y_1=y_1^0-a_{12}=2-5=-3$,	-3
$y_2=y_2^0-a_{22}=-5-(-1)=-4$,	-4
$y_3=y_3^0-a_{32}=8-6=2$,	0
	$V_1^0=-7$

这些运算也可表达成

$$\begin{aligned}
V_2^0&=\min\{y_1^0-a_{12},0\}+\min\{y_2^0-a_{22},0\}+\min\{y_3^0-a_{32},0\}\\
&=\min\{2-5,0\}+\min\{-5-(-1),0\}+\min\{8-6,0\}\\
&=-3-4+0=-7.
\end{aligned}$$

一般地,对 $j \in J_0$,当 $x_j=1$ 时,(K_0) 关于 x_j 的不可行性指数为

$$V_j^0=\sum_{i=1}^{3}\min\{y_i^0-a_{ij},\ 0\}.$$

我们将 $V_j^0(j \in J_0)$ 的计算列成表 4-41.

表 4-41

$\min\{y_i^0-a_{ij},\ 0\}$	$y_i^0-a_{ij}$			
	$j=2$	$j=3$	$j=4$	$j=5$
$i=1$	$2-5$ -3	$2-1$ 0	$2-(-6)$ 0	$2-(-3)$ 0
$i=2$	$-5-(-1)$ -4	$-5-(-6)$ 0	$-5-(-3)$ -2	$-5-(-2)$ -3
$i=3$	$8-6$ 0	$8-0$ 0	$8-5$ 0	$8-3$ 0
$V_j^0=\sum_{i=1}^{3}\min\{y_i^0-a_{ij},\ 0\}$	-7	0	-2	-3

由表 4-41 可知

$$\max\{V_j^0 \mid j \in J_0\}=V_3^0=0, \tag{4-35}$$

于是,我们就用 x_3 来划分 K_0 得

$$K_1=\left\{\begin{pmatrix}\boldsymbol{X}\\ \boldsymbol{Y}\end{pmatrix} \middle| \begin{pmatrix}\boldsymbol{X}\\ \boldsymbol{Y}\end{pmatrix}\in K_0,\ x_3=0\right\}, \qquad K_2=\left\{\begin{pmatrix}\boldsymbol{X}\\ \boldsymbol{Y}\end{pmatrix} \middle| \begin{pmatrix}\boldsymbol{X}\\ \boldsymbol{Y}\end{pmatrix}\in K_0,\ x_3=1\right\},$$

相应地,

$$\widetilde{K}_1=\left\{\begin{pmatrix}\boldsymbol{X}\\ \boldsymbol{Y}\end{pmatrix} \middle| \begin{pmatrix}\boldsymbol{X}\\ \boldsymbol{Y}\end{pmatrix}\in \widetilde{K}_0,\ x_3=0\right\}, \qquad \widetilde{K}_2=\left\{\begin{pmatrix}\boldsymbol{X}\\ \boldsymbol{Y}\end{pmatrix} \middle| \begin{pmatrix}\boldsymbol{X}\\ \boldsymbol{Y}\end{pmatrix}\in \widetilde{K}_0,\ x_3=1\right\}.$$

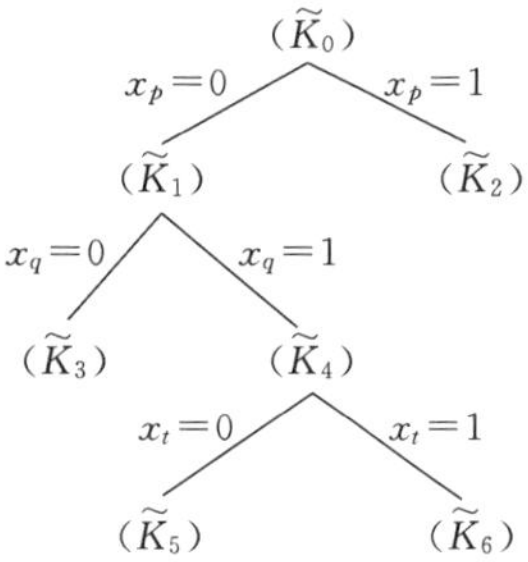

图 4-18

一般地,假设问题(K_S)是问题(K_0)依次用变量 $x_{i_1},\ x_{i_2},\ \cdots,\ x_{i_k}$ 取值 0 或 1 进行划分而得的子问题,将(K_S)中的约束条件 $y_i \geqslant 0\ (i=1,\ \cdots,\ m)$ 换成 $y_i \gtrless 0\ (i=1,\ \cdots,\ m)$,即得$(K_S)$的松弛问题$(\widetilde{K}_S)$(如图 4-18 表示依次用 x_p,x_q 和 x_t 取值 0 或 1 进行划分的情况).

我们将$(\widetilde{K}_S)$中取值尚未固定的变量 x_j 的下标组成的集合记为 J_S.

显然,由于 $c_j \geqslant 0\ (j \in J_S)$,$(\widetilde{K}_S)$ 的最优解很容易求得:$x_{i_1},\ \cdots,\ x_{i_k}$ 取相应的规定值;$x_j=0\ (j \in J_S)$;$y_i=b_i-\sum_{j=1}^{n}a_{ij}x_j\,(i=1,\ \cdots,\ m)$. 若 $\boldsymbol{X}^S$,$\boldsymbol{Y}^S$ 不是(K_S) 的可行解,那么,我们该如何对 K_S 进行划分呢?

类似于例 4-19 所指出的,如果对 $j \in J_S$,x_j 对所有的$y_i^S<0$,都有 $a_{ij} \geqslant 0$,那么 x_j 之值由 0 提升为 1 时,不能改进(K_S) 关于 $\boldsymbol{Y}$ 的不可行性,因此,x_j 不适宜作(K_S) 的划分变量. 记

$$Q_S=\{j \mid j \in J_S，当 y_i^S<0 时，总有 a_{ij} \geqslant 0\ (1 \leqslant i \leqslant m)\}. \tag{4-36}$$

我们知道，划分活问题(K_S)的目的是为了寻找(K_0)的一个可行解，希望它比目前已找到的(K_0)的可行解 $\boldsymbol{X}^*$ 要好［此时，$f(\boldsymbol{X}^*)=\bar{f}$］. 因此，对于 $j \in J_S-Q_S$，如果我们以 x_j 对(K_S)进行划分，让 x_j 的取值由 0 变为 1($\boldsymbol{X}^S$ 中其余分量不变)，那么相应的目标函数将由 f_S 变为 f_S+c_j. 若 $f_S+c_j \geqslant \bar{f}$，则说明当 x_j 的取值由 0 变为 1 后，不能产生一个比目前的 $\boldsymbol{X}^*$ 更好的可行解. 因此，可以把这种 x_j 排斥在用作划分的变量之外. 令

$$G_S=\{j \mid c_j+f_S \geqslant \bar{f},\ j \in J_S-Q_S\}, \tag{4-37}$$

$$M_S=J_S-Q_S-G_S, \tag{4-38}$$

从而，仅对于 $j \in M_S$ 的变量 x_j 可以考虑把它的值由 0 变为 1.

对 $j \in M_S$，令

$$V_j^S=\sum_{i=1}^{m} \min\{y_i^S-a_{ij},\ 0\}, \tag{4-39}$$

V_j^S 作为 x_j 由 0 变为 1 时，在 (K_S) 中 $\boldsymbol{Y}=(y_1,\ \cdots,\ y_m)^{\mathrm{T}}$ 的不可行性度量值，简称为(K_S) 关于 x_j 的不可行指数.

取

$$V_k^S=\max\{V_j^S \mid j \in M_S\}, \tag{4-40}$$

则我们就以 x_k 对(K_S)进行划分，

$$K_S'=\left\{\begin{pmatrix}\boldsymbol{X}\\ \boldsymbol{Y}\end{pmatrix} \middle| \begin{pmatrix}\boldsymbol{X}\\ \boldsymbol{Y}\end{pmatrix} \in K_S,\ x_k=0\right\}, \qquad K_S''=\left\{\begin{pmatrix}\boldsymbol{X}\\ \boldsymbol{Y}\end{pmatrix} \middle| \begin{pmatrix}\boldsymbol{X}\\ \boldsymbol{Y}\end{pmatrix} \in K_S,\ x_k=1\right\},$$

相应地，

$$\widetilde{K}_S'=\left\{\begin{pmatrix}\boldsymbol{X}\\ \boldsymbol{Y}\end{pmatrix} \middle| \begin{pmatrix}\boldsymbol{X}\\ \boldsymbol{Y}\end{pmatrix} \in \widetilde{K}_S,\ x_k=0\right\}, \qquad \widetilde{K}_S''=\left\{\begin{pmatrix}\boldsymbol{X}\\ \boldsymbol{Y}\end{pmatrix} \middle| \begin{pmatrix}\boldsymbol{X}\\ \boldsymbol{Y}\end{pmatrix} \in \widetilde{K}_S,\ x_k=1\right\}.$$

显然，($\widetilde{K}_S'$)的最优解为 $\boldsymbol{X}^S$，$\boldsymbol{Y}^S$，最优值为 f_S. ($\widetilde{K}_S''$)的最优解为 $x_k=1,\ x_j=x_j^S(j \neq k),\ y_i=y_i^S-a_{ik}(i=1,\ \cdots,\ m)$，最优值为 f_S+c_k.

接下来，我们来估计(K_S)最优值的下界 $\underline{f}_S$. 自然，($\widetilde{K}_S$)的最优值 f_S 是(K_S)最优值的下界，但是，我们希望把 $\underline{f}_S$ 之值估计得更为精确些，以利于剪支. 我们分几种情况来讨论.

1. 情况 1

$M_S=\varnothing$. 说明(K_S) 中没有更好的可行解，因此，(K_S) 失去希望，(K_S) 被查清，我们不妨取 $\underline{f}_S=\bar{f}$.

2. 情况 2

$M_S \neq \varnothing$. 如果对某个 i，有 $y_i^S<0$，我们来考虑 M_S 中各指标 j 所相应的变量 x_j 由 0 提升到 1 时对 y_i 的不可行性的改进情况.

自然，当 $j \in M_S$ 时，有 $a_{ij} \geqslant 0$，则把 x_j 由 0 提升到 1，不能改进 y_i 的不可行性，我们可以认为 $x_j=1$ 对 y_i 改进不可行性的度量值为零，也即 $\min\{0,\ a_{ij}\}=0$；反之，当 $j \in M_S$ 时，有 $a_{ij}<0$，则把 x_j 由 0 提升到 1 时，有 $y_i=y_i^S-a_{ij}$，$x_j=1$ 对 y_i 改进不可行性的度量值为 $-a_{ij}$，即 $-\min\{0,\ a_{ij}\}=-a_{ij}$.

若有 $y_i^S - \sum_{j\in M_S} \min\{0, a_{ij}\} < 0$,即下式成立:

$$\sum_{j\in M_S} \min\{0, a_{ij}\} > y_i^S. \tag{4-41}$$

那么,即使 M_S 那些 $a_{ij}<0$ 的指标所相应的变量 x_j 都由 0 提升到 1,也不能产生 y_i 的可行性,因而我们说(K_S)是没有希望的,(K_S)可以被认为查清,不妨设 $\underline{f}_S=\bar{f}$.

3. 情况 3

$M_S\neq\varnothing$,且式(4-41)不成立.那么,为了得到(K_S)的一个较好的可行解,我们就要把一些变量 $x_j(j\in M_S)$ 在 $\boldsymbol{X}^S$, $\boldsymbol{Y}^S$ 中的值由 0 提升到 1. 若 $V_t^S=\max\{V_j^S \mid j\in M_S\}=0$,我们将 x_t 的值由 0 变为 1,相应的目标函数值由 f_S 变为 f_S+c_t. 由于 $c_j\geqslant 0$,故(K_S)的最优值不可能小于

$$f_S+\min\{c_j \mid j\in M_S\}.$$

若 $\max\{V_j^S \mid j\in M_S\}<0$,则至少要将 M_S 中两个不同的下标 j_1 和 j_2 所对应的变量的值由 0 提升到 1 才能得到(K_S)的可行解. 因此(K_S)的最优值不可能小于

$$f_S+\min\{c_{j_1}+c_{j_2} \mid j_1\neq j_2,\ j_1,\ j_2\in M_S\}, \tag{4-42}$$

从而,对于(K_S),我们可以取

$$\underline{f}_S=\begin{cases} f_S+\min\{c_j \mid j\in M_S\}, & \text{当} \max\{V_j^S \mid j\in M_S\}=0, \\ f_S+\min\{c_{j_1}+c_{j_2} \mid j_1\neq j_2,\ j_1,\ j_2\in M_S\}, & \text{否则}. \end{cases} \tag{4-43}$$

例 4-20 用分支定界法求解例 4-19 即问题(4-34).

解 第 1 步,估计(K_0)的下界 $\underline{f}_0$ 和划分 K_0.

现在 $J_0=\{1, 2, 3, 4, 5\}$, $Q_0=\{1\}$, $G_0=\varnothing$,于是,$M_0=\{2, 3, 4, 5\}$.

由例 4-19 式(4-35)知

$$V_k^0=\max\{V_j^0 \mid j\in J_0\}=V_3^0=0.$$

由式(4-43),我们取

$$\underline{f}_0=f_0+\min\{c_j \mid j\in M_0\}=0+2=2.$$

我们用 x_3 来划分 K_0,

$$K_1=\left\{\begin{pmatrix}\boldsymbol{X}\\ \boldsymbol{Y}\end{pmatrix} \middle| \begin{pmatrix}\boldsymbol{X}\\ \boldsymbol{Y}\end{pmatrix}\in K_0,\ x_3=0\right\}, \qquad K_2=\left\{\begin{pmatrix}\boldsymbol{X}\\ \boldsymbol{Y}\end{pmatrix} \middle| \begin{pmatrix}\boldsymbol{X}\\ \boldsymbol{Y}\end{pmatrix}\in K_0,\ x_3=1\right\},$$

相应的松弛问题为($\widetilde{K}_1$)和($\widetilde{K}_2$).

第 2 步,求解($\widetilde{K}_1$)和($\widetilde{K}_2$).

① ($\widetilde{K}_1$)的最优解为 $\boldsymbol{X}^1=\boldsymbol{X}^0=(0, 0, 0, 0, 0)^{\mathrm{T}}$, $\boldsymbol{Y}^1=\boldsymbol{Y}^0=(2, -5, 8)^{\mathrm{T}}$,最优值为 $f_1=f_0=0$.

② ($\widetilde{K}_2$)的最优解为 $\boldsymbol{X}^2=(0, 0, 1, 0, 0)^{\mathrm{T}}$, $\boldsymbol{Y}^2=(1, 1, 8)^{\mathrm{T}}$,最优值为 $f_2=5$. $\boldsymbol{X}^2$ 与 $\boldsymbol{Y}^2$ 是(K_0)的一个可行解,于是,取 $\boldsymbol{X}^*=\boldsymbol{X}^2$, $\boldsymbol{Y}^*=\boldsymbol{Y}^2$, $\bar{f}=f_2$. (K_2)查清.

第 3 步,估计活问题(K_1)的下界 $\underline{f}_1$ 和划分 K_1.

现在 $J_1=\{1, 2, 4, 5\}$, $Q_1=\{1\}$, $G_1=\{4\}$, 于是 $M_1=\{2, 5\}$.

对于 $i=2$，$y_2^1=-5<0$. 我们来分析式(5-49)是否成立. 由于

$$\begin{aligned}\sum_{j\in M_1}\min\{0,\ a_{2j}\}&=\min\{0,\ a_{22}\}+\min\{0,\ a_{25}\}\\&=\min\{0,\ -1\}+\min\{0,\ -2\}\\&=-1-2=-3>y_2^1,\end{aligned}$$

因此我们取

$$\underline{f}_1=\bar{f}=5.$$

问题(K_1)也被查清.

枚举树如图 4-19 所示. 本问题的最优解 $\boldsymbol{X}^*=(0,\ 0,\ 1,\ 0,\ 0)^{\mathrm{T}}$,最优值 $f^*=5$,如表 4-42 所示.

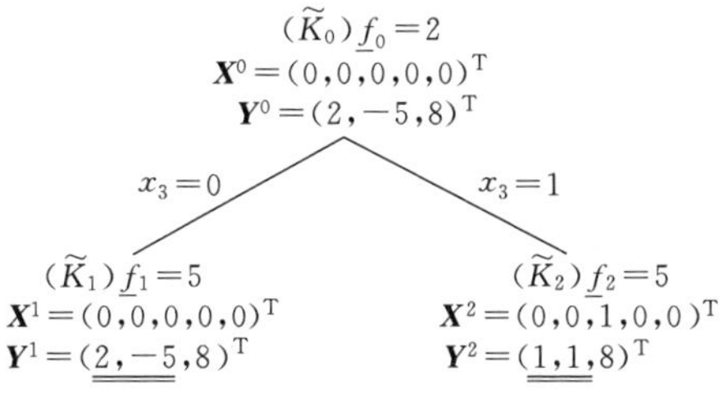

图 4-19

表 4-42

$\boldsymbol{X}^*$	$\bar{f}$
—	$+\infty$
$(0,\ 0,\ 1,\ 0,\ 0)^{\mathrm{T}}$	5

4.4.2　分支定界算法

0-1 规划分支定界法的特点是下标大的活问题(K_S)先进行划分 ($S=\max\{i\mid i\in L-E\}$),下面我们给出具体的算法.

① 求解($\widetilde{K}_0$),得最优解 $\boldsymbol{X}^0$ 和 $\boldsymbol{Y}^0$ 为 $x_j^0=0\ (j=1,\ \cdots,\ n)$，$y_i^0=b_i(i=1,\ \cdots,\ m)$,最优值为 $f_0=0$.

$y_i^0\geqslant 0$ 对 $i=1,\ \cdots,\ m$ 都成立否?

若是,则 $\boldsymbol{X}^0$, $\boldsymbol{Y}^0$ 即为最优解,算法终止.

若否,则取 $\bar{f}=+\infty$，$L=\{0\}$，$E=\varnothing$，$l=0$，$J_0=\{1,\ 2,\ \cdots,\ n\}$,转步骤 ②.

② $L-E=\varnothing$?

若是,则若 $\bar{f}=+\infty$，(K_0)无可行解,算法终止;

若 $\bar{f}<+\infty$，$\boldsymbol{X}^*$, $\boldsymbol{Y}^*$ 即为(K_0)的最优解,$\bar{f}$ 即为(K_0)的最优值,算法终止.

若否,则转步骤③.

③ 取 $S=\max\{i\mid i\in L-E\}$,对问题(K_S)进行下界 $\underline{f}_S$ 估计,即

$$\begin{aligned}&Q_S=\{j\mid j\in J_S,\text{当 } y_i^S<0 \text{ 时,总有 } a_{ij}\geqslant 0\ (1\leqslant i\leqslant m)\},\\&G_S=\{j\mid c_j+\underline{f}_S\geqslant\bar{f},\ j\in J_S-Q_S\},\\&M_S=J_S-Q_S-G_S,\\&M_S=\varnothing?\end{aligned}$$

若是,则取 $\underline{f}_S=\bar{f}$，$E\cup\{S\}$,转步骤 ②.

若否,则转步骤④.

④ 对一切 $i\in\{i\mid y_i^S<0,\ 1\leqslant i\leqslant m\}$，$\sum\limits_{j\in M_S}\min\{0,\ a_{ij}\}\leqslant y_i^S$ 成立否?

若是,则转步骤⑤.

若否,则取 $\underline{f}_S=\bar{f}$, $E=E\cup\{S\}$,转步骤②.

⑤ 对 $j\in M_S$,计算 $V_j^S=\sum_{i=1}^{m}\min\{y_j^S-a_{ij},\ 0\}$. 求 $\max\{V_j^S \mid j\in M_S\}=V_k^S$.

当 $V_k^S=0$ 时,取 $\bar{f}_S=f_S+\min\{c_j \mid j\in M_S\}$;

当 $V_k^S<0$ 时,取 $\underline{f}_S=f_S+\min\{c_{j_1}+c_{j_2} \mid j_1\neq j_2;\ j_1,\ j_2\in M_S\}$.

$\underline{f}_S\geqslant\bar{f}$?

若是,则 $E=E\cup\{S\}$,转步骤②.

若否,则转步骤⑥.

⑥ 划分 K_S,

$$K_{l+1}=\left\{\begin{pmatrix}\boldsymbol{X}\\ \boldsymbol{Y}\end{pmatrix}\ \middle|\ \begin{pmatrix}\boldsymbol{X}\\ \boldsymbol{Y}\end{pmatrix}\in K_S,\ x_k=0\right\},$$

$$K_{l+2}=\left\{\begin{pmatrix}\boldsymbol{X}\\ \boldsymbol{Y}\end{pmatrix}\ \middle|\ \begin{pmatrix}\boldsymbol{X}\\ \boldsymbol{Y}\end{pmatrix}\in K_S,\ x_k=1\right\},$$

相应的松弛问题为($\widetilde{K}_{l+1}$)和($\widetilde{K}_{l+2}$). 取

$$L=L\cup\{l+1,\ l+2\},\ E=E\cup\{S\},$$
$$J_{l+1}=J_S-\{k\},\ J_{l+2}=J_S-\{k\},\text{转步骤⑦}.$$

⑦ 求解($\widetilde{K}_{l+1}$)和($\widetilde{K}_{l+2}$):

($\widetilde{K}_{l+1}$)的最优解 $\boldsymbol{X}^{l+1}$, $\boldsymbol{Y}^{l+1}$ 为 $x_j^{l+1}=x_j^S(j=1,\ \cdots,\ n)$, $y_i^{l+1}=y_i^S(i=1,\ \cdots,\ m)$,最优值为 $f_{l+1}=f_S$.

($\widetilde{K}_{l+2}$)的最优解 $\boldsymbol{X}^{l+2}$, $\boldsymbol{Y}^{l+2}$ 为 $x_k^{l+2}=1$, $x_j^{l+2}=x_j^S(j=1,\ \cdots,\ n,\ j\neq k)$, $y_i^{l+2}=y_i^S-a_{ik}$ $(1\leqslant i\leqslant m)$,最优值为 $f_{l+2}=f_S+c_k$,转步骤⑧.

⑧ $y_i^{l+2}\geqslant 0$ 对 $i=1,\ \cdots,\ m$ 都成立否?

若是,则转步骤⑨.

若否,则 $l=l+2$,转步骤②.

⑨ $f_{l+2}<\bar{f}$?

若是,则 $\boldsymbol{X}^*=\boldsymbol{X}^{l+2}$, $\boldsymbol{Y}^*=\boldsymbol{Y}^{l+2}$, $\bar{f}=f_{l+2}$,取 $H=\{h \mid \underline{f}_h\geqslant\bar{f},\ h\in L-E\}$, $E=E\cup H\cup\{l+2\}$, $l=l+2$,转步骤②.

若否,则 $E=E\cup\{l+2\}$, $l=l+2$,转步骤②.

例 4-21 求解下述 0-1 规划:

$$\begin{aligned}
&\min f=5x_1+7x_2+10x_3+3x_4+8x_5;\\
\text{s. t.}\quad &-x_1+3x_2-5x_3-x_4+4x_5\leqslant -2,\\
&2x_1-6x_2+3x_3+2x_4-2x_5\leqslant 0,\\
&x_2-2x_3+x_4+x_5\leqslant -1,\\
&x_j=0,\ 1,\quad j=1,\ \cdots,\ 5.
\end{aligned}$$

解 引入松弛变量 y_1, y_2, y_3 得问题(K_0). 删去(K_0)中对 $y_i\geqslant 0$ $(i=1,\ 2,\ 3)$ 的要求,

得松弛问题$(\widetilde{K}_0)$. 我们有

$$X^0=(0,\ 0,\ 0,\ 0,\ 0)^{\mathrm{T}},\ Y^0=(-2,\ 0,\ -1)^{\mathrm{T}},\ f_0=0.$$

第 1 步,估计(K_0)的下界 $\underline{f}_0$ 和划分 K_0:

此时, $J_0=\{1,\ 2,\ 3,\ 4,\ 5\}$, $Q_0=\{2,\ 5\}$, $G_0=\varnothing$, $M_0=\{1,\ 3,\ 4\}$. 计算

$$\begin{aligned}V_1^0&=\sum_{i=1}^{3}\min\{y_i^0-a_{i1},\ 0\}\\&=\min\{-2-(-1),\ 0\}+\min\{0-2,\ 0\}+\min\{-1-0,\ 0\}\\&=-1-2-1=-4;\end{aligned}$$

$$\begin{aligned}V_3^0&=\sum_{i=1}^{3}\min\{y_i^0-a_{i3},\ 0\}\\&=\min\{-2-(-5),\ 0\}+\min\{0-3,\ 0\}+\min\{-1-(-2),\ 0\}\\&=0-3+0=-3;\end{aligned}$$

$$\begin{aligned}V_4^0&=\sum_{i=1}^{3}\min\{y_i^0-a_{i4},\ 0\}\\&=\min\{-2-(-1),\ 0\}+\min\{0-2,\ 0\}+\min\{-1-1,\ 0\}\\&=-1-2-2=-5;\end{aligned}$$

$$V_k^0=\max\{V_1^0,\ V_3^0,\ V_4^0\}=\max\{-4,\ -3,\ -5\}=V_3^0=-3.$$

于是, $k=3$. 由式(4-42),取

$$\begin{aligned}\underline{f}_0&=f_0+\min\{c_{j_1}+c_{j_2}\mid j_1\neq j_2,\ j_1,\ j_2\in M_0\}\\&=0+3+5=8.\end{aligned}$$

我们用变量 x_3 来划分 K_0,得问题(K_1)和(K_2). 它们相应的松弛问题分别为$(\widetilde{K}_1)$和$(\widetilde{K}_2)$.

此时,有 $J_1=J_2=\{1,\ 2,\ 4,\ 5\}$.

第 2 步,求解$(\widetilde{K}_1)$和$(\widetilde{K}_2)$.

① $(\widetilde{K}_1)$的最优解为 $X^1=X^0$, $Y^1=Y^0$,最优值为 $f_1=f_0$.

② $(\widetilde{K}_2)$的最优解为 $X^2=(0,\ 0,\ 1,\ 0,\ 0)^{\mathrm{T}}$, $Y^2=(3,\ -3,\ 1)^{\mathrm{T}}$,最优值为 $f_2=10$.

第 3 步,估计(K_2)的下界 $\underline{f}_2$ 和划分 K_2.

现在 $J_2=\{1,\ 2,\ 4,\ 5\}$, $Q_2=\{1,\ 4\}$, $G_2=\varnothing$,于是, $M_2=\{2,\ 5\}$. 计算

$$\begin{aligned}V_2^2&=\sum_{i=1}^{3}\min\{y_i^0-a_{i2},\ 0\}\\&=\min\{3-3,\ 0\}+\min\{-3-(-6),\ 0\}+\min\{1-1,\ 0\}\\&=0+0+0=0;\end{aligned}$$

$$\begin{aligned}V_5^2&=\sum_{i=1}^{3}\min\{y_i^0-a_{i5},\ 0\}\\&=\min\{3-4,\ 0\}+\min\{-3-(-2),\ 0\}+\min\{1-1,\ 0\}\\&=-1-1+0=-2.\end{aligned}$$

$$V_k^2=\max\{V_2^2,\ V_5^2\}=\max\{0,\ -2\}=V_2^2=0.$$

于是，$k=2$，由式(4-43)，取

$$\underline{f}_2=f_2+\min\{c_j \mid j\in M_2\}=10+7=17.$$

我们用 x_2 来划分 K_2，得问题(K_3)和(K_4). 它们相应的松弛问题为($\widetilde{K}_3$)和($\widetilde{K}_4$). 此时，有 $J_3=J_4=\{1,\ 4,\ 5\}$.

第 4 步，求解($\widetilde{K}_3$)和($\widetilde{K}_4$).

① ($\widetilde{K}_3$)的最优解为 $\boldsymbol{X}^3=\boldsymbol{X}^2$，$\boldsymbol{Y}^3=\boldsymbol{Y}^2$，最优值为 $f_3=f_2$.

② ($\widetilde{K}_4$)的最优解为

$$\boldsymbol{X}^4=(0,\ 1,\ 1,\ 0,\ 0)^{\mathrm{T}},\ \boldsymbol{Y}^4=(0,\ 3,\ 0)^{\mathrm{T}},\ f_4=17.$$

因为 $\boldsymbol{X}^4$，$\boldsymbol{Y}^4$ 已是(K_0)的一个可行解，所以(K_4)被查清. 我们取

$$\boldsymbol{X}^*=\boldsymbol{X}^4,\ \boldsymbol{Y}^*=\boldsymbol{Y}^4,\ \bar{f}=17.$$

第 5 步，估计活问题(K_3)的下界 $\underline{f}_3$ 和划分 K_3. 此时，有

$$J_3=\{1,\ 4,\ 5\},\ Q_3=\{1,\ 4\},\ G_3=\{5\},$$

于是，$M_3=\varnothing$. 我们取

$$\underline{f}_3=\bar{f}=17,\quad (K_3)\text{ 被查清}.$$

第 6 步，估计活问题(K_1)的下界 $\underline{f}_1$ 和划分 K_1. 此时，有

$$J_1=\{1,\ 2,\ 4,\ 5\},\ Q_1=\{2,\ 5\},\ G_1=\varnothing.$$

于是，$M_1=\{1,\ 4\}$.

对于 $i=3$，$y_3^1=-1<0$，我们来分析式(4-41) 成立与否.

因为

$$\begin{aligned}\sum_{j\in M_1}\min\{0,\ a_{3j}\}&=\min\{0,\ a_{31}\}+\min\{0,\ a_{34}\}=\min\{0,\ 0\}+\min\{0,\ 1\}\\&=0+0=0>y_3^1,\end{aligned}$$

所以，我们取 $\underline{f}_1=\bar{f}=17$. ($K_1$) 被查清.

图 4-20 所给的枚举树中不再存在活问题，如表 4-43 所示，给定的 0-1 规划问题的最优解和最优值分别为

$$\boldsymbol{X}^*=(0,\ 1,\ 1,\ 0,\ 0)^{\mathrm{T}},\ f^*=17,$$

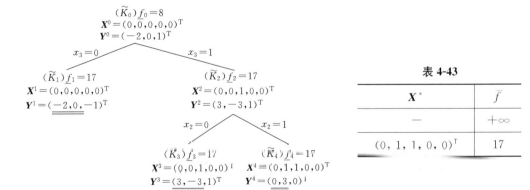

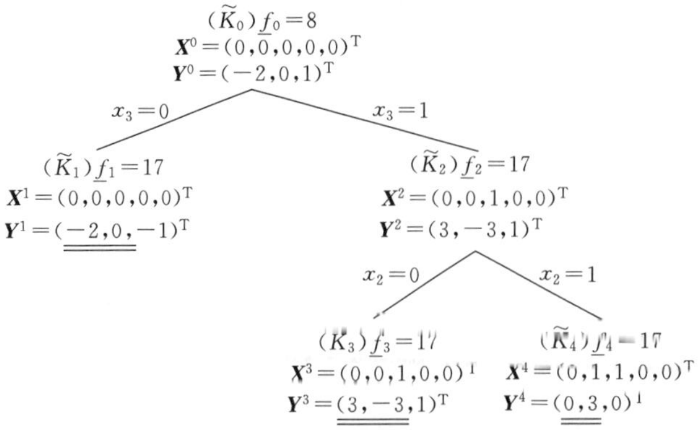

图 4-20

表 4-43

$\boldsymbol{X}^*$	$\bar{f}$
—	$+\infty$
$(0,\ 1,\ 1,\ 0,\ 0)^{\mathrm{T}}$	17

§4.5　最优分配问题

在管理工作中，我们经常会碰到下列分配问题：

例 4-22　n 台机器加工 n 个零件，机器 A_i 加工零件 B_j 的时间为 c_{ij}（$i, j = 1, \cdots, n$）. 现求一个零件加工分配方案：每台机器加工一个零件，一个零件仅需一台机器加工，而使总加工时间最少.

类似的问题有：n 个人从事 n 项工作以使总成本最低，n 辆车派往 n 个目的地以使总运输距离最少……我们统称这类问题为最优分配问题.

矩阵 $\boldsymbol{C}=(c_{ij})_{n\times n}$ 称为费用矩阵，矩阵 $\boldsymbol{C}$ 的元素 $c_{ij}\geqslant 0$. 一个最优分配问题的给出，是指给出了矩阵 $\boldsymbol{C}$. 以后简记该问题为(C).

对例 4-22 这类最优分配问题我们不难建立下列整数规划模型：

假设
$$x_{ij}=\begin{cases}1, & \text{机器 } A_i \text{ 加工零件 } B_j, \\ 0, & \text{否则,}\end{cases} \quad i, j=1, \cdots, n,$$

则得 0-1 规划模型如下：

$$\min f=\sum_{i=1}^{n}\sum_{j=1}^{n} c_{ij} x_{ij};$$

$$\text{s.t.}\quad \begin{aligned} & \sum_{j=1}^{n} x_{ij}=1, \quad i=1, \cdots, n, \\ & \sum_{i=1}^{n} x_{ij}=1, \quad j=1, \cdots, n, \\ & x_{ij}=0, 1, \quad i, j=1, \cdots, n. \end{aligned} \tag{4-44}$$

它是运输问题的特例，对它当然可以用已为我们熟知的表上作业法来求解. 但是由于迭代过程的每一步都出现退化情况而使计算显得太麻烦. 为此，在本章我们介绍一个更为简便的方法，通常称为匈牙利方法.

4.5.1　匈牙利方法

定理 4-1　若对费用矩阵 $\boldsymbol{C}=(c_{ij})$ 的第 k 行或第 k 列的元素减去同一数值 d，则对于分配问题(C)得到一个等价问题($\hat{C}$)，

$$\hat{\boldsymbol{C}}=(\hat{c}_{ij})_{n\times n},$$

其中

$$\hat{c}_{ij}=\begin{cases}c_{ij}-d, & i=k, \\ c_{ij}, & i\neq k,\end{cases} \quad j=1, \cdots, n, \tag{4-45}$$

或

$$\hat{c}_{ij}=\begin{cases}c_{ij}-d, & j=k, \\ c_{ij}, & j\neq k,\end{cases} \quad i=1, \cdots, n. \tag{4-46}$$

证　不妨设 $\hat{c}_{ij}$ 由式(4-45)给出,问题($\hat{C}$)的可行解的目标函数

$$\begin{aligned} f_1 &= \sum_{i=1}^{n}\sum_{j=1}^{n}\hat{c}_{ij}x_{ij} = \sum_{i\neq k}\sum_{j=1}^{n}\hat{c}_{ij}x_{ij} + \sum_{j=1}^{n}\hat{c}_{kj}x_{kj} \\ &= \sum_{i\neq k}\sum_{j=1}^{n}c_{ij}x_{ij} + \sum_{j=1}^{n}(c_{kj}-d)x_{kj} \\ &= \sum_{i=1}^{n}\sum_{j=1}^{n}c_{ij}x_{ij} - d\sum_{j=1}^{n}x_{kj} = f - d. \end{aligned}$$

问题(C)与($\hat{C}$)具有相同的可行域,对同一可行解,目标函数相差一个常数,所以,问题(C)与($\hat{C}$)具有相同的最优解,它们是两个等价的问题.

显然,上述问题(C)的最优值 f^* 与问题($\hat{C}$)的最优值 f_1^* 之间有如下关系式:

$$f^* = f_1^* + d. \tag{4-47}$$

约简矩阵——对矩阵 $\boldsymbol{C}$ 用式(4-45)或式(4-46)进行一系列变换,得矩阵 $\hat{\boldsymbol{C}} = (\hat{c}_{ij})$ ($\hat{c}_{ij} \geqslant 0$),则称矩阵 $\hat{\boldsymbol{C}}$ 为矩阵 $\boldsymbol{C}$ 的约简矩阵.

独立零——若矩阵 $\boldsymbol{C}$ 的约简矩阵 $\hat{\boldsymbol{C}}$ 中含有一定数量的零元素,则矩阵 $\hat{\boldsymbol{C}}$ 中位于不同行不同列的零元素称为独立零.

根据定理 4-1,我们可以把求解问题(C)变换成求解问题($\hat{C}$):如果由矩阵 $\boldsymbol{C}$ 所得的约简矩阵 $\hat{\boldsymbol{C}}$ 含有较多的零元素,且能在这些零元素中选择到 n 个独立零,那么,我们让这 n 个独立零对应的 $x_{ij}=1$,其余的 $x_{ij}=0$, 则它们就是问题($\hat{C}$)的最优解(因为 $\hat{c}_{ij} \geqslant 0$),而最优值为零,当然它们也是问题(C)的最优解.

问题是如何寻求这类约简矩阵? 下面结合求解例 4-23 来介绍匈牙利方法的具体步骤.

例 4-23　一个"5 台机器、5 个零件"的最优分配问题的费用矩阵由矩阵(4-48)给出,

$$\boldsymbol{C} = \begin{pmatrix} 12 & 7 & 11 & 20 & 13 \\ 15 & 20 & 8 & 14 & 15 \\ 6 & 4 & 6 & 7 & 6 \\ 19 & 11 & 14 & 19 & 17 \\ 14 & 8 & 15 & 20 & 11 \end{pmatrix}, \tag{4-48}$$

试求最优分配.

解　步骤①　对矩阵 $\boldsymbol{C}$ 进行约简.

① 对矩阵 $\boldsymbol{C}$ 逐行约简:对矩阵 $\boldsymbol{C}$ 第 i 行选定最小元素 d_i(称为约简常量)($i=1, \cdots, n$),从该行的每个元素中减去它,得到矩阵 $\hat{\boldsymbol{C}}$.

$$\boldsymbol{C} = \begin{pmatrix} 12 & 7 & 11 & 20 & 13 \\ 15 & 20 & 8 & 14 & 15 \\ 6 & 4 & 6 & 7 & 6 \\ 19 & 11 & 14 & 19 & 17 \\ 14 & 8 & 15 & 20 & 11 \end{pmatrix} \begin{matrix} d_i \\ \hline 7 \\ 8 \\ 4 \\ 11 \\ 8 \end{matrix} \longrightarrow \hat{\boldsymbol{C}} = \begin{pmatrix} 5 & 0 & 4 & 13 & 6 \\ 7 & 12 & 0 & 6 & 7 \\ 2 & 0 & 2 & 3 & 2 \\ 8 & 0 & 3 & 8 & 6 \\ 6 & 0 & 7 & 12 & 3 \end{pmatrix}.$$

② 对矩阵 $\hat{\boldsymbol{C}}$ 逐列约简:对矩阵 $\hat{\boldsymbol{C}}$ 第 j 列选定最小元素 u_j(称为约简常量),从该列的每个元素中减去它,得到约简矩阵 $\hat{\boldsymbol{C}}$.

$$\hat{C}=\begin{pmatrix}5&0&4&13&6\\7&12&0&6&7\\2&0&2&3&2\\8&0&3&8&6\\6&0&7&12&3\end{pmatrix}\longrightarrow\hat{C}=\begin{pmatrix}3&0&4&10&4\\5&12&0&3&5\\0&0&2&0&0\\6&0&3&5&4\\4&0&7&9&1\end{pmatrix}.$$
$$\begin{matrix}2&0&0&3&2\end{matrix}\ |\ u_j$$

由此可见,在新约简矩阵 $\hat{C}$ 中每行每列都至少含有一个零元素.此时,约简常量之和

$$\sum_{i=1}^{5}d_i+\sum_{j=1}^{5}u_j=7+8+4+11+8+2+0+0+3+2=45.$$

步骤② 在约简矩阵 $\hat{C}$ 中选择最多个数的独立零(运算过程中用带括号的零表示独立零).若独立零的个数恰为 n,则令独立零对应的 $x_{ij}=1$,其余变量为零,即得问题(C)的最优解.若独立零个数小于 n,则进行步骤③.

例如,对上述矩阵 $\hat{C}$,可以选择到的最多个数的独立零如矩阵(4-49)所示.

$$\hat{C}=\begin{pmatrix}3&(0)&4&10&4\\5&12&(0)&3&5\\(0)&0&2&0&0\\6&0&3&5&4\\4&0&7&9&1\end{pmatrix}.\tag{4-49}$$

步骤③ 用最少的覆盖线覆盖约简矩阵 $\hat{C}$ 中的全部零元素.寻找未覆盖的元素中的最小数 ε(它总是一个正数),再进行矩阵变换,其变换规则如下:

① 未覆盖的元素减去 ε;

② 一次覆盖的元素照旧;

③ 二次覆盖的元素增加 ε.

这样,又得到一个新的约简矩阵 $\hat{C}=(\hat{c}_{ij})$,再转步骤②.

例如,矩阵(4-49)的最少覆盖线数为3,它恰等于矩阵(4-49)的最多独立零的个数,如矩阵(4-50)所示.

$$\begin{pmatrix}3&(0)&4&10&4\\-5-&-12-&-(0)-&-3-&-5-\\-(0)-&-0-&-2-&-0-&-0-\\6&0&3&5&4\\4&0&7&9&1\end{pmatrix}.\tag{4-50}$$

我们有下列定理.

定理5-2 在约简矩阵 $\hat{C}$ 中能选择到的独立零的最多个数,恰等于覆盖矩阵 $\hat{C}$ 中所有零元素的最少覆盖线数.

在矩阵(4-50)中,$\varepsilon=1$,为了说明变换规则的由来,我们分步变换矩阵(4 50).

对约简矩阵(4-50)中未有覆盖线的行的所有元素都减去 $\varepsilon=1$,得下列矩阵:

$$\begin{pmatrix} 2 & -1 & 3 & 9 & 3 \\ 5 & 12 & 0 & 3 & 5 \\ 0 & 0 & 2 & 0 & 0 \\ 5 & -1 & 2 & 4 & 3 \\ 3 & -1 & 6 & 8 & 0 \end{pmatrix}. \tag{4-51}$$

在上述矩阵(4-51)第2列[在矩阵(4-50)中有列覆盖线]中出现了负数,对该列元素加上$\varepsilon=1$,得约简矩阵$\hat{\boldsymbol{C}}$:

$$\hat{\boldsymbol{C}}=\begin{pmatrix} 2 & 0 & 3 & 9 & 3 \\ 5 & 13 & 0 & 3 & 5 \\ 0 & 1 & 2 & 0 & 0 \\ 5 & 0 & 2 & 4 & 3 \\ 3 & 0 & 6 & 8 & 0 \end{pmatrix}. \tag{4-52}$$

如果直接按变换规则来变换矩阵(4-50),所得结果即为矩阵(4-52).

由矩阵(4-50)变换为矩阵(4-52)的过程可见:若覆盖矩阵零元素的覆盖线数为m,其中行覆盖线数为m_1,列覆盖线数为m_2,则此时约简常量为

$$(n-m_1)\varepsilon-m_2\varepsilon=(n-m_1)\varepsilon-(m-m_1)\varepsilon=(n-m)\varepsilon.$$

现在对矩阵(4-50)来说,$n=5$, $m=3$, $\varepsilon=1$,故由矩阵(4-50)变换为矩阵(4-52),其约简常量为$(5-3)\times1=2$.

对矩阵(4-52)重复步骤②:选择的最多独立零与最少覆盖线如矩阵(4-53),

$$\begin{pmatrix} 2 & (0) & 3 & 9 & 3 \\ 5 & 13 & (0) & 3 & 5 \\ (0) & 1 & 2 & 0 & 0 \\ 5 & 0 & 2 & 4 & 3 \\ 3 & 0 & 6 & 8 & (0) \end{pmatrix}. \tag{4-53}$$

由于矩阵(4-53)中最多独立零个数4小于5,因此对其重复步骤③,取$\varepsilon=2$,得矩阵(4-54),此时约简常量为$(n-m)\varepsilon=(5-4)\times2=2$,

$$\hat{\boldsymbol{C}}=\begin{pmatrix} (0) & 0 & 1 & 7 & 1 \\ 5 & 15 & (0) & 3 & 5 \\ 0 & 3 & 2 & (0) & 0 \\ 3 & (0) & 0 & 2 & 1 \\ 3 & 2 & 6 & 8 & (0) \end{pmatrix}. \tag{4-54}$$

在矩阵(4-54)中有5个独立零,于是得本问题的最优分配如下:

$$x_{11}=1,\ x_{23}=1,\ x_{34}=1,\ x_{42}=1,\ x_{55}=1,\text{其余 } x_{ij}=0.$$

最优值$f^*=c_{11}+c_{23}+c_{34}+c_{42}+c_{55}=12+8+7+11+11=49$.

由式(4-47)可知,问题(C)的最优值f^*也等于迭代过程中各步约简常量之和,即

$$f^* = 45 + 2 + 2 = 49.$$

在含有零元素的约简矩阵 $\hat{\boldsymbol{C}}$ 中选择最多个数独立零可按如下方法进行：

步骤① 从矩阵 $\hat{\boldsymbol{C}}$ 的第 1 行开始依次对每行的零元素加以标记：若行中未加标记的零元素仅为 1 个，则框以括号而取为独立零(若行中有两个以上零元素未加标记，则该行的零元素暂时仍不加以标记)，同时对独立零所在列的其他未加标记的零元素打"×"标记. 行标记完毕转步骤②.

步骤② 从矩阵 $\hat{\boldsymbol{C}}$ 的第 1 列开始依次对每列的未加标记的零元素加以标记：若列中未加标记的零元素仅为 1 个，则框以括号而取为独立零(若列中有两个以上零元素未加以标记，则该列的零元素暂时不加以标记)，同时对独立零所在行的其他未加标记的零元素给以"×"标记. 列标记完毕转步骤③.

步骤③ 重复步骤①和②. 如果所有零元素都得到了标记，则独立零取毕；如果剩下的未加标记的零元素所在的行与列都有两个以上的零元素，则任取一个为独立零，重复步骤①和②.

例 4-24 对矩阵 $\hat{\boldsymbol{C}}$ 选取最多个数的独立零，

$$\hat{\boldsymbol{C}} = \begin{pmatrix} 0 & 0 & 2 & 5 & 6 & 9 \\ 4 & 2 & 0 & 3 & 0 & 1 \\ 4 & 0 & 6 & 4 & 1 & 5 \\ 1 & 0 & 6 & 4 & 1 & 0 \\ 2 & 2 & 0 & 6 & 0 & 0 \\ 7 & 3 & 1 & 0 & 1 & 6 \end{pmatrix}. \tag{4-55}$$

解 在矩阵(4-55)中，由于第 1 行和第 2 行都有两个以上零元素，故对该两行的零元素暂不打标记. 第 3 行仅有一个零元素，框以括号取为独立零，并对第 2 列其他零元素给以"×"标记. 于是，第 4 行仅有第 6 列的一个零元素未加标记，框以括号，并对第 6 列其他零元素给以"×"标记. 具体标记过程如下：

$$\begin{pmatrix} 0 & 0^{\times} & 2 & 5 & 0 & 9 \\ 4 & 2 & 0 & 3 & 0 & 1 \\ 4 & (0) & 6 & 4 & 1 & 5 \\ 1 & 0^{\times} & 6 & 4 & 1 & 0 \\ 2 & 2 & 0 & 6 & 0 & 0 \\ 7 & 3 & 1 & 0 & 1 & 6 \end{pmatrix} \longrightarrow \begin{pmatrix} 0 & 0^{\times} & 2 & 5 & 0 & 9 \\ 4 & 2 & 0 & 3 & 0 & 1 \\ 4 & (0) & 6 & 4 & 1 & 5 \\ 1 & 0^{\times} & 6 & 4 & 1 & (0) \\ 2 & 2 & 0 & 6 & 0 & 0^{\times} \\ 7 & 3 & 1 & (0) & 1 & 6 \end{pmatrix}$$

$$\longrightarrow \begin{pmatrix} (0) & 0^{\times} & 2 & 5 & 0^{\times} & 9 \\ 4 & 2 & 0 & 3 & 0 & 1 \\ 4 & (0) & 6 & 4 & 1 & 5 \\ 1 & 0^{\times} & 6 & 4 & 1 & (0) \\ 2 & 2 & 0 & 6 & 0 & 0^{\times} \\ 7 & 3 & 1 & (0) & 1 & 6 \end{pmatrix} \tag{4-56}$$

$$\longrightarrow\begin{pmatrix} (0) & 0^{\times} & 2 & 5 & 0^{\times} & 9 \\ 4 & 2 & (0) & 3 & 0^{\times} & 1 \\ 4 & (0) & 6 & 4 & 1 & 5 \\ 1 & 0^{\times} & 6 & 4 & 1 & (0) \\ 2 & 2 & 0^{\times} & 6 & (0) & 0^{\times} \\ 7 & 3 & 1 & (0) & 1 & 6 \end{pmatrix}. \tag{4-57}$$

在矩阵(4-56)中第 2 行、第 4 行及第 3 列、第 5 列都有两个以上零元素未加标记,我们选第 2 行第 3 列的零元素框以括号取为独立零,继续标记.

在矩阵(4-57)中所有零元素都有了标记,标记结束.

在具体标记时,我们不必详细列出每个步骤,而直接由矩阵(4-55)得矩阵(4-57)即可.

对已选得最多个数独立零的矩阵 $\hat{\boldsymbol{C}}$ 寻找最少覆盖线的方法如下:

步骤① 对含有非独立零但不含独立零的行(列)用“ * ”标记, * 行(* 列)中非独立零所在的列(行)用覆盖线覆盖.

步骤② 如果所有零元素都已覆盖,则最少覆盖线已取得;如果仅剩独立零未覆盖,则对独立零所在的行或列之一用覆盖线覆盖;否则,有非独立零未覆盖,则对剩下的未覆盖的元素(可以把它们取出组成一个新矩阵)重复步骤①.

例 4-25 对下列矩阵用最少的线覆盖全体零元素:

$$\hat{\boldsymbol{C}}=\begin{pmatrix} (0) & 0 & 2 & 5 & 6 & 9 \\ 4 & 2 & (0) & 3 & 0 & 1 \\ 4 & (0) & 6 & 4 & 1 & 5 \\ 1 & 0 & 7 & 2 & 1 & 0 \\ 2 & 3 & 3 & 5 & 7 & (0) \\ 5 & 5 & 5 & (0) & 2 & 8 \end{pmatrix}. \tag{4-58}$$

解 在矩阵(4-58)中第 4 行无独立零,对该行给以“ * ”记号,该行两个非独立零所在的第 2 列和第 6 列用覆盖线覆盖. 在剩余的未覆盖的元素组成的矩阵(4-59)中第 4 列[原矩阵(4-58)中为第 5 列]无独立零但含有非独立零,对该列给以“ ** ”标记,该列非独立零所在的第 2 行用线覆盖.

$$\begin{pmatrix} (0) & 0 & 2 & 5 & 6 & 9 \\ 4 & 2 & (0) & 3 & 0 & 1 \\ 4 & (0) & 6 & 4 & 1 & 5 \\ 1 & 0 & 7 & 2 & 1 & 0 \\ 2 & 3 & 3 & 5 & 7 & (0) \\ 5 & 5 & 5 & (0) & 2 & 8 \end{pmatrix}\begin{matrix} \\ \\ \\ * \\ \\ \\ \end{matrix} \longrightarrow \begin{pmatrix} (0) & 2 & 5 & 6 \\ 4 & (0) & 3 & 0 \\ 4 & 6 & 4 & 1 \\ 1 & 7 & 2 & 1 \\ 2 & 3 & 5 & 7 \\ 5 & 5 & (0) & 2 \end{pmatrix}. \tag{4-59}$$
$$\qquad\qquad\qquad\qquad\qquad\qquad\qquad\qquad\qquad\qquad **$$

对矩阵(4-59)取出未覆盖的元素组成矩阵(4-60),仅有两个独立零,用覆盖线覆盖.

$$\begin{pmatrix} (0) & 2 & 5 & 6 \\ 4 & 6 & 4 & 1 \\ 1 & 7 & 2 & 1 \\ 2 & 3 & 5 & 7 \\ 5 & 5 & (0) & 2 \end{pmatrix}. \tag{4-60}$$

在具体运算过程中，可以将这些步骤归纳在一个矩阵中：

$$\begin{pmatrix} (0) & 0 & 2 & 5 & 6 & 9 \\ 4 & 2 & (0) & 3 & 0 & 1 \\ 4 & (0) & 6 & 4 & 1 & 5 \\ 1 & 0 & 7 & 2 & 1 & 0 \\ 2 & 3 & 3 & 5 & 7 & (0) \\ 5 & 5 & 5 & (0) & 2 & 8 \end{pmatrix}.$$

我们着重指出，在运算过程中，如果在约简矩阵中选择的独立零的个数不是最多，那么在选择最少覆盖线时，将出现独立零被覆盖两次（即独立零是两根覆盖线的交叉点），这就说明运算有错误、必须修正.

怎么寻找约简矩阵 $\hat{\boldsymbol{C}}$ 中最多独立零与最少覆盖线，现在的运筹学图书都仅仅介绍上述人工手算法，由于我们的例题和习题中的 n 都比较小，最多独立零与最少覆盖线都不难找到. 可是这种在矩阵上的演算方法，是不能编成计算机程序的，所以意义不大. 本书在第 5 章“网络规划”“§5.8 最大流”一节中，应用“最大流算法”来寻找最多独立零与最少覆盖线，这在运筹学图书中是首创，希望引起读者的重视（详见《最大流算法在最优分配问题中的应用》，《上海铁道学院学报》，1988 年第 1 期）.

我们在这里指出，对于最优分配问题模型（**4-44**），也可以建立分支定界法. 如果模型（4-44）的可行域记为 K_0，该问题记为(K_0)，我们可以这样来取它的松弛问题：

把问题(K_0)的约束条件放宽为一台机器可以加工多个零件，一个零件仅需一台机器加工，其模型为

$$\min f = \sum_{j=1}^{n} \sum_{i=1}^{n} c_{ij} x_{ij};$$

$$\text{s.t.} \quad \sum_{i=1}^{n} x_{ij} = 1, \quad j = 1, \cdots, n,$$

$$x_{ij} = 0, 1, i, j = 1, \cdots, n.$$

记其可行域为$\widetilde{K}_0$，该问题记为$(\widetilde{K}_0)$. 显然，$K_0 \subset \widetilde{K}_0$，且问题$(\widetilde{K}_0)$ 求解比较容易，所以$(\widetilde{K}_0)$ 可以作为问题(K_0) 的松弛问题，至于怎么求解$(\widetilde{K}_0)$、怎么分支与定界，感兴趣的读者可以进行创新，也可参阅《运筹学教程 —— 方法与模型》（傅家良编著，西南交通大学出版社），本书不再介绍.

4.5.2　应用举例

建立最优分配问题的数学模型，即是给出费用矩阵 $\boldsymbol{C} = (c_{ij})_{n\times n}\ (c_{ij} \geqslant 0,\ i,\ j = 1, \cdots, n)$，下面我们来看 4 个例子.

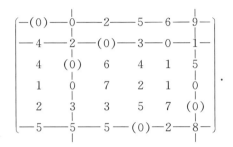

例 4-26　n 名职工分别从事 n 项工作，$i^{\#}$ 职工从事 $j^{\#}$ 工作的收益为 d_{ij}，问如何进行工作分配，使总收益最大？

解　令

$$x_{ij}=\begin{cases}1, & i^{\#} \text{ 职工从事 } j^{\#} \text{ 工作}, \\ 0, & \text{否则},\end{cases} \quad i, j=1, \cdots, n,$$

则得模型

$$\max Z=\sum_{i=1}^{n} \sum_{j=1}^{n} d_{ij} x_{ij};$$

$$\text{s. t.} \quad \sum_{j=1}^{n} x_{ij}=1, \quad i=1, \cdots, n,$$

$$\sum_{i=1}^{n} x_{ij}=1, \quad j=1, \cdots, n,$$

$$x_{ij}=0, 1, \quad i, j=1, \cdots, n.$$

令

$$c_{ij}=M-d_{ij},$$

其中 M 为充分大的正数(例如，取诸 d_{ij} 中最大的元素即可). 可见，有 $c_{ij} \geqslant 0$ $(i, j=1, \cdots, n)$.

可以指出，最优分配问题(C)［矩阵 $\boldsymbol{C}=(c_{ij})$］与本问题是等价的，这是因为

$$\begin{aligned}\sum_{i=1}^{n} \sum_{j=1}^{n} c_{ij} x_{ij} &=\sum_{i=1}^{n} \sum_{j=1}^{n}(M-d_{ij}) x_{ij} \\ &=\sum_{i=1}^{n} \sum_{j=1}^{n} M x_{ij}-\sum_{i=1}^{n} \sum_{j=1}^{n} d_{ij} x_{ij} \\ &=n M-\sum_{i=1}^{n} \sum_{j=1}^{n} d_{ij} x_{ij},\end{aligned}$$

所以，当问题(C)取得最优值 f^{*} 时，本问题就求得最优值 $nM-f^{*}$.

例 4-27　考虑把 4 道工序分配到 5 台机床上，每道工序只需一台机床加工，成本矩阵如下：

$$\begin{pmatrix}5 & 5 & 4 & 2 & 4 \\ 7 & 4 & 2 & 3 & 5 \\ 9 & 3 & 5 & 6 & 7 \\ 7 & 2 & 6 & 8 & 3\end{pmatrix},$$

求最优分配.

解　在最优分配问题中，费用矩阵 $\boldsymbol{C}$ 是 n 行 n 列，为此，我们对本问题所给矩阵添加第 5 行，其每个元素都为零，得矩阵 $\boldsymbol{C}$ 如下：

$$\boldsymbol{C}=\begin{pmatrix}5 & 5 & 4 & 2 & 4 \\ 7 & 4 & 2 & 3 & 5 \\ 9 & 3 & 5 & 6 & 7 \\ 4 & 2 & 6 & 8 & 3 \\ 0 & 0 & 0 & 0 & 0\end{pmatrix}.$$

我们对最优分配问题(C)求解，即可得本问题的最优解.

例 4-28 机器 A_1，A_2，A_3 加工零件 B_1，B_2，B_3，B_4 的费用矩阵为

$$\begin{pmatrix} 4 & 3 & 8 & 10 \\ 5 & 4 & 9 & 13 \\ 7 & 3 & 6 & 12 \end{pmatrix}.$$

若每台机器至多可加工两个零件，至少需加工一个零件，试建立最优分配问题数学模型.

解 我们把每台机器 A_i 拆成两台机器 A_i' 和 A_i''，它们加工零件 B_j 的成本是相同的，于是得矩阵

$$(c_{ij})=\begin{pmatrix} 4 & 3 & 8 & 10 \\ 4 & 3 & 8 & 10 \\ 5 & 4 & 9 & 13 \\ 5 & 4 & 9 & 13 \\ 7 & 3 & 6 & 12 \\ 7 & 3 & 6 & 12 \end{pmatrix}.$$

由于上述矩阵行数和列数不相同，我们虚设两个零件 B_5 和 B_6. 考虑到机器 $A_i(i=1, 2, 3)$ 必须加工 B_1，B_2，B_3 和 B_4 中的一个，所以在取 $c_{i5}=c_{i6}=0$ $(i=1, 3, 5)$ 以后，我们取 $c_{k5}=c_{k6}=M$ $(k=2, 4, 6)$. 于是，得最优分配问题的费用矩阵 $\boldsymbol{C}$ 如下：

$$\boldsymbol{C}=\begin{pmatrix} 4 & 3 & 8 & 10 & 0 & 0 \\ 4 & 3 & 8 & 10 & M & M \\ 5 & 4 & 9 & 13 & 0 & 0 \\ 5 & 4 & 9 & 13 & M & M \\ 7 & 3 & 6 & 12 & 0 & 0 \\ 7 & 3 & 6 & 12 & M & M \end{pmatrix}.$$

例 4-29（铁路列车运行分派问题） A 站与 B 站之间拟开 7 对客车，客车运行图如图 4-21 所示，图中粗实线旁数字表示列车的车次，奇数为下行车(A 站至 B 站)，偶数为上行车(B 站至 A 站). 现在要给列车固定乘务组，A 站的乘务组换班地点在 A 站. 现在假定，乘务组在对方折返停留的最短时间为 2 小时. A 站的乘务组如服务全部的 7 对列车，则在 B 站的折返停留时间如矩阵 $\boldsymbol{A}$(例如，A 站的乘务组固定 5 次车及 10 次车，则该乘务组在 B 站的列车折返停留时间由图 4-21 知为 6 小时，这是因为 5 次车 9 点到达 B 站，10 次车 15 点离开 B 站)所示. 同样，如果 B 站的乘务组服务这 7 对列车，则在 A 站的折返停留时间如矩阵 $\boldsymbol{B}$ 所示. 现在希望 7 个乘务组在折返站的总时耗最小，问如何分派任务?

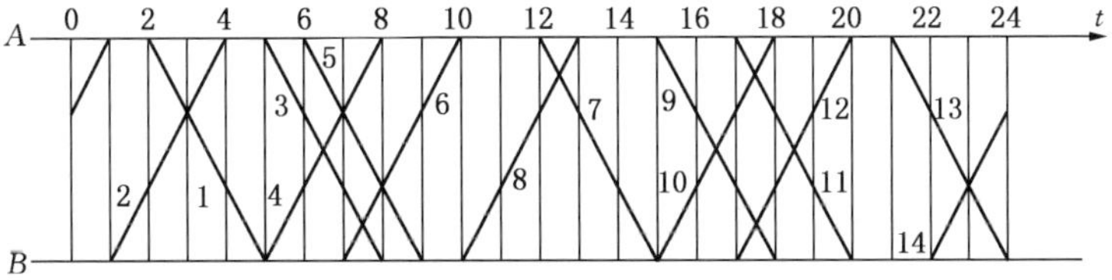

图 4-21

$$
\boldsymbol{A}=(a_{ij})=\begin{array}{c} \\ \\ \text{车} \\ \\ \text{次} \\ \\ \\ \end{array}
\begin{array}{c} \\ 1 \\ 3 \\ 5 \\ 7 \\ 9 \\ 11 \\ 13 \end{array}
\begin{array}{c}
\text{车 次} \\
\begin{array}{ccccccc} 2 & 4 & 6 & 8 & 10 & 12 & 14 \end{array} \\
\begin{pmatrix}
20 & 24 & 2 & 5 & 10 & 12 & 17 \\
17 & 21 & 23 & 2 & 7 & 9 & 14 \\
16 & 20 & 22 & 25 & 6 & 8 & 13 \\
10 & 14 & 16 & 19 & 24 & 2 & 7 \\
7 & 11 & 13 & 16 & 21 & 23 & 4 \\
5 & 9 & 11 & 14 & 19 & 21 & 2 \\
25 & 5 & 7 & 10 & 15 & 17 & 22
\end{pmatrix}
\end{array},
$$

$$
\boldsymbol{B}=(b_{ij})=\begin{array}{c} \\ \\ \text{车} \\ \\ \text{次} \\ \\ \\ \end{array}
\begin{array}{c} \\ 1 \\ 3 \\ 5 \\ 7 \\ 9 \\ 11 \\ 13 \end{array}
\begin{array}{c}
\text{车 次} \\
\begin{array}{ccccccc} 2 & 4 & 6 & 8 & 10 & 12 & 14 \end{array} \\
\begin{pmatrix}
22 & 18 & 16 & 13 & 8 & 6 & 25 \\
25 & 21 & 19 & 16 & 11 & 9 & 4 \\
2 & 22 & 20 & 17 & 12 & 10 & 5 \\
8 & 4 & 2 & 23 & 18 & 16 & 11 \\
11 & 7 & 5 & 2 & 21 & 19 & 14 \\
13 & 9 & 7 & 4 & 23 & 21 & 16 \\
17 & 13 & 11 & 8 & 3 & 25 & 20
\end{pmatrix}
\end{array}.
$$

解　由矩阵 $\boldsymbol{A}$ 和 $\boldsymbol{B}$ 可见,每一对列车的乘务组在折返站的停留时耗与服务的方案有关. 例如,1 次车与 6 次车这对客车若由 A 站乘务组服务,则在 B 站的停留时耗为 $a_{16}=2$ 小时;若由 B 站乘务组服务,则在 A 站的停留时耗为 $b_{16}=16$ 小时. 可见 1 次车与 6 次车这对客车由 A 站乘务组服务为好. 由此出发,比较矩阵 $\boldsymbol{A}$ 与矩阵 $\boldsymbol{B}$ 的每一对元素,取

$$c_{ij}=\min\{a_{ij},\ b_{ij}\},$$

得矩阵 $\boldsymbol{C}$ 如矩阵(4-61). 在矩阵(4-61)中,元素 c_{ij} 右下角字母 A 或 B 表示 i 次车及 j 次车这对客车由 A 站或 B 站乘务组服务.

$$
\boldsymbol{C}=(c_{ij})=\begin{array}{c} \\ \\ \text{车} \\ \\ \text{次} \\ \\ \\ \end{array}
\begin{array}{c} \\ 1 \\ 3 \\ 5 \\ 7 \\ 9 \\ 11 \\ 13 \end{array}
\begin{array}{c}
\text{车 次} \\
\begin{array}{ccccccc} 2 & 4 & 6 & 8 & 10 & 12 & 14 \end{array} \\
\begin{pmatrix}
20_A & 18_B & 2_A^* & 5_A & 8_B & 6_B & 17_A \\
17_A & 21_{A,B} & 19_B & 2_A^* & 7_A & 9_{A,B} & 4_B \\
2_B^* & 20_A & 20_B & 17_B & 6_A & 8_A & 5_B \\
8_B & 4_B & 2_B & 19_A & 18_B & 2_A^* & 7_A \\
7_A & 7_B^* & 5_B & 2_B & 21_{A,B} & 19_B & 4_A \\
5_A & 9_B & 7_B & 4_B & 19_A & 21_{A,B} & 2_A^* \\
17_B & 5_A & 7_A & 8_B & 3_B^* & 17_A & 20_B
\end{pmatrix}
\end{array}. \tag{4-61}
$$

我们的问题就成为求解最优分配问题(C)(即解决下行车与上行车的配对问题). 用匈牙利方法求得本问题的最优配对,如表 4-44 所示[在矩阵(4-61)中打 * 记号的数字相应的 $x_{ij}=1$],总时耗为 20 小时.

表 4-44

车　次	5，2	9，4	1，6	3，8	13，10	7，12	11，14
乘务组	B	B	A	A	B	A	A
时　耗	2	7	2	2	3	2	2

§ 4.6　旅行售货员问题的分支定界法

例 4-30（旅行售货员问题）　现有一位旅行售货员欲到城市 v_1，v_2，…，v_n 进行商品销售. 已知从城市 v_i 到城市 v_j 旅途所需时间为 $w_{ij}=W(v_i, v_j)$ （$i\neq j$，i，$j=1, \cdots, n$）. 今他从 n 个城市中的某一个城市出发，试问他应如何计划他的旅行路线，使他对每个城市恰好进行一次访问后又返回出发城市，而旅途所花费的时间最少？

解　设

$$x_{ij}=\begin{cases}1, & \text{若在旅行路线中有从 } v_i \text{ 至 } v_j \text{ 的行程,}\\ 0, & \text{否则.}\end{cases}$$

因此，问题的目标函数为

$$f=\sum_{i=1}^{n}\sum_{j=1}^{n}w_{ij}x_{ij},$$

其中 $w_{ii}=M$（充分大的正数）.

由于旅行售货员在旅途中到达和离开每个城市恰好一次，因此，有约束条件：

$$\sum_{j=1}^{n}x_{ij}=1,\quad i=1, \cdots, n,$$

$$\sum_{i=1}^{n}x_{ij}=1,\quad j=1, \cdots, n.$$

但是，满足这些约束条件的解不一定是旅行售货员的一条旅行路线. 例如在一个 6 个城市的旅行售货员问题中，按上述约束条件定出的解，可能会形成两个分离的子回路，如图 4-22 所示. 由于它们不是一个单一的回路，所以不能作为旅行售货员问题的一个可行解.

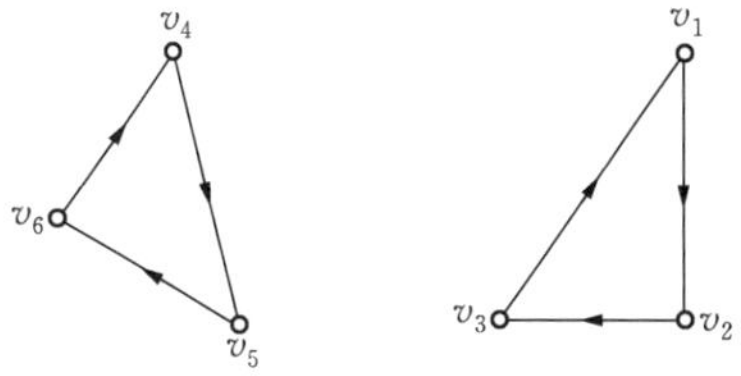

图 4-22

为了避免出现多子回路的“分离”现象，必须追加一些约束条件. 例如要防止 $n=6$ 时旅行售货员问题出现图 4-22 这样的解，就可以附加下列约束条件：

$$x_{14}+x_{15}+x_{16}+x_{24}+x_{25}+x_{26}+x_{34}+x_{35}+x_{36}\geqslant 1,$$
$$x_{41}+x_{42}+x_{43}+x_{51}+x_{52}+x_{53}+x_{61}+x_{62}+x_{63}\geqslant 1.$$

这两个不等式保证在旅行路线中把集合$\{v_1, v_2, v_3\}$同集合$\{v_4, v_5, v_6\}$联系起来.

因为旅行售货员问题要求任意两个城市 v_i 和 v_j 之间都应有相应的旅行路线把它们连接起来，所以，若把 n 个城市任意分成两组：$\{v_i \mid i\in Q\}$ 及$\{v_j \mid j\in\bar{Q}\}$（其中 Q 为$\{1, \cdots, n\}$的非空真子集,$\bar{Q}$ 为$\{1, \cdots, n\}-Q$),则在旅行路线中一定要存在以城市$v_i(i \in Q)$为起点、以城市 $v_j(j \in \bar{Q})$ 为终点的一个行程.我们可以用下列约束条件来体现这个要求:

$$\sum_{i \in Q} \sum_{j \in \bar{Q}} x_{ij} \geqslant 1.$$

由于 Q 为$\{1, 2, \cdots, n\}$的任一非空真子集,共有 2^n-2 个,因此这类附加的约束条件共有 2^n-2 个.于是,我们得旅行售货员问题的 0-1 规划模型,

$$\begin{aligned} & \min f=\sum_{i=1}^n \sum_{j=1}^n w_{ij} x_{ij}; \\ \text{s. t.}\quad & \sum_{j=1}^n x_{ij}=1, \quad i=1, \cdots, n, \\ & \sum_{i=1}^n x_{ij}=1, \quad j=1, \cdots, n, \\ & \sum_{i \in Q} \sum_{j \in \bar{Q}} x_{ij} \geqslant 1, \quad \text{任 } Q \subset\{1, \cdots, n\}, Q \neq \varnothing, \\ & x_{ij}=0, 1, \quad i, j=1, \cdots, n. \end{aligned} \tag{4-62}$$

其中 $w_{ij}=M$(充分大的正数).设其可行域为 K_0,该问题记为(K_0).

我们现在用分支定界法求解(K_0).取其松弛问题为

$$\begin{aligned} & \min f=\sum_{i=1}^n \sum_{j=1}^n w_{ij} x_{ij}; \\ \text{s. t.}\quad & \sum_{j=1}^n x_{ij}=1, \quad i=1, \cdots, n, \\ & \sum_{i=1}^n x_{ij}=1, \quad j=1, \cdots, n, \\ & x_{ij}=0, 1, \quad i, j=1, \cdots, n. \end{aligned}$$

记它的可行域为 $\widetilde{K}_0$,该问题记为$(\widetilde{K}_0)$.显然,有 $K_0 \subset \widetilde{K}_0$.

问题$(\widetilde{K}_0)$为一个最优分配问题,其费用矩阵$\boldsymbol{W}=(w_{ij})$,因此可用匈牙利方法求解.

现记 $\boldsymbol{X}=(x_{11}, x_{12}, \cdots, x_{nn})^{\mathrm{T}}$.若用匈牙利方法求解$(\widetilde{K}_0)$,得最优解 $\boldsymbol{X}^*$,且 $\boldsymbol{X}^* \overline{\in} K_0$.于是,在 $\boldsymbol{X}^*$ 中存在子回路.不妨设其中一个为

$$(x_{i_1 i_2}, x_{i_2 i_3}, \cdots, x_{i_k i_1})=(1, 1, \cdots, 1).$$

现令

$$\begin{gathered} B_1=\{\boldsymbol{X} \mid \boldsymbol{X} \in K_0, x_{i_1 i_2}=1\}, \\ B_2=\{\boldsymbol{X} \mid \boldsymbol{X} \in K_0, x_{i_2 i_3}=1\}, \\ \cdots\cdots \\ B_k=\{\boldsymbol{X} \mid \boldsymbol{X} \in K_0, x_{i_k i_1}=1\}, \end{gathered}$$

由于 K_0 中任一可行解不允许存在子回路,因此,有

$$B_1 \cap B_2 \cap \cdots \cap B_k=\varnothing.$$

从而,有

$$\overline{B_1 \cap B_2 \cap \cdots \cap B_k}=\bar{B}_1 \cup \bar{B}_2 \cup \cdots \cup \bar{B}_k=K_0.$$

而

$$\bar{B}_1=\{\boldsymbol{X}\mid\boldsymbol{X}\in K_0,\ x_{i_1i_2}=0\},$$

$$\bar{B}_2=\{\boldsymbol{X}\mid\boldsymbol{X}\in K_0,\ x_{i_2i_3}=0\},$$

$$\cdots\cdots$$

$$\bar{B}_k=\{\boldsymbol{X}\mid\boldsymbol{X}\in K_0,\ x_{i_ki_1}=0\},$$

所以,我们在 K_0 中取 k 个子集:

$$K_1=\{\boldsymbol{X}\mid\boldsymbol{X}\in K_0,\ x_{i_1i_2}=0\},$$

$$K_2=\{\boldsymbol{X}\mid\boldsymbol{X}\in K_0,\ x_{i_2i_3}=0\},$$

$$\cdots\cdots$$

$$K_k=\{\boldsymbol{X}\mid\boldsymbol{X}\in K_0,\ x_{i_ki_1}=0\},$$

且有

$$K_1\cup K_2\cup\cdots\cup K_k=K_0.$$

问题(K_1),(K_2),…,(K_k)相应的松弛问题的可行域分别为

$$\widetilde{K}_1=\{\boldsymbol{X}\mid\boldsymbol{X}\in\widetilde{K}_0,\ x_{i_1i_2}=0\},$$

$$\widetilde{K}_2=\{\boldsymbol{X}\mid\boldsymbol{X}\in\widetilde{K}_0,\ x_{i_2i_3}=0\},$$

$$\cdots\cdots$$

$$\widetilde{K}_k=\{\boldsymbol{X}\mid\boldsymbol{X}\in\widetilde{K}_0,\ x_{i_ki_1}=0\}.$$

在用匈牙利方法对$(\widetilde{K}_1)$,$(\widetilde{K}_2)$,…,$(\widetilde{K}_k)$分别求解时,应将费用矩阵 $\boldsymbol{W}$ 中元素 $w_{i_1i_2}$,$w_{i_2i_3}$,…,$w_{i_ki_1}$ 分别改为 M(充分大的正数).

初始时,不妨取 K_0 中的一个可行解,$x_{12}=1$,$x_{23}=1$,…,$x_{n1}=1$,其余 $x_{ij}=0$;取该可行解的目标函数值为定界 $\bar{f}$,

$$\bar{f}=w_{12}+w_{23}+\cdots+w_{n1}.$$

下面我们来看一个具体的旅行售货员问题.

例 4-31　一个 $n=5$ 的旅行售货员问题的费用矩阵 $\boldsymbol{W}=(w_{ij})$ 给定如下:

$$\boldsymbol{W}=\begin{pmatrix}M&8&2&3&1\\5&M&7&4&10\\7&4&M&8&9\\2&8&3&M&6\\2&7&5&2&M\end{pmatrix},$$

试用分支定界法求解.

解　取问题(K_0)的一个可行解

$$x_{12}=x_{23}=x_{34}=x_{45}=x_{51}=1,\quad 其余\ x_{ij}=0.$$

于是,初始定界

$$\bar{f}=w_{12}+w_{23}+w_{34}+w_{45}+w_{51}=8+7+8+6+2=31.$$

第 1 步,用匈牙利方法对最优分配问题($\widetilde{K}_0$)[即问题(W)]求解,

$$\begin{pmatrix} M & 8 & 2 & 3 & 1 \\ 5 & M & 7 & 4 & 10 \\ 7 & 4 & M & 8 & 9 \\ 2 & 8 & 3 & M & 6 \\ 2 & 7 & 5 & 2 & M \end{pmatrix}\begin{matrix} \underline{d_i} \\ 1 \\ 4 \\ 4 \\ 2 \\ 2 \end{matrix} \Rightarrow \begin{matrix} \begin{pmatrix} M & 7 & 1 & 2 & 0 \\ 1 & M & 3 & 0 & 6 \\ 3 & 0 & M & 4 & 5 \\ 0 & 6 & 1 & M & 4 \\ 0 & 5 & 3 & 0 & M \end{pmatrix} \\ \begin{matrix} 0 & 0 & 1 & 0 & 0 \mid u_j \end{matrix} \end{matrix},$$

$$\hat{\boldsymbol{W}}=\begin{pmatrix} M & 7 & 0 & 2 & (0) \\ 1 & M & 2 & (0) & 6 \\ 3 & (0) & M & 4 & 5 \\ 0 & 6 & (0) & M & 4 \\ (0) & 5 & 2 & 0 & M \end{pmatrix},$$

得($\widetilde{K}_0$)的最优解 $\boldsymbol{X}^0$ 和最优值 f_0 分别为

$$x_{15}=x_{51}=1,\ x_{24}=x_{43}=x_{32}=1,\quad 其余\ x_{ij}=0,$$

$$f_0=w_{15}+w_{24}+w_{32}+w_{43}+w_{51}=1+4+4+3+2=14.$$

f_0 为问题(K_0)的一个下界,$\bar{f}$ 为其一个上界.

由于 $\boldsymbol{X}^0$ 中存在两个子回路. 我们破其中一个子回路 $x_{15}=x_{51}=1$ 来对(K_0)进行分支(应理解为 K_0 的可行解中不允许出现回路 $x_{15}=x_{51}=1$),

$$K_1=\{\boldsymbol{X}\mid \boldsymbol{X}\in K_0,\ x_{15}=0\},\ K_2=\{\boldsymbol{X}\mid \boldsymbol{X}\in K_0,\ x_{51}=0\}.$$

第 2 步,(1)求解($\widetilde{K}_1$),

$$\widetilde{K}_1=\{\boldsymbol{X}\mid \boldsymbol{X}\in\widetilde{K}_0,\ x_{15}=0\},$$

其费用矩阵(取 $w_{15}=M$)为

$$\boldsymbol{W}_1=\begin{pmatrix} M & 8 & 2 & 3 & M \\ 5 & M & 7 & 4 & 10 \\ 7 & 4 & M & 8 & 9 \\ 2 & 8 & 3 & M & 6 \\ 2 & 7 & 5 & 2 & M \end{pmatrix}.$$

用匈牙利方法求解最优分配问题(W_1),

$$\begin{pmatrix} M & 8 & 2 & 3 & M \\ 5 & M & 7 & 4 & 10 \\ 7 & 4 & M & 8 & 9 \\ 2 & 8 & 3 & M & 6 \\ 2 & 7 & 5 & 2 & M \end{pmatrix}\begin{matrix} \underline{d_i} \\ 2 \\ 4 \\ 4 \\ 2 \\ 2 \end{matrix} \Rightarrow \begin{matrix} \begin{pmatrix} M & 6 & 0 & 1 & M \\ 1 & M & 3 & 0 & 6 \\ 3 & 0 & M & 4 & 5 \\ 0 & 6 & 1 & M & 4 \\ 0 & 5 & 3 & 0 & M \end{pmatrix} \\ \begin{matrix} 0 & 0 & 0 & 0 & 4 \mid u_j \end{matrix} \end{matrix},$$

$$\hat{\boldsymbol{W}}_1=\begin{pmatrix} M & 6 & (0) & 1 & M \\ 1 & M & 3 & (0) & 2 \\ 3 & (0) & M & 4 & 1 \\ 0 & 6 & 1 & M & (0) \\ (0) & 5 & 3 & 0 & M \end{pmatrix},$$

得$(\widetilde{K}_1)$的最优解 $\boldsymbol{X}^1$ 和最优值 f_1，

$$x_{13}=x_{32}=x_{24}=x_{45}=x_{51}=1,\quad 其余\ x_{ij}=0,$$

$$f_1=2+4+4+6+2=18.$$

由于 $\boldsymbol{X}^1\in K_0$，且 $f_1<\bar{f}$，因此取 $\bar{f}=18$.

(2) 求解$(\widetilde{K}_2)$，

$$\widetilde{K}_2=\{\boldsymbol{X}\mid \boldsymbol{X}\in\widetilde{K}_0,\ x_{51}=0\},$$

其费用矩阵(取 $w_{51}=M$)为

$$\boldsymbol{W}_2=\begin{pmatrix} M & 8 & 2 & 3 & 1 \\ 5 & M & 7 & 4 & 10 \\ 7 & 4 & M & 8 & 9 \\ 2 & 8 & 3 & M & 6 \\ M & 7 & 5 & 2 & M \end{pmatrix}.$$

用匈牙利方法求解最优分配问题(W_2)，

$$\begin{pmatrix} M & 8 & 2 & 3 & 1 \\ 5 & M & 7 & 4 & 10 \\ 7 & 4 & M & 8 & 9 \\ 2 & 8 & 3 & M & 6 \\ M & 7 & 5 & 2 & M \end{pmatrix}\begin{matrix} \underline{d_i} \\ 1 \\ 4 \\ 4 \\ 2 \\ 2 \end{matrix}\Rightarrow \begin{matrix}\begin{pmatrix} M & 7 & 1 & 2 & 0 \\ 1 & M & 3 & 0 & 6 \\ 3 & 0 & M & 4 & 5 \\ 0 & 6 & 1 & M & 4 \\ M & 5 & 3 & 0 & M \end{pmatrix} \\ \begin{matrix} 0 & 0 & 1 & 0 & 0 \mid u_j \end{matrix}\end{matrix}$$

$$\begin{pmatrix} -M- & 7- & (0)- & 2- & 0 \\ 1 & M & 2 & (0) & 6 \\ -3- & (0)- & M- & 4- & 5- \\ -(0)- & 6- & 0- & M- & 4- \\ M & 5 & 2 & 0 & M \end{pmatrix}\Rightarrow\begin{pmatrix} M & 7 & 0 & 3 & (0) \\ (0) & M & 1 & 0 & 5 \\ 3 & (0) & M & 5 & 5 \\ 0 & 6 & (0) & M & 4 \\ M & 4 & 1 & (0) & M \end{pmatrix},$$

得$(\widetilde{K}_2)$的最优解 $\boldsymbol{X}^2$ 和最优值 f_2 分别为

$$x_{15}=x_{54}=x_{43}=x_{32}=x_{21}=1,\quad 其余\ x_{ij}=0,$$

$$f_2=1+2+3+4+5=15.$$

因为 $\boldsymbol{X}^2 \in K_0$,且 $f_2 < \bar{f}$,所以取 $\bar{f} = 15$.

现在枚举树(如图 4-23 所示)上已无活问题,得(K_0)的最优解和最优值分别为

$$x_{15} = x_{54} = x_{43} = x_{32} = x_{21} = 1, \quad \text{其余 } x_{ij} = 0,$$

$$f^* = 15,$$

见表 4-45,即该旅行售货员问题的最佳旅行路线为

$$v_1 \to v_5 \to v_4 \to v_3 \to v_2 \to v_1.$$

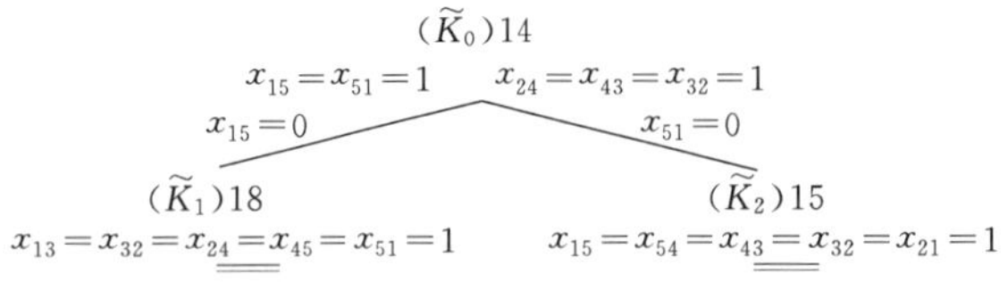

图 4-23

表 4-45

$\boldsymbol{X}^*$	$\bar{f}$
$x_{12} = x_{23} = x_{34} = x_{45} = x_{51} = 1$	31
$x_{13} = x_{32} = x_{24} = x_{45} = x_{51} = 1$	18
$x_{15} = x_{54} = x_{43} = x_{32} = x_{21} = 1$	15

我们都知道,当不同型号的产品在某部机床上进行机械加工时,若机床对某种型号产品加工完毕而要对另一种型号的产品进行加工,通常,工艺装备需要更换,换言之,需要花费一定的工艺装备更换时间.产品的加工顺序不同,所花费的工艺装备更换时间的总和也就不同.因此,这个排序问题就是要找一个不同类型产品的最优加工排序,使工艺装备更换时间的总和最少.

这个问题好似机床(旅行售货员)要对每个型号产品(城市)访问一次,但不要求再回到起始点(首先被加工的产品).

§4.7 混合整数规划的分解算法

现给如下混合整数规划(MIP′):

$$\begin{aligned} &\max Z = \boldsymbol{C}^{\mathrm{T}}\boldsymbol{X} + \boldsymbol{D}^{\mathrm{T}}\boldsymbol{Y}; \\ &\text{s. t.} \quad \boldsymbol{AX} + \boldsymbol{FY} \leqslant \boldsymbol{b}, \\ &\qquad \boldsymbol{X} \geqslant \boldsymbol{0},\ \boldsymbol{Y} = (y_1, \cdots, y_s, \cdots, y_t)^{\mathrm{T}}, \\ &\qquad y_s = 0, 1,\ s \in \{1, \cdots, s, \cdots, t\}. \end{aligned} \tag{4-63}$$

其中 $\boldsymbol{X} = (x_1, \cdots, x_j, \cdots, x_n)^{\mathrm{T}}$, $\boldsymbol{b} = (b_1, \cdots, b_i, \cdots, b_m)^{\mathrm{T}}$, $\boldsymbol{C} = (c_1, \cdots, c_j, \cdots, c_n)^{\mathrm{T}}$, $\boldsymbol{D} = (d_1, \cdots, d_s, \cdots, d_t)^{\mathrm{T}}$, $\boldsymbol{A}$ 为 $\boldsymbol{A}_{m\times n}$, $\boldsymbol{F}$ 为 $\boldsymbol{F}_{m\times t}$.

对于大型混合整数规划,我们知道,割平面法与分支定界法往往有局限性,可能发生计算存储量过大的现象.1962 年本德斯(Benders)首先提出分解算法,把大型混合整数规划在迭代过程中,运用对偶理论将(MIP′)分解成为线性规划与纯整数规划来求解,而且这个纯整数规划随着迭代的进行,约束条件是逐次增加的,很具特色.

下面,我们对(MIP′)来讨论本德斯分解算法.

若固定 $\boldsymbol{Y}$ 的值，则(MIP′)成为连续变量 x_j 的线性规划模型(P)，

$$\begin{aligned} &\max V=\boldsymbol{C}^{\mathrm{T}}\boldsymbol{X}+\boldsymbol{D}^{\mathrm{T}}\boldsymbol{Y};\\ &\text{s.t.}\quad \boldsymbol{AX}\leqslant \boldsymbol{b}-\boldsymbol{FY},\\ &\qquad\ \ \boldsymbol{X}\geqslant \boldsymbol{0}. \end{aligned} \tag{4-64}$$

可知：$\max\{\boldsymbol{C}^{\mathrm{T}}\boldsymbol{X}\mid \boldsymbol{AX}\leqslant \boldsymbol{b}-\boldsymbol{FY},\ \boldsymbol{X}\geqslant \boldsymbol{0}\}$ 的对偶模型(D)如下：

$$\begin{aligned} &\min W=(\boldsymbol{b}-\boldsymbol{FY})^{\mathrm{T}}\boldsymbol{U};\\ &\text{s.t.}\quad \boldsymbol{A}^{\mathrm{T}}\boldsymbol{U}\geqslant \boldsymbol{C},\\ &\boldsymbol{U}\geqslant 0,\ \boldsymbol{U}=(u_1,\ \cdots,\ u_i,\ \cdots,\ u_m)^{\mathrm{T}}. \end{aligned} \tag{4-65}$$

由对偶理论可知，应有

$$\max V=\min W+\boldsymbol{D}^{\mathrm{T}}\boldsymbol{Y}. \tag{4-66}$$

我们着重指出，式(4-65)模型(D)的可行域 K_{D} 与 $\boldsymbol{Y}$ 无关，不妨设 $K_{\mathrm{D}}=\{\boldsymbol{U}\mid \boldsymbol{A}^{\mathrm{T}}\boldsymbol{U}\geqslant \boldsymbol{C},\ \boldsymbol{U}\geqslant \boldsymbol{0}\}\neq\varnothing$ 且有界. (D)的最优解必定可在可行域 K_{D} 的顶点上取得. 若可行域 K_{D} 的全体顶点为 $\{\boldsymbol{U}^1,\ \cdots,\ \boldsymbol{U}^k,\ \cdots,\ \boldsymbol{U}^q\}$，它与 $\boldsymbol{Y}$ 无关，仅与 $\boldsymbol{A}$，$\boldsymbol{C}$ 有关，是一个固定的集合. 从而，有

$$\min W=\min\{(\boldsymbol{b}-\boldsymbol{FY})^{\mathrm{T}}\boldsymbol{U}^k\mid k=1,\ \cdots,\ q\},$$

于是，对于一个固定的 $\boldsymbol{Y}$，有

$$\max V=\boldsymbol{D}^{\mathrm{T}}\boldsymbol{Y}+\min\{(\boldsymbol{b}-\boldsymbol{FY})^{\mathrm{T}}\boldsymbol{U}^k\mid k=1,\ \cdots,\ q\},$$

此时，式(4-63)模型(MIP′)等价为如下模型：

$$\begin{aligned} &\max Z=\boldsymbol{D}^{\mathrm{T}}\boldsymbol{Y}+\min\{(\boldsymbol{b}-\boldsymbol{FY})^{\mathrm{T}}\boldsymbol{U}^k\mid k=1,\ \cdots,\ q\};\\ &\text{s.t.}\quad y_s=0,\ 1,\ s\in\{1,\ \cdots,\ s,\ \cdots,\ t\}. \end{aligned} \tag{4-67}$$

把它线性化，(MIP′)等价为模型(P^*)，

$$\begin{aligned} &\max Z=z;\\ &\text{s.t.}\quad z\leqslant \boldsymbol{D}^{\mathrm{T}}\boldsymbol{Y}+(\boldsymbol{b}-\boldsymbol{FY})^{\mathrm{T}}\boldsymbol{U}^1,\\ &\qquad\ \ z\leqslant \boldsymbol{D}^{\mathrm{T}}\boldsymbol{Y}+(\boldsymbol{b}-\boldsymbol{FY})^{\mathrm{T}}\boldsymbol{U}^2,\\ &\qquad\ \ \cdots\cdots\\ &\qquad\ \ z\leqslant \boldsymbol{D}^{\mathrm{T}}\boldsymbol{Y}+(\boldsymbol{b}-\boldsymbol{FY})^{\mathrm{T}}\boldsymbol{U}^q,\\ &y_s=0,\ 1,\ s\in\{1,\ \cdots,\ s,\ \cdots,\ t\},\ z\geqslant 0. \end{aligned} \tag{4-68}$$

本算法在求解过程中不是一次性将 $\boldsymbol{U}^1,\ \cdots,\ \boldsymbol{U}^k,\ \cdots,\ \boldsymbol{U}^q$ 全部求出来，而是逐步迭代、逐次求出. 若我们已经求得 h 个顶点 $\boldsymbol{U}^1,\ \boldsymbol{U}^2,\ \cdots,\ \boldsymbol{U}^h$，可得模型($\mathrm{P}^h$)，

$$\begin{aligned} &\max Z=z;\\ &\text{s.t.}\quad z\leqslant \boldsymbol{D}^{\mathrm{T}}\boldsymbol{Y}+(\boldsymbol{b}-\boldsymbol{FY})^{\mathrm{T}}\boldsymbol{U}^1,\\ &\qquad\ \ z\leqslant \boldsymbol{D}^{\mathrm{T}}\boldsymbol{Y}+(\boldsymbol{b}-\boldsymbol{FY})^{\mathrm{T}}\boldsymbol{U}^2,\\ &\qquad\ \ \cdots\cdots\\ &\qquad\ \ z\leqslant \boldsymbol{D}^{\mathrm{T}}\boldsymbol{Y}+(\boldsymbol{b}-\boldsymbol{FY})^{\mathrm{T}}\boldsymbol{U}^h, \end{aligned}$$

$$y_s = 0,\ 1,\ s \in \{1,\ \cdots,\ s,\ \cdots,\ t\},\ z \geqq 0. \tag{4-69}$$

它是一个纯整数规划.

模型(P^h)相应的约束通常称为本德斯割,每增加一次迭代,就增加一个割.

求解(P^h)得到最优解 $\boldsymbol{Y}^h$、最优值 Z^h,我们令 $\bar{Z}=Z^h$.

将 $\boldsymbol{Y}^h$ 代入(D),得到(D^h),

$$\begin{aligned}\min W &= (\boldsymbol{b}-\boldsymbol{F}\boldsymbol{Y}^h)^{\mathrm{T}}\boldsymbol{U};\\ \text{s. t.}\quad & \boldsymbol{A}^{\mathrm{T}}\boldsymbol{U} \geqslant \boldsymbol{C},\\ & \boldsymbol{U} \geqslant \boldsymbol{0}.\end{aligned} \tag{4-70}$$

求解(D^h),得到最优解 $\boldsymbol{U}^{h+1}$, 最优值 $W^* = (\boldsymbol{b}-\boldsymbol{F}\boldsymbol{Y}^h)^{\mathrm{T}}\boldsymbol{U}^{h+1}$.

令 $\underline{Z} = \boldsymbol{D}^{\mathrm{T}}\boldsymbol{Y}^h + (\boldsymbol{b}-\boldsymbol{F}\boldsymbol{Y}^h)^{\mathrm{T}}\boldsymbol{U}^{h+1}$.

我们来判别 $\underline{Z}=\bar{Z}$. 于是,产生下面两种情况:

(1) 若 $\underline{Z}=\bar{Z}$, 则数学上可以严格证明,$\boldsymbol{Y}^h$ 就是(MIP′)的最优解,将 $\boldsymbol{Y}^h$ 代入(MIP′),解此线性规划,得最优解 $\boldsymbol{X}^*$、最优值 Z^*. 于是,$\boldsymbol{X}^*$ 与 $\boldsymbol{Y}^* = \boldsymbol{Y}^h$ 为本问题的最优解,最优值为 $Z^*(=\underline{Z}=\bar{Z})$.

(2) 若 $\underline{Z} \neq \bar{Z}$,继续迭代,求解($P^{h+1}$),

$$\begin{aligned}\max Z &= z;\\ \text{s. t.}\quad & z \leqslant \boldsymbol{D}^{\mathrm{T}}\boldsymbol{Y} + (\boldsymbol{b}-\boldsymbol{F}\boldsymbol{Y})^{\mathrm{T}}\boldsymbol{U}^1,\\ & z \leqslant \boldsymbol{D}^{\mathrm{T}}\boldsymbol{Y} + (\boldsymbol{b}-\boldsymbol{F}\boldsymbol{Y})^{\mathrm{T}}\boldsymbol{U}^2,\\ & \cdots\cdots\\ & z \leqslant \boldsymbol{D}^{\mathrm{T}}\boldsymbol{Y} + (\boldsymbol{b}-\boldsymbol{F}\boldsymbol{Y})^{\mathrm{T}}\boldsymbol{U}^h,\\ & z \leqslant \boldsymbol{D}^{\mathrm{T}}\boldsymbol{Y} + (\boldsymbol{b}-\boldsymbol{F}\boldsymbol{Y})^{\mathrm{T}}\boldsymbol{U}^{h+1},\\ & y_s = 0,\ 1,\ s \in \{1,\ \cdots,\ s,\ \cdots,\ t\},\ z \geqq 0.\end{aligned} \tag{4-71}$$

数学上可以严格证明,有限次迭代后,我们一定能够求得(MIP′)的解.

在迭代过程中,由于割不断增加,$\bar{Z}$ 的序列是单调下降的.

现设(D)的可行域 $K_D = \{\boldsymbol{U} \mid \boldsymbol{A}^{\mathrm{T}}\boldsymbol{U} \geqslant \boldsymbol{C},\ \boldsymbol{U} \geqslant \boldsymbol{0},\ \boldsymbol{U}=(u_1,\ \cdots,\ u_i,\ \cdots,\ u_m)^{\mathrm{T}}\}$ 非空且有界,我们给出算法步骤如下:

① 给初始 $\boldsymbol{U}^0 \in \boldsymbol{K}_D$. $\boldsymbol{U}^0$ 可为(D)的顶点,也可在 $\boldsymbol{K}_D$ 内任取一个可行解. 一般情况下,可取 $\boldsymbol{Y}^0 = \boldsymbol{0}$, 求解($D^0$),

$$\min\{W = \boldsymbol{b}^{\mathrm{T}}\boldsymbol{U} \mid \boldsymbol{A}^{\mathrm{T}}\boldsymbol{U} \geqslant \boldsymbol{C},\ \boldsymbol{U} \geqslant \boldsymbol{0}\},$$

得到最优解 $\boldsymbol{U}^0$,于是取 $\boldsymbol{U}^1 = \boldsymbol{U}^0$,令 $h=1$.

② 解(P^h),得到最优解 $\boldsymbol{Y}^h$、最优值 Z^h, 令 $\bar{Z}=Z^h$.

③ 解(D^h), 得到最优解 $\boldsymbol{U}^{h+1}$、最优值 $(\boldsymbol{b}-\boldsymbol{F}\boldsymbol{Y}^h)^{\mathrm{T}}\boldsymbol{U}^{h+1}$.

令 $\underline{Z} = \boldsymbol{D}^{\mathrm{T}}\boldsymbol{Y}^h + (\boldsymbol{b}-\boldsymbol{F}\boldsymbol{Y}^h)^{\mathrm{T}}\boldsymbol{U}^{h+1}$.

④ $\underline{Z}=\bar{Z}$?

若是,即得到最优解 $\boldsymbol{Y}^* = \boldsymbol{Y}^h$, 求解规划

$$\max\{Z=\boldsymbol{C}^{\mathrm{T}}\boldsymbol{X}+\boldsymbol{D}^{\mathrm{T}}\boldsymbol{Y}^{h}\mid \boldsymbol{A}\boldsymbol{X}\leqslant \boldsymbol{b}-\boldsymbol{F}\boldsymbol{Y}^{h},\ \boldsymbol{X}\geqslant \boldsymbol{0}\},$$

得到最优解 $\boldsymbol{X}^*$、最优值 $Z^*(=\underline{Z}=\bar{Z})$，算法终止.

若否，$h=h+1$，转步骤②.

例 4-32 求解模型(MIP′)，

$$\begin{aligned}\max Z=&4x_1+5x_2+6x_3-100y_1-150y_2;\\ \text{s. t.}\quad &2x_1+4x_2+8x_3\leqslant 500,\\ &2x_1+3x_2+4x_3\leqslant 300,\\ &x_1+2x_2+3x_3\leqslant 150,\\ &x_1-150y_1\leqslant 0,\\ &x_2-100y_2\leqslant 0,\\ &x_j\geqslant 0;j=1,2,3;\ y_1=0,1;\ y_2=0,1.\end{aligned}$$

解 在本题中，有

$$\boldsymbol{A}_{5\times 3}=\begin{pmatrix}2&4&8\\2&3&4\\1&2&3\\1&0&0\\0&1&0\end{pmatrix},\ \boldsymbol{F}_{5\times 2}=\begin{pmatrix}0&0\\0&0\\0&0\\-150&0\\0&-100\end{pmatrix},$$

$\boldsymbol{b}=(500,300,150,0,0)^{\mathrm{T}}$，$\boldsymbol{C}=(4,5,6)^{\mathrm{T}}$，$\boldsymbol{D}=(-100,-150)^{\mathrm{T}}$，$\boldsymbol{X}=(x_1,x_2,x_3)^{\mathrm{T}}$，$\boldsymbol{Y}=(y_1,y_2)^{\mathrm{T}}$，$y_s=0,1;s=1,2$. 我们来求解本题. 显然，有

$$\boldsymbol{b}-\boldsymbol{F}\boldsymbol{Y}=(500,300,150,150y_1,100y_2)^{\mathrm{T}}. \tag{4-72}$$

若固定 y_1，y_2，得线性规划(P)，

$$\begin{aligned}\max V=&4x_1+5x_2+6x_3-100y_1-150y_2;\\ \text{s. t.}\quad &2x_1+4x_2+8x_3\leqslant 500,\\ &2x_1+3x_2+4x_3\leqslant 300,\\ &x_1+2x_2+3x_3\leqslant 150,\\ &x_1\leqslant 150y_1,\\ &x_2\leqslant 100y_2,\\ &x_j\geqslant 0;j=1,2,3.\end{aligned}$$

可知，$\max\{4x_1+5x_2+6x_3\mid \boldsymbol{A}\boldsymbol{X}\leqslant \boldsymbol{b}-\boldsymbol{F}\boldsymbol{y},\ \boldsymbol{X}\geqslant \boldsymbol{0}\}$ 的对偶模型(D)如下：

$$\begin{aligned}\min W=&500u_1+300u_2+150u_3+150y_1u_4+100y_2u_5;\\ \text{s. t.}\quad &2u_1+2u_2+u_3+u_4\geqslant 4,\\ &4u_1+3u_2+2u_3+u_5\geqslant 5,\\ &8u_1+4u_2+3u_3\geqslant 6,\\ &u_k\geqslant 0,\ k=1,\cdots,5.\end{aligned}$$

对取固定值的$\boldsymbol{Y}$,可有

$$\max V = \min W + \boldsymbol{D}^{\mathrm{T}}\boldsymbol{Y}.$$

第 1 步,不妨取$\boldsymbol{Y}^0 = (0,\ 0)^{\mathrm{T}}$,求解$(\mathrm{D}^0)$,

$$\begin{aligned} &\min W = 500u_1 + 300u_2 + 150u_3;\\ &\text{s.t.}\quad \begin{aligned} &2u_1+2u_2+u_3+u_4 \geqslant 4,\\ &4u_1+3u_2+2u_3+u_5 \geqslant 5,\\ &8u_1+4u_2+3u_3 \geqslant 6,\end{aligned}\\ &u_k \geqslant 0,\ k=1,\ \cdots,\ 5.\end{aligned}$$

将它标准化,得到(LD^0),

$$\begin{aligned} &\min W = 500u_1 + 300u_2 + 150u_3;\\ &\text{s.t.}\quad \begin{aligned} &2u_1+2u_2+u_3+u_4-u_6=4,\\ &4u_1+3u_2+2u_3+u_5-u_7=5,\\ &8u_1+4u_2+3u_3-u_8=6,\end{aligned}\\ &u_k \geqslant 0,\ k=1,\ \cdots,\ 8.\end{aligned}$$

运用对偶单纯形法求解(LD^0),迭代过程分别如表 4-46、表 4-47、表 4-48、表 4-49 所示:

表 4-46

$\boldsymbol{U}_B$	u_1	u_2	u_3	u_4	u_5	u_6	u_7	u_8	$\bar{\boldsymbol{b}}$
u_6	−2	−2	−1	−1	0	1	0	0	−4
u_7	−4	−3	−2	0	−1	0	1	0	−5
u_8	−8	−4	(−3)	0	0	0	0	1	−6
$\boldsymbol{r}$	500	300	150	0	0	0	0	0	0

表 4-47

$\boldsymbol{U}_B$	u_1	u_2	u_3	u_4	u_5	u_6	u_7	u_8	$\bar{\boldsymbol{b}}$
u_6	2/3	−2/3	0	(−1)	0	1	0	1/3	−2
u_7	4/3	−1/3	0	0	−1	0	1	−2/3	−1
u_3	8/3	4/3	1	0	0	0	0	−1/3	2
$\boldsymbol{r}$	100	100	0	0	0	0	0	50	−300

表 4-48

$\boldsymbol{U}_B$	u_1	u_2	u_3	u_4	u_5	u_6	u_7	u_8	$\bar{\boldsymbol{b}}$
u_4	−2/3	2/3	0	1	0	−1	0	1/3	2
u_7	4/3	−1/3	0	0	(−1)	0	1	−2/3	−1
u_3	8/3	4/3	1	0	0	0	0	−1/3	2
$\boldsymbol{r}$	100	100	0	0	0	0	0	50	−300

表 4-49

U_B	u_1	u_2	u_3	u_4	u_5	u_6	u_7	u_8	$\bar{b}$
u_4	−2/3	2/3	0	1	0	−1	0	1/3	2
u_5	−4/3	1/3	0	0	1	0	−1	2/3	1
u_3	8/3	4/3	1	0	0	0	0	−1/3	2
r	100	100	0	0	0	0	0	50	−300

由此得到最优解 $\boldsymbol{U}^0=(0,\ 0,\ 2,\ 2,\ 1,\ 0,\ 0,\ 0)^{\mathrm{T}}$，$\min W=300$.

取 $\boldsymbol{U}^1=(0,\ 0,\ 2,\ 2,\ 1)^{\mathrm{T}}$，$h=1$.

第 2 步，将 $\boldsymbol{U}^1=(0,\ 0,\ 2,\ 2,\ 1)^{\mathrm{T}}$ 代入(P^1)，

$$\begin{aligned}&\max Z=z;\\&\text{s.t.}\quad z\leqslant \boldsymbol{D}^{\mathrm{T}}\boldsymbol{Y}+(\boldsymbol{b}-\boldsymbol{F}\boldsymbol{Y})^{\mathrm{T}}\boldsymbol{U}^1,\\&\qquad\quad y_1=0,\ 1,\ y_2=0,\ 1;\ z\gtrless 0.\end{aligned}$$

由式(4-72)知，

$$\begin{aligned}(\boldsymbol{b}-\boldsymbol{F}\boldsymbol{Y})^{\mathrm{T}}\boldsymbol{U}^1&=(500,\ 300,\ 150,\ 150y_1,\ 100y_2)(0,\ 0,\ 2,\ 2,\ 1)^{\mathrm{T}}\\&=300+300y_1+100y_2,\end{aligned}$$

(P^1)即为

$$\begin{aligned}&\max Z=z;\\&\text{s.t.}\quad z\leqslant -100y_1-150y_2+300+300y_1+100y_2,\\&\qquad\quad y_1=0,\ 1,\ y_2=0,\ 1;\ z\gtrless 0.\end{aligned}$$

于是，(P^1)即为

$$\begin{aligned}&\max Z=z;\\&\text{s.t.}\quad z\leqslant 200y_1-50y_2+300,\\&\qquad\quad y_1=0,\ 1,\ y_2=0,\ 1;\ z\gtrless 0.\end{aligned}$$

可知，最优解 $\boldsymbol{Y}^1=(y_1,\ y_2)^{\mathrm{T}}=(1,\ 0)^{\mathrm{T}}$，最优值 $Z=500$. 令 $\bar{Z}=500$.

第 3 步，将 $\boldsymbol{Y}^1=(1,\ 0)^{\mathrm{T}}$ 代入(D)，得到(D^1)，

$$\begin{aligned}&\min W=500u_1+300u_2+150u_3+150u_4;\\&\text{s.t.}\quad 2u_1+2u_2+u_3+u_4\geqslant 4,\\&\qquad\quad 4u_1+3u_2+2u_3+u_5\geqslant 5,\\&\qquad\quad 8u_1+4u_2+3u_3\geqslant 6,\\&u_k\geqslant 0,\ k=1,\ \cdots,\ 5.\end{aligned}$$

将它标准化，得到(LD^1)，

$$\begin{aligned}&\min W=500u_1+300u_2+150u_3+150u_4;\\&\text{s.t.}\quad 2u_1+2u_2+u_3+u_4-u_6=4,\\&\qquad\quad 4u_1+3u_2+2u_3+u_5-u_7=5,\\&\qquad\quad 8u_1+4u_2+3u_3-u_8=6,\\&u_k\geqslant 0,\ k=1,\ \cdots,\ 8.\end{aligned}$$

运用对偶单纯形法求解(LD[1]).迭代过程分别如表 4-50、表 4-51、表 4-52、表 4-53 所示.

表 4-50

$\boldsymbol{U}_B$	u_1	u_2	u_3	u_4	u_5	u_6	u_7	u_8	$\bar{\boldsymbol{b}}$
u_6	−2	−2	−1	−1	0	1	0	0	−4
u_7	−4	−3	−2	0	−1	0	1	0	−5
u_8	−8	−4	(−3)	0	0	0	0	1	−6
$\boldsymbol{r}$	500	300	150	150	0	0	0	0	0

表 4-51

$\boldsymbol{U}_B$	u_1	u_2	u_3	u_4	u_5	u_6	u_7	u_8	$\bar{\boldsymbol{b}}$
u_6	2/3	−2/3	0	(−1)	0	1	0	1/3	−2
u_7	4/3	−1/3	0	0	−1	0	1	−2/3	−1
u_3	8/3	4/3	1	0	0	0	0	−1/3	2
$\boldsymbol{r}$	100	100	0	0	0	0	0	50	−300

表 4-52

$\boldsymbol{U}_B$	u_1	u_2	u_3	u_4	u_5	u_6	u_7	u_8	$\bar{\boldsymbol{b}}$
u_4	−2/3	2/3	0	1	0	−1	0	1/3	2
u_7	4/3	−1/3	0	0	(−1)	0	1	−2/3	−1
u_3	8/3	4/3	1	0	0	0	0	−1/3	2
$\boldsymbol{r}$	200	0	0	0	0	150	0	0	−600

表 4-53

$\boldsymbol{U}_B$	u_1	u_2	u_3	u_4	u_5	u_6	u_7	u_8	$\bar{\boldsymbol{b}}$
u_4	−2/3	2/3	0	1	0	−1	0	1/3	2
u_5	−4/3	1/3	0	0	1	0	−1	2/3	1
u_3	8/3	4/3	1	0	0	0	0	−1/3	2
$\boldsymbol{r}$	200	0	0	0	0	150	0	50	−600

得到最优解$(0, 0, 2, 2, 1, 0, 0, 0)^{\mathrm{T}}$、最优值 600.

现在$\boldsymbol{U}^2=(0, 0, 2, 2, 1)^{\mathrm{T}}$, $\boldsymbol{Y}^1=(1, 0)^{\mathrm{T}}$,可知

$$\boldsymbol{b}-\boldsymbol{F}\boldsymbol{Y}^1=(500, 300, 150, 150y_1^1, 100y_2^1)^{\mathrm{T}}=(500, 300, 150, 150, 0)^{\mathrm{T}},$$

$$(\boldsymbol{b}-\boldsymbol{F}\boldsymbol{Y}^1)^{\mathrm{T}}\boldsymbol{U}^2=(500, 300, 150, 150, 0)(0, 0, 2, 2, 1)^{\mathrm{T}}=600,$$

$$\underline{Z}=\boldsymbol{D}^{\mathrm{T}}\boldsymbol{Y}^1+(\boldsymbol{b}-\boldsymbol{F}\boldsymbol{Y}^1)^{\mathrm{T}}\boldsymbol{U}^2=-100\times 1-150\times 0+600=500.$$

由于$\underline{Z}=\bar{Z}$,故$\boldsymbol{Y}^1=(1, 0)^{\mathrm{T}}$为最优解,代入模型(MIP′),可知此时有$x_2=0$,有

$$\max Z=4x_1+6x_3-100;$$

$$
\begin{aligned}
\text{s. t.}\quad & 2x_1+8x_3\leqslant 500,\\
& 2x_1+4x_3\leqslant 300,\\
& x_1+3x_3\leqslant 150,\\
& x_1\leqslant 150,\\
& x_j\geqslant 0,\ j=1,\ 3.
\end{aligned}
$$

将它标准化,可得模型

$$
\begin{aligned}
\min f=-4x_1-6x_3+100;&\\
2x_1+8x_3+x_4 \qquad\qquad &=500,\\
2x_1+4x_3 \qquad +x_5 \qquad &=300,\\
x_1+3x_3 \qquad\qquad +x_6 &=150,\\
x_1 \qquad\qquad\qquad +x_7&=150,\\
x_j\geqslant 0,\ j=1,\ 3,\ \cdots,\ 7.&
\end{aligned}
$$

运用单纯形法求解,迭代过程分别如表 4-54、表 4-55、表 4-56 所示.

表 4-54

$\boldsymbol{X}_B$	x_1	x_3	x_4	x_5	x_6	x_7	$\bar{\boldsymbol{b}}$
x_4	2	8	1	0	0	0	500
x_5	2	4	0	1	0	0	300
x_6	1	(3)	0	0	1	0	150
x_7	1	0	0	0	0	1	150
$\boldsymbol{r}$	−4	−6	0	0	0	0	−100

表 4-55

$\boldsymbol{X}_B$	x_1	x_3	x_4	x_5	x_6	x_7	$\bar{\boldsymbol{b}}$
x_4	−2/3	0	1	0	−8/3	0	100
x_5	2/3	0	0	1	−4/3	0	100
x_3	1/3	1	0	0	1/3	0	50
x_7	(1)	0	0	0	0	1	150
$\boldsymbol{r}$	−2	0	0	0	2	0	−200

表 4-56

$\boldsymbol{X}_B$	x_1	x_3	x_4	x_5	x_6	x_7	$\bar{\boldsymbol{b}}$
x_4	0	0	1	0	−8/3	2/3	200
x_5	0	0	0	1	−4/3	−2/3	0
x_3	0	1	0	0	1/3	−1/3	0
x_1	1	0	0	0	0	1	150
$\boldsymbol{r}$	0	0	0	0	2	2	−500

于是,(MIP′)的最优解 $x_1^*=150$, $x_2^*=0$, $x_3^*=0$, $y_1^*=1$, $y_1^*=0$;最优值 $Z^*=500$.

在此需要作个说明,如果我们第1步是在(K_D)内取点

$$\boldsymbol{U}^0=(0,\ 0,\ 4,\ 0,\ 0)^{\mathrm{T}},$$

把它视为 $\boldsymbol{U}^1$,代入(P^1),得到模型

$$\begin{aligned}
&\max Z=z;\\
&\text{s. t.}\quad z\leqslant \boldsymbol{D}^{\mathrm{T}}\boldsymbol{Y}+(\boldsymbol{b}-\boldsymbol{F}\boldsymbol{Y})^{\mathrm{T}}\boldsymbol{U}^1\\
&\qquad\quad =-100y_1-150y_2+(500,\ 300,\ 150,\ 150y_1,\ 100y_2)(0,\ 0,\ 4,\ 0,\ 0)^{\mathrm{T}}\\
&\qquad\quad =-100y_1-150y_2+600,\\
&\qquad\quad y_1=0,\ 1,\ y_2=0,\ 1,\ z\geqslant 0.
\end{aligned}$$

可求得

$$\boldsymbol{Y}^1=(0,\ 0)^{\mathrm{T}},\ \bar{Z}=-100y_1^1-150y_2^1+600=600.$$

在这里,$z\leqslant -100y_1-150y_2+600$ 是第1个本德斯割.我们继续迭代,就类似于上面的求解步骤,可得到 $\boldsymbol{U}^2=(0,\ 0,\ 2,\ 2,\ 1)^{\mathrm{T}}$,于是产生第2个本德斯割,

$$\begin{aligned}
z\leqslant &-100y_1-150y_2+(500,\ 300,\ 150,\ 150y_1,\ 100y_2)(0,\ 0,\ 2,\ 2,\ 1)^{\mathrm{T}}\\
&=300+200y_1-50y_2.
\end{aligned}$$

我们有(P^2),

$$\begin{aligned}
&\max Z=z;\\
\text{s. t.}\quad &z\leqslant -100y_1-150y_2+600,\\
&z\leqslant 300+200y_1-50y_2,\\
&y_1=0,\ 1,\ y_2=0,\ 1;\ z\geqslant 0.
\end{aligned}$$

下面的具体计算步骤我们不再列出.

可以指出,上述算法可以推广到一般的混合整数规划(MIP),

$$\begin{aligned}
&\max Z=\boldsymbol{C}^{\mathrm{T}}\boldsymbol{X}+\boldsymbol{D}^{\mathrm{T}}\boldsymbol{Y};\\
&\text{s. t.}\quad \boldsymbol{A}\boldsymbol{X}+\boldsymbol{F}\boldsymbol{Y}\leqslant \boldsymbol{b},\\
&\qquad\quad \boldsymbol{X}\geqslant \boldsymbol{0},\ \boldsymbol{Y}=(y_1,\ \cdots,\ y_s,\ \cdots,\ y_t)^{\mathrm{T}},\\
&\qquad\quad y_s\geqslant 0,\text{为整数},s\in\{1,\ \cdots,\ s,\ \cdots,\ t\}.
\end{aligned}$$

其中 $\boldsymbol{A}$ 为 $\boldsymbol{A}_{m\times n}$, $\boldsymbol{F}$ 为 $\boldsymbol{F}_{m\times t}$, $\boldsymbol{X}=(x_1,\ \cdots,\ x_j,\ \cdots,\ x_n)^{\mathrm{T}}$, $\boldsymbol{b}=(b_1,\ \cdots,\ b_i,\ \cdots,\ b_m)^{\mathrm{T}}$, $\boldsymbol{C}=(c_1,\ \cdots,\ c_j,\ \cdots,\ c_n)^{\mathrm{T}}$, $\boldsymbol{D}=(d_1,\ \cdots,\ d_s,\ \cdots,\ d_t)^{\mathrm{T}}$.

求解该混合整数规划(MIP)的本德斯分解算法,感兴趣的读者可以阅读相关的著作.

习题 4

1. 明年初某工厂准备在甲、乙、丙3种产品中选择两种产品投产,它们都需要经过3道工序加工,有关数据如表4-57所示.

表 4-57

定　额(小时/件)		产　　品			生产能力(小时)
		甲	乙	丙	
工　序	A	3	2	1	1800
	B	1	1	2	2000
	C	1	3	1	1600
成本(元/件)		50	80	60	
售价(元/件)		200	300	250	

若甲、乙、丙产品在投产时，无论生产数量大与小，都需要一笔固定费用(例如装夹具的制作费). 假定 3 种产品的固定费用分别为 1 500 元、2 000 元和 1 800 元，问如何安排生产可使工厂获得的利润最大？试建立整数规划模型.

2. 考虑数学模型

$$\max f = 3x_1 + f_1(x_2) + f_2(x_3) + 7x_4,$$

满足以下两个约束条件：

(1) 下列条件中至少有一个成立：

$$2x_1 + x_2 + x_3 - x_4 \leqslant 60,$$
$$x_1 + 2x_2 + x_3 - x_4 \leqslant 60,$$
$$x_1 + x_2 + 2x_3 - x_4 \leqslant 60;$$

(2) $x_j \geqslant 0, \quad j = 1, \cdots, 4.$

又知：

$$f_1(x_2) = \begin{cases} -12 + 4x_2, & \text{当 } x_2 > 0, \\ 0, & \text{否则}; \end{cases}$$

$$f_2(x_3) = \begin{cases} -5 + 6x_3, & \text{当 } x_3 > 0, \\ 0, & \text{否则}. \end{cases}$$

请把该模型修改成线性整数规划模型.

3. 把图 4-24 中阴影部分所表示的可行域用联立的线性约束条件描述.

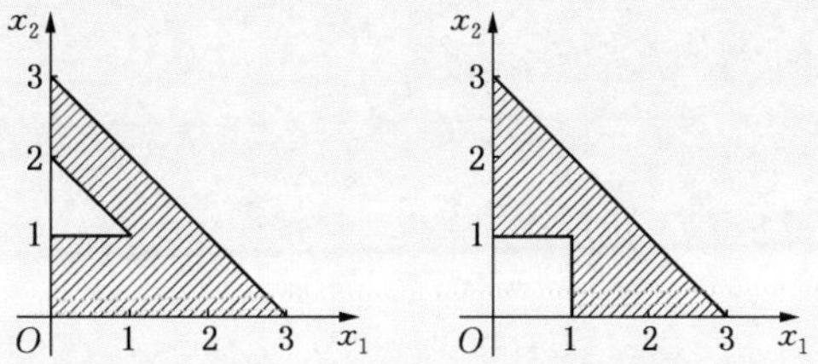

图 4-24

4. 请利用 0-1 变量,将下列情况化成线性约束条件(变量 x_j 都为非负变量):

(1) 或者 $x_1+x_2\leqslant 2$,或者 $2x_1+3x_2\geqslant 8$;

(2) 若 $x_4\leqslant 4$,则 $x_5\geqslant 6$ 或 $x_6\geqslant 3$;若 $x_4\geqslant 6$,则 $x_5\leqslant 3$ 或 $x_6\leqslant 4$;

(3) x_3 只能取 0, 5, 9, 12;

(4) $|x_2-x_3|=0$ 或 5 或 10;

(5) 下列约束条件中,至少必须满足两个:

$$x_3+x_6+x_7\leqslant 5,\quad x_6\leqslant 3,\quad x_7\leqslant 4,\quad x_6+x_7\geqslant 2,\quad x_3\geqslant 1;$$

(6) 或 $x_1=0$, $x_2=0$,或 $x_3=0$, $x_4=0$;

(7) 或 $x_1+x_2=2$,或 $2x_1+3x_2=8$.

5. (1) 某车间的车床和刨床分别有 200 工时和 300 工时的时间可供利用. 该车间可以接客户 A 的加工任务,也可以接客户 B 的加工任务,但只能接一位客户的加工任务. 有关信息如表 4-58 所示. 为了确定车间应该接哪一位客户的加工任务及确定其加工的零件的生产数量,以使收益最大,请建立一个线性整数规划模型.

表 4-58

定　额(工时/件)	零　件　$j^{\#}$			
	客　户　A		客　户　B	
	$1^{\#}$	$2^{\#}$	$3^{\#}$	$4^{\#}$
车　床	2	4	8	10
刨　床	3	2	7	11
利润(元/件)	7	9	15	20

(2) (选址问题)　现准备从 3 个地点 A_1, A_2, A_3 中选择两处开设工厂,它们每月的产量 a_i($i=1, 2, 3$) 分别至多为 70, 80 和 90 个单位,每月的经营费用 d_i(与产量无关)分别为 100, 90 和 120. 有 3 家客户 B_1, B_2 和 B_3,它们每月的需求量 b_j($j=1, 2, 3$) 分别为 40, 60 和 45 个单位. A_i 至 B_j 的单位运价 c_{ij} 如表 4-59 所示.

表 4-59

A_i	c_{ij}		
	B_j		
	B_1	B_2	B_3
A_1	4	5	3
A_2	2	3	4
A_3	6	4	5

问如何选址使每月经营和运输费用最低? 试建立整数规划模型.

6. 请将下列非线性 0-1 规划线性化:

$$\max f=2x_1^2x_2-x_3^3;$$
$$\text{s. t.}\quad 5x_1+9x_2x_3\leqslant 15,$$
$$x_j=0, 1,\quad j=1, 2, 3.$$

7. 有如下整数规划:

$$\max f=30x_1+18x_2+20x_3;$$

$$\text{s. t.}\quad \begin{aligned} &5x_1+3x_2+7x_3\leqslant 560,\\ &6x_1+4x_2+5x_3\leqslant 780,\\ &x_j=0,\text{整数},\quad j=1,2,3, \end{aligned}$$

其中 x_j 为 $j^{\#}$ 产品数量. 请对下列两种情况分别修改模型：

(1) 当 $x_1>20$ 时产生一次性费用 200.

(2) 当 $20<x_1\leqslant 50$ 时,产生一次性费用 200;当 $x_1>50$ 时,产生一次性费用 400.

8. 服装厂一个车间的生产工序分为 4 道. 现有工人 50 名(每名工人都会做 4 道工序中的任何一道),根据统计资料,每名工人每天能够裁衣 10 件,或者包缝 30 件,或者缝纫 15 件,或者锁眼钉扣 40 件. 问应该如何分配这些工人工作,使车间在连续生产过程中出成衣最多? 请建立线性整数规划模型.

9. 某工厂计划科拟制订明年投资计划,在 8 个方案中进行选择,各方案信息如表 4-60 所示,现欲选择一组方案,使社会总价值最大,但有如下约束,试建立数学模型.

表 4-60

方　案 $j^{\#}$	1	2	3	4	5	6	7	8
投资数(千元)	80	15	120	65	20	10	60	100
社会价值	40	10	80	50	20	15	80	100

(1) 明年总投资为 32 万元;

(2) $j^{\#}$ 方案不采取便拒绝;

(3) 方案 $7^{\#}$ 与方案 $8^{\#}$ 不能同时接受,而方案 $6^{\#}$ 不能单独选择,除非方案 $1^{\#}$ 也被选(可选方案 $1^{\#}$,但未必选方案 $6^{\#}$).

10. 对于下列规划的约束条件,试画出 x_1 和 x_2 的可行域：

$$\text{s. t.}\quad \begin{aligned} &x_1+2x_2\leqslant 4,\\ &My_1+x_2\geqslant 1,\\ &M(1-y_1)+x_1-x_2\geqslant 1,\\ &M(1-y_1)+My_2+x_2\geqslant 0.5,\\ &x_1\leqslant 1.5+M(1-y_1)+M(1-y_2),\\ &x_1\geqslant 0,\ x_2\geqslant 0;\ y_1=0,1,\ y_2=0,1. \end{aligned}$$

11. 将下列模型线性化：

$$\min f=|x_1|+|x_2|;$$
$$\text{s. t.}\quad \begin{aligned} &2x_1+x_2\leqslant 4,\\ &2x_1-3x_2\leqslant 12,\\ &2x_1-x_2\geqslant 2,\\ &x_1\geqslant 0,\ x_2\geqslant 0. \end{aligned}$$

12. 用割平面法求解下列整数规划:

$$\min f = -3x_1 - 4x_2;$$
$$\text{s. t.}\quad 2x_1 + 5x_2 + x_3 = 15,$$
$$2x_1 - 2x_2 + x_4 = 5,$$
$$x_j \geqslant 0, \text{整数}, \quad j = 1, \cdots, 4.$$

已知相应的(LP)的最优单纯形表如表 4-61 所示.

表 4-61

$\boldsymbol{X}_B$	x_1	x_2	x_3	x_4	$\bar{\boldsymbol{b}}$
x_2	0	1	1/7	−1/7	10/7
x_1	1	0	1/7	5/14	55/14
$\boldsymbol{r}$	0	0	1	1/2	35/2

13. 用分支定界法求解 0-1 背包问题,

$$\max f = 12x_1 + 12x_2 + 9x_3 + 16x_4 + 30x_5;$$
$$\text{s. t.}\quad 3x_1 + 4x_2 + 3x_3 + 4x_4 + 6x_5 \leqslant 12,$$
$$x_j = 0, 1, \quad j = 1, \cdots, 5.$$

14. 用分支定界法求解下列(AIP)(用图解法求解线性规划):

$$\min f = -7x_1 - 9x_2;$$
$$\text{s. t.}\quad -x_1 + 3x_2 \leqslant 6,$$
$$7x_1 + x_2 \leqslant 35,$$
$$x_j \geqslant 0, \text{整数}, \quad j = 1, 2.$$

15. 用分支定界法求解第 12 题.

16. 求解下列 0-1 规划:

(1)
$$\min z = 2u_1 - 3u_2 + u_3 - 5u_4;$$
$$\text{s. t.}\quad 5u_1 - 3u_2 + u_3 + u_4 \geqslant 2,$$
$$2u_1 - u_2 - 6u_3 - 4u_4 \leqslant -5,$$
$$u_1 + 3u_2 - 2u_3 + 2u_4 \geqslant 2,$$
$$u_j = 0, 1, \quad j = 1, \cdots, 4.$$

(2)
$$\max z = 5u_1 + 9u_2 + 2u_3 + 7u_4 + 4u_5 + 6u_6;$$
$$\text{s. t.}\quad 2u_1 + 7u_2 - 2u_3 + 4u_4 - u_5 + 6u_6 \leqslant 12,$$
$$2u_1 + 6u_2 + 2u_3 + 5u_4 + 5u_5 \leqslant 14,$$
$$3u_1 + 3u_2 - u_3 + 2u_4 + 5u_6 \leqslant 8,$$
$$u_j = 0, 1, \quad j = 1, \cdots, 6.$$

17. 若最优分配问题由下列矩阵给出,求最优分配:

$$(1)\begin{pmatrix}11&17&8&16&20\\9&7&12&6&15\\13&16&15&12&16\\21&24&17&28&26\\14&10&12&11&15\end{pmatrix};\quad(2)\begin{pmatrix}25&29&31&42&37\\22&19&35&18&26\\39&38&26&20&33\\34&27&28&40&32\\24&42&36&23&45\end{pmatrix}.$$

18. (1) 考虑把 4 道工序分配到 5 台机床上加工，其成本矩阵如下，求最优分配：

$$\begin{pmatrix}5&5&M&2&4\\7&4&2&3&M\\9&3&5&M&7\\7&2&6&7&6\end{pmatrix}.$$

(2) 若有第 6 台机床可利用，4 道工序在其上加工的成本分别为 2，1，2 和 8. 这台新机床代替现有机床中的一台是否合算？若合算，代替哪一台？

19. 所谓一个 $n\times n$ 矩阵的一条对角线是由 n 个矩阵元素组成的集合，其中没有两个元素处在同一行或同一列上，对角线的权是它的 n 个元素之和. 试找出下列矩阵具有最大权的对角线：

$$\begin{pmatrix}4&7&12&8&4&2\\6&5&10&14&7&6\\9&16&4&3&2&7\\17&13&11&8&7&10\\11&5&6&13&7&3\\8&7&5&9&10&11\end{pmatrix}.$$

20. 航空公司的北京—上海航线面临着如何指派驾驶员到合适航次的问题. 这两个城市之间的航次飞行时间表由表 4-62 给出. 要求每两个航次指派一个驾驶员，使驾驶员从一个城市出发，又可以回到原来的城市. 如果两个航次之间在对方城市的停留时间至少为 1 小时，求总停留时间最短的驾驶员指派方案.

表 4-62

航　次	离开北京	到达上海	航　次	离开上海	到达北京
1	7:30	9:00	2	8:00	9:00
3	8:15	9:45	4	8:45	9:45
5	12:00	13:30	6	11:00	12:00
7	17:45	19:15	8	19:00	20:00
9	19:00	20:30	10	20:30	21:30

21. 4 台机器 A_1，A_2，A_3 和 A_4 加工 B_1，B_2，B_3，B_4 和 B_5 5 个零件. A_1，A_2 和 A_3 3 台机器每台机器至多加工 2 个零件，至少加工 1 个零件，机器 A_4 恰可加工 1 个零件. 机器 A_i 加工零件 B_j 的费用矩阵如下：

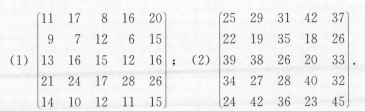

$$\begin{pmatrix} 3 & 1 & 2 & 4 & 6 \\ 5 & 4 & 3 & 2 & 7 \\ 4 & 6 & 8 & 3 & 5 \\ 7 & 2 & 5 & 8 & 4 \end{pmatrix}.$$

建立最优分配问题模型.

22. 有个配制油漆的车间要配 500 千克红漆、750 千克蓝漆、1 000 千克白漆、900 千克黑漆、200 千克黄漆. 清洗配制油漆的机器所需的时间取决于上一次所配油漆的颜色与下一次欲配油漆的颜色,有关时间在表 4-63 中列出. 试求一种配制顺序,使配制完这 5 种油漆时机器所花的清洗时间总和最短.

表 4-63

清洗时间 t_{ij}		欲配漆 v_j				
		v_1(红)	v_2(蓝)	v_3(白)	v_4(黑)	v_5(黄)
已配漆 v_i	v_1(红)	—	30	90	20	40
	v_2(蓝)	33	—	85	15	35
	v_3(白)	22	27	—	18	25
	v_4(黑)	100	95	120	—	110
	v_5(黄)	38	39	80	28	—

23. 用分支定界法求例 4-31[破 $\boldsymbol{X}^0$ 中的子回路 $x_{24}=x_{43}=x_{32}=1$ 来对(K_0)进行分支].

24. 求解下列模型(MIP′):

$$\max Z = 3x_1 + 4x_2 - 50y_1 - 20y_2;$$

$$\begin{aligned} \text{s. t.} \quad & 2x_1 + 3x_2 \leqslant 90, \\ & 5x_1 + 4x_2 \leqslant 120, \\ & x_1 - 100y_1 \leqslant 0, \\ & x_2 - 100y_2 \leqslant 0, \end{aligned}$$

$$x_1 \geqslant 0,\ x_2 \geqslant 0,\ y_1 = 0, 1,\ y_2 = 0, 1.$$

第 5 章 网络规划

图论是近数十年来得到蓬勃发展的一个新兴的数学分支，它的理论和方法在许多领域中得到广泛的应用并取得了丰硕的成果. 我们可以看到，用线性规划、整数规划解决的资源分配问题、运输问题、生产计划问题、设备更新问题和存储问题，有时也可用图论的方法来构造模型并求解，且由于图的结构的直观性，更有助于我们分析问题和描述问题. 何况有些研究对象，如交通网，它本身就是一个大网络，用图论的方法来研究，更给研究者带来方便. 为与一般图论相区别，在这里我们把图论在系统管理决策中卓有成效的一些理论和方法称为**网络规划**.

考虑到图论的术语非常不统一，为便于读者对图论的最基本知识有一个初步的了解，我们写了图的基本概念这一节，它仅仅介绍和网络规划内容有关的概念，通过这些最基本概念的学习，将有助于读者建立网络模型和加深对算法的理解.

§5.1 图的基本概念

我们先通过几个直观的例子，来感性地认识什么是图.

例 5-1 图 5-1 所画的是某地区的铁路交通图. 显然，对于一位只关心自甲站到乙站需经过哪些站的旅客来说，图 5-2 比图 5-1 更为清晰. 但这两个图有很大的差异：图 5-2 中不仅略去了对了解铁路交通毫无关系的河流、湖泊，而且铁路线的长短、曲直及铁路上各站间的相对位置都有了改变. 不过，我们可以看到，图 5-1 中各站间的连通关系在图 5-2 中丝毫没有改变.

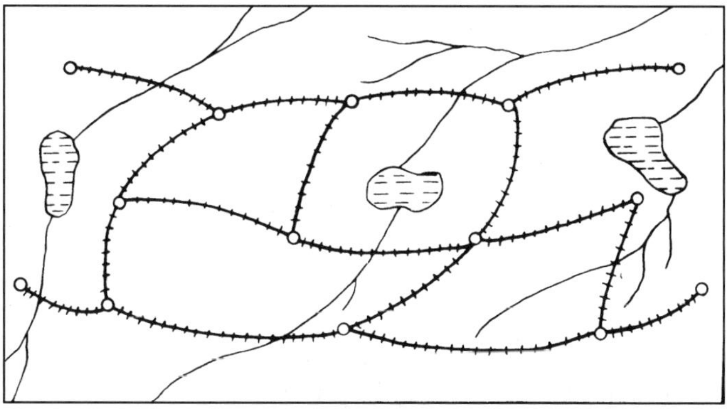

图 5-1

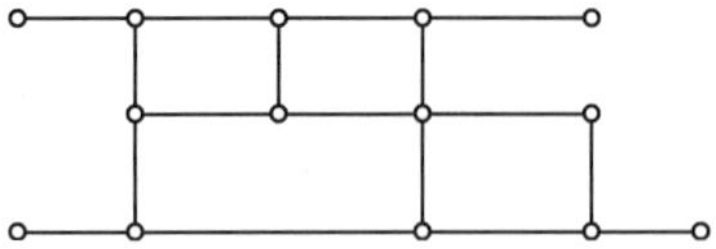

图 5-2

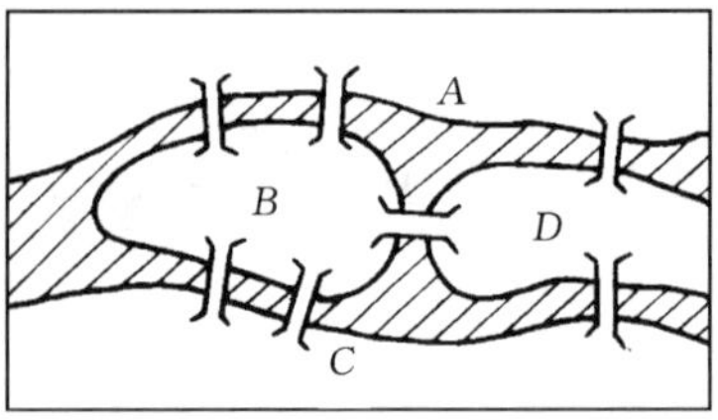

图 5-3

例 5-2 18 世纪的东欧有个哥尼斯堡城,流贯全城的普雷格尔河两岸和河中两个小岛彼此间有 7 座桥相通,如图 5-3 所示.

这个城镇里的居民当时热衷于这样一个问题:从岸上任一地方开始,能否通过每座桥一次且仅仅一次就能回到原地.1736 年欧拉发表了图论方面的第 1 篇论文,将此难题化成了一个数学问题:用点表示两岸或小岛,用点之间的联线表示陆地之间的桥,这样就得到了图 5-4 所示的一个图.从而,问题就变为:在这个图中,是否可能从某一点出发只经过各条边一次且仅仅一次而又回到出发点,即一笔画问题.在图 5-4 中可见,两岸和岛的大小形状及桥的长短曲直都被置之一旁,但陆地间的关联情况依然得到保持.

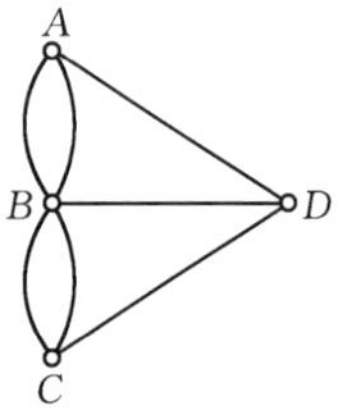

图 5-4

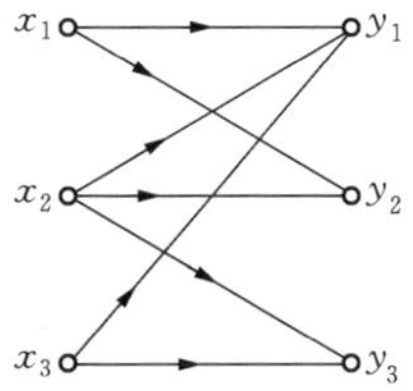

图 5-5

例 5-3 若发点 x_1 可运送物资到收点 y_1 和 y_2;发点 x_2 可运送物资到收点 y_1, y_2 和 y_3;发点 x_3 可运送物资到收点 y_1 和 y_3.现用点表示发点或收点,带方向的边表示物资运送方向,即得图 5-5.

由这 3 个例子,我们可以得到一个结论:一个图由一个表示具体事物的点(图论中称为顶点)的集合和表示事物之间联系的边的集合组成.

根据边的带方向与否,图又可分为有向图及无向图,下面我们分别对它们介绍有关的概念.

5.1.1 无向图

无向图——设 V 是一个有 n 个顶点的非空集合:$V=\{v_1, \cdots, v_n\}$;E 是一个有 m 条无向边的集合:$E=\{e_1, \cdots, e_m\}$,则称 V 和 E 这两个集合组成了一个无向图,记作无向图 $G=(V, E)$.

E 中任一条边 e 若连接顶点 u 和 v,则记为 $e=[u, v]$(或 $[v, u]$),并称 u 与 v 为无向边的两个端点;边 e 与顶点 u 及 v 相关联,顶点 u 与顶点 v 相邻.

对于图 G,有时为说明问题,V 与 E 也可写作 $V(G)$ 及 $E(G)$.

给出图 $G=(V, E)$,我们可以作出它的几何图.在以后的讨论中,我们往往直接对几何图进行讨论.

例 5-4 给无向图 $G=(V, E)$，其中 $V=\{v_1, \cdots, v_5\}$，$E=\{e_1, \cdots, e_7\}$，边与顶点的关联情况由表 5-1 给出，作几何图.

表 5-1

e	e_1	e_2	e_3	e_4	e_5	e_6	e_7
$e=[u, v]$	$[v_1, v_2]$	$[v_2, v_3]$	$[v_2, v_3]$	$[v_1, v_3]$	$[v_4, v_3]$	$[v_1, v_4]$	$[v_4, v_5]$

解 根据表 5-1，可作其几何图，如图 5-6 所示.

在作几何图时，仅要求表示出顶点、边以及它们之间的关联状况，而对于顶点位置的布置以及边的曲直、长短都没有任何规定. 从而，同一图 $G=(V, E)$，可以有许多不同的几何图. 如例 5-4 所给的图，也可表示成图 5-7. 在图 5-7 中，边在非端点处可能出现交点，但这种交点不是顶点.

基于无向图 G 的结构特点，我们给出下列术语.

平行边——若两条不同的边 e 与 e' 具有相同的端点，则称 e 与 e' 为 G 的平行边. 如图 5-6 中的边 e_3 与 e_2 即为平行边.

简单图——若图 G 无平行边，则称图 G 为简单图. 如图 5-8.

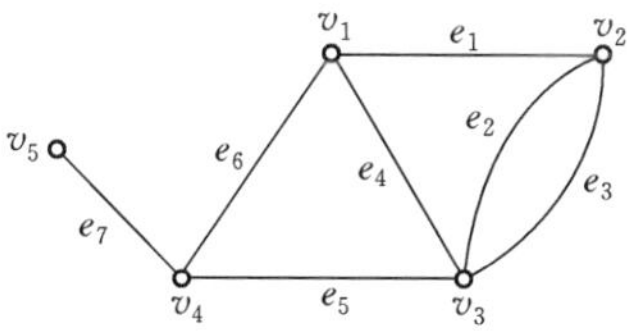

图 5-6

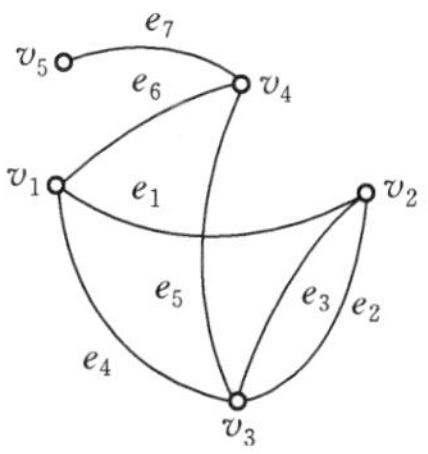

图 5-7

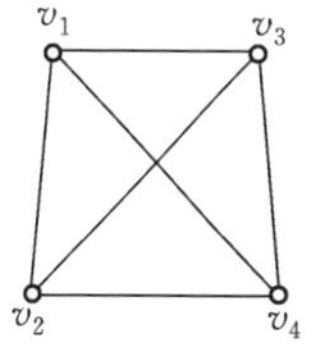

图 5-8

完备图——若图 G 中任两个顶点之间恰有一条边相关联，则称图 G 为完备图. 如图 5-8 所示.

子图——设 $G=(V, E)$，$G_1=(V_1, E_1)$ 都是图，且 $V_1 \subseteq V$，$E_1 \subseteq E$，则称图 G_1 为图 G 的子图，并记为图 $G_1 \subseteq G$.

生成子图——若 $G_1 \subseteq G$，且 $V_1=V$，则称图 G_1 为图 G 的生成子图.

导出子图——设图 $G=(V, E)$，非空边集 $E_1 \subset E$，如果 G 中与 E_1 中诸边相关联的顶点全体记为 V_1，则子图 $G_1=(V_1, E_1)$ 称为图 G 的由 E_1 导出的子图. 记 $G(E_1)=(V_1, E_1)=G_1$.

例如图 5-9 给出的图 G_1 是图 5-6 所给图的子图；若取 $E_1=\{e_1, e_7\}$，则图 5-9 所示图 G_1 是图 5-6 所示图 G 关于 E_1 的导出子图；图 5-10 所示图 G_2 是图 5-6 所示图 G 的生成子图.

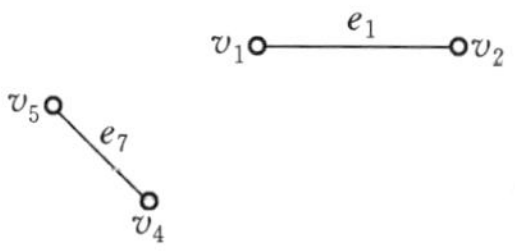

图 5-9

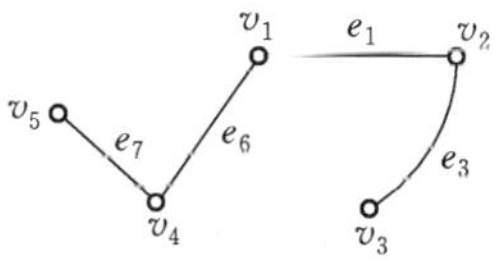

图 5-10

链——无向图 G 中一个由顶点和边交错而成的非空有限序列:

$$Q = v_{i_0} e_{j_1} v_{i_1} \cdots v_{i_{s-1}} e_{j_s} v_{i_s} \cdots v_{i_{k-1}} e_{j_k} v_{i_k}, \tag{5-1}$$

且 $e_{j_s} = [v_{j_{s-1}}, v_{j_s}]$ $(s=1, \cdots, k)$,则称 Q 为 G 中一条连接 v_{i_0} 与 v_{i_k} 的链.

在简单图中,链由它的顶点序列确定,所以简单图中的链可用其顶点表示:$Q = v_{i_0} v_{i_1} \cdots v_{i_k}$. 若 e 为链 Q 中的边,可简写为 $e \in Q$. 链 Q 中边的全体记为 $E(Q)$.

若 $k > 1$,且 $v_{i_0} = v_{i_k}$,则称 Q 为闭链. 当 $v_{i_0} \neq v_{i_k}$ 时,称 Q 为开链.

初等链——若开链 Q 中诸顶点皆不相同,则称 Q 为一条初等链.

回路——若一个闭链 Q,除了第 1 个顶点和最后一个顶点相同外,没有相同的顶点和相同的边,则该闭链 Q 称为回路.

例如,在图 5-6 所示图中,

$Q_1 = v_5 e_7 v_4 e_6 v_1 e_1 v_2 e_2 v_3 e_4 v_1 e_6 v_4 e_5 v_3$ 为开链,

$Q_2 = v_5 e_7 v_4 e_6 v_1 e_4 v_3 e_3 v_2$ 为初等链,

$Q_3 = v_4 e_6 v_1 e_1 v_2 e_2 v_3 e_5 v_4$ 为回路.

连通图——若图 G 中任意两顶点 u 和 v 之间存在一条链(称 u 与 v 在 G 内连通),则称图 G 为连通图. 否则,称为分离图.

例如,图 5-6 所示图为连通图,图 5-9 所示图为分离图.

割边——若 G 为连通图,将 G 中边 e 取走后所得图为分离图,则称 e 为图 G 的割边.

例如,图 5-10 为连通图,e_6 为图 5-10 所给图 G_2 的割边.

5.1.2 有向图

有向图——设 V 是一个有 n 个顶点的非空集合:$V=\{v_1, \cdots, v_n\}$;E 是一个有 m 条有向边的集合:$E=\{e_1, \cdots, e_m\}$,则称 V 和 E 这两个集合组成了一个有向图,记作有向图 $D=(V, E)$.

若 $e \in E$,u 为有向边 e 的起点,v 为有向边 e 的终点,则记 $e=(u, v)$.

例 5-5 给有向图 $D=(V, E)$,其中 $V=\{v_1, v_2, v_3, v_4\}$,$E=\{e_1, \cdots, e_7\}$,边与顶点的关联情况如表 5-2 所示,作几何图.

表 5-2

e	e_1	e_2	e_3	e_4	e_5	e_6	e_7
$e=(u, v)$	(v_2, v_1)	(v_1, v_2)	(v_3, v_2)	(v_3, v_2)	(v_2, v_4)	(v_4, v_3)	(v_3, v_1)

解 对表 5-2 作其几何图,如图 5-11 所示.

类似于无向图,有向图 D 也有下列术语.

平行边——不同的有向边 e 与 e' 的起点与终点都相同,则称边 e 与 e' 为有向图 D 的平行边. 如图 5-11 中的边 e_3 与 e_4.

孤立点——V 中不与 E 中任一条边关联的点称为 D 的孤立点, 例如在图 5-13 中,v_1 为孤立点.

简单图——无平行边的有向图称为简单图.

完备图——图中任两个顶点 u 与 v 之间,恰有两条有向边 (u, v) 及 (v, u),则称该有向图

D 为完备图.

基本图——把有向图 D 的每条边除去定向就得到一个相应的无向图 G，称 G 为 D 的基本图. 称 D 为 G 的定向图.

子图——设 $D=(V, E)$ 和 $D_1=(V_1, E_1)$ 都是有向图，且 $V_1 \subseteq V$, $E_1 \subseteq E$，则称 D_1 为 D 的子图，并记为 $D_1 \subseteq D$.

导出子图——若 $V_1 \subset V$, $E_1=\{e \mid e=(u, v) \in E, u, v \in V_1\}$，则称有向图 $D_1=(V_1, E_1)$ 为有向图 D 中关于 V_1 的导出子图. 例如，图 5-12 是图 5-11 关于 $V_1=\{v_2, v_3, v_4\}$ 的导出子图.

导出生成子图——若 $D_1=(V_1, E_1)$ 是有向图 D 关于 V_1 的导出子图，则图 (V, E_1) 称为 D 关于 V_1 的导出生成子图，记为 $D(V_1)=(V, E_1)$. 例如，图 5-13 是图 5-11 关于 $V_1=\{v_2, v_3, v_4\}$ 的导出生成子图.

同构图——如果有向图 $D_1=(V_1, E_1)$ 和有向图 $D_2=(V_2, E_2)$ 的顶点集合 V_1 和 V_2 以及边集 E_1 和 E_2 之间在保持关联性质的条件下一一对应，则称图 D_1 和 D_2 为同构图（对无向图也有同样定义）.

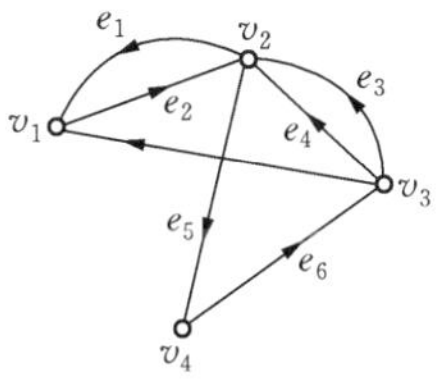

图 5-11

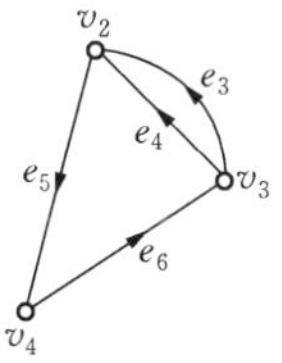

图 5-12

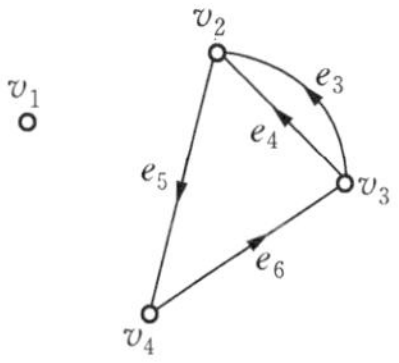

图 5-13

例如，图 5-14 和图 5-15 初看是不一样的，但如果令 u_i 与 $v_i (i=1, \cdots, 4)$ 对应，(u_i, u_j) 与 (v_i, v_j) 对应，由于对应边与对应顶点关联，因此这两个图就是同构的.

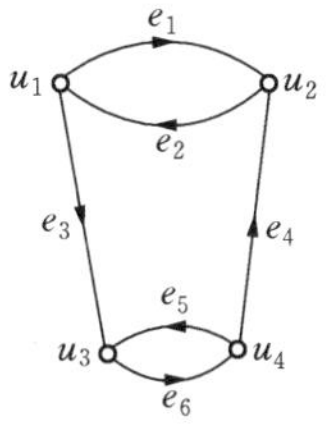

图 5-14

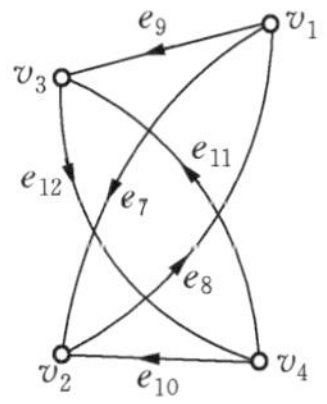

图 5-15

形象地说，若图的顶点可以任意挪动位置，而边是完全弹性的，只要在不拉断的条件下，一个图可以变为另一个图，那么，这两个图就是同构的.

由于同构的图被认为是相同的，这就给我们在网络规划中建立网络模型带来许多方便. 当我们用几何图来构建网络模型时，点的位置可以任意布置，边的长短曲直也可任意，故而我们尽量设计那种反映问题清晰、简练的几何图.

链——若 Q 是有向图 D 的基本图 G 中的一条链，则 Q 就称为 D 的一条链.

初等链——若 Q 是有向图 D 的基本图 G 中的一条初等链，则 Q 就称为 D 的一条初等链.

路——若 Q 是有向图 D 的基本图 G 中的一条链,且有 $e_{j_s}=(v_{i_{s-1}}, v_{i_s})$ $(s=1, \cdots, k)$,则称 Q 为 D 的 v_{i_0} 至 v_{i_k} 的单向路,简称为路.

路径——若有向图 D 的路 Q 中每个顶点都不相同,则称 Q 为 D 的 v_{i_0} 至 v_{i_k} 的单向路径,简称路径,并称 v_{i_0} 可达 v_{i_k}.

回路——若有向图 D 的单向路径 Q 的第 1 个顶点与最后一个顶点相同,则称 Q 为 D 的单向回路,简称回路.

若 e 为链、路、路径、回路 Q 中的边,则可写为 $e \in Q$.

在简单图中,可用顶点序列来表示相应的链、路、路径.

例如,在图 5-11 中,有

$$Q_1=v_1e_2v_2e_4v_3e_6v_4 \text{ 为链},$$
$$Q_2=v_3e_3v_2e_1v_1e_2v_2e_5v_4 \text{ 为路},$$
$$Q_3=v_1e_2v_2e_5v_4e_6v_3 \text{ 为路径},$$
$$Q_4=v_2e_5v_4e_6v_3e_4v_2 \text{ 为回路}.$$

5.1.3 图的矩阵表示

如何把图的有关信息输入和存储到电子计算机里去呢?我们知道,图的最本质的内容是顶点与边或者顶点与顶点之间的关联关系,我们不难用矩阵来表示这种关联关系.

给无向图 $G=(V, E)$,其中 $V=\{v_1, \cdots, v_n\}$, $E=\{e_1, \cdots, e_m\}$. 若用矩阵的行标号 i 对应图 G 的顶点下标,用列标号 j 对应图 G 的边的下标,可构造一个 $n \times m$ 矩阵 $\boldsymbol{A}(G)=(a_{ij})_{n\times m}$ 与图 G 对应,其中

$$a_{ij}=\begin{cases}1, & v_i \text{ 与 } e_j \text{ 关联},\\ 0, & \text{否则}.\end{cases}$$

称矩阵 $\boldsymbol{A}$ 为图 G 的关联矩阵,它描写了无向图 G 的顶点与边的关联情况.

若矩阵的行标号 i 和列标号 j 都对应图 G 的顶点下标,则可以构造一个 $n \times n$ 矩阵 $\boldsymbol{B}(G)=(b_{ij})_{n\times n}$ 与图 G 对应,其中

$$b_{ij}=\text{连接顶点 } v_i \text{ 与 } v_j \text{ 的边的数目}.$$

并称矩阵 $\boldsymbol{B}$ 为图 G 的邻接矩阵,它描写了图 G 的顶点间的邻接情况.

例 5-6 写出图 5-6 的关联矩阵和邻接矩阵.

解 在矩阵 $\boldsymbol{A}$ 外的左边一列标出图 G 的诸顶点,在矩阵的上方一行标出图 G 的诸边,得图 5-6 的关联矩阵如下:

$$\boldsymbol{A}(G)=\begin{array}{c} \\ v_1\\ v_2\\ v_3\\ v_4\\ v_5\end{array}\begin{array}{c}\begin{array}{ccccccc} e_1 & e_2 & e_3 & e_4 & e_5 & e_6 & e_7\end{array}\\ \begin{pmatrix}1&0&0&1&0&1&0\\1&1&1&0&0&0&0\\0&1&1&1&1&0&0\\0&0&0&0&1&1&1\\0&0&0&0&0&0&1\end{pmatrix}\end{array}$$

显见,矩阵 $\boldsymbol{A}$ 中第 i 行的各元素之和为与 v_i 关联的边数,而 $\boldsymbol{A}$ 的任一列元素之和恒为 2.

在矩阵 $\boldsymbol{B}$ 外的左边一列及上方一行标出图 G 的诸顶点，得图 5-6 的邻接矩阵

$$\boldsymbol{B}(G)=\begin{matrix} & v_1 & v_2 & v_3 & v_4 & v_5 \\ v_1 & 0 & 1 & 1 & 1 & 0 \\ v_2 & 1 & 0 & 2 & 0 & 0 \\ v_3 & 1 & 2 & 0 & 1 & 0 \\ v_4 & 1 & 0 & 1 & 0 & 1 \\ v_5 & 0 & 0 & 0 & 1 & 0 \end{matrix}.$$

邻接矩阵主对角线上的元素都为零，它是一个对称矩阵. 显然，若图 G 为简单图，则 $\boldsymbol{B}(G)$ 的元素 b_{ij} 取值不是 0 就是 1.

给有向图 $D=(V, E)$，其中 $V=\{v_1, \cdots, v_n\}$，$E=\{e_1, \cdots, e_m\}$，可构造它的 $n\times m$ 关联矩阵 $\boldsymbol{A}(\mathrm{D})=(a_{ij})_{n\times m}$，其中

$$a_{ij}=\begin{cases}0, & v_i \text{ 与 } e_j \text{ 不关联}, \\ 1, & v_i \text{ 为 } e_j \text{ 的起点}, \\ -1, & v_i \text{ 为 } e_j \text{ 的终点}.\end{cases}$$

图 D 的邻接矩阵 $\boldsymbol{B}(\mathrm{D})=(b_{ij})_{n\times n}$ 的元素 b_{ij} 为

$$b_{ij}=\text{以 } v_i \text{ 为起点、} v_j \text{ 为终点的有向边的边数}.$$

例 5-7 写出图 5-11 的关联矩阵和邻接矩阵.

解 图 5-11 的关联矩阵 $\boldsymbol{A}(\mathrm{D})$ 如下：

$$\boldsymbol{A}(\mathrm{D})=\begin{matrix} & e_1 & e_2 & e_3 & e_4 & e_5 & e_6 & e_7 \\ v_1 & -1 & 1 & 0 & 0 & 0 & 0 & -1 \\ v_2 & 1 & -1 & -1 & -1 & 1 & 0 & 0 \\ v_3 & 0 & 0 & 1 & 1 & 0 & -1 & 1 \\ v_4 & 0 & 0 & 0 & 0 & -1 & 1 & 0 \end{matrix},$$

图 5-11 的邻接矩阵 $\boldsymbol{B}(\mathrm{D})$ 如下：

$$\boldsymbol{B}(\mathrm{D})=\begin{matrix} & v_1 & v_2 & v_3 & v_4 \\ v_1 & 0 & 1 & 0 & 0 \\ v_2 & 1 & 0 & 0 & 1 \\ v_3 & 1 & 2 & 0 & 0 \\ v_4 & 0 & 0 & 1 & 0 \end{matrix}.$$

显见，对有向图 D，$\boldsymbol{A}(\mathrm{D})$ 的第 j 列各元素之和为零，而 $\boldsymbol{B}(\mathrm{D})$ 的第 i 行元素之和为以 v_i 为起点的有向边的边数，$\boldsymbol{B}(\mathrm{D})$ 的第 j 列元素之和为以 v_j 为终点的有向边的边数.

当 V 和 E 中元素的次序固定后，图与矩阵 $\boldsymbol{A}$ 或 $\boldsymbol{B}$ 是一一对应的，故而关联矩阵或邻接矩阵是描述图的另一种方式.

5.1.4 树

树——无回路且连通的无向图 G 称为树. 树中的边称为枝.

生成树——若 T 是无向图 G 的生成子图,且 T 又是树,则称 T 是 G 的生成树.

例如,图 5-10 是图 5-6 的生成树.

对于无向图 $T=(V, E)$,其中 $V=\{v_1, \cdots, v_n\}$ $(n>1)$,定理 5-1 给出树的等价定义.

定理 5-1 作为树 T 的定义,下列定义是等价的:

(1) T 连通且无回路;

(2) T 无回路且有 $n-1$ 条边;

(3) T 连通且有 $n-1$ 条边;

(4) T 无回路,但不相邻的两个顶点之间连以一边,恰得一个回路;

(5) T 连通,但去掉 T 的任一条边,T 就不连通;

(6) T 的任两顶点间恰有一条初等链.

根树——给有向图 T,若顶点 x 至 T 中其他顶点 u 都恰有一条初等链,则称 T 为以 x 为根的根树. 如图 5-16 即是.

有向树——给有向图 T,若顶点 x 至 T 中其他顶点 u 都恰有一条路径,则称 T 为以 x 为根的有向树. 如图 5-17 即是.

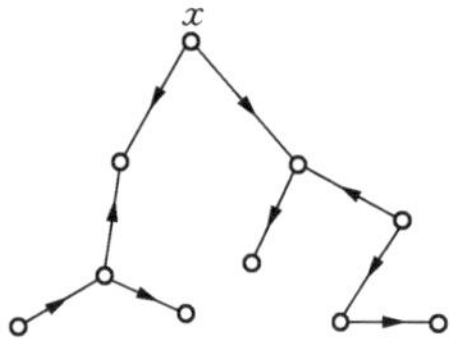

图 5-16

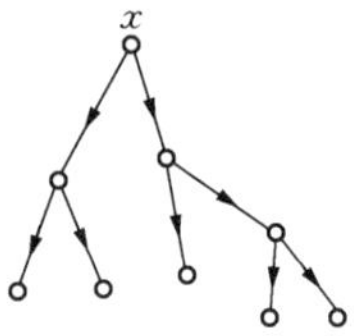

图 5-17

§ 5.2 最短路径问题

在生产实践、运输管理和工程建设的很多活动中,诸如物资的运输线路、各种工艺路线的安排、厂区及货场的布局、管道线网的铺设及设备的更新等问题,都与寻找一个"图的最短路径"问题密切相关,它是网络规划中的一个最基本的问题.

现给有向图 $D=(V, E)$, $V=\{v_1, \cdots, v_n\}$. 设图 D 的每条边 $e=(v_i, v_j)$ 都与一个实数 $W(e)=W(v_i, v_j)=w_{ij}$ 对应,$W(e)$称为边 e 的权,图 D 称为赋权图.

这里所说的"权",是指与边有关的数量指标. 根据实际问题的需要,可以赋予它不同的含义,例如表示距离、时间和费用等. 以后我们讨论的图都为赋权图,俗称网络.

若 P 为 D 中 u 至 v 的路径,称 $W(\mathrm{P})=\sum\limits_{e\in P}W(e)$ 为路径 P 的长度.

若 P^* 为 D 中 u 至 v 的路径,且有

$$W(P^*)=\min\{W(\mathrm{P}) \mid P \text{ 为 } D \text{ 中 } u \text{ 至 } v \text{ 的路径}\},$$

则称 P^* 为 D 中 u 至 v 的最短路径.

我们的目的就是在图 D 中寻找 u 至 v 的最短路径并求出其长度.

不妨假定 D 为完备图. 不然,若 u 至 v 有平行边,则保留权最小的边;若 u 至 v 不存在有向边,则可设一条 u 至 v 的有向边 e,其权 $W(e)=+\infty$(于是,如果原来的图 D 中 u 不能到达

v,现在修改的图中 u 就可到达 v,但是,u 至 v 的最短路径长度为 $+\infty$).

显然,若 u 至 v 有最短路径(其长度 $< +\infty$),则最短路径可能不止一条.

下面我们给出最短路径问题的两个算法.

5.2.1 狄克斯特拉算法

给有向图 $D=(V, E)$, $V=\{v_1, \cdots, v_n\}$,且任意 $e \in E$,有权 $W(e) \geqslant 0$. 我们称 D 为非负赋权图. 狄克斯特拉(Dijkstra)在 1959 年提出的算法,是目前公认的求最短路径的较好的算法之一. 该算法可求非负赋权图 D 中顶点 v_1 至各顶点 v_j $(1 \leqslant j \leqslant n)$ 的最短路径及其长度.

若顶点 v_1 至顶点 v_j 的最短路径为 $P_{1j}^* = v_1 \cdots v_i \cdots v_j$,其长度记为 d_{1j},

$$d_{1j} = W(P_{1j}^*).$$

显然,$P_{1j}^* = v_1 \cdots v_i \cdots v_j$ 具有性质:P_{1j}^* 的子路 $v_1 \cdots v_i$ 及 $v_i \cdots v_j$ 分别为 v_1 至 v_i 及 v_i 至 v_j 的最短路径.

算法的产生,就是根据最短路径这个性质. 在运算过程中,算法具有如下特点:

若 P_{1j}^* 为 v_1 至 v_j 的最短路径,且顶点 v_i 在 P_{1j}^* 上,则 P_{1j}^* 上 v_1 至 v_i 的子路就作为 v_1 至 v_i 的最短路径 P_{1i}^*(尽管 D 中 v_1 至 v_i 还可能有其他最短路径). 从而,v_1 至各个顶点的最短路径将组成一棵以 v_1 为根的方向树 $\boldsymbol{T}$.

下面结合例 5-8 进一步说明本算法的算法思想.

例 5-8 求图 5-18(a)所示的图 D 中 v_1 到 v_6 的最短路径及其长度.

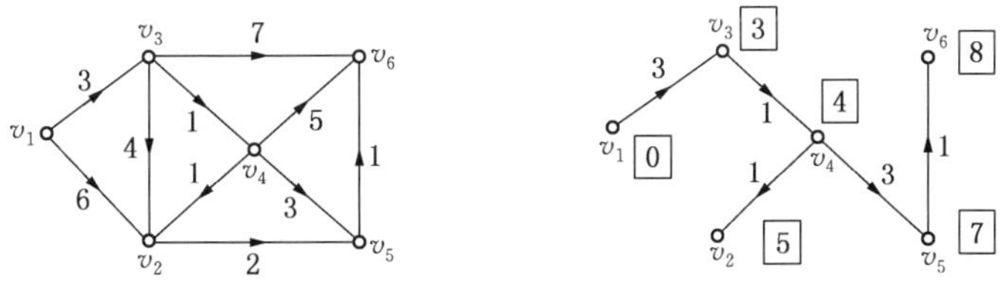

(a)图 D　　　(b)树 T

图 5-18

解　图 5-18(b)所示的树 T 是图 D 的一棵生成树,在这棵以 v_1 为根的方向树 T 中,v_1 至 v_j 的路径就是 P_{1j}^*,顶点 v_j 旁带方框的数字即为 d_{1j}.

我们用顶点标号方法,遵循"让 d_{1j} 小的顶点 v_j 优先生长"的原则,逐步生长这棵以 v_1 为根的方向树 $\boldsymbol{T}$.

解　对图 5-18(b)所示树 T 的生长标号过程,我们列成运算表格如表 5-3 所示.

第 1 步,$k=1$, $l_1(v_1)=0$,其他顶点的标号 $l_1(v_j)=+\infty$,取 $l_1(v^*)=l_1(v_1)=\min\limits_{v_j \in V} l_1(v_j)$,将 $v^*=v_1$[在运算表中在 $l_1(v^*)$ 右上角标以 * 号,以后类同]置入树 T 中. 在算法中,我们把已经求到最短路径长度的顶点置于集合 $A=V(T)$ 中,

表 5-3

k	$l_k(v_j)$					
	v_j					
	v_1	v_2	v_3	v_4	v_5	v_6
1	0^*	$+\infty$	$+\infty$	$+\infty$	$+\infty$	$+\infty$
2		6	3^*	$+\infty$	$+\infty$	$+\infty$
3		6		4^*	$+\infty$	10
4		5^*			7	9
5					7^*	9
6						8^*

$$A=V(T)=\{v_1\},\quad d_{11}=l_1(v^*)=0.$$

第 2 步, $k=2$,对 $v_j\in\bar{A}=V-A$,令

$$l_2(v_j)=\min\{l_1(v_j),\ l_1(v^*)+W(v^*,\ v_j)\},$$

例如,

$$l_2(v_2)=\min\{l_1(v_2),\ l_1(v_1)+W(v_1,\ v_2)\}=\min\{+\infty,\ 0+6\}=6,$$

$$l_2(v_3)=\min\{l_1(v_3),\ l_1(v_1)+W(v_1,\ v_3)\}=\min\{+\infty,\ 0+3\}=3,$$

$$l_2(v_4)=\min\{l_1(v_4),\ l_1(v_1)+W(v_1,v_4)\}=\min\{+\infty,+\infty+\infty\}=+\infty.$$

取

$$l_2(v^*)=l_2(v_3)=\min_{v_j\in\bar{A}}\{l_2(v_j)\},$$

有

$$d_{13}=l_2(v_3)=3.$$

将 $v^*=v_3$ 生长在树 T 上, $A=\{v_1,\ v_3\}$.

一般地,如果已迭代至第 k 步,树 T 上已有 k 个顶点, $A=V(T)$, v^* 为在第 k 步长入树 T 的顶点,则第 $k+1$ 步,对 $v_j\in\bar{A}$,令

$$l_{k+1}(v_j)=\min\{l_k(v_j),\ l_k(v^*)+W(v^*,\ v_j)\},\tag{5-2}$$

$$l_{k+1}(v^*)=\min_{v_j\in\bar{A}} l_{k+1}(v_j),\tag{5-3}$$

将 v^* 长入树 T 中, $l_{k+1}(v^*)$ 即为 v_1 至 v^* 的最短路径长度. 若 $\bar{A}$ 中有两个顶点满足式(5-3),则任取一个顶点为 v^*.

对 $v_j\in\bar{A}$,按式(5-2)计算的 $l_{k+1}(v_j)$ 称为 v_j 的试探性标号. 按式(5-3)计算的 $l_{k+1}(v^*)$ 称为 v^* 的永久性标号,在以后的迭代过程中,该点的标号不再发生变化. 每迭代一步,总有 $\bar{A}$ 中若干个点的试探性标号得到改进并产生一个得到永久性标号的点 v^*,于是 v^* 离开 $\bar{A}$ 而进入 A.

可以根据表 5-3 来反查最短路径 P_{16}^*. 由表 5-3 知 $d_{16}=W(P_{16}^*)=8$. P_{16}^* 的长度 8 是由于 v_5 在第 5 步得到永久性标号 $d_{15}=W(P_{15}^*)=7$ 才产生的: $d_{15}+W(v_5,\ v_6)=7+1=8$,因此在 P_{16}^* 中, v_6 的紧前顶点是 v_5;由表 5-3 知, P_{15}^* 的长度 7 不是在第 5 步第 1 次产生,而是在第 4 步就产生了,在第 3 步 v_4 得到永久性标号 $d_{14}=W(P_{14}^*)=4$,才有 $d_{14}+W(v_4,v_5)=4+3=7$,所以在 P_{16}^* 中, v_5 的紧前顶点是 v_4,依次追踪,可知 $P_{16}^*=v_1v_3v_4v_5v_6$.

寻求 P_{1j}^* 的方法我们称为逆向追踪法.

现在,我们给出狄克斯特拉算法.

① 取 $l_1(v_1)=0$; $l(v_j)=+\infty\ (j=2,\ \cdots,\ n)$. $d_{11}=0$, $v^*=v_1$, $A=\{v_1\}$, $\bar{A}=V-A$, $k=1$.

② $k=n$?

若是,则算法终止;

若否,则对 $v\in\bar{A}$,取

$$l_{k+1}(v)=\min\{l_k(v),\ l_k(v^*)+W(v^*,\ v)\},$$

$$l_{k+1}(v^*)=\min_{v\in\bar{A}} l_{k+1}(v),\ d(v_1,\ v^*)=l_{k+1}(v^*).$$

③ $d(v_1, v^*) < +\infty$?

若是，则取 $A = A \cup \{v^*\}$，$\bar{A} = \bar{A} - \{v^*\}$，$k = k+1$，转步骤②；

若否，则 D 中 v_1 到 v $(v \in \bar{A})$ 的路径不存在，算法终止.

如果只要知道 v_1 至 v_j 的最短路径长度，则当 v_j 有永久性标号时，算法就可终止.

本算法中所说的 $+\infty$，即前面章节中所说的充分大的正数.

寻求 P_{1j}^* 的逆向追踪法也可如此进行：在算法进行过程中，每当 $\bar{A}$ 中一个顶点 v 的试探性标号 $l_{k+1}(v) = l_k(v^*) + W(v^*, v) < l_k(v)$ 时，则顶点 v^* 就应记录下来. 在运算表格中，我们可以把 v^* 的下标 i 记录在 $l_{k+1}(v)$ 数值的右下角. 若求 v_1 至 v_j 的最短路径 P_{1j}^*，由 v_j 逆向追踪 P_{1j}^* 中 v_j 的紧前顶点 v_s，再由 v_s 逆向追踪 P_{1j}^* 中 v_s 的紧前顶点 v_k，直至回溯到顶点 v_1，串联起来，即得一条具体的最短路径 $P_{1j}^* = v_1 \cdots v_k v_s v_j$.

例 5-9 求图 5-19 中 v_1 至 v_8 的最短路径及其长度.

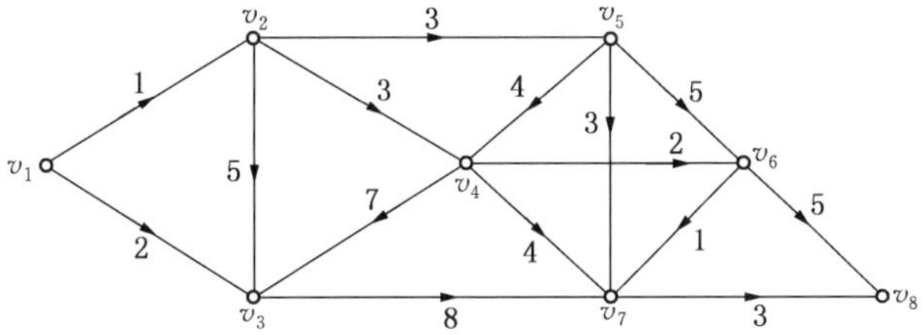

图 5-19

解 我们仅列出运算表格，如表 5-4 所示.

由表 5-4 知：$d_{18} = 10$，在 P_{18}^* 中 v_8 的紧前顶点为 v_7；$d_{17} = 7$，在 P_{18}^* 中 v_7 的紧前顶点为 v_5；$d_{15} = 4$，在 P_{18}^* 中 v_5 的紧前顶点为 v_2；$d_{12} = 1$，在 P_{18}^* 中 v_2 的紧前顶点为 v_1. 故 v_1 至 v_8 的最短路径 $P_{18}^* = v_1 v_2 v_5 v_7 v_8$，其长度为 10.

表 5-4

k	$l_k(v_j)$							
	v_j							
	v_1	v_2	v_3	v_4	v_5	v_6	v_7	v_8
1	0^*	$+\infty$	$+\infty$	$+\infty$	$+\infty$	$+\infty$	$+\infty$	$+\infty$
2		1_1^*	2_1	$+\infty$	$+\infty$	$+\infty$	$+\infty$	$+\infty$
3			2_1^*	4_2	4_2	$+\infty$	$+\infty$	$+\infty$
4				4_2	4_2^*	$+\infty$	10_3	$+\infty$
5				4_2^*		9_5	7_5	$+\infty$
6						6_4^*	7_5	$+\infty$
7							7_5^*	11_6
8								10_7^*

求顶点 v_1 至 v_j 的最短路径的另一方法是：结合赋权图来查视哪些顶点的永久性标号之差恰等于关联边的权，那么把有关的顶点串联起来，即得 v_1 至 v_j 的最短路径 P_{1j}^*.

例如,例 5-9 结合图 5-19 来分析,我们还能得到另一条 v_1 至 v_8 的最短路径

$$P_{18}^* = v_1 v_2 v_4 v_6 v_7 v_8.$$

以 v_8 为终点的边为(v_6, v_8)及(v_7, v_8),而 $d_{18} - W_{68} = 10 - 5 = 5$, $d_{18} - W_{78} = 10 - 3 = 7$,仅 $d_{18} - W_{78} = d_{17}$,即 $d_{18} - d_{17} = W_{78}$,故 P_{18}^* 中 v_8 的紧前顶点为 v_7.

以 v_7 为终点的边有(v_3, v_7),(v_4, v_7),(v_5, v_7)和(v_6, v_7),分别用 $d_{17}=7$ 减去它们各边的权 8,4,3 和 1,而得-1,3,4 和 6,其中 4 和 6 恰为 d_{15} 和 d_{16},即 $d_{17} - d_{15} = W_{57}$,$d_{17} - d_{16} = W_{67}$,故 P_{18}^* 中 v_7 的紧前顶点为 v_5 或 v_6.

继续逆向追踪,即得 v_1 至 v_8 的两条最短路径.

我们还须指出,本算法虽然是用来求非负赋权有向图的最短路径的,但它对于非负赋权无向图的最短路径问题同样适用. 只需把连接顶点 u 和 v 的无向边 $e=[u, v]$ 改为有向(u, v)和(v, u),且它们的权 $W(u, v)$和 $W(v, u)$都为 $W(e)$.

*5.2.2 弗劳德算法

设有向图 $D=(V, E)$,$V=\{v_1, \cdots, v_n\}$,若对任意 $e=(v_i, v_j) \in E$,有 $W(e)=W_{ij} \gtrless 0$,则称图 D 为实数赋权有向图.

假定 D 中无负回路[若回路 Q 有 $W(Q) < 0$,则 Q 称为负回路],即对 D 中任一回路 Q,有

$$W(Q) = \sum_{e \in Q} W(e) \geqslant 0.$$

弗劳德(Floyd)算法是求 D 中任意两个顶点 v_i 至 v_j 的最短路径 P_{ij}^* 及其长度 $d_{ij} = W(P_{ij}^*)$.

给出下列记号:

$$V_{ij}^k = \{v_i, v_j\} \cup \{v_1, v_2, \cdots, v_k\}, \tag{5-4}$$

$$V_{ii}^k = \{v_i\} \cup \{v_1, v_2, \cdots, v_k\}, \tag{5-5}$$

则 $D(V_{ij}^k)$和 $D(V_{ii}^k)$分别为 D 关于 V_{ij}^k 和 V_{ii}^k 的导出生成子图. 令 P_{ij}^k 为 $D(V_{ij}^k)$中 v_i 至 v_j 的最短路径,d_{ij}^k 为其长度. 例如,对图 5-20(a)给定的图 D 来说,

$$V_{15}^3 = \{v_1, v_5\} \cup \{v_1, v_2, v_3\} = \{v_1, v_2, v_3, v_5\},$$

$$V_{14}^3 = \{v_1, v_4\} \cup \{v_1, v_2, v_3\} = \{v_1, v_2, v_3, v_4\},$$

则 $D(V_{15}^3)$和 $D(V_{14}^3)$分别如图 5-20(b)和 5-20(c)所示. 而 $D(V_{45}^3)$及 $D(V_{15}^4)$即为图 5-20(a).

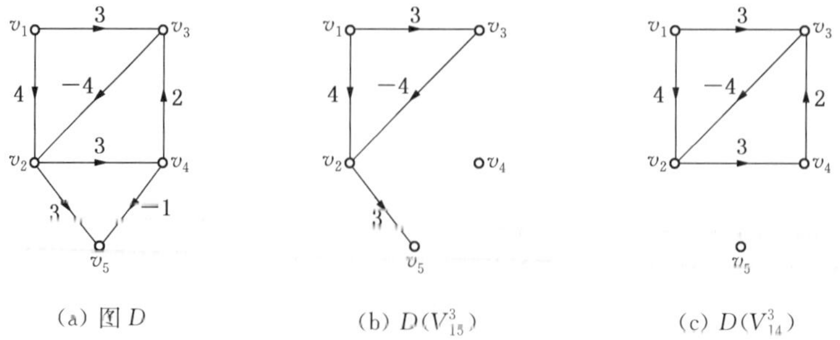

图 5-20

显然，有

$$D(V_{ij}^{k-1}) \subseteq D(V_{ij}^{k}), \quad D(V_{ik}^{k-1}) \subseteq D(V_{ij}^{k}), \quad D(V_{kj}^{k-1}) \subseteq D(V_{ij}^{k}).$$

因而 $D(V_{ij}^{k})$ 中 v_i 至 v_j 的最短路径 $P_{ij}^{k}=v_i\cdots v_j$ 具有如下特点：

① 若 $P_{ij}^{k}=v_i\cdots v_j$ 中不含顶点 $v_k(v_j \neq v_k)$，那么 P_{ij}^{k} 必为 $D(V_{ij}^{k-1})$ 中 v_i 至 v_j 的最短路径 P_{ij}^{k-1}，且 $d_{ij}^{k}=d_{ij}^{k-1}$.

② 若 $P_{ij}^{k}=v_i\cdots v_k\cdots v_j$ 中含有顶点 $v_k(v_k \neq v_j)$，则子路 $\mathrm{P}'=v_i\cdots v_k$ 必为 $D(V_{ik}^{k-1})$ 中 v_i 至 v_k 的最短路径，其长度为 d_{ik}^{k-1}；子路 $P''=v_k\cdots v_j$ 必为 $D(V_{kj}^{k-1})$ 中 v_k 至 v_j 的最短路径，其长度为 d_{kj}^{k-1}.

③ 若 $j=k$, $v_j=v_k$，则 $P_{ij}^{k}=P_{ik}^{k-1}$, $d_{ij}^{k}=d_{ik}^{k-1}$. 由于 D 中无负回路，$d_{kk}^{k-1}=0$，因此，又有

$$d_{ij}^{k}=d_{ik}^{k-1}+d_{kk}^{k-1}=d_{ik}^{k-1}+d_{kj}^{k-1}.$$

综合上述情况，有

$$d_{ij}^{k}=\min\{d_{ij}^{k-1},\ d_{ik}^{k-1}+d_{kj}^{k-1}\}, \quad i, j=1, \cdots, n. \tag{5-6}$$

例如，由图 5-20(b)［图 $D(V_{15}^{3})$］知

$$P_{15}^{3}=v_1v_3v_2v_5, \quad d_{15}^{3}=2;$$

由图 5-20(c)［图 $D(V_{14}^{3})$］知

$$P_{14}^{3}=v_1v_3v_2v_4, \quad d_{14}^{3}=2;$$

由图 5-20(a)［图 $D(V_{45}^{3})$］知

$$P_{45}^{3}=v_4v_5, \quad d_{45}^{3}=-1,$$

则由式(5-6)得

$$d_{15}^{4}=\min\{d_{15}^{3},\ d_{14}^{3}+d_{45}^{3}\}=\min\{2,\ 2-1\}=1,$$

可见，它等于图 5-20(a)［图 $D(V_{15}^{4})$］中 v_1 至 v_5 的最短路径 $P_{15}^{4}=v_1v_3v_2v_4v_5$ 的长度 d_{15}^{4}.

由 $D(V_{ij}^{0})$ 和 $D(V_{ij}^{n})$ 的定义，可知

$$d_{ij}^{0}=\begin{cases} W_{ij}, & \text{有}(v_i, v_j)\in E, \\ +\infty, & \text{否则}, \end{cases} \tag{5-7}$$

$$d_{ij}^{n}=d_{ij}, \quad i, j=1, \cdots, n. \tag{5-8}$$

从式(5-7)出发，应用式(5-6)进行迭代，便可求得诸 $d_{ij}^{n}(i, j=1, \cdots, n)$.

为了便于在算法终止时应用逆向追踪法寻求 v_i 至 v_j 的最短路径 P_{ij}^{*}，我们在每次迭代中，应及时把 $D(V_{ij}^{k})$ 中 v_i 至 v_j 的最短路径 P_{ij}^{k} 中 v_j 的紧前顶点 v_q 的下标 q 记录下来：令 $\theta_{ij}^{k}=q$.

由上述分析 $D(V_{ij}^{k})$ 中路径 P_{ij}^{k} 的特点及式(5-6)可知

$$\theta_{ij}^{k}=\begin{cases} \theta_{ij}^{k-1}, & \text{若 } d_{ij}^{k-1}\leqslant d_{ik}^{k-1}+d_{kj}^{k-1}, \\ \theta_{kj}^{k-1}, & \text{若 } d_{ij}^{k-1}> d_{ik}^{k-1}+d_{kj}^{k-1}, \end{cases} \tag{5-9}$$

从而,当算法终止时,为了求得 v_i 至 v_j 的最短路径 P_{ij}^*,可由 θ_{ij}^n 得到 P_{ij}^* 中 v_j 的紧前顶点 v_q 的下标 q,再由 θ_{iq}^n 得到 P_{iq}^* 中 v_q 的紧前顶点的下标,依次逆向追踪,即可求得 P_{ij}^* 中诸顶点.

D 中是否有权为负的回路往往事先不知道,但这并不妨碍算法的进行.若在运算过程中,当第 $k-1$ 步时所求得的 $d_{ii}^{k-1}=0\ (i=1,\cdots,n)$,则说明 $D(V_{ij}^{k-1})\ (i,j=1,\cdots,n)$ 中无负回路.那么我们继续迭代.用式(6-6)计算得到诸 $d_{ij}^k\ (i,j=1,\cdots,n)$.如果此时存在某个 $d_{ii}^k<0$,则说明 $D(V_{ii}^k)$ 中存在一条包含顶点 v_i 的负回路 Q,且有 $d_{ii}^k=d_{ik}^{k-1}+d_{ki}^{k-1}$.该负回路由 P_{ik}^{k-1} 和 P_{ki}^{k-1} 合并而成.我们由信息矩阵 $\boldsymbol{\theta}^k=(\theta_{ij}^k)_{n\times n}$ 进行逆向追踪,即可求得该负回路 Q.由于 $D(V_{ii}^k)\subseteq D$,Q 自然也是 D 中的负回路,算法即可终止.

所以判别和寻找 D 中负回路 Q 也是弗劳德算法的一个功能.

弗劳德算法的具体步骤如下:

① 取 $d_{ij}^0=W_{ij}$,$\theta_{ij}^0=i\ (i,j=1,\cdots,n)$,$k=1$.

② 对每一组 $i,j\ (i,j=1,\cdots,n)$,$d_{ij}^{k-1}\leqslant d_{ik}^{k-1}+d_{kj}^{k-1}$ 成立否?

若是,则 $d_{ij}^k=d_{ij}^{k-1}$,$\theta_{ij}^k=\theta_{ij}^{k-1}$;

若否,则 $d_{ij}^k=d_{ik}^{k-1}+d_{kj}^{k-1}$,$\theta_{ij}^k=\theta_{kj}^{k-1}$.

③ $d_{ii}^k=0$ 对 $i=1,\cdots,n$ 都成立否?

若是,则转步骤④;

若否,则转步骤⑤.

④ $k=n$?

若是,则取 $d_{ij}=d_{ij}^n\ (i,j=1,\cdots,n)$.由矩阵 $\boldsymbol{\theta}^n=(\theta_{ij}^n)_{n\times n}$ 的信息,应用逆向追踪法求得 D 中 v_i 至 v_j 的最短路径 $P_{ij}^*\ (i,j=1,\cdots,n)$,算法终止(若 $d_{ij}=+\infty$,说明 D 中 v_i 至 v_j 不存在路径).

若否,则取 $k=k+1$,转步骤②.

⑤ 若 $d_{ii}^k<0$,D 中存在一条含有顶点 v_i 的负回路,则由 $\boldsymbol{\theta}^k=(\theta_{ij}^k)_{n\times n}$ 的信息,应用逆向追踪法求出此回路 Q,算法终止.

例 5-10 试用弗劳德算法求图 5-20(a)所给图 D 任意两点间的最短路径.

解 $\boldsymbol{d}^k=(d_{ij}^k)_{5\times5}$ 和 $\boldsymbol{\theta}^k=(\theta_{ij}^k)_{5\times5}\ (k=0,1,\cdots,5)$ 由表 5-5 给出.

表 5-5

	$k=0,1$	$k=2$	$k=3$	$k=4,5$
(d_{ij}^k)	$\begin{pmatrix}0&4&3&+\infty&+\infty\\+\infty&0&+\infty&3&3\\+\infty&-4&0&+\infty&+\infty\\+\infty&+\infty&2&0&-1\\+\infty&+\infty&+\infty&+\infty&0\end{pmatrix}$	$\begin{pmatrix}0&4&3&7^*&7^*\\+\infty&0&+\infty&3&3\\+\infty&-4&0&-1^*&-1^*\\+\infty&+\infty&2&0&-1\\+\infty&+\infty&+\infty&+\infty&0\end{pmatrix}$	$\begin{pmatrix}0&-1^*&3&2^*&2^*\\+\infty&0&+\infty&3&3\\+\infty&-4&0&-1&-1\\+\infty&-2^*&2&0&-1\\+\infty&+\infty&+\infty&+\infty&0\end{pmatrix}$	$\begin{pmatrix}0&-1&3&2&1^*\\+\infty&0&5^*&3&2^*\\+\infty&-4&0&-1&-2^*\\+\infty&-2&2&0&-1\\+\infty&+\infty&+\infty&+\infty&0\end{pmatrix}$
(θ_{ij}^k)	$\begin{pmatrix}1&1&1&1&1\\2&2&2&2&2\\3&3&3&3&3\\4&4&4&4&4\\5&5&5&5&5\end{pmatrix}$	$\begin{pmatrix}1&1&1&2^*&2^*\\2&2&2&2&2\\3&3&3&2^*&2^*\\4&4&4&4&4\\5&5&5&5&5\end{pmatrix}$	$\begin{pmatrix}1&3^*&1&2^*&2^*\\2&2&2&2&2\\3&3&3&2&2\\4&3^*&4&4&4\\5&5&5&5&5\end{pmatrix}$	$\begin{pmatrix}1&3&1&2&4^*\\2&2&4^*&2&4^*\\3&3&3&2&4^*\\4&3&4&4&4\\5&5&5&5&5\end{pmatrix}$

在迭代中，当 $d_{ij}^{k-1} > d_{ik}^{k-1} + d_{kj}^{k-1}$ 而取 $d_{ij}^{k} = d_{ik}^{k-1} + d_{kj}^{k-1}$ 和 $\theta_{ij}^{k} = \theta_{kj}^{k-1}$ 时，我们在矩阵中对 d_{ij}^{k} 和 θ_{ij}^{k} 在右上角打上“$*$”号. 例如，当 $k=3$ 时，对于 $i=4$，$j=2$，有

$$d_{42}^{3} = \min\{d_{42}^{2},\ d_{43}^{2} + d_{32}^{2}\} = \min\{+\infty,\ 2-4\} = -2 = d_{43}^{2} + d_{32}^{2},$$
$$\theta_{42}^{3} = \theta_{32}^{2} = 3,$$

故在矩阵 $\boldsymbol{d}^{3}$ 和 $\boldsymbol{\theta}^{3}$ 中对 d_{42}^{3} 和 θ_{42}^{3} 在右上角打 $*$ 号.

利用逆向追踪法，由 $\boldsymbol{\theta}^{5} = (\theta_{ij}^{5})_{5\times5}$ 可得 v_i 至 v_j 的最短路径 P_{ij}^{*} $(i,\ j=1,\ \cdots,\ 5)$ 如表 5-6 所示，而 $\boldsymbol{d} = (d_{ij})$ 由表 5-5 中 $\boldsymbol{d}^{5} = (d_{ij}^{5})$ 给出.

表 5-6

v_i	P_{ij}^{*}				
	v_j				
	v_1	v_2	v_3	v_4	v_5
v_1	v_1v_1	$v_1v_3v_2$	v_1v_3	$v_1v_3v_2v_4$	$v_1v_3v_2v_4v_5$
v_2	—	v_2v_2	$v_2v_4v_3$	v_2v_4	$v_2v_4v_5$
v_3	—	v_3v_2	v_3v_3	$v_3v_2v_4$	$v_3v_2v_4v_5$
v_4	—	$v_4v_3v_2$	v_4v_3	v_4v_4	v_4v_5
v_5	—	—	—	—	v_5v_5

例如，在表 5-6 中 P_{15}^{*} 按逆向追踪法可以这样求得：

由于 $\theta_{15}^{5}=4$，故 P_{15}^{*} 中 v_5 的紧前顶点为 v_4；

由于 $\theta_{14}^{5}=2$，故 P_{15}^{*} 中 v_4 的紧前顶点为 v_2；

由于 $\theta_{12}^{5}=3$，故 P_{15}^{*} 中 v_2 的紧前顶点为 v_3；

由于 $\theta_{13}^{5}=1$，故 P_{15}^{*} 中 v_3 的紧前顶点为 v_1.

所以 $P_{15}^{*} = v_1v_3v_2v_4v_5$，其长度 $d_{15} = d_{15}^{5} = 1$.

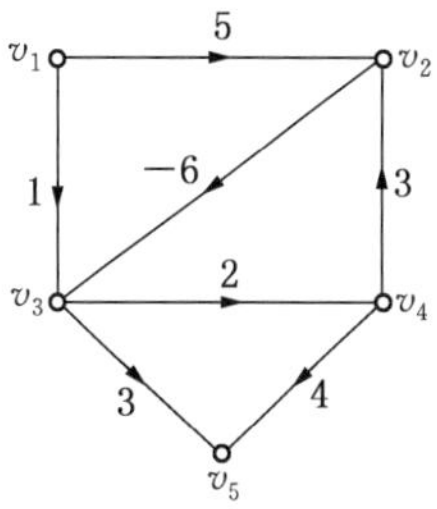

图 5-21

例 5-11 试用弗劳德算法求由图 5-21 所给的有向图 D 中一个负回路 Q.

解 经运算得矩阵 $\boldsymbol{d}^{k} = (d_{ij}^{k})$ 和 $\boldsymbol{\theta}^{k} = (\theta_{ij}^{k})$ $(k=0,\ 1,\ 2,\ 3)$ 如表 5-7 所示.

表 5-7

	$k=0,1$	$k=2$	$k=3$
(d_{ij}^{k})	$\begin{pmatrix} 0 & 5 & 1 & +\infty & +\infty \\ +\infty & 0 & -6 & +\infty & +\infty \\ +\infty & +\infty & 0 & 2 & 3 \\ +\infty & 3 & +\infty & 0 & 4 \\ +\infty & +\infty & +\infty & +\infty & 0 \end{pmatrix}$	$\begin{pmatrix} 0 & 5 & -1^{*} & +\infty & +\infty \\ +\infty & 0 & -6 & +\infty & +\infty \\ +\infty & +\infty & 0 & 2 & 3 \\ +\infty & 3 & -3^{*} & 0 & 4 \\ +\infty & +\infty & +\infty & +\infty & 0 \end{pmatrix}$	$\begin{pmatrix} 0 & 5 & -1 & 1^{*} & 2^{*} \\ +\infty & 0 & -6 & -4^{*} & -3^{*} \\ +\infty & +\infty & 0 & 2 & 3 \\ +\infty & 3 & -3 & -1^{*} & 4 \\ +\infty & +\infty & +\infty & +\infty & 0 \end{pmatrix}$
(θ_{ij}^{k})	$\begin{pmatrix} 1 & 1 & 1 & 1 & 1 \\ 2 & 2 & 2 & 2 & 2 \\ 3 & 3 & 3 & 3 & 3 \\ 4 & 4 & 4 & 4 & 4 \\ 5 & 5 & 5 & 5 & 5 \end{pmatrix}$	$\begin{pmatrix} 1 & 1 & 2^{*} & 1 & 1 \\ 2 & 2 & 2 & 2 & 2 \\ 3 & 3 & 3 & 3 & 3 \\ 4 & 4 & 2^{*} & 4 & 4 \\ 5 & 5 & 5 & 5 & 5 \end{pmatrix}$	$\begin{pmatrix} 1 & 1 & 2 & 3^{*} & 3^{*} \\ 2 & 2 & 2 & 3^{*} & 3^{*} \\ 3 & 3 & 3 & 3 & 3 \\ 4 & 4 & 2 & 3^{*} & 4 \\ 5 & 5 & 5 & 5 & 5 \end{pmatrix}$

由于 $d_{44}^{3}=-1<0$,说明 D 中有含有顶点 v_4 的负回路. 由 $\theta_{44}^{3}=3$, $\theta_{43}^{3}=2$, $\theta_{42}^{3}=4$,故负回路 $Q=v_4v_2v_3v_4$, $W(Q)=-1$.

5.2.3 应用举例

一些初看似乎和最短路径问题不相干的问题,有时也可以构建成网络模型而用最短路径算法来求解.

例 5-12 (设备更新问题) 某工厂使用一种设备,每年年初该厂需对该设备的更新与否作出决策. 若购置新设备,就要支付一定的购置费;若继续使用旧设备,则需支付一定的维修费. 设备使用的年数越长,每年所需的维修费用就越大. 现若该厂在第 1 年年初购置了一台新设备,问在 5 年内应如何制订一个设备更新计划,以便在使用一台这种设备时"新设备购置费和旧设备维修费"的总费用最小? 若已知该设备在 5 年内购买的价格如表 5-8 所示,设备使用不同年数的维修费如表 5-9 所示.

表 5-8

第 i 年	1	2	3	4	5
价格 a_i	11	11	12	12	13

表 5-9

使用寿命	(0, 1]	(1, 2]	(2, 3]	(3, 4]	(4, 5]
费用 b_j	b_1	b_2	b_3	b_4	b_5
	5	6	8	11	18

解 这种设备的更新方案是很多的. 最显然的:每年年初购买一台设备更换旧的,故 5 年内购置费为 $11+11+12+12+13=59$;工厂每年对这台设备的维修费为 $5+5+5+5+5=25$,所以总费用为 $59+25=84$.

又如另一个方案:在第 1 年、第 3 年和第 5 年购买新设备,购置费为

$$11+12+13=36,$$

维修费为

$$5+6+5+6+5=27,$$

故总费用为

$$36+27=63.$$

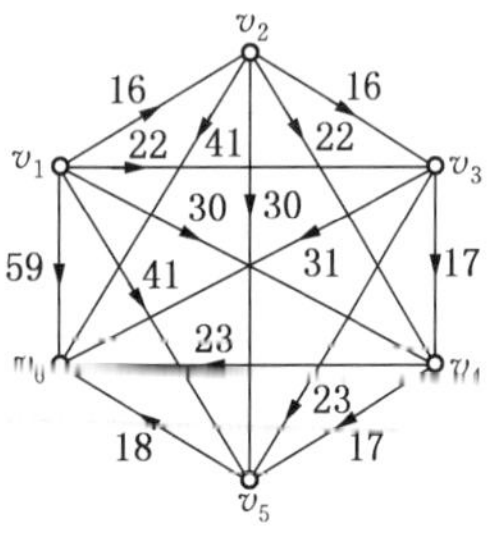

图 5-22

若年限在 5 年以上,要为这类问题穷举出所有可能采取的方案,费时很大. 现在,我们建立数学模型,用最短路径算法来求解.

建立网络模型 D 如图 5-22 所示:

$$V=\{v_1, v_2, v_3, v_4, v_5, v_6\},$$
$$E=\{(v_i, v_j) \mid i=1, \cdots, 5;\ j=2, \cdots, 6,\ i<j\}.$$

在此, $v_1, v_2, \cdots, v_5$ 相当于第 1, 2, …, 5 年的年初, v_6 相当于第 5 年年末. E 中有向边 (v_i, v_j) 相当于第 i 年年初购买一台设备一直用

到第 $j-1$ 年年末.

显然,对于每一种可能的设备更新方案,在此图中都有相应的一条从 v_1 至 v_6 的路径. 例如,路径 $v_1v_3v_5v_6$ 相当于第 1, 3, 5 年年初购买新设备这一方案.

E 中边的权按如下法则给出:

$W(v_i, v_j)=$ 第 i 年设备的购置费 $+(j-i)$ 年里的设备维修费 $=a_i+(b_1+b_2+\cdots+b_{j-i})$.

例如,边 (v_2, v_5) 表示第 2 年年初购买一台新设备,使用至第 4 年年底,故它的购置费为 $a_2=11$,维修费为 $b_1+b_2+b_3=5+6+8=19$. 于是,边 (v_2, v_5) 上的权 $w_{25}=30$.

这样,制订一个最优的设备更新方案的问题就等价于寻求 D 中 v_1 至 v_6 的最短路径问题. 应用狄克斯特拉算法求解,运算表格如表 5-10 所示.

最短路径为 $v_1v_3v_6$,即第 1, 3 年购买新设备;或者最短路径为 $v_1v_4v_6$,即第 1, 4 年购买新设备. 5 年的总费用都为 53.

若制订更新计划的期限分成 60 个时段(例如一个月或一个季度为一个时段),那么,就有 $2^{60}\approx 1.15\times 10^{18}$ 个购买策略可供选取. 若一台计算机每秒钟可计算 10^6 种策略,将全部策略估算一遍的时间就要 36 599 年,但构建网络模型用最短路径算法来求解仅需一分钟左右.

表 5-10

k	$l_k(v_j)$					
	v_j					
	v_1	v_2	v_3	v_4	v_5	v_6
1	0^*	$+\infty$	$+\infty$	$+\infty$	$+\infty$	$+\infty$
2		16^*	22	30	41	59
3			22^*	30	41	57
4				30^*	41	53
5					41^*	53
6						53^*

例 5-13 (多阶段存储问题) 某工厂生产产品所需的原材料分 3 个阶段进货. 根据供货条件,每次进货量 q 只能从 5, 7 和 10 个单位中选一个方案,其运费 $Q(q)$ 分别为 120, 138 和 160 个单位. 第 i 阶段对原材料的需求量为 a_i 个单位: $a_1=7$, $a_2=8$, $a_3=9$. 已知第 1 阶段初工厂仓库已存储该原材料 3 个单位. 仓库对该原材料最大库存量允许为 6 个单位. 本阶段进货在本阶段就供应生产的原材料不必进仓库. 每阶段末仓库存储的原材料需付存储费,每单位原材料的存储费为 1 个单位. 现要求第 3 阶段末库存的原材料至少为 1 个单位.

问在保证生产需求的条件下,每阶段进货采用何种方案,能使运费和存储费总和最少?

解 我们作 iOs 平面直角坐标系. 点 (i, s) 表示第 i 阶段末仓库对该原材料的库存量为 s.

建立网络模型如图 5-23 所示. 顶点 $v_i^{s_i}$ 对应 iOs 坐标平面内点 (i, s_i). 有向边 $(v_i^{s_i}, v_{i+1}^{s_{i+1}})$ 表示第 $i+1$ 阶段初有库存量 s_i,第 $i+1$ 阶段末有库存量 s_{i+1}. 此时,第 $i+1$ 阶段的进货量为

$$q_{i+1}=s_{i+1}+a_{i+1}-s_i. \tag{5-10}$$

有向边 $e=(v_i^{s_i}, v_{i+1}^{s_{i+1}})$ 的权

$$W(e)=Q(q_{i+1})+s_{i+1}. \tag{5-11}$$

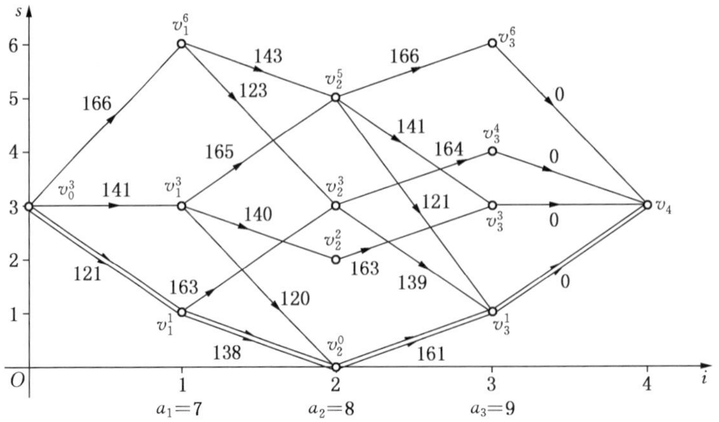

图 5-23

下面我们来讨论图 5-23 的顶点和边是如何设立的.

(1) 顶点 v_0^3 表示第 1 阶段初有原材料库存量 3.

(2) $s_1=q_1+s_0-a_1=q_1+3-7=q_1-4$，而 q_1 可取 5 或 7 或 10,所以 s_1 可取 1 或 3 或 6,故有顶点 v_1^1，v_1^3 和 v_1^6,并得有向边(v_0^3, v_1^1)，(v_0^3, v_1^3)和(v_0^3, v_1^6).

(3) $s_2=q_2+s_1-a_2=q_2+s_1-8$.

当 $s_1=1$ 时,若 $q_2=5$,则 $q_2+s_1=5+1<a_2=8$，故 q_2 不能取 5;若 q_2 取 7 或 10,则 s_2 取 0 或 3,故有顶点 v_2^0 和 v_2^3,并得有向边(v_1^1, v_2^0)和(v_1^1, v_2^3).

当 $s_1=3$ 时,q_2 可取 5 或 7 或 10,则 s_2 取 0 或 2 或 5,故又增加两个顶点 v_2^2 和 v_2^5,并得有向边(v_1^3, v_2^0)，(v_1^3, v_2^2)和(v_1^3, v_2^5).

当 $s_1=6$ 时,若 $q_2=10$,则 $q_2+s_1-a_2=10+6-8>$ 最大库存量 6,故 q_2 不能取 10;若 q_2 取 5 或 7,则 $s_2=3$ 或 5,并得有向边(v_1^6, v_2^3)和(v_1^6, v_2^5).

(4) $s_3=q_3+s_2-a_3=q_3+s_2-9$.

当 $s_2=0$ 时,$s_3=q_3-9$，由于 s_3 至少为 1,因此 q_3 只能取 10. 此时 $s_3=1$，故得顶点 v_3^1 和有向边(v_2^0, v_3^1).

当 $s_2=2$ 时,$s_3=q_3-7$,由 $s_3\geqslant 1$,可知 $q_3\geqslant 8$，q_3 只能取 10. 此时 $s_3=3$，故得顶点 v_3^3 和有向边(v_2^2, v_3^3).

当 $s_2=3$ 时,$s_3=q_3-6$,则 $s_3\geqslant 1$,可知 $q_3\geqslant 7$，q_3 可取 7 或 10. 此时 $s_3=1$ 或 4,因而产生一个新顶点 v_3^4,并得有向边(v_2^3, v_3^1)和(v_2^3, v_3^4).

当 $s_2=5$ 时,$s_3=q_3-4$，q_3 可取 5 或 7 或 10,此时,s_3 可为 1 或 3 或 6,因而又产生一个新顶点 v_3^6,并得有向边(v_2^5, v_3^1)，(v_2^5, v_3^3)和(v_2^5, v_3^6).

按式(5-10)和式(5-11)计算上述各边的权. 例如,对边(v_2^5, v_3^6)来说，$q_3=s_3+a_3-s_2=6+9-5=10$，$W(v_2^5, v_3^6)=Q(q_3)+s_3=Q(10)+6=166$.

(5) v_4 为一个虚设点,边(v_3^1, v_4)，(v_3^3, v_4)，(v_3^4, v_4)和(v_3^5, v_4)的权都为零.

可见,图 5-23 中任意一条 v_0^3 至 v_4 的路径就代表一个三阶段的进货方案,我们的问题就成为在图 5-23 中寻求最短路径.

由算法可求得顶点 v_0^3 至 v_4 的最短路径

$$P^* = v_0^3 v_1^1 v_2^0 v_3^1 v_4,$$

其长度为420.因而,各阶段进货方案为

$$q_1 = s_1 + a_1 - s_0 = 1 + 7 - 3 = 5,$$
$$q_2 = s_2 + a_2 - s_1 = 0 + 8 - 1 = 7,$$
$$q_3 = s_3 + a_3 - s_2 = 1 + 9 - 0 = 10,$$

总费用为420.

例5-14(选址问题) 现准备在 $v_1, v_2, \cdots, v_7$ 等7个居民点中设置一个售票处,各点之间的距离由图5-24给出.问售票处设在哪个居民点,可使最大服务距离为最小?若要设置两个售票处,问应设在哪两个居民点?

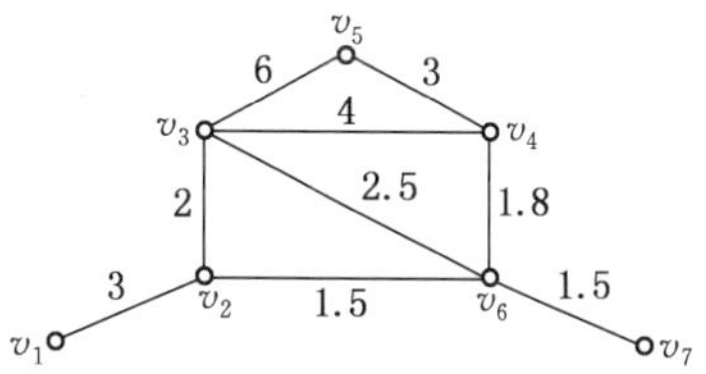

图5-24

解 我们求出任意两个顶点 v_i 与 v_j 之间的最短路径长度 $d(v_i, v_j) = d_{ij}$,得矩阵 $\boldsymbol{d} = (d_{ij})$ 如下:

$$\boldsymbol{d} = \begin{array}{c} \\ v_1 \\ v_2 \\ v_3 \\ v_4 \\ v_5 \\ v_6 \\ v_7 \end{array} \begin{array}{c} \begin{array}{ccccccc} v_1 & v_2 & v_3 & v_4 & v_5 & v_6 & v_7 \end{array} \\ \begin{pmatrix} 0 & 3 & 5 & 6.3 & 9.3 & 4.5 & 6 \\ 3 & 0 & 2 & 3.3 & 6.3 & 1.5 & 3 \\ 5 & 2 & 0 & 4 & 6 & 2.5 & 4 \\ 6.3 & 3.3 & 4 & 0 & 3 & 1.8 & 3.3 \\ 9.3 & 6.3 & 6 & 3 & 0 & 4.8 & 6.3 \\ 4.5 & 1.5 & 2.5 & 1.8 & 4.8 & 0 & 1.5 \\ 6 & 3 & 4 & 3.3 & 6.3 & 1.5 & 0 \end{pmatrix} \end{array} \begin{array}{c} l(v_i) \\ 9.3 \\ 6.3 \\ 6 \\ 6.3 \\ 9.3 \\ 4.8 \\ 6.3 \end{array}.$$

我们依次对顶点 v_i 求 $l(v_i)$ $(i = 1, \cdots, 7)$:

$$l(v_i) = \max\{d_{ij} \mid j = 1, \cdots, 7\},$$

称 $l(v_i)$ 为 v_i 的最大服务距离,并将 $(l(v_1), \cdots, l(v_7))^{\mathrm{T}}$ 置于矩阵 $\boldsymbol{d}$ 的最右列.

$l(v_i)$ 的实际意义是:如果我们把售票处设在 v_i,那么售票处与最远的服务对象间的距离是 $l(v_i)$.这样,最大服务距离越小的点,设置为售票处就越好.现在

$$\begin{aligned} \min\{l(v_1), \cdots, l(v_7)\} &= \min\{9.3, 6.3, 6, 6.3, 9.3, 4.8, 6.3\} \\ &= 4.8 = l(v_6). \end{aligned}$$

故若设置一个售票处,则设在居民点 v_6 处较好.

下面考虑设置两个售票处.

若设在 v_3 和 v_6,那么对点 v_1 来说,居民可以到 v_3 处购票,也可以到 v_6 处购票.由矩阵 $\boldsymbol{d}$ 知 $d_{13} = 5$ 及 $d_{16} = 4.5$,这样,v_1 处的居民自然选择到 v_6 处购票,其服务距离为4.5.我们依次找出居民点 $v_2, \cdots, v_7$ 的服务距离,将有关信息列成表5-11.

表 5-11

点 v_j	v_1	v_2	v_3	v_4	v_5	v_6	v_7
$d(v_j, v_3)$	5	2	0	4	6	2.5	4
$d(v_j, v_6)$	4.5	1.5	2.5	1.8	4.8	0	1.5
服务距离	4.5	1.5	0	1.8	4.8	0	1.5

从表 5-11 中可看出,当售票处设在 v_3 和 v_6 时,最大服务距离为

$$\max\{4.5, 1.5, 0, 1.8, 4.8, 0, 1.5\}=4.8.$$

记

$$l(v_3, v_6)=4.8,$$

我们求任意一对顶点 v_i 和 v_j 的最大服务距离 $l(v_i, v_j)$,并将它们列成矩阵 $\boldsymbol{L}=(l(v_i, v_j))$:

$$\boldsymbol{L}=\begin{array}{c} \\ v_1 \\ v_2 \\ v_3 \\ v_4 \\ v_5 \\ v_6 \\ v_7 \end{array}\begin{array}{c} \begin{array}{ccccccc} v_1 & v_2 & v_3 & v_4 & v_5 & v_6 & v_7 \end{array} \\ \left(\begin{array}{ccccccc} - & 6.3 & 6 & 4 & 6 & 4.8 & 6.3 \\ 6.3 & - & 6 & 3 & 3 & 4.8 & 6.3 \\ 6 & 6 & - & 5 & 5 & 4.8 & 5 \\ 4 & 3 & 5 & - & 6.3 & 4.5 & 6 \\ 6 & 3 & 5 & 6.3 & - & 4.5 & 6 \\ 4.8 & 4.8 & 4.8 & 4.5 & 4.5 & - & 4.8 \\ 6.3 & 6.3 & 5 & 6 & 6 & 4.8 & - \end{array}\right) \end{array}.$$

由矩阵 $\boldsymbol{L}$ 可知,

$$l(v_2, v_4)=l(v_2, v_5)=3,$$

在诸 $l(v_i, v_j)$ 中为最小,故售票处拟设置在 v_2 及 v_4 或设置在 v_2 及 v_5.

§ 5.3 最长路径问题

给实数赋权有向图 $D=(V, E)$,其中 $V=\{v_1, \cdots, v_n\}$,对任意 $e=(v_i, v_j)\in E$,有 $W(e)=w_{ij}\gtreqless 0$.

现设 D 中无正回路.即若 Q 为 D 的一个回路,则必有 $W(Q)=\sum\limits_{e\in Q}W(e)\leqslant 0$.

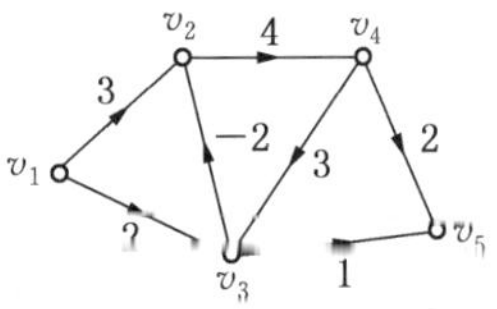

图 5-25

例如在图 5-25 中,回路 $Q=v_3v_2v_4v_3$ 就是一个正回路,有 $W(Q)=-2+4+3=5$.

又不妨设 D 为完备图:若 D 中有平行边,则保留权最大的边;若 D 中不存在顶点 u 至顶点 v 的有向边,则在 E 中增加有向边 (u, v),且 $W(u, v)=-\infty$.

若 P^* 为 D 中 u 至 v 的一条路径,且有

$$W(P^*)=\max\{W(\mathrm{P})\mid P\text{ 为 }D\text{ 中 }u\text{ 至 }v\text{ 的路径}\},$$

则称 P^* 为 u 至 v 的最长路径.

由于 D 中无正回路,则 D 中 u 至 v 的最长路径 P^* 具有下列性质:

(1) u 至 v 的最长路径至多含有 n 个点,从而至多含有 $n-1$ 条边;

(2) 若 u 至 v 的最长路径 $P^*=u\cdots t\cdots v$,则子路 $u\cdots t$ 及 $t\cdots v$ 分别为 u 至 t 及 t 至 v 的最长路径.

5.3.1 最长路径算法

本算法求 v_1 至顶点 $v_j(j=1,\cdots,n)$ 的最长路径 P_{1j}^*,其长度记为 h_{1j}:

$$h_{1j}=W(P_{1j}^*).$$

算法采用标号方法.由于迭代过程中标号方法的固有特点,我们是在 v_1 至 v_j 的路中来寻找 v_1 至 v_j 的最长路径 P_{1j}^*.

若在 v_1 至 v_j 包含边数不超过 k 的所有路中,最长路的长度用 h_{1j}^k 表示,即

$$h_{1j}^k=\max\{W(\mathrm{P})\mid P\text{ 为 }v_1\text{ 至 }v_j\text{ 的路},\ |E(\mathrm{P})|\leqslant k\}.$$

由此定义,下列两式显然成立:

$$h_{1j}^{k+1}=\max\{h_{1i}^k+w_{ij}\mid i=1,\cdots,n\},\quad j=1,\cdots,n,$$

$$h_{1j}^{k+1}\geqslant h_{1j}^k,\quad j=1,\cdots,n.$$

定理 5-2 若 $h_{1j}^{k+1}=h_{1j}^k$ 对 $j=1,\cdots,n$ 都成立,则 v_1 至 v_j 的最长路径长度

$$h_{1j}=h_{1j}^k(j=1,\cdots,n).$$

读者不难自证.

在初始 $k=0$ 时,可令

$$h_{11}^0=0,\ h_{1j}^0=-\infty\ (j=2,\cdots,n),\tag{5-12}$$

然后用公式

$$h_{1j}^{k+1}=\max\{h_{1i}^k+w_{ij}\mid i=1,\cdots,n\},\quad j=1,\cdots,n\tag{5-13}$$

进行迭代,当 $h_{1j}^{k+1}=h_{1j}^k$,对 $j=1,\cdots,n$ 都成立时,即求得了 $h_{1j}=h_{1j}^k$, $j=1,\cdots,n$.

由于我们事先对 D 中有无正回路没有进行过判别,那么,按式(5-13)迭代至第 n 步,若存在某个 j,有 $h_{1j}^n\neq h_{1j}^{n-1}$,则说明 D 中存在正回路.

最长路径算法的给出,最初就是用公式(5-13)进行迭代,为使算法收敛速度加快,对顶点在各步的标号可作进一步的改进.我们注意到,在计算

$$h_{1j}^1=\max\{h_{1i}^0+w_{ij}\mid i=1,\cdots,n\}$$

时,对小于 j 的 i,h_{1i}^1 已经产生,并且有 $h_{1i}^1\geqslant h_{1i}^0$,自然信息 h_{1i}^1 应该比信息 h_{1i}^0 好(或者一样),所以在同一步迭代中,不妨用 h_{1i}^1 取代 $h_{1i}^0(i=1,\cdots,j-1)$,这样有利于加快算法的收敛速度,而对大于 j 的 i,$h_{1i}^1=-\infty$ 不必考虑,故我们对 $j=1,\cdots,n$,用

$$h_{1j}^1=\max\{h_{1i}^1+w_{ij},\mid 1\leqslant i<j;\ h_{1j}^0\}$$

来计算 h_{1j}^1.

而在计算 h_{1j}^2 时,对 $1\leqslant i<j$ 来说,h_{1i}^1 在计算 h_{1j}^1 时已用过,故若取 $h_{1n}^2=h_{1n}^1$,我们对 $j=$

$n, n-1, \cdots, 1$,用

$$h_{1j}^{2}=\max\{h_{1j}^{1};\ h_{1i}^{2}+w_{ij},\ j<i\leqslant n\}$$

来计算 h_{1j}^{2}.

同理,取

$$h_{1j}^{3}=\max\{h_{1i}^{3}+w_{ij},\ 1\leqslant i<j;\ h_{1j}^{2}\},\quad j=1, \cdots, n,$$

$$h_{1j}^{4}=\max\{h_{1j}^{3};\ h_{1i}^{4}+w_{ij},\ j<i\leqslant n\},\quad j=n, \cdots, 1,$$

依此类推,算法的收敛速度必然加快(自然,修改后的 h_{1j}^{k} 的含义与原来的 h_{1j}^{k} 的定义有所区别).

下面我们给出最长路径算法:

① 取 $h_{11}^{0}=0$, $h_{1j}^{0}=-\infty$ $(j=2, \cdots, n)$, $k=0$.

② $k+1$ 为奇数否?

若是,则按 $j=1, \cdots, n$ 的顺序,取

$$h_{1j}^{k+1}=\max\{h_{1i}^{k+1}+w_{ij},\ 1\leqslant i<j;\ h_{1j}^{k}\};\tag{5-14}$$

若否,则按 $j=n, \cdots, 1$ 的顺序,取

$$h_{1j}^{k+1}=\max\{h_{1j}^{k};\ h_{1i}^{k+1}+w_{ij},\ j<i\leqslant n\}.\tag{5-15}$$

③ $h_{1j}^{k+1}=h_{1j}^{k}$ 对 $j=1, \cdots, n$ 都成立否?

若是,则 $h_{1j}=h_{1j}^{k}(j=1, \cdots, n)$,用逆向追踪法求 v_1 至 v_j 的最长路径 P_{1j}^{*},算法终止;

若否,则转步骤④.

④ $k+1=n$?

若是,则 D 中存在正回路,算法终止;

若否,则 $k=k+1$,转步骤②.

算法运行结束,我们用逆向追踪法来求 v_1 至 v_j 的最长路径 P_{1j}^{*}:

首先寻求 P_{1j}^{*} 中 v_j 的紧前顶点 v_q,使得 $h_{1q}+w_{qj}=h_{1j}$;然后寻找 P_{1j}^{*} 中 v_q 的紧前顶点 v_t,使 $h_{1t}+w_{tq}=h_{1q}$. 依此类推,直至追溯到 v_1,即得 v_1 至 v_j 的最长路径 $P_{1j}^{*}=v_1\cdots v_t v_q v_j$.

例 5-15 求图 5-26 中 v_1 至 v_5 的最长路径 P_{15}^{*} 及其长度.

解 利用公式(5-14)与公式(5-15)进行迭代,得到运算表格,如表 5-12 所示.

表 5-12

k	h_{1j}^{k} (v_j): v_1	v_2	v_3	v_4	v_5
0	0	$-\infty$	$-\infty$	$-\infty$	$-\infty$
1	0	3	4	8	15
2	0	7	4	8	15
3	0	7	4	9	16
4	0	7	4	9	16

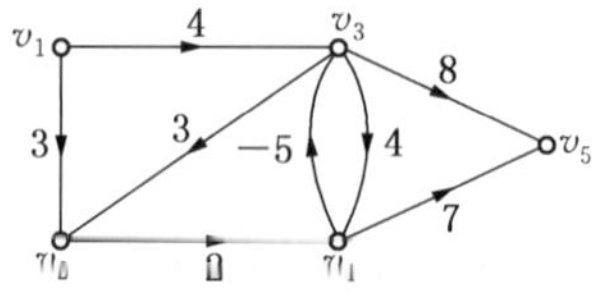

图 5-26

例如,对 $k=1$, $h_{11}^{1}=h_{11}^{0}=0$,有

$h_{12}^{1}=\max\{h_{11}^{1}+w_{12}, h_{12}^{0}\}=\{0+3, -\infty\}=3$,

$h_{13}^{1}=\max\{h_{11}^{1}+w_{13}, h_{12}^{1}+w_{23}, h_{13}^{1}\}=\{0+4, 3-\infty, -\infty\}=4$,

$h_{14}^{1}=\max\{h_{11}^{1}+w_{14}, h_{12}^{1}+w_{24}, h_{13}^{1}+w_{34}, h_{14}^{0}\}=\{0-\infty, 3+2, 4+4, -\infty\}=8$,

$h_{15}^{1}=\max\{h_{11}^{1}+w_{15}, h_{12}^{1}+w_{25}, h_{13}^{1}+w_{35}, h_{14}^{1}+w_{45}, h_{15}^{0}\}=\{0-\infty, 3-\infty, 4+8, 8+7, -\infty\}=15$.

对 $k=2$, 取 $h_{15}^{2}=h_{15}^{1}$,有

$h_{14}^{2}=\max\{h_{14}^{1}, h_{15}^{2}+w_{54}\}=\{8, 15-\infty\}=8$,

$h_{13}^{2}=\max\{h_{13}^{1}, h_{14}^{2}+w_{43}, h_{15}^{2}+w_{53}\}=\max\{4, 8-5, 15-\infty\}=4$,

$h_{12}^{2}=\max\{h_{12}^{1}, h_{13}^{2}+w_{32}, h_{14}^{2}+w_{42}, h_{15}^{2}+w_{52}\}=\max\{3, 4+3, 8-\infty, 15-\infty\}=7$.

计算 h_{1j}^{3} 时,我们按 $j=1,2,\cdots,5$ 顺序计算各个点的标号;计算 h_{1j}^{4} 时,我们按 $j=5,4,\cdots,1$ 顺序计算各个点的标号.

在表 5-12 中,可见 $h_{1j}^{3}=h_{1j}^{4}$, $j=1,\cdots,5$,于是算法终止. 可知

$$h_{11}=0, h_{12}=7, h_{13}=4, h_{14}=9, h_{15}=16.$$

现在,我们采用逆向追踪法来求 v_1 至 v_5 的最长路径 P_{15}^{*}.

现在 $h_{15}=16$, 由图 5-26 可知, $h_{14}+w_{45}=9+7=16$, 故 P_{15}^{*} 中 v_5 的紧前顶点为 v_4;又知 $h_{12}+w_{24}=7+2=9$, 故 P_{15}^{*} 中 v_4 的紧前顶点为 v_2;又 $h_{13}+w_{32}=4+3=7$, 故 P_{15}^{*} 中 v_2 的紧前顶点为 v_3;又 $h_{11}+w_{13}=0+4=4$, 故 P_{15}^{*} 中 v_3 的紧前顶点为 v_1. 于是, v_1 至 v_5 的最长路径 $P_{15}^{*}=v_1v_3v_2v_4v_5$.

或者我们在第 k 步 ($k=1, 2, \cdots$) 迭代的过程中,记录产生标号 h_{1j}^{k} 的具体路径的顶点的下标信息,将它置于顶点标号的右下角. 例如:

$$h_{1s}^{0}+w_{st}=h_{1st}^{1}, h_{1st}^{1}+w_{tq}=h_{1stq}^{2}, h_{1stq}^{2}+w_{qj}=h_{1stqj}^{3}.$$

这样,我们在迭代结束时,同时得到了 v_1 至 v_j 的最长路径 P_{1j}^{*} 及其长度 h_{1j}.

例 5-16 求图 5-19 中 v_1 至 v_8 的最长路径及其长度.

解 我们列出运算表格,如表 5-13 所示.

表 5-13

k	h_{1j}^{k}							
	v_j							
	v_1	v_2	v_3	v_4	v_5	v_6	v_7	v_8
0	0_{11}	$-\infty$	$-\infty$	$-\infty$	$-\infty$	$-\infty$	$-\infty$	$-\infty$
1	0_{11}	1_{12}	6_{123}	4_{124}	4_{125}	9_{1256}	14_{1237}	17_{12378}
2	0_{11}	1_{12}	15_{12543}	8_{1254}	4_{125}	9_{1256}	14_{1237}	17_{12378}
3	0_{11}	1_{12}	15_{12543}	8_{1254}	4_{125}	10_{12546}	23_{125437}	$26_{1254378}$
4	0_{11}	1_{12}	15_{12543}	8_{1254}	4_{125}	10_{12546}	23_{125437}	$26_{1254378}$

由表 5-13 知,v_1 至 v_8 的最长路径为 $v_1v_2v_5v_4v_3v_7v_8$,其长度为 26.

5.3.2 应用举例

例 5-17(最优分配问题) 有一个仪表公司打算向它的 3 个营业区设立 6 家销售店,每个营业区至少设一家,所获利润如表 5-14 所示. 问设立的 6 家销售店数应如何分配,可使总利润最大?

表 5-14

利润		营业区 A	营业区 B	营业区 C
销售店数	1	200	210	180
	2	280	220	230
	3	330	225	260
	4	340	230	280

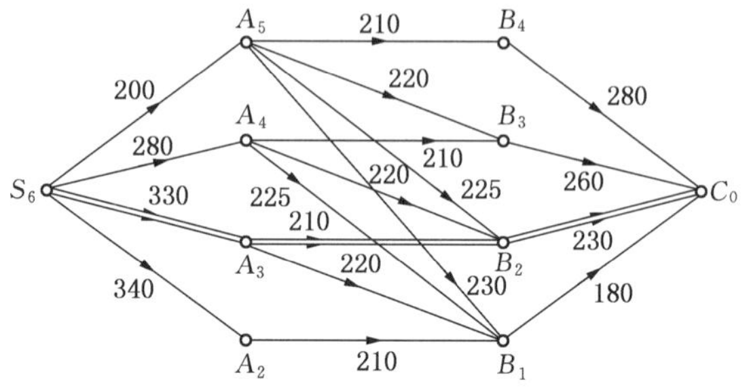

图 5-27

解 作网络图 D 如图 5-27 所示.

顶点 S_6 表示初始时公司拥有 6 家销售店待设置. 顶点 A_i 表示在 A 区设立销售店后还剩有 i 家销售店未设立;顶点 B_j 表示在对 A, B 区设立销售店后还剩有 j 家销售店未设立;C_0 表示公司已将 6 家销售店设置完. 边(S_6, A_i)表示在 A 区设立 $6-i$ 家销售店;边(A_i, B_j)表示在 B 区设立 $i-j$ 家销售店;边(B_j, C_0)表示在 C 区设立 j 家销售店. 图 5-27 中边旁的权为表 5-14 中相应参数.

于是,S_6 至 C_0 的任一条路径表示一个具体的销售店的分配方案. 例如,$S_6A_5B_3C_0$ 指在 A 区设立 1 家销售店,在 B 区设立 2 家销售店,在 C 区设立 3 家销售店. 我们的问题归结为在图 D 中求 S_6 至 C_0 的最长路径.

由算法可求出 S_6 至 C_0 的最长路径为 $S_6A_3B_2C_0$,其长度为 770. 故最佳决策为:在 A, B, C 区分别设立 3, 1, 2 家销售店,可获得利润 770.

例 5-18(货物装载问题) 现有一辆最大装载量 $b=5$ 吨的卡车装载 3 种货物. 已知 3 种货物单件重量和价值如表 5-15 所示. 问卡车对各种货物装运多少,使卡车装载的货物总价值最大?

解 设第 j 种货物装载 x_j 件 $(j=1, 2, 3)$,得整数规划模型:

$$\max f=30x_1+80x_2+65x_3;$$
$$\text{s. t.}\quad x_1+3x_2+2x_3=5,$$
$$x_j\geqslant 0,\ \text{整数},\quad j=1, 2, 3.$$

建立网络模型 $D=(V, E)$ 如图 5-28 所示.

图 D 的顶点个数 $n=b+1=6$. 当 $V(D)$的顶点 v_i 及 v_k 对应的下标差 $k-i$ 恰等于 $j^{\#}$ 货物单件重量 a_j 时,给有向边(v_i, v_k),且 $W(v_i, v_k)=c_j$.

表 5-15

$j^{\#}$货物	单件重量 a_j(吨)	价值 c_j
$1^{\#}$	1	30
$2^{\#}$	3	80
$3^{\#}$	2	65

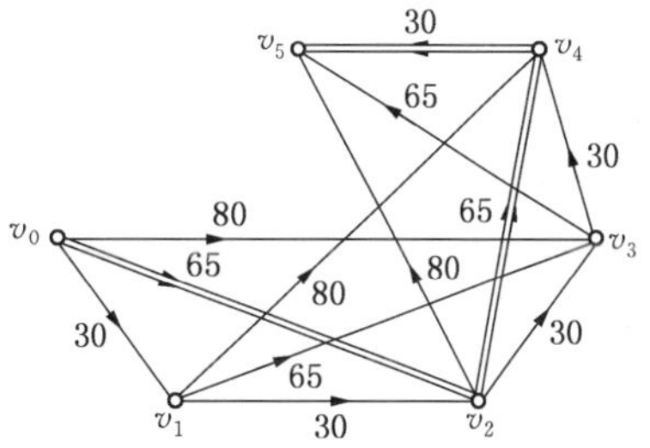

图 5-28

显然,图 D 中任一条 v_0 至 v_5 的路径 P 对应了 3 种货物的一个装载方案:若权为 c_j 的边在路径 P 中出现 d_j 次,则 $j^{\#}$ 货物装运 d_j 件 $(x_j=d_j)$. 路径的长度 $W(\mathrm{P})$即为该方案所获得的价值 f.

例如,在路径 $P=v_0v_1v_3v_4v_5$ 中,

$$W(v_0,\ v_1)=W(v_3,\ v_4)=W(v_4,\ v_5)=30=a_1,$$
$$W(v_1,\ v_3)=65=a_3,$$

所以 P 对应的方案为 $x_1=3,\ x_2=0,\ x_3=1$. 该方案的价值为

$$f=30\times 3+65=155=W(\mathrm{P}).$$

如今,我们的问题归结为在图 D 中寻求 v_0 至 v_5 的最长路径 P_{05}^*. 运用算法,可知

$$P_{05}^*=v_0v_2v_4v_5,$$

其长度为 160.

在 P_{05}^* 中有 3 条边,它们对应的权为

$$W(v_0,\ v_2)=65,\ W(v_2,\ v_4)=65,\ W(v_4,\ v_5)=30,$$

所以最佳决策为

$$x_1^*=1,\ x_2^*=0,\ x_3^*=2,$$

即 $1^{\#}$ 货物装载 1 件,$2^{\#}$ 货物不装,$3^{\#}$ 货物装载 2 件,其总价值为 160.

*§ 5.4 第 k 短路径问题

现给非负赋权有向图 $D=(V,\ E)$,其中 $V=\{v_1,\ \cdots,\ v_n\}$,任意 $e\in E$,有权 $W(e)\geqslant 0$.

在很多实际问题中,由于客观条件的限制,对图 D(不妨设为完备图),我们除了关心顶点 v_1 至顶点 v 的最短路径外,还对顶点 v_1 至顶点 v 的第 k 短路径发生兴趣.

第 k 短路径——若 $P^1,\ P^2,\ \cdots,\ P^k$ 为顶点 v_1 至顶点 v 的 k 条路径,$W(P^1)\leqslant W(P^2)\leqslant\cdots\leqslant W(P^k)$,现 P 为顶点 v_1 至顶点 v 的任一条路径,$P\overline{\in}\{P^1,\ \cdots,\ P^k\}$,且 $W(\mathrm{P})\geqslant W(P^k)$,则称 P^k 为顶点 v_1 至顶点 v 的第 k 短路径.

例 5-19 某工厂研制新产品,研究工作已近尾声. 但要将新产品正式投产,还需 4 个阶

段工作,每个阶段的工作可在不同水准上完成,所需时间 W 由表 5-16 给出. 有 10 个单位费用可供这些阶段使用. 在不同水准上的费用由表 5-17 给出. 现问:在预算的限制下,每个阶段工作按哪一水准进行才能使完成 4 个阶段工作的总时间最少?

表 5-16

工作时间 W		阶段			
		Ⅰ	Ⅱ	Ⅲ	Ⅳ
水准	1	5			
	2	4	3	4	2
	3	2	2	3	1

表 5-17

费用		阶段			
		Ⅰ	Ⅱ	Ⅲ	Ⅳ
水准	1	1			
	2	2	2	3	1
	3	3	3	4	2

解　对此问题我们建立网络模型如图 5-29 所示,其中顶点 v_2, v_3, v_4 分别表示在水准 1、水准 2、水准 3 条件下进行阶段Ⅰ的工作,顶点 v_5, v_6 分别表示在水准 2 和水准 3 条件下进行阶段Ⅱ工作,顶点 v_7 和 v_8 分别表示在水准 2 和水准 3 条件下进行阶段Ⅲ工作,顶点 v_9 和 v_{10} 分别表示在水准 2 和水准 3 条件下进行阶段Ⅳ工作. 有向边 (v_i, v_j) 旁的权 w_{ij} 表示在某水准下进行某阶段工作所需时间.

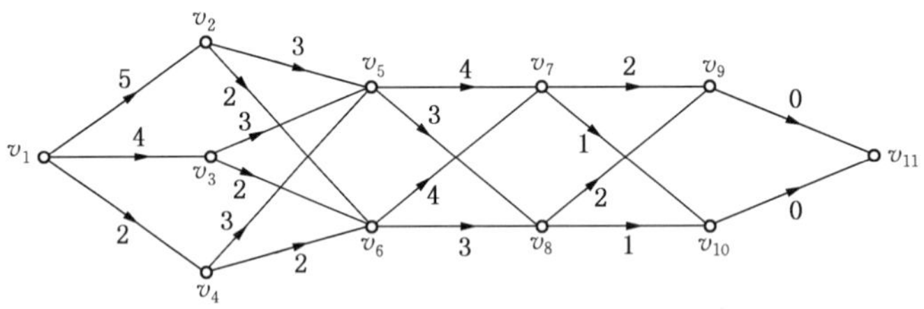

图 5-29

显然,顶点 v_1 至顶点 v_{11} 的一条路径表示一个具体的方案,其长度为采取该方案时完成 4 个阶段工作所需时间.

可知图 5-29 中顶点 v_1 至 v_{11} 的最短路径为

$$P^1 = v_1 v_4 v_6 v_8 v_{10} v_{11},$$

它的长度为 8,相应的方案为 4 个阶段工作都在水准 3 的条件下完成,因此其费用

$$f(P^1) = 3 + 3 + 4 + 2 = 12,$$

显然它超过了可提供的费用10.

该例子说明,我们有必要研究第 k 短路径问题.

为建立求第 k 短路径的算法,下面我们引进一些定义及记号.

偏移——若有路径

$$P=v_1u_1u_2\cdots u_ju_{j+1}\cdots u_qv,$$
$$Q=v_1u_1u_2\cdots u_jt\cdots v,$$

其中 $(u_j, t)\neq(u_j, u_{j+1})$(特殊情况,$u_j=v_1$),且有 $W(\mathrm{P})\leqslant W(Q)$,则称 Q 为 P 的偏移.

例如在图5-29中,$v_1v_3v_5v_8v_{10}v_{11}$, $v_1v_4v_5v_7v_9v_{11}$, $v_1v_4v_6v_7v_{10}v_{11}$, $v_1v_4v_6v_8v_9v_{11}$ 都为 $P^1=v_1v_4v_6v_8v_{10}v_{11}$ 的偏移.

若我们已取得顶点 v_1 至顶点 v 的第1至第 k 短路径 P^1, …, P^k,可以作

$$P^k=v_1u_1\cdots u_j\cdots u_qv$$

的部分偏移集合 $F(P^k)$.

(为了引进一些记号,我们对以下运算作如此规定:

若 e 为 D 中边,P 为 D 中路径,则 $D-\{e\}$ 为将 D 中边 e 取走所得图;而 $D-P$ 为将 D 中属于 P 的边都取走后所得图.)

令 $D_0=D-\{(v_1, u)\mid(v_1, u)$ 为某一条第 i 短路径 P^i 的边,$1\leqslant i\leqslant k\}$,求 D_0 中 v_1 至 v 的最短路径 Q_0. 显然,Q_0 为$\{P^1, \cdots, P^k\}$中任一路径的偏移.

一般地,令

$D_j=D-v_1u_1\cdots u_j-\{(u_j, u)\mid v_1u_1\cdots u_ju$ 为某一条第 i 短路径 P^i 的子路,$1\leqslant i\leqslant k\}$.

求 D_j 中顶点 u_j 至 v 的最短路径 $\widetilde{Q}_j$,并将路径 $v_1u_1\cdots u_j$ 与路径 $\widetilde{Q}_j$ 相衔接,得路 Q_j.

若 Q_j 中顶点都不相同,则 Q_j 为$\{P^1, \cdots, P^k\}$中任一路径的偏移. 记

$$F(P^k)=\{Q_0, Q_1, \cdots, Q_q\}.$$

自然,对任一 $Q\in F(P^k)$,有 $W(Q)\geqslant W(P^k)$.

算法的迭代过程可如下进行.

若已求得顶点 v_1 至 v 的最短路径 P^1 与 P^1 的部分偏移集合 $F(P^1)$,记

$$B=F(P^1),$$

取 $\widetilde{P}$:

$$W(\widetilde{P})=\min\{W(Q)\mid Q\in B\},$$

此时,还未确定的从 v_1 至 v 的任一路径 P 必为集合 B 中某一路径 Q 的偏移,从而有

$$W(\mathrm{P})\geqslant W(Q)\geqslant W(\widetilde{P}).$$

于是,路径 $\widetilde{P}$ 为第2短路径 P^2.

从集合 B 中去掉 $\widetilde{P}$. 我们再作 $F(P^2)$,并取

$$B=B\cup F(P^2).$$

显然,还未确定过的顶点 v_1 至 v 的任一路径 P 为 B 中某一条路径 Q 的偏移. 取 $\widetilde{P}$

$$W(\widetilde{P})=\min\{W(Q) \mid Q \in B\},$$

则 $\widetilde{P}$ 为 D 中顶点 v_1 至 v 的第 3 短路径 P^3. 我们从集合 B 中去掉 $\widetilde{P}$,作集合 $F(P^3)$,取

$$B=B \cup F(P^3).$$

如此继续迭代下去,直至求得我们所需要的顶点 v_1 至 v 的第 k 短路径.

下面我们给出 v_1 至 v 的第 k^* 短路径算法:

① 取一条 v_1 至 v 的最短路径 P^1.

$$A=\{P^1\}, \quad B=\varnothing, \quad k=1.$$

② 对 P^k 作 $F(P^k)$.

若 $P^k=v_1v$,令 $D_0=D-\{(v_1, u) \mid (v_1, u)$ 为某一条路径 P 中的边,$P\in A\}$,求 D_0 中顶点 v_1 至 v 的最短路径 Q_0, $F(P^k)=\{Q_0\}$, 转步骤④.

若 $P^k=v_1u_1\cdots u_j\cdots u_qv$, 令 $D_0=D-\{(v_1, u) \mid (v_1, u)$ 为某一条路径 P 的边,$P\in A\}$,求 D_0 中顶点 v_1 至 v 的最短路径 Q_0, $F(P^k)=\{Q_0\}$, $j=0$, 转步骤③.

③ $j=q$?

若是,则转步骤④.

若否,则令 $D_{j+1}=D-v_1u_1\cdots u_{j+1}-\{(u_{j+1}, u) \mid v_1\cdots u_{j+1}$ 为某路径 P 中的子路,$P\in A\}$,求 D_{j+1} 中 u_{j+1} 至 v 的最短路径 $\widetilde{Q}_{j+1}$. 路径 $v_1u_1\cdots u_{j+1}$ 与路径 $\widetilde{Q}_{j+1}$ 相衔接,得路 Q_{j+1}. Q_{j+1} 中有相同顶点时, $j=j+1$, 转步骤③.

Q_{j+1} 中顶点都不相同时, $F(P^k)=F(P^k)\cup\{Q_{j+1}\}$, $j+1=j$, 转步骤③.

④ $B=B\cup F(P^k)$.

⑤ $B=\varnothing$?

若是,则算法终止(v_1 至 v 的路径搜索完毕).

若否,则取 $W(\widetilde{P})=\min\{W(\mathrm{P}) \mid P \in B\}$,

$$P^{k+1}=\widetilde{P},\ A=A\cup\{P^{k+1}\},\ B=B-\{P^{k+1}\}, \text{转步骤⑥}.$$

⑥ $k+1=k^*$?

若是,则算法终止,路径 P^{k+1} 为所求第 k^* 最短路径.

若否,则 $k=k+1$, 转步骤②.

例 5-20 求解例 5-19.

解 我们将具体计算列成表 5-18.

表 5-18

k	P^k	$f(P^k)$	$F(P^k)$		B	
			Q	$W(Q)$	$P\in B$	$W(P)$
1	$v_1v_4v_6v_8v_{10}v_{11}$	12	$Q_0=v_1v_3v_6v_8v_{10}v_{11}$	10	$v_1v_3v_6v_8v_{10}v_{11}$	10
			$Q_1=v_1v_4v_5v_8v_{10}v_{11}$	9	$v_1v_4v_5v_8v_{10}v_{11}$	9^*
			$Q_2=v_1v_4v_6v_7v_{10}v_{11}$	9	$v_1v_4v_6v_7v_{10}v_{11}$	9
			$Q_3=v_1v_4v_6v_8v_9v_{11}$	9	$v_1v_4v_6v_8v_9v_{11}$	9

（续表）

k	P^k	$f(P^k)$	$F(P^k)$		B	
			Q	$W(Q)$	$P\in B$	$W(P)$
2	$v_1v_4v_5v_8v_{10}v_{11}$	11	$Q_0=v_1v_3v_6v_8v_{10}v_{11}$ Q_1 无 $Q_2=v_1v_4v_5v_7v_{10}v_{11}$ $Q_3=v_1v_4v_5v_8v_9v_{11}$	10 10 10	$v_1v_3v_6v_8v_{10}v_{11}$ $v_1v_4v_6v_7v_{10}v_{11}$ $v_1v_4v_6v_8v_9v_{11}$ $v_1v_4v_5v_7v_{10}v_{11}$ $v_1v_4v_5v_8v_9v_{11}$	10 9* 9 10 10
3	$v_1v_4v_6v_7v_{10}v_{11}$	11	$Q_0=v_1v_3v_6v_8v_{10}v_{11}$ Q_1 无 Q_2 无 $Q_3=v_1v_4v_6v_7v_9v_{11}$	10 10	$v_1v_3v_6v_8v_{10}v_{11}$ $v_1v_4v_6v_8v_9v_{11}$ $v_1v_4v_5v_7v_{10}v_{11}$ $v_1v_4v_5v_8v_9v_{11}$ $v_1v_4v_6v_7v_9v_{11}$	10 9* 10 10 10
4	$v_1v_4v_6v_8v_9v_{11}$	11	$Q_0=v_1v_3v_6v_8v_{10}v_{11}$ Q_1 无 Q_2 无 Q_3 无	10	$v_1v_3v_6v_8v_{10}v_{11}$ $v_1v_4v_5v_7v_{10}v_{11}$ $v_1v_4v_5v_8v_9v_{11}$ $v_1v_4v_6v_7v_9v_{11}$	10 10* 10 10
5	$v_1v_4v_5v_7v_{10}v_{11}$	10				

在表 5-18 中第 k 步对 $P\in B$，W(P)打 * 者，则在第 $k+1$ 步时该 P 即为 P^{k+1}.

由表 5-18 求得 $P^5=v_1v_4v_5v_7v_{10}v_{11}$，故本问题的最佳方案如下：

阶段Ⅰ工作取水准 3，阶段Ⅱ工作取水准 2，阶段Ⅲ工作取水准 2，阶段Ⅳ工作取水准 3. 4 个阶段工作总时间为 10，费用为 10.

§5.5 最小生成树

若图 5-30 所示的赋权连通无向图 G 中顶点 $v_1,\cdots,v_{10}$ 表示某个地区的 10 个乡，边$[v_i,v_j]$旁的权 $W(v_i,v_j)=w_{ij}$ 为 v_i 与 v_j 之间的距离. 现欲架设一个通往各乡的电话线网，问应如何架设电话线网而使其总长度最短？

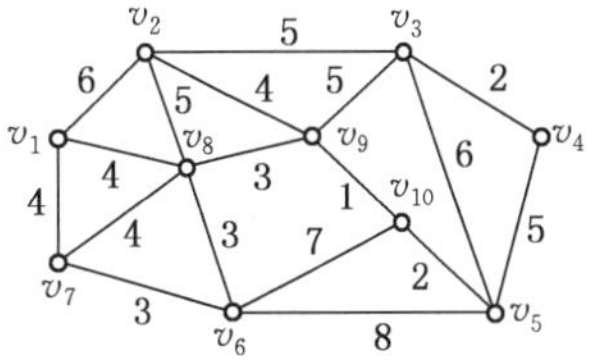

图 5-30

由于树的任意两个顶点之间恰有一条初等链，因此上述问题就是在图 5-30 中寻找一棵生成树 T，使树 T 各边权之和（电话线总长度）最小.

类似地，下水道的铺设、公路网的建设和煤气管道的装置等都属于这类问题.

若给连通赋权无向图 $G=(V,E)$（不妨设 G 为简单图），其中 $V=\{v_1,\cdots,v_n\}$，$E=\{e_1,\cdots,e_m\}$.

若 T 为 G 的生成树，T 中边 e 就记为 $e\in T$，则树 T 的权

$$W(T)=\sum_{e\in T}W(e).$$

最小生成树——若 T^* 为 G 的生成树,且有

$$W(T^*)=\min\{W(T)\mid T \text{ 为 } G \text{ 的一棵生成树}\},$$

则称 T^* 为 G 的最小生成树.

下面我们给出两个求最小生成树的方法.

5.5.1 破回路法

无回路且连通是树的特性,由此出发,我们可用“破回路法”来求最小生成树.

破回路法的基本步骤是:任取 G 中一个回路,删去权最大的边(若有两条以上权最大的边,则删去其中任一条边即可).按此方法反复进行,直至无回路为止.余下的边的集合 E_1 的导出子图,即为 G 的最小生成树 T^*.

例 5-21 用破回路法求图 5-30 的一棵最小生成树.

解 在图 5-31 中,任取一个回路如 $v_1v_8v_7v_1$,去边$[v_1, v_7]$;再取一个回路 $v_8v_9v_{10}v_6v_8$,去边$[v_6, v_{10}]$;再取一个回路 $v_2v_9v_3v_2$,去边$[v_2, v_3]$;再相继取回路 $v_1v_2v_8v_1$ 和 $v_3v_4v_5v_3$,分别去边$[v_1, v_2]$和$[v_3, v_5]$,得图 5-32.

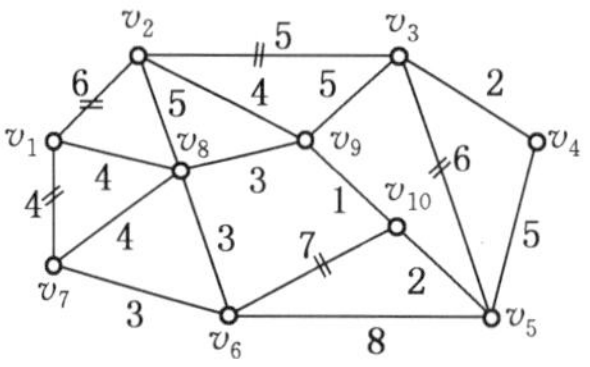

图 5-31

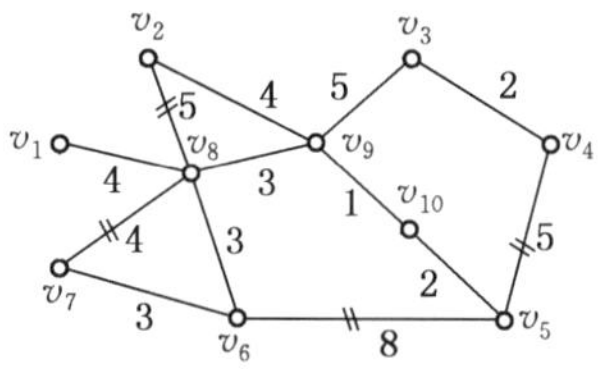

图 5-32

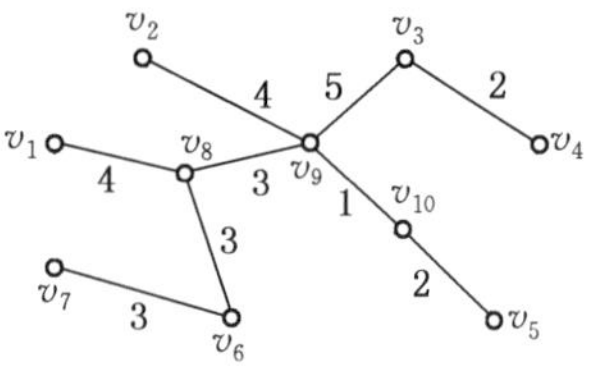

图 5-33

在图 5-32 中相继取回路 $v_8v_7v_6v_8$, $v_2v_8v_9v_2$, $v_8v_9v_{10}v_5v_6v_8$ 和 $v_3v_4v_5v_{10}v_9v_3$,分别去边$[v_8, v_7]$, $[v_2, v_8]$, $[v_6, v_5]$和$[v_4, v_5]$,得图 5-33,它即为图 5-30 的一棵最小生成树 T^*,

$$W(T^*)=1+2+2+3+3+3+4+4+5=27.$$

5.5.2 克鲁斯卡算法

由定理 5-1 知,生成树应无回路且边数为 $n-1$.克鲁斯卡(Kruskal)算法根据“在无回路的条件下优先选取权小的边”这一原则,从 G 的 m 条边中逐个挑选出 $n-1$ 条边来.运算过程中,我们记被挑选到的边的集合为 E_1.

首先,我们把 G 的 m 条边按权的递增顺序进行排列,不妨设为

$$W(e_1)\leqslant W(e_2)\leqslant\cdots\leqslant W(e_m).$$

然后,依次逐条检查,以“选入 E_1 不使 E_1 的导出子图有回路”为条件来挑选进入 E_1 的边.

初始时,选 e_1 进入 E_1.

设当前检查到 e_k.如果 $E_1\cup\{e_k\}$ 的导出子图没有回路,就将 e_k 选进 E_1,否则就不选取 e_k,而继续检查 e_{k+1}.当 E_1 中含有 $n-1$ 条边时,G 关于 E_1 的导出子图即为我们所求的最小生成树.

为判别 G 关于 $E_1 \cup \{e\}$ 的导出子图是否含有回路，我们可采用对 V 中顶点给以标号的方法来解决.

可知 E_1 的导出子图 G_1 虽然无回路，但不一定是树. G_1 可能是个分离图，由数个连通的子图组成，每个连通子图是树. 由此出发，我们对 V 中顶点采取如下的标号方法：

初始时，对任意 $v_j \in V$，取 v_j 的标号 $l(v_j)=j$. 当 $e_1=[u, v]$ 置入 E_1 时，取 $l(u)=l(v)=\min\{l(u), l(v)\}$，其余顶点标号不变.

第 k 步时，若 $e=[s, t]$ 刚被选入 E_1. 当 e 加入到 $E_1 \cup \{e\}$ 的导出子图的某个连通子图时，则这个连通子图中顶点标号为 $\max\{l(s), l(t)\}$者，改其顶点标号为 $\min\{l(s), l(t)\}$.

这样规定的标号方法，具有这样的特性：两个顶点当且仅当属于 G_1 的某个连通子图时，两个顶点具有相同标号(该两顶点间有初等链相连接). 换言之，G_1 中两个没有初等链连接的顶点的标号一定不相同.

于是，在运算过程的某一步检查 $e=[s, t]$ 是否要被选进 E_1 时，我们只要检查 $l(s)$是否与 $l(t)$相等.

若 $l(s)=l(t)$，说明 s 与 t 已在当前 E_1 的导出子图 G_1 的某个连通子图中，s 与 t 之间有初等链. 这样的 $e=[s, t]$，一旦选入 E_1，则 $E_1 \cup \{e\}$ 的导出子图中就有回路. 所以 $l(s)=l(t)$ 的 e 不可以被选入 E_1.

若 $l(s) \neq l(t)$，则 $e=[s, t]$ 应被选入 E_1.

下面，我们给出克鲁斯卡算法：

① 将 G 的 m 条边按权的递增顺序进行排列. 现不妨设

$$W(e_1) \leqslant W(e_2) \leqslant \cdots \leqslant W(e_m).$$

取 $E_1=\varnothing$, $l(v_j)=j$ $(j=1, \cdots, n)$, $k=1$.

② e_k 的端点 u 与 v 的标号 $l(u)$与 $l(v)$相等否？

若是，则 $k=k+1$，转步骤②.

若否，则 $E_1=E_1 \cup \{e_k\}$.

③ 对 V 中顶点 v_j，若 $l(v_j)=\max\{l(u), l(v)\}$，则取

$$l(v_j)=\min\{l(u), l(v)\}.$$

④ E_1 中边数 $|E_1|=n-1$?

若是，则 G 关于 E_1 的导出子图即为最小生成树 T^*，算法终止.

若否，则取 $k=k+1$，转步骤②.

例 5-22 求图 5-34 的一棵最小生成树.

解 整个运算过程由图 5-35(a)～(g)给出. 这些图中顶点旁带方框的数字表示该顶点的标号，双线边表示当前已在 E_1 内的边. 最小生成树 T^* 由图 5-35(g)中双线边表示. 可知

$$W(T^*)=1+2+2+3+6+6=20.$$

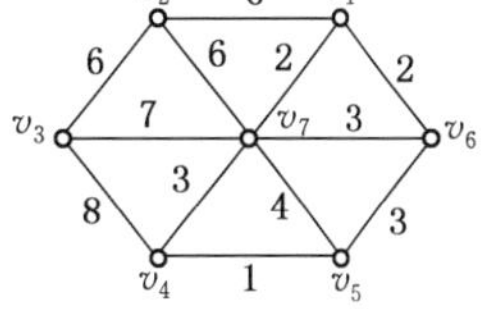

图 5-34

现在我们结合图 5-35 对顶点的标号过程，来解释算法中的步骤③.

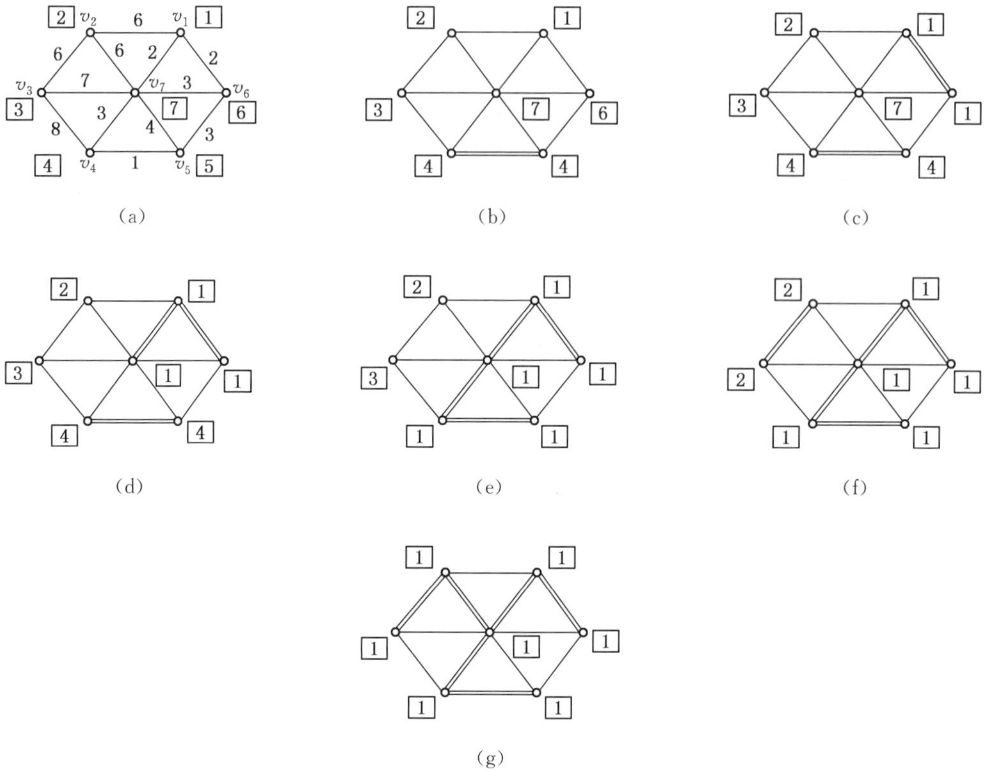

图 5-35

例如,对图 5-35(d)来说,此时 $E_1=\{[v_4, v_5], [v_1, v_6], [v_1, v_7]\}$, E_1 的导出子图分成两个连通子图,它们的顶点标号分别为 4 和 1. 下一步我们将选边 $e=[v_7, v_4]$ 进入 E_1,现在

$$l(v_4)=l(v_5)=\max\{l(v_7), l(v_4)\}=\max\{1, 4\}=4,$$

因此,$[v_7, v_4]$进入 E_1 后,应取

$$l(v_4)=l(v_5)=\min\{l(v_7), l(v_4)\}=1.$$

于是 $E_1=\{[v_4, v_5], [v_1, v_6], [v_1, v_7], [v_7, v_4]\}$ 的导出子图是一个连通图,其顶点的标号都为 1.

§5.6 中国邮路问题

5.6.1 欧拉环游问题

例 5-23 某一料场货物堆放如图 5-36. 每晚有个值班小组沿巡视道路进行巡视检查. 问应如何设置两个休息站及如何确定一条以两个休息站为起终点的巡视路线,使每条应巡视的道路恰走过一次?

解 我们将图 5 36 画成图 5-37 的形式. 于是,该问题成为在图 5-37 中寻找一条开链,每条边在链中恰出现一次. 这是一个图的一笔画问题,而起点和终点不相同.

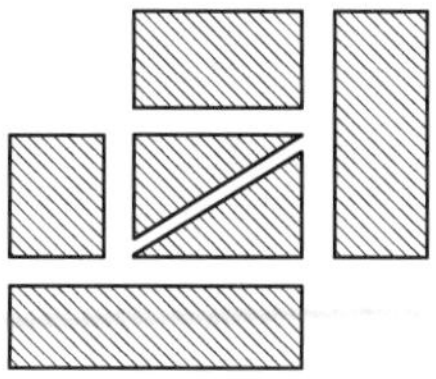

图 5-36

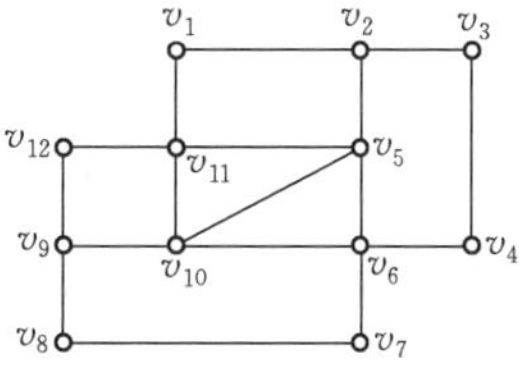

图 5-37

对于例 5-2 的七桥问题,我们已指出过,它也是一个图的一笔画问题,只是该问题要求起点和终点必须相同.

所以从应用出发,我们有必要从数学上认识一笔画问题.

下面我们先介绍一些有关术语.

欧拉链——若无向图 G 为连通图,Q 为 G 的一条链,G 的每一条边在 Q 中恰出现一次,则称 Q 为欧拉(Euler)链.

欧拉环游——闭的欧拉链称为欧拉环游.

欧拉图——若无向图 G 含有一条欧拉环游,则称图 G 为欧拉图.

顶点阶数——无向图 G 中与顶点 v 关联的边数称为顶点的阶数,记作 $\delta(v)$.

若 $\delta(v)$ 为偶数,则称 v 为偶阶顶点;若 $\delta(v)$ 为奇数,则称 v 为奇阶顶点.

例如在图 5-37 中,有

$$\delta(v_1)=\delta(v_3)=\delta(v_4)=\delta(v_7)=\delta(v_8)=\delta(v_{12})=2,$$
$$\delta(v_5)=\delta(v_6)=\delta(v_{10})=\delta(v_{11})=4,$$
$$\delta(v_2)=\delta(v_9)=3.$$

所以在图 5-37 中,除 v_2 和 v_9 为奇阶顶点外,其余顶点皆为偶阶顶点.

定理 5-3 若无向图 $G=(V, E)$ 有 n 个顶点及 m 条边,则

$$\sum_{v\in V}\delta(v)=2m.$$

证 设图 G 的关联矩阵为

$$\boldsymbol{A}=\begin{array}{c}\\ v_1\\ v_2\\ \vdots\\ v_n\end{array}\begin{array}{c} \begin{array}{cccc} e_1 & e_2 & \cdots & e_m\end{array}\\ \begin{pmatrix} a_{11} & a_{12} & \cdots & a_{1m}\\ a_{21} & a_{22} & \cdots & a_{2m}\\ \vdots & \vdots & & \vdots\\ a_{n1} & a_{n2} & \cdots & a_{nm}\end{pmatrix}\end{array}.$$

由关联矩阵可知,对应于顶点 v_i 的那一行各元素之和 $\sum_{j=1}^{m}a_{ij}$ 为 $\delta(v_i)$,所以 $\boldsymbol{A}$ 中全体元素之和为 $\sum_{v\in V}\delta(v)$. 又知 $\boldsymbol{A}$ 中对应于边 e 的那一列各元素之和为 2,所以 $\boldsymbol{A}$ 中全体元素之和为 $2m$. 从而得证 $\sum_{v\in V}\delta(v)=2m$.

定理 5-4 任一个无向图 G 中奇阶顶点的个数必为偶数.

证 令 $V_1=\{v \mid v\in V, \delta(v)\ 为奇数\}$, $V_2=\{v \mid v\in V, \delta(v)\ 为偶数\}$, 从而

$V=V_1\cup V_2$, $V_1\cap V_2=\varnothing$. 所以

$$\sum_{v\in V_1}\delta(v)+\sum_{v\in V_2}\delta(v)=\sum_{v\in V}\delta(v)=2m.$$

因为 $\sum_{v\in V_2}\delta(v)$ 与 $2m$ 都为偶数,所以 $\sum_{v\in V_1}\delta(v)$ 也为偶数,但 $\sum_{v\in V_1}\delta(v)$ 中每一个被加项 $\delta(v)$ 都为奇数,故 V_1 中元素个数必为偶数,即 G 中奇阶顶点个数必为偶数.

定理 5-5 (1) 连通无向图 G 为欧拉图的充要条件为 G 中无奇阶顶点.

(2) 连通无向图 G 含有欧拉开链的充要条件为 G 中奇阶顶点个数为 2.

定理 5-5 反映了无向图的一笔画性质. 事实是:一个能一笔画成的图,必须有一个作为起点的顶点和一个作为终点的顶点. 图中其余顶点 v 都只能是“过路”的顶点,若有“到达”就必有“离去”,至于到达 v 点多少次没有关系,只要离去 v 点的次数和到达的次数相同,它便是一个“过路”顶点. 由于规定一笔画中不准有重复的边,故每次到达和离去都选用不同的边. 因而顶点必然与偶数条边相关联,也就是说,一个“过路”的顶点,必然是阶数为偶数的顶点,只有起点和终点才可以允许为奇阶顶点. 从而,本定理为我们提供了一个识别一个图能否一笔画出的极为简单的办法:如果连通无向图 G 无奇阶顶点,则该图能一笔画成,且起点和终点相同;如果连通无向图 G 有 2 个奇阶顶点,则该图也能一笔画成,但起点和终点不相同.

例如,七桥问题图 5-4 有 4 个奇阶顶点,所以不能一笔画成. 而图 5-37 有 2 个奇阶顶点,故可以一笔画成,而在 2 个奇阶顶点处可以设置休息站.

为给出算法,我们对无向图 G 给如下运算:

设 $e\in E(G)$, 图 $G_1=G-\{e\}$ 指 $E(G_1)=E(G)-\{e\}$, $V(G_1)$ 为 $E(G_1)$ 中边的端点的全体.

现设图 $G=(V, E)$ 为欧拉图,它的边数为 m. 我们对图 G 建立求欧拉环游的算法.

假设在图 G 中已得链 $Q_k=v_{j_0}e_{j_1}v_{j_1}\cdots v_{i_{k-1}}e_{j_k}v_{i_k}$, 其中 $e_{j_1}, \cdots, e_{j_k}$ 皆不相同,而且图 $G_k=G-\{e_{j_1}, \cdots, e_{j_k}\}$ 仍为连通图,则从 G_k 中取 v_{j_k} 的关联边时,有这样两种情况.

情况 1 G_k 中 v_{j_k} 的关联边不止一条,它们或者是 G_k 的割边,或者不是它的割边.

例如,对图 5-38 所给图 G,若已得链 $Q=v_7e_1v_1e_2v_2e_3v_3$, 此时, $G_3=G-\{e_1, e_2, e_3\}$ 如图 5-39 所示. 在 G_3 中,与 v_3 关联的边有 e_4, e_6 和 e_7.

若在 G_3 中取 e_7v_6 作为链 Q 的延伸,则当 Q 延长为 $v_7e_1v_1e_2v_2e_3v_3e_7v_6e_8v_7$ 时,就不能再继续延长而得欧拉环游. 其原因在于 e_7 是图 5-39 的割边(图 5-40 所示 $G_3-\{e_7\}$ 是一个分离图). 若取 e_4v_4 作为 Q 的延伸,由于 e_4 不是图 G_3 的割边, $Q=v_7e_1v_1e_2v_2e_3v_3e_4v_4$ 就能继续延长.

情况 2 G_k 中与 v_{i_k} 关联的边仅有一条,我们就只能取它作为 $e_{j_{k+1}}$,作为链 Q 的延伸.

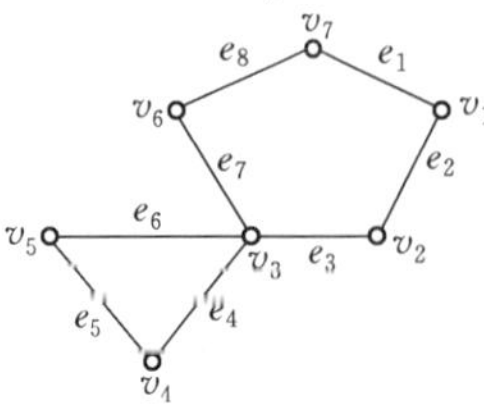

G

图 5-38

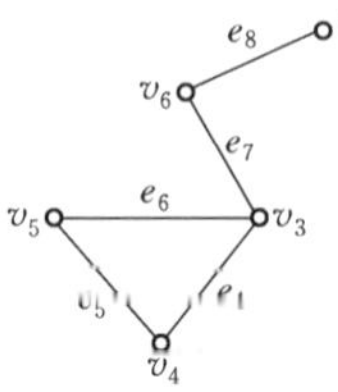

G_3

图 5-39

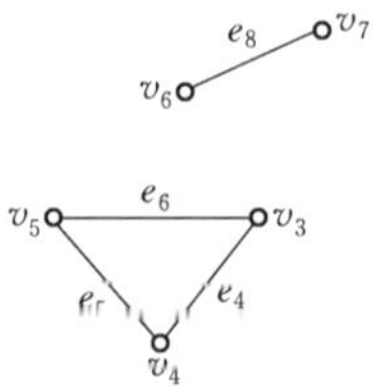

$G_3-\{e_7\}$

图 5-40

由此得出结论:在延长链

$$Q_k = v_{i_0} e_{j_1} v_{i_1} \cdots v_{i_{k-1}} e_{j_k} v_{i_k}$$

时,在连通图 $G_k = G - \{e_{j_1}, \cdots, e_{j_k}\}$ 中取 $e_{j_{k+1}}$ 时,除非 G_k 中仅有一条与 v_{i_k} 关联的边,否则总不取 G_k 的割边为 $e_{j_{k+1}}$.

下面我们给出求欧拉环游的弗鲁瑞(Fleury)算法:

① 任取欧拉图 G 中一个顶点 v_{i_0}, $Q_0 = v_{i_0}$, $E = \varnothing$, $k = 0$.

② $k = m$?

若是,则算法终止,Q_k 即为所求的欧拉环游.

若否,则在 $G_k = G - E$ 中选取 v_{i_k} 的关联边为 $e_{j_{k+1}}$:除非 G_k 中仅有一条边与 v_{i_k} 关联,否则总不取 G_k 的割边为 $e_{j_{k+1}}$. 若 $e_{j_{k+1}} = [v_{i_k}, v_{i_{k+1}}]$,令 $Q_{k+1} = Q_k e_{j_{k+1}} v_{i_{k+1}}$, $E = E \cup \{e_{j_{k+1}}\}$, $k = k + 1$,转步骤②.

我们可以把画出欧拉图的欧拉环游的方法总结成口诀:画一条边,原有图中抹一条边,余下的图形不断掉.

例 5-24　求图 5-41 的欧拉环游.

解　在进行一笔画时,先把要画的那个图画在左边,而在右边进行一笔画. 每当在右边画一条边时,就把左边图上相应的一条边抹去,只要抹去的这条边不使左边的图成为分离图即可. 这样一直画下去,最后一定会把整个图不重复地一笔画出,即得欧拉环游. 图 5-42 和图 5-43 表示求图 5-41 一笔画的过程,图 5-44 为图 5-41 的欧拉环游.

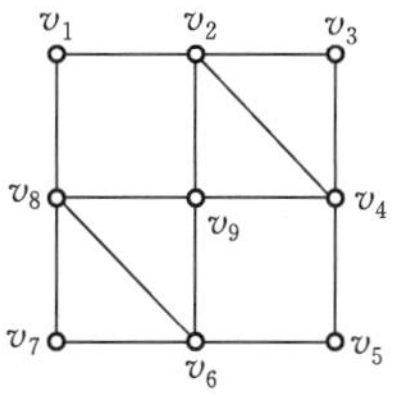

图 5-41

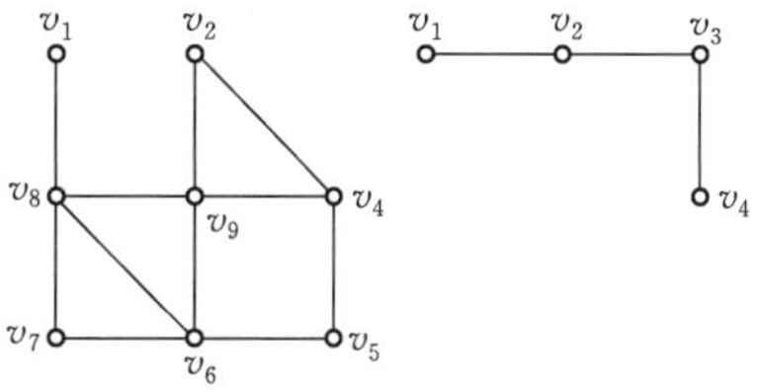

图 5-42

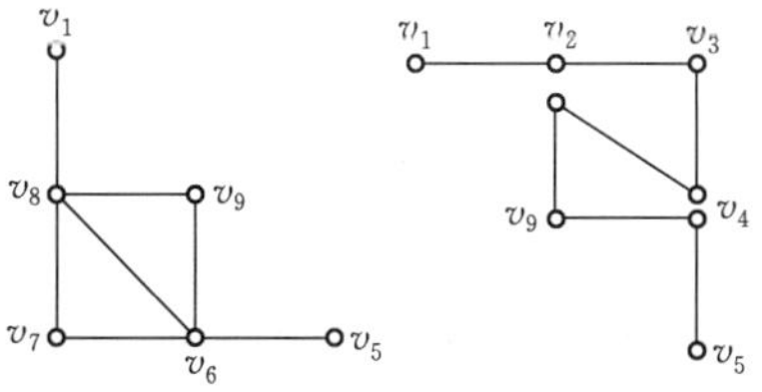

图 5-43

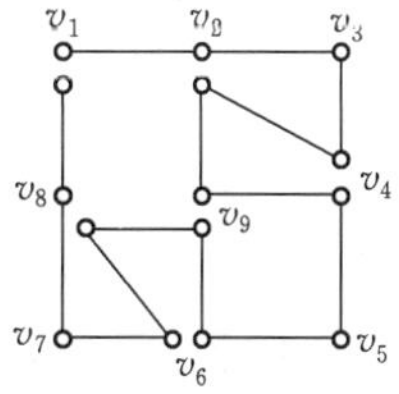

图 5-44

5.6.2　中国邮路问题

"一个邮递员每次送信,从邮局出发,必须至少一次走过他负责投递的范围的每一条街道,待完成任务后仍回到邮局. 问他如何选择一条投递路线,使他所走的路程最短?"这个问题是由我国管梅谷同志在 1962 年首先提出的,因此称为中国邮路问题.

若邮递员管辖的街道图视为无向图 $G = (V, E)$,任意 $e = [v_i, v_j] \in E$, $W(e) = W(v_i,$

$v_j) = w_{ij}$ 为街道 e 的长度,则中国邮路问题也就是:

在图 G 中寻找一条闭链 Q^*,使这条闭链 Q^* 的总长度最短,即

$$W(Q^*) = \min\{W(Q) \mid Q \text{ 为} G \text{ 中一条包含} G \text{ 全部边的闭链}\}.$$

若图 G 为欧拉图,则我们求 G 的欧拉环游,它即为最佳投递路线 Q^*.

但是,在一般情况下,图 G 不是欧拉图,它具有偶数个奇阶顶点. 此时任一条包含 G 全部边的闭链必然有一部分边要重复出现,也即邮递员要完成投递任务,必然有部分街道要重复走. 邮递员在他的管辖区内走的路程的长短,就取决于重复走的街道的长短.

设 Q 为一条包含 G 的全部边的闭链,其中部分边重复出现,我们作相应的图 G_Q:

若边 $e=[u, v]$ 在 Q 中出现 $k+1$ 次,则我们就在图 G 中添加 k 条$[u, v]$边 e^1, e^2, …, e^k(称为添加边),且令每条添加边的权和原来边的权相等. 于是,G_Q 没有奇阶顶点, G_Q 成为欧拉图,Q 就是 G_Q 中的欧拉环游.

例如,在图 5-45 中取

$$Q = v_1 e_1 v_2 e_{10} v_8 e_9 v_4 e_3 v_3 e_2 v_2 e_{10} v_8 e_9 v_4 e_4 v_5 e_5 v_6 e_6 v_7 e_8 v_8 e_8 v_7 e_7 v_1,$$

其中 e_{10}, e_9, e_8 各重复一次.

我们即得相应的图 G_Q,如图 5-46 所示.

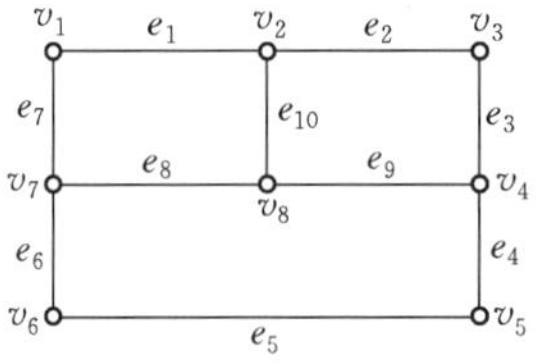

图 5-45

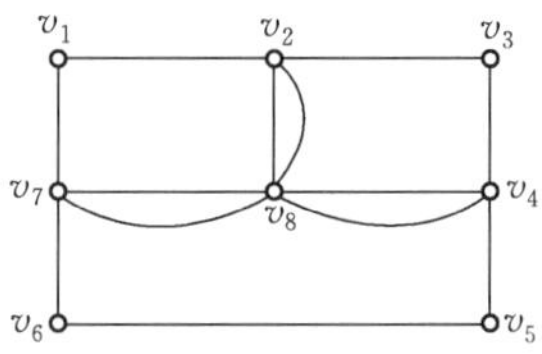

图 5-46

若 Q_1 及 Q_2 为两条投递线路,则 $W(Q_1)$与 $W(Q_2)$之差就等于各相应添加边权和的差. 从而,要找最短邮递路线 Q^*,就只要找出一组添加边的集合 F,使它具有下面两个性质:

性质 1 把它添加到图 G 上后,得到的新图 G_Q 没有奇阶顶点;

性质 2 添加边的权和最小.

我们把具有性质 1 的一组添加边 F 称为一个可行解;具有性质 2 的可行解称为最优解. 如前面介绍过的各种迭代算法一样,我们先寻找初始可行解,然后按最优性判别准则检查这个可行解是不是最优解,不是,就把这个可行解调整成另一个更好些的可行解,再检查新的可行解是否为最优解,直至找到最优解为止.

下面给出最优解的判别准则.

定理 5-6 若添加边集合 F 为一个可行解,则 F 为最优解的充分必要条件为

(1) F 中无平行边.

(2) 若 C 为 G 的任一回路,则该回路的具有添加边的边集 C_1 的总长度

$$W(C_1) \leqslant \frac{1}{2} W(C),$$

其中

$$C_1=\{e \mid e\in C, e \text{ 有相应的添加边 } e'\in F\}. \tag{5-16}$$

下面我们结合例题来进一步讲解中国邮路问题的算法步骤.

例 5-25 求图 5-47 所示投递街道图的最短投递路线.

解 (1) 寻求初始可行解. 设无向图 G 的奇阶顶点为 $2q$ 个，将这 $2q$ 个奇阶顶点随意分成 q 对. 因为 G 是连通图，故每一对奇阶顶点之间必有一条初等链，我们把 q 条初等链中的边作为添加边添加到 G 中而得图 G_Q. 这组添加边就是一个可行解.

如图 5-47 所示，有 8 个奇阶顶点：v_2，v_3，v_5，v_7，v_8，v_{10}，v_{11} 和 v_{12}. 将它们分成 4 对：v_3 与 v_{10}，v_2 与 v_5，v_{11} 与 v_8，v_{12} 与 v_7.

在图 5-48 中，对这 4 对奇阶顶点分别取链为 $v_3v_2v_1v_{10}$，$v_2v_3v_4v_5$，$v_{11}v_8$ 和 $v_{12}v_7$，把这 4 条链的全部边作为添加边集合 F 而得到一个可行解，相应的 G_Q 如图 5-48 所示. 此时

$$W(F)=w_{12}+2w_{23}+w_{34}+w_{45}+w_{7,12}+w_{8,11}+w_{1,10}=20.$$

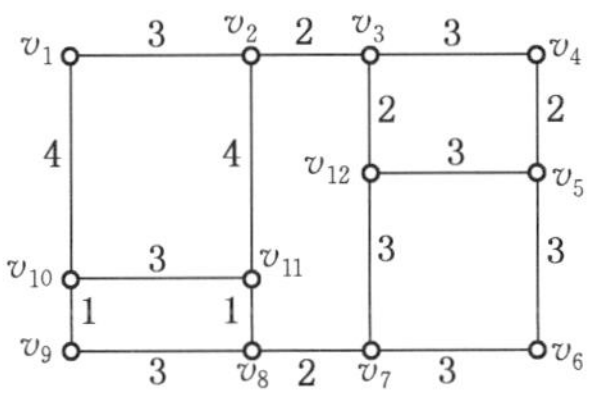

图 5-47

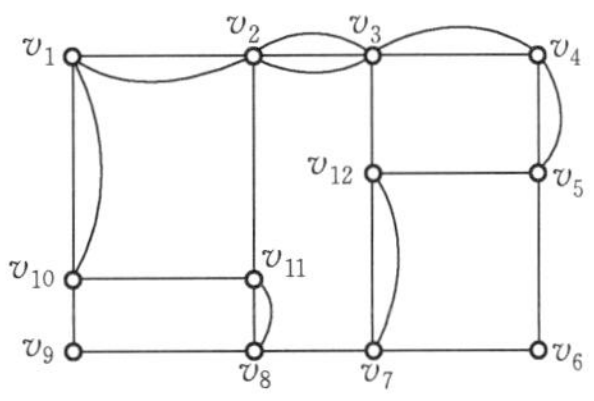

图 5-48

(2) 调整可行解.

① 检查可行解 F 是否符合定理 5-6 条件(1). 若某两个顶点 u 与 v 间有 F 中两条或两条以上平行边，则从 F 及 G_Q 中删去偶数条 u 与 v 间的添加边，图 G_Q 显然仍无奇阶顶点，故剩下的添加边集合 F 还是一个可行解，但 $W(F)$ 却下降了.

如在图 5-48 中，顶点 v_2 与 v_3 间有两条添加边，故可删去它们而得图 5-49. 此时

$$W(F)-20-2w_{23}-16.$$

② 判别可行解 F 是否为最优解.

对 G 的任一回路 C，检查定理 5-6 条件(2)是否成立.

可知，如果 G 中某个回路 C 中边集 C_1 在 F 中有相应的添加边，那么我们若作一次调整，在 F 中删去 C_1 的边所相应的添加边，换成 $C-C_1$ 的边所相应的添加边，这时图 G_Q 仍无奇阶顶点，F 仍为可行解. 故若对某个回路 C，有 $W(C_1)>\dfrac{1}{2}W(C)$，我们如上所说作一次调整，那么 $W(F)$ 就必然下降了.

若对 G 的任一回路，定理 5-6 条件(2)都成立，则 F 即为最优解. 我们对 G_Q 求欧拉环游，即得最短投递路线.

如在图 5-49 中，G 的回路 $v_1v_2v_3v_{12}v_7v_8v_{11}v_{10}v_1$ 的权为 20，而相应添加边的权为 11，大于回路权的一半. 因此，作一次调整而得图 5-50，此时，$W(F)=14$.

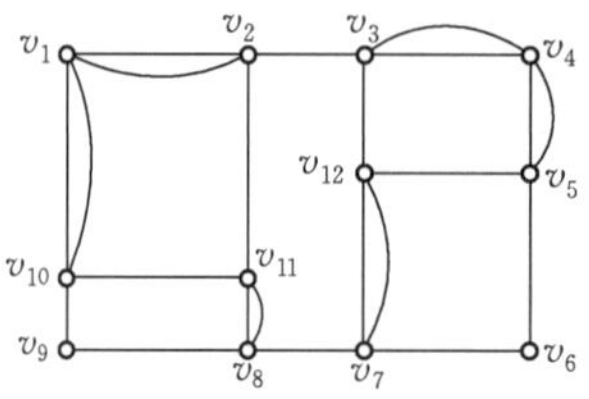

图 5-49

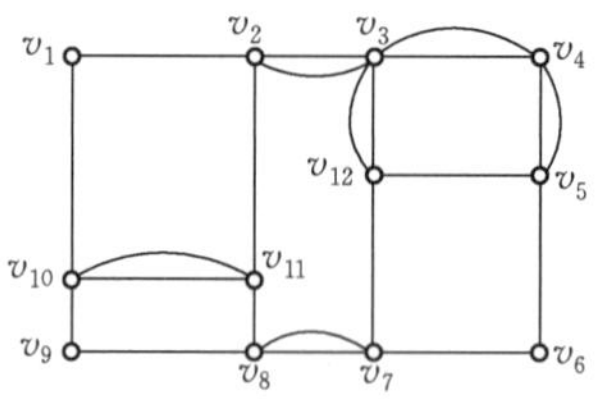

图 5-50

在图 5-50 中,G 的回路 $v_3v_4v_5v_{12}v_3$ 的权为 10,而相应添加边的权为 7,大于回路权的一半,作一次调整而得图 5-51,此时,$W(F)=10$.

对图 5-51,定理 5-6 的条件(2)对 G 的任一回路都成立,可知 F 为最优解.求图 5-51 的欧拉环游,最短投递路线如图 5-52 虚线边所示,其长度为 52.

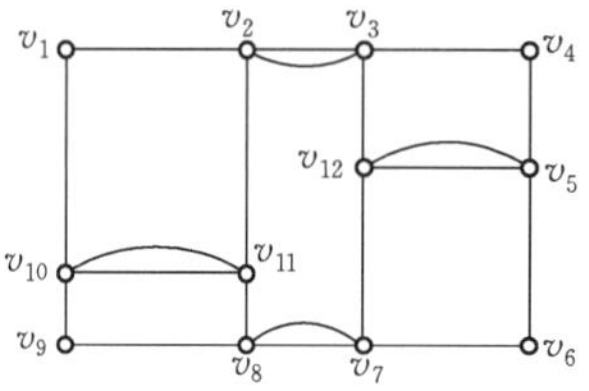

图 5-51

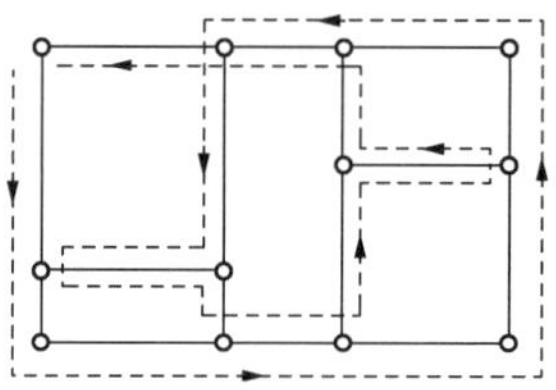

图 5-52

我们将求最短投递路线的奇偶点图上作业法归纳如下:

① 把 G 的 $2q$ 个奇阶顶点分成 q 对,每对顶点间取一条初等链,该 q 条初等链中边的全体取为初始可行解 F.

② F 中是否有平行边?

若是,则删除偶数条平行边,转步骤③.

若否,则转步骤③.

③ 对任一回路 C 和式(5-17)所给 C_1,$W(C_1)\leqslant \frac{1}{2}W(C)$ 是否成立?

若是,则 F 即为最优解.在 G_Q 中运用欧拉环游算法求得欧拉环游 Q,即为最短投递路线.

若否,则将 C_1 在 F 中相应的添加边换成 $C_2=C-C_1$ 相应的添加边,转步骤③.

奇偶点图上作业法在实际运用中已作出了许多贡献.它不仅可以提高邮递员的工作效率,而且对于街道清扫路线、纺织工看车路线、仓库员巡视货物路线等类似问题的研究,都有实际意义.

但奇偶点图上作业法还不够理想,用起来不够方便,主要困难在于步骤③,需要对 G 中每个回路作检查,而这不是很容易的.像图 5-47 这样十分简单的图,也有 22 个回路.那么比图 5-47 稍为复杂一点的图,回路可以多到几百个,检查起来就不胜其烦了.同时,该方法在调整过程中,某一个回路调整合格后,还可能会影响本来已合格的回路,使其成为不合格的,这样更增加了计算量.埃德蒙(Edmods)和约翰逊(Johnson)于 1973 年提出一种比较有效的方法,有兴趣的读者可参考 Math Programming, 5(1973), 88-124.

§5.7　运输网络

5.7.1　运输网络与流

许多系统存在流的问题. 例如,运输系统中有物资流,公交系统中有车辆流,供水系统中有水流,等等. 我们用网络图来描述系统,研究网络中流的问题.

例 5-26　若发点 A_1 及 A_2 处分别有物资 12 吨及 24 吨,而收点 B_1 及 B_2 处分别需要物资 16 吨及 20 吨. 运输路线如图 5-53 所示,其中 F_1, F_2 和 F_3 为转运点,边旁数字为该运输路线运送该物资所允许的最大输送量. 问如何调运物资,使从 A_1 及 A_2 处有最多的物资输送到 B_1 及 B_2 处?

解　先作图 5-53 的同构图——图 5-54. 以顶点 x_1 及 x_2(称为源)分别表示发点 A_1 和 A_2;以顶点 y_1 及 y_2(称为汇)分别表示收点 B_1 和 B_2;而 v_1, v_2 和 v_3(称为中间顶点)表示转运点 F_1, F_2 和 F_3. 把发点 A_1 和 A_2 处需要输送的物资数写在顶点 x_1 和 x_2 旁,数字前加上"+"号;把 B_1 和 B_2 处需要的物资数写在顶点 y_1 和 y_2 旁,数字前加上"−"号. 图 5-54 中边旁数字(称为容量)为图 5-53 相应边运送该物资所允许的最大输送量. 我们称图 5-54 这样的网络为运输网络.

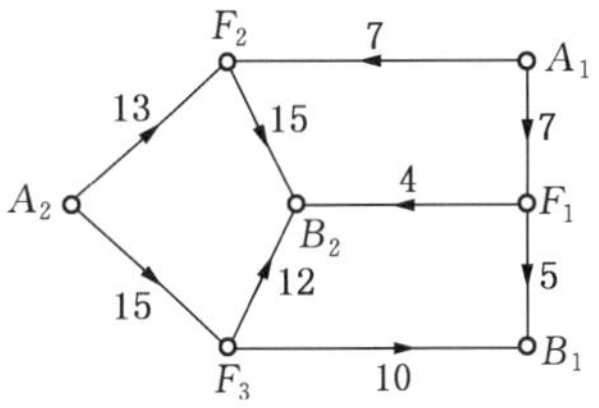

图 5-53

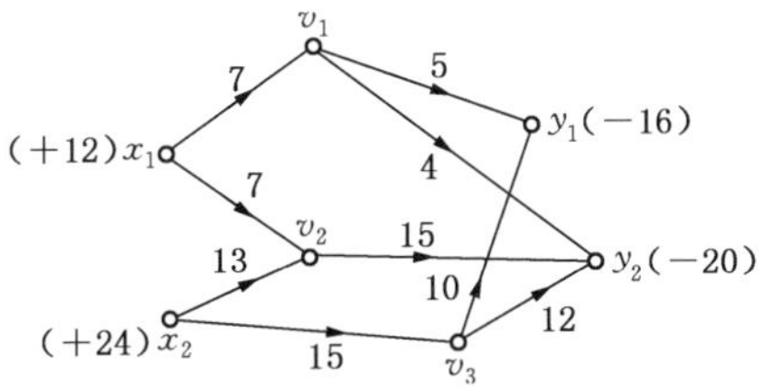

图 5-54

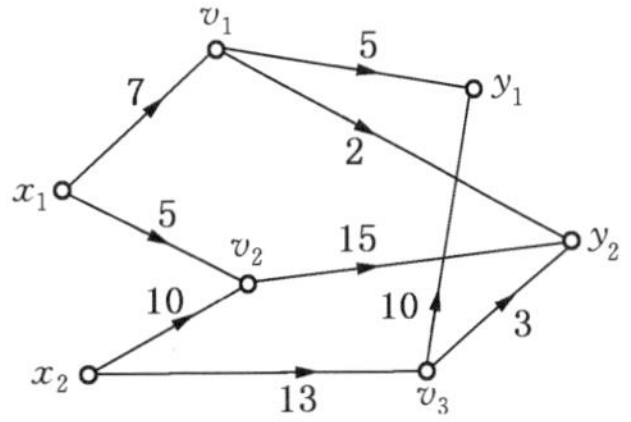

图 5-55

如果对这个运输问题指定了一个具体的运输方案,如表 5-19 所示.

如果我们将表 5-19 所给的点与点之间的运量写在运输网络图 5-54 相应边的旁边(如图 5-55 所示),并将运输网络中从顶点 u 至顶点 v 的运量视为边(u, v)的函数 $f(u, v)$,则该运输方案就可以视为运输网络的一个流 f.

表 5-19

发点	A_1	A_1	A_2	A_2	F_1	F_1	F_2	F_3	F_3
收点	F_1	F_2	F_2	F_3	B_1	B_2	B_2	B_1	B_2
运量	7	5	10	13	5	2	15	10	3

下面我们给出运输网络和流的数学定义.

运输网络——给有向图 $N=(V, E)$,若对任一边 $e\in E$,有相应的一个非负整数 $C(e)$,

且已取定 V 的两个非空子集 X 及 Y, $X \cap Y=\varnothing$,则称 $N=(V, E, C, X, Y)$ 为一个运输网络. X 中顶点 x 称为 N 的源,Y 中顶点 y 称为 N 的汇, $I=V-(X \cup Y)$ 中顶点称为中间顶点,$C(e)$称为边 e 的容量.

设 $f(e)$为一个以 E 为定义域、取值为非负整数的函数,又记 $f^{+}(v)$为以 v 点 $(v \in V)$ 为起点的所有有向边(v 点的输出边)的相应函数值之和,$f^{-}(v)$为以 v 点为终点的所有有向边(v 点的输入边)的相应函数值之和.

网络流——若对于网络 N,其上非负整数函数 $f(e)$满足以下两个条件:

① $0 \leqslant f(e) \leqslant C(e)$, 任意 $e \in E$; (5-17)

② $f^{+}(v)=f^{-}(v)$, 任意 $v \in I$, (5-18)

则称 f 为 N 上的一个网络流,简称流. 并称 $f(e)$为流 f 在边 e 上的流量. 条件(5-17)称为容量约束条件,条件(5-18)称为守恒条件(直观上说,在每一个中间点 v 上,v 的流入量之和等于 v 的流出量之和,中间点的流量是守恒的).

显然,任一个运输网络 N,至少存在一个流:$f(e) \equiv 0$, $e \in E$. 我们称它为零流.

例如图 5-56 所示为一个石油管道输送系统图,它是一个运输网络,其中源 x_1 和 x_2 为油井,汇 y_1 和 y_2 为油库,中间点 v_1, v_2, v_3 和 v_4 为泵油站. 有向边为石油输送管道,边 e 旁第 1 参数为管道 e 在单位时间内允许的最大输送量 $C(e)$,第 2 参数为管道 e 在单位时间内具体的流量 $f(e)$.

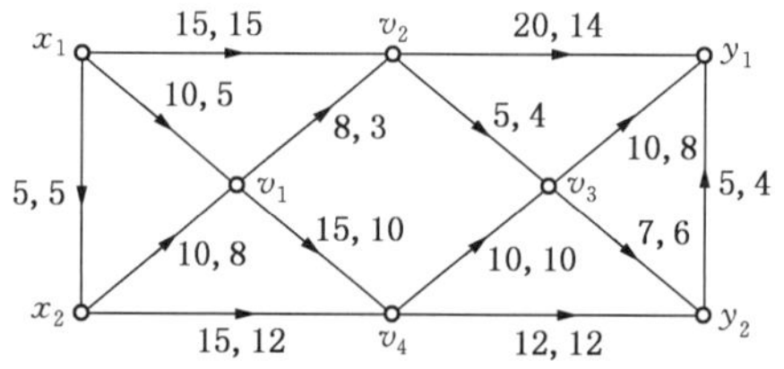

图 5-56

为了方便算法的使用,我们用下列方法将多源和多汇的运输网络 N 化成单源和单汇的运输网络 N':

① 在 N 中添加两个新的顶点 x 和 y,分别成为 N'中的源和汇,N 的顶点集 V 成为 N'的中间顶点集;

② 对 $x' \in X$,用有向边(x, x')连接顶点 x 和x',边(x, x')的容量 $C(x, x')$视具体问题为$+\infty$或某一数值;

③ 对 $y' \in Y$,用有向边(y', y)连接顶点 y'和 y,边(y', y)的容量 $C(y', y)$视具体问题为$+\infty$或某一数值.

若 f 是 N 上的一个流,定义 N'上的函数 f':

$$f'(e)=\begin{cases} f(e), & \text{当 } e \in E(N), \\ f^{+}(x')-f(x'), & \text{当 } e=(x, x'),\ x' \in X, \\ f^{-}(y')-f^{+}(y'), & \text{当 } e=(y', y),\ y' \in Y. \end{cases}$$

可知,f'是 N'上的一个流(反之,若在 N'上有一个流 f',把它限制到 N 上,即得 N 上的一个流 f).

例 5-27 将图 5-54 所给运输网络 N 化成单源和单汇的运输网络 N'，且由图 5-55 中的流 f 给出 N'上的相应流 f'.

解 对 N 添加顶点 x 和 y.

由于 x_1 及 x_2 的发量分别为 12 和 24，故在 N'中(x, x_1)的容量为 12，(x, x_2)的容量为 24. 由图 5-55 知，f'在(x, x_1)上流量为 12，在(x, x_2)上流量为 23.

由于 y_1 及 y_2 的收量分别为 16 和 20，故在 N'中(y_1, y)的容量为 16，(y_2, y)的容量为 20. 由图 5-55 知，f'在(y_1, y)上流量为 15，在(y_2, y)上流量为 20.

N'和其上流 f'由图 5-57 给出. 边 e 旁参数为$(C(e), f(e))$（以后都如此，不再说明）.

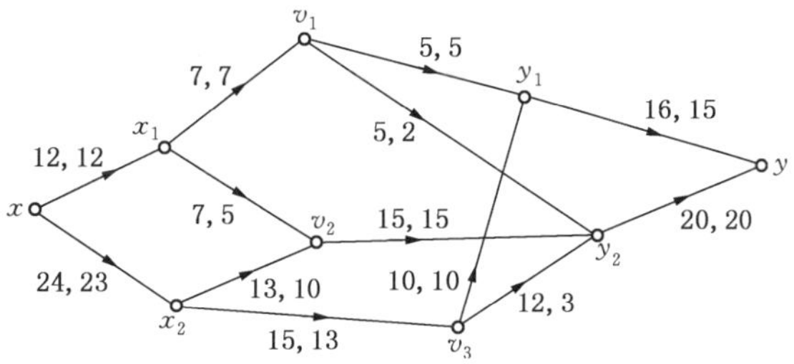

图 5-57

例 5-28 将图 5-56 所给运输网络 N 化成单源和单汇运输网络 N'，并由 N 上的流 f 给出 N'上的流 f'.

解 对图 5-56 添加顶点 x 和 y.

由于油井 x_1 和 x_2 处石油输出量未加限制，故在 N'中，容量

$$C(x, x_1)=C(x, x_2)=+\infty,$$

流量

$$f'(x, x_1)=f^+(x_1)-f^-(x_1)=15+5+5-0=25,$$
$$f'(x, x_2)=f^+(x_2)-f^-(x_2)=8+12-5=15.$$

由于油库 y_1 和 y_2 的石油需求量未加限制，故在 N'中，容量

$$C(y_1, y)=C(y_2, y)=+\infty,$$

流量

$$f'(y_1, y)=f^-(y_1)-f^+(y_1)=14+8+4-0=26,$$
$$f'(y_2, y)=f^-(y_2)-f^+(y_2)=12+6-4=14.$$

N'和其上流 f'由图 5-58 给出.

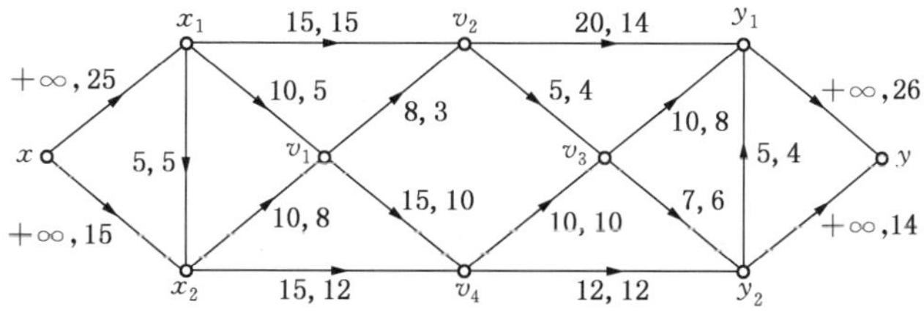

图 5-58

今后我们讨论的运输网络 N 都为具有单源 x 和单汇 y 的网络：$N=(V, E, C, x, y)$.

流值 Val$f$——称 $f^+(x)$ 为流 f 在 N 上的流值,记为 Val$f$.

显然,有

$$\mathrm{Val}f=f^+(x)=f^-(y). \tag{5-19}$$

例如,在图 5-57 中,流 f 的流值 Val$f=35$, 该运输方案为:从发点 x_1 输出物资 12 吨,从发点 x_2 输出物资 23 吨.

对于图 5-58 来说, Val$f=40$, 油井 x_1 在单位时间内输出石油 25 个单位,油井 x_2 在单位时间内输出石油 15 个单位.

5.7.2 割、最小割和最大流

割——对于运输网络 $N=(V, E, C, x, y)$, 若 S 为 V 的一个子集, $\bar{S}=V-S$, $x\in S$, $y\in\bar{S}$, 则称边集

$$K=(S, \bar{S})=\{e \mid e=(u, v), u\in S, v\in\bar{S}\} \tag{5-20}$$

为网络 N 的一个割. 并称

$$C(S, \bar{S})=\sum_{e\in K}C(e) \tag{5-21}$$

为割 $(S, \bar{S})$ 的容量.

也就是说,如果我们将网络 N 的顶点集 V 分成两个集合 S 和 $\bar{S}$: $x\in S$, $y\in\bar{S}$, 则割 $(S, \bar{S})$ 为 E 中起点在 S、终点在 $\bar{S}$ 的全体有向边的集合.

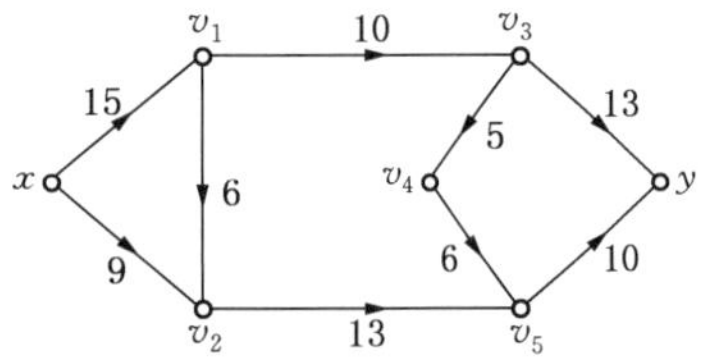

图 5-59

例 5-29 给运输网络如图 5-59 所示.

试求下列给定的 S_j 所对应的割及其容量：

(1) $S_1=\{x, v_1\}$;

(2) $S_2=\{x, v_1, v_2, v_4\}$;

(3) $S_3=\{x, v_1, v_2, v_4, v_5\}$.

解 (1) $S_1=\{x, v_1\}$, $\bar{S}_1=\{v_2, v_3, v_4, v_5, y\}$,

$(S_1, \bar{S}_1)=\{(v_1, v_3), (v_1, v_2), (x, v_2)\}$,

$C(S_1, \bar{S}_1)=C(v_1, v_3)+C(v_1, v_2)+C(x, v_2)=10+6+9=25$.

(2) $S_2=\{x, v_1, v_2, v_4\}$, $\bar{S}_2=\{v_3, v_5, y\}$,

$(S_2, \bar{S}_2)=\{(v_1, v_3), (v_4, v_5), (v_2, v_5)\}$,

$C(S_2, \bar{S}_2)=10+6+13=29$.

(3) $S_3=\{x, v_1, v_2, v_4, v_5\}$, $\bar{S}_3=\{v_3, y\}$,

$(S_3, \bar{S}_3)=\{(v_1, v_3), (v_5, y)\}$,

$C(S_3, \bar{S}_3)=10+10=20$.

若把割 $(S, \bar{S})$ 的边全部从 N 中移去,余下的图不一定分离成两部分[如在例 5-29 的图 5-59 中, $N-(S_3, \bar{S}_3)=N-\{(v_1, v_3), (v_5, y)\}$ 就没有分离成两个子图],但是它一定把 N 的全部自源 x 至汇 y 的路径断开,也就是说此时流不能在 N 上发生. 故从直观上不难理解, N 的任一流 f 的流值 Val$f$ 不能超过任一割的容量.

最大流——若 f^* 为网络 N 上流值最大的流,即

$$\mathrm{Val}f^*=\max\{\mathrm{Val}f \mid f \text{ 为 } N \text{ 上的流}\},$$

则称 f^* 为 N 的最大流.

最小割——若$(S^*,\ \bar{S}^*)$为容量最小的割,即

$$C(S^*,\ \bar{S}^*)=\min\{C(S,\ \bar{S})\mid(S,\ \bar{S})\text{为}N\text{的一个割}\},$$

则称割$(S^*,\ \bar{S}^*)$为 N 的最小割.

设 f 为 N 上的一个流,对任意 $e\in E$,若 $f(e)=C(e)$,则称边 e 为 f 饱和边;若 $f(e)<C(e)$,则称边 e 为 f 不饱和边;若 $f(e)>0$,则称边 e 为 f 正边;若 $f(e)=0$,则称边 e 为 f 零边.

定理 5-7　设 f 和$(S,\ \bar{S})$分别为网络 N 的流和割,那么

(1) $\mathrm{Val}f\leqslant C(S,\ \bar{S})$.

(2) 若 $\mathrm{Val}f=C(S,\ \bar{S})$,则 f 和$(S,\ \bar{S})$分别为 N 的最大流和最小割.

(3) $\mathrm{Val}f=C(S,\ \bar{S})$ 的充要条件为:任意 $e\in(S,\ \bar{S})$,边 e 为 f 饱和边;任意 $e\in(\bar{S},\ S)$,边 e 为 f 零边.

§5.8　最大流

5.8.1　增流链

设 $Q=x\cdots uv\cdots t$ 为 N 的一条初等链.

若 N 中有 u 到 v 的有向边$(u,\ v)$,则称边$(u,\ v)$为 Q 的前向边;

若 N 中有 v 到 u 的有向边$(v,\ u)$,则称边$(v,\ u)$为 Q 的后向边.

若 f 为 N 上的流,对 $e\in Q$,令

$$l(e)=\begin{cases}C(e)-f(e), & \text{当}e\text{是}Q\text{的一条前向边},\\ f(e), & \text{当}e\text{是}Q\text{的一条后向边};\end{cases}\tag{5-22}$$

$$l(Q)=\min\{l(e)\mid e\in Q\}.\tag{5-23}$$

当 $l(Q)=0$ 时,称 Q 为 f 饱和链;当 $l(Q)>0$ 时,称 Q 为 f 不饱和链.

例 5-30　对图 5-59 给一个流 f,如图 5-60 所示.

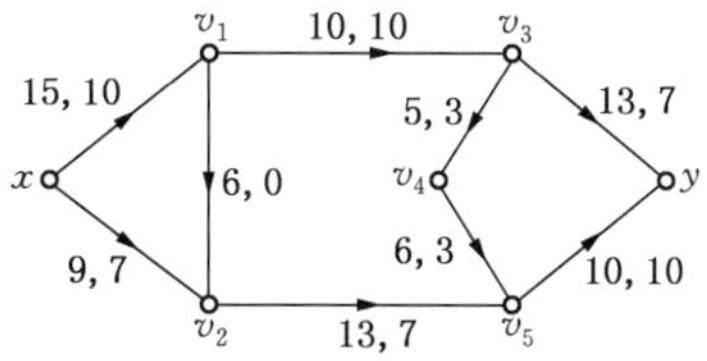

图 5-60

解　取 $Q_1=xv_2v_1v_3y$,边$(x,\ v_2)$,$(v_1,\ v_3)$和$(v_3,\ y)$为 Q_1 的前向边,$l(x,\ v_2)=2$,$l(v_1,\ v_3)=0$,$l(v_3,\ y)=6$;边$(v_1,\ v_2)$为 Q_1 的后向边,$l(v_1,\ v_2)=0$,故 $l(Q_1)=0$,Q_1 为 f 饱和链.

取 $Q_2=xv_2v_5v_4v_3y$，边 (x, v_2)，(v_2, v_5)，(v_3, y) 为 Q_2 的前向边，$l(x, v_2)=2$，$l(v_2, v_5)=6$，$l(v_3, y)=6$；边 (v_4, v_5)，(v_3, v_4) 为 Q_2 的后向边，$l(v_4, v_5)=3$，$l(v_3, v_4)=3$，故 $l(Q_2)=2$，Q_2 为 f 不饱和链.

f 增流链——一条从源 x 至汇 y 的 f 不饱和链,称为 f 增流链.

若网络 N 中存在一条 f 增流链 Q,我们可得 N 上的一个新流 $\hat{f}$：

$$\hat{f}(e)=\begin{cases} f(e)+l(Q), & \text{当 } e \text{ 是 } Q \text{ 的前向边}, \\ f(e)-l(Q), & \text{当 } e \text{ 是 } Q \text{ 的后向边}, \\ f(e), & \text{其他}. \end{cases} \tag{5-24}$$

此时,有

$$\mathrm{Val}\hat{f}=\mathrm{Val}f+l(Q). \tag{5-25}$$

我们称 $\hat{f}$ 为 f 基于 Q 的修改流.

例如,对于图 5-60 中的流来说，$Q_2=xv_2v_5v_4v_3y$ 是一条 f 增流链,我们可得 f 基于 Q_2 的修改流 $\hat{f}$,如图 5-61 所示.

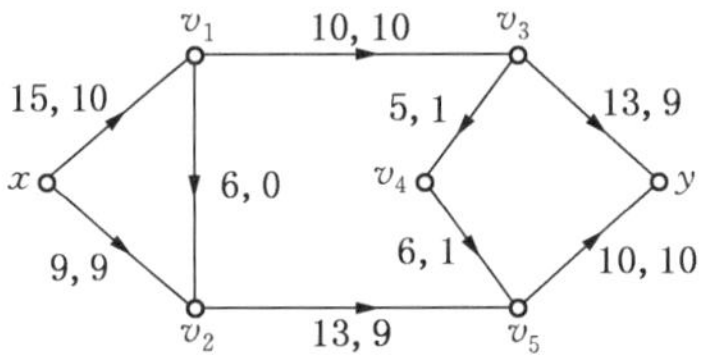

图 5-61

定理 5-8 若 f 为运输网络 N 上的流,则

(1) 流 f 为 N 上最大流的充要条件为 N 中不存在 f 增流链;

(2) 若 f 为最大流,则其流值等于最小割的容量.

5.8.2 最大流算法

现在我们关心的问题是,当网络 N 给定后,如何求得它的一个最大流.

定理 6-8 为我们提供了寻求运输网络中最大流的一个方法. 若给网络 N 上的一个初始流(例如零流),我们判别一下 N 中有无 f 增流链:若无 f 增流链,则 f 即为最大流;若有 f 增流链 Q,则可得 f 基于 Q 的修改流 $\hat{f}$,有

$$\mathrm{Val}\hat{f}=\mathrm{Val}f+l(Q).$$

再将 $\hat{f}$ 视为 f,继续迭代.

但是,到此算法还不能说已经建立成功了,因为如何寻求 f 的增流链这个问题还没有解决. 故下面我们先讨论寻求 f 增流链的方法,然后建立求最大流的算法. 我们采用标号的方法来寻求 x 至 y 的 f 增流链.

若 f 为网络 N 的一个流,N 中满足下列条件的树 T 称为以 x 为根的 f 不饱和树:

① $x\in V(T)$;

② 任意 $v\in V(T)$，$v\neq x$，T 内有唯一的一条初等链 $Q=x\cdots v$ 为 f 不饱和链，$l(Q)>0$.

每个点 $v \in V(T)$，都按下述方法给以标记：

若 T 中 x 至 v 的初等链为 $Q_v = x\cdots uv$：

① 如果 (u, v) 为 N 中边，则给 v 以标号 $(u, +, l(v))$，其中第 1 个标号 u 表明在链 Q_v 中 u 为 v 的紧前顶点，第 2 个标号表明 (u, v) 在 Q_v 中为前向边，第 3 个标号 $l(v) = l(Q_v)$[$l(Q_v)$ 由式(5-23)给出]. 显然，有

$$l(v) = \min\{l(u),\ C(u, v) - f(u, v)\}. \tag{5-26}$$

② 如果 (v, u) 为 N 中边，则给 v 以标号 $(u, -, l(v))$，其中第 1 个标号 u 表明在链 Q_v 中 u 为 v 的紧前顶点，第 2 个标号表明 (v, u) 在 Q_v 中为后向边，第 3 个标号 $l(v) = l(Q_v)$[$l(Q_v)$ 由式(5-23)给出]. 显然，此时有

$$l(v) = \min\{l(u),\ f(v, u)\}. \tag{5-27}$$

例如，图 5-62 为图 5-60 的一棵 f 不饱和树.

我们通过以 x 为根的 f 不饱和树 T 的不断"生长"以及"标记法"来探寻 N 中的 f 增流链.

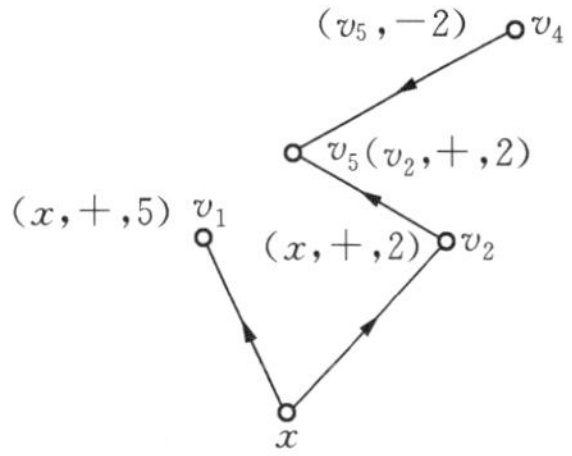

图 5-62

初始时，先给 x 以标号 $(0, +, +\infty)$.

一般地，若已得以 x 为根的 f 不饱和树 T（如图 5-62），T 中每个顶点都有标号，而 $y \notin V(T)$. 可将 $S = V(T)$ 中的点分成两部分：一部分点已查视过，即已生长了枝的点（例如图 5-62 中的点 x，v_2 和 v_5），或判定不能生长枝的点（如图 5-62 中的点 v_1）. 另一部分点未查视过（如图 5-62 中的点 v_4）. 我们将 T 中全部未查视过的点记为 A（A 为有顺序的集合，先标记的点排在前. 本算法的特点如下：先标记的点先查视，即先生长枝）.

我们查视 A 中第 1 个顶点 u 能否生长枝. 关心下列边：

$$e = (u, v),\ v \in \bar{S}, \text{有 } f(e) < C(e);$$
$$e = (v, u),\ v \in \bar{S}, \text{有 } f(e) > 0.$$

令

$$M^+(u) = \{v \mid \text{存在 } e = (u, v),\ v \in \bar{S},\ f(e) < C(e)\}; \tag{5-28}$$
$$M^-(u) = \{v \mid \text{存在 } e = (v, u),\ v \in \bar{S},\ f(e) > 0\}. \tag{5-29}$$

若 $M^+(u)$ 及 $M^-(u)$ 都为空集，则点 u 不能生长枝，点 u 查视完毕，将点 u 从 A 中取出. 若 $M^+(u)$ 或 $M^-(u)$ 非空，则将 $M^+(u)$ 中所有的点 v 及有向边 $e = (u, v)$ 都生长在点 u 上而成为 T 的枝；将 $M^-(u)$ 中所有的点 v 及有向边 $e = (v, u)$ 都生长在点 u 上而成为 T 的枝. 同时，对这些 $M^+(u)$ 及 $M^-(u)$ 中的点都按我们在上面介绍过的方法给以标号. 至此，点 u 查视完毕，从 A 中删去. 而 $M^+(u)$ 及 $M^-(u)$ 中的点 v 按标号前后顺序先后进入 A，此时，$S \cup M^+(u) \cup M^-(u)$ 成为新的点集 S.

若 u 在生长过程中得到边 (u, y)，则我们求得了 x 至 y 的 f 增流链 Q_y. 我们用逆向追踪法来求 f 增流链 Q_y：首先根据点 y 的标号 $(u, +, l(y))$，可得 Q_y 中 y 的紧前顶点 u，再根据点 u 的标号，依次逆向追踪，直至回溯到点 x，即可得一条 f 增流链 Q_y（由 Q_y 中各点标号的第 2 部分知链中各边是前向边还是后向边），且 $l(y) = l(Q_y)$.

若 y 未进入 T,重复上述步骤继续运算.

若 T 不能再生长(即 $A=\varnothing$, T 中点已全部查视完毕),而 $y \in V(T)$,则 N 中无增流链,f 即为最大流,算法即可终止.此时,$\boldsymbol{S=V(T)}$ 为全部已标号的点,$\bar{S}$ 为全部未标号的点,可知 S 即为定理 5-7(2)和(3)中的顶点集合 S,于是,$(\boldsymbol{S},\ \bar{\boldsymbol{S}})$即为最小割.所以我们说,最大流算法不仅可求得网络 N 的一个最大流,同时也可求得一个最小割.

为了运算上的方便,我们可将 T 的生长过程列成表格形式.例如对图 5-60,寻找 f 增流链的过程可列成表 5-20(表的第 1 行为查视某个顶点能否生长枝,第 2 和第 3 行为被生长的顶点及其标号).

表 5-20

查视 u		x	x	v_1	v_2	v_5	v_4	v_3
标记 v	x	v_1	v_2	—	v_5	v_4	v_3	y
标号 $l(v)$	$+\infty$	$+5$	$+2$		$+2$	$+2$	$+2$	$+2$

对表 5-20 的运算过程我们作如下说明:

(1) 给 x 以标号$(0,\ +,\ \infty)$,x 置入 S 和 A 中.查视 x:可知 $M^+(x)=\{v_1,\ v_2\}$,$M^-(x)=\varnothing$.给 v_1 和 v_2 分别以标号$(x,\ +,\ l(v_1))$和$(x,\ +,\ l(v_2))$,其中

$$l(v_1)=\min\{l(x),\ C(x,\ v_1)-f(x,\ v_1)\}=\min\{+\infty,\ 5\}=5;$$
$$l(v_2)=\min\{l(x),\ C(x,\ v_2)-f(x,\ v_2)\}=\min\{+\infty,\ 2\}=2.$$

v_1 和 v_2 先后进入 A 和 S 中,从 A 中去掉 x.

(2) 查视 A 中第 1 元素 v_1,知 $M^+(v_1)=M^-(v_1)=\varnothing$,$v_1$ 不能生长,v_1 查视完毕,从 A 中取出.

(3) 查视 A 中第 1 元素 v_2,知 $M^+(v_2)=\{v_5\}$,$M^-=\varnothing$.给 v_5 以标号$(v_2,\ +,\ l(v_5))$,其中

$$l(v_5)=\min\{l(v_2),\ C(v_2,\ v_5)-f(v_2,\ v_5)\}=\min\{2,\ 6\}=2.$$

v_5 进入 A 和 S 中,v_2 从 A 中取出.

(4) 查视 A 中元素 v_5,知 $M^+(v_5)=\varnothing$,$M^-(v_5)=\{v_4\}$.给 v_4 以标号$(v_5,\ -,\ l(v_4))$,其中

$$l(v_4)=\min\{l(v_5),\ f(v_4,\ v_5)\}=\min\{2,\ 3\}=2.$$

其他依此类推.最后,我们运用逆向追踪法,由表 5-20 得到一条 x 至 y 的 f 不饱和链

$$Q_y=xv_2v_5v_4v_3y,\ l(y)=l(Q_y)=2,$$

基于 Q_y 的修改流 f 如图 5-61 所示.

下面我们给出求 N 中流值为指定值λ 的流 f 的算法(若要求 N 的最大流,则只要在这一算法中将事先给定的数值λ 取为$+\infty$即可):

① 取 N 的一个初始流 f(例如零流),计算 $\mathrm{Val}f$.

② $\mathrm{Val}f=\lambda$?

若是,则 f 即为所求之流,算法终止;

若否,则给 x 以标号 $l(x)=+\infty$, $S=\{x\}$, $\bar{S}=V-S$, $A=\{x\}$.

③ $A=\varnothing$?

若是,则 N 中无 f 增流链,f 即为最大流,算法终止;

若否,则取 A 中第 1 元素 u,作

$$M^{+}(u)=\{v \mid 存在\ e=(u, v) \in E, v \in \bar{S}, f(e)<C(e)\}.$$

④ $M^{+}(u)=\varnothing$?

若是,则取 $M^{-}(u)=\{v \mid 存在\ e=(v, u) \in E, v \in \bar{S}, f(e)>0\}$,转步骤⑤;

若否,则转步骤⑥.

⑤ $M^{-}(u)=\varnothing$?

若是,则 $A=A-\{u\}$,转步骤③.

若否,对 $M^{-}(u)$中点 v 都给以标号$(u, -, l(v))$,其中 $l(v)=\min\{l(u), f(v, u)\}$.

$$S=S \cup M^{-}(u), \bar{S}=\bar{S}-M^{-}(u), A=A-\{u\} \cup M^{-}(u)$$

[$M^{-}(u)$中点按标号的先后给以顺序],转步骤③.

⑥ $y \in M^{+}(u)$?

若是,给 y 以标号$(u, +, l(y))$,其中 $l(y)=\min\{l(u), C(u, y)-f(u, y)\}$,运用逆向追踪法求得 N 中 x 至 y 的 f 增流链 Q_y. 取

$$\delta=\min\{l(y), \lambda-\mathrm{Val} f\},$$

令

$$\hat{f}(e)=\begin{cases} f(e)+\delta, & 当\ e=(u, v) \in E, (u, v) \in Q_y, \\ f(e)-\delta, & 当\ e=(v, u) \in E, (v, u) \in Q_y, \\ f(e), & E\ 中其他边. \end{cases}$$

$\mathrm{Val}\hat{f}=\mathrm{Val} f+\delta$, $f=\hat{f}$,转步骤②.

若否,对 $M^{+}(u)$中顶点 v 都给以标号$(u, +, l(v))$,其中

$$l(v)=\min\{l(u), C(u, v)-f(u, v)\}.$$

取

$$S=S \cup M^{+}(u), \quad \bar{S}=\bar{S}-M^{+}(u), \quad A=A \cup M^{+}(u)$$

[$M^{+}(u)$中点按标号的先后给以顺序]. 按式(5-29)取 $M^{-}(u)$,转步骤⑤.

若运用上述算法求 N 的最大流,则算法终止时的顶点集合 S 与 $\bar{S}$ 对应的割$(S, \bar{S})$即为最小割.

例 5-31 求运输网络图 5-63 的最大流及最小割.

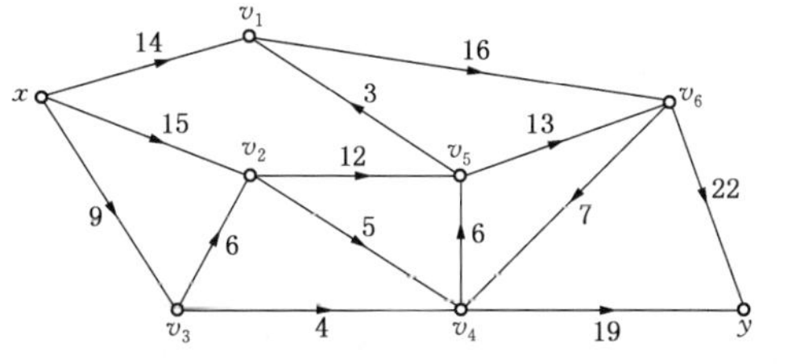

图 5-63

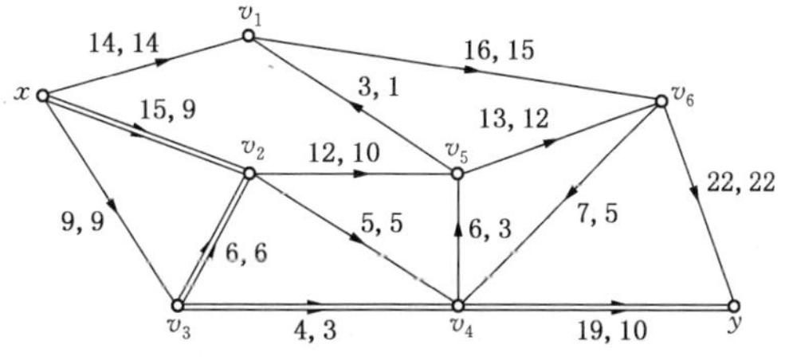

图 5-64

解　第1步,给初始流 f 如图5-64所示.对其寻找 f 增流链,标号过程如表5-21所示.

表 5-21

查视 u		x	v_2	v_2	v_3	v_5	v_5	v_4
标记 v	x	v_2	v_3	v_5	v_4	v_1	v_6	y
标号 $l(v)$	$+\infty$	$+6$	-6	$+2$	$+1$	$+2$	$+1$	$+1$

由表5-21得 N 的 f 增流链 $Q_y=xv_2v_3v_4y$(在图5-64中用双线示之), $l(Q_y)=l(y)=1$. Q_y 中边 (x, v_2), (v_3, v_4) 和 (v_4, y) 为前向边,边 (v_3, v_2) 为后向边.得基于 Q_y 的修改流如图5-65所示.

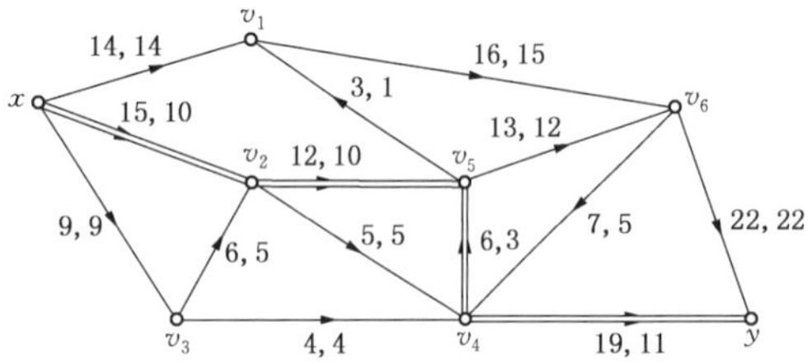

图 5-65

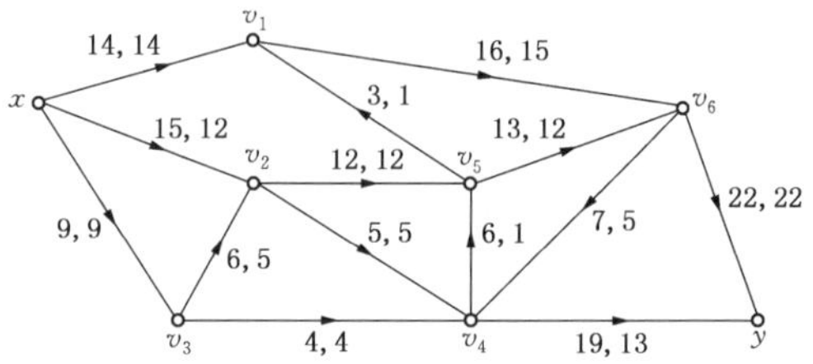

图 5-66

第2步,对图5-65寻找 f 增流链,标号过程如表5-22所示.

表 5-22

查视 u		x	v_2	v_2	v_3	v_5	v_5	v_5	v_1	v_4
标记 v	x	v_2	v_3	v_5	—	v_1	v_4	v_6	—	y
标号 $l(v)$	$+\infty$	$+5$	-5	$+2$		$+2$	-2	$+1$		$+2$

由表5-22得 f 增流链 $Q_y=xv_2v_5v_4y$(在图5-65中用双线示之).得基于 Q_y 的修改流如图5-66所示.

表 5-23

查视 u		x	v_2	v_3
标记 v	x	v_2	v_3	—
标号 $l(v)$	$+\infty$	$+3$	-3	

第3步,对图5-66寻找 f 增流链,标号过程如表5-23所示.

由表5-23可知,图5-66中不存在 f 增流链,故图5-66中的流 f 即为最大流 f^*,有

$$\mathrm{Val}f^*=35.$$

由表5-23知,已标号的点集 $S=\{x, v_2, v_3\}$,未标号的点集 $\bar{S}=\{v_1, v_4, v_5, v_6, y\}$,故最小割

$$(S^*, \bar{S}^*)=\{(x, v_1), (v_2, v_5), (v_2, v_4), (v_3, v_4)\},$$

$$C(S^*, \bar{S}^*)=C(x, v_1)+C(v_2, v_5)+C(v_2, v_4)+C(v_3, v_4)$$
$$=14+12+5+4=35.$$

可见,最小割的容量的大小影响最大流的流值.因此,为提高图5-66中最大流的流值,就必须提高最小割 $(S^*, \bar{S}^*)$ 中边的容量.另一方面,一旦最小割中边的容量被降低,则最大流的流

值也同时降低.

*5.8.3 最大流算法在最优分配问题中的应用

我们应用最大流算法来寻找约简矩阵 $\hat{C}$ 的最多个数独立零和最少覆盖线.

设 Z 为由约简矩阵 $\hat{C}=(\hat{c}_{ij})$ 中全体零元素 $\hat{c}_{ij}=0$ 对应的下标组成的集合：

$$Z=\{(i,\ j)\mid \hat{c}_{ij}=0,\ i,\ j=1,\ \cdots,\ n\}. \tag{5-30}$$

关于 $\hat{C}$ 所确立的集合 Z，可以构造一个网络 $N=(V,\ E,\ C,\ x,\ y)$：

$$\begin{cases} V=\{x,\ y,\ u_1,\ \cdots,\ u_n,\ v_1,\ \cdots,\ v_n\}, \\ E=\{(x,\ u_i)\mid 1\leqslant i\leqslant n\}\cup\{(v_j,\ y)\mid 1\leqslant j\leqslant n\}\cup \\ \qquad \{(u_i,\ v_j)\mid (i,\ j)\in Z\}, \\ C(e)=1,\text{任意 } e\in E. \end{cases} \tag{5-31}$$

例 5-32 对下列约简矩阵(5-32)按式(5-31)构造网络 N：

$$\hat{C}=\begin{pmatrix} 0 & 0 & 0 \\ 6 & 0 & 1 \\ 4 & 0 & 5 \end{pmatrix}. \tag{5-32}$$

解 由矩阵(5-32)可知

$$Z=\{(1,\ 1),\ (1,\ 2),\ (1,\ 3),\ (2,\ 2),\ (3,\ 2)\},$$

因此，关于 Z 的网络 N 如图 5-67 所示.

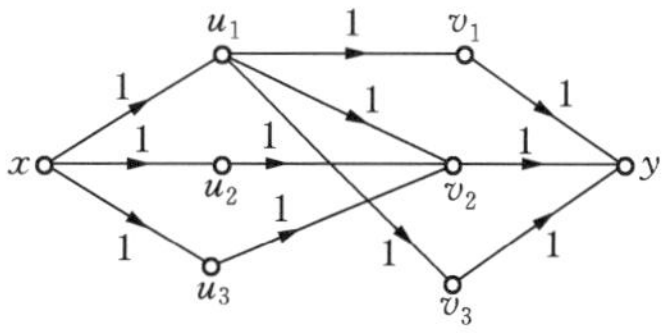

图 5-67

我们对约简矩阵关于 Z 的网络 N 用最大流算法求最大流 f^* 和最小割 $(S,\ \bar{S})$. 然后，由最大流 f^* 构造 Z 的子集 R，由最小割 $(S,\ \bar{S})$ 构造集合 I 和 J：

$$R=\{(i,\ j)\mid f^*(u_i,\ v_j)=1,\ (i,\ j)\in Z\}, \tag{5-33}$$

$$I=\{i\mid u_i\in\bar{S}\}\cup\{i\mid \text{存在 } v_j,\text{有}(u_i,\ v_j)\in(S,\ \bar{S})\}, \tag{5-34}$$

$$J=\{j\mid v_j\in S\}. \tag{5-35}$$

可以证明：

集合 R 中的元素个数等于最大流 f^* 的流值，集合 I 与 J 的元素个数之和等于最小割 $(S,\ \bar{S})$ 的容量.

我们由 R 中的元素来选取约简矩阵中最多个数的独立零：

$$x_{ij}=\begin{cases} 1, & (i,\ j)\in R, \\ 0, & (i,\ j)\,\bar{\in}\,R. \end{cases}$$

即当 $(i,\ j)\in R$ 时，约简矩阵 $\hat{C}$ 中第 i 行第 j 列的零元素被选为独立零，带上括号.

我们由集合 I 和 J 给定约简矩阵 $\hat{C}$ 的最少覆盖线：当 $i\in I$ 时，对矩阵第 i 行给行覆盖线；当 $j\in J$ 时，对矩阵第 j 列给列覆盖线.

由于 $\mathrm{Val}f^*=C(S,\ \bar{S})$，对约简矩阵按此方法选定的独立零个数与覆盖线数是相等的.

例 5-33 对矩阵(4-49)、矩阵(4-52)用上述方法分别选取最多个数独立零和最少覆盖线.

解 约简矩阵(4-49)的最多个数独立零和最少覆盖线的选取如表 5-24 所示.

表 5-24

$(\hat{c}_{ij})$, R, I, J	N, f^*, S, $\bar{S}$, $(S, \bar{S})$
$\begin{pmatrix} 3 & (0) & 4 & 10 & 4 \\ 5 & 12 & (0) & 3 & 5 \\ (0) & 0 & 2 & 0 & 0 \\ 6 & 0 & 3 & 5 & 4 \\ 4 & 0 & 7 & 9 & 1 \end{pmatrix}$ $R=\{(1, 2), (2, 3), (3, 1)\}$ $I=\{2, 3\}$ $J=\{2\}$	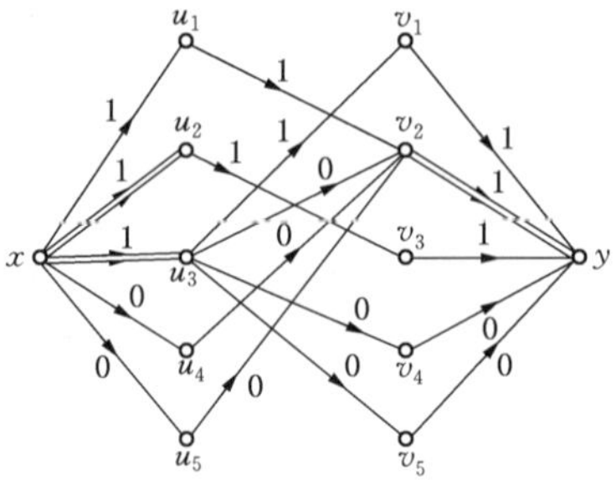 $S=\{x, u_1, u_4, u_5, v_2\}$ $\bar{S}=\{y, u_2, u_3, v_1, v_3, v_4, v_5\}$

在表 5-24 中,有向边旁的参数为最大流 f^* 的流量 $f^*(e)$. 由于 N 中容量 $C(e)\equiv 1$, 故表中均不再标出容量 $C(e)$. N 中双线边表示最小割 $(S, \bar{S})$ 中的边. 由于 $f^*(u_1, v_2)=f^*(u_2, v_3)=f^*(u_3, v_1)=1$, 因此有

$$R=\{(1, 2), (2, 3), (3, 1)\},$$

于是在矩阵 $\hat{\boldsymbol{C}}$ 中 $\hat{c}_{12}$, $\hat{c}_{23}$, $\hat{c}_{31}$ 取为独立零. 同时, $u_2\in\bar{S}$, $u_3\in\bar{S}$, $v_2\in S$, 所以 $I=\{2, 3\}$, $J=\{2\}$, 在 $\hat{\boldsymbol{C}}$ 中第 2 行、第 3 行和第 2 列给覆盖线.

约简矩阵(4-52)的最多个数独立零和最少覆盖线的选取如表 5-25 所示.

表 5-25

$(\hat{c}_{ij})$, R, I, J	N, f^*, S, $\bar{S}$, $(S, \bar{S})$
$\begin{pmatrix} 2 & (0) & 3 & 9 & 3 \\ 5 & 13 & (0) & 3 & 5 \\ (0) & 1 & 2 & 0 & 0 \\ 5 & 0 & 2 & 4 & 3 \\ 3 & 0 & 6 & 8 & (0) \end{pmatrix}$ $R=\{(1, 2), (2, 3), (3, 1), (5, 5)\}$ $I=\{2, 3, 5\}$ $J=\{2\}$	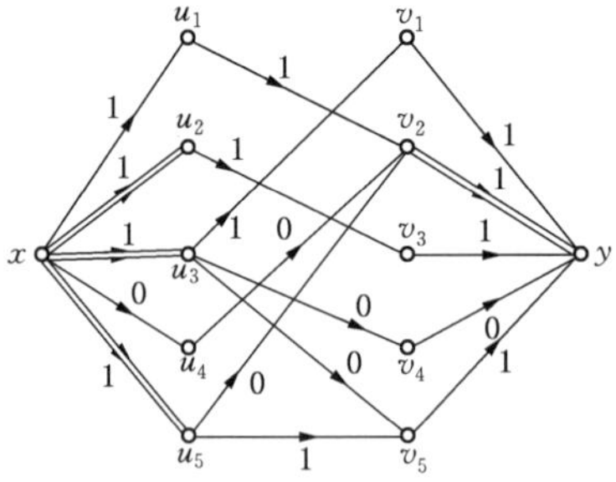 $S=\{x, u_1, u_4, v_2\}$ $\bar{S}=\{y, u_2, u_3, u_5, v_1, v_3, v_4, v_5\}$

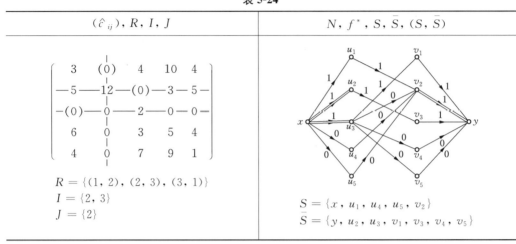

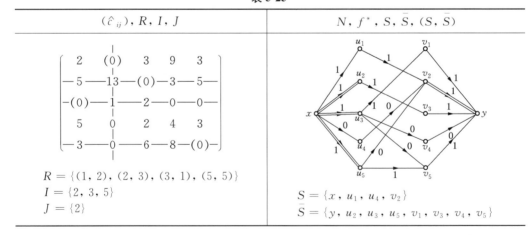

这里我们指出:由于独立零不可能被两次覆盖,因此在由矩阵(4-49)变换为矩阵(4-52)时,矩阵(4-49)中的独立零在矩阵(4-52)中仍为零元素. 因此对表 5-25 所示的网络 N 求最大流时,可取初始流 f 为

$$\begin{cases} f(x, u_i)=f(u_i, v_j)=f(v_j, y)=1, & \text{当}(i, j)\in\{(1, 2), (2, 3), (3, 1)\}, \\ f(e)=0, & N\text{ 中其他边}. \end{cases}$$

5.8.4 应用举例

例 5-34 用最大流算法求解第 4 章例 4-6 最优分配问题.

解 显然,车床 A_1, A_2, A_3 和 A_4 分别加工零件 B_1, B_2, B_3 和 B_4,就是一个可行方案,它的全部零件最早完工时间为

$$\max\{t_{11}, t_{22}, t_{33}, t_{44}\}=\max\{3, 2, 5, 2\}=5.$$

现问:是否存在使完工时间早于 5 小时的加工方案? 加工时间 t_{ij} 小于 5 小时的加工方式由表 5-26 给出.

表 5-26

A_i	B_j			
	B_1	B_2	B_3	B_4
A_1	✓		✓	✓
A_2		✓	✓	✓
A_3	✓	✓		✓
A_4				✓

我们建立运输网络模型,用最大流算法对表 5-26 寻求一种指派方案.

用顶点 x_1, x_2, x_3, x_4 代表 4 部车床;用顶点 y_1, y_2, y_3, y_4 表示 4 个零件. 若在表 5-26 中车床可以加工零件 y_j,则在运输网络中给有向边(x_i, y_j),其容量为 1. 又给源 x 和汇 y,有向边(x, x_i)及(y_j, y)的容量皆为 1(这是由于一部车床只能加工一个零件,一个零件只要一部车床加工),得运输网络如图 5-68 所示.

对网络图 5-68 用最大流算法求得最大流 f^* 如图 5-69 所示,有 $\mathrm{Val}f^*=4$.

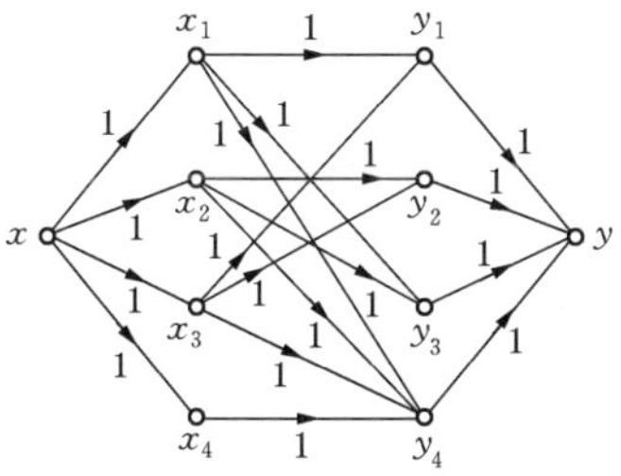

图 5-68

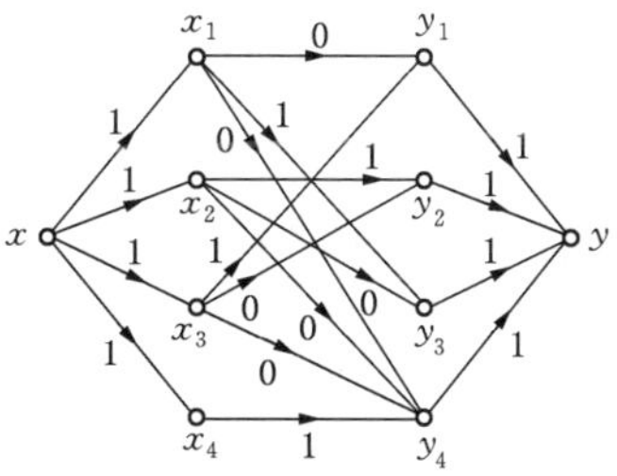

图 5-69

由图 5-69 可知:

$$f(x_1, y_3)=f(x_2, y_2)=f(x_3, y_1)=f(x_4, y_4)=1,$$

因此,我们即找到一个全部零件最早完工时间小于 5 小时的加工方案:A_1, A_2, A_3 和 A_4 分别加工零件 B_3, B_2, B_1 和 B_4,最早完工时间为

$$\max\{t_{13}, t_{22}, t_{31}, t_{44}\}=\max\{4, 2, 3, 2\}=4.$$

现问还可以再提前吗? 加工时间 t_{ij} 小于 4 小时的加工方式由表 5-27 给出.

对表 5-27 作相应的运输网络并求得它的最大流如图 5-70 所示.

表 5-27

A_i	B_j			
	B_1	B_2	B_3	B_4
A_1	✓			✓
A_2		✓	✓	✓
A_3	✓			✓
A_4				✓

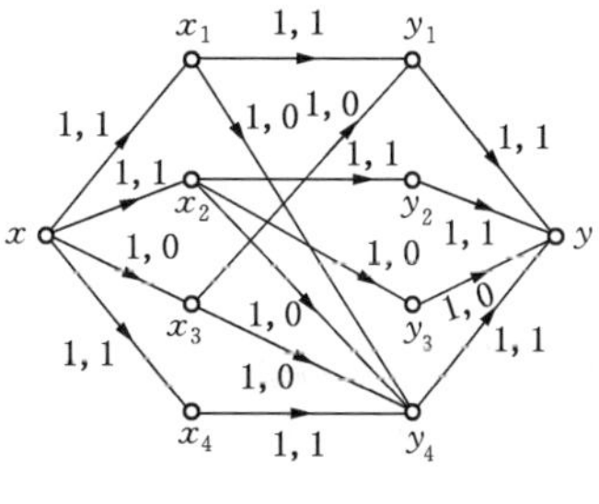

图 5-70

图 5-70 的最大流流值为 3,即不存在完工时间早于 4 小时的可行加工计划. 所以,使全部零件最早完工的加工方案为:

车床 A_1, A_2, A_3 和 A_4 分别加工零件 B_3, B_2, B_1 和 B_4,最早完工时间为 4 小时.

例 5-35 (船只调度问题) 有 5 批货物,要用船只从发点 x_1 和 x_2 分别运往收点 y_1, y_2 和 y_3. 规定的出发日期如表 5-28 所示,表中 x_2 到 y_3 有两批货物,一批在第 1 天出发,另一批在第 8 天出发. 又知船只从 x_i 到 y_j 的航行时间(天)如表 5-29 所示. 设每批货物只要一条船装运,且船只在空载和重载时的航行时间相同. 问如何编制航行计划,以最少的船只完成这 5 批货物的运输任务?

表 5-28

x_i	y_j		
	y_1	y_2	y_3
x_1	5	10	—
x_2	—	12	1, 8

表 5-29

x_i	y_j		
	y_1	y_2	y_3
x_1	2	3	2
x_2	1	1	2

解 设 5 项运输任务分别为 A_1, A_2, A_3, A_4 和 A_5,它们的开船时间 a_j 分别为 5, 10, 12, 1 和 8;它们的任务完成时间 b_i(为船只到达目的地时间,卸货时间不计)分别为 7, 13, 13, 3 和 10. 船只在完成任务 A_i 后接着去执行任务 A_j 时,它所需要的船只转移时间 t_{ij} 由表 5-30 给出. 例如,$t_{32}=3$ 是船只在完成任务 $A_3(x_2 \to y_2)$后去执行任务 $A_2(x_1 \to y_2)$时,它从 y_2 运行到 x_1 所需的转移时间.

表 5-30

t_{ij}		A_j	A_1	A_2	A_3	A_4	A_5
			$x_1 \to y_1$	$x_1 \to y_2$	$x_2 \to y_2$	$x_2 \to y_3$	$x_2 \to y_3$
A_i		b_i	a_j				
			5	10	12	1	8
A_1	$x_1 \to y_1$	7	—	2	1	1	1
A_2	$x_1 \to y_2$	13	3	—	1	1	1
A_3	$x_2 \to y_2$	13	3	3	—	1	1
A_4	$x_2 \to y_3$	3	2	2	2	—	2
A_5	$x_2 \to y_3$	10	2	2	2	2	—

若船只在完成任务 A_i 后去执行任务 A_j(用 $A_i \to A_j$ 表示),则必须有 $b_i + t_{ij} \leqslant a_j$, 于是,可选的船只调度运输方式由表 5-31 给出.

类似于例 5-33,也把表 5-31 看成一个指派问题:用顶点 u_1, u_4 和 u_5 与表 5-31 中的行 A_1, A_4 和 A_5 相对应;用顶点 v_1, v_2, v_3 和 v_5 与表 5-31 中的列 A_1, A_2, A_3 和 A_5 相对应;若表 5-31 中允许 $A_i \to A_j$,则给有向边(u_i, v_j),即得运输网络并得其最大流如图 5-71 所示.

表 5-31

$A_i \to A_j$	A_1	A_2	A_3	A_4	A_5
A_1		✓	✓		✓
A_2					
A_3					
A_4	✓	✓	✓		✓
A_5			✓		

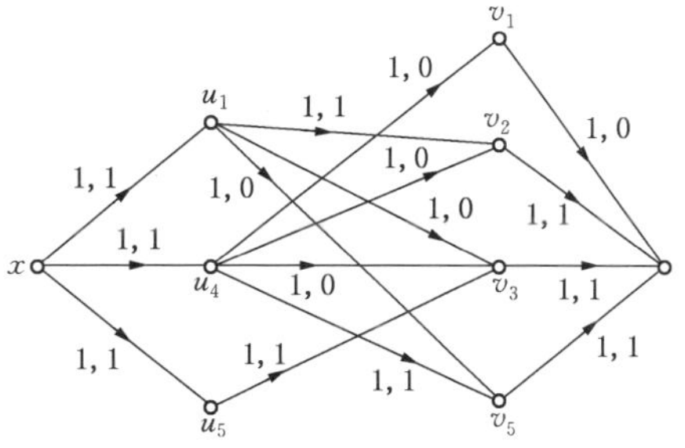

图 5-71

图 5-71 的最大流流值为 3，且有

$$f(u_1,\ v_2)=f(u_4,\ v_5)=f(u_5,\ v_3)=1.$$

因此，任务 A_1 完成后，船只可去执行任务 A_2；任务 A_4 完成后，船只可去执行任务 A_5；任务 A_5 完成后，船只可去执行任务 A_3. 从而，5 项任务只需 2 条船：一条船执行任务 A_1 和 A_2，从 x_1 驶往 y_1 运送一批货物，再开回 x_1 运送第 2 批货物驶往 y_2；另一条船依次执行任务 A_4，A_5 和 A_3，从 x_2 运送第 4 批货物到 y_3，返回 x_2 运送第 5 批货物到 y_3，再返回 x_2 运送第 3 批货物到 y_2.

例 5-36（调运计划问题）　某运输系统下属 4 个发点 v_1，v_2，v_3 和 v_4，分别有 80，20，80 及 60 个空集装箱急需调运到收点 t，其运输路线如图 5-72 所示[每次运输集装箱只能从一条有向边$(u,\ v)$的起点 u 输送到该边的终点 v 后，再由发点 v 作安排]，边旁容量为沿该边每次输送该类型集装箱的最大输送能力. 从发点到收点所需单位时间如表 5-32 所示. 现每隔一个单位时间各发点可向关联的点发送一次空集装箱，问应如何制订调运计划，使在 5 个单位时间内有最多的空集装箱调运到收点 t？

表 5-32

发　点	收　点				
	v_1	v_2	v_3	v_4	t
v_1	0	2	1	—	—
v_2	—	0	—	1	—
v_3	—	—	0	1	2
v_4	—	—	—	0	1

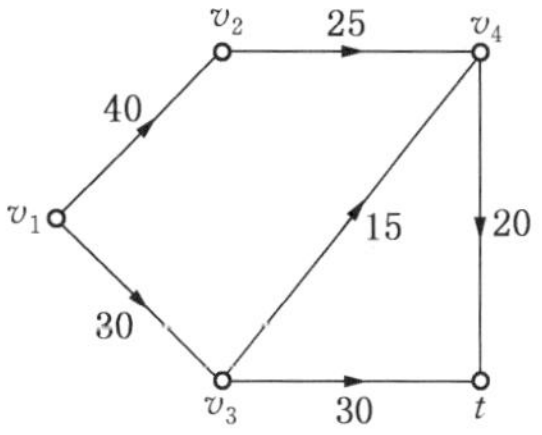

图 5-72

解　我们建立运输网络. 令 x 为源，y 为汇.

设 y_j 为收点 t 处于第 j 个单位时间时的状态点 $(j=1,\ \cdots,\ 5)$，v_i^j 视作 v_i 处于第 j 个单位时间时的状态点 $(j=0$，为初始时刻$)$.

由于发点 v_4 输送空集装箱到 t 地需 1 个单位时间，同时我们仅考虑 5 个单位时间内的空集装箱最大流，故发点 v_4 可分设为 v_4^0，v_4^1，v_4^2，v_4^3 和 v_4^4 5 个顶点，给有向边$(v_4^0,\ y_1)$，$(v_4^1,\ y_2)$，$(v_4^2,\ y_3)$，$(v_4^3,\ y_4)$和$(v_4^4,\ y_5)$，各边的容量都取为 20.

由于发点 v_3 输送集装箱到收点 v_4 和 t 分别需要 1 个和 2 个单位时间(注意：集装箱再从发点 v_4 到收点 t 又需 1 个单位时间)，故发点 v_3 可以分设为 v_3^0，v_3^1，v_3^2 和 v_3^3 4 个顶点，得有向边(v_3^j, v_4^{j+1})及(v_3^j, y_{j+2}) $(j=0, 1, 2, 3)$,且$C(v_3^j, v_4^{j+1})=15$, $C(v_3^j, y_{j+2})=30$.

由于发点v_2输送集装箱到收点v_4需1个单位时间(再注意:集装箱再从v_4到t需1个单位时间),故发点v_2可分设为v_2^0, v_2^1, v_2^2和v_2^3 4个点,得有向边(v_2^j, v_4^{j+1}) $(j=0, 1, 2, 3)$,且$C(v_2^j, v_4^{j+1})=25$ $(j=0, 1, 2, 3)$.

由于发点v_1输送集装箱到收点v_2或v_3分别需2个或1个单位时间,再结合v_2或v_3输送空集装箱到t的方式及时间,故发点v_1可以分设为v_1^0, v_1^1和v_1^2 3个顶点,得有向边(v_1^j, v_2^{j+2}) $(j=0, 1)$和(v_1^j, v_3^{j+1}) $(j=0, 1, 2)$,且$C(v_1^j, v_2^{j+2})=40$ $(j=0, 1)$, $C(v_1^j, v_3^{j+1})=30$ $(j=0, 1, 2)$.

由于发点v_1, v_2, v_3和v_4分别有80, 20, 80和60个空集装箱待发,故有向边(x, v_1^0), (x, v_2^0), (x, v_3^0)和(x, v_4^0)的容量分别为80, 20, 80和60.由于发点t对空集装箱的需求量未加限制,故有向边(y_j, y) $(j=1, \cdots, 5)$的容量都取为$+\infty$.

考虑到发点v_i处的空集装箱不在某个单位时间运走,就要停留在发点v_i待运,故还应有下列有向边:(v_1^j, v_1^{j+1}) $(j=0, 1)$; (v_2^j, v_2^{j+1}) $(j=0, 1, 2)$; (v_3^j, v_3^{j+1}) $(j=0, 1, 2)$; (v_4^j, v_4^{j+1}) $(j=0, 1, 2, 3)$;容量分别为80, 20, 80和60.

综合上述讨论,我们得运输网络N如图5-73所示.

我们用最大流算法对图5-73求最大流,得最大流f^*如图5-74所示.于是,本问题的空集装箱调运计划为:

在初始时刻$(j=0)$: v_1向v_3发30个,v_2向v_4发5个,v_3向v_4发15个,v_3向t发30个,v_4向t发20个.

在第1个单位时间$(j=1)$: v_1向v_3发30个,v_2向v_4发5个,v_3向v_4发15个,v_3向t发30个,v_4向t发20个.

在第2个单位时间$(j=2)$: v_1向v_3发20个,v_2向v_4发10个,v_3向v_4发10个,v_3向t发30个,v_4向t发20个.

在第3个单位时间$(j=3)$: v_3向t发30个,v_4向t发20个.

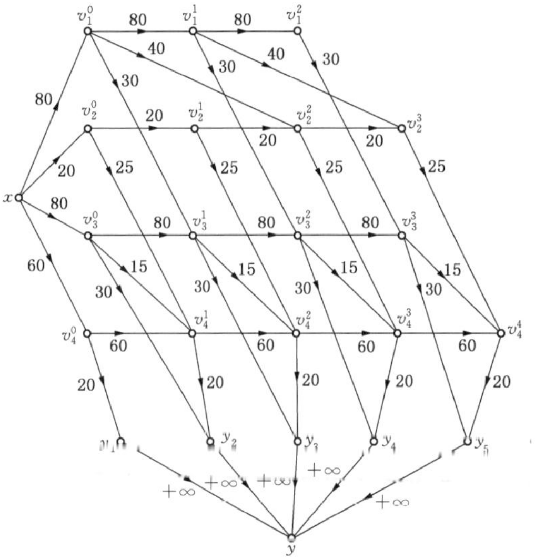

图5-73

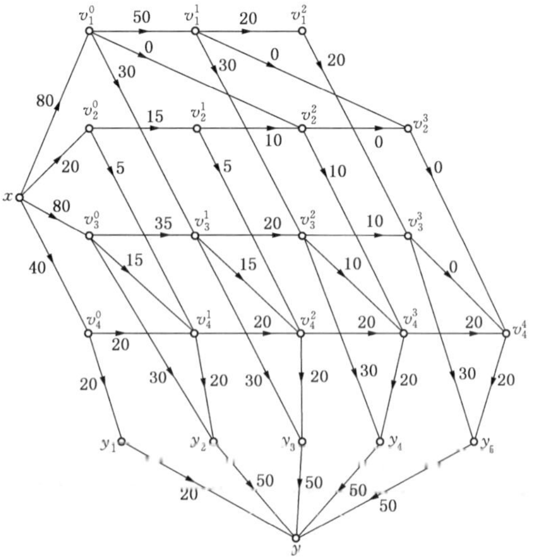

图5-74

在第 4 个单位时间 ($j=4$)：v_4 向 t 发 20 个.

因此，在 5 个单位时间里，运送到收点 t 的空集装箱最多为 220 个，还有 20 个留在发点 v_4.

§5.9 最小代价流问题

现给运输网络 $N=(V, E, C, x, y)$，又设非负实数 $W(u, v)$ 为一个单位的流量从顶点 u 沿边 (u, v) 流到顶点 v 所花的代价[或仍称 $W(u, v)$ 为边的权，可指距离、时间和费用等各种指标]，这样的网络称为**带代价的运输网络**，或**赋权的运输网络**，常用

$$N=(V, E, C, W, x, y)$$

表示. 设 f 为 N 上的一个流，$\mathrm{Val}f=\lambda$，则

$$W(f)=\sum_{e\in E}W(e)f(e)$$

表示 N 内按照网络流 f 运送流量 λ 个单位从源 x 到汇 y 所花的代价，称 $W(f)$ 为流 f 的代价.

最小代价流——设 N 为带代价的网络，f^* 为 N 上的流，若 $\mathrm{Val}f^*=\lambda$，且有

$$W(f^*)=\min\{W(f) \mid f \text{ 为 } N \text{ 上的流}, \mathrm{Val}f=\lambda\}, \tag{5-36}$$

则称 f^* 为 N 上一个流值为 λ 的最小代价流.

最小代价的最大流——若 λ 为 N 上最大流的流值，则称满足条件(5-36)的流 f^* 为最小代价的最大流.

本节旨在建立流值为 λ 的最小代价流和最小代价的最大流算法. 当然，这类问题可以归结为我们熟悉的线性规划模型. 但考虑到网络模型的直观性、形象性及求解的整数性，本节建立的算法自有它的优点.

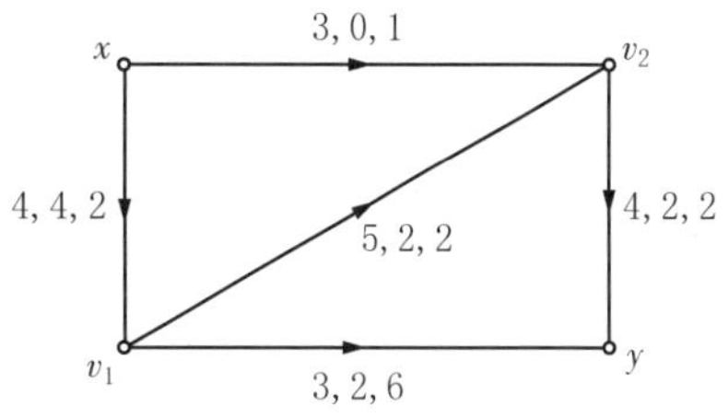

图 5-75 $W(f)-28$

图 5-75、图 5-76、图 5-77[边旁参数依次为 $c(e)$，$f(e)$，$w(e)$]的流值都是 4，但代价却不同，我们自然关注流值是 4 的最小代价流. 于是，产生下列问题：

(1) 如果这个流不是最小代价流，图形会显示何种特征？如何改进可使流的代价降低？

(2) 如何判别流是最小代价流？

为此，我们引进“伴随 f 的增流网络”的概念.

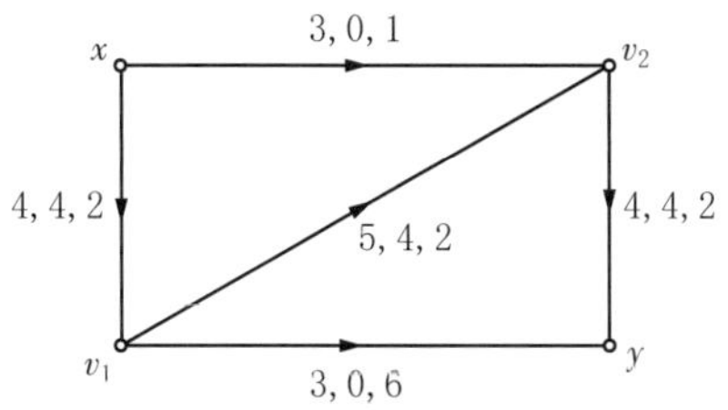

图 5-76 $W(f)=24$

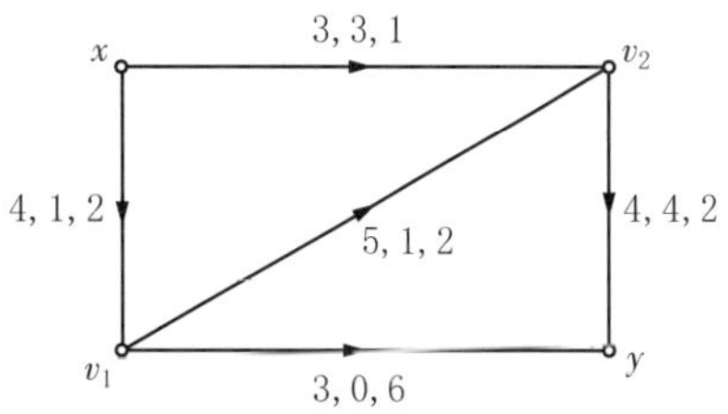

图 5-77 $W(f)=15$

5.9.1 伴随 f 的增流网络

如图 5-78(a)所示:$C(u, v)=6$, $f(u, v)=4$, $W(u, v)=3$. 我们来考虑流量在边(u, v)上的增减情况.

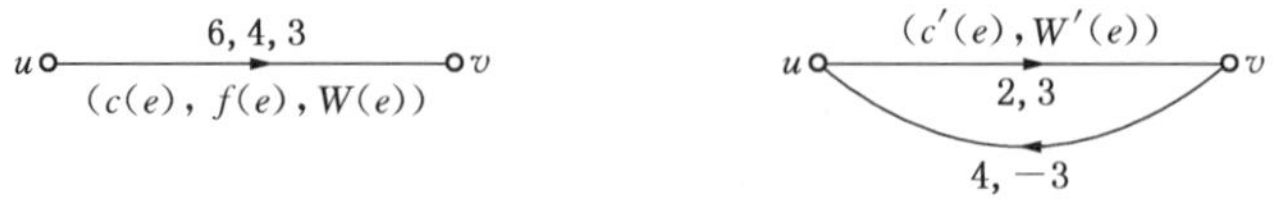

(a)　　(b)

图 5-78

边 $e=(u, v)$ 至多可以再多输送 $C(e)-f(e)=6-4$ 个单位流量,至多可以少输送 $f(e)=4$ 个单位流量. 此时,若自顶点 u 至顶点 v 沿边(u, v)减少一个单位的流量,则可以理解为:在从顶点 u 沿边(u, v)输送 4 个单位流量到顶点 v 的同时,有 1 个单位流量自顶点 v 沿一条虚设边(v, u)(以后用弧边来表示这类虚设的有向边)输送到顶点 u. 故有向边(u, v)上流量目前所能增减的情况如图 5-78(b)所示:沿(u, v)至多能增送 2 个单位流量,沿(v, u)至多能增送 4 个单位流量. 在图 5-78(b)中,我们令

$$C'(u, v)=C(u, v)-f(u, v)=6-4=2,$$
$$C'(v, u)=f(u, v)=4.$$

显然,在图 5-78(b)中,沿边(u, v)运送一个单位流量,相当于在图 5-78(a)沿边(u, v)增送一个单位流量,因而要增加代价 $W(u, v)=3$; 在图 5-78(b)中,沿边(v, u)运送一个单位流量,相当于在图 5-78(a)沿边(u, v)减送一个单位流量,因而要减少代价 $W(u, v)$. 在图 5-78(b)中,我们令

$$W'(u, v)=W(u, v),$$
$$W'(v, u)=-W(u, v),$$

设 f 为带代价的运输网络 $N=(V, E, C, W, x, y)$ 上的一个网络流,现构造一个伴随 f 的增流网络 $N_f=(V_f, E_f, C', W', x, y)$ 如下:

① $$V_f=V(N); \tag{5-37}$$

② $$E_f=E_f^+\cup E_f^-, \tag{5-38}$$

其中 $$E_f^+=\{(u, v) \mid (u, v)\in E(N), f(u, v)<C(u, v)\}, \tag{5-39}$$

$$E_f^-=\{(u, v) \mid (v, u)\in E(N), f(v, u)>0\}; \tag{5-40}$$

③ 取

$$C'(u, v)=\begin{cases}C(u, v)-f(u, v), & 若(u, v)\in E_f^+,\\ f(v, u), & 若(u, v)\in E_f^-,\end{cases} \tag{5-41}$$

$$W'(u, v)=\begin{cases}W(u, v), & 若(u, v)\in E_f^+,\\ -W(v, u), & 若(u, v)\in E_f^-.\end{cases} \tag{5-42}$$

我们称 E_f^+ 中的边为正规边,E_f^- 中的边为非正规边.

例 5-37　对下列网络 N 及其上的流 f 分别作伴随 f 的增流网络 N_f.

(1) 网络 N_1 如图 5-79 所示；

(2) 网络 N_2 如图 5-80 所示[边旁参数为 $C(e)$, $f(e)$, $W(e)$].

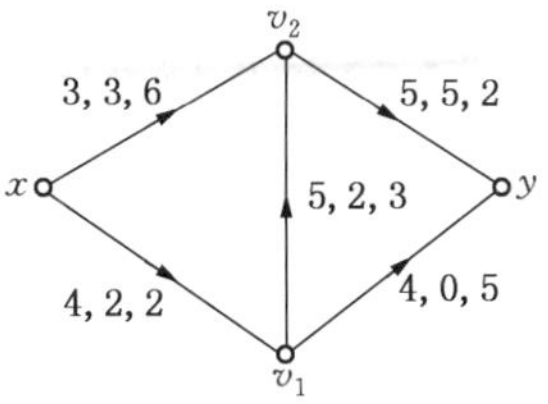

图 5-79

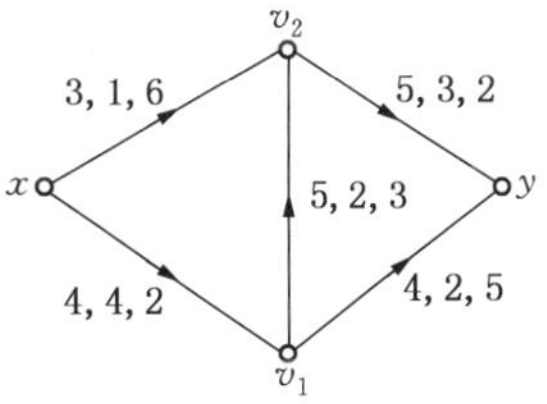

图 5-80

解　网络 N_1 的伴随 f 的增流网络如图 5-81 所示，网络 N_2 的伴随 f 的增流网络如图 5-82 所示.

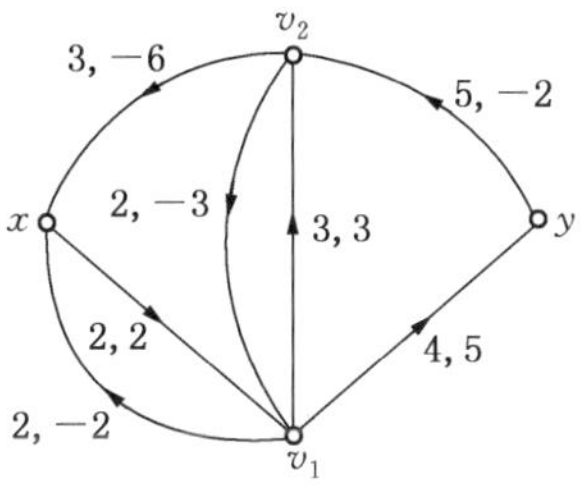

图 5-81

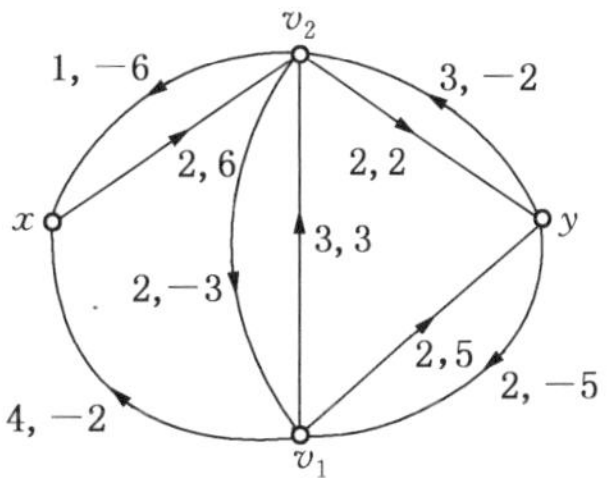

图 5-82

我们来讨论，如何利用伴随 f 的增流网络 N_f，寻找最小代价流与最小代价最大流. 设 f 为带代价的网络 $N=(V, E, C, W, x, y)$ 上的流，其伴随 f 的增流网络为 N_f. 若 P 为 N_f 中一条 x 到 y 的路径，令 $C'(\mathrm{P})$ 为 P 中各边容量之最小值，即

$$C'(\mathrm{P})=\min\{C'(e) \mid e \text{ 为 } P \text{ 中有向边}\},$$

则称 $C'(\mathrm{P})$ 为**路径 P 的容量**.

若取 δ 为一个不超过 $C'(\mathrm{P})$ 的正整数，我们作 N 上的流 $\hat{f}$ (可以验证如下取法的 $\hat{f}$ 为流)：

$$\hat{f}(u, v)=\begin{cases} f(u, v)+\delta, & \text{若}(u, v) \in E, \text{且}(u, v) \in P \cap E_f^{+}, \\ f(u, v)-\delta, & \text{若}(u, v) \in E, \text{且}(v, u) \in P \cap E_f^{-}, \\ f(u, v), & \text{其他}, \end{cases} \tag{5-43}$$

则称 $\hat{f}$ 为**关于 P, δ 的修改流**. 可知

$$\mathrm{Val}\hat{f}=\mathrm{Val}f+\delta. \tag{5-44}$$

若 Q 为 N_f 中的一个回路，令 $C'(Q)$ 为 Q 中各边容量之最小值，即

$$C'(Q)=\min\{C'(e) \mid e \text{ 为 } Q \text{ 中有向边}\},$$

我们称 $C'(Q)$ 为回路 Q 的容量.

若取 δ 为一个不超过 $C'(Q)$ 的正整数,我们作 N 上的流 $\tilde{f}$(可以验证如下取法的 $\tilde{f}$ 为流):

$$\tilde{f}(u, v)=\begin{cases} f(u, v)+\delta, & 若(u, v) \in E,且(u, v) \in Q \cap E_f^+, \\ f(u, v)-\delta, & 若(u, v) \in E,且(v, u) \in Q \cap E_f^-, \\ f(u, v), & 其他, \end{cases} \tag{5-45}$$

我们称 $\tilde{f}$ 为 f 关于 Q, δ 的修改流. 容易验证:

$$\mathrm{Val}\tilde{f}=\mathrm{Val}f. \tag{5-46}$$

又 $W'(Q)=\sum_{e\in Q}W'(e)$, 则不难知道有如下结论:

$$W(\tilde{f})=W(f)+\delta W'(Q). \tag{5-47}$$

例如,在图 5-81 中, $Q=xv_1yv_2x$ 是一个回路,且

$$\begin{aligned} C'(Q) &=\min\{C'(x, v_1), C'(v_1, y), C'(y, v_2), C'(v_2, x)\} \\ &=\min\{2, 4, 5, 3\}=2, \\ W'(Q) &=W'(x, v_1)+W'(v_1, y)+W'(y, v_2)+W'(v_2, x) \\ &=2+5-2-6=-1. \end{aligned}$$

取 $\delta=C'(Q)=2$, 则可知,图 5-80 中流 $\tilde{f}$ 就是图 5-79 中流 f 关于 Q, δ 的修改流.

经计算,可知图 5-79 中流 f 的代价

$$W(f)=38,$$

图 5-80 中流 $\tilde{f}$ 的代价

$$W(\tilde{f})=36,$$

可见

$$W(f)+\delta W'(Q)=38+2\times(-1)=36=W(\tilde{f}).$$

由此可知,若 f 为 N 上的流, $\mathrm{Val}f=\lambda$, 且 N_f 中存在一个 $W'(Q)<0$ 的负回路,则 f 一定不是流值为 λ 的最小代价流.

读者不妨分别对图 5-75、图 5-76、图 5-77 作它们的伴随 f 的增流网络,然后加以比较,发现它们各自的特点,以及图 5-75、图 5-76 如何变换,可以成为最小代价流图 5-77.

我们有如下定理.

定理 5-9 设 f 为网络 N 上的流, $\mathrm{Val}f=\lambda$, 则

(1) f 为 N 中流值为 λ 的最小代价流的充分必要条件为:在 N_f 中不存在负回路.

(2) 如果 f 为 N 中流值为 λ 的最小代价流, P 为 N_f 中一条从 x 到 y 的最短路径, δ 为任一不超过 $C'(\mathrm{P})$ 的正整数,则 f 关于 P, δ 的修改流 $\tilde{f}$ 为 N 中流值为 $\lambda+\delta$ 的最小代价流.

(3) f 为 N 中最大流的充分必要条件为: N_f 中不含一条从源 x 至汇 y 的路径.

例如,网络 N_2 图 5-80 的伴随 f 的增流网络图 5-82 中无负回路,所以,根据定理 5-9(1),图 5-80 中的流 f 是流值为 5 的最小代价流.

例 5-38 求网络 N_2 图 5-80 中流值 λ 为 6 的最小代价流.

解　我们已经知道,图 5-80 中流 f 是流值为 5 的最小代价流.

在 N_f 图 5-82 中,最短路径为

$$P = xv_2v_1y,$$
$$C'(\mathrm{P}) = \min\{C'(x, v_2), C'(v_2, v_1), C'(v_1, y)\}$$
$$= \min\{2, 2, 2\} = 2.$$

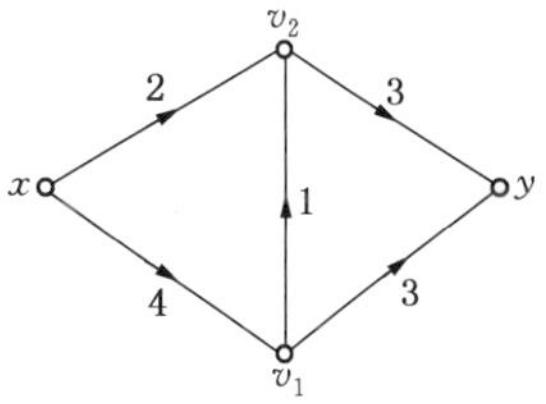

图 5-83

取 $$\delta = \min\{C'(\mathrm{P}), \lambda - \mathrm{Val}f\} = \min\{2, 6-5\} = 1.$$

f 关于 P, δ 的修改流 $\hat{f}$ 如图 5-83 所示. $\hat{f}$ 为流值为 6 的最小代价流.

5.9.2　最小代价流算法

对于给定的带代价的网络 $N=(V, E, C, W, x, y)$,定理 5-9 给我们指出了如何在 N 中寻求流值为 λ 的最小代价流的两种方法.

方法 1 是先在 N 中任取一个流值为 λ 的流 f(可利用本章 §5.8 的算法),在其 N_f 中寻找一个负回路 Q. 若 Q 不存在,则 f 即为所求的最小代价流;否则取 $\delta = C'(Q)$,作 f 关于 Q, δ 的修改流 $\tilde{f}$. 视 $\tilde{f}$ 为新的 f,再在新的 N_f 中寻找一个负回路. 这样反复迭代,直到找到最小代价流为止.

方法 2 是在 N 中任取一个流值小于 λ 的最小代价流 f(例如,取 f 为零流),在其 N_f 中寻求一条 x 至 y 的最短路径 P,取 $\delta = \min\{C'(\mathrm{P}), \lambda - \mathrm{Val}f\}$,作 f 关于 P, δ 的修改流 $\hat{f}$, $\hat{f}$ 为流值是 $\mathrm{Val}f + \delta$ 的最小代价流. 视 $\hat{f}$ 为新的流 f,重复上述步骤继续进行迭代,直至找到所求的最小代价流.

下面我们给出这两个算法.

求流值为 λ 的最小代价流算法 1:

① 在 N 中任取一个流值为 λ 的流 f.

② 作 $N_f = (V_f, E_f, C', W', x, y)$.

③ 在 N_f 中是否存在一个负回路 Q?

若是,则取 $\delta = C'(Q)$,作 f 关于 Q, δ 的修改流 $\tilde{f}$,取 $f = \tilde{f}$,转步骤②;

若否,则 f 即为所求的最小代价流,算法终止.

求流值为 λ 的最小代价流算法 2:

① 取初始流 f 为零流.

② $\mathrm{Val}f = \lambda$?

若是,则 f 即为 N 中流值为 λ 的最小代价流,算法终止;

若否,则作 $N_f = (V_f, E_f, C', W', x, y)$.

③ N_f 中是否存在一条 x 至 y 的路径?

若是,则求 N_f 中一条 x 至 y 的最短路径 P. 取 $\delta = \min\{C'(\mathrm{P}), \lambda - \mathrm{Val}f\}$,作 f 基于 P, δ 的修改流 $\hat{f}$, $\mathrm{Val}\hat{f} = \mathrm{Val}f + \delta$. 取 $f = \hat{f}$,转步骤②.

若否,则 N 中不存在流值为 λ 的流,f 为 N 中最小代价的最大流,算法终止.

如果我们要求 N 上的最小代价的最大流,则在应用上述算法时取 $\lambda = +\infty$ 即可.

例 5-39(最优分配问题)　设有 x_1, x_2 和 x_3 3 辆卡车,需指派到 y_1, y_2 和 y_3 3 个不同的目的地,各种指派的运送成本见表 5-33,试求能使总成本最低的最优指派.

表 5-33

成本 d_{ij}		目的地 y_j		
		y_1	y_2	y_3
车辆 x_i	x_1	40	—	37
	x_2	24	31	39
	x_3	29	37	—

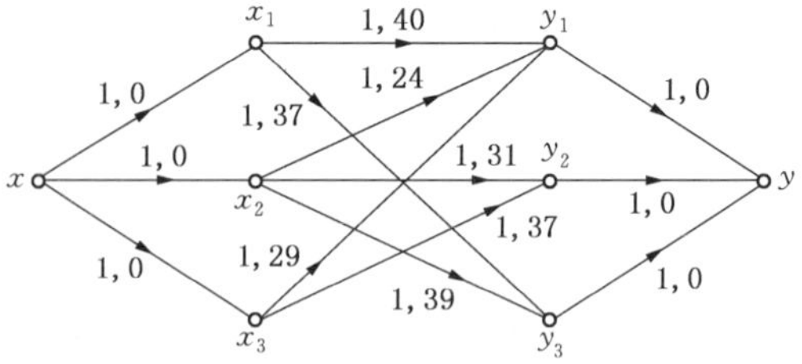

图 5-84

解　建立网络模型如图 5-84,边旁参数为 $C(e)$, $W(e)$.

由于一辆车只能派往一个目的地,一个目的地仅需分配一辆车,故图 5-84 中各边的容量都为 1. 因为 x 及 y 都为虚设的点,故 $W(x, x_i)$ 及 $W(y_j, y)$ 都为零, $W(x_i, y_j)$ 由表 5-33 中相应成本 d_{ij} 给出. 由于车辆 x_1 不能派至目的地 y_2,车辆 x_3 不能派至目的地 y_3,故图 5-84 中顶点 x_1 至顶点 y_2 及顶点 x_3 至顶点 y_3 无有向边.

第 1 步,给初始流为零流,如图 5-85 所示[边旁参数为 $C(e)$, $f(e)$].

作它的伴随 f 的增流网络 N_f,如图 5-86 所示[边旁参数为 $C'(e)$, $W'(e)$]. 在图 5-86 中, x 至 y 的最短路径 $P = xx_2y_1y$ (用双线表示),取 $\delta = C'(\mathrm{P}) = \min\{C'(e) \mid e \in P\} = 1$. 作 f 关于 P, δ 的修改流,如图 5-87 所示.

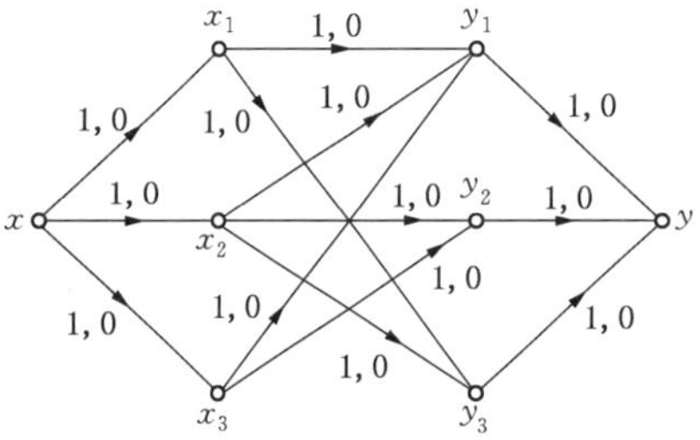

图 5-85

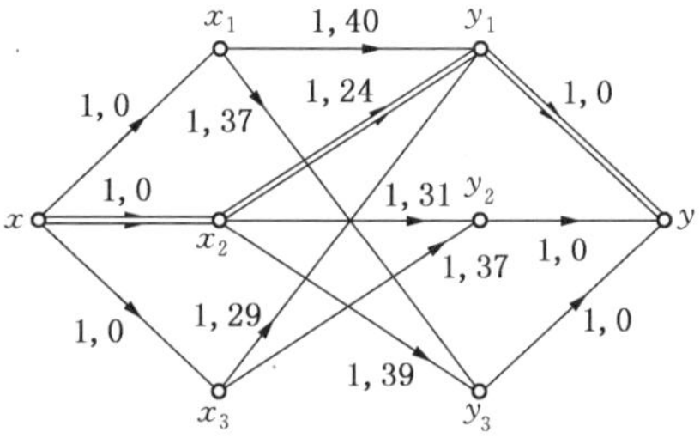

图 5-86

第 2 步,作图 5-87 的伴随 f 的增流网络 N_f,如图 5-88 所示,其 x 至 y 的最短路径 $P = xx_3y_1x_2y_2y$,取 $\delta = C'(\mathrm{P}) = 1$, 对图 5-87 中的流进行修改,得 f 关于 P, δ 的修改流,如图 5-89 所示.

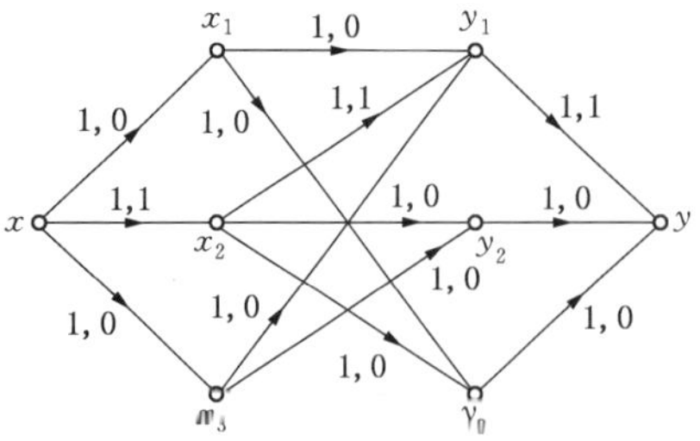

图 5-87

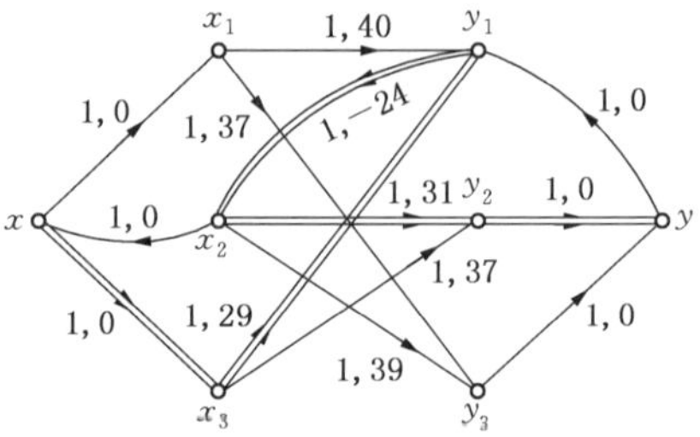

图 5-88

第 3 步,作图 5-89 的 N_f 网络,如图 5-90 所示. 在 N_f 中 x 至 y 的最短路径 $P = xx_1y_3y$,

取 $\delta = C'(\mathrm{P}) = 1$，对图 5-89 中的流进行修改，得修改流如图 5-91 所示.

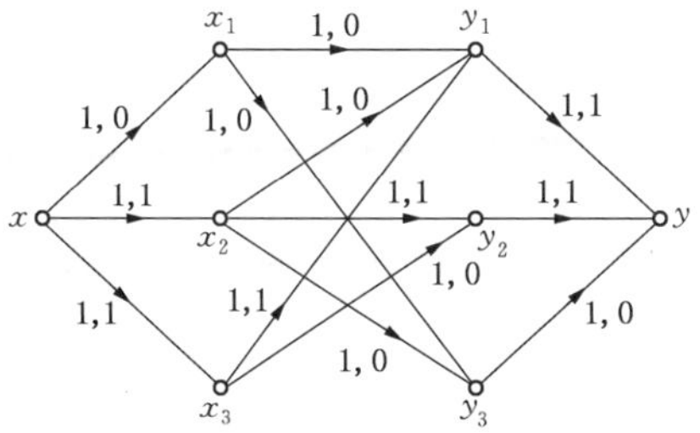

图 5-89

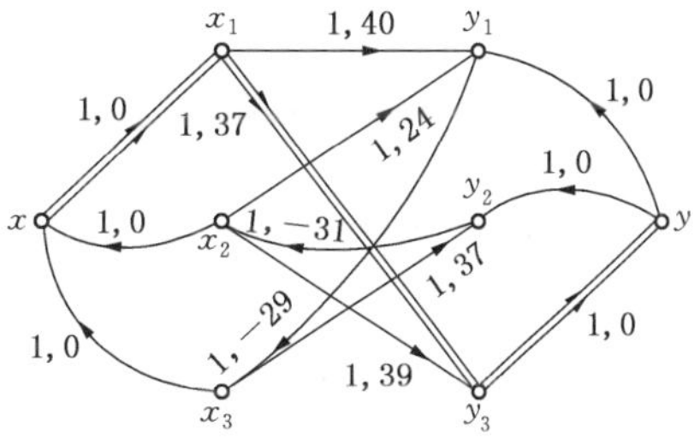

图 5-90

显然，图 5-91 中的流已为最大流. 本问题的最优指派如表 5-34 所示.

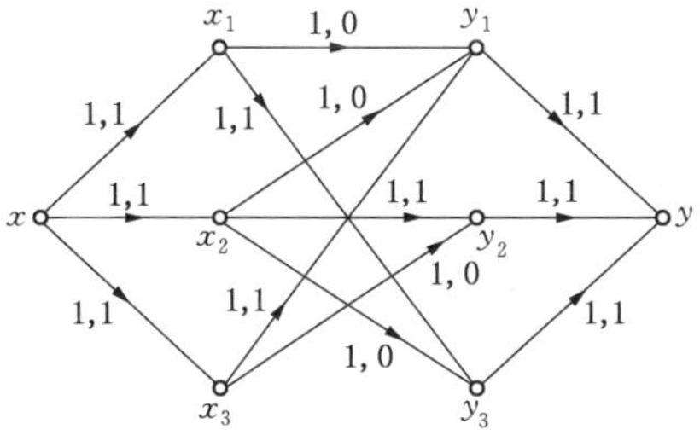

图 5-91

表 5-34

车辆	目的地	成本
x_1	y_3	37
x_2	y_2	31
x_3	y_1	29
总成本		97

例 5-40 给出 $\mathrm{Val}f = 11$ 的最小代价流[边旁参数为 $C(e)$，$f(e)$，$W(e)$]，如图 5-92 所示，求 $\mathrm{Val}f = 13$ 的最小代价流.

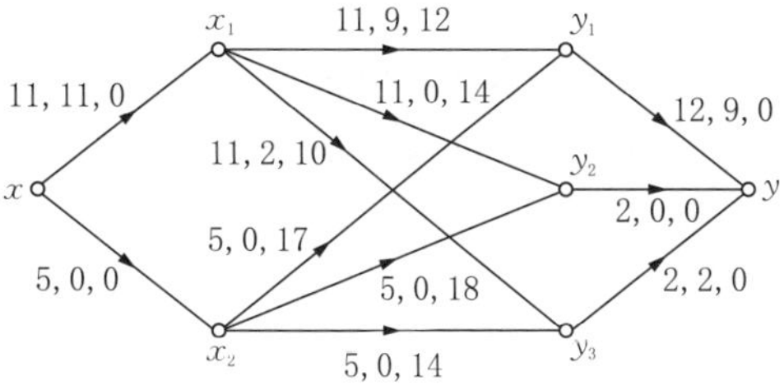

图 5-92

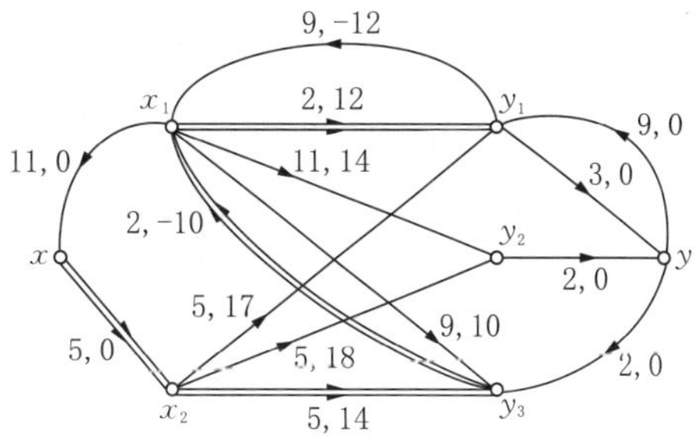

图 5-93

解 作伴随 f 的增流网络如图 5-93 所示[边旁参数为 $C'(e)$，$W'(e)$].

在图 5-93 中，x 至 y 的最短路径 $P = xx_2y_3x_1y_1y$，

$$C'(\mathrm{P}) = \min\{C'(x_1, x_2), C'(x_2, y_3), C'(y_3, x_1), C'(x_1, y_1), C'(y_1, y)\} = 2.$$

取 $\delta = \min\{C'(\mathrm{P}), \lambda - \mathrm{Val}f\} = 2$，得到流值 13 的最小代价流 f^* 如图 5-94 所示.

f^* 的代价为 $W(f^*) = 11 \times 12 + 2 \times 14 = 160$.

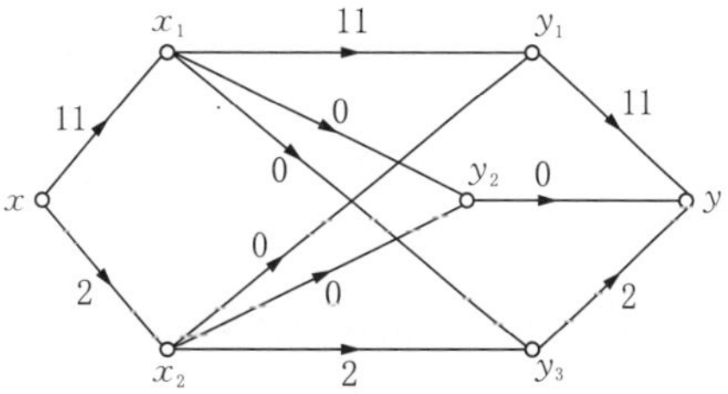

图 5-94

例 5-41 给出 $\mathrm{Val}f=11$ 的流如图 5-95 所示[边旁参数为 $C(e)$, $f(e)$, $W(e)$],判断它是否为最小代价流? 若不是,求 $\mathrm{Val}f=11$ 的最小代价流.

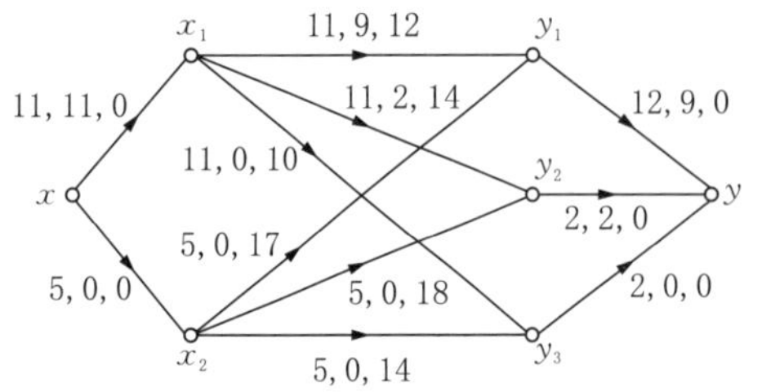

图 5-95

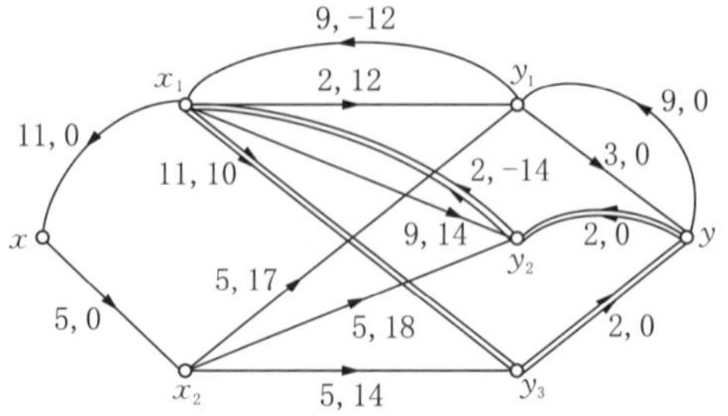

图 5-96

解 该网络伴随 f 的增流网络如图 5-96 所示[边旁参数为 $C'(e)$, $W'(e)$].

在图 5-96 中存在负回路 $x_1y_3yy_2x_1$,所以它不是最小代价流. 取

$$C'(Q)=\min\{C'(x_1, y_3), C'(y_3, y), C'(y, y_2), C'(y_2, x_1)\}=2.$$

取 $\delta=2$,在图 5-95 上进行调整,得 $\mathrm{Val}f=11$ 的修改流如图 5-92 所示,即例 5-39 中所给的初始流,它的伴随 f 的增流网络如图 5-93 所示,无负回路,故为最小代价流.

5.9.3 应用举例

最小代价流算法,不仅可以对运输问题建立网络模型进行求解,而且也可以对生产计划问题、多阶段存储问题等一类决策问题建立网络模型并进行求解. 下面介绍几个典型例子,从中可见采用网络方法来建立模型时给我们描述问题所带来的方便.

例 5-42(运输问题) 现有两个煤矿 x_1 和 x_2,每月分别能生产煤 13 及 15 个单位,每单位煤的生产费用分别为 5 及 3 个单位;另有两个电站 y_1 及 y_2,每月需用煤分别为 12 及 15 个单位. 从 x_i 至 y_j 每单位煤的运费 w_{ij} 如表 5-35 所示. 问每个煤矿应生产多少单位煤并如何运输,才能满足 y_1 及 y_2 的需求并使生产和运输总费用最低?

表 5-35

w_{ij}		y_i	
		y_1	y_2
x_i	x_1	3	6
	x_2	5	7

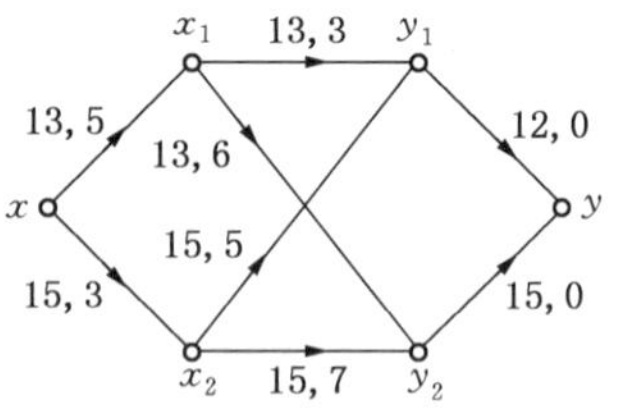

图 5-97

解 作网络 $N=(V, E, C, W, x, y)$ 如图 5-97 所示[边旁参数为 $C(e)$, $W(e)$,以下各例同].

由于在 x_1 及 x_2 处分别有 13 及 15 个单位的煤可以发出,故边 (x, x_1) 及 (x, x_2) 的容量分别为 13 及 15, $W(x, x_1)$ 和 $W(x, x_2)$ 分别为 x_1 及 x_2 处每单位煤的生产费用 5 及 3. 显然,

$$C(x_1, y_1) = C(x_1, y_2) = 13, \qquad C(x_2, y_1) = C(x_2, y_2) = 15,$$

而 $w_{ij}(i, j=1, 2)$ 由表 5-35 给定. 由于煤运送到 y_1 或 y_2 后本问题没有进一步考虑其他费用,故 $W(y_1, y) = W(y_2, y) = 0$. 因为 y_1 及 y_2 分别需要煤 12 和 15 个单位,所以 $C(y_1, y) = 12$, $C(y_2, y) = 15$.

这样,我们的问题就归结为求图 5-97 中 x 至 y 的最小代价的最大流.

例 5-43 (缺货问题)　现有 3 个汽车配件厂 x_1, x_2, x_3,欲将配件运往 3 个汽车修配厂 y_1, y_2, y_3. 若修配厂需要的配件得不到满足,就要形成缺货损失费. 设 y_1 处不能缺货,y_2, y_3 处每缺一个单位配件就分别造成缺货损失费 2 和 3. 其他有关参数如表 5-36 所示. 问如何调配,使总的费用最低? 试建立网络模型.

表 5-36

单位运价 w_{ij}		y_j			供应量 a_i
		y_1	y_2	y_3	
x_i	x_1	2	1	3	5
	x_2	2	—	4	3
	x_3	—	4	3	5
需求量 b_j		4	6	5	

解　建立网络模型如图 5-98 所示.

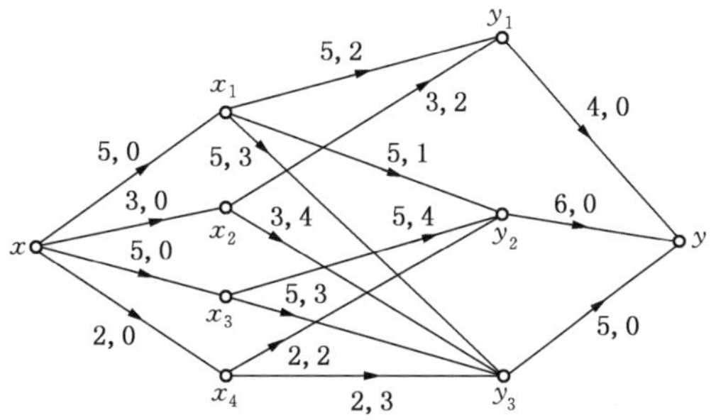

图 5-98

对 $i=1, 2, 3$, 取 $C(x, x_i)=a_i$, $W(x, x_i)=0$; 对 $j=1, 2, 3$, 取 $C(y_j, y)=b_j$, $W(y_j, y)=0$.

若表 5-36 中, x_i 处不能有配件运至 y_j, 则网络中就没有有向边 (x_i, y_j). 对 $i, j=1, 2, 3$, 若有边 $(x_i, y_i)\in E$, 则取 $C(x_i, y_j)=a_i$ (或 b_j), $W(x_i, y_j)=w_{ij}$.

考虑到供应量之和 $\sum\limits_{i=1}^{3} a_i = 13$, 需求量之和 $\sum\limits_{j=1}^{3} b_j = 15$, 供需不平衡, 缺少 2 个单位配件的供应量并需考虑 $y_j(j=2, 3)$ 的缺货损失费, 为此虚设一个发点 x_4, 其供应量 a_4 为缺货量 2, 于是 $C(x, x_4)=2$, 而 $W(x, x_4)=0$. 因为 y_2 和 y_3 处允许缺货, 所以给有向边 (x_4, y_2) 及 (x_4, y_3), 其容量都为 2, 而 $W(x_4, y_2)$ 和 $W(x_4, y_3)$ 分别为 y_2 及 y_3 处的单位配件缺货损失费 2 和 3. 因为 y_1 处不允许缺货, 所以没有边 (x_4, y_1).

对图 5-98, 若用最小代价的最大流算法求得最大流 f^*, 自然, 有 $\text{Val}f^* = 15$.

若 $f^*(x_4, y_2)>0$,则意味着 y_2 处缺货 $f^*(x_4, y_2)$,y_2 处实际收量为 $6-f^*(x_4, y_2)$;若 $f^*(x_4, y_2)=0$,则意味着 y_2 处不缺货.

对于 y_3 可以作类似的分析.

例 5-44 设有 x_1, x_2 和 x_3 3 个化肥厂供应 y_1, y_2 和 y_3 3 个地区的农用化肥,有关参数如表 5-37 所示.假设 3 个化肥厂的化肥供应量 a_1, a_2 和 a_3 必须全部运完.试建立网络模型,以使总运费最省.

表 5-37

单位运价 w_{ij}		y_j			供应量 a_i
		y_1	y_2	y_3	
x_i	x_1	16	13	22	50
	x_2	14	—	19	60
	x_3	—	20	23	40
最低需求量 b'_j		70	0	30	
最高需求量 b''_j		70	30	不限	

解 由于 3 个化肥厂的化肥供应量之和 $\sum_{i=1}^{3} a_i=150$,而 3 个地区的化肥最低需求量之和 $\sum_{j=1}^{3} b'_j=100$,故 y_3 的化肥最高需求量

$$b''_3=b'_3+\left(\sum_{i=1}^{3} a_i-\sum_{j=1}^{3} b'_j\right)=30+50=80.$$

又 3 个地区的化肥最高需求量之和

$$\sum_{j=1}^{3} b''_j=70+30+80=180,$$

所以若要同时满足 y_1, y_2 和 y_3 的化肥最高需求量,尚缺化肥 $180-150=30$ 单位.为此,我们虚设一个发点 x_4,取其供应量 $a_4=30$(缺货量).

设 x 和 y 分别为源和汇.取 $C(x, x_i)=a_i$, $W(x, x_i)=0$.

因为 y_1 的需求量恰为 70 且 x_3 不能运输化肥给 y_1,故 y_1 仅和 x_1, x_2 相关联,同时取 $C(y_1, y)=70$, $W(y_1, y)=0$.

y_2 的最低需求量可为零,最高需求量为 30(不一定非要全部满足),且 x_2 无化肥运输给 y_2,故没有边(x_2, y_2),而有有向边(x_1, y_2), (x_3, y_2)和(x_4, y_2),同时取 $C(y_2, y)=30$, $W(y_2, y)=0$.

y_3 的最低需要量为 30,最高需要量为 80,所以 y_3 有 50 单位化肥是不一定非要全部得到满足的.我们将 y_3 点拆成 y'_3和 y''_3, y'_3的需求量为 y_3 的最低需求量 $b'_3=30$,它必须得到满足,故 y'_3仅与 x_1, x_2 和 x_3 相关联,给有向边 $(x_i, y'_3)(i=1, 2, 3)$; y''_3的需求量为 y_3 的最高与最低需求量之差 $b''_3-b'_3=80-30=50$,它不一定非要得到满足,故给有向边 $(x_i, y''_3)(i=1, 2, 3, 4)$.取 $C(y'_3, y)=50$, $C(y''_3, y)=30$, $W(y'_3, y)=0$, $W(y''_3, y)=0$.

对网络中有向边(x_i, y_j),取 $C(x_i, y_j)=a_i$, $W(x_i, y_j)=w_{ij}(i, j=1, 2, 3)$,而 $W(x_4, y_2)=0$, $W(x_4, y''_3)=0$.

把有关点相关联并给出有关参数，即得网络模型如图 5-99 所示.

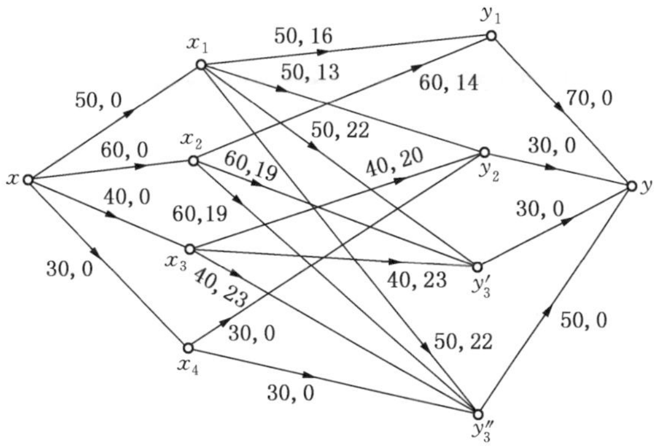

图 5-99

例 5-45 对例 1-20 所给的生产计划问题建立网络模型.

解 设 x 为源(工厂)，y 为汇(销售公司). 又设 v_i 为第 j 季度产品的存储与供货点 ($j=1, 2, 3, 4$).

第 1 季度工厂的生产能力为 30，生产的产品输入到 v_1 点，所以给边 (x, v_1)，取 $C(x, v_1)=30$, $W(x, v_1)=15$. 第 1 季度末销售公司需产品 20，所以给边 (v_1, y)，取 $C(v_1, y)=20$, $W(v_1, y)=0$. 又考虑到第 1 季度生产的产品有部分可能要存储到第 2 季度末供货，故给边 (v_1, v_2)，其容量不妨设为 $+\infty$，同时由所给条件知，单位产品每积压一个季度需付存储费 0.2，故有 $w(v_1, v_2)=0.2$.

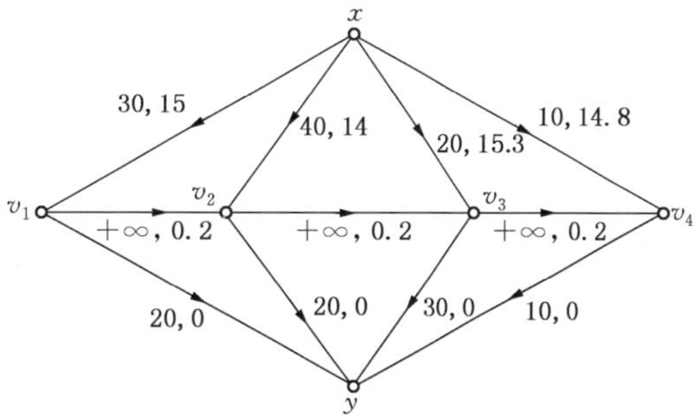

图 5-100

同理给其他有向边及有关参数，我们得网络模型如图 5-100 所示. 显然，本模型的最小代价的最大流的流值必为 80.

例 5-46(生产计划问题) 某工厂与客户签订合同，当月起连续 3 个月每月末向客户提供某型号产品. 有关信息如表 5-38 所示.

表 5-38

月份	正常生产能力 a_j	加班生产能力 $\hat{a}_j$	需求量 b_j	单位产品正常生产成本
1	30	15	30	50
2	40	10	30	60
3	15	10	30	55

已知在加班生产时间内，单位产品生产成本比正常生产时高出 7. 又知单位产品每积压 1 个月需支付存储费 2. 在签订合同时，工厂有该产品的库存量 5，工厂希望在第 3 个月的月末

完成合同后还能存储该产品 10 个单位.问工厂应如何安排生产计划,使在满足上述条件的情况下,总的费用为最少?

解 设 x_1 为工厂处于正常生产状态,x_2 为工厂处于加班生产状态. v_j 为第 j 月生产的产品的存储与供货点,x 与 y 分别为源和汇.

由于工厂月初已有库存产品 5,它要在 1 月末才能交货,而单位产品积压 1 个月的存储费为 2,因此给有向边(x, v_1),取 $C(x, v_1)=5$, $W(x, v_1)=2$(本问题假设签订合同前库存的产品的生产成本不核算在本次生产计划的费用内).

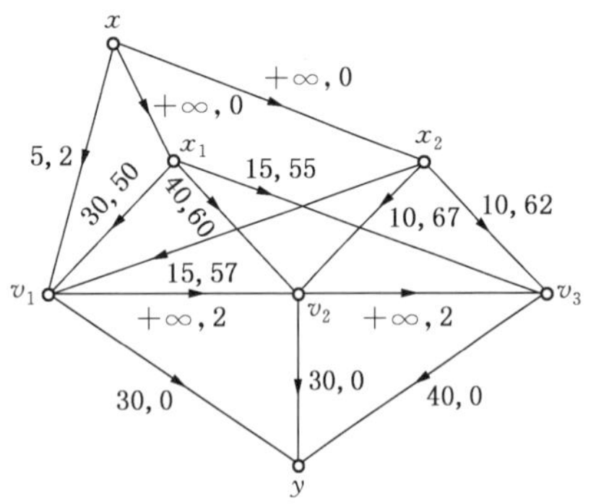

图 5-101

不妨设 $C(x, x_1)=+\infty$, $C(x, x_2)=+\infty$,而 $W(x, x_1)=0$, $W(x, x_2)=0$.

工厂在当月既可正常生产,又可加班生产,所以给边(x_1, v_1)和(x_2, v_1),取 $C(x_1, v_1)=30$, $C(x_2, v_1)=15$, $W(x_1, v_1)=50$, $W(x_2, v_1)=50+7=57$.

v_1 点的产品若在 1 月末未交货,就留存在 2 月末交货,故给边(v_1, v_2),取 $C(v_1, v_2)=+\infty$, $W(v_1, v_2)=2$.

同理,给出其他有向边和有关参数,得网络模型如图 5-101 所示.

例 5-47 (多阶段存储问题) 某厂部件车间每月生产的部件必须存入备品库,以备以后各月月初组装车间向备品库领取一定数量的部件进行组装使用.由于生产条件的变化,该部件车间在各个月份中生产每个部件所耗费的工时不同.已知第 2 至第 5 个月期间各个月月初组装车间对部件的需求量及各个月部件车间生产每个部件所需的工时如表 5-39 所示(设 1 月初该部件库存量为零).

表 5-39

月份 k	1	2	3	4	5
需求量 b_k	—	8	5	7	4
工时 d_k	11	16	13	17	—

假设备品库的容量限制为 9,并要求 5 月末备品库的部件库存量为零.现考虑 1 月至 5 月的总耗费工时最少的逐月生产计划,试建立网络模型.

解 (1) 先假定备品库容量没有限制.

设 x 为源(部件车间),y 为汇(组装车间).又设 v_k 为第 k 个月月初部件的存储与供货点(即备品库).1 月生产的部件沿边(x, v_2)输入 v_2,在 2 月初沿边(v_2, y)供给组装车间 y,剩余的部件可沿边(v_2, v_3)输入 v_3,同时,3 月生产的部件沿边(x, v_3)也输入 v_3,在 3 月初沿边(v_3, y)供应部件给组装车间,剩余部件沿边(v_3, v_4)输入 v_4,依此类推,即得网络图 5-102.在图 5-102 中,取 $C(x, v_k)=+\infty$, $W(x, v_k)=d_{k-1}$; $C(v_k, y)=b_k$, $W(v_k, y)=0$; $C(v_k, v_{k+1})=+\infty$, $W(v_k, v_{k+1})=0$.

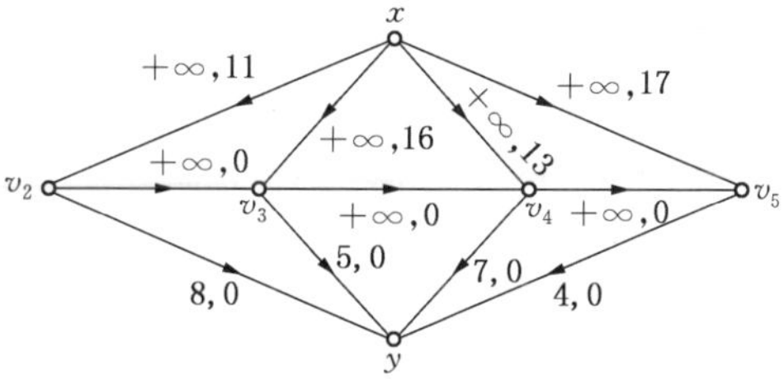

图 5-102

(2) 现假定备品库容量有限制，也即顶点 v_k 有容量约束.

显然顶点有容量约束的网络可以化为仅有边的容量约束的网络，具体方法是：

把具有容量约束的顶点 v 拆为两个顶点 v' 和 v''，同时从 v' 到 v'' 给有向边 (v', v'')，该边的容量即为顶点 v 的容量，并且原来所有以 v 为终点的有向边现都改为以 v' 作为终点，原来以 v 为起点所有有向边现都改为以 v'' 作为起点，同时这些边的容量都不变.

按此方法，我们将图 5-102 中的顶点 v_k 拆成两个顶点 u_k 及 t_k，取 $C(u_k, t_k)=9$，即得图 5-103，运用最小代价的最大流算法求解，即可得到最优生产计划.

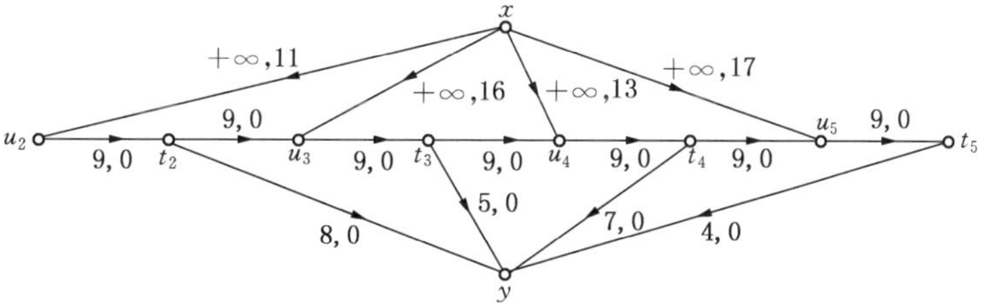

图 5-103

§ 5.10　有界容量运输网络及最大流

在从发点 u 到收点 v 的物资输送中，常常会遇到这样一类问题：u 点至 v 点的物资运量至多为 $C(u, v)$，至少为 $b(u, v)$，即物资流量不但有容量上界约束，而且有容量下界约束. 为此，我们有必要来讨论容量有下界的运输网络的最大流算法.

若对运输网络 $N=(V, E, C, x, y)$，又给一个容量参数：任意 $e\in E$，有非负整数 $b(e)$：$b(e)\leqslant C(e)$，则称 $N=(V, E, C, b, x, y)$ 为有界容量运输网络[在这里，$e\in E$，$b(e)$ 不全为零]. 对 $e\in E$，称 $b(e)$ 为边 e 的下界容量，称 $C(e)$ 为边 e 的上界容量.

有界容量运输网络 N 上的网络流 f（E 上非负整数函数）应满足约束：

① $b(e)\leqslant f(e)\leqslant C(e),\quad e\in E$；

② $f^+(v)=f^-(v),\quad v\in I$.

对于任意给定的一个有界容量运输网络 N，N 上的网络流不一定存在. 例如对图 5-104 这样的网络：边 $e_1=(x, u)$ 的下界容量 $b(x, u)=0$，上界容量 $C(x, u)=1$；边 $e_2=(u, y)$ 的下界容

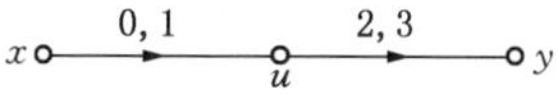

图 5-104

量 $b(u, y)=2$,上界容量 $C(u, y)=3$,那么,在这个网络 N 中显然是不可能发生流的.所以,对于有界容量运输网络 N,首要的问题是判断它是否有流 f 存在.

为此,我们对有界容量运输网络

$$N=(V, E, b, C, x, y),$$

作辅助网络

$$\widetilde{N}=(\widetilde{V}, \widetilde{E}, \widetilde{C}, R, t),$$

然后由下界容量为零的运输网络 $\widetilde{N}=(\widetilde{V}, \widetilde{E}, \widetilde{C}, R, t)$ 作为媒介来判别 N 中是否有流 f 存在.

对于有界容量运输网络 $N=(V, E, C, b, x, y)$ [$e\in E$, $b(e)$不全为零],我们构造 N 的辅助网络 $\widetilde{N}=(\widetilde{V}, \widetilde{E}, \widetilde{C}, R, t)$ 如下:

① $\widetilde{V}=V\cup\{R, t\}$($R$, t 分别为$\widetilde{N}$ 的源和汇);

② $\widetilde{E}=E\cup\{(y, x)\}\cup\{(R, v), (v, t)\mid v\in V\}$,

③
$$\widetilde{C}(e)=\begin{cases}C(e)-b(e), & e\in E,\\ b^{-}(v), & e=(R, v), v\in V,\\ b^{+}(v), & e=(v, t), v\in V,\\ +\infty, & e=(y, x),\end{cases}\tag{5-48}$$

其中 $b^{-}(v)$ 为 N 中以 v 点为终点的全部有向边 e(v 点的输入边)的下界容量 $b(e)$之和;$b^{+}(v)$ 为 N 中以 v 点为起点的全部有向边 e(v 点的输出边)的下界容量 $b(e)$之和.

对于运输网络 $\widetilde{N}$,满足约束:

① $0\leqslant g(e)\leqslant\widetilde{C}(e)\quad(e\in\widetilde{E})$;

② $g^{+}(v)=g^{-}(v)\quad(v\in\widetilde{V}-\{R, t\})$

的网络 g 显然是存在的(例如零流 $g\equiv 0$ 就是其中之一),因而可用上节所叙述的最大流算法来求得 $\widetilde{N}$ 的最大流 g^{*}.

我们不加证明地给出下述定理 5-10.

定理 5-10 给定有界容量运输网络

$$N=(V, E, C, b, x, y),$$

其辅助网络 $\widetilde{N}=(\widetilde{V}, \widetilde{E}, \widetilde{C}, R, t)$,那么

(1) 网络 N 中有流 f 存在的充分必要条件为:若 g^{*} 为 $\widetilde{N}$ 的最大流,则对任意 $v\in V$,有 $g^{*}(R, v)=\widetilde{C}(R, v)$ 成立;

(2) 若 g^{*} 为 $\widetilde{N}$ 的最大流,则对任意 $v\in V$, $g^{*}(R, v)=\widetilde{C}(R, v)$ 成立的充要条件为 $\mathrm{Val}g^{*}=\sum_{e\in E}b(e)$;

(3) 若 g^{*} 为 $\widetilde{N}$ 的最大流,且 $\mathrm{Val}g^{*}=\sum_{e\in E}b(e)$,则 $f(e)=g^{*}(e)+b(e)\ (e\in E)$ 为 N 上的流.

本定理给我们指出了判别有界容量运输网络 N 是否有流存在的一个方法:

首先用上节介绍的最大流算法求网络 $\widetilde{N}$ 的最大流 g^*，然后验证 $\mathrm{Val}g^*$ 是否等于 N 中全部有向边的下界容量之和 $\sum\limits_{e\in E}b(e)$. 也即验证是否对任意 $v\in V$，(R, v) 都为饱和边：$g^*(R, v)=\widetilde{C}(R, v)$. 若 $\mathrm{Val}g^* < \sum\limits_{e\in E}b(e)$ [即存在一条边 (R, v) $(v\in V)$，有 $g^*(R, v) < \widetilde{C}(R, v)$]，则 N 中不存在流；反之，若 $\mathrm{Val}g^* = \sum\limits_{e\in E}b(e)$，则网络 N 中存在流，与此同时，我们也就得到了 N 中的一个流 f：

$$f(e)=g^*(e)+b(e)，任意\ e\in E. \tag{5-49}$$

我们就以该流 f 作为网络 N 的一个初始流，然后再利用§5.8节所给的最大流算法(个别步骤应作修改)即可求得 N 的最大流 f^*.

下面我们给出有界容量运输网络 $N=(V, E, C, b, x, y)$ 的最大流算法：

① 作 N 的辅助网络 $\widetilde{N}=(\widetilde{V}, \widetilde{E}, \widetilde{C}, R, t)$.

② 求 $\widetilde{N}$ 的最大流 g^*.

③ $\mathrm{Val}g^* = \sum\limits_{e\in E}b(e)$ 成立否？

若是，则令 $f(e)=g^*(e)+b(e)$ $(e\in E)$，转步骤④；

若否，则 N 中不存在流，算法终止.

(4) 以 f 作为 N 的初始流，求 N 的最大流.

在求 N 的最大流时，由于对 N 中任一边 e，要求 $b(e)\leqslant f(e)\leqslant C(e)$ 成立，因此对上一节所给的最大流算法作如下修改：在算法步骤中，$M^-(u)$ 都应改为

$$M^-(u)=\{v \mid 存在\ e=(v, u)\in E, v\in \overline{S}, f(e)>b(e)\}.$$

对 $M^-(u)$ 中点 v 的标号 $l(v)$ 改为

$$l(v)=\min\{l(u), f(v, u)-b(v, u)\}.$$

例 5-48　求有界容量运输网络 $N=(V, E, C, b, x, y)$ 图 5-105 的最大流，边旁参数为 $C(e), b(e)$.

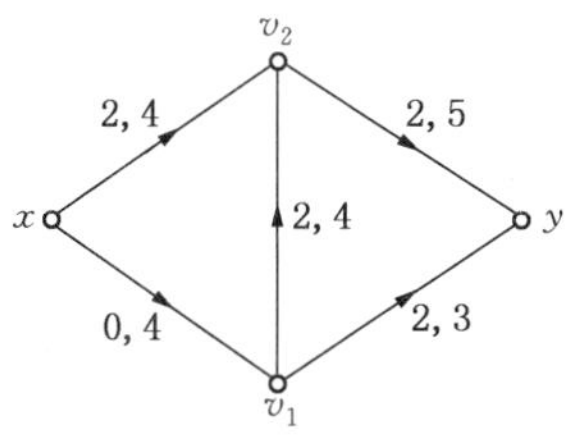

图 5-105

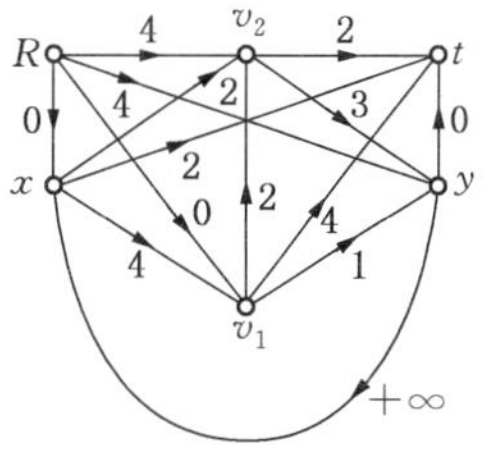

图 5-106

解　作辅助网络 $\widetilde{N}$ 如图 5-106 所示.

在 $\widetilde{N}$ 中，各边的容量按式(5-48)得到：

$$\widetilde{C}(x, v_2)=C(x, v_2)-b(x, v_2)=4-2=2,$$
$$\widetilde{C}(x, v_1)=C(x, v_1)-b(x, v_1)=4-0=4,$$
$$\widetilde{C}(v_1, v_2)=C(v_1, v_2)-b(v_1, v_2)=4-2=2,$$
$$\widetilde{C}(v_2, y)=C(v_2, y)-b(v_2, y)=5-2=3,$$
$$\widetilde{C}(v_1, y)=C(v_1, y)-b(v_1, y)=3-2=1,$$
$$\widetilde{C}(R, x)=0,$$
$$\widetilde{C}(R, v_1)=b(x, v_1)=0,$$
$$\widetilde{C}(R, v_2)=b(x, v_2)+b(v_1, v_2)=2+2=4,$$
$$\widetilde{C}(R, y)=b(v_1, y)+b(v_2, y)=2+2=4,$$
$$\widetilde{C}(x, t)=b(x, v_1)+b(x, v_2)=0+2=2,$$
$$\widetilde{C}(v_1, t)=b(v_1, v_2)+b(v_1, y)=2+2=4,$$
$$\widetilde{C}(v_2, t)=b(v_2, y)=2,$$
$$\widetilde{C}(y, t)=0,$$
$$\widetilde{C}(y, x)=+\infty.$$

用最大流算法求得 $\widetilde{N}$ 的最大流 g^* 如图 5-107. 由

$$\mathrm{Val}g^*=8,$$
$$\sum_{e\in E}b(e)=b(x, v_2)+b(x, v_1)+b(v_1, v_2)+b(v_1, y)+b(v_2, y)$$
$$=2+0+2+2+2=8$$

可知, $\mathrm{Val}g^*=\sum_{e\in E}b(e)$, 故 N 中存在流. 由式(5-49),我们得 N 中的流 f 如图 5-108 所示.

$$f(x, v_1)=g^*(x, v_1)+b(x, v_1)=4+0=4,$$
$$f(x, v_2)=g^*(x, v_2)+b(x, v_2)=0+2=2,$$
$$f(v_1, v_2)=g^*(v_1, v_2)+b(v_1, v_2)=0+2=2,$$
$$f(v_1, y)=g^*(v_1, y)+b(v_1, y)=0+2=2,$$
$$f(v_2, y)=g^*(v_2, y)+b(v_2, y)=2+2=4.$$

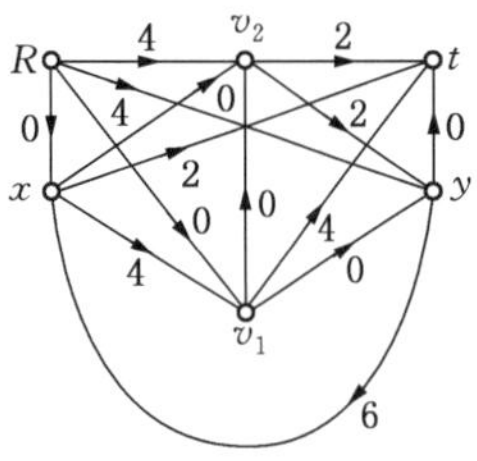

图 5-107

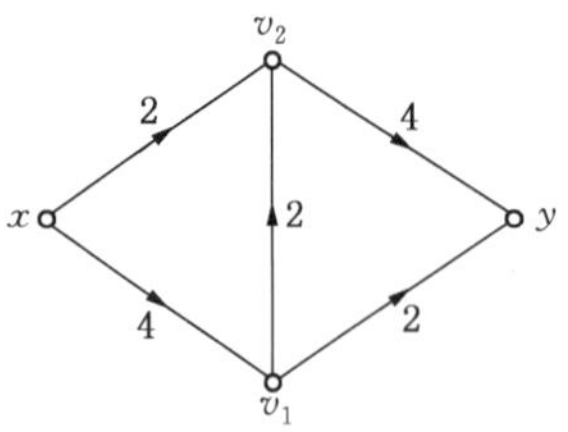

图 5-108

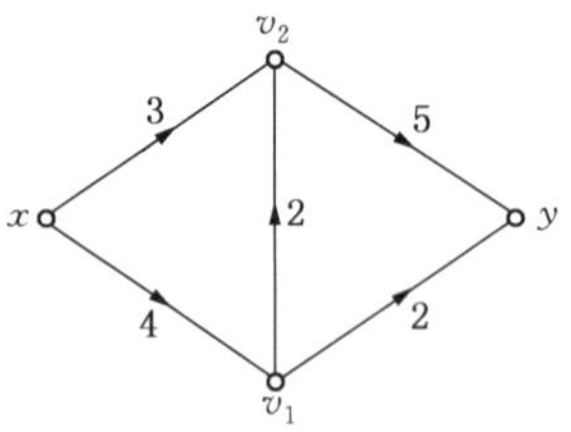

图 5-109

以图 5-108 中的流 f 为初始流,求得图 5-105 的最大流 f^* 如图 5-109 所示,有

$$\mathrm{Val}f^*=7.$$

习题 5

1. (1) 求图 5-110 中 v_1 至 v_{10} 的最短路径及其长度.

(2) 求图 5-111 中 v_1 至 v_7 的最短路径及其长度.

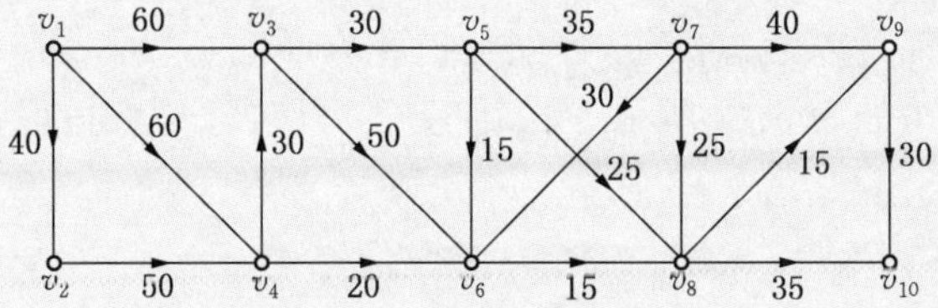

图 5-110

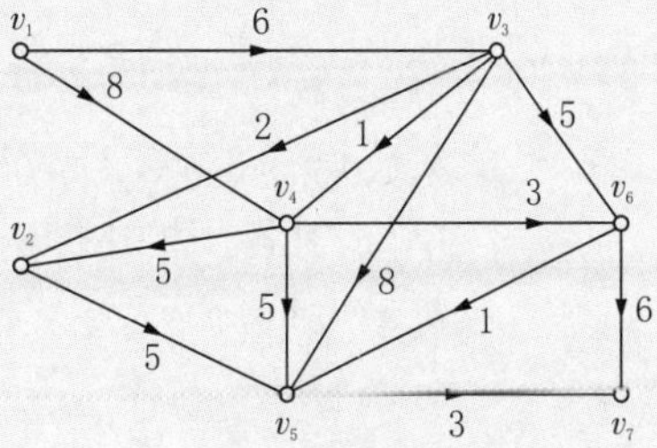

图 5-111

2. 某厂正在制订 5 年里购买某种设备的计划. 表 5-40 给出从第 1 年到第 5 年的设备价格. 表 5-41 给出设备使用维修费. 该工厂可以采用的最优策略是什么?

表 5-40

年　号	1	2	3	4	5
购买价格	20	21	23	24	26

表 5-41

设备寿命	(0, 1]	(1, 2]	(2, 3]	(3, 4]	(4, 5]
使用维修费	8	13	19	23	30

3. 对图 5-112(a)和 5-112(b)用弗劳德算法求任意两点间的最短路径及其长度.

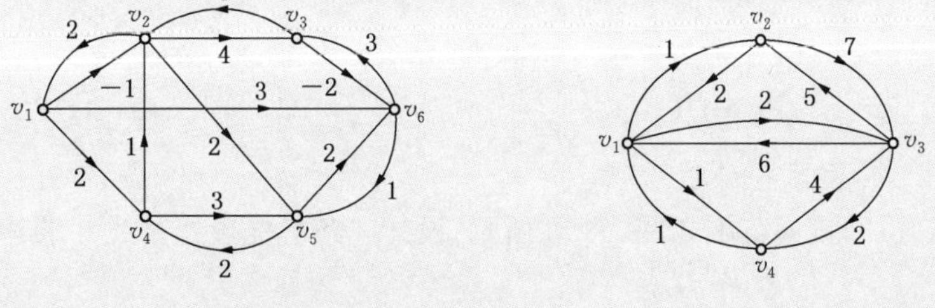

(a)　　(b)

图 5-112

4. 用弗劳德算法求图 5-113 中的一条负回路.

5. 求图 5-110 中 v_1 至 v_{10} 的最长路径及其长度.

6. 求图 5-114 中 v_1 至 v_7 的最短路径及其长度.

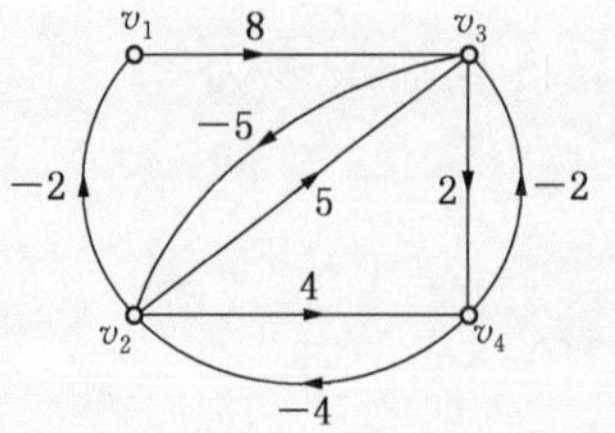

图 5-113

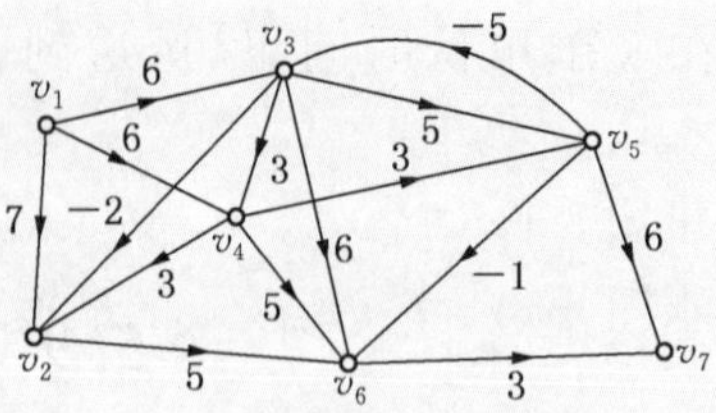

图 5-114

7. (1) 某公司有 3 家工厂,每个工厂都可以考虑扩建,分配在扩建方面的总投资是 5 个单位,对各厂扩建投资后的收益如表 5-42 所示. 问如何决策可使公司得到的总收益最大?

表 5-42

收益 a_{ij}		投资数 j				
		0	1	2	3	4
工厂 i	1	0	5	6	—	—
	2	0	—	8	9	12
	3	0	3	5	—	—

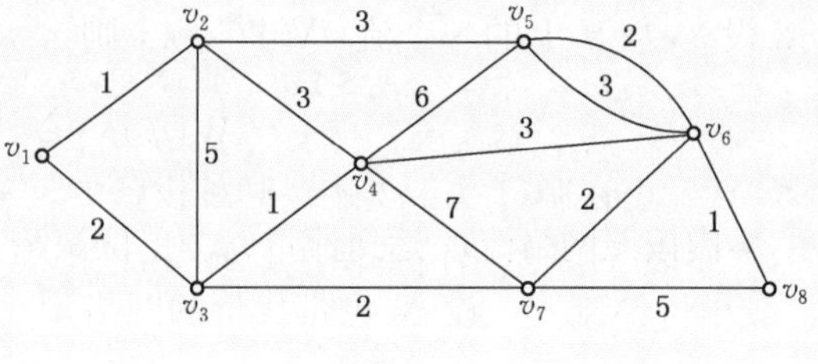

图 5-115

(2) 求解 $\max\{3x_1+4x_2 \mid 2x_1+3x_2\leqslant 6,\ x_j\geqslant 0,\text{整数},\ j=1,2\}$.

8. 对图 5-115 求最小生成树和最大生成树.

9. 判断图 5-116 和图 5-117 中是否具有欧拉链,若有,请写出一条.

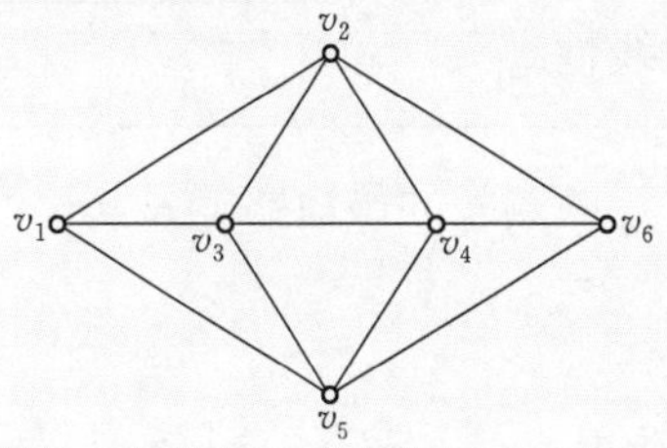

图 5-116

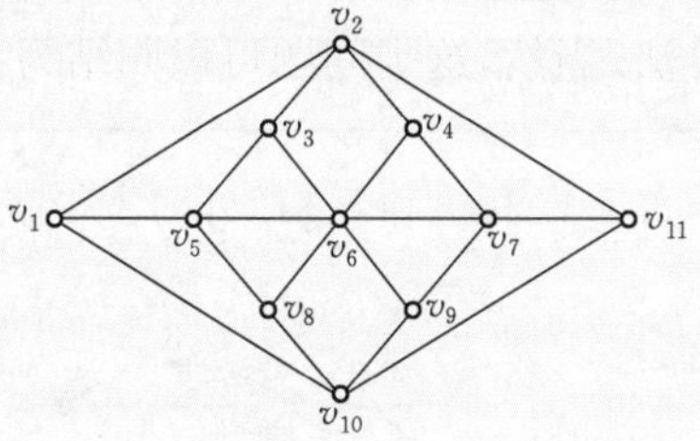

图 5-117

10. 求图 5-118 的欧拉环游.

11. 某邮递员的投递范围如图 5-119 所示,设计一条最优投递路线并求其长度.

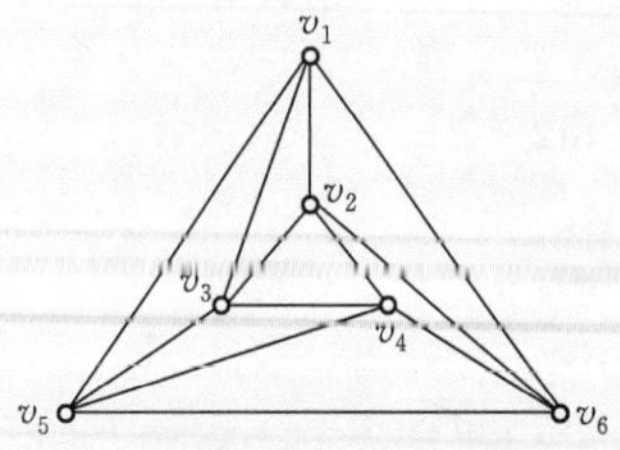

图 5-118

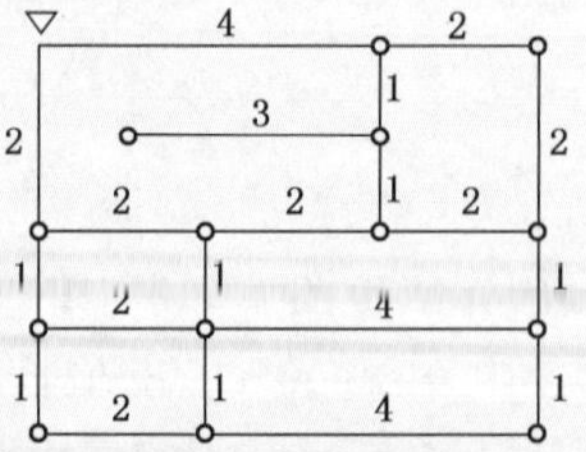

图 5-119

12. 某车站货场的货位及其货运员办公室(用△表示)布置如图 5-120 所示. 试为货运员设计一条巡视路线,以保证对每个货位的货物四周进行检查,并要求行走的路程为最短. 计算该路线巡视一次的路程.

13. 上题如场地不限制,允许按最短巡视路线调整货位布置,试设计一个 12 个货位的布置图,并计算巡视一次的路程.

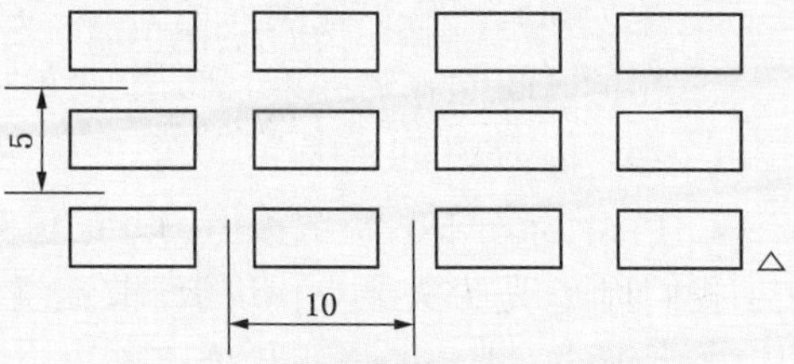

图 5-120

14. 求图 5-110 中 v_1 至 v_{10} 的第 4 短路径.

15. (1) 求由图 5-121 所给网络的最大流、流值及最小割[边旁参数为 $C(e)$, $f(e)$].

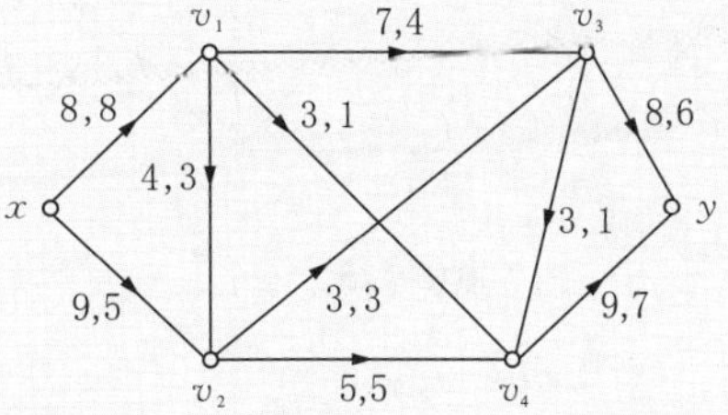

图 5-121

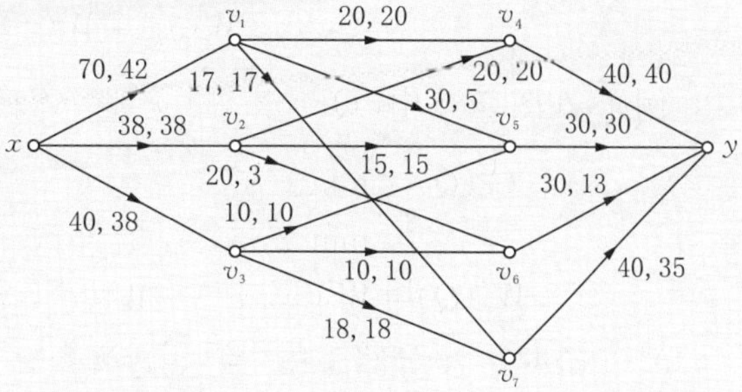

图 5-122

(2) 对图 5-122 所给的图 D,已经给了一个初始流[有向边旁参数为 $C(e)$, $f(e)$],求最小割及其容量.

16. 要从 3 个仓库 x_1, x_2, x_3 运送某种商品到 4 个市场 y_1, y_2, y_3 和 y_4 去,仓库的供应量分别是 20, 20 和 100 件,市场的需求量分别是 20, 20, 60 和 20 件. 表 5-43 给出了各仓库到各市场运送路线上的容量. 问利用现有的运送条件,市场的需求量能否得到满足?

表 5-43

	y_1	y_2	y_3	y_4
x_1	30	10	—	40
x_2	—	—	10	50
x_3	20	10	40	5

17. 图 5-123 所示的网络各边都有容量限制,顶点旁带括号的数字为各顶点处的容量限制. 作出一个与此等价的网络,它只有边的容量而无顶点处的容量,并求出 x 到 y 的最大流及流值.

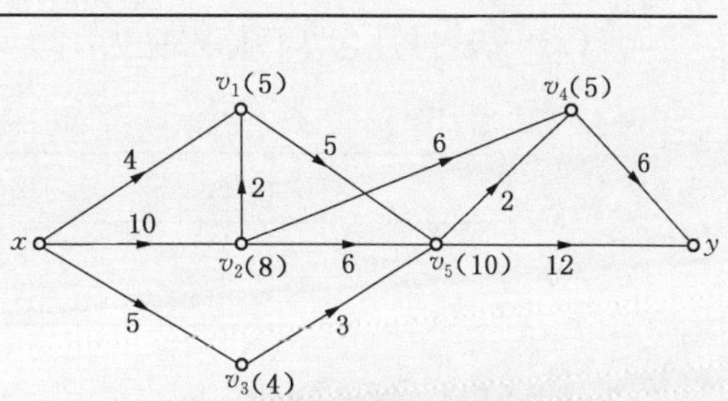

图 5-123

18. 有甲、乙、丙 3 个车站,工人住宅在车站甲,工厂区在车站丙. 工人上班从甲地到丙地有两条路线:甲→丙,甲→乙→丙. 每天上午 7:00 到 9:00 为高峰. 每名工人不早于上午 7:00 离开甲地,不迟于 9:00 到达丙地. 火车平均行驶时间是:甲地到乙地为 60 分钟,甲地到丙地为 60 分钟,乙地到丙地为 30 分钟. 在车站甲和乙规定发车的时间间隔为 30 分钟. 每次最大的运输量是(百人):甲→乙为 7;甲→丙为 9;乙→丙为 8. 问上午 7:00 至 9:00 从甲地最多可输送多少名工人到丙地?

19. 已给运输网络 N 上流值为 5 的流如图 5-124 所示[边旁参数为 $C(e)$,$W(e)$,$f(e)$],判别它是否为最小代价流. 求流值为 6 的最小代价流. 若 x_1 与 x_2 为发点,y_1,y_2,y_3 为收点,求出的最小代价流给出了一个怎样的运输方案? 求出它的运输费用.

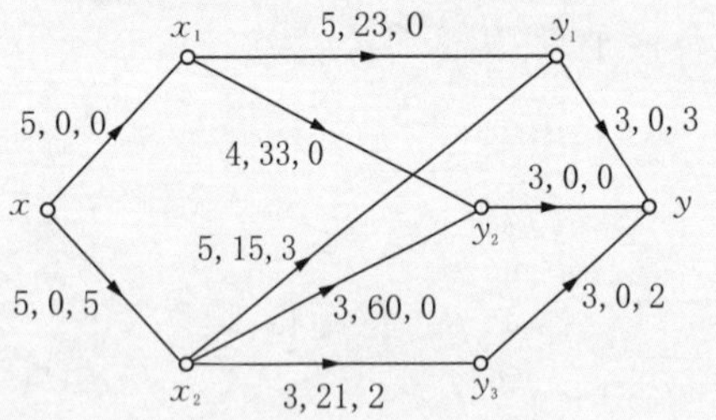

图 5-124

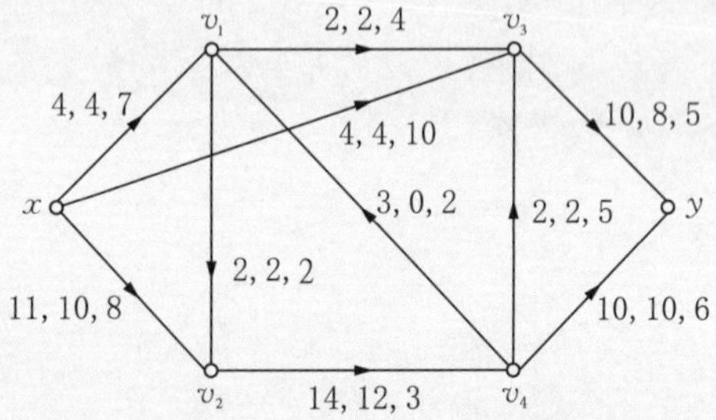

图 5-125

20. 现给网络 N 如图 5-125 所示[边旁参数为 $C(e)$,$f(e)$,$w(e)$].

(1) 现给的 f 是否为流? 为什么?

(2) 是否为最大流? 你如何用算法判断? 若不是最大流,求出最大流.
若是最大流,现在要提高流值,问首先应该在哪些边上考虑提高容量(即找出瓶颈)?

(3)是否为最小代价流? 你如何判断? 若为最小代价流,求出该流代价. 若不是最小代价流,求最小代价流和最优值.

21. (1) 某贸易公司估计市场在第 n 个月对某产品的需求量为 u_n,又知在第 n 个月该产品的订购价格为 $d_n(n=1,\ 2,\ \cdots,\ 6)$. n, u_n, d_n 的信息如表 5-44 所示. 上个月月底未销完的每件产品(即本月初仓库已存储的产品)要付存储费 6 个单位. 假定第 1 个月月初的库存量为零,第 6 个月月底的库存量也为零. 问每月应如何订购和存储产品,可使成本最低? (不允许缺货,每月月初订购,订购后产品能立刻到货、进库并供应市场,若于当月被售掉,则不必付存储费)试建立网络模型.

(2) 又若每月仓库存储限量为 120,那么如何修改已建立的模型?

表 5-44

n	1	2	3	4	5	6
u_n	50	55	50	45	40	30
d_n	80	70	80	85	70	80

22. 试为习题 1 第 6 题建立网络模型.

23. 试为习题 3 第 4 题建立网络模型.

24. 试为第 3 章例 3-10 建立网络模型.

25. (生产计划问题)　工厂甲和乙皆生产产品 A 和 B. 该两个工厂对产品 A 和 B 的工时定额分别定为 1 和 2(工时/件). 表 5-45 和表 5-46 给出有关信息. 试制订最优生产计划,以使总成本最低.

表 5-45

需求量(件)	1 月 ($i=1$)	2 月 ($i=2$)
产品 A	100	110
产品 B	150	190

表 5-46

工厂	生产能力(工时)		产品生产成本(元/件)		产品每月存储费(元/件)	
	1 月	2 月	A	B	A	B
甲	$a_{甲}^{1}=230$	$a_{甲}^{2}=245$	3	6.4	0.2	0.6
乙	$a_{乙}^{1}=260$	$a_{乙}^{2}=225$	3.1	6.2	0.32	0.5

[建立该生产计划问题的模型,比较有难度,具体答案可参见《运筹学方法与模型(第二版)》(傅家良编著,复旦大学出版社)中的第六章"网络规划"例 6-49.]

26. 判断图 5-126 和图 5-127 中是否存在网络流. 若存在,求最大流[边旁参数为 $b(e)$, $C(e)$].

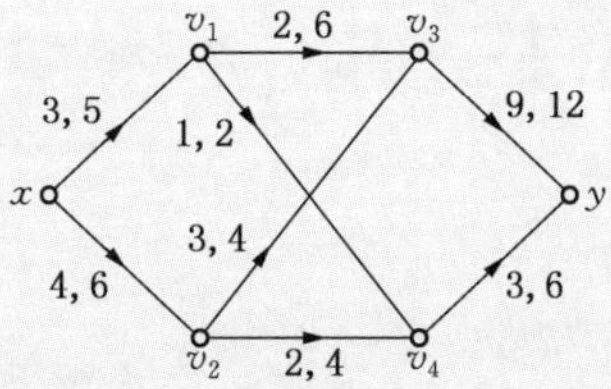

图 5-126

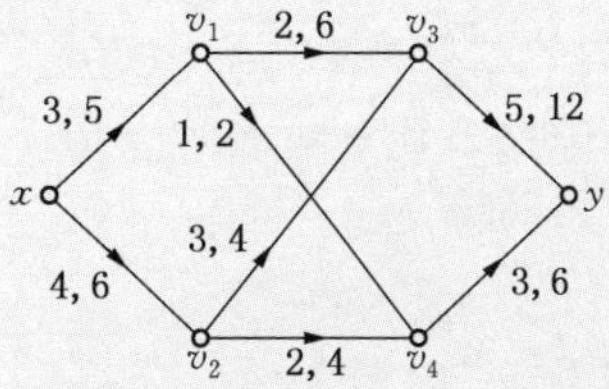

图 5-127

第 6 章 网络计划技术

计划评审法和关键路线法是20世纪50年代在美国彼此独立地发展起来的一种组织生产和进行计划管理的科学方法，这两种方法虽有差异，但基本原理是一样的，所以，人们已将它们合在一起，称作网络计划技术. 1965年，著名数学家华罗庚教授在全国各地许多部门开始推广和应用这类生产计划管理的科学方法，称之为统筹方法，并在生产实践中取得了丰硕成果.

网络计划技术的基本原理是：利用网络图来表达工程(例如，国防和建设工程，企业的产品生产，设备的维修等)的进度安排及其组成的各项活动(也称为作业或工序)之间的制约关系，计算各项活动的有关时间参数，使管理者在对全局工作有一个比较完整清晰的了解后进行网络分析，制定任务进展的日程计划以求得完工期、资源和成本的优化方案. 在计划执行过程中，通过信息反馈对各项活动的进度进行监督和控制，以求按预定的计划目标出色地完成任务.

所以，网络计划技术在实施时，主要是分4个步骤：第1步编制网络图，第2步确定问题各项活动的持续时间，第3步决定关键路线，第4步结合资源费用等因素制定工程的最优日程进度. 下面对此一一进行介绍.

§6.1 工程网络图

6.1.1 PERT网络

一项工程总是由许多相互独立的活动组成的，今后称这些活动为工序. 各道工序之间有着一定的先后次序上的联系，且完成各道工序都需要耗费一定的时间(不妨设单位时间为天)，称它们为工序的长度或工序时间. 我们可以采用一个赋权有向图来描述工程各道工序之间相互依存的逻辑关系：

① 以一条有向边来表示一道工序，有向边的权即为此工序的长度；

② 有向边的起点和终点分别表示相应工序的开工和完工，称为事项；

③ 前接工序的完工事项即为后继工序的开工事项.

我们称这种赋权有向图为计划网络图，简称网络图.

下面给出网络图的绘制规则和方法：

(1) 若工序 D 和 E 必须在工序 A，B 和 C 完成后才能开工，可用图 6-1 表示. 称工序 A，B 和 C 为工序 D 或工序 E 的紧前工序，工序 D(或 E)称为工序 A(或 B 或 C)的紧后工序.

(2) 若工序 C 需工序 A 及 B 完工后始能开工，而工序 D 在工序 B 完工后就可开工，此时，在工序 B 和 C 之间虚设一个长度为 0 的“虚工序”，如图 6-2 所示. 这种虚工序在任务实施中实际上是不存在的，只表示工序之间的逻辑关系，它不耗费时间和资源.

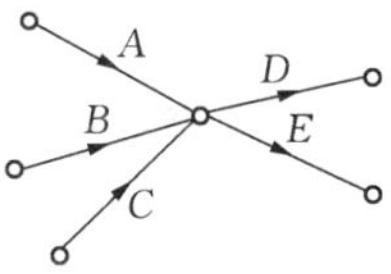

图 6-1

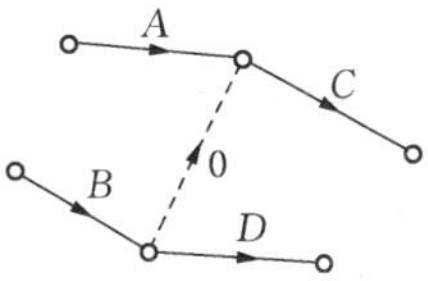

图 6-2

(3) 网络图中不允许出现平行边.

在使用电子计算机对网络图进行有关的时间参数计算时，一般都利用有向边的起点及终点的编号来表示有向边. 因此，在具有平行边的网络图中，当起点、终点的编号给定后，边不能唯一地确定. 所以，图 6-3 的形式在网络图中是不允许的. 我们可以利用虚工序的技巧，用图 6-4 来表示图 6-3 中工序之间的逻辑关系.

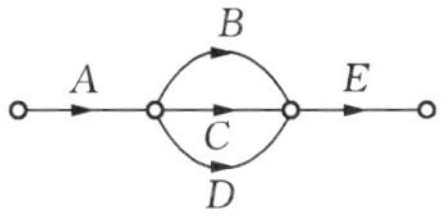

图 6-3

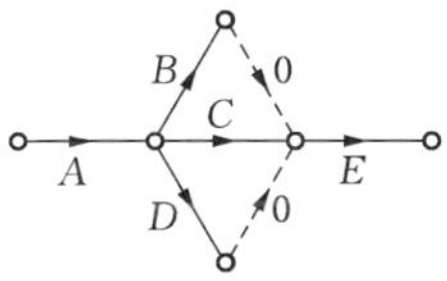

图 6-4

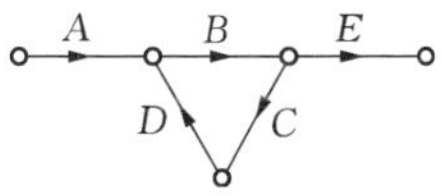

图 6-5

(4) 网络图中不允许出现回路.

例如，图 6-5 中存在回路，工序流程出现循环，这是逻辑上的错误，不允许出现.

(5) 网络图中只能具有一个源(工程的始点，它只具有输出边)和一个汇(工程的终点，它只具有输入边)，即自网络图的源出发经由任何路径都可以到达汇.

例如图 6-6 这种形式是错误的. 如果图 6-6 作如此解释：工序 A 和 B 可以同时开工，工序 F 和 H 完工后工程即告完成，则应画成图 6-7 形式.

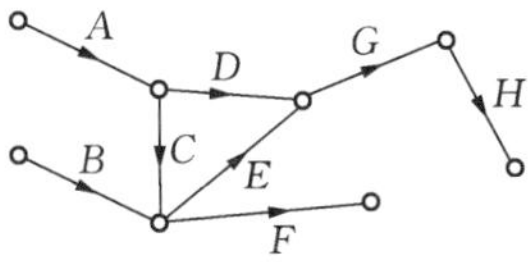

图 6-6

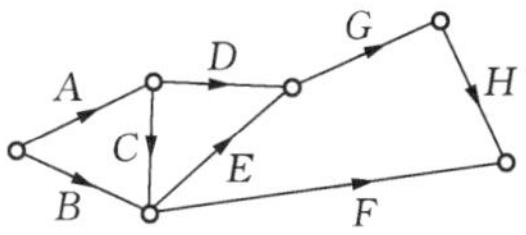

图 6-7

于是，一个工程就可用一个网络 $N=(V, E, W, x, y)$ 来描述，它没有平行边，没有回路，源 x 表示工程的总开工事项，汇 y 表示工程的总完工事项，$W(e)$ 表示工序 e 的长度. 我们称这一网络 N 为该工程的 **PERT** 网络.

对 PERT 网络 N 的每个顶点需用数字进行编号. 若 N 中有一条以 u 为起点、v 为终点的有向边 (u, v)，则顶点 u 的编号 i 应小于顶点 v 的编号 j，并且就以边 (i, j) 表示该工序 $(u,$

v),其长度记为 W_{ij}.

我们可按如下方法对顶点进行编号:首先给源 x 以编号 1(以后用①表示源),接着设想把以源为起点的边都从网络 N 中删去,这样得到一个或数个没有输入边且未编号的顶点,对它们逐一编上号(对这些顶点来说,编号的前后顺序无关紧要). 然后再从 N 中把以这些新编上号的顶点为起点的边删去,又得到一些没有输入边的未编号的点,再逐一地编号. 如此继续进行,直至最后一个顶点汇 y 被编上号(假设为 n,以后就以ⓝ来表示汇).

今后,我们将直接用顶点的编号来称呼顶点或事项.

在绘制一项工程的 PERT 网络时,首先要把整个工程分解成若干道工序(工序是在工艺上和生产组织管理上具有相对独立性的活动)并确定工序的长度,然后根据工艺流程确定各工序之间的顺序关系.

由于工程设计的图纸一般有总图和分图等不同的层次,因此,对于规模较大的工程,在编制网络图时,同样地也应分成层次,区分为网络总图和网络分图. 网络分图在网络总图中可以用一道工序来表示,其长度为网络分图中最长路径的长度.

有时,为了加快工程进度,对于相邻的工序,可以不必待紧前工序全部完工后才开始下一道工序,可以先完成前道工序的一部分作业,然后就开始紧后工序的一部分作业. 换言之,在条件许可下,把一些相邻的若干工序进行分解,采用交叉作业.

例如:① 原工序 B 紧接工序 A,现在 A 工序分解成 A_1, A_2 和 A_3, B 工序分解成 B_1, B_2 和 B_3,则可画成图 6-8.

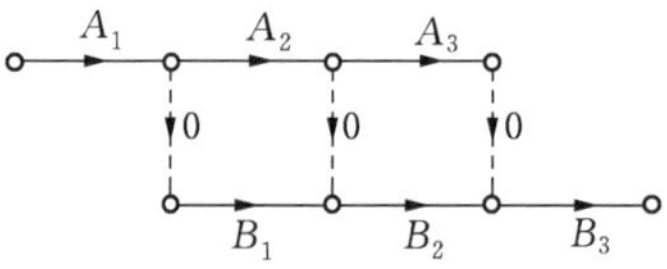

图 6-8

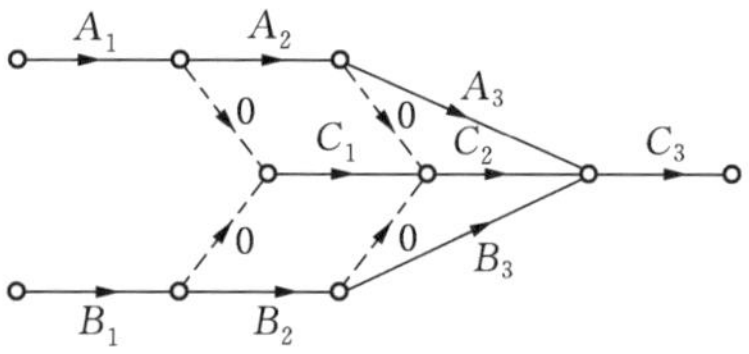

图 6-9

② 原工序 C 紧接工序 A 和 B,现在 A 分解成 A_1, A_2 和 A_3, B 分解成 B_1, B_2 和 B_3, C 分解成 C_1, C_2 和 C_3,则可画成图 6-9.

③ 原工序 A, B, C, D 为依次前后紧接的 4 道工序,现在 A, B, C, D 分别分解成 A_i, B_i, C_i 和 D_i($i=1, 2, 3$),则可画成图 6-10.

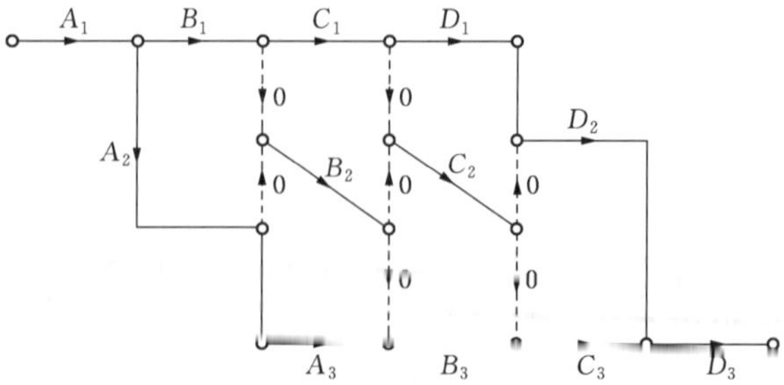

图 6-10

例 6-1　某工程各工序的顺序关系及各工序的工序时间如表 6-1 所示，画出它的 PERT 网络.

表 6-1

工　序	紧前工序	工序时间	工　序	紧前工序	工序时间
A	—	12	N	D, E	3
B	—	3	M	E	8
C	B	5	X	H	3
D	B	7	P	F	7
E	B	8	R	N	3
F	C	5	W	M	2
G	C	6	Z	X, P, R	2
H	A, G	4			

解　该工程的 PERT 网络如图 6-11 所示.

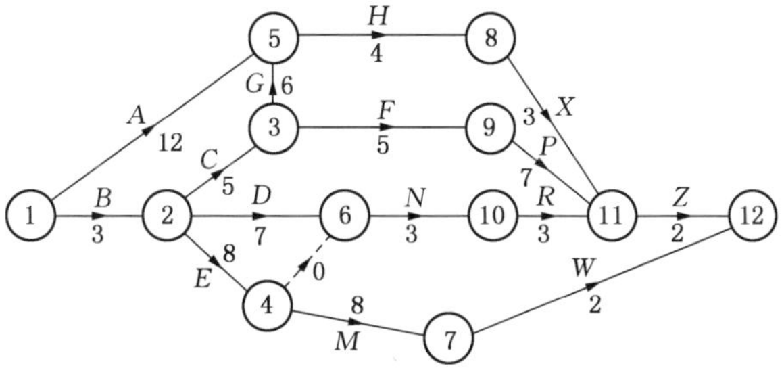

图 6-11

6.1.2　网络图的时间参数和关键路径

如果我们在图 6-11 的 12 个事项中任取一个事项，例如取事项 5，那么它作为工序(5, 8)的开工事项，最早可在整个工程开工几天后执行呢？显然，事项 5 作为开工事项一定要等工序(1, 5)和(3, 5)都完工后才能执行，仅工序(1, 5)完工后还不能执行开工事项 5. 从图上可以看出，事项 5 最早可在开工 14 天后(第 15 天)执行.

为此，我们对于网络图中任一个事项 k 引进第 1 个时间参数：

事项 k 的最早时间 $t_E(k)$——从顶点 1 到顶点 k 的最长路径长度称为事项 k 的最早时间，记为 $t_E(k)$.

$t_E(k)$的实际意义是指：以事项 k 为起点的工序必须等它的紧前工序都完工后才能开工，它们的预期最早执行时间在整个工程开工 $t_E(k)$天后[即在第 $t_E(k)+1$ 天].

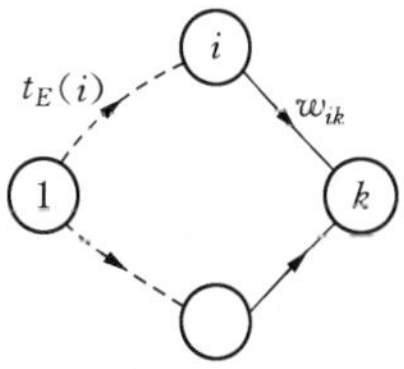

图 6-12

在图 6-12 中，工序(i, k)是以 k 为终点的工序之一(根据编号原则，有 $i<k$)，w_{ik} 为工序(i, k)之长度，$t_E(i)$为顶点 1 至顶点 i 的最长路径长度，虚线表示相应的最长路径. 由图 6-12 不难得到下列递推公式：

$$\begin{cases} t_E(1)=0, \\ t_E(k)=\max\{t_E(i)+w_{ik} \mid i<k,\ (i,\ k)\in E\}. \end{cases} \tag{6-1}$$

总工期——事项 n 的最早时间 $t_E(n)$称为工程的总工期,记作 T_E.

T_E 表示整个工程从开工到完工所需的最少时间.

由图 6-11 可知,$t_E(12)=23$, $t_E(7)=19$,事项 7 作为工序(7, 12)的开工事项,如果在整个工程开工 21 天后工序(7, 12)还不开工,那么整个工程的完工时间就将超过 23 天,因为执行工序(7, 12)需要 2 天时间. 为此,我们引进事项 k 的第 2 个时间参数:

事项 k 的最迟时间 $t_L(k)$——总工期 T_E 与顶点 k 至顶点 n 的最长路径长度之差称为事项 k 的最迟时间,记为 $t_L(k)$.

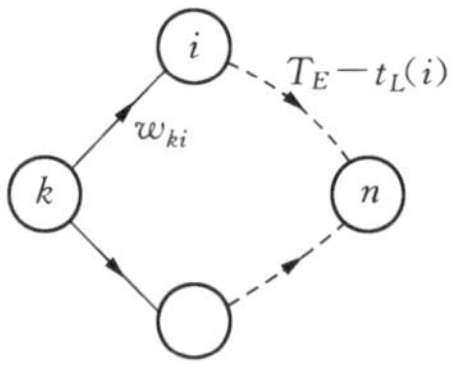

图 6-13

$t_L(k)$的实际意义是指:在不误总工期 T_E 的前提下,以事项 k 为开工事项的工序最迟应在整个工程开工 $t_L(k)$天后执行,也即以事项 k 为完工事项的工序最迟完工的时间为第 $t_L(k)$天.

在图 6-13 中,工序(k, i)是以 k 为起点的工序之一,$T_E-t_L(i)$ 为顶点 i 至顶点 n 的最长路径长度,虚线表示相应的最长路径. 由图 6-13 可得下列递推公式:

$$\begin{cases} t_L(n)=T_E, \\ t_L(k)=T_E-\max\{T_E-t_L(i)+w_{ki} \mid i>k,\ (k,\ i)\in E\}. \end{cases} \tag{6-2}$$

由于

$$\begin{aligned} & T_E-\max\{T_E-t_L(i)+w_{ki} \mid i>k,\ (k,\ i)\in E\} \\ =& \min\{T_E-(T_E-t_L(i)+w_{ki}) \mid i>k,\ (k,\ i)\in E\} \\ =& \min\{t_L(i)-w_{ki} \mid i>k,\ (k,\ i)\in E\}, \end{aligned}$$

因此式(6-2)化成下列形式:

$$\begin{cases} t_L(n)=T_E, \\ t_L(k)=\min\{t_L(i)-w_{ki} \mid i>k,\ (k,\ i)\in E\}. \end{cases} \tag{6-3}$$

关键路径——PERT 网络 N 中从顶点 1 至顶点 n 的最长路径为网络的关键路径(可能不止一条),其长度即为 T_E. 关键路径上的工序称为关键工序.

关键事项——若对于事项 k 有 $t_E(k)=t_L(k)$,则称事项 k 为关键事项.

例 6-2 求图 6-11 所示 PERT 网络各事项的最早时间、最迟时间及关键路径.

解 应用公式(6-1)从 $t_E(1)=0$ 出发逐个求出 $t_E(2)$, $t_E(3)$, …, $t_E(12)$. 再应用公式(6-3)从 $t_L(12)=T_E$ 出发,逐个求出 $t_L(11)$, $t_L(10)$, …, $t_L(1)$. 具体计算结果见图 6-14[顶点 k 旁正方形框中标出的数字为 $t_E(k)$,三角形框中标出的数字为 $t_L(k)$]. 例如,

$$\begin{aligned} t_E(5) &= \max\{t_E(1)+w_{15},\ t_E(3)+w_{35}\} \\ &= \max\{0+12,\ 8+16\}=14; \\ t_E(11) &= \max\{t_E(8)+w_{8,11},\ t_E(9)+w_{9,11},\ t_E(10)+w_{10,11}\} \\ &= \max\{18+3,\ 13+7,\ 14+3\}=21; \\ t_L(3) &= \min\{t_L(9)-w_{39},\ t_L(5)-w_{35}\} \\ &= \min\{14-5,\ 14-6\}=8; \end{aligned}$$

$$t_L(2)=\min\{t_L(6)-w_{26},\ t_L(4)-w_{24},\ t_L(3)-w_{23}\}$$
$$=\min\{15-7,\ 13-8,\ 8-5\}=3.$$

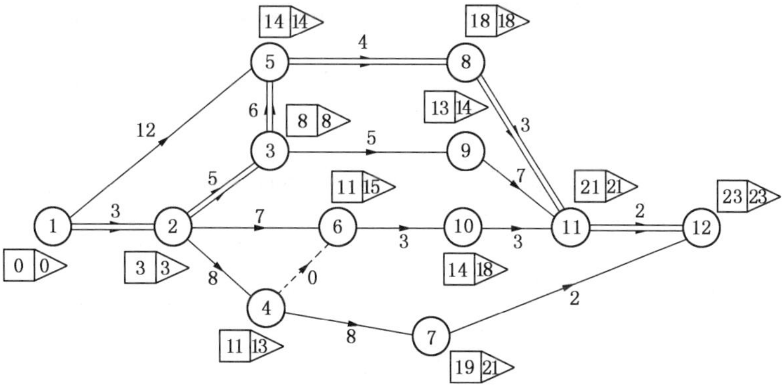

图 6-14

图 6-14 中双线所示路径(1, 2)(2, 3)(3, 5)(5, 8)(8, 11)(11, 12)即为关键路径.

利用事项的最早时间和最迟时间,我们给出工序$(i,\ j)$的 6 个时间参数:

工序$(i,\ j)$的最早开工时间——$t_E(i)$即为工序$(i,\ j)$的最早开工时间.

工序$(i,\ j)$的最早完工时间——$t_E(i)+w_{ij}$ 即为工序$(i,\ j)$的最早完工时间.

工序$(i,\ j)$的最迟完工时间——$t_L(j)$即为工序$(i,\ j)$的最迟完工时间.

工序$(i,\ j)$的最迟开工时间——$t_L(j)-w_{ij}$ 即为工序$(i,\ j)$的最迟开工时间.

工序$(i,\ j)$的总时差——在不延长总工期的前提下,工序$(i,\ j)$完工期的机动时间称为工序$(i,\ j)$的总时差,记为$R(i,\ j)$.

显然,$R(i,\ j)$是工序$(i,\ j)$的最迟完工时间与最早完工时间之差(或为最迟开工时间与最早开工时间之差),因此,有

$$R(i,\ j)=t_L(j)-t_E(i)-w_{ij}. \tag{6-4}$$

工序$(i,\ j)$的单时差——在不影响紧后工序最早开工时间的前提下,工序$(i,\ j)$的完工期的机动时间称为工序$(i,\ j)$的单时差,记为$r(i,\ j)$.

显然,$r(i,\ j)$为工序$(i,\ j)$的紧后工序的最早开工时间$t_E(j)$与工序$(i,\ j)$的最早完工时间之差,因此,有

$$r(i,\ j)=t_E(j)-t_E(i)-w_{ij}. \tag{6-5}$$

关于工序$(i,\ j)$的 6 个时间参数之间的关系可用图 6-15 来说明.

下列结论显然成立.

定理 6-1　工序$(i,\ j)$为关键工序的充分必要条件为$R(i,\ j)=0$.

例 6-3　计算图 6-14 各工序的 6 个时间参数.

解　具体计算结果由表 6-2 给出(表中总时差打 * 者相应的工序为关键时序).

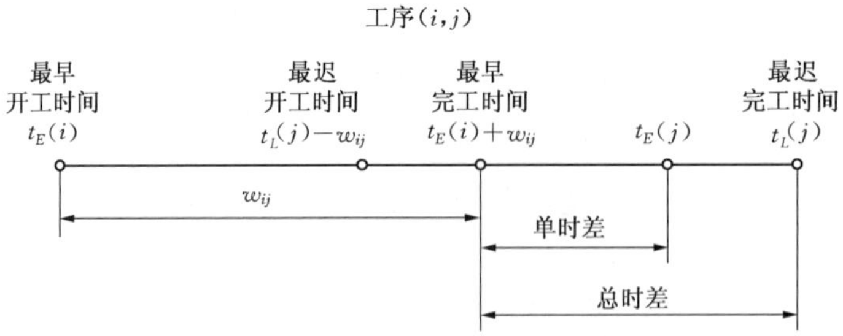

图 6-15

表 6-2

工　序	工序时间	最早开工时间	最早完工时间	最迟开工时间	最迟完工时间	总时差	单时差
(1, 5)	12	0	12	2	14	2	2
(1, 2)	3	0	3	0	3	0*	0
(2, 3)	5	3	8	3	8	0*	0
(2, 6)	7	3	10	8	15	5	1
(2, 4)	8	3	11	5	13	2	0
(3, 9)	5	8	13	9	14	1	0
(3, 5)	6	8	14	8	14	0*	0
(5, 8)	4	14	18	14	18	0*	0
(6, 10)	3	11	14	15	18	4	0
(4, 7)	8	11	19	13	21	2	0
(8, 11)	3	18	21	18	21	0*	0
(9, 11)	7	13	20	14	21	1	1
(10, 11)	3	14	17	18	21	4	4
(7, 12)	2	19	21	21	23	2	2
(11, 12)	2	21	23	21	23	0*	0

§ 6.2　网络计划的优化问题

在绘制网络图、计算时间参数和确定关键路径后，我们得到工程的一个初始计划方案，进一步的工作就是综合地考虑进度、成本和资源等数量指标，实现网络计划的优化.

网络计划的优化，主要包括以下两类问题.

第 1 类问题是总工期-成本的优化问题. 它又分成两个方面的问题：一是在总工期固定的条件下，确定一个总成本最低的计划方案；二是根据总成本最低的要求，确定最优总工期.

第 2 类问题是总工期-资源的优化问题. 它也分成两个方面的问题：一是在总工期固定的条件下，寻求资源的合理使用方案，以取得最优的经济效益；二是当资源有限制时，寻求最优总工期.

这两类问题又是相互关联的. 一般是根据任务的具体要求，对上述各类问题进行优化，然后进行综合考虑，完善网络计划，使之获得最佳的总工期、最低的成本和对资源的最有效的利用.

6.2.1　总工期-成本优化问题

一项工程的成本，一般可分为直接成本和间接成本两大类.

(1) 直接成本：如人工、原材料、燃料和机械设备租用等直接与工序工作有关的费用. 直接成本要分摊到每道工序上.

(2) 间接成本：如管理人员工资、行政办公费、采购费、劳保福利费等. 间接成本不分摊到每道工序上而作为整个工程的成本. 显然，总工期 T_E 短，间接成本就低.

对某些工程问题，在确定总工期后，常常需要对某些工序考虑赶工的措施(例如增加人员或增添设备、改进原材料及采用新技术等)，以缩短这些工序的施工时间，从而使总工期缩短. 此时，虽然由于工序赶工而增加赶工费用使工序成本增加，从而使直接成本增加，但因为总工期的缩短，又使间接成本减少，从整体来说经济效益可能会更好些.

直接成本、间接成本和总成本(直接成本与间接成本之和)与总工期的关系如图 6-16 所示. 可见，图中总成本曲线是一条马鞍形曲线，其中，最低点(鞍点)所对应的总工期为总成本最低的总工期，称为最优总工期，记为 T_E^*. 所以，若要求最低成本的最优总工期，不妨先固定总工期 T_E，然后确定成本最低的计划方案，再让 T_E 在某一个范围内变化，比较不同总工期 T_E 所对应的总成本，即可求得 T_E^*.

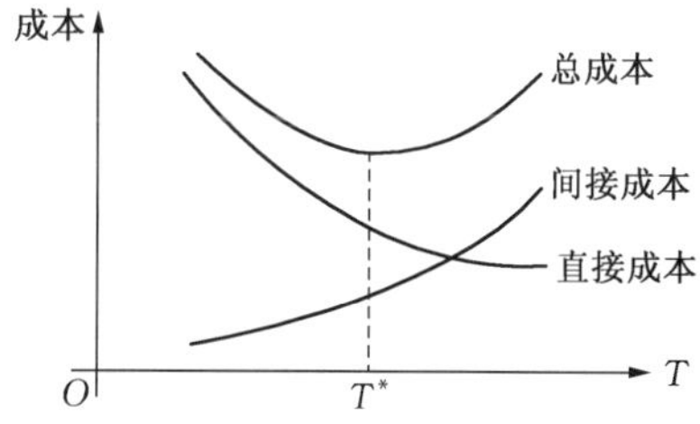

图 6-16

1. 指定总工期的成本优化问题

若 PERT 网络确定的总工期为 T_E，现指定一个总工期 $\hat{T}_E(<T_E)$，我们来考虑成本优化问题.

由于总工期固定为 $\hat{T}_E$(称为指定总工期)，因此间接成本是固定的，故成本最低意味着各工序的直接成本总和最低. 又由于每道工序成本由正常成本及赶工费用组成，因此直接成本总和最低也就是意味着各工序的赶工费用总和最低. 对于指定总工期的成本优化问题，我们介绍枚举法、负时差法和线性规划法.

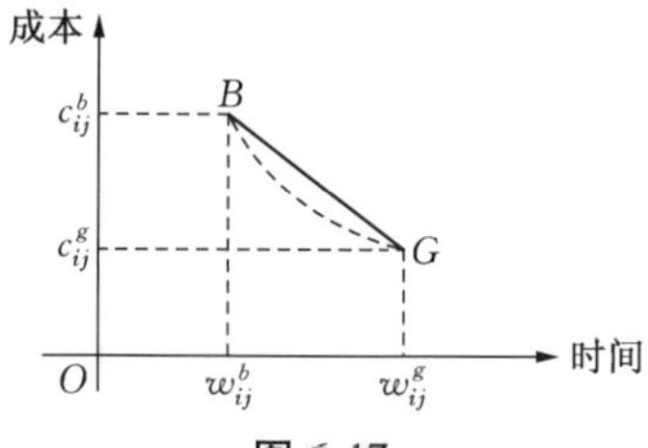

图 6-17

为了估算的方便，常常假定在工序成本与工序时间之间有着线性的关系，如图 6-17 所示，其中 w_{ij}^g 和 c_{ij}^g 分别表示在正常情况下工序(i, j)的作业时间和所需成本(分别称为工序的正常工序时间和正常成本)；w_{ij}^b 和 c_{ij}^b 分别表示工序(i, j)的赶工时间限度和相应的成本.

赶工成本斜率——工序(i, j)缩短一个单位时间所增加的直接成本称为该工序的赶工成本斜率，记为 c_{ij}^*，即工序(i, j)的赶工成本斜率.

$$c_{ij}^{*}=\frac{c_{ij}^{b}-c_{ij}^{g}}{w_{ij}^{g}-w_{ij}^{b}}. \tag{6-6}$$

下面我们给出总工期指定为 $\hat{T}_E$ 时的成本优化问题的求解方法[若每道工序(i, j)都采用它的时间限度 w_{ij}^b 作为它的长度,求得相应网络的总工期为 T'_E,则应有 $\hat{T}_E \geqslant T'_E$].

(1) 枚举法. 我们首先对网络图中各工序的工序时间在取为正常时间时求出工程的总工期 T_E,若 T_E 大于指定总工期 $\hat{T}_E$,就要采取赶工措施. 我们面临的问题是:应该在哪些工序上赶工,被赶工的工序的施工时间为多少,才能使所增加的赶工费用最少? 下面通过具体的例子来说明枚举法的赶工思想.

例 6-4 某工程的有关信息由表 6-3 给出. 已知间接成本每天 500 元,若指定总工期 $\hat{T}_E=21$ 天,试由赶工成本和间接成本来考虑本工程的最优赶工方案.

表 6-3

工序	紧前工序	正常工序时间(天)	赶工的极限时间(天)	赶工成本斜率(元/天)
A	—	10	7	400
B	—	5	4	200
C	B	3	2	200
D	A, C	4	3	300
E	A, C	5	3	300
F	D	6	3	500
G	E	5	2	100
H	F, G	5	4	400

解 如果所有工序都以正常时间完工,我们给出本工程的网络图 6-18,此时总工期 $T_E=25$ 天,赶工成本与间接成本之和

$$f=0+500\times 25=12\,500(元).$$

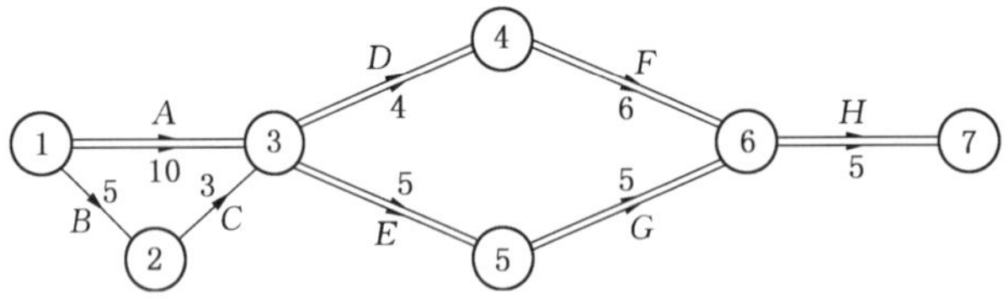

图 6-18

在图 6-18 中,有两条关键路径 $P_1=A—D—F—H$ 和 $P_2=A—E—G—H$.

若先将总工期 25 天压缩为 24 天,为此,我们就要采取赶工措施分别缩短关键路径 P_1 和 P_2 的长度 1 天. 换言之,必须压缩关键工序的工序时间,对关键工序进行赶工. 显然,我们首先应考虑对两条关键路径的共同工序中赶工成本斜率最小的关键工序进行赶工. P_1 和 P_2 有两道共同工序 H 和 A,赶工成本斜率都为 400 元. 我们取关键工序 H 进行赶工,对其工序时间 w_{67} 压缩至它的极限时间 4 天. 此时,赶工的成本为 400 元,另一方面,由于总工期从 25 大压缩至 24 天,间接成本可节省 500 元.

由于指定总工期 $\hat{T}_E=21$ 天,我们必须再对关键工序进行赶工.现在我们考虑对两条关键路径的共同工序 A 进行赶工.但是工序 A 不能压缩到它的极限时间 7 天,否则路径 $P_3=B—C—D—F—H$ 和路径 $P_4=B—C—E—G—H$ 上升为关键路径,它们的长度为 8 天,而原关键路径 P_1 和 P_2 不再是关键路径,这样的赶工将是不经济的.所以,我们仅对工序 A 的工序时间压缩 2 天,其赶工成本为 800 元.此时,工序 B 和 C 也都成了关键工序,路径 P_1, P_2, P_3 和 P_4 都是关键路径(如图 6-19),它们的长度都为 22 天,间接成本节省 1 000 元.

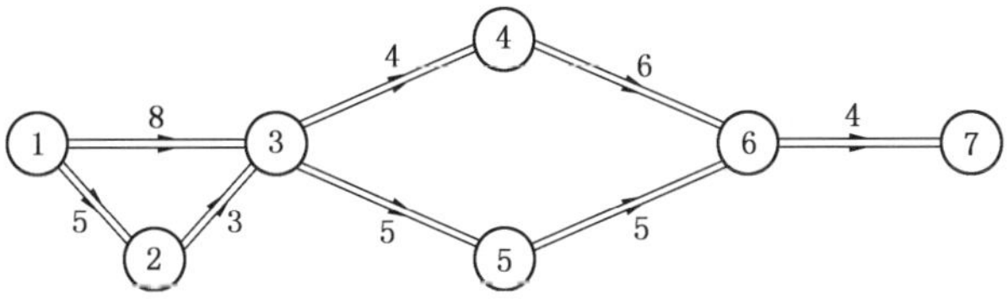

图 6-19

为了实现工程的总工期 $\hat{T}_E=21$ 天,我们必须继续赶工,将现有的总工期 22 天压缩至 21 天.表 6-4 给出了各种可能的组合方案,可见 $3^{\#}$ 方案最经济.于是,我们将 D 和 G 这两道工序都压缩 1 天,赶工成本为 400 元,间接成本节省 500 元.

表 6-4

$j^{\#}$ 方案	赶工措施	增加的赶工成本(元)
$1^{\#}$	A, B(或 C)工序各压缩 1 天	400+200=600
$2^{\#}$	D 和 E 工序各压缩 1 天	300+300=600
$3^{\#}$	D 和 G 工序各压缩 1 天	300+100=400
$4^{\#}$	F 和 E 工序各压缩 1 天	500+300=800
$5^{\#}$	F 和 G 工序各压缩 1 天	500+100=600

综上讨论,在 $\hat{T}_E=21$ 天时,我们将最合理的赶工方案列成表 6-5.此时,赶工成本和间接成本之和

$$f=800+300+100+400+500\times 21=12\,100(\text{元}).$$

表 6-5

工　　序	A	B	C	D	E	F	G	H
正常工序时间	10	5	3	4	5	6	5	5
赶工的天数	2	0	0	1	0	0	1	1
赶工后的工序时间	8	5	3	3	5	6	4	4
赶工成本(元)	800	—	—	300	—	—	100	400

总工期 $\hat{T}_E=21$ 天的网络图由图 6-20 给出.

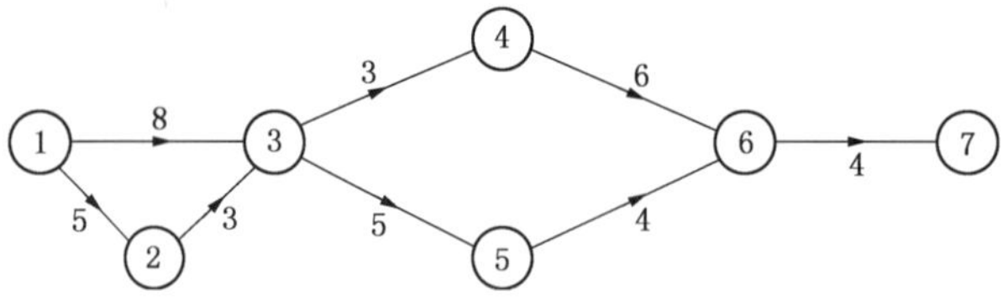

图 6-20

通过上述实例的分析，可见，指定总工期为 $\hat{T}_E$ 的成本优化问题，可通过对各工序长度都为正常时间的网络进行合理赶工来求解. 赶工措施的原则为：

① 在关键路径上，对赶工成本斜率最低的工序采取赶工措施.

② 在关键路径赶工后，其他非关键路径有可能上升为关键路径. 在今后赶工中，对新的关键路径的有关工序也应进行赶工，但必须应使原有的关键路径继续保持为关键路径.

③ 数条关键路径同时赶工时，应首先考虑共同工序赶工，并以支付最低的赶工成本为目的.

例 6-5 现给网络如图 6-21 所示. 各工序的正常工序时间、正常成本、赶工的极限时间、赶工成本斜率如表 6-6 所示（表 6-6 中“ * ”表示无论投入多少资金，亦无法缩短该工序的工序时间）. 现在取指定总工期 $\hat{T}_E = 23$ 天，问如何赶工以使赶工成本最低？

解 第 1 步，在图 6-21 中关键路径为(1, 2)(2, 3)(3, 5)(5, 6)，其长度为 26 天，大于指定总工期 $\hat{T}_E = 23$ 天. 于是，我们采取赶工措施.

首先选择关键路径上赶工成本斜率最低的工序(2, 3)压缩 2 天[由表 6-6 知，工序(2, 3)至多压缩 2 天]，增加赶工成本 $60 \times 2 = 120$ 元，得新的网络如图 6-22 所示，它有 3 条关键路径：

$$P_1 = (1, 2)(2, 5)(5, 6),$$
$$P_2 = (1, 2)(2, 3)(3, 5)(5, 6),$$
$$P_3 = (1, 3)(3, 5)(5, 6).$$

它们的长度都为 24 天.

表 6-6

工　序	正常工序时间(元)	正常成本(元)	赶工的极限时间(天)	赶工成本斜率(元/天)
(1, 2)	5	220	4	80
(1, 3)	10	480	8	90
(1, 6)	8	440	6	100
(2, 3)	7	600	5	60
(2, 5)	11	560	9	40
(3, 4)	5	600	2	200
(3, 5)	6	150	5	100
(4, 6)	4	180	4	*
(5, 6)	8	600	7	160
	$T_E = 26$ 天	总计 3 830 元		

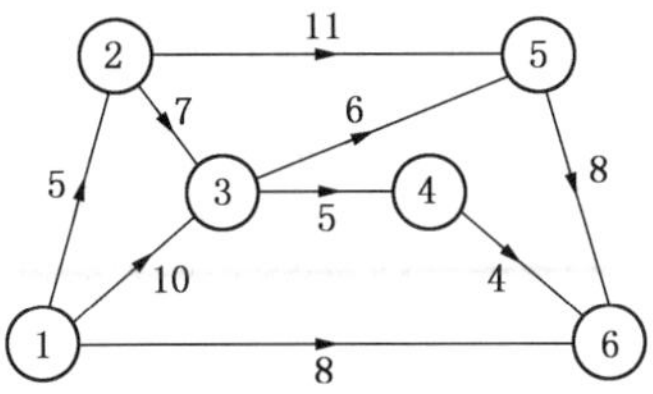

图 6-21

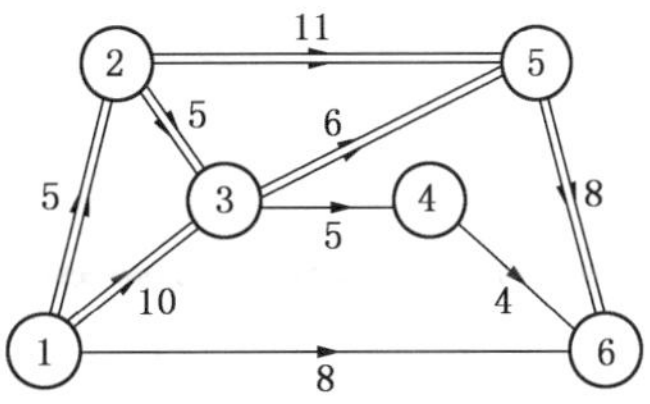

图 6-22

第 2 步，对网络图 6-22 来说，$T_E=24$ 天，为实现指定总工期 $\hat{T}_E=23$ 天，必须对关键路径 P_1，P_2 和 P_3 的长度都压缩 1 天. 我们将这 3 条关键路径的有关工序及其赶工成本斜率列成表 6-7.

表 6-7

关键路径 P_1		关键路径 P_2		关键路径 P_3	
工　序	赶工成本斜率	工　序	赶工成本斜率	工　序	赶工成本斜率
(1, 2)	80 元	(1, 2)	80 元	(1, 3)	90 元
(2, 5)	40 元	(2, 3)*	60 元	(3, 5)	100 元
(5, 6)	160 元	(3, 5)	100 元	(5, 6)	160 元
		(5, 6)	160 元		

* 注：P_2 的关键工序(2, 3)不能再压缩.

现在将这 3 条关键路径长度各压缩 1 天，对关键工序赶工一天的组合情况及其赶工成本列成表 6-8. 可见，2# 方案赶工成本最少. 此时，工序(2, 5)压缩 1 天，赶工成本为 40 元，工序(3, 5)为关键路径 P_2 与 P_3 的共同工序，压缩 1 天，其赶工成本为 100 元，合计 140 元. 按 2# 方案所得的网络如图 6-23 所示.

表 6-8

j# 方案	关键路径中压缩 1 天的关键工序及其赶工成本			合　计
	P_1	P_2	P_3	
1#	(2, 5), 40 元	(1, 2), 80 元	(1, 3), 90 元	210 元
2#	(2, 5), 40 元	(3, 5), 100 元		140 元
3#	(1, 2), 80 元		(1, 3), 90 元	170 元
4#	(1, 2), 80 元	(3, 5), 100 元		180 元
5#	(5, 6), 160 元			160 元

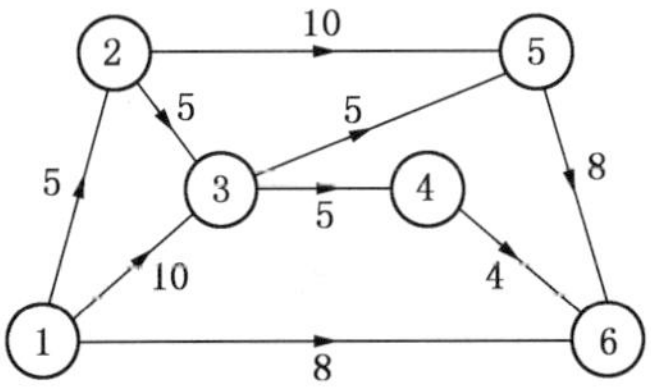

图 6-23

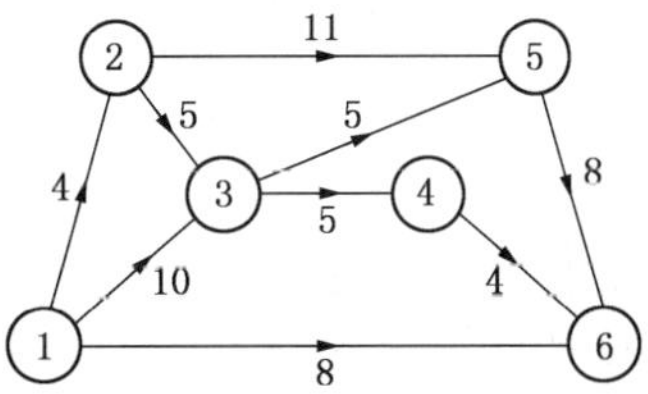

图 6-24

从表 6-8 看,$4^{\#}$ 方案不如 $2^{\#}$ 方案. 如果采用 $4^{\#}$ 方案赶工,其网络图如图 6-24 所示.

第 3 步,现若由网络图 6-21 的总工期 26 天直接压缩为 23 天,则当为图 6-23 时,赶工成本为 $40+60\times 2+100=260$(元),而为图 6-24 时,赶工成本为 $80+60\times 2+100=300$(元).

但在图 6-24 中,我们可以发现,图 6-21 中的关键路径(1, 2),(2, 3),(3, 5),(5, 6)此时已不是关键路径,(2, 3)不再是关键工序,可知工序(2, 3)的总时差 $R(2, 3)=1$,故在图 6-24 中工序(2, 3)的工序时间取为 6 天也不影响工程在 23 天完成. 所以总工期由 26 天直接压缩为 23 天时,我们将图 6-24 中工序(2, 3)的工序时间改为 6 天,相应的网络如图 6-25 所示,它的赶工成本为 $300-60=240$(元). 显然,网络图 6-25 相应的赶工措施要比图 6-23 和图 6-24 相应的赶工措施来得好.

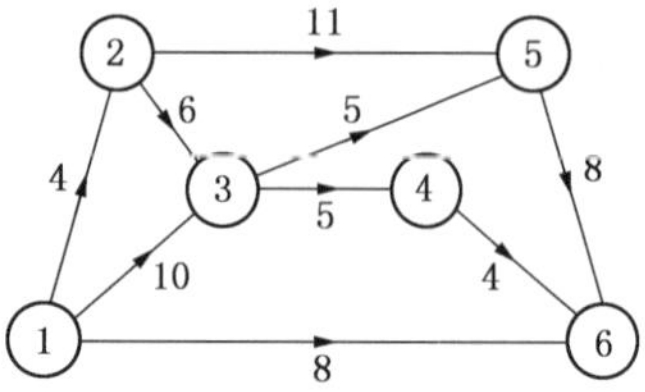

图 6-25

因此,当指定总工期为 23 天时,赶工成本最低的最佳赶工措施是从图 6-21 化为图 6-25:工序(1, 2),(2, 3),(3, 5)分别压缩 1 天,赶工成本分别为 80 元、60 元和 100 元,总的赶工成本为 $80+60+100=240$(元).

从上述两个例题的求解过程可看出,枚举法只适用于小型工程计划,对于庞大的工程计划,枚举法就无能为力了.

(2) 负时差法. 给 PERT 网络 $N=(V, E, W, ①, ⓝ)$,若对 $(i, j)\in E$,在取 w_{ij} 为正常工序时间 w_{ij}^{g} 时,工序(i, j)的总时差为 $R(i, j)$,工程的总工期为 T_E.

现在对网络 N,指定总工期为 $\hat{T}_E(\hat{T}_E<T_E)$. 令

$$\Delta T_E=T_E-\hat{T}_E.$$

现对汇ⓝ,取 $t'_L(n)=\hat{T}_E$,则由式(6-2)可知

$$\begin{aligned}t'_L(j)&=\hat{T}_E-\max\{T_E-t_L(i)+w_{ji}\mid i>j,(j, i)\in E\}\\&=\hat{T}_E-T_E+T_E-\max\{T_E-t_L(i)+w_{ji}\mid i>j,(j, i)\in E\}\\&=-\Delta T_E+t_L(j).\end{aligned}$$

此时,在 $t'_L(n)=\hat{T}_E$ 的条件下,由式(6-4)可知工序(i, j)的开工日期(或完工日期)可推迟的天数为

$$\begin{aligned}\hat{R}(i, j)&=t'_L(j)-t_E(i)-w_{ij}\\&=t'_L(j)-t_L(j)+t_L(j)-t_E(i)-w_{ij}\\&=R(i, j)-\Delta T_E.\end{aligned}\tag{6-7}$$

因为 $\Delta T_E>0$,所以必有一些工序的 $\hat{R}(i, j)$[在 $t'_L(n)=\hat{T}_E$ 时的总时差]小于零,这时,称其为负时差.

在诸负时差中,最小的负时差为关键工序(i, j)的总时差 $\hat{R}(i, j)=-\Delta T_E$. 在非关键路径上,有的工序也可能为负时差. 所以,对网络 N,要实现新的总工期,必须对 $\hat{R}(i, j)<0$ 的工序(i, j)进行赶工,而对 $\hat{R}(i, j)\geqslant 0$ 的工序(i, j)赶工是没有意义的.

我们构造辅助网络 $N_1=(V, E_1, C^1, ①, ⓝ)$:

$$E_1=\{(i, j)\mid (i, j)\in E, \hat{R}(i, j)<0\},\tag{6-8}$$

$$c_{ij}^1=\begin{cases}c_{ij}^*, & 若\ w_{ij}^b<w_{ij},\\ M, & 若\ w_{ij}^b=w_{ij},\end{cases}\quad (i,j)\in E, \tag{6-9}$$

其中 M 为一个充分大的正数.

显然,在以 w_{ij} 为权的赋权有向图 $D=(V, E_1)$ 中,任一条从顶点 1 到顶点 n 的路径之长度都超过 $\hat{T}_E$. 现设法对 E_1 中某些工序的工序时间压缩一天,使得 D 中顶点 1 至顶点 n 的所有路径的长度都比原来减少 1,而且赶工的成本又最小.

设$(S, \bar{S})$为 N_1 中的一个割. 我们知道,若把割中的边都移掉,则顶点 1 至顶点 n 就没有路径. 所以,若把割$(S, \bar{S})$中的每道工序都赶工一天,则 D 中顶点 1 至顶点 n 的路径的长度就都可减少 1,而赶工的成本恰为割$(S, \bar{S})$的容量 $C^1(S, \bar{S})$. 于是,我们的问题就化为求网络 N_1 的最小割.

若求得 N_1 的最小割$(S^*, \bar{S}^*)$,我们将$(S^*, \bar{S}^*)$中的每一工序都赶工一天,于是,N 的工期就由 T_E 变为 T_E-1, 因而相应的 ΔT_E 也比原来减少 1. 从而,原来确定的边集 E_1 中每道工序(i, j)的 $\hat{R}(i, j)$应比原来增大 1. 重复上述过程,直至 $\Delta T_E=0$.

在此算法中,我们对 N_1 中割$(S^*, \bar{S}^*)$的每道工序在 N 中的工序时间压缩量可按下列方法给出. 令

$$\delta_1=\max\{\hat{R}(i,j)\mid (i,j)\in E_1\}\ (有\ \delta_1<0),$$
$$\delta=\max\{\delta_1, w_{ij}^b-w_{ij}\mid (i,j)\in(S^*, \bar{S}^*)\}\ (有\ \delta<0),$$

于是,在 N 中,对 $(i, j)\in(S^*, \bar{S}^*)$, 取

$$新\ w_{ij}=原有\ w_{ij}+\delta.$$

此时,有新 T_E = 原有 $T_E+\delta$, 新 ΔT_E = 原有 $\Delta T_E+\delta$, 新 $\hat{R}(i, j)$ = 原有 $\hat{R}(i, j)-\delta$ $[(i, j)\in E_1]$.

下面我们给出具体的算法:

① 计算 $N=(V, E, W, ①, ⓝ)$ 的时间参数,取 $\Delta T_E=T_E-\hat{T}_E$, $\hat{R}(i, j)=R(i, j)-\Delta T_E$ $[(i, j)\in E]$, $E_0=E$, $k=1$.

② 取

$$E_k=\{(i,j)\mid (i,j)\in E_{k-1}, \hat{R}(i,j)<0\},$$
$$\delta_1=\max\{\hat{R}(i,j)\mid (i,j)\in E_k\}\ (有\ \delta_1<0),$$
$$c_{ij}^k=\begin{cases}c_{ij}^*, & 若\ w_{ij}^b<w_{ij},\\ M, & 若\ w_{ij}^b=w_{ij},\end{cases}\quad (i,j)\in E_k.$$

③ 应用最大流算法求网络 $N_k=(V, E_k, C^k, ①, ⓝ)$ 的最小割$(S_k^*, \bar{S}_k^*)$,取

$$\delta=\max\{\delta_1, w_{ij}^b-w_{ij}\mid (i,j)\in(S_k^*, \bar{S}_k^*)\}\ (有\ \delta<0),$$

在 N 中取

$$w_{ij}=\begin{cases}w_{ij}+\delta, & 在\ E_k\ 中(i,j)\in(S_k^*, \bar{S}_k^*),\\ w_{ij}, & 其他;\end{cases}$$
$$T_E=T_E+\delta,\quad \Delta T_E=\Delta T_E+\delta.$$

④ $\Delta T_E=0$?

若是,则 $T_E=\hat{T}_E$,算法终止;

若否,则对 $(i, j)\in E_k$,取 $\hat{R}(i, j)=\hat{R}(i, j)-\delta$, $k=k+1$,转步骤②.

例 6-6 给网络图如图 6-26 所示,工序(i, j)旁参数为正常工序时间 w_{ij}^g 及赶工成本斜率 $\hat{c}_{ij}$,而带括弧的参数为工序(i, j)的总时差 $R(i, j)$. 可知正常总工期 $T_E=30$ 天. 现指定 $\hat{T}_E=24$ 天. 假设各工序的赶工极限时间 $w_{ij}^b=w_{ij}^g-2$(即各工序至多赶工 2 天). 问应如何赶工,可使赶工成本最小?

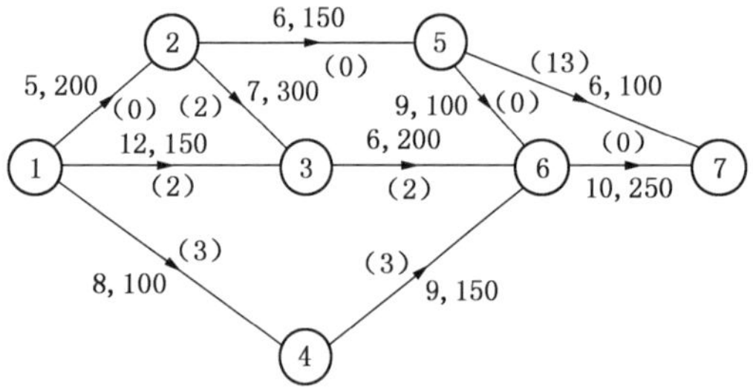

图 6-26

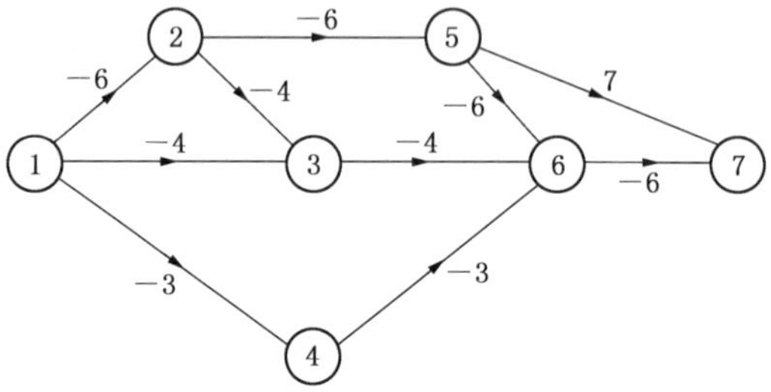

图 6-27

解 若对网络各工序的工序时间都取为 w_{ij}^g-2,则此时总工期 $T'_E=22$ 天. $\hat{T}_E=24$ 天 $>T'_E$,所以 $\hat{T}_E$ 是可以实现的. 于是

$$\Delta T_E=30-24=6,$$

由此可得各工序(i, j)的 $\hat{R}(i, j)$,如图 6-27 所示.

图 6-28 给出了网络 N_1,其中每条有向边旁所标的两个参数为 $\hat{R}(i, j)$ 与 c_{ij}^1,相应的 $\delta_1=-3$. 可知

$$(S_1^*, \bar{S}_1^*)=\{(6, 7)\}, \quad C^1(S_1^*, \bar{S}_1^*)=250.$$

由于工序(6, 7)至多压缩 2 天,故取 $\delta=-2$, $w_{67}=10-2=8$,其赶工成本 $250\times 2=500$. 这时, $\Delta T_E=4$.

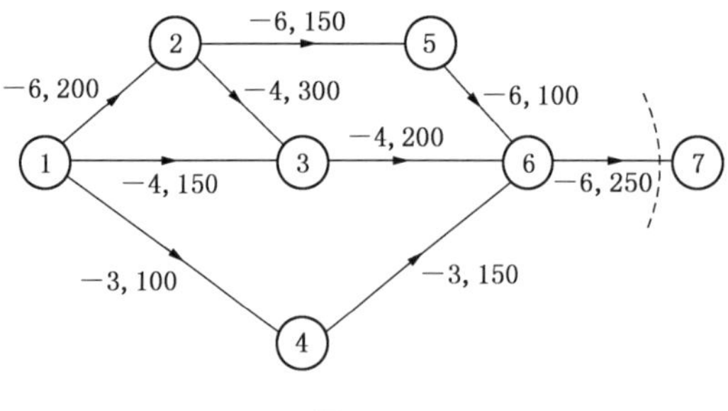

图 6-28

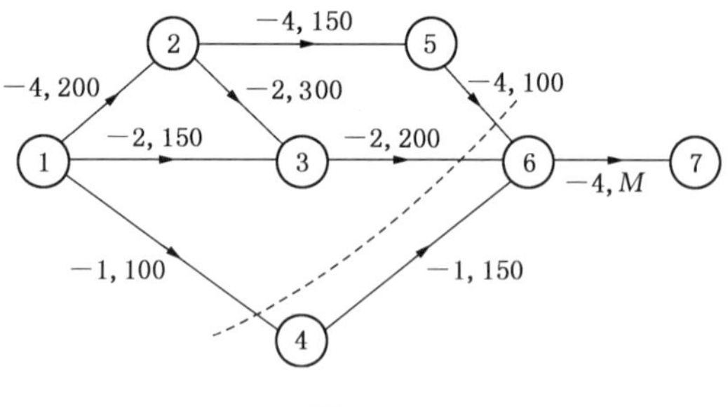

图 6-29

图 6-29 给出了网络 N_2(由于现在 N 中 $w_{67}=8=w_{ij}^b$,已为赶工极限时间,不能再赶工,因此在 N_2 中取 $c_{67}^2=M$,类似情况,以后不再说明),相应的 $\delta_1=-1$. 可知

$$(S_2^*, \bar{S}_2^*)=\{(5, 6), (3, 6), (1, 4)\},$$
$$C^2(S_2^*, \bar{S}_2^*)=100+200+100=400.$$

现取 $\delta=-1$，在 N 中取 $w_{56}=8$，$w_{36}=5$，$w_{14}=7$，其赶工成本为 400. 这时，$\Delta T_E=3$.

图 6-30 给出了网络 N_3，相应的 $\delta_1=-1$. 可知

$$(S_3^*, \bar{S}_3^*)=\{(5, 6), (3, 6)\},$$
$$C^3(S_3^*, \bar{S}_3^*)=100+200=300.$$

现取 $\delta=-1$，在 N 中取 $w_{56}=7$，$w_{36}=4$，其赶工成本为 300. 这时，$\Delta T_E=2$.

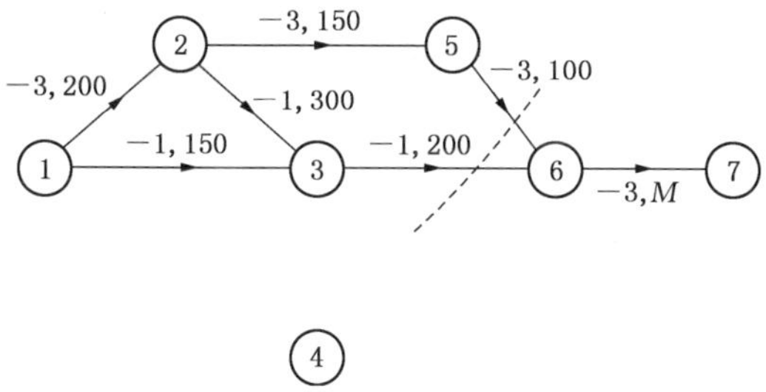

图 6-30

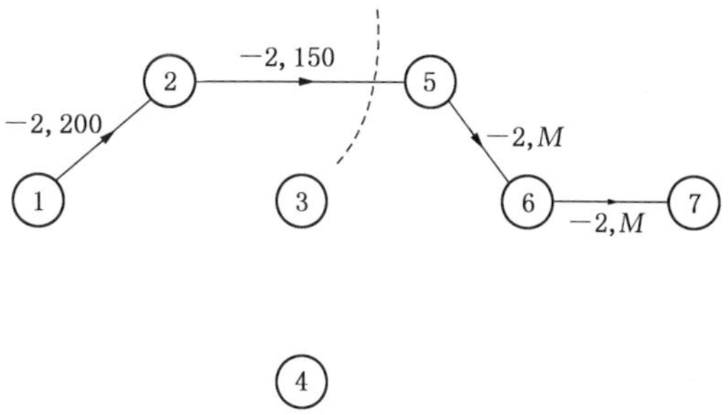

图 6-31

图 6-31 给出了网络 N_4，相应的 $\delta_1=-2$. 可知

$$(S_4^*, \bar{S}_4^*)=\{(2, 5)\}, \quad C^4(S_4^*, \bar{S}_4^*)=150.$$

现取 $\delta=-2$，在 N 中取 $w_{25}=4$，其赶工成本为 $150\times2=300$. 这时，$\Delta T_E=0$.

所以，当 $\hat{T}_E=24$ 时，在采用最佳赶工方案后，各工序的工序时间如图 6-32 所示，赶工成本为 $500+400+300+300=1\,500$.

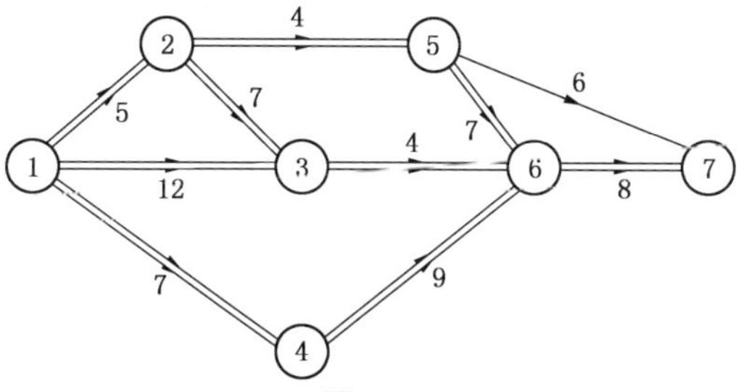

图 6-32

在这个例子中，所选取的赶工工序(6, 7)是 4 条关键路径的共同工序，工序(3, 6)是 2 条关键路径的共同工序，可见共同工序经常在最小割中.

但是，这里要指出，用上述算法求解某些指定工期成本优化问题时，得到的不一定是最优赶工方案. 这是因为 N_k 中的最小割不一定唯一，且最小割中边的负时差未必相同. 感兴趣的读者可对此算法作进一步探讨.

例如，如果用上述算法对例 6-5 的图 6-21 进行赶工，则得网络图 6-23，赶工成本为 260 元

(请读者作为习题求解).

(3) **线性规划法**.对于大型 PERT 网络的总工期-成本优化问题,可以通过建立线性规划模型来进行最优决策.让我们先来讨论一个简单的例题,分析一下线性规划模型是如何对 PERT 网络求关键路径及总工期的.

例 6-7 给 PERT 网络如图 6-33 所示.试用线性规划方法求该网络的关键路径及总工期.

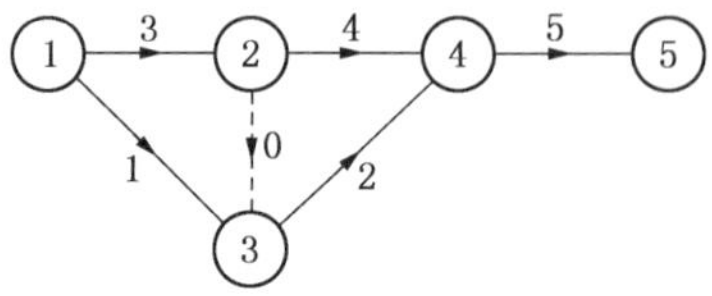

图 6-33

解 设 t_i 为事项 i 发生的时间[例如 t_1 表示工程开始的时间,t_5 表示工程完工的时间,t_4 表示工序(2, 4)及(3, 4)都完工的时间.即 t_i 是以顶点 i 为终点的工序的完工时间中的最大值].

显然,对于网络中的每条边(i, j)都有一个相应的约束条件 $t_j - t_i \geqslant w_{ij}$,以保证工序$(i, j)$安排作业的可用时间不小于该工序的工序时间 w_{ij}.于是,我们得下列线性规划模型:

$$
\begin{aligned}
& \min f = t_5 - t_1; \\
\text{s.t.}\quad & t_2 - t_1 \geqslant 3, \\
& t_3 - t_1 \geqslant 1, \\
& t_3 - t_2 \geqslant 0, \\
& t_4 - t_2 \geqslant 4, \\
& t_4 - t_3 \geqslant 2, \\
& t_5 - t_4 \geqslant 5, \\
& t_j \geqslant 0, \quad j = 1, \cdots, 5.
\end{aligned}
$$

用单纯形法对该模型求解,最优解和最优值分别为

$$t_1^* = 0,\quad t_2^* = 3,\quad t_3^* = 3,\quad t_4^* = 7,\quad t_5^* = 12;\quad f^* = 12.$$

因此,该 PERT 网络的总工期 $T_E = 12$ 天.在最优解中,使约束条件取等式的相应工序意味着该工序的开工日期没有机动时间,所以这些工序即为关键工序.例如:

$$
\begin{aligned}
& t_2^* - t_1^* = 3 - 0 = 3 = w_{12},\quad t_4^* - t_2^* = 7 - 3 = 4 = w_{24}, \\
& t_5^* - t_4^* = 12 - 7 = 5 = w_{45},
\end{aligned}
$$

因此,工序(1, 2),(2, 4),(4, 5)为该网络的关键工序.令

k_{ij}——工序(i, j)的正常工序时间;
l_{ij}——工序(i, j)赶工的极限时间;
c_{ij}——工序(i, j)赶工一天的成本;
w_{ij}——工序(i, j)的实际工作时间;

t_j——事项 j 的发生时间.

对 PERT 网络的总工期-成本优化问题,我们根据不同的目标,给出下列 3 个线性规划模型.

例 6-8　现要求工程的总工期应不迟于 T. 为使赶工总成本最小,问如何安排各工序的进度?

解　本问题的线性规划模型为

$$\begin{aligned}
&\min f = \sum_{(i,\,j)\in E} c_{ij}(k_{ij} - w_{ij});\\
\text{s. t.}\quad & t_j - t_i \geqslant w_{ij}, \qquad \text{对一切}(i,\,j)\in E,\\
& l_{ij} \leqslant w_{ij} \leqslant k_{ij}, \qquad \text{对一切}(i,\,j)\in E,\\
& t_n - t_1 \leqslant T,\\
& t_j \geqslant 0, \quad j = 1,\,\cdots,\,n.
\end{aligned}$$

例 6-9　为使总工期压缩,现增加投资 b,问对哪些工序进行赶工,以使总工期最小?

解　本问题的线性规划模型为

$$\begin{aligned}
&\min f = t_n - t_1;\\
\text{s. t.}\quad & t_j - t_i \geqslant w_{ij}, \qquad \text{对一切}(i,\,j)\in E,\\
& l_{ij} \leqslant w_{ij} \leqslant k_{ij}, \qquad \text{对一切}(i,\,j)\in E,\\
& \sum_{(i,\,j)\in E} c_{ij}(k_{ij} - w_{ij}) \leqslant b,\\
& t_j \geqslant 0, \quad j = 1,\,\cdots,\,n.
\end{aligned}$$

例 6-10　若工程每天的间接成本为 d 元. 为使间接成本和赶工成本之和最小,问如何安排各工序的进度?

解　本问题的线性规划模型为

$$\begin{aligned}
&\min f = d(t_n - t_1) + \sum_{(i,\,j)\in E} c_{ij}(k_{ij} - w_{ij});\\
\text{s. t.}\quad & t_j - t_i \geqslant w_{ij}, \qquad \text{对一切}(i,\,j)\in E,\\
& l_{ij} \leqslant t_{ij} \leqslant k_{ij}, \qquad \text{对一切}(i,\,j)\in E,\\
& t_j \geqslant 0, \quad j = 1,\,\cdots,\,n.
\end{aligned}$$

2. 最低成本的最优总工期问题

求总成本最低的最优总工期 T_E^*,一般可按如下步骤来进行:

① 对 PERT 网络各工序都取正常的工序时间,求出总工期 T_E;再对网络各工序的工序时间取赶工的极限时间,求出总工期 T_E'. 则显然有 $T_E^* \in [T_E',\, T_E]$. 我们在 T_E' 与 T_E 之间估计一个值 $\hat{T}_E$ 作为 T_E^* 的初始值.

② 通过求解指定总工期分别为 $\hat{T}_E - 1$, $\hat{T}_E$, $\hat{T}_E + 1$ 的成本优化问题,得到直接成本(或赶工成本)最小的 3 个赶工方案,然后加上总工期为 $\hat{T}_E - 1$, $\hat{T}_E$, $\hat{T}_E + 1$ 时相应的间接成本,即得总工期为 $\hat{T}_E - 1$, $\hat{T}_E$, $\hat{T}_E + 1$ 时的总成本 $f(\hat{T}_E - 1)$, $f(\hat{T}_E)$, $f(\hat{T}_E + 1)$.

③ 若有 $f(\hat{T}_E) \leqslant f(\hat{T}_E - 1)$, $f(\hat{T}_E) \leqslant f(\hat{T}_E + 1)$, 则 $\hat{T}_E$ 就是所求的最优总工期 T_E^*, 否则取 $f(\hat{T}_E - 1)$ 和 $f(\hat{T}_E + 1)$ 中小者所相应的总工期作为 $\hat{T}_E$ 的新值,再重复步骤②.

例 6-11 给出例 6-5 不同总工期的赶工方案并计算相应的直接成本.

解 我们将有关计算结果列成表 6-9(若各工序都取其赶工的极限时间,则可知相应的总工期为 21 天,直接成本为 5 350 元,我们没有列进表 6-9 中).

表 6-9

工序(i, j)的实际工序时间及其赶工成本(元)	总工期(天)					
	26	25	24	23	22	21
工序(1, 2)	5	5	5	4(+80)	4(+80)	4(+80)
工序(1, 3)	1	1	10	10	10	10
工序(1, 6)	10	10	8	8	8	8
工序(2, 3)	7	6(+60)	5(+120)	6(+60)	6(+60)	6(+60)
工序(2, 5)	11	11	11	11	11	11
工序(3, 4)	5	5	5	5	5	5
工序(3, 5)	6	6	6	5(+100)	5(+100)	5(+100)
工序(4, 5)	4	4	4	4	4	4
工序(4, 6)	8	8	8	8	7(+160)	7(+160)
直接成本(元)	3 830	3 890	3 950	4 070	4 230	4 420

例 6-12 对例 6-11,若在 $T_E = 26$ 时,知其间接成本为 1 830 元.若总工期每压缩 1 天,间接成本可节省 80 元,求总成本最低的最优总工期.

解 利用表 6-9 的有关信息并计算不同总工期时的间接成本,我们可算得不同总工期相应的总成本,如表 6-10 所示,可见总成本最低的最优总工期 $T_E^* = 24$ 天.

表 6-10

成本(元)	总工期(天)					
	26	25	24	23	22	21
直接成本	3 830	3 890	3 950	4 070	4 230	4 420
间接成本	1 830	1 750	1 670	1 590	1 510	1 430
总 成 本	5 660	5 640	5 620	5 660	5 740	5 850

6.2.2 总工期-资源优化问题

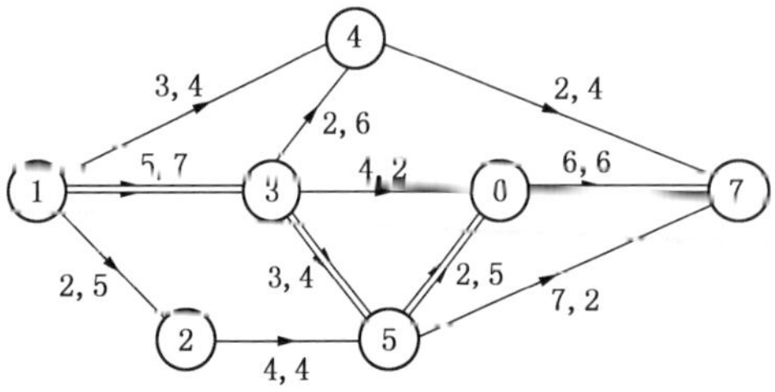

图 6-34

我们不准备对总工期-资源优化问题作全面的介绍与深入的讨论,而仅仅探讨一下当资源有限制时,如何合理地安排资源.

例 6-13 某工程的网络图由图 6-34 给出.图中有向边旁第 1 个参数为工序的工序时间 w_{ij}(单位:天),第 2 个参数为该工序每天所需要的作业人数.现在假设该项工程由一个工程队承包,全队共有人员 12 名,且设每名人员都可以胜任各工序的工作.试问,该队对各工序的进度如何安排及如何合理地调配人员,以使工程尽早地完工?

解　该网络图的关键路径为(1, 3)(3, 5)(5, 6)(6, 7),其长度 $T_E=16$(天).各事项的最早时间和最迟时间经计算由表 6-11 给出,各工序的总时差由表 6-12 给出.

表 6-11

事项 k	1	2	3	4	5	6	7
$t_E(k)$	0	2	5	7	8	10	16
$t_L(k)$	0	4	5	14	8	10	16

表 6-12

工　序	总时差	工　序	总时差	工　序	总时差
(1, 2)	2	(3, 4)	7	(5, 6)	0
(1, 3)	0	(3, 5)	0	(5, 7)	1
(1, 4)	11	(3, 6)	1	(6, 7)	0
(2, 5)	2	(4, 7)	7		

将各工序所需的工作日(每天需要的人员乘以该工序的工序时间)相加,可知该工程共需 173 个工作日,因此如用 16 天完成(承包这项工程所需的时间不能小于总工期 16 天),则平均每天需要投入的人员数为 $173/16 \approx 11 < 12$.所以,适当安排各道工序的进程,整个工程有可能在 16 天内完成(反之,要是平均每天需要投入的人员数超过 12,则不论如何安排整个工程各工序的进度,均无可能在 16 天内完成该项工程).

如果将每道工序 (i, j) 都安排在第 $t_E(i)+1$ 天开始执行,可得一张表示工程进度的横道图,如表 6-13 所示.表中"══"表示关键工序的进度;"——"表示非关键工序的进度;横道线上的数字表示执行该工序时每天所需的人员数;"……"表示在不误总工期的条件下,非关键工序的执行时间所允许的变动范围[例如,工序(3, 4)所需的两天时间可安排在第 6 天初至第 14 天末这个时间区间内任何持续的两天].

表 6-13

工序	日期															
	1	2	3	4	5	6	7	8	9	10	11	12	13	14	15	16
(1, 2)	5	5														
(1, 3)	7	7	7	7	7											
(1, 4)	4	4	4													
(2, 5)			4	4	4	4										
(3, 4)						6	6									
(3, 5)						4	4	4								
(3, 6)						2	2	2	2							
(4, 7)								4	4							
(5, 6)									5	5						
(5, 7)									2	2	2	2	2	2	2	
(6, 7)											6	6	6	6	6	6
需求人员数	16	16	15	11	11	16	12	10	13	7	8	8	8	8	8	6

从表 6-13 可以看出,由于各工序均按其最早开工时间安排进度,因此工程的前期人员的需求较多,而工程后期人员的需求较少,整个工程进行期间人员的需求很不均匀. 图 6-35 为按照横道图表 6-13 所得的人员资源需求曲线,这是一条阶梯形曲线. 图 6-35 告诉我们,有 5 天超出了目前人员资源的限制条件.

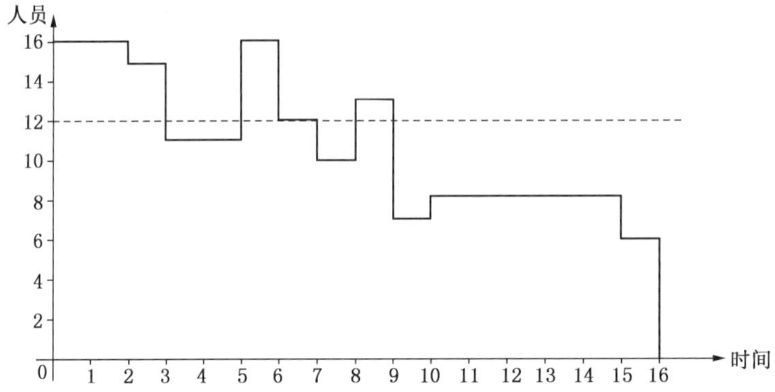

图 6-35

于是,我们就要在保证总工期 16 天不变的条件下(对有些问题,可能要适当地调整原定的总工期,以保证资源的合理使用),调整各工序的进度,使人员需求尽可能地平衡,且不超过每天可配备的人员数. 对每天人员使用量(或资源)调整的基本原则是:

首先,将人力(或资源)优先分配给关键工序和总时差较小的工序.

然后,利用非关键工序的总时差,调整各道非关键工序的开工时间. 对能够推迟开工的工序,适当地向后推迟.

下面我们对这类资源附有限制的网络计划问题作一般的讨论.

若网络计划问题所需要的某种资源在单位时间内的最大供应量为 $\lambda_{\max}$,则在此资源限制条件下,可以按以下步骤求总工期最短的计划方案.

① 当网络图给定后,先求出有关的时间参数及总工期 T_E. 将每道工序 (i, j) 都先安排在 $t_E(i)+1$ 天开始执行,由此绘制横道图,得到一条阶梯形的资源需求曲线. 该曲线任何一个梯段的开始或结束,均意味着有某些工序开工或完工.

② 对资源需求曲线自左至右按梯段进行检查,如资源需求超过资源最大供应量 $\lambda_{\max}$,就要加以调整. 利用非关键工序的总时差,错开它们的开工时间,分散对资源需求的压力,力争在总工期 T_E 内完工.

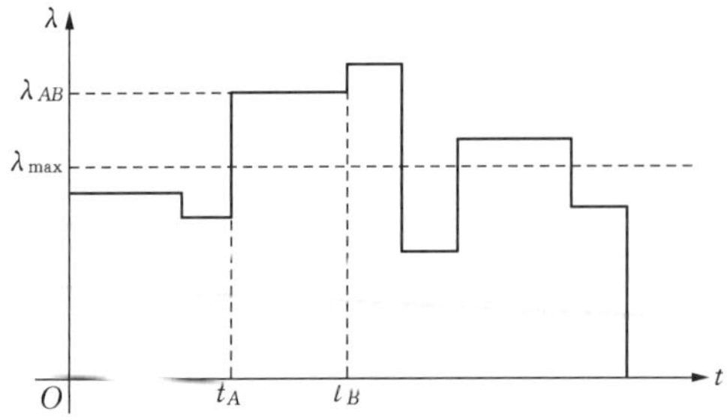

图 6-36

例如某网络计划经过多次网络分析后,有资源需求曲线如图 6-36 所示,λ 为资源需求量. 此时,假设每道工序 (i, j) 的开工日期为第 $s_{ij}+1$ 天,$(t_A, t_B]$ 为该曲线首先超出 $\lambda_{\max}$ 的阶梯所在的时间区间,λ_{AB} 为此阶梯的高度.

显然,时间区间 $(t_A, t_B]$ 内的若干工序 (i, j) 必满足下面两个条件:

$$\begin{cases} s_{ij}+1 \leqslant t_B, \\ s_{ij}+w_{ij} > t_A. \end{cases}$$

$(t_A, t_B]$内的工序(i, j)如图 6-37 所示，这些工序有

$$(t_A, t_B] \cap (s_{ij}, s_{ij}+w_{ij}] \neq \varnothing. \tag{6-10}$$

在图 6-37 所示的这些工序中，我们若能利用工序(i, j)的总时差，把工序(i, j)的开工日期后移到第 t_B+1 天(即取 $s_{ij}=t_B$)，则将减少$(t_A, t_B]$时间区间内对资源的需求量. 但是，这样做时应尽可能不影响总工期(或使总工期延长时间最少)，故要求

$$t_B+w_{ij} \leqslant t_L(j). \tag{6-11}$$

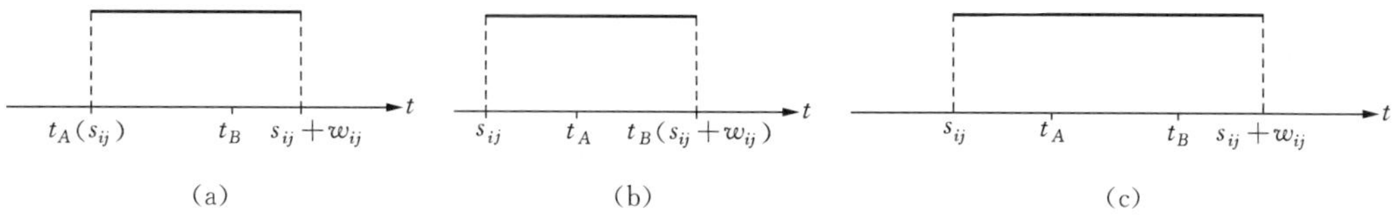

图 6-37

现令

$$\mu_{ij}=t_L(j)-t_B-w_{ij}, \tag{6-12}$$

由图 6-38 可知：当 $\mu_{ij}<0$ 时，取 $s_{ij}=t_B$ 将会影响整个工程按原定总工期完工，这时 $|\mu_{ij}|$ 表示新的完工期比总工期延长的天数. 当 $\mu_{ij} \geqslant 0$ 时，说明取 $s_{ij}=t_B$ 将不影响总工期，这时 $|\mu_{ij}|$ 表示取 $s_{ij}=t_B$ 后，工序(i, j)的开工日期还剩余的机动天数. 我们对式(6-12)进行变换：

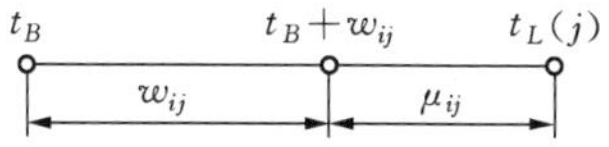

图 6-38

$$\begin{aligned} \mu_{ij} &= [t_L(j)-t_E(i)-w_{ij}]+t_E(i)-t_B \\ &= R(i, j)+t_E(i)-t_B, \end{aligned} \tag{6-13}$$

其中 $$R(i, j)=t_L(j)-t_E(i)-w_{ij}.$$

那么，在满足式(6-10)的各道工序(i, j)中，应挑选哪些工序，使其开工日期后移到第 t_B+1 天呢?

一般来说遵循如下 3 条原则：

① 优先挑选 μ_{ij} 大的工序(i, j)，使它的开工时间 $s_{ij}=t_B$. 因为当 $\mu_{ij} \geqslant 0$ 时，μ_{ij} 越大说明工序(i, j)的开工时间后移后仍有较多的开工剩余机动时间；当 $\mu_{ij}<0$ 时，μ_{ij} 越大，则 $|\mu_{ij}|$ 越小，说明工序(i, j)的开工时间后移后使总工期拖延的天数越小.

② 为了减轻工程后期施工对资源需求的压力，一般不宜把过多的资源需求量推迟. 最好是在满足资源限额的条件下，使资源的利用尽量均衡些.

③ 当 s_{ij} 的数值改变后，对于以事项 j 为开工事项的工序(j, k)来说，若 $s_{jk}<s_{ij}+w_{ij}$，则(j, k)工序已不能按原定的日期第 $s_{jk}+1$ 天开工，这时，应取 $s_{jk}=s_{ij}+w_{ij}$. 同样地，对于以事项 k 为开工事项的工序，其开工日期也应作相应改变，其余工序依此类推.

有时，我们可将某些满足式(6-10)的工序(i, j)在时间区间$(t_A, t_B]$内中断工作，或延长

其工序时间,以达到使资源需求量减少的目的.

我们根据上述原则来改变一些工序的开工日期,并修改原来的进度表,得到新的资源需求曲线.再重复上述步骤,直到资源需求曲线的所有阶梯的高度都不超过 $\lambda_{\max}$ 为止.

本方法的计算工作量十分繁重.对于大中型网络,只能依靠电子计算机来进行.

下面我们来求解例 6-13.

我们用表 6-13 所示的进度表,用上述方法逐步调整一些工序的进度.在调整过程中,进度表的修改可以在原来的基础上进行.资源需求曲线的引入,是为了直观地分析超出资源限额的情况.在实际调整过程中,不一定要画出资源需求曲线.事实上,时间区间 $(t_A, t_B]$ 和 $\lambda_{\max}$ 都可以直接从横道图相应的进度表中得到.利用表 6-13,我们对调整过程中时间区间 $(t_A, t_B]$ 中满足式(6-10)的工序 (i, j) 相应的 μ_{ij} 进行计算,并把有关计算过程列成表 6-14,其中 λ_{ij} 为工序 (i, j) 每天所需人员数.例如表 6-14 的第 2 行 $(t_A, t_B]=(2, 5]$,此时满足式(6-10)的工序有 $(1, 3)$, $(1, 4)$, $(2, 5)$,因此,

$$
\begin{aligned}
\mu_{13} &= R(1, 3)+t_E(1)-t_5=0+0-5=-5,\\
\mu_{14} &= R(1, 4)+t_E(1)-t_5=11+0-5=6,\\
\mu_{25} &= R(2, 5)+t_E(2)-t_5=2+2-5=-1,
\end{aligned}
$$

此时,有

$$\mu_{14}=\max\{\mu_{13}, \mu_{14}, \mu_{15}\}=6.$$

故取 $s_{14}=5$. 又 $s_{47}=t_E(4)=7<s_{14}+w_{14}=5+3=8$, 故取 $s_{47}=s_{14}+w_{14}=8$.

又例如在表 6-14 中,第 3 行 $(t_A, t_B]=(5, 6]$,此时满足式(6-10)的工序有 $(1, 4)$, $(2, 5)$, $(3, 4)$, $(3, 5)$ 和 $(3, 6)$,相应的 μ_{14}, μ_{25}, μ_{34}, μ_{35} 和 μ_{36} 分别为 5, -2, 6, -1, 0,而 $\lambda_{AB}=20$. 因 μ_{34} 最大,故取 $s_{34}=t_B=6$. 此时 $\lambda_{AB}=20-\lambda_{34}=20-6=14>12$,所以再取 $s_{14}=6$. 而 $s_{47}=s_{14}+w_{14}=6+3=9$.

表 6-14

$(t_A, t_B]$	满足式(6-10)的 (i, j)	相应的 λ_{ij}	λ_{AB}	由式(6-13)算出的 μ_{ij}	取新值的 s_{ij}
(0, 2]	(1, 2), (1, 3), (1, 4)	5, 7, 4	16	0, −2, 9	$s_{14}=2$
(2, 5]	(1, 3), (1, 4), (2, 5)	7, 4, 4	15	−5, 6, −1	$s_{14}=5$, $s_{47}=8$
(5, 6]	(1, 4), (2, 5), (3, 4), (3, 5), (3, 6)	4, 4, 6, 4, 2	20	5, −2, 6, −1, 0	$s_{14}=s_{34}=6$, $s_{47}=9$
(6, 7]	(1, 4), (3, 4), (3, 5), (3, 6)	4, 6, 4, 2	16	4, 5, −2, −1	$s_{14}=7$, $s_{47}=10$
(7, 8]	(1, 4), (3, 4), (3, 5), (3, 6)	4, 6, 4, 2	16	3, 4, −3, −2	$s_{14}=8$, $s_{47}=11$
(8, 9]	(1, 4), (3, 6), (5, 6), (5, 7)	4, 2, 5, 2	13	2, −3, −1, 0	$s_{57}=9$

由表 6-14 可知,应取 $s_{14}=8$, $s_{34}=6$, $s_{57}=9$, $s_{47}=11$, 其他 $s_{ij}=t_E(i)$. 对表 6-13 进行修改,可得新的横道图,如表 6-15 所示.由这张进度表可知,总工期仍为 16 天.

表 6-15

工序	日期															
	1	2	3	4	5	6	7	8	9	10	11	12	13	14	15	16
(1，2)	5	5														
(1，3)	7	7	7	7	7											
(1，4)									4	4	4					
(2，5)			4	4	4	4										
(3，4)							6	6								
(3，5)						4	4	4								
(3，6)						2	2	2	2							
(4，7)												4	4			
(5，6)									5	5						
(5，7)										2	2	2	2	2	2	2
(6，7)											6	6	6	6	6	6
需求人员数	12	12	11	11	11	10	12	12	11	11	12	12	12	8	8	8

那么，如何评价一个工程进度表对资源利用的均衡性呢？下面我们来讨论此问题.

若工程进度计划表确定后，用 λ 表示第 t 天对资源的需求量，T 为进度表相应的总工期，则日资源利用量的均值为

$$\bar{\lambda}=\frac{1}{T}\sum_{t=1}^{T}\lambda_t. \tag{6-14}$$

令

$$S^2=\frac{1}{T}\sum_{t=1}^{T}(\lambda_t-\bar{\lambda})^2, \tag{6-15}$$

可知

$$S^2=\frac{1}{T}\sum_{t=1}^{T}\lambda_t^2-\bar{\lambda}^2. \tag{6-16}$$

我们的问题就成为在计划工期 T 固定的条件下，找到一种进度计划使 S^2 取极小值. 一般可采用如下的试探法：

先求出网络图的时间参数，把每道工序(i,j)的开工日期都安排在第 $t_E(i)+1$ 天. 于是得到一张初始进度计划表，计算相应的 S^2. 然后利用非关键工序的总时差，依次对每道非关键工序的执行时间作试探性调整，若调整后的 S^2 值减少，则接受这个调整措施，从而获得一张新的进度计划表. 重复上述过程，直到求得某一进度计划时，对每道非关键工序的试探性调整已无法使 S^2 减少，此时，即终止调整工作.

对于图 6-34 网络所示工程来说，表 6-13 所给的进度计划表相应的 $S^2=11.40$，可见该进度计划的资源利用是很不均衡的. 表 6-15 所给的进度计划表相应的 $S^2=2.15$，可见，该进度计划的资源利用就比较均衡了.

§ 6.3　非肯定型 PERT 网络

前面我们所阐述的 PERT 网络的每道工序的工序时间都是预先确定的. 工程组织者参考

以前相仿的网络计划的历史资料(例如同类工序的工时定额统计资料),用分析对比的方法对本工程各道工序的作业时间作一个估计.我们称采用这种单一时间估计法估计各道工序作业时间的 PERT 网络为**肯定型网络**.

但对随机因素较多的网络计划或无先例可循的网络计划(例如新开发的大型建设工程和科研项目等),其计划实施的技术条件和组织条件的不可知因素较多,不具备各道工序定额工时统计资料,因此,很难确定各工序的工序时间究竟是多少.

工序时间是随机变量的 PERT 网络被称为**非肯定的 PERT 网络**.

我们采用**3 种时间估计法**来估算非肯定型网络各工序的工序时间,即对每道工序的工序时间估计 3 种时间:

① 乐观时间 a:在最顺利的情况下完成工序的时间;

② 保守时间 b:在最不利的情况下完成工序的时间;

③ 最可能的时间 m:在正常情况下完成工序的最可能需要的时间.

假设工序时间这个随机变量服从取值范围从 a 到 b 的 β 分布,因而,此随机变量的期望值 μ 和方差 σ^2 分别为

$$\mu=\frac{a+4m+b}{6}, \tag{6-17}$$

$$\sigma^2=\left(\frac{b-a}{6}\right)^2. \tag{6-18}$$

我们就将按式(6-17)确定的工序(i, j)的工序时间期望值作为该工序的长度 w_{ij},它的方差记为 σ_{ij}^2.

网络计划的总工期 T_E 是关键路径 P 中所有工序的工序时间的和,由于工序时间是随机变量,因此 T_E 也是随机变量.现假定各工序的工序时间是彼此独立的随机变量.当关键路径 P 上工序较多时,根据概率论中的中心极限定理可知,总工期 T_E 服从正态分布,它的数学期望和方差分别为

$$E(T_E)=\sum_{(i, j)\in P} w_{ij}, \tag{6-19}$$

$$D(T_E)=\sum_{(i, j)\in P} \sigma_{ij}^2. \tag{6-20}$$

例 6-14 考虑由 9 道工序组成的某项工程,有关信息如表 6-16 所示(时间单位:天).试求总工期 T_E 的期望值和方差,以及总工期在 50 天内完成的概率.

表 6-16

工序	紧前工序	乐观时间 a	最可能时间 m	保守时间 b
A	—	2	5	8
B	A	6	9	12
C	A	6	7	8
D	B, C	1	4	7
E	A	8	8	8
F	D, E	5	14	17

(续表)

工序	紧前工序	乐观时间 a	最可能时间 m	保守时间 b
G	C	3	12	21
H	F, G	3	6	9
M	H	5	8	11

解 经计算,可知各道工序的工序时间期望值和方差如表 6-17 所示.

表 6-17

工序	A	B	C	D	E	F	G	H	M
工序时间期望值	5	9	7	4	8	13	12	6	8
工序时间方差	1	1	1/9	1	0	4	9	1	1

本问题的网络图如图 6-39 所示,边(i, j)旁参数为该工序的工序时间期望值 w_{ij}.

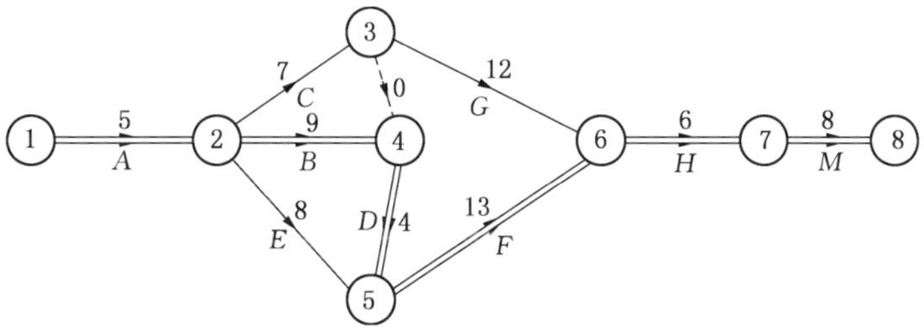

图 6-39

可知,关键路径为(1, 2)(2, 4)(4, 5)(5, 6)(6, 7)(7, 8). 由式(6-19)和式(6-20)可得

$$E(T_E)=5+9+4+13+6+8=45,$$

$$D(T_E)=1+1+1+4+1+1=9.$$

于是,总工期 T_E 服从正态分布 $N(45, 9)$. 由正态分布特性可知,随机变量位于距离数学期望一个标准差以内的概率是 0.68,因此

$$P(42 \leqslant T_E \leqslant 48)=0.68.$$

由于随机变量

$$X=\frac{T_E-E(T_E)}{\sqrt{D(T_E)}}=\frac{T_E-45}{3}$$

服从标准正态分布 $N(0, 1)$,因此总工期在 50 天内完成的概率

$$P(T_E \leqslant 50)=P\left(X \leqslant \frac{50-45}{3}\right)=\Phi(1.67) \approx 0.95,$$

其中 $\Phi(x)$为标准正态分布 $N(0, 1)$的分布函数

$$\Phi(x)=\int_{-\infty}^{x} \frac{1}{\sqrt{2\pi}} \mathrm{e}^{-\frac{y^2}{2}} \mathrm{d}y.$$

习题 6

1. 某工程各工序关系及各工序所需时间如表 6-18 所示,试绘制网络图,计算各事项及各工序的 6 个时间参数,绘制表格并指出关键路径.

表 6-18

工序	紧前工序	工序时间	工序	紧前工序	工序时间
A	—	8	F	B, N	3
B	—	7	G	C	6
C	—	10	H	C	4
N	A	1	Q	E, F, G	5
D	A	9	M	Q, D	7
E	A	2	L	E, F, G, H	6

2. 某工程各工序的前后关系及工序时间由表 6-19 给出,试绘制网络图,计算各事项的时间参数,给出各工序的 6 个时间参数的表格,并指出关键路径.

表 6-19

工序	工序时间	紧前工序	工序	工序时间	紧前工序
K	3	—	R	5	L, M
L	4	K	S	7	Q
M	3	K	D	18	N, P, R
N	18	L	G	10	S
P	21	L	V	4	D
Q	15	L, M			

3. 现有某项工程,其网络图如图 6-40 所示,边旁参数为该工序正常工序时间. 有关信息如表 6-20 所示.

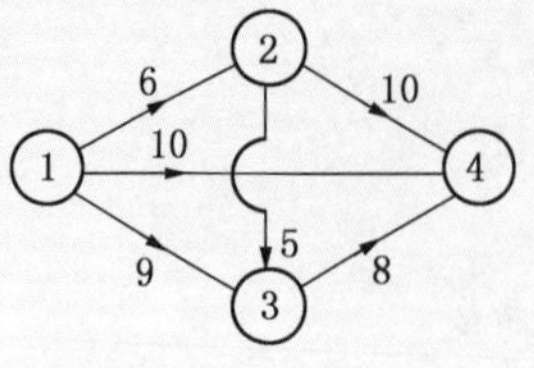

图 6-40

表 6-20

工序(i, j)	w_{ij}^g(天)	w_{ij}^b(天)	c_{ij}^g	c_{ij}^b
(1, 2)	6	5	100	160
(1, 3)	9	5	200	360
(1, 4)	10	6	400	500
(2, 3)	5	3	60	120
(2, 4)	10	5	300	650
(3, 4)	8	6	240	360

若该工程于 14 天内完工,则间接成本总计为 400;若超过 14 天,则每超过一天增加间接成本 70. 试求最佳赶工方案使总成本最少.

(1) 用枚举法;

(2) 用负时差法;

(3) 建立线性规划模型.

4. 用负时差法求解例 6-4.

5. 考虑图 6-41 所示的网络计划.

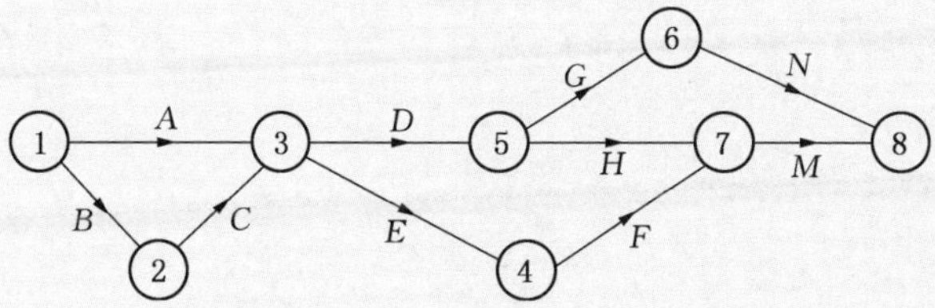

图 6-41

有关信息由表 6-21 给出.

(1) 求总工期的最大值和最小值.

(2) 若指定总工期 $\hat{T}_E = 21$ 天,问如何赶工以使赶工成本最低? 试建立线性规划模型.

(3) 若指定总工期 $\hat{T}_E = 21$ 天,试用枚举法和负时差法求赶工费用最小的进度计划.

(4) 若间接成本为每天 5 元,试求总成本最低的最优总工期.

表 6-21

工序	w_{ij}^g(天)	w_{ij}^b(天)	c_{ij}^*(元/天)
A	10	7	4
B	5	4	2
C	3	2	2
D	4	3	3
E	5	3	3
F	6	3	3
G	5	2	1
H	6	4	4
M	6	4	3
N	4	3	3

6. 某工程的网络图如图 6-42 所示. 有向边旁第 1 个参数为工序时间,第 2 个参数为该工序一天所需人数. 假设该工程限定每天的工人人数不得超过 22 人. 问如何调配人员,可使该工程按图 6-42 所给总工期如期完成?

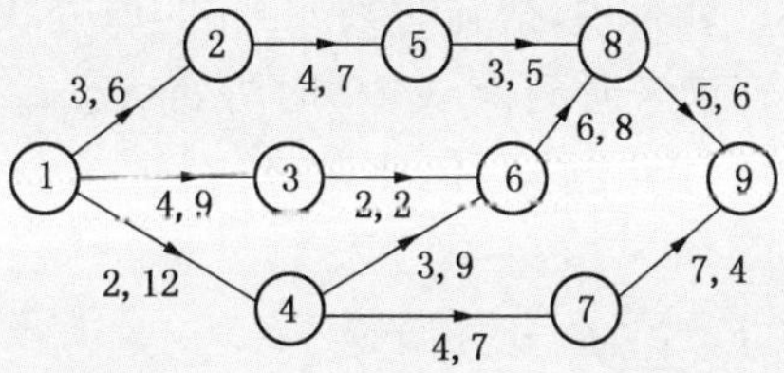

图 6-42

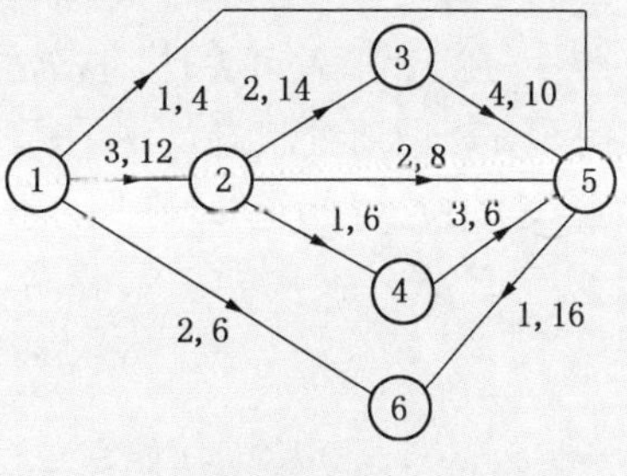

图 6-43

7. 某工程的网络图如图 6-43 所示. 有向边旁第 1 个参数为工序时间(周),第 2 个参数为该工序每周每天所需人数. 假设该工程限定每天的工人人数不得超过 20 人. 问如何调配人员,使每天出勤的工人数尽可能保持均匀,而工程按图 6-43 所给总工期如期完成?

第 7 章 马尔可夫分析

§7.1 马尔可夫链

例 7-1 3 家公司生产同一种产品，分别为 A_1, A_2, A_3. 根据调查得知，3 家的产品本月在市场上占据的份额分别为 40%，30% 和 30%. 如果顾客本月买产品 A_i 而下月买产品 A_j 的概率 p_{ij} 已经知道，试问一年后 3 家公司的产品在市场的占有率为多少？可以用一个什么样的模型来描述？

解 引进随机变量 X 表示顾客购买 A 产品.

令状态 i 表示顾客购买产品 A_i，则随机事件$(X_n = i)$ 表示第 n 个月顾客购买产品 A_i，于是，我们得到随机变量序列$\{X_n = i, n = 0, 1, 2, \cdots\}$($n=0$ 表示初始月，例如去年 12 月). 这一串随机变量序列被称为链. 事件$(X_n = i)$ 常被称为"第 n 步链处在状态 i".

本章仅讨论状态集合 I 有限的链：$I = \{1, \cdots, m\}$.

假设对任状态 $i_t \in I(t = 0, 1, \cdots, n+1)$ 有下式成立：

$$\begin{aligned} &P(X_{n+1} = i_{n+1} \mid X_0 = i_0, X_1 = i_1, \cdots, X_n = i_n) \\ &= P(X_{n+1} = i_{n+1} \mid X_n = i_n), \end{aligned} \tag{7-1}$$

则称此链$\{X_n = i, n = 0, 1, 2, \cdots\}$ 为马尔可夫(**Markov**) 链.

式(7-1) 称为"马尔可夫性" 或者"无后效性". 就是说，链在时刻 $t = n$ 时所处状态 i_n，则关于链在时刻 n 以前所处状态 $i_0, i_1, \cdots, i_{n-1}$，对预言未来时刻 $t = n+1$ 时所处状态 i_{n+1} 不起任何作用. 简言之，在已经知道"现在" 的条件下，"将来" 与"过去" 是独立的.

记 $p_i = P(X_0 = i)$，$i \in I$. 显然，有

$$0 \leqslant p_i \leqslant 1, i \in I, \ \sum_{i \in I} p_i = 1.$$

$\boldsymbol{Q}_0 = (p_1, \cdots, p_m)$ 称为初始概率向量，$P(X_{n+1} = j \mid X_n = i)$ 称为一步转移概率，简称转移概率，应有

$$0 \leqslant P(X_{n+1} = j \mid X_n = i) \leqslant 1, \ i, j \in I; \ \sum_{j \in I} P(X_{n+1} = j \mid X_n = i) = 1.$$

$p_{ij}^{(n)} = P(X_n = j \mid X_0 = i)$ 称为 n 步转移概率，应有

$$0 \leqslant P_{ij}^{(n)} \leqslant 1, \quad i, j \in I; \qquad \sum_{j \in I} P(X_n = j \mid X_0 = i) = 1, \quad i \in I.$$

若一个马尔可夫链的一步转移概率 $P(X_{n+1} = j \mid X_n = i)$ 与时刻 n 无关，则称这个马尔可夫链为均匀马尔可夫链.

例 7-2　有一列带有编号 1，…，m 的口袋，每个袋中都装有记号 1，…，m 的球，不同的袋所装的带记号 i 的球的数量可以不同. 在第 i 个袋中摸出带记号 j 的球的概率为 p_{ij}. 在初始，按概率分布 $\boldsymbol{Q}_0=(p_1,\cdots,p_m)$ 选择一个口袋，从那个袋中随机地摸出一个球，如果它带有记号 j，则下一次就从第 j 个口袋随机地摸球，每次摸出球看完记号后仍然放回. 若 X_n 为第 n 次摸球时摸到球的记号，则我们就得到一个均匀马尔可夫链.

本章仅讨论均匀马尔可夫链.

记均匀马尔可夫链的一步转移概率为

$$P(X_{n+1}=j \mid X_n=i)=p_{ij}\,,\ n=0,1,2,\cdots, \tag{7-2}$$

自然，应有 $0\leqslant p_{ij}\leqslant 1,\ i,j\in I;\ \sum\limits_{j\in I}p_{ij}=1,\ i\in I$.

记一步转移概率矩阵(简称转移概率矩阵)为

$$\boldsymbol{P}=\begin{pmatrix} p_{11} & \cdots & p_{1j} & \cdots & p_{1m} \\ \vdots & & \vdots & & \vdots \\ p_{i1} & \cdots & p_{ij} & \cdots & p_{im} \\ \vdots & & \vdots & & \vdots \\ p_{m1} & \cdots & p_{mj} & \cdots & p_{mm} \end{pmatrix}=(p_{ij})_{m\times m}, \tag{7-3}$$

n 步转移概率矩阵为

$$\boldsymbol{P}^{(n)}=(p_{ij}^{(n)})_{m\times m}=\begin{pmatrix} p_{11}^{(n)} & \cdots & p_{1j}^{(n)} & \cdots & p_{1m}^{(n)} \\ \vdots & & \vdots & & \vdots \\ p_{i1}^{(n)} & \cdots & p_{ij}^{(n)} & \cdots & p_{im}^{(n)} \\ \vdots & & \vdots & & \vdots \\ p_{m1}^{(n)} & \cdots & p_{mj}^{(n)} & \cdots & p_{mm}^{(n)} \end{pmatrix}. \tag{7-4}$$

一个均匀马尔可夫链，就是用初始概率向量 $\boldsymbol{Q}_0=(p_1,\cdots,p_m)$ 与转移概率矩阵 $\boldsymbol{P}$ 来进行描述.

我们不加证明地给出定理 7-1.

定理 7-1　对均匀马尔可夫链，有

(1) $P(X_{h+n}=j \mid X_h=i)=P(X_n=j \mid X_0=i)=p_{ij}^{(n)}$；　(7-5)

(2) $P(X_n=j)=\sum\limits_{i\in I}p_i p_{ij}^{(n)}$；　(7-6)

(3) $\boldsymbol{P}^{(n)}=\boldsymbol{P}^n$.　(7-7)

式(7-7)告诉我们，n 步转移概率矩阵等于一步转移概率矩阵的 n 次幂.

记 $\boldsymbol{Q}_n=(P(X_n=1),\cdots,P(X_n=m))$，称它为第 n 步概率向量($n=1,2,\cdots$).

由式(7-6)可知：

$$\boldsymbol{Q}_n=\boldsymbol{Q}_0\boldsymbol{P}^{(n)}. \tag{7-8}$$

例 7-3　某计算机实验室的计算机有时会发生故障. 某研究者每隔 15 分钟收集一次计算机状态的资料，共收集了 12 个小时的数据(有 49 次观察资料). 用 1 表示计算机正在工作，用 0 表示计算机不在工作. 所得数据列出如下：

1 1 1 0 0 1 0 0 1 1 1 1 1 1 1 0 0 1 1 1 1 0 1 1 1

1 1 1 0 0 1 1 1 1 1 1 1 1 1 0 0 0 1 1 0 1 1 0 1,

由这些数据建立一个关于连续使用计算机时机器状态的均匀马尔可夫链.

解　设 X_n 为计算机的工作状态,$I=\{0,1\}$. 48 次状态转移的情况为

$$0\to 0:\ 6\text{次};\qquad 0\to 1:\ 8\text{次};$$
$$1\to 0:\ 8\text{次};\qquad 1\to 1:\ 26\text{次},$$

因此,一步转移概率矩阵近似估计为

$$\boldsymbol{P}=\begin{pmatrix}6/(6+8) & 8/(6+8)\\ 8/(8+26) & 26/(8+26)\end{pmatrix}=\begin{pmatrix}3/7 & 4/7\\ 4/17 & 13/17\end{pmatrix}.$$

初始分布 $\boldsymbol{Q}_0=(p_0,\ p_1)=(0,\ 1)$.

例 7-4　在例 7-1 中,$I=\{1,\ 2,\ 3\}$,$\boldsymbol{Q}_0=(p_1,p_2,p_3)=(0.4,\ 0.3,\ 0.3)$,本月(第 1 个月)被认为 $n=0$. 给出转移概率矩阵如下:

$$\boldsymbol{P}=\begin{pmatrix}0.4 & 0.3 & 0.3\\ 0.6 & 0.3 & 0.1\\ 0.6 & 0.1 & 0.3\end{pmatrix}.$$

(1) 若本月(第 1 个月)购买 A_1,问第 4 个月购买 A_1 的概率为多少?

(2) 问(a)本月购买者在第 2 个月购买时会购买 A_1,A_2,A_3 的概率为多少? (b)第 4 个月购买 A_1,A_2,A_3 的概率为多少?

解　(1) $\boldsymbol{P}^{(3)}=\boldsymbol{P}^3=\begin{pmatrix}0.496 & 0.252 & 0.252\\ 0.504 & 0.252 & 0.244\\ 0.504 & 0.244 & 0.252\end{pmatrix}$,

故本月购买 A_1,第 4 个月购买 A_1 的概率为 $p_{11}^{(3)}=0.496$.

(2) (a)即求 $\boldsymbol{Q}_1=(P(X_1=1),P(X_1=2),P(X_1=3))$. 由式(7-8)可知

$$\boldsymbol{Q}_1=\boldsymbol{Q}_0\boldsymbol{P}^{(1)}=(0.4,0.3,0.3)\begin{pmatrix}0.4 & 0.3 & 0.3\\ 0.6 & 0.3 & 0.3\\ 0.6 & 0.1 & 0.3\end{pmatrix}=(0.52,0.24,0.24).$$

本月购买者在下个月购买时,会购买 A_1,A_2,A_3 的概率分别为 0.52, 0.24, 0.24.

(b) 即求 $\boldsymbol{Q}_3=(P(X_3=1),P(X_3=2),P(X_3=3))$. 由式(7-8)可知

$$\boldsymbol{Q}_3=\boldsymbol{Q}_0\boldsymbol{P}^{(3)}=(0.4,0.3,0.3)\begin{pmatrix}0.496 & 0.252 & 0.252\\ 0.504 & 0.252 & 0.244\\ 0.504 & 0.244 & 0.252\end{pmatrix}=(0.5008,0.2496,0.2496).$$

故第 1 个月购买者在第 4 个月购买 A_1,A_2,A_3 的概率分别为 0.5008, 0.2496, 0.2496.

例 7-5　A 与 B 进行智力游戏,各人带有 5 份礼物. 玩完一局输者给胜者一份礼物(不会有平局). 根据经验,A 在每局中获得胜利的概率为 0.45,赢得对方 5 份礼物的人就是最后的获胜者,游戏结束. 试建立 A 的礼物数的马尔可夫链.

解　观察时间为每局结束. 设 X_n 为 A 在第 n 局结束时的礼品的份数. 显然,有

$$I=\{0,\ 1,\ \cdots,\ 10\},\ P(X_0=5)=1,\ P(X_0=i)=0(i=0,1,\cdots,4,6,\cdots,10).$$

转移概率矩阵如下：

$$
\boldsymbol{P}=\begin{pmatrix}
1 & 0 & 0 & 0 & 0 & 0 & 0 & 0 & 0 & 0 & 0 \\
0.55 & 0 & 0.45 & 0 & 0 & 0 & 0 & 0 & 0 & 0 & 0 \\
0 & 0.55 & 0 & 0.45 & 0 & 0 & 0 & 0 & 0 & 0 & 0 \\
0 & 0 & 0.55 & 0 & 0.45 & 0 & 0 & 0 & 0 & 0 & 0 \\
0 & 0 & 0 & 0.55 & 0 & 0.45 & 0 & 0 & 0 & 0 & 0 \\
0 & 0 & 0 & 0 & 0.55 & 0 & 0.45 & 0 & 0 & 0 & 0 \\
0 & 0 & 0 & 0 & 0 & 0.55 & 0 & 0.45 & 0 & 0 & 0 \\
0 & 0 & 0 & 0 & 0 & 0 & 0.55 & 0 & 0.45 & 0 & 0 \\
0 & 0 & 0 & 0 & 0 & 0 & 0 & 0.55 & 0 & 0.45 & 0 \\
0 & 0 & 0 & 0 & 0 & 0 & 0 & 0 & 0.55 & 0 & 0.45 \\
0 & 0 & 0 & 0 & 0 & 0 & 0 & 0 & 0 & 0 & 1
\end{pmatrix}.
$$

在这个马尔可夫链中，一旦进入状态 0 或者 10，就不能再由这个状态转移到其他状态，这种状态称为吸收状态．

例 7-6　一架战斗机有 4 台发动机，飞行时至少需要有 2 台发动机工作．它执行任务需要飞行 1 个小时（即 1 小时内飞机能够返回基地）．假设在 15 分钟内，不管已经损坏了几台发动机，飞机的一台发动机被敌人炮火击坏的概率为 0.2，问飞机的可靠性如何？

解　以飞机被损坏的发动机的台数 i 作为飞机的状态，若有 3 台发动机被击坏，飞机就不能再执行任务了．于是，$I=\{0,1,2,3\}$．转移概率矩阵如下：

$$
\begin{array}{cccc}
\text{状态} & 0 & 1 & 2 & 3
\end{array}
$$

$$
\boldsymbol{P}=\begin{array}{c}0\\1\\2\\3\end{array}\begin{pmatrix}
0.8 & 0.2 & 0 & 0 \\
0 & 0.8 & 0.2 & 0 \\
0 & 0 & 0.8 & 0.2 \\
0 & 0 & 0 & 1
\end{pmatrix},
$$

4 步转移概率矩阵 $\boldsymbol{P}^{(4)}=\boldsymbol{P}^4$ 经过计算为

$$
\boldsymbol{P}^{(4)}=\begin{pmatrix}
0.409\,6 & 0.409\,6 & 0.153\,6 & 0.027\,2 \\
0 & 0.409\,6 & 0.409\,6 & 0.180\,8 \\
0 & 0 & 0.409\,6 & 0.590\,4 \\
0 & 0 & 0 & 1
\end{pmatrix},
$$

又 $\boldsymbol{Q}_0=(1,0,0,0)$，故飞机飞行 1 小时后的 $\boldsymbol{Q}_4=\boldsymbol{Q}_0\boldsymbol{P}^{(4)}$ 为

$$
(1,0,0,0)\begin{pmatrix}
0.409\,6 & 0.409\,6 & 0.153\,6 & 0.027\,2 \\
0 & 0.409\,6 & 0.409\,6 & 0.180\,8 \\
0 & 0 & 0.409\,6 & 0.590\,4 \\
0 & 0 & 0 & 1
\end{pmatrix}=(0.409\,6,0.409\,6,0.153\,6,0.027\,2).
$$

由此可知飞机的可靠性为 $0.409\,6+0.409\,6+0.153\,6=0.972\,8$．

§7.2 马尔可夫分析

7.2.1 正规转移概率矩阵与稳态概率向量

设矩阵 $\boldsymbol{P}$ 是一个均匀马尔可夫链的一步转移概率矩阵,若存在一个正整数 k,使得矩阵 $\boldsymbol{P}^k$ 中每个元素均是正数,则称矩阵 $\boldsymbol{P}$ 是一个正规转移概率矩阵.

例 7-7 试判断下列两个矩阵(状态集 $I=\{1,2\}$)是否为正规转移概率矩阵:

$$\boldsymbol{B}=\begin{pmatrix}0 & 1\\ 1/2 & 1/2\end{pmatrix},\qquad \boldsymbol{D}=\begin{pmatrix}1 & 0\\ 1/2 & 1/2\end{pmatrix}.$$

解 由于 $\boldsymbol{B}^2=\begin{pmatrix}1/2 & 1/2\\ 1/4 & 3/4\end{pmatrix}$, 而 $\boldsymbol{D}^2=\begin{pmatrix}1 & 0\\ 3/4 & 1/4\end{pmatrix}$, $\boldsymbol{D}^3=\begin{pmatrix}1 & 0\\ 7/8 & 1/8\end{pmatrix}$,

$$\boldsymbol{D}^4=\begin{pmatrix}1 & 0\\ 15/16 & 1/16\end{pmatrix},\ \cdots,\qquad \boldsymbol{D}^k=\begin{pmatrix}1 & 0\\ (2^k-1)/2^k & 1/2^k\end{pmatrix},$$

故矩阵 $\boldsymbol{B}$ 是正规转移概率矩阵,$\boldsymbol{D}$ 不是正规转移概率矩阵.

判断一个转移概率矩阵是不是正规转移概率矩阵,也可以用状态转移图来进行分析.

例如,矩阵 $\boldsymbol{B}$ 与 $\boldsymbol{D}$ 的状态转移图分别如图 7-1 与图 7-2 所示.

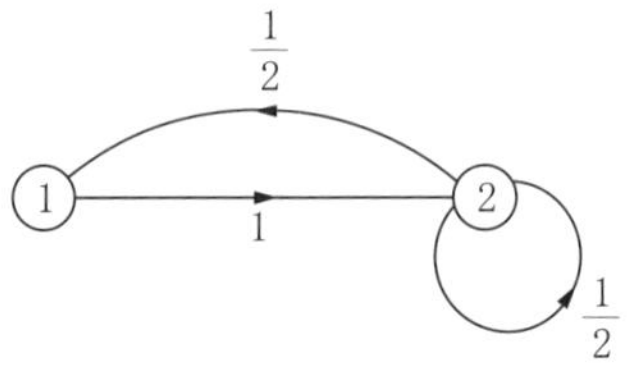

图 7-1

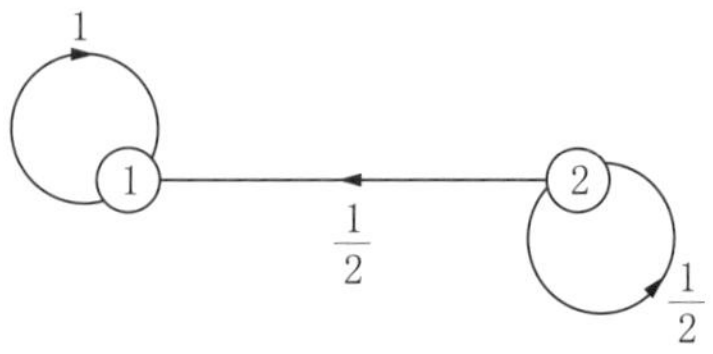

图 7-2

在状态转移图中,顶点 i 代表状态,有向边(i,j)旁的参数表示转移概率 p_{ij}.

显然,在图 7-1 中,状态 1 与状态 2 经过几步相互总能到达. 如状态 1 虽然一步不能到达状态 1,但是状态 1 可以到达状态 2,然后状态 2 可以到达状态 1,即状态 1 经过两步可以到达状态 1. 所以 $\boldsymbol{B}$ 是正规转移概率矩阵. 而在图 7-2 中,状态 1 永远不能到达状态 2.

所以,判断一个转移概率矩阵是不是正规转移概率矩阵,只要用它的状态转移图就可以进行判别. 如果状态集中任意两个状态总是能够相互到达(不管几步),那么,这个矩阵就是正规转移概率矩阵.

定理 7-2 如果一个均匀马尔可夫链(状态集 $I=\{1,\cdots,m\}$)的一步转移概率矩阵是正规转移概率矩阵 $\boldsymbol{P}$,则唯一地存在一个稳态概率向量 $\boldsymbol{\pi}=(\pi_1,\cdots,\pi_m)$,它是由下列方程组给出的解:

$$\boldsymbol{\pi}\boldsymbol{P}=\boldsymbol{\pi},\tag{7-9}$$

$$\pi_1+\pi_2+\cdots+\pi_m=1,\tag{7-10}$$

同时有 $\pi_i>0$, $p_{ki}^{(n)}\to\pi_i$,对任意 $k,i\in I$. (7-11)

这里要指出，$\boldsymbol{\pi P}=\boldsymbol{\pi}$ 虽然有 m 个方程，但是只有 $m-1$ 个方程是独立的(因为把这 m 个方程加起来，得到一个恒等式)，而变量却有 m 个. 于是，我们在式(7-9)中任意选取 $m-1$ 个方程，与式(7-10)一起组成 m 个方程，就能够求解 m 个变量.

向量 $\boldsymbol{\pi}=(\pi_1,\cdots,\pi_m)$ 称为稳态概率向量，概率 π_i 称为状态 i 的稳态概率.

定理 7-3　(1) $$\boldsymbol{P}^{(n)}\to\boldsymbol{E}=\begin{pmatrix}\pi_1 & \cdots & \pi_i & \cdots & \pi_m\\ \vdots & & \vdots & & \vdots\\ \pi_1 & \cdots & \pi_i & \cdots & \pi_m\\ \vdots & & \vdots & & \vdots\\ \pi_1 & \cdots & \pi_i & \cdots & \pi_m\end{pmatrix}_{m\times m};\tag{7-12}$$

(2) $$\boldsymbol{Q}_n=\boldsymbol{Q}_0\boldsymbol{P}^{(n)}\to\boldsymbol{Q}_0\boldsymbol{E}=\boldsymbol{\pi}.\tag{7-13}$$

式(7-12)告诉我们，$\boldsymbol{P}^{(n)}$ 随着幂次的增大，$\boldsymbol{P}^{(n)}$ 的第 i 列元素趋向一个同样的值 π_i. 这说明经历一定时间的状态转移后，初始状态的影响逐渐消失，系统最终达到完全与初始状态无关的一种平稳状态.

我们还有如下结论：

(1) 假设有 k 个相互独立的均匀马尔可夫链，在相同的转移概率矩阵下进行状态转移，那么在经历一段长时间运行后处于状态 i 的过程的个数的期望值为 $k\pi_i$.

(2) 概率 π_i 也给出在一个长时间内过程处于状态 i 的次数占整个转移次数中的比率.

(3) 数 $1/\pi_i$ 为自状态 i 出发首次回复到状态 i 所需要的转移次数的平均值.

7.2.2　应用举例

例 7-8　对例 7-3，试问：

(1) 若计算机在前一时段(15 分钟)的状态为 0，从本时段起，此计算机能够正常工作 1 小时的概率为多少？

(2) 在运行比较长的时间后，计算机能够正常工作 1 小时的概率为多少？

解　由例 7-3 知：$I=\{0,1\}$，一步转移概率矩阵为

$$\boldsymbol{P}=\begin{pmatrix}3/7 & 4/7\\ 4/17 & 13/17\end{pmatrix}.$$

(1) 可以认为初始阶段计算机处于状态 0，经历 4 个阶段(1 小时)，计算机能够一直正常工作的概率为

$$p_{01}p_{11}p_{11}p_{11}=(3/7)\times(13/17)\times(13/17)\times(13/17)=0.256.$$

(2) 先来求稳态概率向量 $\boldsymbol{\pi}=(\pi_0,\pi_1)$，我们有方程

$$(\pi_0,\pi_1)\begin{pmatrix}3/7 & 4/7\\ 4/17 & 13/14\end{pmatrix}=(\pi_0,\pi_1),\ \pi_0+\pi_1=1.$$

解方程组

$$\begin{cases}(3/7)\pi_0+(4/17)\pi_1=\pi_0,\\ \pi_0+\pi_1=1,\end{cases}$$

得到解 $\pi_0=0.292$，$\pi_1=0.708$. 于是，在运行比较长的时间后，计算机能够正常工作 1 小时的概率为$(\pi_1)^4=(0.708)^4=0.251$.

例 7-9 3 家公司生产同一种产品，分别为 A_1, A_2, A_3. 根据调查得知，各家产品去年 12 月在市场上占据的份额分别为 50%，30%和 20%. 顾客购买的趋势可用下列转移概率矩阵（按照月来转移）来描述：

$$\boldsymbol{P}=\begin{pmatrix}0.70 & 0.10 & 0.20\\ 0.10 & 0.80 & 0.10\\ 0.05 & 0.05 & 0.90\end{pmatrix},$$

试问年底 3 家公司的产品在市场的占有率为多少？

解　现在 $I=\{1, 2, 3\}$，$\boldsymbol{Q}_0=(p_1, p_2, p_3)=(0.5, 0.3, 0.2)$，$\boldsymbol{P}$ 显然为正规转移概率矩阵. 今年年底各公司占领市场的份额是 $\boldsymbol{Q}_{12}=\boldsymbol{Q}_0\boldsymbol{P}^{(12)}$，由式(7-13)知道，$\boldsymbol{Q}_{12}$ 近似于稳态概率向量 $\boldsymbol{\pi}$. 求解方程组

$$\begin{cases}0.7\pi_1+0.1\pi_2+0.05\pi_3=\pi_1,\\ 0.1\pi_1+0.8\pi_2+0.05\pi_3=\pi_2,\\ \pi_1+\pi_2+\pi_3=1,\end{cases}$$

得到解 $\pi_1=0.1765$，$\pi_2=0.2363$，$\pi_3=0.5882$. 年底 3 家公司的产品在市场的占有率分别为 17.65%，23.63%，58.82%. 也就是说，A_1 产品所占市场份额下降到 17.76%. 这种情况对于生产 A_1 产品的公司来说情况堪忧. 因此，除了提高产品质量外，应该考虑改进公司的销售策略.

一种策略是改进服务，争取将顾客的保留率 p_{11} 提高到 0.85，即让 $\boldsymbol{P}$ 变化为 $\boldsymbol{P}'$：

$$\boldsymbol{P}'=\begin{pmatrix}0.85 & 0.10 & 0.05\\ 0.10 & 0.80 & 0.10\\ 0.05 & 0.05 & 0.90\end{pmatrix}.$$

根据此矩阵求得的稳态概率 $\pi'_1=0.316$，$\pi'_2=0.263$，$\pi'_3=0.421$.

另一种策略是加强广告宣传，力图从另外两家公司那里把顾客争取过来. 如果努力后 $\boldsymbol{P}$ 变化为 $\boldsymbol{P}''$：

$$\boldsymbol{P}''=\begin{pmatrix}0.70 & 0.10 & 0.20\\ 0.15 & 0.75 & 0.10\\ 0.15 & 0.05 & 0.80\end{pmatrix},$$

根据此矩阵求得的稳态概率 $\pi''_1=0.333$，$\pi''_2=0.222$，$\pi''_3=0.445$.

生产产品 A_1 的公司，在运用马尔可夫分析工具后，进行了适当的投资，以求进一步打开产品 A_1 的销路.

例 7-10 某公司每周检查一次产品的包装箱，状态分为“1”（指新包装箱）、“2”（指优等包装箱）、“3”（指良好包装箱）、“4”（指损坏的包装箱）. 如果包装箱处于状态 4，就立即被拿去修理而更新成为新包装箱，时间需要 1 周. 根据仓库的记录，货物包装箱状态转移概率矩阵为

$$
\boldsymbol{P}=\begin{pmatrix}0 & 0.8 & 0.2 & 0\\ 0 & 0.6 & 0.4 & 0\\ 0 & 0 & 0.5 & 0.5\\ 1 & 0 & 0 & 0\end{pmatrix}.
$$

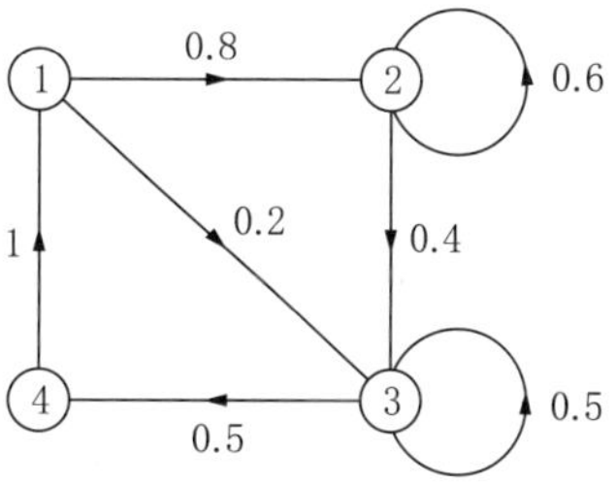

图 7-3

被损坏的包装箱被拿去修理而更新为全新的包装箱，需要 25 元，但在检查时若发现一个包装箱被损坏而不能使用时，生产效率就要遭受价值 18.5 元的损失(延长了装货过程).

公司正在考虑另外一种策略：一旦检查员发现包装箱处于状态 3，就拿去修理更新为新包装箱，于是就没有了状态 4. 问要不要采用这种新策略?

解　(1) 如果采用旧方案，我们来求稳态概率向量 $\boldsymbol{\pi}$. 由状态转移图图 7-3 可知 $\boldsymbol{P}$ 为正规转移概率矩阵，于是解方程组

$$
\begin{cases}\pi_4=\pi_1,\\ 0.8\pi_1+0.6\pi_2=\pi_2,\\ 0.5\pi_3=\pi_4,\\ \pi_1+\pi_2+\pi_3+\pi_4=1,\end{cases}
$$

得到解为 $\pi_1=1/6, \pi_2=1/3, \pi_3=1/3, \pi_4=1/6$. 因此，每周新做包装箱与效率损失的期望费用为

$$
25\times(1/6)+18.5\times(1/6)=7.25(\text{元})(\text{每周每箱}).
$$

(2) 如果采用新策略，新状态转移概率矩阵为

$$
\begin{pmatrix}0 & 0.8 & 0.2\\ 0 & 0.6 & 0.4\\ 1 & 0 & 0\end{pmatrix},
$$

解方程组

$$
\begin{cases}\pi'_3=\pi'_1,\\ 0.8\pi'_1+0.6\pi'_2-\pi'_2,\\ \pi'_1+\pi'_2+\pi'_3=1,\end{cases}
$$

得到解为 $\pi'_1=1/4$, $\pi'_2=1/2$, $\pi'_3=1/4$. 此时，每周新做包装箱的期望费用(没有效率损失费) 为

$$
25\times(1/4)=6.25(\text{元})(\text{每周每箱}).
$$

由此可见，采用新策略，比老方案可以节省 1 元. 如果公司有包装箱 6 000 个，则可以节省相当一笔费用.

例 7-11　工厂在厂内有 100 处安装使用某一型号的线圈. 这些线圈用来点火，而且点火 150 次以后就完全报废. 该工厂存储了足够的备品，以免中断生产. 工厂线圈状态如表 7-1 所示，将该线圈进行个别更换时，费用为每个 9 元；将其全部更换时，每个 5 元，试问其更换之最佳策略.

表 7-1

第 i 个 50 次点火	第 i 期末仍然完整	在第 i 期末报废
0	100	0
1	60	40
2	15	45
3	0	15

解　设第 1 个、第 2 个、第 3 个 50 次点火分别为状态 1,2,3,则状态转移矩阵为

$$\boldsymbol{P}=\begin{pmatrix}0.40 & 0.60 & 0\\ 0.75 & 0 & 0.25\\ 1 & 0 & 0\end{pmatrix}.$$

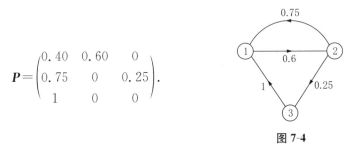

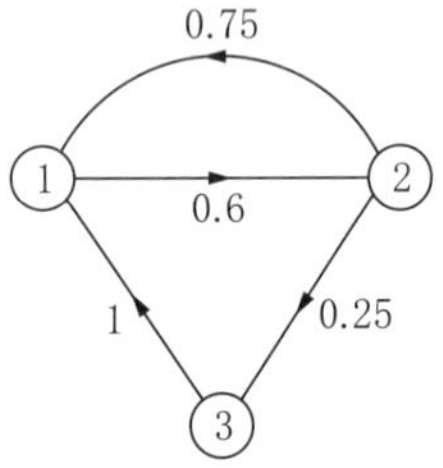

图 7-4

例如,100 个线圈在第 1 个 50 次点火后,由表 7-1 知,有 40 个报废,更换为新的,这 40 个线圈又可以进行第 1 个 50 次点火,所以 $p_{11}=0.40$,还有 60 个可以进行第 2 个 50 次点火,所以 $p_{12}=0.60$;60 个线圈第 2 次 50 次点火后有 45 个报废,更换新的以后可以进行第 1 个 50 次点火,还有 15 个可以进行第 3 个 50 次点火,所以 $p_{21}=45/60=0.75$,$p_{23}=15/60=0.25$;这 15 个线圈进行第 3 个 50 次点火后,完全报废,更换新的以后可以进行第 1 个 50 次点火,所以 $p_{31}=1$.

由状态转移图图 7-4 可知 $\boldsymbol{P}$ 是正规转移概率矩阵. 现由

$$(\pi_1,\pi_2,\pi_3)\begin{pmatrix}0.40 & 0.60 & 0\\ 0.75 & 0 & 0.25\\ 1 & 0 & 0\end{pmatrix}=(\pi_1,\pi_2,\pi_3)$$

得到方程组:

$$\begin{cases}0.4\pi_1+0.75\pi_2+\pi_3=\pi_1,\\ 0.6\pi_1=\pi_2,\\ \pi_1+\pi_2+\pi_3=\pi_3.\end{cases}$$

解之得到 $\pi_1=0.57$,$\pi_2=0.34$,$\pi_3=0.09$. 于是有

$$100\times 0.57=57(\text{个}),\ 100\times 0.34=34(\text{个}),\ 100\times 0.09=9(\text{个}).$$

就是说,若检查制度规定每当 50 次点火时对 100 个线圈进行检查,则在每次检查的时候,均有 57 个报废线圈需要更换,有 34 个可以在第 2 个 50 次点火时使用,有 9 个可以在第 3 个 50 次点火时使用.

为什么对 $\pi_1=0.57$ 进行这样的理解?我们应该逆向思维:由于 $\pi_1=0.57$,就是说有 $(100\times 0.57=)57$ 个线圈在报废后进行了新线圈更换,才能处在第 1 个 50 次点火. 这是理解

马尔可夫分析方法的困难之处.

由表 7-2 可知,全体更换比个别更换能够节省费用,所以当全体线圈在第 1 个 50 次点火后,都进行更换,这是最佳策略.

表 7-2

更换方法	更换成本/个	更换个数	总成本
个别	9 元	57 个	513 元
全体	5 元	100 个	500 元

例 7-12　一个工厂每一季度都要对每个仪器进行检查,按照仪器状态分成 5 种:状态 1“优秀”,状态 2“良好”,状态 3“及格”,状态 4“可用”,状态 5“不可用”. 目前,工厂采用的维修策略 1 如下:一旦仪器处在状态 5,就被修理,使仪器达到状态 1,费用为每台 500 元. 根据统计资料,转移概率矩阵 $\boldsymbol{P}$ 为

$$\boldsymbol{P}=\begin{pmatrix}0 & 0.6 & 0.2 & 0.1 & 0.1\\ 0 & 0.3 & 0.4 & 0.2 & 0.1\\ 0 & 0 & 0.4 & 0.4 & 0.2\\ 0 & 0 & 0 & 0.5 & 0.5\\ 1 & 0 & 0 & 0 & 0\end{pmatrix}.$$

工厂现在考虑维修策略 2:一旦仪器处在状态 4 和状态 5,就被修理,使仪器达到状态 1,每台费用分别为 250 元和 500 元. 从长期的经济效益出发,最优维修策略是什么?

解　按照策略 1,由转移概率矩阵 $\boldsymbol{P}$,可求得

$$(\pi_1,\pi_2,\pi_3,\pi_4,\pi_5)=(0.199,0.170,0.180,0.252,0.199).$$

(请读者注意,为什么 $\pi_1=\pi_5$?)

每个仪器维修费期望值为 $500\times0.199=99.50$(元).

按照策略 2,转移概率矩阵 $\mathbf{P}'$ 为

$$\boldsymbol{P}'=\begin{pmatrix}0 & 0.6 & 0.2 & 0.1 & 0.1\\ 0 & 0.3 & 0.4 & 0.2 & 0.1\\ 0 & 0 & 0.4 & 0.4 & 0.2\\ 1 & 0 & 0 & 0 & 0\\ 1 & 0 & 0 & 0 & 0\end{pmatrix},$$

可求得

$$(\pi'_1,\pi'_2,\pi'_3,\pi'_4,\pi'_5)=(0.266,\ 0.228,\ 0.241,\ 0.168,\ 0.097).$$

(请读者注意,为什么 $\pi'_1\approx\pi'_4+\pi'_5$?)

每个仪器维修费期望值为 $250\times0.168+500\times0.097=90.50$(元).

因此,应该采用策略 2.

例 7-13　设某机械制造厂定期检查机床轴承,把它们分为 4 级:状态 1 为“第 1 级新轴承”;状态 2 为“轻度磨损”;状态 3 为“中度磨损”;状态 4 为“报废”. 更换一副新轴承,费用为 50 元. 如果机床继续使用坏轴承运行,就可能发生故障,造成的损失费平均为 250 元(不包括更

换轴承的费用). 工厂采取更换策略 1:在每次检查中把处于状态 4 的轴承全部更换. 根据统计资料,给出转移概率矩阵 $\boldsymbol{P}$ 如下:

$$\boldsymbol{P}=\begin{pmatrix}0 & 0.9 & 0.1 & 0\\0 & 0.6 & 0.3 & 0.1\\0 & 0 & 0.7 & 0.3\\1 & 0 & 0 & 0\end{pmatrix},$$

工厂可以考虑采取更换策略 2:在每次检查中把处在状态 3 与状态 4 的轴承一起更换. 试问哪种更换方式费用较小?

解　如果采用策略 1,则由转移概率矩阵 $\boldsymbol{P}$,求解方程组,经过计算可以求得

$$(\pi_1,\ \pi_2,\ \pi_3,\ \pi_4)=(0.15,\ 0.33,\ 0.37,\ 0.15).$$

(请读者注意,为什么 $\pi_1=\pi_4$?)

在更换现场,处于状态 4 的报废轴承将要更换为处于状态 1 的新轴承,新轴承与报废轴承并存在一起,各个的份额为 0.15,报废轴承要拿走,所以实际上在平稳状态下,更换后的新轴承占留下的轴承份额为

$$0.15/(0.15+0.33+0.37)=0.15/0.85\approx 0.177.$$

这样一种思考问题的方法恐怕比较难以为初学的读者接受,这也是马尔可夫分析方法被使用者掌握的困难之处. 感谢这个案例的作者为我们留下这么一个值得令人学习的换位思考方法. 不知道此处的文字是否已经说明了案例给出者的思考方法,从而能让读者完全接受与理解.

于是,在平稳状态下,每次换上的状态 1 的新轴承占全部轴承的 0.177,换言之,对一副轴承来说,有 17.7% 的可能性要更换. 所以对一副轴承来说,更换费与可能发生的故障费之和为

$$0.177\times 50\ 元+0.177\times 250\ 元=53.1\ 元.$$

(在这里,作者理应指出,一般的读者比较容易理解例 7-12 处理问题的方法,把例 7-13 处理问题的方法列在例 7-12 后面,便于读者进行比较,以说明马尔可夫分析在对问题的探讨上可以有不同的视角.)

如果采用策略 2,则状态就换成 3 个:状态 1 为"第 1 级新轴承";状态 2 为"轻度磨损";状态 3 为"中度磨损"与"报废"的轴承. 转移概率矩阵 $\boldsymbol{P}'$ 如下:

$$\boldsymbol{P}'=\begin{pmatrix}0 & 0.9 & 0.1\\0 & 0.6 & 0.4\\1 & 0 & 0\end{pmatrix}.$$

求解方程组,可以求得稳态概率如下:

$$(\pi'_1,\pi'_2,\pi'_3)=(0.235,0.530,0.235).$$

(请读者注意,为什么 $\pi'_1=\pi'_3$?)

类似于我们在策略 1 中的解释,换上的新轴承占全部轴承的比率为

$$0.235/(0.235+0.530)=0.235/0.765\approx 0.307.$$

于是,以一副轴承为计算单位的更换费用如下：

(a) 更换新轴承的费用：0.307×50 元 $=15.35$ 元；

(b) 故障损失费：状态 2 占全部轴承的比率为 $0.530/(0.235+0.530)\approx 0.693$，又根据转移概率矩阵 $\boldsymbol{P}$ 知道，状态 2“轻度磨损”的轴承有 10% 的可能转变为状态 4“报废”，因此故障损失费为

$$0.693\times 0.1\times 250\text{ 元}=17.325\text{ 元}.$$

策略 2 的总费用为 15.35 元 + 17.325 元 = 32.675 元，显然，策略 2 比策略 1 好. 如果该工厂使用这类轴承的数量比较大，可以节约相当的费用.

马尔可夫分析是一个简单可行的决策方法，但是它对问题的思考与策略方案的理解是别具特色的，喜欢运用此方法的读者必须多看这方面的案例，不断积累经验，才能避免差错.

习题 7

1. 某结构用 10000 只铆钉铆起来，一只铆钉不合格的概率为 0.001，如果连续有 5 只铆钉不合格，结构就会倒塌. 以连续不合格的铆钉为状态，建立一个马尔可夫链模型，并指出如何确定这个结构的可靠性(不倒塌的概率).

2. 设 3 家公司 $A_i(i=1,2,3)$ 今年同时向市场投放一种轮胎，估计 3 家公司所占市场份额相同. 但明年，估计市场份额会发生变化：A_1 公司保持其顾客的 80%，丧失 5% 给 A_2 公司，丧失 15% 给 A_3 公司；A_2 公司保持其顾客的 90%，丧失 10% 给 A_1 公司，没有丧失顾客给 A_3 公司；A_3 公司保持其顾客的 60%，丧失 20% 给 A_1 公司，丧失顾客 20% 给 A_2 公司. 并且，以后每年用户基本按照此倾向购买这 3 种产品. 试问：

(1) 明年顾客购买这 3 种产品的情况如何?

(2) 后年顾客购买这 3 种产品的情况如何?

(3) 多年后 3 种产品在市场的销售情况如何?

3. 某位验收员使用下列抽样验收方法：当他验收 100 件产品时，他随机地抽取 10 件产品为样品检验它们. 如果他连续发现有 2 件不合格品，就拒收这些产品，否则就接受. 现在生产单位声称这批产品有 3% 的不合格品. 请以连续不合格品的个数为状态，建立一个马尔可夫链模型，并指出如何求这批产品被拒绝的概率.

4. 某商店经营一种易腐食品，销售一个单位可获利 5 元；若当天销售不出去，则损失 3 元. 该店经理统计了 38 天的需求资料(不是实际销售量)如下：

3,3,4,2,2,4,2,3,4,4,4,3,2,4,2,3,3,4,2,
2,4,3,4,3,2,3,4,2,3,2,2,3,4,2,4,4,3,3.

经理打算用马尔可夫分析来预测需求量. 若已知当天需求量为 3 个单位，当天营业结束时该食品全部销售完，问经理明天应该订货多少?

5. 顾客对市场 A_1,A_2,A_3 产品的购买倾向为

$$\boldsymbol{P}=(p_{ij})_{3\times 3}=\begin{pmatrix}0.4 & 0.4 & 0.2\\ 0.3 & 0.6 & 0.1\\ 0.5 & 0.4 & 0.1\end{pmatrix},$$

试问:

(1) 已知一位顾客在本周买 A_1 产品,求这位顾客在下两周内至少有一次买 A_1 产品的概率.

(2) 一般情况下,100 位顾客在每周买 A_1 产品的人次的期望值为多少?

6. 某食品厂对冷冻机的线圈实行季度检查,按照线圈状态分成 4 种:状态 1"优秀",状态 2"良好",状态 3"中等",状态 4"劣等". 根据统计资料,一个周期各种状态之间的转移概率矩阵 $\boldsymbol{P}$ 如下:

$$\boldsymbol{P}=\begin{pmatrix}0.2 & 0.4 & 0.2 & 0.2\\ 0 & 0.3 & 0.5 & 0.2\\ 0 & 0 & 0.6 & 0.4\\ 0 & 0 & 0 & 1\end{pmatrix}.$$

周期开始时新换的线圈在下一个周期处在状态 1 或者状态 2 的概率分别为 0.8 与 0.2. 状态 3 线圈的更换费用为 20 元,状态 4 线圈的更换费用为 50 元. 进行季度检查后有两个策略:①仅更换状态 4 的线圈;②状态 3 和状态 4 的线圈一起更换. 问最优策略是什么?

7. 某工厂的生产任务繁忙且产品质量要求高,因此需每天下班时对机器进行检查,有 4 种状态:状态 1"完好",状态 2"可运转,有点小的恶化",状态 3"可运转,有大的恶化",状态 4"不能再运转,产品质量不合格". 机器在状态 4 时必须进行更换,费用为 4 000 元. 状态转移概率矩阵如下:

$$\boldsymbol{P}=\begin{pmatrix}0 & 7/8 & 1/16 & 1/16\\ 0 & 3/4 & 1/8 & 1/8\\ 0 & 0 & 1/2 & 1/2\\ 1 & 0 & 0 & 0\end{pmatrix}.$$

当系统处于状态 2 或者状态 3 时,在下一天可能产生次品. 在状态 2 与状态 3 时产生次品的期望值费用分别为 1 000 元、3 000 元. 每天下班时,记录下机器状态,可以采取的措施 k 有 3 种:①不采取任何措施;②大修(系统回到状态 2);③更换(系统回到状态 1). 一台机器无论是大修还是更换,都需要停产 1 天,因此造成损失费 2 000 元. 而一台机器的大修费用为 2 000 元. 维修方案 d 有 3 个:①在状态 4 时更换;②在状态 3 时大修,在状态 4 时更换;③在状态 3 与状态 4 时更换. 试提出最优维修方案,使(长期)每天的维修费用期望值最小.

第 8 章 动态规划

管理决策中的某些问题，可以从时间的流动或空间的转移上，将问题划分为若干个相互联系的阶段，每一个阶段都有若干种方案可供选取，决策的任务则是为每个阶段选择一种适当的方案，以使整个过程取得最优的效益. 动态规划就是解决这类多阶段决策问题的一个运筹学分支.

在本章中，我们先通过最短路径问题这个简单的引例来阐述动态规划的基本概念以及求解的基本思想，然后给出动态规划的一般模型和求解方法，最后介绍若干应用实例.

§8.1 引　例

例 8-1（最短路径问题） 一个旅行者由始点 A 出发，需经过 4 个阶段到达终点 E. 前面 3 个阶段分别有 3 个、4 个和 2 个中转点，旅行者在每一阶段只能选择一个中转点作为本阶段的到达点，具体路线如图 8-1 所示，边旁参数为该边起点到终点的距离. 求 A 至 E 的最短路径.

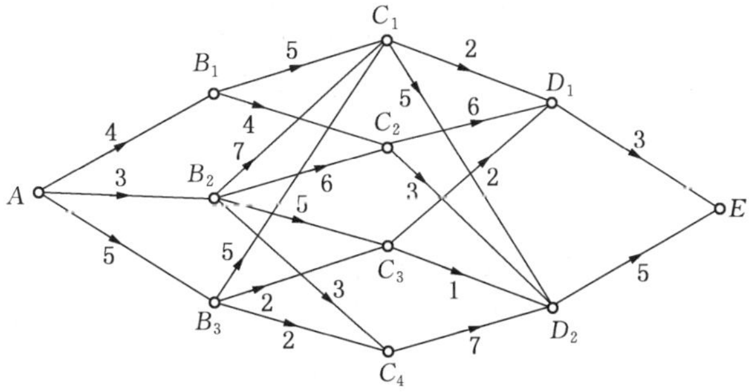

图 8-1

对本问题我们可以用网络规划中的最短路径算法，求得图 8-1 中任一顶点至顶点 E 的最短路径及其长度，如图 8-2 所示(图中顶点旁括号中的数字为该顶点至 E 的最短路径长度).

现在我们用动态规划方法来求 A 至 E 的最短路径及其长度，通过其求解过程来说明动态规划的基本思想并给出有关的术语.

若第 k 阶段旅行者的出发点记为 s_k，我们称 s_k 为第 k 阶段的**状态变量**. 第 k 阶段状态变

量 s_k 可取的顶点的全体记为 S_k,我们称 S_k 为第 k 阶段的状态集合. 例如在本问题中,$S_3=\{C_1, C_2, C_3, C_4\}$. 状态变量取定某一个顶点,就说旅行者处于某个状态.

若第 k 阶段旅行者从状态 s_k 出发,本阶段所选择的到达点记为 $x_k(s_k)$,我们称 $x_k(s_k)$ 为决策变量,并简写为 x_k, x_k 依赖于 s_k. 当 s_k 选定时,决策变量 x_k 取点的全体记为 $D_k(s_k)$,我们称 $D_k(s_k)$ 为决策集合. 当状态变量 s_k 取不同的点时,所得决策集合也可能不同. 例如,取 $s_2=B_1$,有 $D_2(B_1)=\{C_1, C_2\}$;取 $s_2=B_2$,有 $D_2(B_2)=\{C_1, C_2, C_3, C_4\}$.

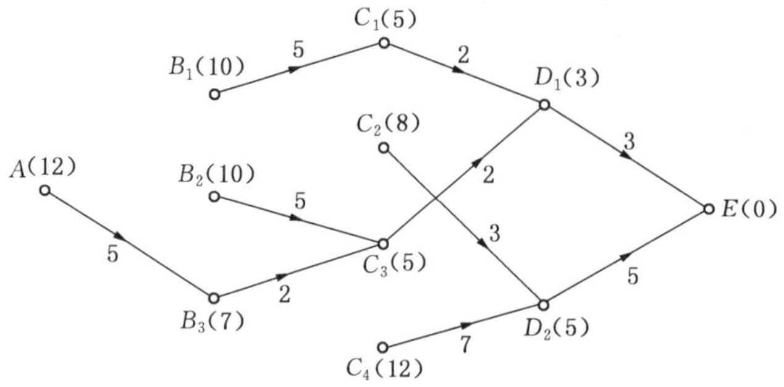

图 8-2

显然,若第 k 阶段的状态变量 s_k 及相应的决策变量 $x_k(s_k)$ 一经确定,则第 $k+1$ 阶段的状态变量 s_{k+1} 也就完全确定. 例如,第 2 阶段出发点 s_2 取为 B_3,该阶段的到达点 x_2 取为 C_3,则第 3 阶段的出发点 s_3 也就确定,$s_3=C_3$;因此,我们说 s_{k+1} 与 s_k, x_k 有函数关系,并以 $s_{k+1}=T_k(s_k, x_k)$ 表示之,通常称它为状态转移方程. 在本问题中,显然,$s_{k+1}=x_k$.

第 k 阶段出发点 s_k 至本阶段到达点 x_k 的距离记为 $w_k(s_k, x_k)$,我们称它为权函数. 本问题的权函数由图 8-1 中边旁参数给出.

在"网络规划"这一章中我们已经介绍过最短路径的几何特征,它告诉我们,如果 A 至 E 的最短路径 P 在第 k 阶段以 s_k 为出发点,则 P 中 s_k 至终点 E 的子路 P_1,对于 s_k 至终点 E 的所有可供选择的路线来说,必定也是最短路径,且路径 P_1 及其长度与旅行者在 s_k 以前所经历的路线无关. 我们把这个几何特征称为这最短路径问题的最优化原理,并称状态 s_k 具有无后效性.

动态规划方法解本问题的基本思想就是利用了最短路径问题的最优化原理:要求最短路径 P,则先求子路 P_1,由 P_1 往前逐阶段延伸,直至始点 A. 确切地说,如图 8-2 那样,先求出第 4 阶段状态变量 s_4(可取 D_1 或 D_2)至 E 的最短路径,接着求第 3 阶段状态变量 s_3(可取 C_1, C_2, C_3 或 C_4)至 E 的最短路径,再求第 2 阶段状态变量 s_2(可取 B_1, B_2 或 B_3)至 E 的最短路径,最后求得第 1 阶段状态 s_1(取 A)至 E 的最短路径.

在递推过程中,求第 k 阶段 s_k 至 E 的最短路径时,利用了第 $k+1$ 阶段 s_{k+1} 至 E 的最短路径的信息.

例如,假设第 3 阶段状态变量 s_3(可取 C_1, C_2, C_3 或 C_4)至 E 的最短路径已求得,现在旅行者在第 2 阶段所处的状态 s_2 为 B_1,他面临两个决策:$x_2(B_1)=C_1$ 或 C_2. 如果此时旅行者选定本阶段的到达点为 C_1,那么,他在第 3 阶段所处的状态 s_3 为 C_1,他以 C_1 为出发点继续行走. 由图 8-2 知,他必选 C_1 至 E 的最短路径 C_1D_1E(路径 C_1D_2E 比路径 C_1D_1E 长,因此被自动淘汰). 因为状态 $s_3=C_1$ 具有无后效性，所以路径 $B_1C_1D_1E$ 的长度 $=w_2(B_1, C_1)+$ 路径 C_1D_1E 的长度 $=5+5=10$；如果旅行者选本阶段的到达点为 C_2，那么，他在第3阶段以 C_2 为出发点继续行走，由图8-2知，他必选 C_2 至 E 的最短路径 C_2D_2E，由状态 $s_3=C_2$ 的无后效性，路径 $B_1C_2D_2E$ 的长度 $=w_2(B_1, C_2)+$ 路径 C_2D_2E 的长度 $=4+8=12$. 可见，旅行者在 $s_2=B_1$ 时的最佳决策 $x_2^*(B_1)=C_1$，从而，由 B_1 至 E 的最短路径为 $B_1C_1D_1E$，其长度为10.

若旅行者在第 k 阶段由状态 s_k 出发至终点 $s_5=E$ 的最短路径长度记为 $f_k(s_k)$，则由最短路径问题的最优化原理及状态的无后效性可知

$$f_k(s_k)=\min_{x_k\in D_k(s_k)}\{w_k(s_k, x_k)+f_{k+1}(s_{k+1})\}, \quad k=4, 3, 2, 1.$$

加上初始条件 $f_5(s_5)=0\ (s_5=E)$，我们称它们为本问题的动态规划模型的**递归方程**. 取得 $f_k(s_k)$ 值的相应 x_k，我们记为 x_k^*.

由递归方程和状态转移方程，我们就可以求解本问题. 下面我们采用表格形式逐步计算.

第1步，$k=4$，有方程

$$\begin{cases} f_5(s_5)=0, \ s_5=E, \\ f_4(s_4)=\min\limits_{x_4\in D_4(s_4)}\{w_4(s_4, x_4)+f_5(s_5)\}, \\ s_5=x_4. \end{cases}$$

现在状态集合 $S_4=\{D_1, D_2\}$，决策集合 $D_4(s_4)=\{E\}$，计算过程如表8-1所示.

表 8-1

s_4	$w_4(s_4, x_4)+f_5(s_5)$, $x_4=E$	$f_4(s_4)$	x_4^*
D_1	$3+0$	3	E
D_2	$5+0$	5	E

第2步，$k=3$，有方程

$$\begin{cases} f_3(s_3)=\min\limits_{x_3\in D_3(s_3)}\{w_3(s_3, x_3)+f_4(s_4)\}, \\ s_4=x_3. \end{cases}$$

现在 $S_3=\{C_1, C_2, C_3, C_4\}$, $D_3(C_j)=\{D_1, D_2\}\ (j=1, 2, 3)$, $D_3(C_4)=\{D_2\}$. 计算过程如表8-2所示.

表 8-2

s_3	$w_3(s_3, x_3)+f_4(x_3)$		$f_3(s_3)$	x_3^*
	$x_3=D_1$	$x_3=D_2$		
C_1	$2+3$	$5+5$	5	D_1
C_2	$6+3$	$3+5$	8	D_2
C_3	$2+3$	$1+5$	5	D_1
C_4	—	$7+5$	12	D_2

第 3 步,$k=2$,有方程

$$\begin{cases} f_2(s_2)=\min\limits_{x_2\in D_2(s_2)}\{w_2(s_2,\ x_2)+f_3(s_3)\}, \\ s_3=x_2. \end{cases}$$

现在 $S_2=\{B_1,\ B_2,\ B_3\}$,$D_2(B_1)=\{C_1,\ C_2\}$,$D_2(B_2)=\{C_1,\ C_2,\ C_3,\ C_4\}$,$D_2(B_3)=\{C_1,\ C_3,\ C_4\}$,计算过程如表 8-3 所示.

表 8-3

s_2	$w_2(s_2,\ x_2)+f_3(x_2)$				$f_2(s_2)$	x_2^*
	$x_2=C_1$	$x_2=C_2$	$x_2=C_3$	$x_2=C_4$		
B_1	$5+5$	$4+8$	—	—	10	C_1
B_2	$7+5$	$6+8$	$5+5$	$3+12$	10	C_3
B_3	$5+5$	—	$2+5$	$2+12$	7	C_3

第 4 步,$k=1$,有方程

$$\begin{cases} f_1(s_1)=\min\limits_{x_1\in D_1(s_1)}\{w_1(s_1,\ x_1)+f_2(s_2)\}, \\ s_2=x_1. \end{cases}$$

现在 $S_1=\{A\}$,$D_1(A)=\{B_1,\ B_2,\ B_3\}$. 计算过程如表 8-4 所示.

表 8-4

s_1	$w_1(s_1,\ x_1)+f_2(x_1)$			$f_1(s_1)$	x_1^*
	$x_1=B_1$	$x_1=B_2$	$x_1=B_3$		
A	$4+10$	$3+10$	$5+7$	12	B_3

根据状态转移方程及表 8-1 至表 8-4,我们用顺序追踪法,即可求得本问题的最优决策序列:

$$\begin{array}{ccccccc} s_1=A & \longrightarrow & s_2=B_3 & \longrightarrow & s_3=C_3 & \longrightarrow & s_4=D_1, \\ \downarrow & & \downarrow & & \downarrow & & \downarrow \\ x_1^*=B_3 & & x_2^*=C_3 & & x_3^*=D_1 & & x_4^*=E. \end{array}$$

由此可知,旅行者的最佳路线为 $AB_3C_3D_1E$,行程为 12.

由上述求解过程可见,本方法是把求 A 至 E 的最短路径问题,嵌入到"求各个点至 E 的最短路径"这一族最短路径问题中,这一族问题与原来的问题是同类型的. 这种方法在数学上称为不变嵌入法. 同时可见,上述方法所求得的解也是一族,如图 8-2 所示.

这里,我们应该指出,如果一个实际问题可以归结为最短路径问题,那么,一般采用网络规划中有关的算法而决不会运用动态规划方法来求解. 本节详尽地介绍用动态规划方法来求解最短路径问题,仅仅是以此作为认识和理解动态规划方法的入门.

§8.2 动态规划模型和求解方法

现在我们在§8.1 节引例的基础上引入动态规划的一些基本概念并给出一般模式.

(1) **阶段**. 如果一个问题确定能用动态规划方法求解时,那么必须恰当地把问题的过程划分为若干个相互联系的阶段. 通常根据时间和空间的自然特征来划分阶段. 阶段的编号采取顺序编号,阶段的个数 N 称为**历程**. 例如对于例 8-1 最短路径问题来说,$N=4$.

历程 N 可以是确定的,也可以是不确定的. 在本章研究的问题中,N 都是确定且有限的.

(2) **状态**. 第 k 阶段的状态是指过程在该阶段所处的各种可能情况. 它为问题的某种特征. 描述过程在第 k 阶段状态的变量,称为**状态变量**,用 s_k 表示. s_k 通常以一个数或一个向量(多维情形)来描述. s_k 取值的全体记作 S_k,称作第 k 阶段的**状态集合**.

状态的定义在动态规划中往往是最重要的概念. 它必须具备 3 个特性:

① 描述性. 各阶段状态的演变能描述决策过程. 例如最短路径问题引例中,状态的演变 $A \to B_3 \to C_3 \to D_1 \to E$ 描述了整个决策过程.

② 无后效性. 如果第 k 阶段的状态给定,则在这阶段以后过程的发展不受这阶段以前各个阶段状态的影响. 也就是说,过程未来的发展,只与过程的现在状态有关,而与过程的过去状态无关.

例如,在最短路径问题引例中,若旅行者在第 3 阶段处在状态 $s_3=C_3$,以后的问题就只是旅行者如何从 C_3 出发走到 E,至于第 1、第 2 阶段所处状态(即旅行者从起点 A 如何走到 C_3),对以后各阶段旅行者如何选择到达点已无直接的影响.

在对实际问题建立动态规划模型时,如果状态的规定方式不能满足无后效性,这时,就必须改变状态的定义而使之满足无后效性.

③ 可知性. 各阶段状态变量的取值,直接或间接是可知的,也就是说,第 k 阶段的状态集合 S_k 是给定的.

可以说,过程在第 k 阶段的状态概括了对本阶段及以后各阶段作出一个可行决策所需要的全部信息.

(3) **决策**. 当第 k 阶段的状态 s_k 给定后,从该状态演变为第 $k+1$ 阶段状态时所作的选择称为决策. 描述决策的变量称为**决策变量**,用 $x_k(s_k)$表示,简记为 x_k. x_k 通常用一个数或一个向量来描述. $x_k(s_k)$取值的全体记为 $D_k(s_k)$,称为第 k 阶段的**决策集合**,s_k 取值不同,相应的决策集合也可能不同.

状态变量 s_k 与决策变量 x_k 可为离散型变量,也可为连续型变量.

(4) **策略**. 由过程的第 1 阶段初始状态 s_1 开始,逐阶段演变至终止状态 s_{N+1} 的过程称为问题的**全过程**. 由每阶段的决策 $x_k(s_k)$ $(k=1, \cdots, N)$ 组成的序列 $\{x_1(s_1), x_2(s_2), \cdots, x_N(s_N)\}$ 称为策略.

由第 k 阶段状态 s_k 开始逐阶段演变至终止状态 s_{N+1} 的过程称为 **$k \sim N$ 子过程**,其决策序列 $\{x_k(s_k), x_{k+1}(s_{k+1}), \cdots, x_N(s_N)\}$ 称为**子策略**.

全体策略称为**策略集合**. 策略集合中使目标实现最优的策略,称为**最优策略**.

(5) **状态转移方程**. 第 $k+1$ 阶段的状态 s_{k+1} 与第 k 阶段的状态 s_k、决策 x_k 之间有函数关系

$$s_{k+1}=T_k(s_k, x_k), \tag{8-1}$$

并称其为状态转移方程.

(6) **权函数**. 在第 k 阶段,当状态取定 s_k、决策取定 x_k 时,该阶段所实现的效益指标(例如距离、时耗、利润、成本等)称为权函数,以 $w_k(s_k, x_k)$表示之.

$w_k(s_k, x_k)$不一定有解析式.

(7) 指标函数. 若第 k 阶段的状态为 s_k,当采用了最优子策略 $\{x_k^*, x_{k+1}^*, \cdots, x_N^*\}$ 后,从阶段 k 到阶段 N 可获得的效益,称为指标函数,记为 $f_k(s_k)$. 实现 $f_k(s_k)$值的 x_k 记为 x_k^*.

若第 k 阶段状态为 s_k,本阶段决策为 x_k(于是第 $k+1$ 阶段状态为 s_{k+1}),从第 $k+1$ 阶段开始采用最优子策略 $\{x_{k+1}^*, \cdots, x_N^*\}$,则第 k 阶段至第 N 阶段可获得的效益函数为

$$w_k(s_k, x_k) \odot f_{k+1}(s_{k+1}),$$

其中,符号⊙表示加法或乘法运算. 我们称此含义下的效益函数具有**可加性**或**可乘性**,即该效益函数为**可分函数**.

(8) 递归方程. 称下列方程为递归方程:

$$\begin{cases} f_{N+1}(s_{N+1}) = 0 \text{ 或 } 1, \\ f_k(s_k) = \underset{x_k \in D_k(s_k)}{\text{opt}} \{w_k(s_k, x_k) \odot f_{k+1}(s_{k+1})\}, \ k = N, N-1, \cdots, 1. \end{cases} \tag{8-2}$$

其中,符号 opt 视问题性质可取 min 或 max,同时,当符号⊙取加法运算时,取 $f_{N+1}(s_{N+1})=0$;当符号⊙取乘法运算时,取 $f_{N+1}(s_{N+1})=1$.

动态规划递归方程的建立,是基于下述动态规划的最优化原理[R. 贝尔曼(R. Bellman)提出]:

作为整个过程的最优策略具有这样的性质:无论过去的状态和决策如何,对前面的决策所形成的状态而言,余下的诸决策必须构成最优策略. 简言之,最优策略的子策略,构成最优子策略.

根据最优化原理建立的递归方程,把原问题嵌入到一族相互联系的同类型的子问题中,使求解变得可能和容易.

由于用递归方程(8-2)和状态转移方程(8-1)求解动态规划的过程,是由第 N 阶段向前递归至第 1 阶段,故这种方法称为**逆序解法**.

综上所述,如果一个问题能用动态规划方法求解,那么,我们可以按下列步骤建立动态规划的数学模型:

① 划分阶段,并正确地定义各阶段状态变量使之具有描述性、无后效性和可知性 3 个特性,同时确定状态集合;

② 定义决策变量,确定决策集合;

③ 确定权函数;

④ 建立状态转移方程;

⑤ 确定指标函数;

⑥ 建立递归方程.

由状态转移方程和递归方程,用逆序解法对动态规划模型求解,在求得 $f_1(s_1)$和 $x_1^*(s_1)$后,按下列方法寻找最优策略:

当 s_1 仅取一个值时,由状态转移方程采用顺序追踪法来寻找最优策略:

$$\begin{array}{ccccccc} s_1 & \longrightarrow & s_2 = T_2(s_1, x_1^*) & \longrightarrow \cdots \longrightarrow & s_N = T_N(s_{N-1}, x_{N-1}^*); \\ \downarrow & & \downarrow & & \downarrow \\ x_1^* & & x_2^* & & x_N^* \end{array}$$

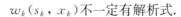

当 s_1 可取一个以上值时，取 s_1^* 满足：

$$f_1^*(s_1^*)=\text{opt}\{f_1(s_1)\mid s_1\in S_1\},$$

然后采用顺序追踪法来寻找最优策略：

$$\begin{array}{ccccccc} s_1^* & \longrightarrow s_2^*=T_2(s_1^*,\ x_1^*) & \longrightarrow & \cdots & \longrightarrow s_N^*=T_N(s_{N-1}^*,\ x_{N-1}^*). \\ \downarrow & \downarrow & & & \downarrow \\ x_1^* & x_2^* & & & x_N^* \end{array}$$

例 8-2（投资问题） 现有资金 5 百万元，可对 3 个项目进行投资，投资额均为整数（单位为百万元）。假设 2# 项目的投资不得超过 3 百万元，1# 和 3# 项目的投资均不得超过 4 百万元，3# 项目至少要投资 1 百万元。投资 5 年后每个项目预计可获得的收益由表 8-5 给出。问如何投资可获得最大的收益？

表 8-5

$w_k(x)$		投资额 x				
		0	1	2	3	4
项目 $k^{\#}$	1#	0	3	6	10	12
	2#	0	5	10	12	—
	3#	—	4	8	11	15

解 本问题是一个静态问题，但可以把它转化成动态问题：将这个投资问题分成 3 个阶段，在第 k 阶段要对项目 $k^{\#}$ 进行投资决策。令

s_k——对 $k^{\#}$，…，3# 项目允许的投资额；

x_k——对 $k^{\#}$ 项目的投资额；

$w_k(s_k,\ x_k)$——对 $k^{\#}$ 项目投资 x_k 后的收益：$w_k(s_k,\ x_k)=w_k(x_k)$；

$T_k(s_k,\ x_k)$—— $s_{k+1}=s_k-x_k$；

$f_k(s_k)$——当第 k 至第 3 项目允许的投资额为 s_k 时所能获得的最大收益。

为了获得最大收益，必须将 5 百万元资金全部用于投资。故假想有第 4 阶段存在时，必有 $s_4=0$。对于本问题，有下列递归方程：

$$\begin{cases} f_4(s_4)=0, \\ f_k(s_k)=\max\limits_{x_k\in D_k(s_k)}\{w_k(x_k)+f_{k+1}(s_{k+1})\}, \quad k=3,\ 2,\ 1. \end{cases}$$

下面由状态转移方程和递归方程，用逆序解法求解。

第 1 步，$k=3$，有方程

$$\begin{cases} f_4(s_4)=0,\ s_4=0, \\ f_3(s_3)=\max\limits_{x_3\in D_3(s_3)}\{w_3(x_3)+f_4(s_4)\}, \\ s_4=s_3-x_3. \end{cases}$$

由于 $s_4=0$，且 3# 项目至少投资 1 百万元，至多投资 4 百万元，因此

$$S_3=\{1, 2, 3, 4\}, D_3(s_3)=\{s_3\}.$$

计算过程如表 8-6 所示.

表 8-6

s_3	$f_3(s_3)$	x_3^*
1	4	1
2	8	2
3	11	3
4	15	4

第 2 步, $k=2$, 有方程

$$\begin{cases} f_2(s_2)=\max\limits_{x_2\in D_2(s_2)}\{w_2(x_2)+f_3(s_3)\}, \\ s_3=s_2-x_2. \end{cases}$$

因为 $s_3\geqslant 1$, 所以 $s_2\geqslant 1$, 有 $S_2=\{1, \cdots, 5\}$: 当 $s_2=1, 2, 3, 4$ 时, $D_2(s_2)=\{0, \cdots, s_2-1\}$; 当 $s_2=5$ 时,由于 2# 项目至多投资 3 百万元,且 $s_4=0$, 因此,有 $D_2(5)=\{1, 2, 3\}$. 计算过程如表 8-7 所示.

表 8-7

s_2	$w_2(x_2)+f_3(s_2-x_2)$				$f_2(s_2)$	x_2^*
	$x_2=0$	$x_2=1$	$x_2=2$	$x_2=3$		
1	0+4	—	—	—	4	0
2	0+8	5+4	—	—	9	1
3	0+11	5+8	10+4	—	14	2
4	0+15	5+11	10+8	12+4	18	2
5	—	5+15	10+11	12+8	21	2

第 3 步, $k=1$, 有方程

$$\begin{cases} f_1(s_1)=\max\limits_{x_1\in D_1(s_1)}\{w_1(x_1)+f_2(s_2)\}, \\ s_2=s_1-x_1. \end{cases}$$

现在 $s_1=5$, 又 1# 项目至多投资 4 百万元,因此有 $D_1(5)=\{0, 1, 2, 3, 4\}$. 计算过程如表 8-8 所示.

表 8-8

s_1	$w_1(x_1)+f_2(s_1-x_1)$					$f_1(s_1)$	x_1^*
	$x_1=0$	$x_1=1$	$x_1=2$	$x_1=3$	$x_1=4$		
5	0+21	3+18	6+14	10+9	12+4	21	0, 1

由状态转移方程和顺序追踪法,得本问题的最优策略:

$$\begin{array}{ccccc} s_1=5 & \longrightarrow & s_2=5 & \longrightarrow & s_3=3, \\ \downarrow & & \downarrow & & \downarrow \\ x_1^*=0 & & x_2^*=2 & & x_3^*=3; \end{array} \quad 或 \quad \begin{array}{ccccc} s_1=5 & \longrightarrow & s_2=4 & \longrightarrow & s_3=2, \\ \downarrow & & \downarrow & & \downarrow \\ x_1^*=1 & & x_2^*=2 & & x_3^*=2. \end{array}$$

即最优投资方案有 2 个.

方案 1 1# 项目不投资,2# 项目投资 2 百万元,3# 项目投资 3 百万元.

方案 2 $1^{\#}$项目投资 1 百万元，$2^{\#}$项目投资 2 百万元，$3^{\#}$项目投资 2 百万元.

最大收益均为 21 百万元.

在动态规划用逆序解法求解时，计算 $k \sim N$ 子过程的方程利用了 $k+1 \sim N$ 子过程的方程的计算信息，所以，一些非优的可行策略就被淘汰，在全体策略集合中，只明显地考虑一小部分可行的策略，因此说它也是一种隐式枚举法，它的计算量自然要比完全枚举法大大地减少. 但是，动态规划方法只是解决多阶段决策过程的一个手段，而不是一种算法. 不同的动态规划问题，递归方程的形式及复杂程度大不一样，同时，对 $k \sim N$ 子过程的处理方法也不统一，需根据问题的各种特性来运用各类数学技巧. 故而，判明一个实际问题能否建立动态规划模型以及对它怎样求解，需要我们相当的创造力及丰富的想象力. 要培养这方面的能力，最好的途径是多多接触各种类型的动态规划的应用问题，研究这些问题的共同特征，通过知识的积累来提高构造动态规划模型的艺术技巧. 动态规划方法的另一个不足之处是所谓"维数障碍"，当状态变量或决策变量是多维向量时，由于状态集合的庞大使可行的策略大大地增加，于是计算机的存储量及计算量都大大地增加，从而使得解状态维数很高的大型动态规划问题变得十分困难.

最后，我们还要指出，对某些动态规划问题，也可采用顺序解法求解，即递归方程的计算是从阶段 $k=1$ 开始，到阶段 $k=N$ 终止. 此时，状态转移方程和递归方程分别是：

$$s_{k-1}=T_k(s_k,\ x_k),\ k=1,\ \cdots,\ N.$$

$$\begin{cases} f_0(s_0)=0 \text{ 或 } 1, \\ f_k(s_k)=\underset{x_k \in D_k(s_k)}{\text{opt}} \{w_k(s_k,\ x_k) \odot f_{k-1}(s_{k-1})\},\ k=1,\ \cdots,\ N. \end{cases}$$

下一节我们将用具体的例题来说明当用顺序解法解时，如何建立动态规划模型.

§8.3 动态规划应用举例

这一节介绍若干个动态规划例题，目的在于通过这些例题使我们初步了解动态规划方法的计算细节和各类技巧. 当然，要想得心应手地使用动态规划方法，仅仅掌握这几个例子的求解技巧还是远远不够的.

例 8-3（载货问题） 现有载重量为 20 吨的卡车，装载 3 种不同的货物. 已知这 3 种货物的单件重量和装载收费如表 8-9 所示，又规定 $2^{\#}$货物和 $3^{\#}$货物都至多装两件. 问如何装载这 3 种货物，可使该车一次运输的货物收费最多?

表 8-9

货物 $k^{\#}$	重量 a_k(吨)	收费 c_k
$1^{\#}$	3	4
$2^{\#}$	4	5
$3^{\#}$	5	6

解 设 x_k 为 $k^{\#}$货物的装载件数. 于是我们可得下列整数规划：

$$\begin{aligned} &\max f=4x_1+5x_2+6x_3; \\ \text{s.t.}\quad &3x_1+4x_2+5x_3 \leqslant 20, \\ &x_2 \leqslant 2,\quad x_3 \leqslant 2, \\ &x_j \geqslant 0,\text{整数},\quad j=1,\ 2,\ 3. \end{aligned}$$

现在，我们应用动态规划方法来求解. 我们把这个装载问题分成 3 个阶段，在第 k 阶段需

要确定$k^{\#}$货物的装载件数. 令

s_k——对$k^{\#}$, …, $3^{\#}$货物允许的装载重量;

x_k——$k^{\#}$货物的装载件数;

$w_k(s_k, x_k)$——$k^{\#}$货物装载x_k件时的收益: $w_k(s_k, x_k)=c_k x_k$;

$T_k(s_k, x_k)$——$s_{k+1}=s_k-a_k x_k$;

$f_k(s_k)$——对$k^{\#}$, …, $3^{\#}$货物允许载重s_k时采取最佳决策所能获得的最大收益.

递归方程为

$$\begin{cases} f_4(s_4)=0, \\ f_k(s_k)=\max\limits_{x_k \in D_k(s_k)}\{c_k x_k+f_{k+1}(s_{k+1})\}, \quad k=3, 2, 1. \end{cases}$$

下面我们用逆序解法求解.

第1步, $k=3$, 有方程

$$\begin{cases} f_4(s_4)=0, \\ f_3(s_3)=\max\limits_{x_3 \in D_3(s_3)}\{6x_3+f_4(s_4)\}, \\ s_4=s_3-5x_3. \end{cases}$$

显然, $S_3=\{0, 1, \cdots, 20\}$, 由于$3^{\#}$货物至多装载2件,因此,决策集合为

$$D_3(s_3)=\left\{x_3 \,\middle|\, 0 \leqslant x_3 \leqslant \min\left\{\left\lfloor \frac{s_3}{a_3} \right\rfloor, 2\right\}, x_3 \text{ 为整数}\right\},$$

由表8-10给出.

表 8-10

s_3	0～4	5～9	10～20
$D_3(s_3)$	$\{0\}$	$\{0, 1\}$	$\{0, 1, 2\}$

$f_3(s_3)$的计算过程如表8-11所示.

表 8-11

s_3	$6x_3+f_4(s_3-5x_3)$			$f_3(s_3)$	x_3^*
	$x_3=0$	$x_3=1$	$x_3=2$		
0～4	0+0	—	—	0	0
5～9	0+0	6+0	—	6	1
10～20	0+0	6+0	12+0	12	2

第2步, $k=2$, 有方程

$$\begin{cases} f_2(s_2)=\max\limits_{x_2 \in D_2(s_2)}\{5x_2+f_3(s_3)\}, \\ s_3=s_2-4x_2. \end{cases}$$

显然, $s_2=\{0, 1, \cdots, 20\}$. 由于$2^{\#}$货物至多装载2件,且$a_2=4$, 因此,决策集合为

$$D_2(s_2)=\left\{x_2\ \middle|\ 0\leqslant x_2\leqslant \min\left\{\left\lfloor \frac{s_2}{a_2}\right\rfloor,\ 2\right\},\ x_2\text{为整数}\right\},$$

它由表 8-12 给出.

表 8-12

s_2	0～3	4～7	8～20
$D_2(s_2)$	{0}	{0, 1}	{0, 1, 2}

在列举本阶段的可能状态时,我们希望将那些具有相同 $f_2(s_2)$值的状态合并成一类,以减少计算次数. 如果只孤立地考虑阶段 2,则根据表 8-12,我们将 $S_2=\{0,1,\cdots,20\}$ 划分成 3 个子集{0, 1, 2, 3}, {4, 5, 6, 7}和{8, …, 20}(我们称 0, 4 和 8 为划分点),各个子集中的状态的决策集合相同,但是我们发现,同一个子集中的状态 s_2 相应的 $f_2(s_2)$值并不相同:例如 $s_2=4$ 和 $s_2=5$ 在同一个子集中,而表 8-13 告诉我们, $f_2(4)\neq f_2(5)$. 所以,对 S_2 的划分,要同时结合 S_3 的划分来考虑. 由表 8-10 和表 8-12 可知:

S_3 划分点向量 $(t_1,t_2,t_3)=(0,a_3,2a_3)=(0,5,10)$;

S_2 划分点向量 $(u_1,u_2,u_3)=(0,a_2,2a_2)=(0,4,8)$.

表 8-13

s_2	$5x_2+f_3(s_2-4x_2)$		$f_2(s_2)$	x_2^*
	$x_2=0$	$x_2=1$		
4	0+0	5+0	5	1
5	0+6	5+0	6	0

于是,我们计算 S_2 关于 $f_2(s_2)$ 的划分点 t_i+u_j $(i,j=1,2,3)$,如表 8-14 所示. 因此,我们将 $S_2=\{0,\cdots,20\}$ 划分成 9 个子集:

{0, 1, 2, 3}, {4}, {5, 6, 7}, {8}, {9}, {10, 11, 12}, {13}, {14, 15, 16, 17}, {18, 19, 20}.

表 8-14

t_i+u_j		u_1	u_2	u_3
		0	4	8
t_1	0	0	4	8
t_2	5	5	9	13
t_3	10	10	14	18

$f_2(s_2)$的计算过程由表 8-15 给出.

表 8-15

s_2	$5x_2+f_3(s_2-4x_2)$			$f_2(s_2)$	x_2^*
	$x_2=0$	$x_2=1$	$x_2=2$		
0～3	0+0	—	—	0	0
4	0+0	5+0	—	5	1
5～7	0+6	5+0	—	6	0
8	0+6	5+0	10+0	10	2
9	0+6	5+6	10+0	11	1

(续表)

s_2	$5x_2+f_3(s_2-4x_2)$			$f_2(s_2)$	x_2^*
	$x_2=0$	$x_2=1$	$x_2=2$		
10～12	0+12	5+6	10+0	12	0
13	0+12	5+6	10+6	16	2
14～17	0+12	5+12	10+6	17	1
18～20	0+12	5+12	10+12	22	2

第 3 步，$k=1$，有方程

$$\begin{cases} f_1(s_1)=\max\limits_{x_1\in D_1(s_1)}\{4x_1+f_2(s_2)\}, \\ s_2=s_1-3x_1. \end{cases}$$

显然，$S_1=\{20\}$，$D_1(20)=\{0, 1, \cdots, 6\}$，$f_1(s_1)$的计算过程如表 8-16 所示.

表 8-16

s_1	$4x_1+f_2(s_1-3x_1)$							$f_1(s_1)$	x_1^*
	$x_1=0$	$x_1=1$	$x_1=2$	$x_1=3$	$x_1=4$	$x_1=5$	$x_1=6$		
20	0+22	4+17	8+17	12+12	16+10	20+6	24+0	26	4, 5

由顺序追踪法可知，本问题的最优策略为

$$\begin{array}{ccccc} s_1=20 \longrightarrow & s_2=8 \longrightarrow & s_3=0, & & \\ \downarrow & \downarrow & \downarrow & & \\ x_1^*=4 & x_2^*=2 & x_3^*=0; & & \end{array} \quad \text{或} \quad \begin{array}{ccc} s_1=20 \longrightarrow & s_2=5 \longrightarrow & s_3=5, \\ \downarrow & \downarrow & \downarrow \\ x_1^*=5 & x_2^*=0 & x_3^*=1. \end{array}$$

即最优装载方案有 2 个.

方案 1　1[#]货物装 4 件，2[#]货物装 2 件，3[#]货物不装；

方案 2　1[#]货物装 5 件，2[#]货物不装，3[#]货物装 1 件，

装载收费 26.

例 8-4（生产与存储问题）　某工厂安排明年 4 个季度某种产品的生产计划. 市场对该厂该产品的需求量及工厂在各个季度的生产能力如表 8-17 所示.

表 8-17

季度 k	需求量 a_k	生产能力 b_k
1	2	6
2	3	4
3	4	5
4	2	4

每季度生产这种产品的固定成本 $F=3$（与产品批量无关. 不生产时则 $F=0$），每件产品的成本 $c=1$. 本季度产品当季如不能出售，则需运到仓库存储，每季度每件产品的存储费 $g=0.5$. 每季度仓库的最大库存量 $E=3$. 假设明年年初和年末的库存量均应为零，试问该厂应如何安排 4 个季度的生产，以保证在满足市场需求的前提下，使生产和存储的总费用最小？

解　将每一个季度看作一个阶段，本问题就是一个 4 阶段的决策问题. 令

s_k——第 k 季度初的仓库库存量；

x_k——第 k 季度的生产量；

$w_k(s_k, x_k)$——第 k 季度的生产和存储费：

$$w_k(s_k, x_k)=\begin{cases}0.5s_k, & 当\ x_k=0,\\ 3+x_k+0.5s_k, & 当\ x_k>0;\end{cases}$$

$T_k(s_k, x_k)$—— $s_{k+1}=s_k+x_k-a_k$；

$f_k(s_k)$——在第 k 季度初库存量为 s_k 的条件下，为满足市场需求，从第 k 季度至年末生产和存储该产品的最低费用.

递归方程为

$$\begin{cases}f_5(s_5)=0,\\ f_k(s_k)=\min\limits_{x_k\in D_k(s_k)}\{w_k(s_k, x_k)+f_{k+1}(s_{k+1})\}, \quad k=4, 2, 3, 1,\\ s_1=0, s_5=0, 0\leqslant s_k\leqslant 3\ (k=2, 3, 4).\end{cases}$$

现在我们用逆序解法求解.

第 1 步，$k=4$，有方程

$$\begin{cases}f_5(s_5)=0, s_5=0,\\ f_4(s_4)=\min\limits_{x_4\in D_4(s_4)}\{w_4(s_4, x_4)+f_5(s_5)\},\\ s_5=s_4+x_4-2.\end{cases}$$

因为 $s_5=0$，所以 $x_4=2-s_4$. 由于 $x_4\geqslant 0$，因此有 $0\leqslant s_4\leqslant 2$，$S_4=\{0, 1, 2\}$. 计算过程如表 8-18 所示.

表 8-18

s_4	$w_4(s_4, x_4)$			$f_4(s_4)$	x_4^*
	$x_4=0$	$x_4=1$	$x_4=2$		
0	—	—	5+0	5	2
1	—	4.5+0	—	4.5	1
2	1+0	—	—	1	0

第 2 步，$k=3$，有方程

$$\begin{cases}f_3(s_3)=\min\limits_{x_3\in D_3(s_3)}\{w_3(s_3, x_3)+f_4(s_4)\},\\ s_4=s_3+x_3-4.\end{cases}$$

因为 $0\leqslant s_4\leqslant 2$，所以有 $4\leqslant s_3+x_3\leqslant 6$. 又根据问题假设条件 $0\leqslant s_3\leqslant E=3$，$0\leqslant x_3\leqslant b_3=5$，因此 $S_3-\{0, 1, 2, 3\}$，决策集合 $D_3(s_3)$ 由表 8-19 给出. 计算过程如表 8-20 所示.

表 8-19

s_3	0	1	2	3
$D_3(s_3)$	{4, 5}	{3, 4, 5}	{2, 3, 4}	{1, 2, 3}

表 8-20

s_3	$w_3(s_3, x_3)+f_4(s_3+x_3-4)$					$f_3(s_3)$	x_3^*
	$x_3=1$	$x_3=2$	$x_3=3$	$x_3=4$	$x_3=5$		
0	—	—	—	7+5	8+4.5	12	4
1	—	—	6.5+5	7.5+4.5	8.5+1	9.5	5
2	—	6+5	7+4.5	8+1	—	9	4
3	5.5+5	6.5+4.5	7.5+1	—	—	8.5	3

第 3 步, $k=2$, 有方程

$$\begin{cases} f_2(s_2)=\min\limits_{x_2\in D_2(s_2)}\{w_2(s_2, x_2)+f_3(s_3)\}, \\ s_3=s_2+x_2-3. \end{cases}$$

因为 $0\leqslant s_3\leqslant 3$, 所以有 $3\leqslant s_2+x_2\leqslant 6$. 根据题设 $0\leqslant s_2\leqslant E=3$, $0\leqslant x_2\leqslant b_2=4$, 因此 $S_2=\{0, 1, 2, 3\}$, 决策集合 $D_2(s_2)$由表 8-21 给出. 计算过程如表 8-22 所示.

表 8-21

s_2	0	1	2	3
$D_2(s_2)$	{3, 4}	{2, 3, 4}	{1, 2, 3, 4}	{0, 1, 2, 3}

表 8-22

s_2	$w_2(s_2, x_2)+f_3(s_2+x_2-3)$					$f_2(s_2)$	x_2^*
	$x_2=0$	$x_2=1$	$x_2=2$	$x_2=3$	$x_2=4$		
0	—	—	—	6+12	7+9.5	16.5	4
1	—	—	5.5+12	6.5+9.5	7.5+9	16	3
2	—	5+12	6+9.5	7+9	8+8.5	15.5	2
3	1.5+12	5.5+9.5	6.5+9	7.5+8.5	—	13.5	0

第 4 步, $k=1$, 有方程

$$\begin{cases} f_1(s_1)=\min\limits_{x_1\in D_1(s_1)}\{w_1(s_1, x_1)+f_2(s_2)\}, \\ s_2=s_1+x_1-2,\ s_1=0. \end{cases}$$

显然, $s_2=x_1-2$, 据题设 $0\leqslant s_2\leqslant E=3$, 所以有 $0\leqslant x_1-2\leqslant 3$, 即 $2\leqslant x_1\leqslant 5$. 因此 $D_1(0)=\{2, 3, 4, 5\}$. 计算过程如表 8-23 所示.

表 8-23

s_1	$w_1(s_1, x_1)+f_2(s_1+x_1-2)$				$f_1(s_1)$	x_1^*
	$x_1=2$	$x_1=3$	$x_1=4$	$x_1=5$		
0	5+16.5	6+16	7+15.5	8+13.5	21.5	2, 5

由顺序追踪法可知本问题的最优策略为

$$\begin{array}{cccccccc} s_1=0 & \longrightarrow & s_2=0 & \longrightarrow & s_3=1 & \longrightarrow & s_4=2, \\ \downarrow & & \downarrow & & \downarrow & & \downarrow \\ x_1^*=2 & & x_2^*=4 & & x_3^*=5 & & x_4^*=0; \end{array}$$

或者

$$\begin{array}{cccccccc} s_1=0 & \longrightarrow & s_2=3 & \longrightarrow & s_3=0 & \longrightarrow & s_4=0, \\ \downarrow & & \downarrow & & \downarrow & & \downarrow \\ x_1^*=5 & & x_2^*=0 & & x_3^*=4 & & x_4^*=2. \end{array}$$

即最优生产方案有 2 个.

方案 1 4 个季度生产的产品件数分别为

$$2, 4, 5, 0;$$

方案 2 4 个季度生产的产品件数分别为

$$5, 0, 4, 2.$$

总的费用为 21.5.

例 8-5（仪器置换问题） 某科学实验可用 $1^\#$，$2^\#$，$3^\#$ 不同仪器中的任一套去完成. 每做完一次实验后，如果下次仍用原来的仪器，则需对该仪器进行检查整修而中断实验；如果下次换用另外一套仪器，则需拆装仪器，也要中断实验. 假定一次实验时间比任何一套仪器的整修时间都长，因此一套仪器换下来隔一次再重新使用时，不会由于整修而影响实验. 设 $i^\#$ 仪器换成 $j^\#$ 仪器所需中断实验的时间 t_{ij} 如表 8-24 所示. 现要做 4 次实验，问应如何安排使用仪器的顺序，使总的中断实验的时间最少？

表 8-24

t_{ij}		$j^\#$ 仪器		
		$1^\#$	$2^\#$	$3^\#$
$i^\#$ 仪器	$1^\#$	10	9	14
	$2^\#$	9	12	10
	$3^\#$	6	5	8

解 假设每次中断实验为一个阶段，则本问题为 3 阶段的决策过程. 令

s_k——第 k 次中断实验前所使用的仪器；

x_k——第 k 次中断实验而恢复实验时采用的仪器；

$w_k(s_k, x_k)$——第 k 次中断实验所需时间：$w_k(s_k, t_k)=t_{s_k x_k}$；

$T_k(s_k, x_k)$—— $s_{k+1}=x_k$；

$f_k(s_k)$——当第 k 次中断实验前使用仪器为 s_k 时，从第 k 次中断实验直至做完第 4 次实验所花费的最短中断时间.

递归方程为

$$\begin{cases} f_4(s_4)=0, \\ f_k(s_k)=\min\limits_{x_k \in D_k(s_k)} \{w_k(s_k, x_k)+f_{k+1}(s_{k+1})\}, \quad k=3, 2, 1. \end{cases}$$

显然,第 k 阶段的状态集合 S_k 和决策集合 $D_k(s_k)$ 都为 $\{1, 2, 3\}$ $(k=1, 2, 3)$.

现在我们用逆序解法来求解.

第 1 步, $k=3$, 有方程

$$f_3(s_3)=\min\{t_{s_3 x_3} \mid x_3=1, 2, 3\},$$

计算过程如表 8-25 所示.

表 8-25

s_3	$t_{s_3 x_3}$			$f_3(s_3)$	x_3^*
	$x_3=1$	$x_3=2$	$x_3=3$		
1	10	9	14	9	2
2	9	12	10	9	1
3	6	5	8	5	2

第 2 步, $k=2$, 有方程

$$f_2(s_2)=\min\{t_{s_2 x_2}+f_3(x_2) \mid x_2=1, 2, 3\},$$

计算过程如表 8-26 所示.

表 8-26

s_2	$t_{s_2 x_2}+f_3(x_2)$			$f_2(s_2)$	x_2^*
	$x_2=1$	$x_2=2$	$x_2=3$		
1	10+9	9+9	14+5	18	2
2	9+9	12+9	10+5	15	3
3	6+9	5+9	8+5	13	3

第 3 步, $k=1$, 有方程

$$f_1(s_1)=\min\{t_{s_1 x_1}+f_2(x_1) \mid x_1=1, 2, 3\},$$

计算过程如表 8-27 所示.

表 8-27

s_1	$t_{s_1 x_1}+f_2(x_1)$			$f_1(s_1)$	x_1^*
	$x_1=1$	$x_1=2$	$x_1=3$		
1	10+18	9+15	14+13	24	2
2	9+18	12+15	10+13	23	3
3	6+18	5+15	8+13	20	2

由于本问题有

$$S_1 = \{1, 2, 3\},$$

因此，取

$$f_1^*(s_1^*) = \min\{f_1(s_1) \mid s_1 = 1, 2, 3\} = \min\{24, 23, 20\} = 20 = f_1(3),$$

于是 $s_1^* = 3$. 由顺序追踪法得本问题的最优策略：

$$\begin{array}{ccccc} s_1^* = 3 & \longrightarrow & s_2^* = 2 & \longrightarrow & s_3^* = 3, \\ \downarrow & & \downarrow & & \downarrow \\ x_1^* = 2 & & x_2^* = 3 & & x_3^* = 2. \end{array}$$

所以，4 次实验的仪器安排顺序为：3# 仪器，2# 仪器，3# 仪器，2# 仪器，总的中断时间为 20.

例 8-6（背包问题） 用动态规划方法求解下列 0-1 背包问题：

$$\max f = \sum_{k=1}^{4} c_k x_k = 3x_1 + 5x_2 + 2x_3 + 4x_4;$$

$$\text{s. t.} \quad \sum_{k=1}^{4} a_k x_k = 8x_1 + 13x_2 + 6x_3 + 9x_4 \leqslant 24,$$

$$x_k = 0, 1, \quad k = 1, \cdots, 4.$$

解 本问题分为 4 个阶段. 令

s_k——$a_k x_k + \cdots + a_4 x_4$ 的允许值；

x_k——第 k 阶段 x_k 的取值，$x_k = 0, 1$；

$w_k(s_k, x_k)$——x_k 产生的价值：$w_k(s_k, x_k) = c_k x_k$；

$T_k(s_k, x_k)$——$s_{k+1} = s_k - a_k x_k$；

$f_k(s_k)$——在 $a_k x_k + \cdots + a_4 x_4 \leqslant s_k$ 的条件下，$c_k x_k + \cdots + c_4 x_4$ 能取得的最大值.

递归方程为

$$\begin{cases} f_5(s_5) = 0, \\ f_k(s_k) = \max\limits_{x_k \in D_k(s_k)} \{c_k x_k + f_{k+1}(s_{k+1})\}, \quad k = 4, 3, 2, 1. \end{cases}$$

我们用逆序解法对本模型求解.

第 1 步，对 $k = 4$，有方程

$$f_4(s_4) = \max_{x_4 \in D_4(s_4)} \{4x_4\}.$$

显然，$S_4 = \{0, 1, \cdots, 24\}$，将 S_4 划分成两个子集：$\{0, 1, \cdots, 8\}$ 和 $\{9, 10, \cdots, 24\}$（S_4 的划分点为 $t_1 = 0$ 和 $t_2 = 9$）. 对于 $s_4 \in \{0, 1, \cdots, 8\}$，有 $D_4(s_4) = \{0\}$. 对于 $s_4 \in \{9, 10, \cdots, 24\}$，有 $D_4(s_4) = \{0, 1\}$.

$f_4(s_4)$ 的计算过程如表 8-28 所示.

第 2 步，对 $k = 3$，有方程

$$\begin{cases} f_3(s_3) = \max\limits_{x_3 \in D_3(s_3)} \{2x_3 + f_4(s_4)\}, \\ s_4 = s_3 - 6x_3. \end{cases}$$

显然，$S_3 = \{0, 1, \cdots, 24\}$. 由 $a_3 = 6$ 可知 S_3 的划分点 $u_1 = 0$，$u_2 = 6$. 对于 $s_3 \in \{0, \cdots, 5\}$，

有 $D_3(s_3)=\{0\}$；对于 $s_3\in\{6,\cdots,24\}$，有 $D_3(s_3)=\{0,1\}$. 根据 $f_3(s_3)$和 $f_4(s_4)$取值的情况,我们由表 8-29 给出 S_3 关于 $f_3(s_3)$的划分点：$t_i+u_j(i,j=1,2)$.

表 8-28

s_4	$4x_4$		$f_4(s_4)$	x_4^*
	$x_4=0$	$x_4=1$		
0～8	0	—	0	0
9～24	0	4	4	1

表 8-29

t_i+u_j		u_1	u_2
		0	6
t_1	0	0	6
t_2	9	9	15

我们将 $S_3=\{0,\cdots,24\}$ 划分成 4 个子集：$\{0,\cdots,5\}$，$\{6,\cdots,8\}$，$\{9,\cdots,14\}$和$\{15,\cdots,24\}$.

$f_3(s_3)$的计算过程如表 8-30 所示.

表 8-30

s_3	$2x_3+f_4(s_3-6x_3)$		$f_3(s_3)$	x_3^*
	$x_3=0$	$x_3=1$		
0～5	0+0	—	0	0
6～8	0+0	2+0	2	1
9～14	0+4	2+0	4	0
15～24	0+4	2+4	6	1

第 3 步,对 $k=2$，有方程

$$\begin{cases} f_2(s_2)=\max\limits_{x_2\in D_2(s_2)}\{5x_2+f_3(s_3)\}, \\ s_3=s_2-13x_2. \end{cases}$$

显然，$S_2=\{0,\cdots,24\}$ 的划分点为 $v_1=0$，$v_2=13$. 对于 $s_2\in\{0,\cdots,12\}$，有 $D_2(s_2)=\{0\}$.

对于 $s_2\in\{13,\cdots,24\}$，有 $D_2(s_2)=\{0,1\}$.

由第 2 步知,S_3 关于 f_3 的划分点 $q_j(j=1,2,3,4)$ 分别为 0，6，9，15. 于是,为计算 v_i+q_j，我们列出表 8-31,由该表可知,S_2 关于 $f_2(s_2)$的划分点分别为 0，6，9，13，15，19，22(由于 $v_2+q_4=13+15=28>24$，故 $v_2+q_4=28$ 不作为划分点).

表 8-31

v_i+q_j		q_1	q_2	q_3	q_4
		0	6	9	15
v_1	0	0	6	9	15
v_2	13	13	19	22	28

$f_2(s_2)$的计算过程如表 8-32 所示.

表 8-32

s_2	$5x_2+f_2(s_2-13x_2)$		$f_2(s_2)$	x_2^*
	$x_2=0$	$x_2=1$		
0～5	0+0	—	0	0
6～8	0+2	—	2	0
9～12	0+4	—	4	0
13～14	0+4	5+0	5	1
15～18	0+6	5+0	6	0
19～21	0+6	5+2	7	1
22～24	0+6	5+4	9	1

第 4 步,对 $k=1$,有方程

$$\begin{cases} f_1(s_1)=\max\limits_{x_1\in D_1(s_1)}\{3x_1+f_2(s_2)\}, \\ s_2=s_1-8x_1, \quad s_1=24. \end{cases}$$

显然,$D_1(s_1)=\{0, 1\}$. $f_1(s_1)$的计算过程如表 8-33 所示. 于是,根据顺序追踪法可知,0－1 背包问题有 2 个最优解$(x_1^*, x_2^*, x_3^*, x_4^*)^{\mathrm{T}}$,最优值 $f^*=9$:

表 8-33

s_1	$3x_1+f_2(s_1-8x_1)$		$f_1(s_1)$	x_1^*
	$x_1=0$	$x_1=1$		
24	0+9	3+6	9	0, 1

$$\begin{array}{ccccccc} s_1=24 & \longrightarrow & s_2=16 & \longrightarrow & s_3=16 & \longrightarrow & s_4=10, \\ \downarrow & & \downarrow & & \downarrow & & \downarrow \\ x_1^*=1 & & x_2^*=0 & & x_3^*=1 & & x_4^*=1; \end{array}$$

或者

$$\begin{array}{ccccccc} s_1=24 & \longrightarrow & s_2=24 & \longrightarrow & s_3=11 & \longrightarrow & s_4=11, \\ \downarrow & & \downarrow & & \downarrow & & \downarrow \\ x_1^*=0 & & x_2^*=1 & & x_3^*=0 & & x_4^*=1. \end{array}$$

例 8-7(可靠性问题) 某种仪表由 3 种不同的元件串联而成,任一个元件的故障将造成整台仪表的故障. 每种元件又都有 3 种规格,设 $k^{\#}$ 元件 $j^{\#}$ 规格的可靠性为 R_{kj},所需费用为 C_{kj}. 生产每台仪表的费用限额 E 为 10. 试问如何选用各种元件的规格,使得仪表的可靠性最大? R_{kj} 及 C_{kj} 分别由表 8-34 和表 8-35 给出.

表 8-34

R_{kj}		$j^{\#}$ 规格		
		$1^{\#}$	$2^{\#}$	$3^{\#}$
$k^{\#}$ 元件	$1^{\#}$	0.5	0.7	0.9
	$2^{\#}$	0.7	0.8	0.9
	$3^{\#}$	0.6	0.8	0.9

表 8-35

C_{kj}		$j^{\#}$ 规格		
		$1^{\#}$	$2^{\#}$	$3^{\#}$
$k^{\#}$ 元件	$1^{\#}$	2	4	5
	$2^{\#}$	3	5	6
	$3^{\#}$	1	2	3

解　我们把这个问题分成 3 个阶段. 在第 k 阶段要确定 $k^{\#}$ 元件的规格. 对本问题我们采用顺序解法来解. 令

s_k——仪表上配备 $1^{\#}$, …, $k^{\#}$ 元件时允许使用的费用;

x_k——$k^{\#}$ 元件所选用的规格;

$w_k(s_k, x_k)$——$k^{\#}$ 元件采用规格 $x_k^{\#}$ 时的可靠性,有

$$w_k(s_k, x_k)=R_{kx_k};$$

$T_k(s_k, x_k)$—— $s_{k-1}=s_k-C_{kx_k}$;

$f_k(s_k)$——在费用限额为 s_k 的条件下,$1^{\#}$, …, $k^{\#}$ 元件串联时相应部分可获得的最大可靠性.

递归方程为

$$\begin{cases}f_0(s_0)=1,\\ f_k(s_k)=\max\limits_{x_k\in D_k(s_k)}\{w_k(s_k, x_k)\cdot f_{k-1}(s_{k-1})\}, \quad k=1, 2, 3.\end{cases}$$

下面我们用顺序解法求解.

第 1 步,对 $k=1$, 有方程

$$f_1(s_1)=\max_{x_1\in D_1(s_1)}\{R_{1x_1}\}.$$

由于仪表是由 3 种元件串联而成,每一种元件都不可缺少,而由表 8-35 知,配备 $k^{\#}$ 元件的最小费用为 C_{k1},因此 s_1 应满足条件

$$2=C_{11}\leqslant s_1\leqslant E-C_{21}-C_{31}=10-3-1=6,$$

即状态集合 $S_1=\{2, 3, 4, 5, 6\}$. 而决策集合 $D_1(s_1)$由下式给出:

$$D_1(s_1)=\{x_1 \mid x_1=1, 2, 3, C_{1x_1}\leqslant s_1\},$$

由此,我们得表 8-36.

表 8-36

s_1	2	3	4	5	6
$D_1(s_1)$	{1}	{1}	{1, 2}	{1, 2, 3}	{1, 2, 3}

$f_1(s_1)$的计算过程如表 8-37 所示.

表 8-37

s_1	R_{1x_1}			$f_1(s_1)$	x_1^*
	$x_1=1$	$x_1=2$	$x_1=3$		
2	0.5	—	—	0.5	1
3	0.5	—	—	0.5	1
4	0.5	0.7	—	0.7	2
5	0.5	0.7	0.9	0.9	3
6	0.5	0.7	0.9	0.9	3

第 2 步,对 $k=2$, 有方程

$$\begin{cases} f_2(s_2)=\max\limits_{x_2\in D_2(s_2)}\{R_{2x_2}\cdot f_1(s_1)\}, \\ s_1=s_2-C_{2x_2}. \end{cases}$$

同 $k=1$ 时对状态 s_1 的讨论一样,s_2 应满足条件:

$$C_{11}+C_{21}\leqslant s_2\leqslant E-C_{31},$$

即有 $S_2=\{5, \cdots, 9\}$. 由于 $2=C_{11}\leqslant s_1=s_2-C_{2x_2}$, 因此,决策集合 $D_2(s_2)$由下式给出:

$$D_2(s_2)=\{x_2 \mid x_2=1, 2, 3, C_{2x_2}\leqslant s_2-2\},$$

我们即可得表 8-38. $f_2(s_2)$的计算过程如表 8-39 所示.

表 8-38

s_2	5	6	7	8	9
$D_2(s_2)$	{1}	{1}	{1, 2}	{1, 2, 3}	{1, 2, 3}

表 8-39

s_2	$R_{2x_2}\cdot f_1(s_2-C_{2x_2})$			$f_2(s_2)$	x_2^*
	$x_2=1$	$x_2=2$	$x_2=3$		
5	0.7 • 0.5	—	—	0.35	1
6	0.7 • 0.5	—	—	0.35	1
7	0.7 • 0.7	0.8 • 0.5	—	0.49	1
8	0.7 • 0.9	0.8 • 0.5	0.9 • 0.5	0.63	1
9	0.7 • 0.9	0.8 • 0.7	0.9 • 0.5	0.63	1

第 3 步,对 $k=3$, 有方程

$$\begin{cases} f_3(s_3)=\max\limits_{x_3\in D_3(s_3)}\{R_{3x_3}\cdot f_2(s_2)\}, \\ s_2=s_3-C_{3x_3}, \quad s_3=10. \end{cases}$$

现在 $S_3=\{10\}$. 由于 $5\leqslant s_2=10-C_{3x_3}$，因此,有

$$D_3(10)=\{x_3 \mid x_3=1,\ 2,\ 3,\ C_{3x_3}\leqslant 5\}=\{1,\ 2,\ 3\}.$$

$f_3(s_3)$的计算由表 8-40 给出.

表 8-40

s_3	$R_{3x_3}\cdot f_2(s_3-C_{3x_3})$			$f_3(s_3)$	x_3^*
	$x_3=1$	$x_3=2$	$x_3=3$		
10	0.6 • 0.63	0.8 • 0.63	0.9 • 0.49	0.504	2

此时,运用逆序追踪法,由状态转移方程可知最优策略为

$$\begin{array}{ccccc} s_3=10 & \longrightarrow & s_2=8 & \longrightarrow & s_1=5, \\ \downarrow & & \downarrow & & \downarrow \\ x_3^*=2 & & x_2^*=1 & & x_1^*=3. \end{array}$$

因此,最佳设计方案为:1[#]元件选 3[#]规格,2[#]元件选 1[#]规格,3[#]元件选 2[#]规格. 此时,仪表的可靠性为 0.504.

例 8-8 (生产计划问题) 用动态规划方法求解第 1 章例 1-20(假设每季度对产品的需求量和生产能力都是 10 的倍数).

解 将每一个季度看作一个阶段,本问题就是一个 4 阶段的决策过程. 令

s_k——第 k 季度初的库存量;

x_k——第 k 季度的产量;

$w_k(s_k,\ x_k)$——第 k 季度的生产成本和存储费之和:$w_k(s_k,\ x_k)=0.2s_k+d_kx_k$;

$T_k(s_k,\ x_k)$—— $s_{k+1}=s_k+x_k-b_k$;

$f_k(s_k)$——当 k 季度初的库存量为 s_k 时,从第 k 季度到年末,厂方为完成合同所需支付的最少的生产费用.

递归方程为

$$\begin{cases} f_5(s_5)=0,\ s_5=0,\ s_1=0, \\ f_k(s_k)=\min\limits_{x_k\in D_k(s_k)}\{w_k(s_k,\ x_k)+f_{k+1}(s_{k+1})\}, \quad k=4,\ 3,\ 2,\ 1. \end{cases}$$

下面用逆序解法求解.

第 1 步,对 $k=4$,有方程

$$\begin{cases} f_4(s_4)=\min\limits_{x_4\in D_4(s_4)}\{0.2s_4+14.8x_4\}, \\ 0=s_5=s_4+x_4-10 \end{cases}$$

由于前 3 个季度至多生产

$$a_1+a_2+a_3=30+40+20=90,$$

而前 3 个季度合同的需求量

$$b_1+b_2+b_3=20+20+30=70,$$

因此，$s_4\leqslant 90-70=20$. 又 $x_4=10-s_4$，$0\leqslant x_4\leqslant a_4=10$，从而 $0\leqslant s_4\leqslant 10$，$S_4=\{0, 10\}$. 当 $s_4=0$ 时，$D_4(0)=\{10\}$；当 $s_4=10$ 时，$D_4(10)=\{0\}$. $f_4(s_4)$的值由表 8-41 给出.

第 2 步，对 $k=3$，有方程

$$\begin{cases} f_3(s_3)=\min\limits_{x_3\in D_3(s_3)}\{0.2s_2+15.3x_3+f_4(s_4)\}, \\ s_4=s_3+x_3-30. \end{cases}$$

由于

$$a_1+a_2=70, \quad b_1+b_2=40,$$

因此 $s_3\leqslant 30$. 据题设 $30-s_3\leqslant x_3\leqslant 20$，因此有 $s_3\geqslant 10$. 故状态集合 $S_3=\{10, 20, 30\}$. 决策集合由表 8-42 给出.

表 8-41

s_4	x_4^*	$f_4(s_4)=0.2s_4+14.8x_4^*$
0	10	148
10	0	2

表 8-42

s_3	10	20	30
$D_3(s_3)$	$\{20\}$	$\{10, 20\}$	$\{0, 10\}$

在表 8-42 中，当 $s_3=30$ 时，因为 $s_4\leqslant 10$，而 $s_4=s_3+x_3-30$，所以 $x_3\leqslant 10$. $f_3(s_3)$的计算过程如表 8-43 所示.

表 8-43

s_3	$0.2s_3+15.3x_3+f_4(s_3+x_3-30)$			$f_3(s_3)$	x_3^*
	$x_3=0$	$x_3=10$	$x_3=20$		
10	—	—	$308+148$	456	20
20	—	$157+148$	$310+2$	305	10
30	$6+148$	$159+2$	—	154	0

第 3 步，对 $k=2$，有方程

$$\begin{cases} f_2(s_2)=\max\limits_{x_2\in D_2(s_2)}\{0.2s_2+14x_2+f_3(s_3)\}, \\ s_3=s_2+x_2-20. \end{cases}$$

因为 $a_1=30$，$b_1=20$，所以 $s_2\leqslant 10$. 又因为 $a_2+a_3+a_4=70>b_2+b_3+b_4=60$，所以允许 $s_2=0$. 从而，状态集合 $S_2=\{0, 10\}$.

由于 $10\leqslant s_3\leqslant 30$，$s_3=s_2+x_2-20$，因此有 $30-s_2\leqslant x_2\leqslant 50-s_2$，又考虑到 $x_2\leqslant a_2=40$，于是对 $s_2=0$ 或 10 来说，应有

$$30-s_2\leqslant x_2\leqslant 40. \tag{8-3}$$

决策集合 $D_2(s_2)$由表 8-44 给出. $f_2(s_2)$的计算由表 8-45 给出.

表 8-44

s_2	0	10
$D_2(s_2)$	$\{30, 40\}$	$\{20, 30, 40\}$

表 8-45

s_2	$0.2s_2+14x_2+f_3(s_2+x_2-20)$			$f_2(s_2)$	x_2^*
	$x_2=20$	$x_2=30$	$x_2=40$		
0	—	420+456	560+305	865	40
10	286+456	422+305	562+154	716	40

第 4 步,对 $k=1$, 有方程

$$\begin{cases} f_1(s_1)=\min\limits_{x_1\in D_1(s_1)}\{0.2s_1+15x_1+f_2(s_2)\}, \\ s_2=s_1+x_1-20, \quad s_1=0. \end{cases}$$

由于 $s_1=0$, 故根据题设应有

$$20=b_1\leqslant x_1\leqslant a_1=30,$$

即 $S_1=\{0\}$, $D_1(0)=\{20, 30\}$.

表 8-46 给出了 $f_1(s_1)$的计算.

表 8-46

s_1	$0.2s_1+15x_2+f_2(s_1+x_1-20)$		$f_1(s_1)$	x_1^*
	$x_1=20$	$x_1=30$		
0	300+865	450+716	1 165	20

用顺序追踪法即得本问题的最优策略:

$$\begin{array}{ccccccc} s_1=0 & \longrightarrow & s_2=0 & \longrightarrow & s_3=20 & \longrightarrow & s_4=0, \\ \downarrow & & \downarrow & & \downarrow & & \downarrow \\ x_1^*=20 & & x_2^*=40 & & x_3^*=10 & & x_4^*=10. \end{array}$$

即明年的最优生产计划为各季度分别生产 20, 40, 10 和 10(吨),总费用为 1 165 万元.

在上述求解过程中,我们可以发现,在第 k 阶段,无论 s_k 取 S_k 中何值, $w_k(s_k, x_k)+f_{k+1}(s_{k+1})$ 或随 x_k 的增大而增大(如 $k=3, 1$),或随 x_k 的增大而减少(如 $k=2$),如果进一步经过变换(见下面分析),可知 $w_k(s_k, x_k)+f_{k+1}(s_{k+1})$ 是 x_k 的线性函数,这使我们想到,如果把 x_k 和 s_k 视作连续型变量,是否可以利用微积分中的方法,来求 $f_k(s_k)$ 及 x_k^*? 下面我们来探索这一方法.

第 1 步,对 $k=4$, 有

$$0\leqslant s_4\leqslant 10, \ x_4=10-s_4,$$

$$f_4(s_4)=0.2s_4+14.8x_4=0.2s_4+14.8(10-s_4)=148-14.6s_4.$$

第 2 步,对 $k=3$, 有

$$10 \leqslant s_3 \leqslant 30,\ 30 - s_3 \leqslant x_3 \leqslant 20,$$

$$\begin{aligned} f_3(s_3) &= \min_{30-s_3 \leqslant x_3 \leqslant 20} \{0.2s_3 + 15.3x_3 + f_4(s_3 + x_3 - 30)\} \\ &= \min_{30-s_3 \leqslant x_3 \leqslant 20} \{0.2s_3 + 15.3x_3 + 148 - 14.6(s_3 + x_3 - 30)\} \\ &= \min_{30-s_3 \leqslant x_3 \leqslant 20} \{0.7x_3 - 14.4s_3 + 586\}. \end{aligned}$$

显然,当 $x_3^* = 30 - s_3$ 时, $0.7x_3 - 14.4s_3 + 586$ 取得极小值 $f_3(s_3)$:

$$f_3(s_3) = 607 - 15.1s_3.$$

第 3 步,对 $k = 2$, 由式(8-3)知

$$30 - s_2 \leqslant x_2 \leqslant 40.$$

又 $0 \leqslant s_2 \leqslant 10$,

$$\begin{aligned} f_2(s_2) &= \min_{30-s_2 \leqslant x_2 \leqslant 40} \{0.2s_2 + 14x_2 + f_3(s_2 + x_2 - 20)\} \\ &= \min_{30-s_2 \leqslant x_2 \leqslant 40} \{0.2s_2 + 14x_2 + 607 - 15.1(s_2 + x_2 - 20)\} \\ &= \min_{30-s_2 \leqslant x_2 \leqslant 40} \{-1.1x_2 - 14.9s_2 + 909\}. \end{aligned}$$

显然,当 $x_2^* = 40$ 时,

$$-1.1x_2 - 14.9s_2 + 909$$

取得极小值 $f_2(s_2)$:

$$f_2(s_2) = -14.9s_2 + 865.$$

第 4 步,对 $k = 1$, 有

$$\begin{aligned} & s_1 = 0, \quad 20 \leqslant x_1 \leqslant 30, \\ & f_1(0) = \min_{20 \leqslant x_1 \leqslant 30} \{15x_1 + f_2(x_1 - 20)\} \\ & \qquad = \min_{20 \leqslant x_1 \leqslant 30} \{15x_1 + 865 - 14.9(x_1 - 20)\} \\ & \qquad = \min_{20 \leqslant x_1 \leqslant 30} \{0.1x_1 + 1\,163\}. \end{aligned}$$

显然

$$x_1^* = 20,\ f_1(0) = 1\,165.$$

运用顺序追踪法可得本问题的最优策略:

$$\begin{array}{ccccccc} s_1 = 0 & \longrightarrow & s_2 = 0 & \longrightarrow & s_3 = 20 & \longrightarrow & s_4 = 0, \\ \downarrow & & \downarrow & & \downarrow & & \downarrow \\ x_1^* = 20 & & x_2^* = 40 & & x_3^* = 30 - s_3 = 10 & & x_4^* = 10 - s_4 = 10. \end{array}$$

例 8-9 (机器负荷问题) 设某种机器可以在高、低两种不同的负荷下进行生产. 若年初有 x 台机器在高负荷下进行生产,则产品年产量 $a = 8x$,机器的年折损率 $\beta = 0.3$;若年初有 y 台机器在低负荷下进行生产,则产品年产量 $b = 5y$,机器的年折损率 $\alpha = 0.1$. 若初始时有性能正常的机器 1 000 台,要求制定机器负荷的 4 年分配计划:每年年初分配正常机器在不同负荷下工作的台数,使 4 年内产品总产量最大.

解　这是一个 4 阶段决策过程,阶段 k 表示第 k 年度.令

s_k——第 k 年度初正常机器台数;

x_k——第 k 年度初分配在高负荷下工作的机器台数;

$w_k(s_k, x_k)$——s_k 台机器在第 k 年的产品产量:

$$w_k(s_k, x_k)=8x_k+5(s_k-x_k)=5s_k+3x_k;$$

$T_k(s_k, x_k)$——$s_{k+1}=0.7x_k+0.9(s_k-x_k)=0.9s_k-0.2x_k$;

$f_k(s_k)$——当第 k 年初有 s_k 台正常机器时,从第 k 年至第 4 年的产品最高产量.

递归方程为

$$\begin{cases} f_5(s_5)=0, \\ f_k(s_k)=\max\limits_{x_k\in D_k(s_k)}\{5s_k+3x_k+f_{k+1}(s_{k+1})\}, \quad k=4, 3, 2, 1. \end{cases}$$

在这里,我们假设 s_k, x_k 均为连续变量.例如 $s_k=0.8$ 为一台机器在第 k 年度正常工作时间占 $\frac{8}{10}$, $x_k=0.4$ 为一台机器在第 k 年的 $\frac{4}{10}$ 时间处于高负荷下工作.显然,有

$$D_k(s_k)=[0, s_k].$$

下面用逆序解法求解本问题.

第 1 步,对 $k=4$, 有方程

$$f_4(s_4)=\max_{x_4\in[0, s_4]}\{5s_4+3x_4\},$$

可知

$$x_4^*=s_4, f_4(s_4)=8s_4.$$

第 2 步,对 $k=3$, 有方程

$$\begin{cases} f_3(s_3)=\max\limits_{x_3\in[0, s_3]}\{5s_3+3x_3+f_4(s_4)\}, \\ s_4=0.9s_3-0.2x_3. \end{cases}$$

于是

$$\begin{aligned} f_3(s_3)&=\max_{x_3\in[0, s_3]}\{5s_3+3x_3+8(0.9s_3-0.2x_3)\} \\ &=\max_{x_3\in[0, s_3]}\{12.2s_3+1.4x_3\}, \end{aligned}$$

可知

$$x_3^*=s_3, \quad f_3(s_3)=13.6s_3.$$

第 3 步,对 $k=2$, 有方程

$$\begin{cases} f_2(s_2)=\max\limits_{x_2\in[0, s_2]}\{5s_2+3x_2+f_3(s_3)\}, \\ s_3=0.9s_2-0.2x_2. \end{cases}$$

于是

$$\begin{aligned} f_2(s_2)&=\max_{x_2\in[0, s_2]}\{5s_2+3x_2+13.6(0.9s_2-0.2x_2)\} \\ &=\max_{x_2\in[0, s_2]}\{17.24s_2+0.28x_2\}, \end{aligned}$$

可知

$$x_2^* = s_2, \quad f_2(s_2) = 17.52s_2.$$

第 4 步,对 $k=1$,有方程

$$\begin{cases} f_1(s_1) = \max\limits_{x_1 \in [0, s_1]} \{5s_1 + 3x_1 + f_2(s_2)\}, \\ s_2 = 0.9s_1 - 0.2x_1, \quad s_1 = 1\,000. \end{cases}$$

于是

$$\begin{aligned} f_1(s_1) &= \max_{x_1 \in [0, s_1]} \{5s_1 + 3x_1 + 17.52(0.9s_1 - 0.2x_1)\} \\ &= \max_{x_1 \in [0, s_1]} \{20.768s_1 - 0.504x_1\}. \end{aligned}$$

显然

$$x_1^* = 0, \quad f_1(s_1) = 20.768s_1.$$

根据状态转移方程和顺序追踪法可知最优策略为

$$\begin{array}{ccccccc} s_1 = 1\,000 & \longrightarrow & s_2 = 900 & \longrightarrow & s_3 = 630 & \longrightarrow & x_4 = 441, \\ \downarrow & & \downarrow & & \downarrow & & \downarrow \\ x_1^* = 0 & & x_2^* = 900 & & x_3^* = 630 & & x_4^* = 441. \end{array}$$

即 4 年内机器负荷分配的最佳方案为:第 1 年年初把全部正常机器投入低负荷生产,后 3 年每年年初把正常机器投入高负荷生产,4 年内产品的最高产量 $f_1(1\,000) = 20\,718$.

例 8-10(生产计划问题) 工厂在 3 个季度中安排某种产品的生产计划.若该季度生产此种产品 x(吨),则成本为 x^2.当季生产的产品未销售掉,则进库后,季末需付存储费,每吨产品每季的存储费为 1.现估计 3 个季度对该产品的需求量 a_k 分别为 100(吨),110(吨)和 120(吨),又设第 1 季度初及第 3 季度末库存量为零.假设各季度产品的生产量不受限制,试问如何安排 3 个季度的生产计划,使产品的生产成本和存储费之总和最低?

解 本问题为一个 3 阶段的决策问题,现用顺序解法求解.令

s_k——第 k 季度末的库存量;

x_k——第 k 季度的产品生产量;

$w_k(s_k, x_k)$——第 k 季度的生产成本和存储费之和:$w_k(s_k, x_k) = x_k^2 + s_k$;

$T_k(s_k, x_k)$—— $s_{k-1} = s_k + a_k - x_k$;

$f_k(s_k)$——第 k 季度末库存量为 s_k 时,从第 1 季度至第 k 季度的最低生产费用.

递归方程为

$$\begin{cases} f_0(s_0) = 0, \ s_0 = 0, \ s_3 = 0, \\ f_k(s_k) = \min\limits_{x_k \in D_k(s_k)} \{w_k(s_k, x_k) + f_{k-1}(s_{k-1})\}, \quad k = 1, 2, 3. \end{cases}$$

下面用顺序解法求解.

第 1 步,对 $k=1$,由 $s_0 = s_1 + a_1 - x_1$,可知 $s_1 + 100 - x_1 = 0$,所以有

$$\begin{aligned} &x_1^* = 100 + s_1, \\ &f_1(s_1) = (x_1^*)^2 + s_1 = (100 + s_1)^2 + s_1. \end{aligned}$$

第 2 步,对 $k=2$, 有方程

$$\begin{cases} f_2(s_2)=\max\limits_{x_2\in D_2(s_2)}\{x_2^2+s_2+f_1(s_1)\},\\ s_1=s_2+110-x_2. \end{cases}$$

于是

$$f_2(s_2)=\max_{x_2\in D_2(s_2)}\{x_2^2+s_2+(s_2+210-x_2)^2+s_2+110-x_2\}.$$

现在,x_2 为连续变量,且对 x_2 的大小没有限制,为此,我们运用微积分中求极值的方法求 x_2^*. 由

$$\frac{\mathrm{d}[w_2(s_2, x_2)+f_1(s_1)]}{\mathrm{d}x_2}=2x_2-2(s_2+210-x_2)-1=0,$$

求得

$$x_2^*=\frac{1}{2}(s_2+210)+\frac{1}{4}.$$

于是,有

$$f_2(s_2)=\left[\frac{1}{2}(s_2+210)+\frac{1}{4}\right]^2+s_2+\left[\frac{1}{2}(s_2+210)-\frac{1}{4}\right]^2+\frac{1}{2}(s_2+10)-\frac{1}{4}.$$

第 3 步,对 $k=3$, 有方程

$$\begin{cases} f_3(s_3)=\max\limits_{x_3\in D_3(s_3)}\{w_3(s_3, x_3)+f_2(s_2)\},\\ s_2=s_3+120-x_3, \quad s_3=0, \end{cases}$$

其中

$$\begin{aligned} w_3(s_3, x_3)+f_2(s_2)=&x_3^2+\left[\frac{1}{2}(330-x_3)+\frac{1}{4}\right]^2+120-x_3\\ &+\left[\frac{1}{2}(330-x_3)-\frac{1}{4}\right]^2+\frac{1}{2}(130-x_3)-\frac{1}{4}. \end{aligned}$$

由

$$\begin{aligned} &\frac{\mathrm{d}[w_3(s_3, x_3)+f_2(s_2)]}{\mathrm{d}x_3}\\ &=2x_3-\left[\frac{1}{2}(330-x_3)+\frac{1}{4}\right]-1-\left[\frac{1}{2}(330-x_3)-\frac{1}{4}\right]-\frac{1}{2}=0, \end{aligned}$$

求得

$$x_3^*=110.5.$$

由状态转移方程及逆序追踪法,求得最优策略如下:

$$\begin{array}{ccccc} s_3=0 & \longrightarrow & s_2=9.5 & \longrightarrow & s_1=9.5,\\ \downarrow & & \downarrow & & \downarrow\\ x_3^*=110.5 & & x_2^*=110 & & x_1^*=109.5. \end{array}$$

故最优生产计划为:3 个季度分别生产 110.5(吨),110(吨),109.5(吨),此时总费用为

$$f^* = 109.5^2 + 9.5 + 110^2 + 9.5 + 110.5^2 = 36\,319.5.$$

例 8-11(最优划分问题) 把正数 a 划分为 N 个部分,使这 N 个部分的乘积最大.

解 设 x_k 为 a 划分后的第 k 个部分,则得如下数学模型:

$$\begin{aligned} &\max f = x_1 \cdot x_2 \cdot \cdots \cdot x_N; \\ \text{s.t.}\quad & x_1 + \cdots + x_k + \cdots + x_N = a, \\ & x_k > 0, \quad k = 1, \cdots, N. \end{aligned}$$

我们把它视为 N 个阶段的决策问题,用动态规划的顺序解法来求解. 令

s_k——a 划分后前 k 个部分和 $x_1 + \cdots + x_k$ 的允许值;

x_k——a 划分后第 k 部分取值;

$w_k(s_k, x_k)$——第 k 阶段权函数:

$$w_k(s_k, x_k) = x_k;$$

$T_k(s_k, x_k)$—— $s_{k-1} = s_k - x_k$;

$f_k(s_k)$——当 $x_1 + \cdots + x_k$ 的允许值为 s_k 时,$x_1 \cdot x_2 \cdot \cdots \cdot x_k$ 可取得的最大值.

递归方程为

$$\begin{cases} f_0(s_0) = 1, \\ f_k(s_k) = \max\limits_{x_k \in D_k(s_k)} \{x_k \cdot f_k(s_{k-1})\}, \quad k = 1, \cdots, N. \end{cases}$$

显然,$0 < s_k < a$,$0 < x_k < s_k$,s_k,x_k 都为连续变量.

下面用顺序解法解之.

第 1 步,对 $k=1$,有方程

$$f_1(s_1) = \max_{x_1 \in D_1(s_1)} \{x_1\}.$$

现在 $D_1(s_1) = (0, s_1]$,故有

$$x_1^* = s_1, \quad f_1(s_1) = s_1.$$

第 2 步,对 $k=2$,有方程

$$\begin{cases} f_2(s_2) = \max\limits_{0 < x_2 < s_2} \{w_2(s_2, x_2) f_1(s_1)\}, \\ s_1 = s_2 - x_2. \end{cases}$$

现在 $w_2(s_2, x_2) f_1(s_1) = x_2(s_2 - x_2)$,由

$$\frac{\mathrm{d}[x_2(s_2 - x_2)]}{\mathrm{d}x_2} = s_2 - 2x_2 = 0,$$

求得

$$x_2^* = \frac{s_2}{2}, \quad f_2(s_2) = \frac{s_2}{2}\left(s_2 - \frac{s_2}{2}\right) = \frac{s_2^2}{4}.$$

第 3 步,对 $k=3$,有方程

$$\begin{cases} f_3(s_3) = \max\limits_{0 < x_3 < s_3} \{w_3(s_3, x_3) f_2(s_2)\}, \\ s_2 = s_3 - x_3. \end{cases}$$

现在

$$w_3(s_3,\ x_3)f_2(s_2)=x_3f_2(s_3-x_3)=\frac{x_3(s_3-x_3)^2}{4},$$

由

$$\frac{\mathrm{d}[w_3(s_3,\ x_3)f_2(s_2)]}{\mathrm{d}x_3}=\frac{(s_3-x_3)^2}{4}-\frac{x_3(s_3-x_3)}{2}=0,$$

求得

$$x_3^*=\frac{s_3}{3},\qquad f_3(s_3)=\left(\frac{s_3}{3}\right)^3.$$

我们用归纳法证明：

$$x_k^*=\frac{s_k}{k},\qquad f_k(s_k)=\left(\frac{s_k}{k}\right)^k.$$

假设上述结论成立，则在第 $k+1$ 步时，有

$$\begin{aligned}f_{k+1}(s_{k+1})&=\max_{0<x_{k+1}<s_{k+1}}\{x_{k+1}f_k(s_{k+1}-x_{k+1})\}\\&=\max_{0<x_{k+1}<s_{k+1}}\left\{x_{k+1}\cdot\left(\frac{s_{k+1}-x_{k+1}}{k}\right)^k\right\},\end{aligned}$$

对 $0<x_{k+1}<s_{k+1}$，由

$$\frac{\mathrm{d}[s_{k+1}f_k(s_{k+1}-x_{k+1})]}{\mathrm{d}x_{k+1}}=\frac{(s_{k+1}-x_{k+1})^k}{k^k}-\frac{x_{k+1}(s_{k+1}-x_{k+1})^{k-1}}{k^{k-1}}=0,$$

求得

$$x_{k+1}^*=\frac{s_{k+1}}{k+1},\qquad f_{k+1}(s_{k+1})=\left(\frac{s_{k+1}}{k+1}\right)^{k+1}.$$

因此，当 $k=N$ 和 $s_N=a$ 时，有

$$x_N^*=\frac{a}{N},\qquad f_N(a)=\left(\frac{a}{N}\right)^N.$$

由状态转移方程和逆序追踪法，即得本问题的最优策略如下：

$$\begin{array}{ccccccc}s_N=a & \longrightarrow s_{N-1}=\dfrac{(N-1)a}{N} & \longrightarrow\cdots\longrightarrow & s_2=\dfrac{2a}{N} & \longrightarrow & s_1=\dfrac{a}{N},\\ \downarrow & \downarrow & & \downarrow & & \downarrow\\ x_N^*=\dfrac{a}{N} & x_{N-1}^*=\dfrac{a}{N} & & x_2^*=\dfrac{a}{N} & & x_1^*=\dfrac{a}{N}.\end{array}$$

即本问题的最优划分为

$$x_1^*=x_2^*=\cdots=x_N^*=\frac{u}{N},$$

最优值 $f^*=\left(\dfrac{a}{N}\right)^N$.

例 8-12 用动态规划方法解下列问题:

$$\max f=3x_1+5x_2=c_1x_1+c_2x_2;$$
$$\text{s.t.}\quad \begin{aligned}&x_1 \leqslant 4,\\ &x_2\leqslant 6,\\ &3x_1+2x_2\leqslant 18,\\ &x_j\geqslant 0,\quad j=1,2.\end{aligned}$$

解 本问题可以视为两个阶段的决策过程,在第 k 阶段给出决策变量 x_k 的值. 我们用逆序解法解之.

若把 3 个不等式约束视为 3 个资源约束,于是,第 k 阶段状态变量 s_k 是一个三维向量: $\boldsymbol{s}_k=(s_k^1, s_k^2, s_k^3)$ $(k=1, 2)$,其中 s_k^i 为第 i 种资源在第 k 阶段的允许值 $(i=1, 2, 3)$, s_k^i 为连续型变量.

现在,我们不仅要考虑一个状态变量 s_k^i 的所有可能取值,而且必须考虑 3 个状态变量所取值的一切可能组合. 因此,计算量势必大大地"膨胀". 但是,由于现在考虑的变量是连续型的,因此又使问题变得简单. 现在,有

s_2——$S_2=(s_2^1, s_2^2, s_2^3)$,其中 s_2^2 为 x_2 的允许值, s_2^3 为 $2x_2$ 的允许值;

s_1——$S_1=(s_1^1, s_1^2, s_1^3)$,其中 s_1^1 为 x_1 的允许值, s_1^2 为 x_2 的允许值, s_1^3 为 $3x_1+2x_2$ 的允许值;

x_k——第 k 阶段决策变量;

$w_k(s_k, x_k)$——c_kx_k;

$T_k(s_k, x_k)$——有方程如下:

$$s_2^1=s_1^1-x_1,\quad s_2^2=s_1^2,\quad s_2^3=s_1^3-3x_1;$$

$f_k(s_k)$——在 s_k 的条件下, $\sum_{i=k}^{2} c_ix_i$ 可取的最大值.

递归方程为

$$\begin{cases}f_3(s_3)=0,\\ f_k(s_k)=\max\limits_{x_k\in D_k(s_k)}\{c_kx_k+f_{k+1}(s_{k+1})\},\quad k=2, 1.\end{cases}$$

显然,决策集合为

$$D_2(s_2)=\{x_2 \mid x_2\leqslant s_2^2,\ 2x_2\leqslant s_2^3,\ x_2\geqslant 0\},$$
$$D_1(s_1)=\{x_1 \mid x_1\leqslant s_1^1,\ 3x_1\leqslant s_1^3,\ x_1\geqslant 0\}.$$

下面我们对本问题来求解.

第 1 步,对 $k=2$, 有

$$f_2(s_2)=\max_{x_2\in D_2(s_2)}\{5x_2\},$$

可知

$$x_2^*=\min\left\{s_2^2, \frac{s_2^3}{2}\right\},$$
$$f_2^*(s_2)=5x_2^*.$$

第 2 步,对 $k=1$, 有方程

$$\begin{cases} f_1(s_1)=\max\limits_{x_1\in D_1(s_1)}\{3x_1+f_2(s_2)\}, \\ s_2^1=s_1^1-x_1, \quad s_2^2=s_1^2, \quad s_2^3=s_1^3-3x_1. \end{cases}$$

若取 $\boldsymbol{s}_1=(4,\ 6,\ 18)^{\mathrm{T}}$, 则

$$\boldsymbol{s}_2=(4-x_1,\ 6,\ 18-3x_1),$$
$$D_1(\boldsymbol{s}_1)=\{x_1\mid 0\leqslant x_1\leqslant 4\},$$
$$f_2(\boldsymbol{s}_2)=5\min\left\{6,\ 9-\frac{3}{2}x_1\right\}.$$

再注意到

$$\min\left\{6,\ 9-\frac{3}{2}x_1\right\}=\begin{cases} 6, & \text{当 } 0\leqslant x_1\leqslant 2, \\ 9-\dfrac{3}{2}x_1, & \text{当 } 2\leqslant x_1\leqslant 4, \end{cases}$$

因而

$$3x_1+5\min\left\{6,\ 9-\frac{3}{2}x_1\right\}=\begin{cases} 3x_1+30, & \text{当 } 0\leqslant x_1\leqslant 2, \\ 45-\dfrac{9}{2}x_1, & \text{当 } 2\leqslant x_1\leqslant 4. \end{cases}$$

由于

$$\max_{0\leqslant x_1\leqslant 4}\left\{3x_1+5\min\left\{6,\ 9-\frac{3}{2}x_1\right\}\right\}$$
$$=\max\left\{\max_{0\leqslant x_1\leqslant 2}\{3x_1+30\},\ \max_{2\leqslant x_1\leqslant 4}\left\{45-\frac{9}{2}x_1\right\}\right\},$$

而 $\max\limits_{0\leqslant x_1\leqslant 2}\{3x_1+30\}$ 和 $\max\limits_{2\leqslant x_1\leqslant 4}\left\{45-\dfrac{9}{2}x_1\right\}$ 都在 $x_1=2$ 处实现它们的极大值 36,因此,有

$$x_1^*=2, \quad f_1(s_1)=36.$$

由状态转移方程及顺序追踪法,可知最优策略如下:

$$\begin{array}{ccc} \boldsymbol{s}_1=(4,\ 6,\ 8)^{\mathrm{T}} & \longrightarrow & \boldsymbol{s}_2=(2,\ 6,\ 12)^{\mathrm{T}}, \\ \downarrow & & \downarrow \\ x_1^*=2 & & x_2^*=6. \end{array}$$

于是,线性规划的最优解和最优值分别为

$$\boldsymbol{X}^*=(x_1,\ x_2)^{\mathrm{T}}=(2,\ 6)^{\mathrm{T}}, \quad f^*=36.$$

习题 8

1. 有一艘远洋轮计划在 A 港装货后驶往 F 港,中途需靠港加燃油、淡水 4 次,而从 A 港到 F 港的全部可能的航运路线及每两港之间的距离如图 8-3 所示. 试用动态规划方法求最合理的停靠港口的方案,以使航程最短.

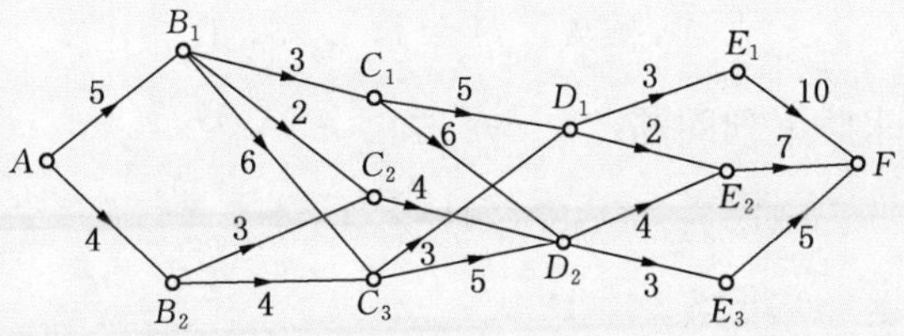

图 8-3

2. 某公司有资金 4 百万元向 A, B 和 C 3 个项目追加投资,各个项目可以有不同的投资额(以百万元为单位),相应的效益值如表 8-47 所示. 问怎样分配资金,使总效益值最大?

表 8-47

项 目	投 资 额				
	0	1	2	3	4
A	—	41	48	60	66
B	40	42	50	60	—
C	—	64	68	78	84

3. 用动态规划方法求解例 6-16.

4. 用动态规划方法求解下列模型:

$$\max f = 10x_1 + 4x_2 + 5x_3;$$
$$\text{s.t.} \quad 3x_1 + 5x_2 + 4x_3 \leqslant 15,$$
$$0 \leqslant x_1 \leqslant 2, \quad 0 \leqslant x_2 \leqslant 2, \quad x_3 \geqslant 0,$$
$$x_j \text{ 为整数}, \quad j = 1, 2, 3.$$

5. 用动态规划方法解下列 0 - 1 背包问题:

$$\max f = \sum_{j=1}^{5} c_j x_j = 12x_1 + 12x_2 + 9x_3 + 16x_4 + 30x_5;$$
$$\text{s.t.} \quad \sum_{j=1}^{5} a_j x_j = 3x_1 + 4x_2 + 3x_3 + 4x_4 + 6x_5 \leqslant 12,$$
$$x_j = 0, 1, \quad j = 1, \cdots, 5.$$

6. 用动态规划方法求解下列问题:

$$\max f = 3x_1(2 - x_1) + 2x_2(2 - x_2);$$
$$\text{s.t.} \quad x_1 + x_2 \leqslant 5,$$
$$x_j \geqslant 0, \text{整数}, \quad j = 1, 2.$$

7. 用动态规划方法求解下列问题:

$$\max f = x_1 x_2 x_3 x_4;$$
$$\text{s.t.} \quad 2x_1 + 3x_2 + x_3 + 2x_4 = 11,$$

$$x_j > 0, \text{整数}, \quad j=1, 2, 3, 4.$$

8. 用动态规划方法求解下列问题:

$$\max f=(x_1-2)^2+2x_2+x_3(4-x_3);$$
$$\text{s.t.} \quad x_1x_2x_3 \leqslant 4,$$
$$x_j > 0, \text{整数}, \quad j=1, 2, 3.$$

9. 用动态规划方法求解下列问题:

$$\max f=3x_1^2+2x_2^2+4x_3^2+x_4^2;$$
$$\text{s.t.} \quad 2x_1+3x_2+4x_3+x_4=15,$$
$$x_1 \geqslant 2, \quad x_2 \geqslant 1, \quad x_3 \geqslant 1, \quad x_4 \geqslant 0.$$

10. 根据合同某厂明年每个季度末应向销售公司提供产品,有关信息见表 8-48. 若产品过多,季末有积压,则一个季度每积压一个单位产品需支付存储费 2. 现需制订明年该产品的最佳生产计划,使该厂能在完成合同的情况下全年的生产费用最低,试用动态规划方法求解. 假设生产量和需求量都是 10 的倍数.

表 8-48

季度 k	生产能力 a_k	单位生产成本 d_k	需求量 b_k
1	100	70	60
2	100	72	70
3	100	80	120
4	100	76	60

11. 今设计一种由 4 个元件串联而成的部件. 为提高部件的可靠性,每一元件可以由 1 个、2 个或 3 个并联的单位元件组成. 关于元件 k $(k=1, 2, 3, 4)$ 配备 j 个并联单位元件 $(j=1, 2, 3)$ 后的可靠性 R_{kj} 和成本 C_{kj} 由表 8-49 给出. 假设该部件的总成本允许为 15 个单位,试问如何确定各元件的单位元件配备数目,使系统的可靠性最高?

表 8-49

j	$k=1$		$k=2$		$k=3$		$k=4$	
	R_{1j}	C_{1j}	R_{2j}	C_{2j}	R_{3j}	C_{3j}	R_{4j}	C_{4j}
1	0.7	4	0.6	2	0.9	3	0.8	3
2	0.75	5	0.8	4			0.82	5
3	0.85	7						

12. 某工厂有 100 台机器,拟分 4 个周期使用. 在每一周期有两种生产任务. 据经验,把机器 x 台投入第 1 种生产任务,则在一个生产周期中将有 $\frac{1}{3}x$ 台机器报废;余下的

机器全部投入第 2 种生产任务，则有$\frac{1}{10}$台机器报废. 如果于第 1 种生产任务每台机器每周期可收益 10，于第 2 种生产任务每台机器每周期可收益 7. 问每周期如何分配机器任务，使 4 个周期总收益最大?

13. 用动态规划方法求解下列线性规划：

$$\begin{aligned} &\max f = 4x_1 + 14x_2;\\ \text{s. t.}\quad &2x_1 + 7x_2 \leqslant 21,\\ &7x_1 + 2x_2 \leqslant 21,\\ &x_1 \geqslant 0, \quad x_2 \geqslant 0. \end{aligned}$$

第 9 章 排队论

在现实生活中，存在着如表 9-1 所示的各种类型的服务系统.

表 9-1

顾　客	服务内容	服务机构
病人	诊治	医生
购买商品的顾客	售货服务	服务员
进港的船舶	装卸货物	泊位
等待着陆的飞机	降落	跑道
待修的机器	机器维修	机修工
旅客	购买火车票	售票处
文件稿	打字	打字员
电话呼唤	通话	交换台
入侵的敌机	我方高射炮还击	我方高射炮
来到水库的上游河水	水的泄放	水库调度员

在这些服务系统中，提出某种服务需求的对象统称为**"顾客"**(离散的或连续的). 实现服务的工具、设备和人员统称为**服务机构**. 显然，对某些服务系统来说，如果要求服务的顾客的数量超过服务机构的能力，就会发生拥挤现象——顾客为获得某种服务而排队等待.

例如，对火车站售票处为旅客售票这一服务系统来说，当旅客到达售票处时，如果售票窗口有空，他就能马上接受售票员的服务；如果售票窗口已有其他旅客在购票，他就要按照一定的排队规则加入到等待服务的队伍中去，直到能接受服务. 不同的旅客接受服务时所花的购票时间不相同. 待旅客购得票后便离开售票处. 我们可用图 9-1 所示的模型来描述这一过程.

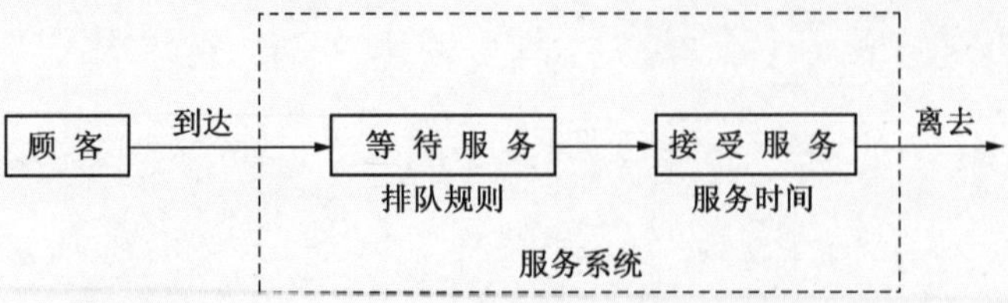

图 9-1

由于在大多数服务系统中，顾客到达的时刻以及所需要的服务时间在事先都无法确定而呈现随机性，因此服务系统的排队状况也是随机的. 排队论就是一门研究处理随机服务系统排队现象的学科. 它的任务是考察服务系统随机现象的规律,建立数学模型,为决策者正确地设计与有效地运营服务系统而提供必要的科学依据,使决策者在系统服务费用和顾客的有关等待费用之间达到经济上的平衡.

本章首先讨论与排队模型有关的随机过程,如泊松过程和生灭过程,接着介绍一般排队系统的具体结构,然后再对一些常用的排队模型进行分析和讨论.

§9.1 泊松过程、生灭过程和负指数分布

9.1.1 泊松过程

若用 $N(t)$ 表示在 $[0, t)$ 时间内到达某服务系统的顾客数,则对于每个给定的时刻 t, $N(t)$ 都是一个随机变量. 我们称依赖于连续参数时间 t 的随机变量族 $\{N(t) \mid t \in [0, A)\}$ 为一个随机过程. 称 $N(t)$ 的值为在时刻 t 过程所处的状态,$N(t)$ 取值的全体称为状态集,记作 I, $I=\{0, 1, 2, \cdots\}$.

假设对于任意的 $t_1 < t_2 < \cdots < t_n < t_{n+1}$, 有

$$\begin{aligned} P(N(t_{n+1})=i_{n+1} \mid N(t_1)=i_1, N(t_2)=i_2, \cdots, N(t_n)=i_n) \\ =P(N(t_{n+1})=i_{n+1} \mid N(t_n)=i_n), \end{aligned} \tag{9-1}$$

则称随机过程 $\{N(t) \mid t \in [0, A)\}$ 为马尔可夫过程. 式(9-1)所表示的性质即为"马尔可夫性"或"无后效性". 它的实际背景就是说:如果以 t_n 表示现在时刻, t_{n+1} 表示未来时刻, t_1, $\cdots$, t_{n-1} 表示过去的一系列时刻,则顾客到来的过程在 t_n 以前所处的状态,对预言过程在 t_n 以后的状态不起直接的作用. 或者说,在已知"现在"的条件下,"将来"与"过去"是独立的.

下面我们着重介绍马尔可夫过程之一——泊松(Poisson)过程.

若状态集 $I=\{0, 1, 2, \cdots\}$ 的随机过程 $\{N(t) \mid t \in [0, A)\}$ 具有所谓的独立增量性:对任一组 $t_1 < t_2 < \cdots < t_n (n \geqslant 3)$, 随机变量

$$N(t_2)-N(t_1),\ N(t_3)-N(t_2),\ \cdots,\ N(t_n)-N(t_{n-1})$$

相互独立. 同时,对任意 $t \in [0, A)$, 有

$$P(N(t)=k)=\frac{(\lambda t)^k}{k!}\mathrm{e}^{-\lambda t}, \quad k=0, 1, 2, \cdots, \tag{9-2}$$

其中参数 $\lambda > 0$, 则称这个过程为泊松过程.

独立增量性说明在互不相交的时间区间 $[t_1, t_2)$, $[t_2, t_3)$, $\cdots$, $[t_n, t_{n-1})$ 内顾客来到系统的情况是相互独立的. 不难验证,"独立增量性"这个条件比"马尔可夫性"来得强.

由概率论有关知识知道,

$$E(N(t))=\lambda t,$$

它为在时间区间 $[0, t)$ 内到达的顾客的平均数. 从而,λ 即为单位时间间隔内到达顾客的平均数.

在排队论中,人们常把泊松过程称为最简单流,参数 λ 称为最简单流的强度. 在具体的实际问题中,λ 是不难由统计资料求得的.

下面我们给出使泊松过程得以实现的比较广泛的条件.

定理 9-1 若随机过程 $\{N(t) \mid t \in [0, A)\}$ 满足下列 3 个条件:

(1) 独立增量性:对任一组 $t_1 < t_2 < \cdots < t_n (n \geqslant 3)$,随机变量 $N(t_2)-N(t_1)$, $N(t_3)-N(t_2)$, …, $N(t_n)-N(t_{n-1})$ 相互独立.

(2) 平稳性:对于 $[s, s+t) \subset [0, A)$,总有

$$P(N(s+t)-N(s)=k)=P(N(t)-N(0)=k)=P(N(t)=k)$$

[设 $P(N(0)=0)=1$, $\sum_{k=0}^{\infty} P(N(t)=k)=1$].

(3) 普通性:令 $\psi(t)=\sum_{k=2}^{\infty} P(N(t)=k)$,则有

$$\lim_{t \to 0} \frac{\psi(t)}{t}=0.$$

则 $\{N(t) \mid t \in [0, A)\}$ 是一个泊松过程:

$$P(N(t)=k)=\frac{(\lambda t)^k}{k!} \mathrm{e}^{-\lambda t}(\lambda>0), k=0, 1, 2, \cdots.$$

我们现在对上述定理中的 3 个条件给出直观上的解释:

由独立增量性可知,在 $[0, A)$ 中的区间 $[s, s+t)$ 内来到 k 个顾客这一事件与区间 $[0, s)$ 内来到的顾客的情况相互独立. 换言之,对在 $[0, s)$ 内顾客来到的情况所作的任何假定下,计算出来的在 $[s, s+t)$ 内来到 k 个顾客的条件概率都相等. 过程具有独立增量性,必然具有马尔可夫性.

平稳性说明在 $[s, s+t)$ 内来到的顾客数只与区间的长度 t 有关而与起点 s 无关. 换言之,过程的统计规律不随时间的推移而改变,在同样长度的时间间隔内来到 k 个顾客的概率是一个常数.

普通性表明,在同一瞬时到达两个或两个以上顾客实际上是不可能的,换言之,在充分小的时间间隔中,最多到达一个顾客.

泊松过程在排队论中的地位与正态分布在概率论中的地位相同. 但是,我们需要指出,独立增量性、平稳性和普通性在实践中并不是经常能够满足的. 例如平稳性对电话呼唤流就显然不成立,白天的呼唤就比晚上多. 虽然如此,最简单流仍然可以认为是实际现象相当程度上的近似,特别如巴尔姆-辛钦(Palm-Khinchin)极限定理断言:大量相互独立小强度的随机流之和近似于一个最简单流,只要每个加项流都是平稳与普通,同时满足一些足够普通的条件.

概率论的中心极限定理告诉我们:足够多的独立随机变量之和近似于正态分布,而不管这些随机变量是什么分布.

而巴尔姆-辛钦极限定理正如中心极限定理一样,向我们阐明了为什么最简单流正如正态分布那样,经常会在实际生活中出现.

例如,到达电话局的总呼唤流是个别用户(强度相对很小)发出电话呼唤的总和,而每一个别用户的呼唤可近似地看成平稳普通的流,且它们之间相互独立,因此,到达电话局的呼唤流就近似地视为最简单流.

正由于最简单流这种足够接近实际的性质，以及其简单而易于处理，因而在排队论中把它作为研究实际问题的一个起点.

例 9-1 某天上午，从 10:30 到 11:47，每隔 20 秒钟统计一次来到某火车站售票处的旅客数，共得 230 个记录. 整理后得到如表 9-2 所示的统计结果. 试用一个泊松过程来描述售票处的旅客的到达过程.

表 9-2

旅客数目	0	1	2	3	4
频　数	100	81	34	9	6

解 要描述这个到达过程只要求出参数 λ 即可. 根据 λ 的意义，我们先求出每 20 秒钟内到达售票处的旅客的平均数

$$\bar{\lambda}=\frac{1}{230}(0\times 100+1\times 81+2\times 34+3\times 9+4\times 6)\approx 0.87.$$

于是，每分钟平均到达的旅客数为

$$\lambda=3\times 0.87=2.61(\text{人} / \text{分钟}).$$

故有

$$P(N(t)=k)=\frac{(2.61t)^k}{k!}\mathrm{e}^{-2.61t},\quad k=0,1,2,\cdots.$$

对于描述顾客到达情况的随机过程 $\{N(t)\mid t\in[0,T)\}$，我们也可以用随机变量序列

$$\{T_n,\ n=1,2,\cdots\}$$

来描述，其中

$$T_n=t_n-t_{n-1}$$

为第 n 位顾客到达时刻 t_n 与第 $n-1$ 位顾客到达时刻 t_{n-1} 之间的时间间隔(设 $t_0=0$).

对于泊松过程，我们有如下定理.

定理 9-2 顾客到达过程 $\{N(t)\mid t\in[0,A)\}$ 是一个参数为 λ 的泊松过程的充分必要条件是：相应的顾客到达间隔 T_n $(n=1,2,\cdots)$ 是一族相互独立同分布的随机变量，它们的分布函数为负指数分布，

$$P(T_n\leqslant t)=\begin{cases}1-\mathrm{e}^{-\lambda t}, & t\geqslant 0,\\ 0, & t<0.\end{cases}\tag{9-3}$$

由此定理可知，“顾客流是最简单流”与“顾客到达间隔相互独立且服从相同的负指数分布”是等价的两种描述方式.

由于负指数分布的数学期望

$$E(T_n)=\frac{1}{\lambda},$$

因此对于最简单流，顾客到达时间间隔的平均长度为$\frac{1}{\lambda}$.

例 9-2 在某个交叉路口观察了 25 辆向北行驶的汽车到达路口的时刻,其记录如下(开始观察时刻为 0,单位为秒):

1	8	12	15	17	19	27	43	58	64	70	72	73
91	92	101	102	103	105	109	122	123	124	135	137	

试用一个泊松过程来描述该到达过程.

解 该车流是一个最简单流,因此汽车相继到达的时间间隔 T_n, $n=1, 2, \cdots$ 相互独立,服从同一分布——负指数分布. 现在估计负指数分布的参数 λ.

汽车相继到达路口的时间间隔为

1	7	4	3	2	2	8	16	15	6	6	2	1
18	1	9	1	1	2	4	13	1	1	11	2	

它们的和为 137. 故平均间隔 $\frac{1}{\lambda}$ 的估计值为

$$\frac{137}{25}=5.48(\text{秒}),$$

从而

$$\lambda=0.1825(\text{辆}/\text{秒}).$$

所以,服从如下分布的独立同分布随机变量族 $\{T_n, n=1, 2, \cdots\}$ 描述了该车流,

$$P(T_n\leqslant t)=\begin{cases}1-e^{-0.1825t}, & t\geqslant 0,\\ 0, & t<0.\end{cases}$$

换言之,汽车到达路口的过程是一个以每秒来到 0.182 5 辆汽车的最简单流 $\{N(t)\mid t\geqslant 0\}$,

$$P(N(t)=k)=\frac{(0.1825t)^k}{k!}e^{-0.1825t},\quad k=0, 1, 2, \cdots.$$

9.1.2 生灭过程

现在我们介绍马尔可夫过程的另一特例——生灭过程.

设有一堆细菌,每个细菌在 Δt 时间内分裂成两个细菌的概率为 $\lambda\Delta t+o(\Delta t)$;而在 Δt 时间内死亡的概率为 $\mu\Delta t+o(\Delta t)$,各个细菌在任一段时间内分裂或死亡都是相互独立的. 如果将细菌的分裂或死亡都看成发生一个事件,那么易知,在 Δt 时间内发生两个或两个以上事件的概率为 $o(\Delta t)$. 设在时刻 t 有 i 个细菌,则在时刻 $t+\Delta t$ 有 $i+1$ 个细菌的概率为 $\lambda i\Delta t+o(\Delta t)$,在时刻 $t+\Delta t$ 有 $i-1$ 个细菌的概率为 $\mu i\Delta t+o(\Delta t)$. 现用 $\xi(t)$ 表示这堆细菌在时刻 t 的个数,并考察在 $[0, A)$ 时间内细菌个数的变化情况.

因为对每个固定的 t, $\xi(t)$ 都是随机变量,故 $\{\xi(t)\mid t\in[0, A)\}$ 为一个随机过程. 又因为它具有无后效性,故它也是一个马尔可夫过程.

上述细菌分裂和死亡的过程是一种典型的生灭过程的例子. 下面我们给出生灭过程的具体定义.

生灭过程——若随机过程 $\{\xi(t)\mid t\in[0, A)\}$ 的状态集 $I=\{0, 1, 2, \cdots, m\}$ 或 $I=\{0, 1, 2, \cdots\}$. 设在时刻 t, $\xi(t)=j$, 那么在时刻 $t+\Delta t$ (j 和 $j+1\in I$), $\xi(t+\Delta t)=j+1$ 的概率

为 $\lambda_j \Delta t + o(\Delta t)$（其中 $\lambda_j > 0$ 为与 t 无关的常数）；在时刻 $t + \Delta t$（j 和 $j-1 \in I$），$\xi(t+\Delta t) = j-1$ 的概率为 $\mu_j \Delta t + o(\Delta t)$（其中 $\mu_j > 0$ 也为与 t 无关的常数）；在时刻 $t+\Delta t$，$\xi(t+\Delta t)$ 为 I 中其他元素的概率均为 $o(\Delta t)$. 则称该随机过程 $\{\xi(t) \mid t \in [0, A)\}$ 为生灭过程（在下面将要讨论的一些生灭过程中，取 $A = +\infty$）.

对一些生灭过程来说，我们常常关心下列概率：

$$P_j(t) = P(\xi(t) = j) \quad (\text{称为瞬时解});$$
$$\lim_{t \to +\infty} P(\xi(t) = j) = P_j \quad (\text{称为极限解}).$$

排队论中的很多模型都是生灭过程，故我们把生灭过程关于 $P_j(t)$ 的微分方程组及其极限解和有关定理介绍于下. 在分析排队模型时，我们就直接应用这些结论来计算有关的数量指标.

生灭过程关于 $P_j(t) = P(\xi(t) = j)$ 的微分方程组如下：

(1) 当 $I = \{0, 1, \cdots, m\}$ 时，

$$P'_0(t) = -\lambda_0 P_0(t) + \mu_1 P_1(t),$$
$$P'_j(t) = \lambda_{j-1} P_{j-1}(t) - (\lambda_j + \mu_j) P_j(t) + \mu_{j+1} P_{j+1}(t) \ (0 < j < m),$$
$$P'_m(t) = \lambda_{m-1} P_{m-1}(t) - \mu_m P_m(t).$$

(2) 当 $I = \{0, 1, 2, \cdots\}$ 时，

$$P'_0(t) = -\lambda_0 P_0(t) + \mu_1 P_1(t),$$
$$P'_j(t) = \lambda_{j-1} P_{j-1}(t) - (\lambda_j + \mu_j) P_j(t) + \mu_{j+1} P_{j+1}(t) \ (0 < j < m).$$

求解这组方程，即可得到在时刻 t 过程的状态概率分布 $\{P_j(t), j \in I\}$，即得到生灭过程的瞬时解.

但是，一般说来，要从微分方程组求得瞬时解是极其困难的，只有个别问题才能求得瞬时解. 因此，在实际应用中，我们关心 $\lim\limits_{t \to +\infty} P_j(t)$. 若它存在，常常把它当作任一时刻(过程运行一段时间后)过程处于状态 j 的概率. 关于生灭过程微分方程组的极限解我们有如下定理.

定理 9-3 令

$$\pi_0 = 1, \ \pi_j = \frac{\lambda_0 \lambda_1 \cdots \lambda_{j-1}}{\mu_1 \mu_2 \cdots \mu_j} \ (j = 1, 2, \cdots),$$

则对 $I = \{0, 1, \cdots, m\}$ 的生灭过程，或对 $I = \{0, 1, 2, \cdots\}$ 且满足条件

$$\sum_{j=0}^{\infty} \pi_j < +\infty, \quad \sum_{j=0}^{\infty} \frac{1}{\lambda_j \pi_j} = +\infty \tag{9-4}$$

的生灭过程，对于任意正数 s 和任意 $i \in I$, $j \in I$，都有

$$\lim_{t \to +\infty} P(\xi(t) = j) = \lim_{t \to +\infty} P(\xi(s+t) = j \mid \xi(s) = i) = P_j > 0. \tag{9-5}$$

当状态集 $I = \{0, 1, \cdots, m\}$ 时，

$$P_0 = \left(\sum_{j=0}^{m} \pi_j\right)^{-1}, \tag{9-6}$$

$$P_j = \pi_j P_0 = \frac{\lambda_{j-1}}{\mu_j} P_{j-1}, \quad j = 1, \cdots, m; \tag{9-7}$$

当状态集 $I = \{0, 1, 2, \cdots\}$ 时,

$$P_0 = \left(\sum_{j=0}^{\infty} \pi_j\right)^{-1}, \tag{9-8}$$

$$P_j = \pi_j P_0 = \frac{\lambda_{j-1}}{\mu_j} P_{j-1}, \quad j = 1, 2, \cdots. \tag{9-9}$$

我们称 $P_j (j \in I)$ 为生灭过程在统计平衡时的概率,或称稳态概率.

定理 9-3 告诉我们,对于满足定理条件的生灭过程,当过程运行了很长时间后,初始状态的影响将消失,过程的状态的概率分布 $P_j (j \in I)$ 与时间无关. 在实际应用中,过程不可能等到 $t \to +\infty$. 事实上,对于绝大多数实际问题,过程很快会趋于统计平衡.

9.1.3 负指数分布

若用 V_n 表示第 n 位顾客所需的服务时间,则 $\{V_n, n = 1, 2, \cdots\}$ 也是一族随机变量. 假定 $\{V_n, n = 1, 2, \cdots\}$ 中各个随机变量相互独立,且服从相同的负指数分布:

$$P(V_n \leqslant t) = \begin{cases} 1 - \mathrm{e}^{-\mu t}, & t \geqslant 0, \\ 0, & t < 0, \end{cases} \tag{9-10}$$

其中参数 $\mu > 0$. 因而,其概率密度函数为

$$f(t) = \begin{cases} \mu \mathrm{e}^{-\mu t}, & t \geqslant 0, \\ 0, & t < 0, \end{cases} \tag{9-11}$$

V_n 的数学期望和方差分别为

$$E(V_n) = \frac{1}{\mu}, \quad D(V_n) = \frac{1}{\mu^2}. \tag{9-12}$$

因此

$$\mu = \frac{1}{E(V_n)}.$$

从而,$\frac{1}{\mu}$ 为每位顾客所需要的平均服务时间,μ 为在单位时间内受到服务的顾客平均数.

基于负指数分布在排队论中的重要性,下面我们对负指数分布的性质作进一步的讨论(用随机变量 V 表示顾客的服务时间).

性质 9-1 负指数分布的密度函数 $f(t)$ 是 t $(t \geqslant 0)$ 的一个严格单调减函数.

因此,对任意 $\Delta t > 0$, $t > 0$, 有

$$P(0 \leqslant V \leqslant \Delta t) > P(t \leqslant V \leqslant t + \Delta t).$$

可知

$$P\left(0 \leqslant V \leqslant \frac{E(V)}{2}\right) = 1 - \mathrm{e}^{-\frac{1}{2}} = 0.393,$$

$$P\left(\frac{E(V)}{2} \leqslant V \leqslant \frac{3E(V)}{2}\right) = (1 - \mathrm{e}^{-\frac{3}{2}}) - (1 - \mathrm{e}^{-\frac{1}{2}}) = 0.383,$$

因此，V 取小值(小于期望值的一半)要比 V 取接近 $E(V)$ 的值更有可能性.

又可知

$$P(0 \leqslant V \leqslant E(V)) = 1 - e^{-1} = 0.632,$$
$$P(V > 2E(V)) = e^{-2} = 0.135,$$
$$P(V > 4E(V)) = e^{-4} = 0.0183,$$

所以，若一位顾客的服务时间服从负指数分布，则当顾客开始接受服务后，服务结束得较短的可能性较大，而服务时间较长的可能性是相当小的. 也就是说，如果某种服务的服务时间具有如下性质：有大量的顾客要求较短时间的服务，只有少量麻烦顾客需要长时间的服务，则一般地可以认为服务时间服从负指数分布(当然，需用数理统计中分布假设检验方法进行检验).

性质 9-2 无记忆性.

在顾客已经被服务了时间 s 的条件下，我们来求需要再服务 t 以上时间的条件概率—— $P(V \geqslant s+t \mid V \geqslant s)$,

$$\begin{aligned} P(V \geqslant s+t \mid V \geqslant s) &= \frac{P(V \geqslant s+t,\ V \geqslant s)}{P(V \geqslant s)} = \frac{P(V \geqslant s+t)}{P(V \geqslant s)} \\ &= \frac{e^{-\mu(s+t)}}{e^{-\mu s}} = e^{-\mu t} = P(V \geqslant t). \end{aligned}$$

可见，剩余服务时间的分布独立于已经服务过的时间而与原来的分布相同. 我们将这类特性称为"无记忆性".

同时可以指出，具有无记忆性

$$P(V \geqslant s+t \mid V \geqslant s) = P(V \geqslant t) \tag{9-13}$$

的分布，也只有负指数分布.

对于最简单流，由于顾客到达间隔时间服从负指数分布，因此，不论取哪一时刻为起点，剩余的到达间隔时间仍为同一参数的负指数分布.

性质 9-3 对于 $t > 0$，当 Δt 充分小时，有

$$\begin{aligned} P(V \leqslant t+\Delta t \mid V \geqslant t) &= 1 - P(V \geqslant t+\Delta t \mid V \geqslant t) \\ &= 1 - e^{-\mu\Delta t} \approx \mu\Delta t. \end{aligned} \tag{9-14}$$

性质 9-3 告诉我们：若顾客的服务时间 V 服从负指数分布，那么，当顾客在服务了 t 时间后，事件"顾客服务完毕"在下一个时段 Δt 内发生的概率近似于 $\mu\Delta t$.

类似地，对于最简单流来说，由于到达间隔 T 服从负指数分布(参数 $\lambda > 0$)，因此对任意 $t > 0$，Δt 充分小，有

$$P(T \leqslant t+\Delta t \mid T \geqslant t) \approx \lambda\Delta t. \tag{9-15}$$

换言之，经过 t 时间下一位顾客仍未到达，那么，在 Δt 时段内来一位顾客这件事的概率近似于 $\lambda\Delta t$.

9.1.4 爱尔朗分布

爱尔朗(Erlang)分布的密度函数为

$$f(t)=\begin{cases}\dfrac{k\mu(k\mu t)^{k-1}}{(k-1)!}e^{-k\mu t}, & t\geqslant 0,\\ 0, & t<0,\end{cases} \tag{9-16}$$

其中参数 $\mu>0$, k 称为阶数.

若顾客服务时间 V 服从爱尔朗分布,则 V 的数学期望和方差分别为

$$E(V)=\frac{1}{\mu},\quad D(V)=\frac{1}{k\mu^2}. \tag{9-17}$$

可以证明,如果 $\xi_1, \xi_2, \cdots, \xi_k$ 是 k 个相互独立的随机变量,且服从同一参数 $k\mu$ $(\mu>0)$ 的负指数分布,则随机变量

$$V=\xi_1+\xi_2+\cdots+\xi_k$$

服从 k 阶爱尔朗分布.

例如,如果顾客要连续接受串联的 k 个服务台的服务,各服务台服务时间相互独立,且服从相同的负指数分布(参数 $k\mu>0$),那么顾客被这 k 个服务台服务完所需的总时间就服从爱尔朗分布(当然,对顾客连续服务时,这里假设:必须在所有 k 个服务台完成对某一顾客的服务后,下一位顾客才能进入第 1 个服务台).

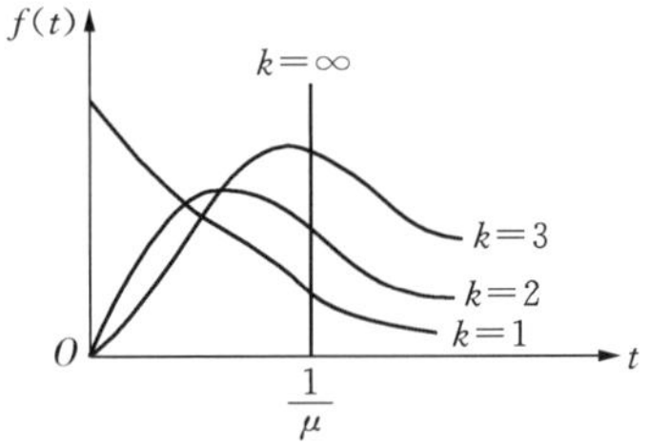

图 9-2

由于负指数分布的特性说明顾客服务时间短的可能性比服务时间长的可能性大,因此,在实际应用中负指数分布受到一定的限制,而爱尔朗分布却具有较大的适应性.

图 9-2 给出 n 个不同 k 值的爱尔朗分布的密度函数.

事实上,当 $k=1$ 时,爱尔朗分布即为负指数分布;当 k 增大时,爱尔朗分布的图形逐渐变为对称的;当 $k\geqslant 30$ 时,爱尔朗分布近似于正态分布;当 $k\to\infty$ 时,由式(9-17)可知 $D(V)\to 0$, 因此,这时爱尔朗分布化为确定型分布(参看图 9-2). 所以 k 阶爱尔朗分布可看成完全随机型与完全确定型之间的中间型,能对现实世界提供更为广泛的适应性.

§ 9.2　一般排队系统结构

图 9-1 给出了一般排队模型的结构. 各个顾客由顾客源(总体)出发,以恒定的或变化的到达率来到服务机构(服务台)要求服务. 如果服务机构空闲,到达的顾客就接受服务;如果服务机构正在忙着服务,顾客就按某种排队规则加入到等待服务的队伍中去,直到能接受服务. 顾客进入服务台就以恒定的或变化的服务率被服务,服务完后顾客就离开排队系统. 排队规则和服务规则反映了顾客在排队系统中按怎样的规则参加排队、按怎样的次序接受服务.

所以,一般的排队系统都有 3 个组成部分:输入过程、排队规则、服务机构. 下面我们一一介绍.

9.2.1　输入过程

输入过程指各种类型的顾客按怎样的规律到达. 要完全描述一个输入过程需要如下 3 方

面信息：

(1) 顾客源数. 顾客的总体可能是有限集(例如工厂内出故障的待修机器)，也可能是无限可数集合(例如乘公共汽车的乘客)，甚至可能是无限不可数集合(例如上游流入水库的河水).

(2) 到达类型. 顾客来到的方式可以是单个到达，也可以是成批地到达(例如金属板材进仓库就是成批地到达). 本章仅讨论顾客单个到达这种类型.

(3) 顾客相继到达的时间间隔分布. 我们已经知悉，描述顾客到达过程有两种方式：一种为随机过程 $\{N(t) \mid t \in [0, A)\}$，其中 $N(t)$ 为 $[0, t)$ 内到达的顾客数；另一种描述方式为随机变量序列 $\{T_n, n \geqslant 1\}$，其中 $T_n = t_n - t_{n-1}$，t_n 为第 n 位顾客到达时刻，$t_0 = 0$. 后一种方式通过给定 T_n 的分布来描述顾客流. 由于假设 $\{T_n, n \geqslant 1\}$ 为相互独立且具有相同分布的随机变量序列，因此，只需给出 T_n 的共同分布函数 $F(t) = P(T_n \leqslant t)$ 就可以了.

有各种输入过程，下面介绍 4 种常见的情况.

(1) 定长输入. 顾客有规则地到达，每隔时间 α 到达一位顾客. 此时，顾客相继到达的时间间隔 T_n 的分布函数为

$$F(t) = P(T_n \leqslant t) = \begin{cases} 0, & t < \alpha, \\ 1, & t \geqslant \alpha. \end{cases}$$

例如生产自动流水线传送带输送成品进入包装箱就是定长输入的例子.

(2) 最简单流. 独立随机变量序列 $\{T_n, n \geqslant 1\}$ 服从同一负指数分布：

$$P(T_n \leqslant t) = \begin{cases} 0, & t < 0, \\ 1 - e^{-\lambda t}, & t \geqslant 0. \end{cases}$$

或者说，随机过程 $\{N(t) \mid t \in [0, A)\}$ 是一个泊松过程，$N(t)$ 的概率分布为

$$P(N(t) = k) = \frac{(\lambda t)^k}{k!} e^{-\lambda t}, \quad k = 0, 1, 2, \cdots,$$

其中 $\lambda > 0$.

(3) k 阶爱尔朗输入. 独立随机变量序列 $\{T_n, n \geqslant 1\}$ 服从相同的爱尔朗分布，其密度函数为

$$f(t) = \begin{cases} \dfrac{k\lambda (k\lambda t)^{k-1}}{(k-1)!} e^{-k\lambda t}, & t \geqslant 0, \\ 0, & t < 0. \end{cases}$$

(4) 一般独立输入. 独立随机变量序列 $\{T_n, n \geqslant 1\}$ 具有相同的分布.

9.2.2 服务机构

服务机构应反映如下信息：服务台的个数(当服务台个数为多个时，又分成串联与并联结构，参看图 9-3)、接受服务的方式(单个服务或成批服务. 如公共汽车一次就装载大批乘客. 本章仅讨论单个服务)、服务时间 V 的分布.

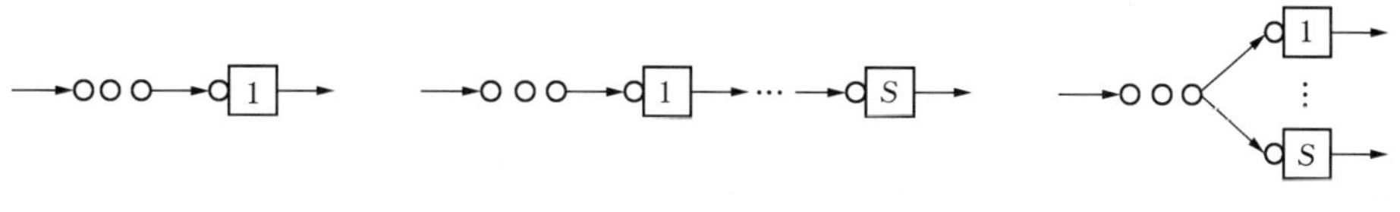

(a) (b) (c)

图 9-3

下面介绍 4 种经常遇到的服务时间分布.

(1) 定长分布. 每位顾客的服务时间 V_n 均为常数 β. V_n 的分布函数为

$$P(V_n \leqslant t)=\begin{cases}0, & V_n<\beta,\\ 1, & V_n \geqslant \beta.\end{cases}$$

(2) 负指数分布. 每位顾客的服务时间 V_n 相互独立,具有相同的负指数分布,

$$P(V_n \leqslant t)=\begin{cases}0, & t<0,\\ 1-\mathrm{e}^{-\mu t}, & t \geqslant 0,\end{cases}$$

其中参数 $\mu>0$.

(3) k 阶爱尔朗分布. 每位顾客的服务时间 V_n 相互独立,具有相同的 k 阶爱尔朗分布. 其密度函数为

$$f(t)=\begin{cases}\dfrac{k\mu(k\mu t)^{k-1}}{(k-1)!}\mathrm{e}^{-k\mu t}, & t \geqslant 0,\\ 0, & t<0,\end{cases}$$

其中参数 $\mu>0$.

(4) 一般独立分布. 每位顾客的服务时间 V_n 相互独立,具有相同的概率分布.

9.2.3 排队规则

排队规则体现到来的顾客按怎样的方式和顺序接受服务. 一般可分为损失制、等待制和混合制.

(1) 损失制. 当一位顾客到达时,若所有服务台均被占用,该顾客就自动消失. 具有这种特点的排队规则称为损失制.

例如,一位旅客到达某一旅馆,如果全部床位都已满员,他即离开该旅馆往别处投宿.

(2) 等待制. 当顾客到达时,若所有服务台均被占用,顾客就排成队伍等待服务,具有这种特点的排队规则称为等待制. 顾客接受服务的次序可以采用下列各种规则:

① 先到先服务. 即按顾客到达的先后次序接受服务. 这是最通常的情形. 本章仅讨论先到先服务的服务系统.

② 后到先服务. 例如将金属板材放入仓库看成顾客的到来,需要使用时将它们陆续取走看成服务,则一般是取用放在最上面的板材,即后到先服务.

③ 随机服务. 当服务台得空时,在等待的顾客中随机地选取一位进行服务,每一位等待的顾客被选到的概率相同. 例如乘客(视为服务台)在停车场上随机选乘(乘车视为服务)一辆出租汽车(被视为等候服务的顾客).

④ 优先权服务. 对于不同的顾客规定了不同的优先权. 例如医院对于病情严重的患者给予优先治疗,加急电报比普通电报优先服务.

(3) 混合制. 为损失制与等待制兼而有之的情况. 有下列情况:

① 队长有限制. 如果系统空间的容量有限,最多只能容纳 k 位顾客(包括正在接受服务的和参加等待的顾客),那么当顾客到达时,如果系统内已有 k 位顾客,该顾客就自动离去;如果系统内顾客数小于 k,该顾客就进入服务系统.

② 等待时间有限制. 顾客在队伍中的等待时间不能超过规定的时间. 超过规定时间顾客

就离去.

③ 逗留时间(等待时间与被服务时间之和)有限制. 顾客在服务系统中的逗留时间不能超过规定时间,否则就离去.

例如高射炮射击敌机. 当敌机飞越该防空系统火力范围的总时间为 t_0 时,若在此 t_0 时间内敌机还未被击落,则敌机就消失.

9.2.4 排队模型的符号表示

一个排队模型由 6 个主要特性所确定:输入过程(顾客到达时间间隔分布);服务时间分布;服务台个数(多个服务台时,假设各个服务台是并联的,每个服务台只对单个顾客进行服务);系统容量(服务台个数加上可容纳的等待顾客数);顾客源数;服务规则.

在应用中,使用符号来表示不同的排队模型是较为方便的:我们将这 6 个特征按上述顺序用各自的符号列出,并用斜线"/"隔开,即

输入过程/服务分布/服务台个数/系统容量/顾客源数/服务规则.

由于本章讨论的问题都采用先到先服务的服务规则,因此我们在模型的符号表示中不再列出服务规则的符号. 当系统容量或顾客源数为无限时,我们也将它们从模型的符号表示中省略.

表示顾客到达时间间隔分布和服务时间分布的常用符号有:

M ——输入过程为最简单流,或服务时间为负指数分布;

D ——定长输入或定长服务;

E_k——顾客到达时间间隔分布或服务时间分布为 k 阶爱尔朗分布;

GI——一般独立输入;

G ——一般服务分布.

服务台的个数用 S 表示,系统容量用 k 表示,顾客源数用 f 表示.

例如,$M/M/S/k$ 表示输入过程为最简单流、服务时间为负指数分布、S 个服务台、系统容量为 k $(S<k)$、顾客源数无限的混合制排队模型;

$M/G/3/3$ 表示输入过程为最简单流、一般服务分布、3 个服务台、系统容量为 3、顾客源数无限的损失制排队系统.

又如,$GI/E_k/2$ 表示一般独立输入、服务时间为 k 阶爱尔朗分布、2 个服务台、系统容量和顾客源数无限的等待制排队模型.

9.2.5 排队模型的数量指标和基本公式

对于一个随机服务系统来说,如果服务机构过小,不能满足众多顾客的服务需要,那么就会产生排队现象而使服务质量降低. 因此,对要求服务的顾客来说,总希望服务机构越大越好. 但是,如果服务机构过大,人力、物力方面的支出也就相应增加,有时就会造成不必要的浪费. 因此,在排队现象中产生了服务质量的提高与系统的设备的利用率的提高之间的矛盾. 换言之,产生了顾客的需求和服务机构规模之间的合理平衡问题. 如何合理地设计与控制随机服务系统,使得它既能满足顾客的需要,又能使服务机构的花费最为经济,这是排队论的研究目的.

排队论研究的问题,从大的方面来说,可以分成两类:第 1 类问题是在服务机构未设置之前就根据顾客输入过程与服务过程的要求,结合对系统的一定数量指标要求(如规定服务质量的必要水平),对服务机构规模(例如车站股道数、机场跑道数、港口泊位数等)进行最优设计,

我们称它们为静态最优问题;第 2 类问题是对已有的服务系统如何实行最优控制,称为动态最优问题. 我们可以对给定的排队系统进行分析,建立合适的排队模型并计算有关的数量指标,然后寻求最优运营策略或适当地调整服务机构(例如食堂就餐职工排队过长,可以增设服务窗口,又如公交公司在客流高峰时增开区间车或封闭某些停靠站).

排队系统的优化问题,首要的问题是在对系统作定量分析后,计算队长、等待时间和忙期 3 个数量指标的分布或数学期望:

(1) 队长. 队长是指在系统中的顾客数目(包括正在接受服务的顾客和等待服务的顾客),它是一个随机变量,应确定其分布,至少应当知道它的平均值及有关各阶矩. 队长分布是顾客与服务台都很关心的一个问题,特别对系统设计人员来说更为重要,因为知道了队长分布,就能确定队长超过某个数值的概率,这对于设计等待空间的大小将是很有意义的,否则空间小了无法容纳足够多的顾客,空间大了会造成浪费. 而等待队长是指系统中等待服务的顾客数.

(2) 等待时间和逗留时间. 从顾客到达时刻起到他接受服务时止这段时间称为等待时间,它是个随机变量,是顾客最为关心的数量指标,因为顾客总是希望他的等待时间越短越好.

从顾客到达时刻起,到他授受服务结束止这段时间称为逗留时间(等待时间加上服务时间),它也是一个随机变量. 知道了逗留时间分布,就能知道一个顾客在系统中停留时间超过某个数值的概率,如果该概率太大,那么增加服务台个数或提高服务率可能是有意义的. 因为在这种情况下虽然增加了服务机构的费用,但由于减少了顾客的逗留时间费用,故综合平衡后还是可取的决策.

(3) 忙期. 对多个服务台的排队模型,从服务系统开始无空闲的服务台这一时刻起,到有一个服务台开始空闲这一时刻止,这段时间称为系统的忙期.

对于单服务台的排队模型来说,从顾客到达空闲的服务台这一时刻起,到服务台再次变为空闲这个时刻止,这段时间(即服务台连续繁忙的时期)称为服务台的忙期,它是一个随机变量. 忙期的均值是服务台最为关心的数量指标,因为这关系到服务台的工作强度.

此外,在不同类型的问题中,还会注意到其他一些数量指标,如损失制与混合制随机服务系统中的损失率及单位时间内平均损失的顾客数目.

排队模型一般存在一个"初始"时期,在这个时期中,队长分布、等待时间分布和忙期分布均依赖于系统已运营的时间 t 和初始状态(顾客数),然而,服务系统运营充分长的时间后,系统趋于统计平衡,这些分布不再随时间变化且初始状态的影响也消失(但并不意味着系统失去了随机性). 今后,我们基本上只研究统计平衡时的有关状况.

为今后讨论具体的数学模型的方便,我们给出下列数量指标的符号:

λ——单位时间内平均到达的顾客数,即平均到达率;

$\frac{1}{\lambda}$——平均到达间隔;

μ——单位时间内受到服务的顾客平均数,即平均服务率;

$\frac{1}{\mu}$——每位顾客的平均服务时间;

S——服务台个数;

ρ——每个服务台的服务强度(利用率),表示每个服务台在单位时间内的平均负荷;

P_j——在统计平衡时,系统中具有 j 个顾客的概率;

D——顾客等待的概率；

Q——忙期；

L——队长(正在接受服务的和排队等待的顾客总数)的期望值；

L_q——等待队长的期望值；

W——逗留时间(顾客在系统中的等待时间和被服务时间的和)的期望值；

W_q——等待时间的期望值.

对于损失制和混合制的排队系统，顾客在到达服务系统时，发现服务台无空或系统容量已满，就自动消失而不再进入系统，因此到达的顾客不一定能全部进入系统，为此引入有效到达率 λ_e：

有效到达率 λ_e——单位时间内平均进入服务系统的顾客数.

对于等待制的排队系统来说，有 $\lambda_e=\lambda$.

下面我们给出 3 个基本公式，它们对各类排队模型在处于统计平衡时都适用.

首先，根据逗留时间的含义，我们有下述公式：

$$W=W_q+\frac{1}{\mu}. \tag{9-18}$$

其次，我们给出下述两个李特尔(Liter)公式：

$$L_q=\lambda_e W_q, \tag{9-19}$$

$$L=\lambda_e W. \tag{9-20}$$

例如对于 $GI/G/S$ 排队系统来说，这两个公式可以如此来解释(此时有 $\lambda_e=\lambda$)：

某一顾客到达时，如果服务台都忙着，那么在他接受服务前所需的平均等待时间为 W_q，在这段时间内平均到来的顾客数为 λW_q(排在此顾客后)，当该顾客接受服务时，系统中等待平均队长即为 λW_q，因此有 $L_q=\lambda W_q$.

一个正在离去的顾客在系统中平均逗留时间为 W，这期间到来的顾客平均数为 λW(这些顾客有接受服务的，有排队等待的)，所以，系统中平均队长 $L=\lambda W$.

§ 9.3 泊松输入、负指数分布服务的排队模型

输入过程为最简单流、服务时间为负指数分布的随机服务系统，是排队论中最简单的模型，对于这种模型的各项数量指标，排队论具有比较漂亮的结论. 本节介绍输入为最简单流、服务时间为负指数分布的随机服务系统在服务台、系统容量及顾客源数不同时的各类排队模型，并通过实例说明如何根据实际问题提供的数据建立排队模型以及如何设计系统或改进系统的效能.

9.3.1 $M/M/S$ 排队模型

$M/M/S$ 排队模型为泊松输入、负指数分布服务、S 个服务台、系统容量不受限制、顾客源数为无限的等待制排队模型，如图 9-4 所示.

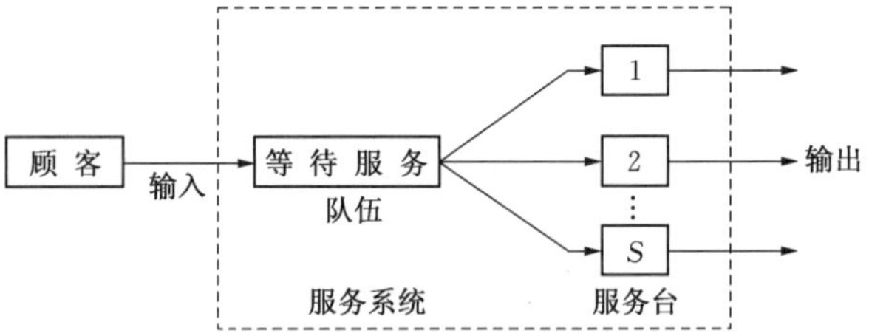

图 9-4

假定到达率为 λ 的最简单流来到 S 个服务台的服务系统. 一位顾客来到时,如果有一个以上的服务台空闲着,顾客就被随机地指派给任何一个有空的服务台进行服务;若所有服务台均在服务,则顾客排成一个队伍等待服务,顾客服务时间与顾客到达间隔时间相互独立,遵从参数为 μ 的负指数分布.

设 $\xi(t)$ 为系统在时刻 t 的队长,它是一个随机变量. 若 $\xi(t)=j\leqslant S$,表示在时刻 t 有 j 个服务台正在进行服务,而剩下的 $S-j$ 个服务台空闲着;若 $j>S$,则表示在时刻 t 所有的 S 个服务台均在进行服务,且有 $j-S$ 位顾客正在排队等待. 可以证明 $\{\xi(t) \mid t\geqslant 0\}$ 是一个生灭过程,其状态集 $I=\{0, 1, 2, \cdots\}$.

由于顾客到达间隔 T 和顾客服务时间 V 分别服从参数为 λ 和 μ 的负指数分布,由式(9-14)和式(9-15)知,当 $t>0$ 时,对充分小的 Δt,有

$$P(T\leqslant t+\Delta t \mid T\geqslant t)\approx \lambda\Delta t,$$
$$P(V\leqslant t+\Delta t \mid V\geqslant t)\approx \mu\Delta t,$$

换言之,在 Δt 时间内来一位顾客的概率为 $\lambda\Delta t+o(\Delta t)$;在 Δt 时间内一个服务台服务完一位顾客的概率为 $\mu\Delta t+o(\Delta t)$. 于是,若 j 个服务台都在服务,那么 j 个服务台服务完一位顾客的概率为

$$\mu j\Delta t+o(\Delta t)\ (j\leqslant S).$$

我们有状态转移图(见图 9-5). 可见,对该生灭过程来说,有

$$\lambda_j=\lambda,\ j=0, 1, 2, \cdots,\ \mu_j=\begin{cases} j\mu, & j=1, 2, \cdots, S, \\ S\mu, & j=S+1, S+2, \cdots. \end{cases}$$

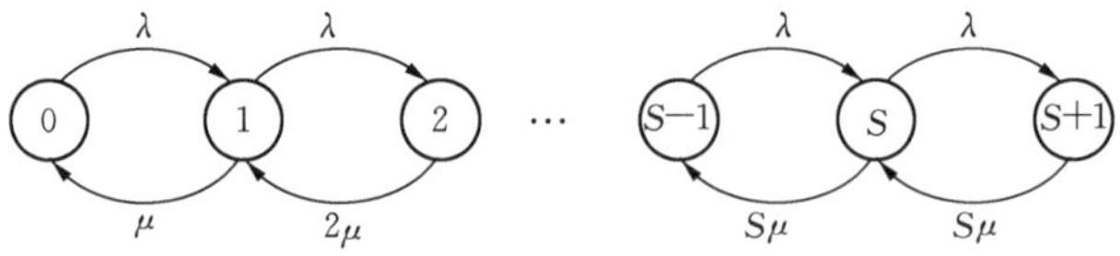

图 9-5

正如我们在前面已指出过的,我们关心的问题是此生灭过程的稳态概率. 我们来考虑定理 9-3 的条件式(9-4). 易知有

$$\pi_j=\begin{cases} \dfrac{S^j}{j\,!}\rho^j, & 1\leqslant j\leqslant S, \\ \dfrac{S^S}{S\,!}\rho^j, & j>S, \end{cases}$$

其中

$$\rho = \frac{\lambda}{S\mu}, \tag{9-21}$$

我们称 ρ 为服务强度,表示每个服务台在单位时间内的平均负荷,也即每个服务台的利用率.

可知,当 $\rho < 1$ 时,式(9-4)成立,

$$\sum_{j=0}^{\infty} \pi_j < +\infty,$$

$$\sum_{j=0}^{\infty} \frac{1}{\lambda_j \pi_j} = +\infty.$$

因此,在 $\rho < 1$ 条件下,根据定理 9-3 便得系统队长的稳态概率,

$$P_0 = \left(\sum_{j=1}^{\infty} \pi_j \right)^{-1} = \left(\sum_{j=0}^{S-1} \frac{(S\rho)^j}{j!} + \frac{(S\rho)^S}{S!} \frac{1}{1-\rho} \right)^{-1}, \tag{9-22}$$

$$P_j = \begin{cases} \dfrac{(S\rho)^j}{j!} P_0, & 1 \leqslant j \leqslant S, \\ \dfrac{S^S \rho^j}{S!} P_0, & j > S. \end{cases} \tag{9-23}$$

显然,P_0 即该系统的空闲系数.

所有服务台均被占用,以致来到一位顾客需要等待的概率 D 为

$$D = \sum_{j=S}^{\infty} P_j = \frac{1}{1-\rho} P_S. \tag{9-24}$$

当 S 较小时,也可采用下式来计算 D:

$$D = 1 - \sum_{j=0}^{S-1} P_j. \tag{9-25}$$

根据 L 和 L_q 的定义,可得

$$L = \sum_{j=0}^{\infty} j P_j = S\rho + \frac{\rho}{(1-\rho)^2} P_S, \tag{9-26}$$

$$L_q = \sum_{j=0}^{\infty} j P_{S+j} = \frac{\rho}{(1-\rho)^2} P_S. \tag{9-27}$$

设 U_q 为顾客的等待时间,则该随机变量的分布函数为

$$F(t) = P(U_q \leqslant t) = \begin{cases} 1 - \dfrac{P_S}{1-\rho} e^{-(S\mu - \lambda)t}, & t \geqslant 0, \\ 0, & t < 0, \end{cases} \tag{9-28}$$

特别地,

$$P(U_q > 0) = \frac{P_S}{1-\rho}.$$

它与等待概率的表达式相同,这是很自然的.

又可知

$$W_q = E(U_q) = \frac{\rho}{\lambda(1-\rho)^2} P_S, \tag{9-29}$$

$$W = \frac{1}{\mu} + \frac{\rho}{\lambda(1-\rho)^2} P_S. \tag{9-30}$$

对于 $\rho \geqslant 1$ 的系统,可知 $P_j = 0$ 对一切 j 成立,这表示如果将这一系统维持一段很长的时间,系统中的顾客队伍就会无限长.

例 9-3 在某超级市场,顾客从货架上挑选各类商品,出门前到柜台前付款.现有两个收款柜台,若两个柜台都不空闲,顾客就排成一队,否则,顾客可在任一个柜台付款.设此服务系统是 $M/M/2$ 排队模型.为了估计该系统的效能,现在柜台前作了如下统计:以 2 分钟作为一个时段,依次记下各个时段里来到的顾客人数,并记下这些顾客在柜台付款所花费的时间.下面给出有关数据.

(1) 顾客人数:在相继的 26 个时段里依次来到付款柜台前的顾客人数为

1 3 0 1 0 0 1 1 2 1 0 1 3 2 5 1 2 2 1 0 0 1 0 3 3 1;

(2) 付款时间(分:秒)

4:35, 3:02, 5:27, 4:33, 2:35, 1:45, 0:15, 3:45, 0:15, 4:20, 2:39, 4:51,
5:45, 0:23, 2:30, 3:26, 1:48, 1:16, 1:24, 4:17, 3:07, 1:40, 5:53, 2:31,
3:28, 0:54, 0:38, 6:55, 1:33, 6:20, 0:59, 2:03, 1:29, 5:24, 3:50.

试估计该系统的效能.

解 由已知数据可知,每时段(2 分钟)平均到来顾客 $\frac{35}{26} = 1.346$,从而,该最简单流的参数

$$\lambda = 0.673(\text{顾客 / 分钟}),$$

顾客的平均服务时间

$$\frac{1}{\mu} = \frac{105.58}{35} = 3.017(\text{分钟}),$$

于是,该负指数分布的参数

$$\mu = 0.331(\text{顾客 / 分钟}).$$

本问题为 $M/M/2$ 排队模型,所以

$$\rho = \frac{0.673}{2 \times 0.331} = 1.017 > 1,$$

它表明这一系统运营一段时间后,系统中的顾客队伍长度会趋于无穷大.

为了使这一系统能趋于稳定,现增设一个付款柜台,于是,问题成为 $M/M/3$ 排队模型,因此有

$$\rho = \frac{0.673}{3 \times 0.331} = 0.678,$$

由式(9-22)和式(9-23)可知

$$P_0=\frac{1}{1+\frac{(3\times0.678)^1}{1!}+\frac{(3\times0.678)^2}{2!}+\frac{(3\times0.678)^3}{3!}\cdot\frac{1}{1-0.678}}=0.106,$$

$$P_1=\frac{(3\times0.678)^1}{1!}\times0.106=0.216,$$

$$P_2=\frac{(3\times0.678)^2}{2!}\times0.106=0.219,$$

$$P_3=\frac{(3\times0.678)^3}{3!}\times0.106=0.148.$$

顾客到达系统后必须等待的概率

$$D=1-\sum_{j=0}^{2}P_j=1-0.106-0.216-0.219=0.459,$$

系统中顾客平均等待队长

$$L_q=\frac{0.678}{(1-0.678)^2}\times0.148=0.968(\text{顾客}),$$

系统中顾客平均队长

$$L=L_q+S\rho=0.968+3\times0.678=3.002(\text{顾客}),$$

顾客平均等待时间

$$W_q=\frac{L_q}{\lambda}=\frac{0.968}{0.673}=1.438(\text{分钟}),$$

顾客平均逗留时间

$$W=W_q+\frac{1}{\mu}=1.438+3.017=4.455(\text{分钟}).$$

柜台的利用率为 0.678,系统的空闲系数为 0.106.

例 9-4 平均每小时有 6 列货车到达某货站,服务率为每小时 2 列,问要多少站台才能使货车等待卸车的概率不大于 0.05? 设该系统为 $M/M/S$ 排队模型.

解 现系统为 $M/M/S$, $\lambda=6$, $\mu=2$,要使 $\rho=\frac{6}{2S}=\frac{3}{S}<1$,可见站台数不能少于 4.

我们对 $S=4$, 5, 6 和 7 分别求出相应的 ρ, P_0, P_S 和 D,如表 9-3 所示.

表 9-3

S	4	5	6	7
ρ	0.75	0.6	0.5	0.43
P_0	0.0377	0.0466	0.0489	0.0495
P_S	0.1272	0.0945	0.0495	0.0215
D	0.5090	0.2363	0.0990	0.0377

可见,应设置 7 个站台.

下面我们来讨论 $M/M/S$ 排队系统的静态优化问题——系统设计的最优化.

我们建立系统的有关费用模型[考虑在单位时间内使服务费用和顾客等待(或逗留)费用

之和最小],然后对有关的参数的优化进行决策.

服务费用是与服务水平(例如代表服务机构能力的平均服务率,设备条件如服务台个数、系统容量)密切相关的,一般说来,它是可以确切计算或估计的,而顾客的等待费用对大部分排队模型就很难估算.

例 9-5 若 $M/M/S$ 排队系统的服务台个数可以调整,每个服务台在单位时间内的服务费用为 C_1(无论服务与否),顾客等待一个单位时间的费用为 C_2,求使总费用最低的最佳服务台个数.

解 等待队长是在变化的,而等待队长的期望值为 L_q,因此,在单位时间内总费用期望值为

$$f = C_1 S + C_2 L_q,$$

其中 $L_q = L_q(S)$ 为 S 的函数.

现在求最优解 S^* 使 $f(S^*) = \min_S \{C_1 S + C_2 L_q\}$. 由于 S 只能取整数值,$f(S)$ 不是连续型变量的函数,因此不能用微分方法求解. 我们采用边际分析法来求 S^*. 根据 $f(S^*)$ 是最小值的特点,应有

$$\begin{cases} f(S^*) \leqslant f(S^* - 1), \\ f(S^*) \leqslant f(S^* + 1), \end{cases}$$

即

$$\begin{cases} C_1 S^* + C_2 L_q(S^*) \leqslant C_1(S^* - 1) + C_2 L_q(S^* - 1), \\ C_1 S^* + C_2 L_q(S^*) \leqslant C_1(S^* + 1) + C_2 L_q(S^* + 1), \end{cases}$$

于是,有

$$C_1 \leqslant C_2[L_q(S^* - 1) - L_q(S^*)],$$
$$C_1 \geqslant C_2[L_q(S^*) - L_q(S^* + 1)],$$

即

$$L_q(S^*) - L_q(S^* + 1) \leqslant \frac{C_1}{C_2} \leqslant L_q(S^* - 1) - L_q(S^*). \tag{9-31}$$

我们对 $S = 1, 2, \cdots$ 分别求 $L_q(S)$,计算相邻两个 $L_q(S)$ 值之差,因为 $\frac{C_1}{C_2}$ 是已知数,我们根据这个数落在哪个不等式的区间内来定出 S^*.

例 9-6 一个服务台经营费用每小时 15 元,顾客等待单位时间费用 50 元,顾客到达为最简单流,每小时 16 位顾客,服务时间为负指数分布,服务率为每小时 4 位顾客,求单位时间总费用最低的服务台个数.

解 现在 $\lambda = 16$, $\mu = 4$,于是 $\rho = \frac{16}{4S} = \frac{4}{S}$. 为满足条件 $\rho < 1$,应有 $S \geqslant 5$. 又

$$\frac{C_1}{C_2} = \frac{15}{50} = 0.3,$$

我们用边际分析法来求 S^*,计算过程见表 9-4.

表 9-4

S	$L_q(S)$	$[L_q(S)-L_q(S+1), L_q(S-1)-L_q(S)]$
5	2.22	
6	0.58	[0.4, 1.64]
7	0.18	[0.12, 0.4]
8	0.06	

由于 $0.3\in[0.12, 0.4]$，因此最优解 $S^*=7$.

如果我们采用枚举法，则得表 9-5. 所以，最佳服务台个数为 7，单位时间最低费用为 114 元.

表 9-5

S	5	6	7	8
ρ	0.8	0.67	0.57	0.5
P_0	0.013	0.0167	0.0179	0.0182
L_q	2.22	0.58	0.18	0.06
C_2L_q	111	29	9	3
C_1S	75	90	105	120
f	186	119	114*	123

例 9-7 对于 $M/M/S$ 模型，若顾客在系统逗留一个单位时间的费用为 C_3，每个服务台在单位时间的服务费用为 C_1，求使总费用最低的最佳服务台个数.

解 单位时间总费用的期望值

$$f=C_1S+C_3L(S).$$

类似于例 9-5，最佳服务台个数 S^* 应满足下列不等式：

$$L(S^*)-L(S^*+1)\leqslant\frac{C_1}{C_3}\leqslant L(S^*-1)-L(S^*).$$

9.3.2 $M/M/1$ 排队模型

$M/M/1$ 排队模型为 $M/M/S$ 在 $S=1$ 时的特例. 现设

$$\rho=\frac{\lambda}{\mu}<1.$$

由式(9-22)和式(9-23)可知

$$\begin{cases}P_0=1-\rho,\\ P_j=(1-\rho)\rho^j, \quad j=1, 2, \cdots.\end{cases} \tag{9-32}$$

因此，有

$$D=\rho, \tag{9-33}$$

$$L_q=\frac{\lambda^2}{\mu(\mu-\lambda)}, \tag{9-34}$$

$$L = \frac{\lambda}{\mu - \lambda}, \tag{9-35}$$

$$W_q = \frac{\lambda}{\mu(\mu - \lambda)}, \tag{9-36}$$

$$W = \frac{1}{\mu - \lambda}. \tag{9-37}$$

可以证明,若顾客在系统中的逗留时间为随机变量 U,则

$$F(t) = P(U \leqslant t) = 1 - e^{-(\mu-\lambda)t} \quad (t \geqslant 0). \tag{9-38}$$

下面我们来计算 $M/M/1$ 排队模型忙期 Q 的平均长度 $E(Q)$.

对服务台来说,整个时间轴可以分成两部分:忙期与闲期. 当一位顾客到达空着的服务台时忙期就开始,一直到服务台再一次变成空闲(就是说,系统中没有等待的顾客),忙期才结束. 所谓闲期,就是指以服务台变成空闲开始到新的顾客到达为止这段时期. 由最简单流性质可知,闲期长度遵从参数为 λ 的负指数分布,故闲期平均长度为 $\frac{1}{\lambda}$. 另一方面, $P_0 = 1 - \rho$, 因此在相当长的时期 T_0 内,服务台空闲的时间总长度为 $T_0(1-\rho)$,所以在 T_0 时期内闲期的平均个数为 $T_0(1-\rho)/\frac{1}{\lambda} = (1-\rho)\lambda T_0$,它也等于 T_0 内忙期的平均个数. 又知 T_0 时期内服务台忙碌时间总长度为 $T_0\rho$,因此忙期平均长度

$$E(Q) = \frac{T_0\rho}{\lambda(1-\rho)T_0} = \frac{\rho}{\lambda(1-\rho)} = \frac{1}{\mu - \lambda}, \tag{9-39}$$

可见有

$$E(Q) = W.$$

忙期的平均长度即为顾客在系统中逗留时间的期望值 W. 于是,一个忙期中所服务的顾客的平均数为

$$\frac{1}{\mu - \lambda} \cdot \mu = \frac{1}{1 - \rho}. \tag{9-40}$$

例 9-8 为估计某邮局服务系统的效能,现以 3 分钟为一个时段,统计了 100 个时段中顾客到达的情况及对 100 位顾客的服务时间,有关数据列于表 9-6 和表 9-7. 设此服务系统为 $M/M/1$ 排队模型. 求系统有关的数量指标.

表 9-6

到达人数	0	1	2	3	4	5	6
时段数	14	27	27	18	9	4	1

表 9-7

服务时间(秒)	(0, 12]	(12, 24]	(24, 36]	(36, 48]	(48, 60]	(60, 72]	(72, 84]
顾客人数	33	22	15	10	6	4	3

(续表)

服务时间(秒)	(84, 96]	(96, 108]	(108, 120]	(120, 150]	(150, 180]	(180, 200]
顾客人数	2	1	1	1	1	1

解 先求出每时段内到达顾客的平均数

$$\frac{0\times14+1\times27+2\times27+3\times18+4\times9+5\times4+6\times1}{100}=1.97,$$

故顾客的平均到达率为

$$\lambda=\frac{1.97}{3}\approx0.657(\text{顾客}/\text{分钟}).$$

再计算每位顾客所需的平均服务时间,采用表9-5中时间区间的中值进行计算,可得

$$\begin{aligned}\frac{1}{\mu}&=\frac{1}{100}(6\times33+18\times22+30\times15+42\times10+54\times6+66\times4+78\times3+\\&\quad 90\times2+102\times1+114\times1+135\times1+165\times1+190\times1)\\&=31.72(\text{秒})\approx0.53(\text{分钟}/\text{顾客}),\end{aligned}$$

所以此排队系统的服务率

$$\mu=1.89(\text{顾客}/\text{分钟}).$$

于是,服务台服务强度为

$$\rho=\frac{\lambda}{\mu}=0.348.$$

系统的空闲系数

$$P_0=1-\rho=0.652,$$

顾客需要等待的概率

$$D=1-P_0=0.348.$$

系统中平均队伍长度和平均等待队伍长度分别为

$$L=\frac{\lambda}{\mu-\lambda}=0.533(\text{顾客}),$$

$$L_q=\frac{\lambda^2}{\mu(\mu-\lambda)}=0.186(\text{顾客}),$$

顾客平均逗留时间和平均等待时间分别为

$$W=\frac{1}{\mu-\lambda}=0.811(\text{分钟}),$$

$$W_q=\frac{\lambda}{\mu(\mu-\lambda)}=0.282(\text{分钟}).$$

服务台忙期的平均长度

$$E(Q)=W=0.811(\text{分钟}).$$

例 9-9 设某医生的私人诊所平均每隔 20 分钟有一位病人前来就诊,医生给每位病人诊断的时间平均需要 15 分钟. 现设它为一个 $M/M/1$ 排队模型. 医生希望有足够的座位给来就诊的病人坐,使到达就诊的病人站着的概率不超过 0.01. 试问至少应为病人准备多少个座位(包括医生诊病时病人就座的一个座位)?

解 设 k 为需要的座位数,因而到达的病人站着的概率

$$P_k + P_{k+1} + \cdots \leqslant 0.01.$$

于是,应要求

$$\sum_{j=0}^{k-1} P_j = (1-\rho)\sum_{j=0}^{k-1}\rho^j = 1-\rho^k \geqslant 0.99,$$

即要求

$$\rho^k \leqslant 0.01,$$
$$k\lg\rho \leqslant \lg 0.01 = -2.$$

现在 $\frac{1}{\lambda}=20$, $\frac{1}{\mu}=15$, $\rho=\frac{15}{20}=0.75$, $\lg 0.75=-0.1249$, 故 k 应满足

$$k \geqslant \frac{2}{0.1249} \approx 16.$$

即至少应为病人准备 16 个座位.

例 9-10 设人们到售票口购买球赛票的平均到达率为每分钟 1 人,售票员卖一张票平均需 20 秒(到达间隔与服务时间都为负指数分布).

(1) 如果比赛开始前 2 分钟某球迷到达,若他买好票,估计他寻到其座位大约需 1.5 分钟,那么球迷能期望在球赛开始前坐好吗?

(2) 该球迷在球赛开始前坐好的概率为多少?

(3) 为了在球赛开始前坐好的把握为 99%,该球迷应多早到达?

解 (1) 本问题为 $M/M/1$ 排队模型,如果以分钟为时间单位,则 $\lambda=1$, $\mu=3$, $\rho=\frac{1}{3}$. 于是,有

$$W=\frac{1}{\mu-\lambda}=\frac{1}{3-1}=0.5(\text{分钟}),$$

得到票的平均时间 W 与到达座位的时间之和恰为 2 分钟,所以球迷能期望在球赛开始前坐好.

(2) 该问题即球迷在服务系统逗留时间 U 不超过半分钟的概率. 有

$$P(U\leqslant 0.5)=1-e^{-(3-1)0.5}=1-e^{-1}\approx 0.63.$$

(3) 我们先求时间 t,使 $P(U\leqslant t)=0.99$. 即要求

$$P(U>t)=e^{-(\mu-\lambda)t}=e^{-(3-1)t}=e^{-2t}=0.01,$$

$$-2t=\ln 0.01,\ t=-\frac{1}{2}\ln 0.01=2.3(\text{分钟}).$$

因此,该球迷能以 99%的把握在 2.3 分钟内(等待和购票)得到一张票. 因为在买到票以后他需要用 1.5 分钟找座位,所以该球迷必须提前 2.3+1.5=3.8 分钟到达,才能以 0.99 的概率在球赛开始前就入座.

例 9-11 对于例 9-3(取 $S=3$),如果对排队方式加以改变:在各个柜台前排成一个队列,且进入队列后不再变换,于是,得到 3 个 $M/M/1$ 子系统. 设每个队列的平均到达率

$$\lambda_1=\lambda_2=\lambda_3=\frac{\lambda}{3}=\frac{0.673}{3}=0.224.$$

试将 3 个 $M/M/1$ 排队模型与 $M/M/3$ 排队模型作比较.

解 现按 3 个 $M/M/1$ 排队模型计算有关数量指标,并与例 9-3 有关数据进行比较,得表 9-8. 从表 9-8 中各指标的对比可看出,单排队比 3 个队列有显著优越性. 所以在安排排队方式时应加以注意.

表 9-8

数量指标	模型	
	$M/M/3$	$M/M/1$
λ	0.673	0.224
μ	0.331	0.331
ρ	0.678	0.678
P_0	0.106	0.322
L	3.002	2.093
L_q	0.968	1.417
W	4.560	9.344
W_q	1.438	6.325
D	0.459	0.678

例 9-12 表 9-9 给出了 $\lambda=8$, $\mu=10$ 的 $M/M/1$ 和 $M/M/2$ 模型以及服务率提高为 $\mu=20$ 的 $M/M/1$ 模型的有关数量指标,试讨论服务台的增减和服务率的增减对系统效能的影响.

表 9-9

数量指标	模型		
	$M/M/1$	$M/M/2$	$M/M/1$
λ	8	8	8
μ	10	10	20
ρ	0.8	0.4	0.4
P_0	0.2	0.429	0.6
L	4	0.95	0.667
L_q	3.2	0.152	0.267
W	0.5	0.119	0.083
W_q	0.4	0.019	0.033
D	0.8	0.229	0.4

解　由表 9-9 可见,如果用增加服务速度的办法使服务能力增加一倍,则系统中的队长 L 由 4 减为 0.667,顾客在系统中的逗留时间 W 由 0.5 减为 0.083,为原值 0.5 的 16.7%;如果采用增加一个服务台的方法提高服务质量,则系统中的队长 L 由 4 减为 0.95,顾客在系统中的逗留时间 W 由 0.5 减为 0.119,为原值 0.5 的 23.8%.

比较这两种改进系统服务质量的方法(一种方法可以理解为采用大设备,提高 μ;另一种方法可以理解为采用两台小设备,各台小设备的 μ 不变),可以明显看出,一台大设备的服务质量较好.尽管采用一台大设备时,等待队长 L_q 要比采用两台小设备时大一些,等待时间相应地要长些,但是可由服务速度较快来得到补偿,使系统中平均队长和顾客逗留时间比两台设备的相应值小.

例 9-13　某工厂卸货台装卸设备的设计方案中,有 3 个方案可供选择,有关信息如表 9-10 所示.设货车按最简单流到达,平均每天(按 10 小时计算)到达 15 车,每车平均装货 500 袋.卸货时间服从负指数分布,每辆车在系统停留 1 小时的损失费为 20 元.试问该选择哪一个方案,使总费用最少?

表 9-10

方案 $i^{\#}$	每天固定费用 a_i(元)	每天可变操作费用 c_i(元)	每小时装卸率(袋)
1	120	200	1 000
2	260	300	2 000
3	500	400	6 000

解　现在是对 3 个 $M/M/1$ 模型进行选优,它们的平均到达率 λ 都相同:$\lambda=1.5$(车 / 小时).平均服务率依赖于方案,分别为:$\mu_1=\dfrac{1\,000}{500}=2$(车 / 小时),$\mu_2=\dfrac{2\,000}{500}=4$(车 / 小时),$\mu_3=\dfrac{6\,000}{500}=12$(车 / 小时).一辆车在各系统平均逗留时间分别为

$$W_1=\frac{1}{\mu_1-\lambda}=\frac{1}{2-1.5}=2(\text{小时 / 车}),$$

$$W_2=\frac{1}{\mu_2-\lambda}=\frac{1}{4-1.5}=0.4(\text{小时 / 车}),$$

$$W_3=\frac{1}{\mu_3-\lambda}=\frac{1}{12-1.5}=0.095(\text{小时 / 车}).$$

一辆车在系统逗留时间的平均损失费为 $20W_i$,因为每天到达 15 辆车,所以每天到达的车辆在系统的平均逗留损失费为 $300W_i(i=1,\ 2,\ 3)$,分别为 600,120,28.5.

系统的利用率 $\rho_i=\dfrac{\lambda}{\mu_i}(i=1,\ 2,\ 3)$ 分别为 0.75,0.375,0.125.

系统每天的可变操作费用为 c_i,因此系统每天的实际操作费用为 $c_i\rho_i(i=1,\ 2,\ 3)$,分别为

$$200\times 0.75=150,\ 300\times 0.375=112.5,\ 400\times 0.125=50.$$

显然,有

每天总费用＝固定费用＋实际操作费用＋平均逗留损失费，

于是，我们得表 9-11. 可见，2# 方案费用最低，是 3 个方案中的最优方案.

表 9-11

方案 $i^{\#}$	每天固定费用	每天实际操作费用	每天平均逗留损失费	每天总费用
1#	120	150	600	870
2#	260	112.5	120	492.5*
3#	500	50	28.5	578.5

例 9-14 若排队模型 $M/M/1$ 的平均服务率 μ 可以调整，服务台提供服务的费用每单位时间为 $C_1\mu$，顾客在系统中逗留单位时间的费用为 C_3，求最优服务率.

解 单位时间内系统总费用的期望值为

$$f = C_1\mu + C_3 L = C_1\mu + \frac{C_3\lambda}{\mu - \lambda},$$

现在求 $\min f$，因而取

$$\frac{\mathrm{d}f}{\mathrm{d}\mu} = C_1 - C_3\frac{\lambda}{(\mu-\lambda)^2} = 0,$$

可得

$$\mu^* = \lambda + \sqrt{\frac{C_3\lambda}{C_1}} \tag{9-41}$$

（根号前取"＋"号，是因为要保证 $\mu > \lambda$；$\rho < 1$）. 又知 $\frac{\mathrm{d}^2 f}{\mathrm{d}\mu^2} > 0$，所以 μ^* 即为所求的最优解.

9.3.3 $M/M/\infty$排队模型

$M/M/\infty$为泊松输入、负指数分布服务、无限个服务台的服务系统.

假定参数为 λ 的最简单流到达无限个服务台的系统，则顾客一到达立即就可接受空闲着的服务台的服务. 服务时间与到达间隔相互独立，服务时间是参数为 μ 的负指数分布.

若系统在时刻 t 正在进行服务的服务台个数为 j，我们就说在时刻 t 系统所处的状态 $\xi(t) = j$，其状态集 $I = \{0, 1, 2, \cdots\}$.

可以证明 $\{\xi(t) \mid t \geq 0\}$ 为一个生灭过程，其状态转移图见图 9-6. 所以，对该生灭过程来说，有

$$\lambda_j = \lambda,\ j = 0, 1, \cdots,$$
$$\mu_j = j\mu,\ j = 1, 2, \cdots,$$

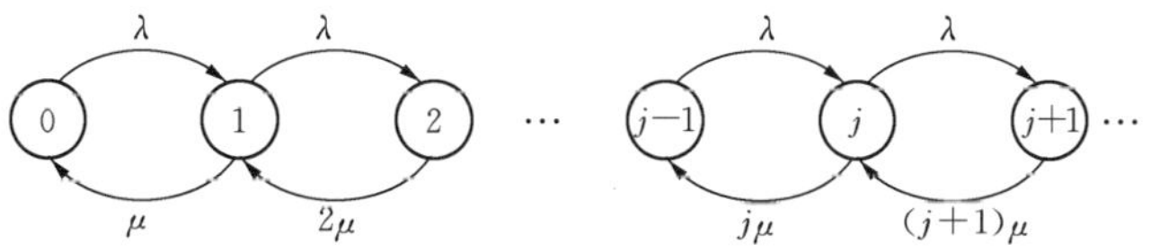

图 9-6

此时定理 9-3 的条件(9-4)总成立,则由式(9-8)和式(9-9)得

$$P_j = \frac{\rho^j}{j!}e^{-\rho}, \quad j = 0, 1, 2, \cdots, \tag{9-42}$$

其中 $\rho = \frac{\lambda}{\mu}$. 于是,可知系统中在服务的服务台平均数

$$L = \rho. \tag{9-43}$$

例 9-15 某航运公司有一个装卸码头,外轮按最简单流到达,平均每天有 6 艘船到达.每艘船的卸货时间服从负指数分布,每个装卸作业队平均每天卸船 2 艘.由于外轮在港内停留时间超过期限罚款极重,因此公司成立了较多的装卸作业队,基本上使外轮一到码头就能得到服务,问正在工作的装卸作业队平均数为多少?需要 7 个以上装卸作业队工作的概率为多少?

解 本问题为 $M/M/\infty$ 排队模型.现在 $\lambda = 6$,$\frac{1}{\mu} = 0.5$,因此 $\rho = 3$. 所以正在卸货的平均作业队数 $L = 3$. 而需要 7 个以上作业队卸货的概率

$$\begin{aligned} P &= 1 - \sum_{j=0}^{6} P_j = 1 - \left(1 + \frac{\rho}{1!} + \frac{\rho^2}{2!} + \cdots + \frac{\rho^6}{6!}\right)e^{-\rho} \\ &= 1 - (1 + 3 + 4.5 + 4.5 + 3.375 + 2.025 + 1.0125)e^{-3} \\ &= 1 - 19.412 \times 0.0498 = 0.0333. \end{aligned}$$

9.3.4 $M/M/S/k$ 排队模型

$M/M/S/k$ 排队模型为泊松输入、负指数分布服务、S 个服务台、系统容量为 k 的混合制系统 ($S < k$).

假定参数为 λ 的最简单流到达 S 个服务台的系统,若顾客到达时有空闲的服务台,则顾客在任一个空闲服务台接受服务,服务时间与到达间隔相互独立,遵从参数为 μ 的负指数分布;若顾客到达时所有 S 个台都在进行服务,则当系统中的顾客数(包括正在服务的 S 个顾客)小于指定数 k 时,新来的顾客就排入队伍等待,而当系统中的顾客数等于 k 时,新来的顾客就被拒绝而损失.

若 $\xi(t)$ 为在时刻 t 系统内的顾客数,则 $\{\xi(t) \mid t \geqslant 0\}$ 是一个随机过程,可以证明它是一个状态集为有限集 $I = \{0, 1, \cdots, k\}$ 的生灭过程.其状态转移图如图 9-7 所示.所以,对该生灭过程来说,有

$$\lambda_j = \lambda,\ j = 0, 1, \cdots, k-1,$$

$$\mu_j = \begin{cases} j\mu, & j = 1, 2, \cdots, S, \\ S\mu, & j = S+1, \cdots, k. \end{cases}$$

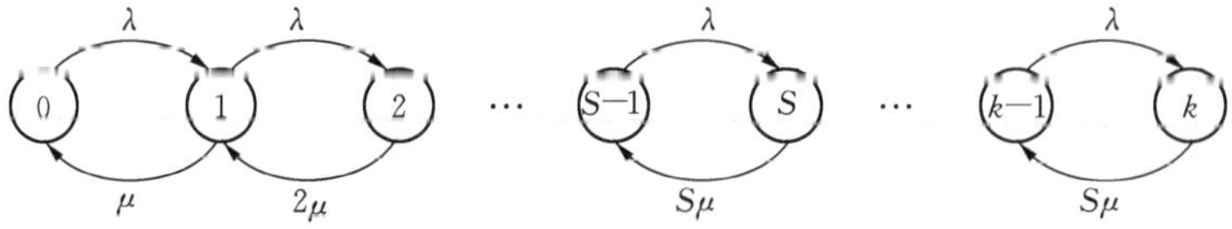

图 9-7

令

$$\rho=\frac{\lambda}{S\mu},$$

则由定理9-3可得系统的稳态概率

$$P_0=\left[\sum_{i=0}^{S-1}\frac{(S\rho)^i}{i!}+\sum_{i=S}^{k}\frac{S^S\rho^i}{S!}\right]^{-1}, \tag{9-44}$$

$$P_j=\begin{cases}\frac{(S\rho)^j}{j!}P_0, & j=1,2,\cdots,S,\\ \frac{S^S\rho^j}{S!}P_0, & j=S+1,\cdots,k.\end{cases} \tag{9-45}$$

显然，P_k 就是顾客被拒之于系统之外的概率，称为损失率.

L 和 L_q 可根据其定义直接计算，即

$$L=\sum_{j=0}^{k}jP_j,$$

$$L_q=\sum_{j=0}^{k-S}jP_{S+j}=\sum_{j=S}^{k}(j-S)P_j.$$

可以验证：

$$L=L_q+S-\sum_{j=0}^{S-1}(S-j)P_j. \tag{9-46}$$

或者根据下列公式来计算：

$$L_q=\frac{\rho(S\rho)^SP_0}{S!\ (1-\rho)^2}[1-\rho^{k-S}-(k-S)\rho^{k-S}(1-\rho)]\ (\rho\neq 1), \tag{9-47}$$

$$L=L_q+S\rho(1-P_k). \tag{9-48}$$

显然，顾客到达且能进入系统的概率为 $1-P_k$，故系统的有效到达率 λ_e 为

$$\lambda_e=\lambda(1-P_k), \tag{9-49}$$

不难验证，

$$\lambda_e=\mu[S-\sum_{j=0}^{S-1}(S-j)P_j]. \tag{9-50}$$

因此，根据李特尔公式(9-19)和(9-20)即可求得

$$W_q=\frac{L_q}{\lambda(1-P_k)}, \tag{9-51}$$

$$W=\frac{L}{\lambda(1-P_k)}. \tag{9-52}$$

当 $S=1$ 时，对于 $M/M/1/k$ 排队模型，我们有

$$P_j=\begin{cases}\dfrac{(1-\rho)\rho^j}{1-\rho^{k+1}}, & \rho\neq 1,\\ \dfrac{1}{k+1}, & \rho=1,\end{cases}\quad j=0,1,2,\cdots,k; \tag{9-53}$$

$$L=\begin{cases}\dfrac{\rho}{1-\rho}-\dfrac{(k+1)\rho^{k+1}}{1-\rho^{k+1}}, & \rho\neq 1,\\ \dfrac{k}{2}, & \rho=1,\end{cases} \tag{9-54}$$

$$L_q=\begin{cases}\dfrac{\rho^2}{1-\rho}-\dfrac{(k+\rho)\rho^{k+1}}{1-\rho^{k+1}}, & \rho\neq 1,\\ \dfrac{k(k-1)}{2(k+1)}, & \rho=1.\end{cases} \tag{9-55}$$

由式(9-46)和式(9-50)可知

$$L=L_q+(1-P_0), \tag{9-56}$$

$$\lambda_e=\mu(1-P_0). \tag{9-57}$$

例 9-16 两位理发师经营的理发馆有 5 把椅子供顾客排队等待使用. 当 5 把椅子都坐满时,后来的顾客就不再进入理发店而离开. 若顾客流为最简单流,平均到达率为 3.7634 顾客/小时,顾客理发时间为负指数分布,平均需要 15 分钟. 求:

(1) 顾客一到理发店就能理发的概率;

(2) 等待理发的顾客的平均数;

(3) 有效到达率;

(4) 一位顾客在理发店内预期花费的时间;

(5) 在可能到达的顾客中不等待就离开的顾客的百分比.

解 本问题为 $M/M/2/7$ 排队模型, $S=2$, $k=7$. 现在 $\lambda=3.7634$, $\mu=4$, $\rho=0.47$.

(1) 这相当于求理发店内不多于一位顾客的概率 P_0+P_1. 经计算可知 $P_0=0.36133$, $P_1=0.33996$, 于是

$$P_0+P_1=0.70129.$$

(2) 由式(9-47)可知

$$L_q=0.2447.$$

(3) 由式(9-50)可知

$$\begin{aligned}\lambda_e&=\mu(S-2P_0-P_1)=4(2-2\times 0.36133-0.33996)\\&=3.7495.\end{aligned}$$

(4) 由式(9-46)可知

$$\begin{aligned}L&=L_q+S-2P_0-P_1=0.2447+2-2\times 0.36133-0.33996\\&=1.182083,\end{aligned}$$

$$W=\frac{L}{\lambda_e}=0.3153(\text{小时})\approx 19(\text{分钟}).$$

或者

$$W=W_q+\frac{1}{\mu}=\frac{L_q}{\lambda_e}+\frac{1}{\mu}=\frac{0.2447}{3.7495}+\frac{1}{4}=0.3153(\text{小时}).$$

(5) 即求 P_7.

$$P_7=\frac{S^S\rho^7}{S!}P_0=0.00368=0.368\%.$$

例 9-17 某汽车加油站只有一台加油泵,且场地至多只能容纳 3 辆车,当站内场地占满车时,到达的汽车只能去别处加油. 输入为最简单流,每 8 分钟一辆,服务为负指数分布,每 4 分钟一辆. 加油站有机会租借毗邻的一块空地,以供多停放一辆前来加油的车,租地费用每周 120 元,从每位顾客那里期望净收益 10 元. 设该站每天开放 10 小时,问租借场地是否有利?

解 本问题为 $M/M/1/3$ 排队模型. 现在已知 $\frac{1}{\lambda}=8$ 分钟 / 辆 $=\frac{2}{15}$ 小时 / 辆,$\frac{1}{\mu}=4$ 分钟 / 辆 $=\frac{1}{15}$ 小时 / 辆,因此,$\rho=0.5$. 于是,到达顾客损失率

$$P_3=\frac{(1-\rho)\rho^3}{1-\rho^4}=\frac{(1-0.5)\times 0.5^3}{1-0.5^4}=0.067.$$

若租借场地,则问题成为 $M/M/1/4$ 排队模型,到达顾客损失率

$$\hat{P}_4=\frac{(1-\rho)\rho^4}{1-\rho^5}=\frac{(1-0.5)\times 0.5^4}{1-0.5^5}=0.032.$$

从而,租借场地后加油站每周将可增加的服务车辆数为

$$\begin{aligned}&\lambda(P_3-\hat{P}_4)\times 10\text{ 小时 / 天}\times 7\text{ 天 / 每周}\\&=7.5\times(0.067-0.032)\times 10\times 7=18.34,\end{aligned}$$

于是,每周将增加收入

$$10\text{ 元}\times 18.34=183.4\text{ 元}>120\text{ 元},$$

所以,租借场地是合算的.

例 9-18 现有 $M/M/1/2$ 服务系统,其平均到达率 $\lambda=10$ 人 / 小时,平均服务率 $\mu=30$ 人 / 小时. 管理者想增加收益,拟采用两个方案:方案 A 为增加等待空间,取 $k=3$;方案 B 为提高平均服务率,取 $\mu=40$ 人 / 小时. 设对每位顾客服务的平均收益不变,问哪一个方案将获得更大的收益? 当 λ 增加到每小时 30 人时,又应采用哪一个方案?

解 由于对每位顾客服务的平均收益不变,因此,服务机构单位时间的平均收益,与单位时间实际进入系统的顾客平均数 λ_e 成正比. 所以本问题即为比较两个方案的有效到达率 λ_e.

(1) 方案 A 为 $M/M/1/3$ 排队模型:

由于 $\lambda=10$ 人 / 小时,$\mu=30$ 人 / 小时,$\rho=\frac{1}{3}$,故

$$\lambda_e=\mu(1-P_0)=30\times\left[1-\frac{1-\frac{1}{3}}{1-\left(\frac{1}{3}\right)^4}\right]=9.75.$$

方案 B 为 $M/M/1/2$ 排队模型：

由于 $\lambda=10$ 人 / 小时，$\mu=40$ 人 / 小时，$\rho=\frac{1}{4}$，故

$$\lambda_e=\mu(1-P_0)=40\times\left[1-\frac{1-\frac{1}{4}}{1-\left(\frac{1}{4}\right)^3}\right]=9.5.$$

可见，采用方案 A 能获得更多的收益.

(2) 若 $\lambda=30$ 人 / 小时，对方案 A 来说，此时 $\rho=1$，因此

$$\lambda_e=\mu(1-P_0)=30\times\left(1-\frac{1}{3+1}\right)=22.5.$$

对方案 B 来说，此时 $\rho=\frac{3}{4}$，因此，

$$\lambda_e=\mu(1-P_0)=40\times\left[1-\frac{1-\frac{3}{4}}{1-\left(\frac{3}{4}\right)^3}\right]=22.7.$$

可见，若 $\lambda=30$ 人/小时，应采用方案 B.

例 9-19 若 $M/M/1/k$ 排队模型的平均服务率可以调整，服务台提供服务的费用每单位时间为 $C_1\mu$ 元，每服务 1 位顾客可收益 C_4 元，求最优服务率 μ^*.

解 由于有效到达率 $\lambda_e=\mu(1-P_0)$ 为单位时间实际进入服务机构的顾客平均数，那么，在稳定状态下，它也等于单位时间内实际服务完的顾客平均数，因此在单位时间内系统的纯利润

$$\begin{aligned}f&=C_4\mu(1-P_0)-C_1\mu=C_4\mu\left(1-\frac{1-\rho}{1-\rho^{k+1}}\right)-C_1\mu\\&=C_4\lambda\mu\,\frac{\mu^k-\lambda^k}{\mu^{k+1}-\lambda^{k+1}}-C_1\mu.\end{aligned}$$

令 $\frac{\mathrm{d}f}{\mathrm{d}\mu}=0$，得

$$\rho^{k+1}\,\frac{k-(k+1)\rho+\rho^{k+1}}{(1-\rho^{k+1})^2}=\frac{C_1}{C_4},$$

此方程的解即为最优解 μ^*.

当 $k=S$ 时，作为 $M/M/S/k$ 的特例，我们得 $M/M/S/S$ 排队模型，它是损失制的服务系统，若顾客到达时 S 个服务台都在进行服务，则该顾客就自动离去并不再回来. 这时，有关的计算公式如下：

$$P_0=\left[\sum_{j=0}^{S}\frac{(S\rho)^j}{j!}\right]^{-1},\tag{9-58}$$

$$P_j=\frac{(S\rho)^j}{j!}P_0,\quad j=1,\cdots,S,\tag{9-59}$$

$$L_q=0,\quad W_q=0,\quad W=\frac{1}{\mu},$$

$$L=S\rho(1-P_S).\tag{9-60}$$

L 即为系统中正在服务的服务台期望值. P_S 为 S 个服务台均被占用的概率,即顾客到达时遭到拒绝的概率(损失率).

例 9-20 设某火车站的电话问讯处有 3 架电话,可以看作一个 $M/M/3/3$ 服务系统,平均每隔 2 分钟有一次问讯电话(包括接通的和未接通的),每次通话的平均时间为 3 分钟. 试问打到问讯处的电话能接通的概率为多少?

解 现在 $\lambda=\frac{1}{2}$, $\mu=\frac{1}{3}$, $S=3$,故 $\rho=\frac{\lambda}{S\mu}=\frac{1}{2}$. 代入式(9-58)和式(9-59),得

$$P_0=\left[1+\frac{3}{2}+\frac{1}{2}\times\left(\frac{3}{2}\right)^2+\frac{1}{6}\times\left(\frac{3}{2}\right)^3\right]^{-1}\approx 0.239,$$

$$P_3=\frac{(3\rho)^3}{3!}P_0=\frac{1}{6}\times\left(\frac{3}{2}\right)^3\times 0.239\approx 0.134.$$

因此,接通的概率为 $1-P_3=0.866$.

9.3.5 $M/M/S/m/m$ 排队模型

$M/M/S/m/m$ 是顾客源有限的排队模型,即至多只有有限位(m 位)顾客来到服务系统. 一旦系统中已有 m 位顾客,就不会再有新顾客到达,除非系统中的一些顾客得到服务又返回顾客源,系统才可能有顾客继续到来(参看图 9-8).

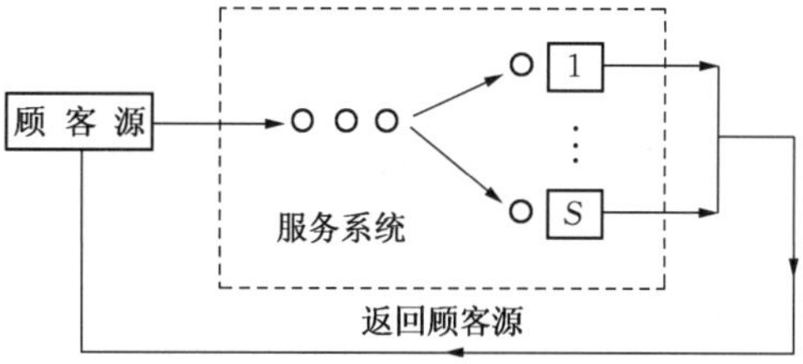

图 9-8

有限源服务系统的典型例子是机器看管问题. 假定有 S 名工人共同看管 m 台机器 ($m\geqslant S$, m 台机器就是顾客源). 每当机器发生故障时,就需要有一名工人负责修理,使其恢复生产. 所以,出故障的机器就是要求获得服务的顾客,工人就是服务台. 当 S 名工人分别正在修理 m 台出故障的机器时,新发生故障的机器就只能等待工人来修理. 我们假定:

(1) 每台机器连续正常运转时间都服从参数为 λ 的负指数分布,每台机器平均连续运转的时间为 $1/\lambda$, λ 就是一台机器在单位运转时间内发生故障的平均次数(应注意 λ 不是一台机器单位时间内发生故障的平均次数,因为一台机器一旦发生了故障,在修复之前不会再发生故障).

(2) 每台机器的修复时间都服从参数为 μ 的负指数分布,工人修理一台机器的平均时间为 $1/\mu$.

(3) 各台机器在任意时段内连续运转的时间与工人修复机器的时间彼此独立.

若以 $\xi(t)$ 表示在时刻 t 不在正常运转的机器数,它是一个随机变量,则 $\{\xi(t)\mid t\geqslant 0\}$ 是

一个随机过程，它的状态集合为有限集 $I=\{0, 1, \cdots, m\}$. 可以证明，$\{\xi(t) \mid t \geqslant 0\}$ 为一个生灭过程，其状态转移图如图 9-9 所示. 所以，对该生灭过程来说，有

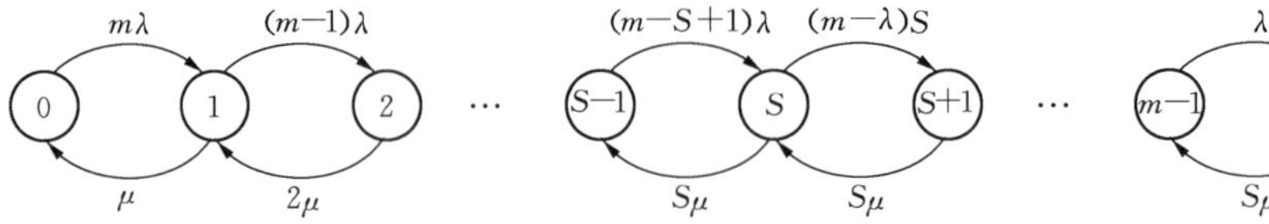

图 9-9

$$\lambda_j=(m-j)\lambda, \quad j=0, 1, \cdots, m-1;$$

$$\mu_j=\begin{cases} j\mu, & j=1, \cdots, S, \\ S\mu, & j=S+1, \cdots, m. \end{cases}$$

于是，根据定理 9-3 便可得到系统的稳态概率，

$$P_0=\left[\sum_{i=0}^{S}\binom{m}{i}\left(\frac{\lambda}{\mu}\right)^i+\sum_{i=S+1}^{m}\binom{m}{i}\frac{i!}{S!S^{i-S}}\left(\frac{\lambda}{\mu}\right)^i\right]^{-1}, \tag{9-61}$$

$$P_j=\begin{cases} \binom{m}{j}\left(\frac{\lambda}{\mu}\right)^j P_0, & j=1, \cdots, S, \\ \binom{m}{j}\frac{j!}{S!S^{j-S}}\left(\frac{\lambda}{\mu}\right)^j P_0, & j=S+1, \cdots, m. \end{cases} \tag{9-62}$$

（由于 P_0，P_j 计算公式过于复杂，有专书列成表格可供使用.）由此我们即可计算 L，L_q 及 D，

$$L=\sum_{j=0}^{m} jP_j, \ L_q=\sum_{j=0}^{m-S} jP_{S+j}, \ D=\sum_{j=S}^{m} P_j.$$

有效到达率 λ_e 的计算公式为

$$\lambda_e=\lambda(m-L). \tag{9-63}$$

直观上可以如此来理解该公式：每台机器在单位运转时间内发生故障的平均次数为 λ，而系统外平均只有 $m-L$ 台机器在运转，所以 m 台机器在单位时间内实际发生故障的平均次数 $\lambda_e=\lambda(m-L)$.

应用李特尔公式和式(9-63)，即可计算 W 和 W_q.

特别当 $S=1$ 时，有

$$P_0=\left[\sum_{i=0}^{m}\frac{m!}{(m-i)!}\left(\frac{\lambda}{\mu}\right)^i\right]^{-1}, \tag{9-64}$$

$$P_j=\frac{m!}{(m-j)!}\left(\frac{\lambda}{\mu}\right)^j P_0, \tag{9-65}$$

$$L=m-\frac{\mu}{\lambda}(1-P_0), \tag{9-66}$$

$$L_q=L-(1-P_0), \tag{9-67}$$

$$W=\frac{m}{\mu(1-P_0)}-\frac{1}{\lambda}, \tag{9-68}$$

$$W_q = W - \frac{1}{\mu}. \tag{9-69}$$

例 9-21 4 名工人看管 10 台机器,每台机器平均每运转 30 分钟就要修理一次,每次修理平均需要 10 分钟. 设机器连续运转时间和修理时间均为负指数分布. 求:

(1) 需要修理的机器平均数;

(2) 1 分钟内 10 台机器平均出现故障的次数;

(3) 机器的平均停工时间.

解 本问题为 $M/M/4/10/10$ 排队模型,现在 $\lambda = 1/30$, $\mu = 1/10$, $\lambda/\mu = 1/3$. 经计算,稳态概率分别为

$$\begin{aligned} &P_0 = 0.0542, \quad P_1 = 0.1807, \quad P_2 = 0.2710, \quad P_3 = 0.2409, \\ &P_4 = 0.1405, \quad P_5 = 0.0703, \quad P_6 = 0.0293, \quad P_7 = 0.0098, \\ &P_8 = 0.0024, \quad P_9 = 0.0004, \quad P_{10} = 0.00003. \end{aligned}$$

(1) $L = \sum_{j=0}^{10} jP_j = 2.6261$.

(2) 即求 λ_e: $\lambda_e = \lambda(m - L) = \frac{1}{30}(10 - 2.6261) = 0.2458$.

(3) $W = \frac{L}{\lambda_e} = \frac{2.6261}{0.2458} = 10.684$(分钟).

例 9-22 某厂有若干台机器,它们连续工作时间服从同一参数 λ 的负指数分布. 工人修理时间服从同一参数 μ 的负指数分布. 设 $\lambda/\mu = 0.1$. 今有两个方案:方案Ⅰ为 3 名工人各自独立看管机器,每人看管 6 台机器;方案Ⅱ为 3 名工人共同看管 20 台机器. 试比较两个方案的优劣.

解 方案Ⅰ为 $M/M/1/6/6$ 模型,$\lambda/\mu = 0.1$,经计算可知系统的稳态概率为

$$\begin{aligned} &P_0 = 0.48, \quad P_1 = 0.29, \quad P_2 = 0.15, \quad P_3 = 0.058, \\ &P_4 = 0.018, \quad P_5 = 0.0035, \quad P_6 = 0.0003. \end{aligned}$$

从而可得

$$L = 0.855, \quad L_q = 0.335.$$

方案Ⅱ为 $M/M/3/20/20$ 模型,$\lambda/\mu = 0.1$. 经计算可求得系统的稳态概率如下:

$P_0 = 0.14$, $P_1 = 0.27$, $P_2 = 0.26$, $P_3 = 0.16$, $P_4 = 0.088$,
$P_5 = 0.047$, $P_6 = 0.023$, $P_7 = 0.011$, $P_8 = 0.0048$, $P_9 = 0.0019$,
$P_{10} = 0.0007$, $P_{11} = 0.0002$, $P_{12} = 0.00007$,而 $P_{13}, P_{14}, \cdots, P_{20}$ 都近似于零.

从而可得

$$L = 2.13, \quad L_q = 0.337.$$

但在 $M/M/1/6/6$ 模型中,有效到达率 $\lambda_e^{\mathrm{I}} = \lambda(6 - 0.855) = 5.145\lambda$;在 $M/M/3/20/20$ 模型中,有效到达率 $\lambda_e^{\mathrm{II}} = \lambda(20 - 2.13) = 17.87\lambda$. 故方案Ⅰ和Ⅱ中有机器需等待修理的平均时间 W_q^{I} 和 W_q^{II} 之比为

$$\frac{W_q^{\mathrm{I}}}{W_q^{\mathrm{II}}}=\frac{L_q^{\mathrm{I}}}{\lambda_e^{\mathrm{I}}}\div\frac{L_q^{\mathrm{II}}}{\lambda_e^{\mathrm{II}}}=\frac{0.335}{5.145\lambda}\div\frac{0.377}{17.87\lambda}=3.45.$$

由此可知方案Ⅱ要比方案Ⅰ好.

事实上我们能证明如下一般的结论:系统 $M/M/S/Sm/Sm$ 的服务要比 S 个 $M/M/1/m/m$ 系统来得好.它的直观解释是:当 S 名工人各自独立看管 m 台机器时,工人甲单独看管的 m 台机器,某个时候可能同时有多于一台的机器发生故障,他只能在一台机器上排除故障,其他停止运转的机器只能停产等待修理;但可能另一名工人乙看管的 m 台机器,这时全处于正常运行,如是共同看管,则这时工人乙就可去排除由工人甲看管的等待修理的机器的故障.

例 9-23 设在工人看管机器问题 $M/M/1/m/m$ 模型中,我们可以采用不同的工艺和设备来检修机器.工艺和设备先进,服务率 μ 增大,但相应的检修费用也增大.设单位时间检修费用为服务率 μ 的函数 $C_5\mu$(C_5 为一常数),每台正常运转的机器单位时间可获利 C_6,试确定最优服务率 μ^* 以使系统在单位时间内获得的纯利润最大.

解 由于单位时间内正常运转的机器平均台数为 $m-L$,由式(9-66)知

$$m-L=\mu(1-P_0)/\lambda,$$

因此,单位时间内系统的纯利润 f 为

$$f=C_6(m-L)-C_5\mu=C_6\mu(1-P_0)/\lambda-C_5\mu.$$

求 f 的极值,即可求得最优服务率 μ^*.

§9.4 一般服务分布 $M/G/1$ 排队模型

9.4.1 $M/G/1$ 排队模型

$M/G/1$ 排队模型是 1 个服务台的等待制服务系统,输入过程是以 λ 为参数的最简单流,各顾客的服务时间是相互独立且具有相同分布的随机变量,其数学期望和方差分别为 $1/\mu$ 和 σ^2.服务台的服务强度

$$\rho=\lambda/\mu. \tag{9-70}$$

当 $\rho<1$ 时,我们有如下的结论:

$$P_0=1-\rho, \tag{9-71}$$

$$L=\rho+\frac{\rho^2+\lambda^2\sigma^2}{2(1-\rho)}, \tag{9-72}$$

$$L_q=\frac{\rho^2+\lambda^2\sigma^2}{2(1-\rho)}, \tag{9-73}$$

$$W_q=\frac{\rho^2+\lambda^2\sigma^2}{2\lambda(1-\rho)}. \tag{9-74}$$

同时还可知,忙期的平均长度

$$E(Q)=\frac{1}{\mu-\lambda}, \tag{9-75}$$

在忙期内被服务的顾客的平均数为$\frac{1}{1-\rho}$.

可见，在平均服务时间不能缩减时，也能用减少服务时间方差的办法来减少平均队长和降低顾客的等待时间.

例 9-24 在某重型机器厂，桥式吊车的效率为 80%. 根据统计资料知物品吊运时间的平均值为 8 分钟，标准差为 5 分钟. 又假设需要吊运的物品为最简单流. 试问：

(1) 物品需要等待的平均时间为多少？

(2) 若物品的平均吊运时间缩减为 7 分钟，物品的平均等待时间为多少？

(3) 若物品的平均吊运时间仍为 8 分钟，但标准差降为 3 分钟，物品的平均等待时间为多少？

解 本问题为 $M/G/1$ 排队模型. 吊车的利用率为 80%，即 $\rho=0.8$. 又 $1/\mu=8$ 分钟 / 次，因此

$$\lambda-0.1 \text{ 次 / 分钟}.$$

(1) 由式(9-74)可知

$$W_q=\frac{\rho^2+\lambda^2\sigma^2}{2\lambda(1-\rho)}=\frac{0.8^2+0.1^2\times5^2}{2\times0.1\times(1-0.8)}=\frac{0.89}{0.04}=22.25(\text{分钟}).$$

(2) $1/\mu$ 变为 7 分钟/次，而 λ 仍为 0.1 次/分钟，所以，此时

$$\rho=\frac{\lambda}{\mu}=0.7.$$

于是，可知

$$W_q=\frac{0.7^2+0.1^2\times5^2}{2\times0.1\times(1-0.7)}=\frac{0.74}{0.06}=12.3(\text{分钟}).$$

(3) 此时 $1/\mu=8$ 分钟 / 次，$\lambda=0.1$ 次 / 分钟，$\rho=0.8$. 于是

$$W_q=\frac{0.8^2+0.1^2\times3^2}{2\times0.1\times(1-0.8)}=\frac{0.73}{0.04}=18.25(\text{分钟}).$$

9.4.2 *M/D/1* 排队模型

$M/D/1$ 排队模型的服务时间为确定的常数 $1/\mu$，其方差 $\sigma^2=0$. 于是，当 $\rho=\lambda/\mu<1$ 时，有下列公式：

$$L=\rho+\frac{\rho^2}{2(1-\rho)}, \tag{9-76}$$

$$L_q=\frac{\rho^2}{2(1-\rho)}, \tag{9-77}$$

$$W_q=\frac{\rho^2}{2\lambda(1-\rho)}. \tag{9-78}$$

例 9-25 某种实验仪器每次使用时间均为 3 分钟，实验者的到达过程为泊松过程，平均每小时来到 18 人，求此服务系统的 L，L_q，W 和 W_q.

解 本问题为 $M/D/1$ 排队模型. $1/\mu=3$ 分钟 / 人，$\lambda=18/60=0.3$(人 / 分钟)，因而，$\rho=0.9$. 于是，由式(9-76)、式(9-77)和式(9-78)知

$$L=0.9+\frac{0.9^2}{2\times(1-0.9)}=4.95,$$
$$L_q=\frac{0.9^2}{2\times(1-0.9)}=4.05,$$
$$W_q=L_q/\lambda=4.05/0.3=13.5(\text{分钟}),$$
$$W=W_q+\frac{1}{\mu}=13.5+3=16.5(\text{分钟}).$$

9.4.3 $M/E_k/1$ 排队模型

在 $M/E_k/1$ 排队模型中,顾客的服务时间 V 服从爱尔朗分布,此时有

$$E(V)=\frac{1}{\mu},\quad D(V)=\frac{1}{k\mu^2}.$$

因此,当 $\rho<1$ 时,有下列各式:

$$L=\rho+\frac{(k+1)\rho^2}{2k(1-\rho)},\tag{9-79}$$
$$L_q=\frac{(k+1)\rho^2}{2k(1-\rho)},\tag{9-80}$$
$$W_q=\frac{(k+1)\rho}{2k(\mu-\lambda)}.\tag{9-81}$$

例 9-26 某单人裁缝店做西服,每套衣服需要 4 道不同的工序,4 道工序完工后才开始做另一套衣服,每道工序所需时间服从同参数 4μ 的负指数分布,平均需要 2 小时. 又设顾客前来定制西装的过程为泊松过程,平均每周来到 5.5 人(每人定制一套西服,且设每周工作 6 天,每天工作 8 小时). 试问一位顾客从订货到做好一套西服平均需要多少时间?

解 设 $V_n^1, V_n^2, V_n^3, V_n^4$ 分别为裁缝为第 n 位顾客缝制西服时在各道工序上所花的时间,它们是相互独立且服从同参数 4μ 的负指数分布的随机变量,故为第 n 位顾客缝制西服所需的总时间

$$V_n=V_n^1+V_n^2+V_n^3+V_n^4$$

是服从参数为 μ 的 4 阶爱尔朗分布.

设单位时间为小时. 由题设可知,$E(V_n^i)=\dfrac{1}{4\mu}=2$ 小时 / 套,因此得 $\mu=\dfrac{1}{8}$ 套 / 小时. 于是,有

$$E(V_n)=\frac{1}{\mu}=8,\quad D(V_n)=\frac{1}{4\mu^2}=16.$$

又从题设可知

$$\lambda=\frac{5.5}{48}\approx 0.115(\text{套 / 小时}),\ \rho=\frac{\lambda}{\mu}=0.115\times 8=0.92,$$

代入式(9-79),得

$$L=0.92+\frac{(4+1)\times(0.92)^2}{2\times 4\times(1-0.92)}\approx 7.53.$$

于是，顾客从订货到做好一套西服平均需要的时间：

$$W=\frac{L}{\lambda}=\frac{7.53}{0.115}\approx 65.48(\text{小时}).$$

习题 9

1. 某汽车修理站只有一名工人，一天(8 小时)平均可修理 12 辆汽车，已知修理时间服从负指数分布. 汽车来到修理站是一个泊松过程，平均每小时有一辆汽车来到修理站要求修理.
   (1) 若一名司机愿意在修理站等候，以便在汽车修理好后能立即去执行任务，那么他要取回汽车平均需要等待多长的时间？
   (2) 若平均每小时有 1.2 辆汽车去修理. 由于这一改变，这名工人平均每天的空闲时间减少了多少？这对修理站里的汽车数及修理站向顾客交货的时间又有怎样的影响？
2. (1) 在一个百货商店中，包扎礼品的工作由两人负责. 设该服务系统为 $M/M/2$ 排队模型. 要求包扎的礼品平均每小时有 20 件，服务员包扎一件礼品平均需 5 分钟. 问，一位顾客为了包扎一件礼品平均需要等待多长的时间？他在服务台前平均停留多少时间？
   (2) 若仅有一个服务员包扎礼品，他的工作速度是前面提到的那两个人的工作速度的两倍. 这对顾客的等待时间会产生怎样的影响？哪个模型好？
3. 某电信局准备在新国际机场装设电话亭，而电信局的目标是每一个人等候打电话的概率不超过 0.10；使用电话的平均需求率为每小时 30 人，使用电话的平均时间为 5 分钟. 设该服务系统为 $M/M/S$ 排队模型. 试问：应该设置多少个电话亭？
4. 病人到达某医生开设的诊所的平均时间间隔为 20 分钟，每次诊断平均需要 15 分钟，两种时间都为负指数分布. 若候诊室只能放 9 个座位(包括医生身旁问诊的座位)，求到达的一个病人找不到座位的概率.
5. 某设备修理站打算在甲和乙两人中聘用一人. 甲要求工资每小时 15 个单位，他每小时平均能修理 4 台设备；乙要求工资每小时 12 个单位，他每小时平均能修理 3 台设备. 一台设备停留在修理站里 1 小时(等待修理或正在修理)，修理站要支付费用 5 个单位. 若每小时平均有两台设备送来修理，修理站应使用哪一名工人(服务为负指数分布，输入为最简单流)？
6. 机器送到某修理厂是一个泊松过程. 来到率为每小时 6 台，每台机器的平均修理时间需 7 分钟，修理时间为负指数分布. 该厂经理获悉有一种新的检验设备，可使每台机器的修理时间减到 5 分钟，但每分钟这台设备需费用 10 个单位. 如果机器坏了，估计每台机器在一分钟里造成的损失费为 5 个单位. 问这台新的检验设备要否购置？
7. 顾客进入一个食品店是平均每分钟 2 个人的泊松过程. 顾客自行选购食品，选购时间服从平均值为 10 分钟的负指数分布. 在一段长时间后，预计有多少位顾客在挑选食品

(不包括那些已经选好食品而在等待付款的顾客)?

8. 某理发店只有一名理发师,他理一个头平均需要 15 分钟,理发时间为负指数分布. 该店有 6 个等候理发的座位. 来到的顾客发现无空闲的座位就自动离去. 假定顾客到来是一个泊松过程,每小时来 3 个人. 试问:

(1) 一位顾客来到时发现系统客满的概率为多少?

(2) 有效到达率为多少?

(3) 一位顾客在店中理发预期要花费多少时间?

9. 一台无线电发报机经常需要修理. 经过修理后,它的工作时间服从平均值为 40 小时的负指数分布,修理时间也属于负指数分布,但平均值为 2 小时. 经过一段时间以后发报机处于可以发报的状态的概率为多少?

10. 有一个加油站的场地可供 4 辆汽车同时加油. 顾客将不排队等候,如场地不空,他们就去别处加油. 一位顾客平均要用 4 分钟可将汽车的油箱加满. 若每分钟来到加油站的汽车为 2 辆,问被拒绝服务的汽车的百分比是多少? 若平均 2 分钟来一辆汽车,问被拒绝服务的汽车的百分比是多少(服务为负指数分布,输入为最简单流)?

11. 顾客来到付款处是一个泊松过程,每小时平均来到 20 位. 为保证顾客排队等候的平均时间不超过 5 分钟,问收款员工作的平均速度应该是多少(服务为负指数分布)?

12. 某种零件在装入真空管之前,必须清除油污再组装. 设零件按泊松流生产出来,平均每小时生产 50 件,清除油污和组装的时间为负指数分布,平均服务率 μ(件/小时)待定. 如零件生产出来后,在装入真空管前会氧化而造成损失. 每个零件逗留 1 小时的损失费 C_1 为 1 元,清洗和组装费为每小时平均 μC_2 元,$C_2=2$. 求使每小时总费用最小的平均服务率.

13. 某公司的中心试验室为各工厂服务. 设要求做试验的人按最简单流到来,平均每天来 48 人次. 每次顾客在系统中逗留单位时间所造成的损失费为 $C_1=6$ 元;做试验的时间服从负指数分布,平均服务率为 25 人次/天,单位时间的服务成本为 $C_2=4$ 元. 求最优的试验设备数 S.

14. 设有两名修理工人,其责任是保证 5 台机器能正常运行,每台机器平均损坏率为每小时一次. 这两名工人修复一台机器的平均时间都为 0.25 小时. 求:

(1) 等待修理的机器平均数;

(2) 机器在系统中的平均逗留时间.

15. 对于 $M/M/1/k$ 排队模型,求证:

(1) $\lambda_e=\mu(1-P_0)$;

(2) $\lambda_e=\mu(L-L_q)$.

16. 设某电话间顾客按泊松流到达,平均每小时到达 6 位,每次通话时间平均为 8 分钟,方差为 16 分钟^2,通话时间服从爱尔朗分布. 那么,平均等待长度是多少? 顾客的平均等待时间是多少?

17. 若一个公用电话店 8:00 开始营业,属于 $M/M/1$ 排队模型. 营业员平均需要等待 3 分钟才能有顾客到来. 若 8:05 仍然没有顾客到来,那么你认为从 8:05 开始,营业员平均还需要等待多少时间才能有顾客到来?

参考书目

[1] 魏国华,傅家良,周仲良.实用运筹学.复旦大学出版社,1987.

[2] 傅家良.运筹学教程——方法与模型.西南交通大学出版社,1994.

[3] 傅家良.运筹学方法与模型.复旦大学出版社,2006.

[4] [美]哈姆迪·阿·塔哈著,吴立煦,朱幼文译.运筹学.上海人民出版社,1985.

[5] 魏国华,王芬.线性规划.高等教育出版社,1989.

[6] 徐光辉.随机服务系统.科学出版社,1980.

后　记

在20世纪80年代，我与复旦大学魏国华和周仲良老师准备合作出版《实用运筹学》. 我们先写了初稿，然后在两个学校使用了两年(当时是油印的讲义). 两年以后，我们再来修改. 在最后定稿的时候，我多次去魏老师家里，还在他家里吃午饭. 我们对一些重要的疑难问题进行认真讨论，最后才定稿.《实用运筹学》在1987年2月出版，1992年10月这本书获得国家教委优秀教材一等奖.

在初稿中，我们对各个数学分支写了比较多的建立数学模型的例题. 出版社当时建议书的总字数不超过25万，最后定稿时我们只能在附录仅对每个分支选择一道建模例题. 我自己在教学中使用《实用运筹学》多年，发现教学效果还是有些不理想，书中数学味道比较重，不太适宜管理专业的学生学习.

教师要在教学中取得理想的教学效果，教材是重要条件之一. 1994年8月，我在西南交通大学出版社出版了个人著作《运筹学教程》. 这本书我力求写得深入浅出，每一章配有一定数量的建模例题.

2005年6月，同济大学交通运输学院为了培养青年教师，返聘我去上课. 于是，我又编写了《运筹学方法与模型》，2006年1月在复旦大学出版社出版. 这本书的社会反响比较好，读者普遍认为这本书内容丰富、深入浅出、语言生动.

这次在复旦大学出版社出版的《运筹学：方法与应用》，我删去目标规划、存储论、决策分析、排序问题4章以及博弈论的相关内容，让教材面向本科生. 教师可以根据学时挑选具体内容来授课.

在大学里，学生反映"运筹学"是门"烧脑课". 实际上，如果教师有比较好的教学方法，这门课完全可以上得非常生动，让学生在每堂课都能学到新知识. 2007年，我在同济大学交通运输工程学院上了人生中最后一学期课，我对教学法也做了比较大的改进. 这门课受到同济学生一致好评，我看到他们在网上的点评深受感动，觉得自己的劳动"值"了.

应编辑梁老师之邀，我撰写了《运筹学教学方法回顾》，把自己几十年来对“运筹学”这门课的教学经验作了总结，想与使用这本教材的教师共同分享. 知识不是我个人的，它属于社会. 文章针对各章内容，重点介绍我是如何在教学中调动教学手段，将一些教学内容讲得深入浅出. 众所周知，教材是教师知识的长期积累，体现教师的学术水平，而使用教材讲课，既是教师对教材的解读，也是教师教学水平的呈现. 希望所有开设“运筹学”课程的教师，都能够成为第一流的教师.

我深深体会到，教学是一种艺术，教学需要教师不断创新. 一位热爱学生、严格要求学生、教学水平高的教师，他与学生在教学过程中教学相长，教师的形象与品格也会让学生终生难忘，这就是教师最大的快乐!

《运筹学教学方法回顾》是我对自己一生探索的教学法所作的初步而简要的总结，一方面抛砖引玉，另一方面希望对青年教师有所帮助. 我更希望各级领导重视那些在第 1 线为教学付出艰辛劳动而取得优秀成果的教师，他们是学生学习的师长，也是引导学生努力学习成才的主力军.

感谢同济大学本科教材出版基金资助. 感谢复旦大学出版社出版的这本教材是双色版本，它大大增强了教材的可读性.

傅家良

2023 年 12 月

复旦大学出版社向使用《运筹学：方法与应用》作为教材进行教学的教师免费赠送教学辅助课件以供参考，欢迎完整填写下面的表格来索取课件.

教师姓名：____________________

手机号码：____________________

课程名称：____________________

学生人数：____________________

学校名称：____________________

学校地址：____________________

院系名称：____________________

课件发送邮箱(建议使用 QQ 邮箱)：____________

请将本页完整填写并拍照发送至以下电子邮箱.
电子邮箱：2648053254@qq. com，liangling@fudan. edu. cn
复旦大学出版社将免费赠送教师所需要的课件.

图书在版编目(CIP)数据

运筹学:方法与应用/傅家良编著. —上海: 复旦大学出版社, 2024.1
(复旦博学. 数学系列)
ISBN 978-7-309-17031-3

Ⅰ.①运… Ⅱ.①傅… Ⅲ.①运筹学-高等学校-教材 Ⅳ.①O22

中国国家版本馆 CIP 数据核字(2023)第 199061 号

运筹学:方法与应用
傅家良 编著
责任编辑/梁 玲

复旦大学出版社有限公司出版发行
上海市国权路 579 号 邮编: 200433
网址: fupnet@fudanpress.com http://www.fudanpress.com
门市零售: 86-21-65102580 团体订购: 86-21-65104505
出版部电话: 86-21-65642845
杭州日报报业集团盛元印务有限公司

开本 787 毫米×1092 毫米 1/16 印张 25.25 字数 630 千字
2024 年 1 月第 1 版第 1 次印刷

ISBN 978-7-309-17031-3/O · 735
定价: 89.00 元
